高等代数与解析几何

曾令淮　段辉明　李玲　编著

清华大学出版社
北京

内容简介

本书涵盖现行理工科所用的高等代数教材内容以及空间解析几何的基础知识，内容包含三部分：空间解析几何、多项式、线性代数，具体分为行列式、几何空间、矩阵、线性方程组、矩阵的特征值与特征向量、二次型、一元多项式、线性空间、线性变换、欧几里得空间共10章内容.

本书适合于工科院校数学类各专业，而且前6章内容还适合理工科院校非数学类不开设高等数学而开设工科数学分析的专业讲授，后4章内容也可以作为这些专业学生的考研参考.

图书在版编目(CIP)数据

高等代数与解析几何/曾令淮，段辉明，李玲编著.—北京：清华大学出版社，2014(2023.9重印)
ISBN 978-7-302-37301-8

Ⅰ.①高… Ⅱ.①曾… ②段… ③李… Ⅲ.①高等代数—高等学校—教材 ②解析几何—高等学校—教材 Ⅳ.①O15 ②O182

中国版本图书馆CIP数据核字(2014)第159930号

责任编辑：陈 明
封面设计：傅瑞学
责任校对：王淑云
责任印制：宋 林

出版发行：清华大学出版社
网　址：http://www.tup.com.cn，http://www.wqbook.com
地　址：北京清华大学学研大厦A座　**邮　编**：100084
社 总 机：010-83470000　**邮　购**：010-62786544
投稿与读者服务：010-62776969，c-service@tup.tsinghua.edu.cn
质量反馈：010-62772015，zhiliang@tup.tsinghua.edu.cn
印 装 者：三河市铭诚印务有限公司
经　销：全国新华书店
开　本：185mm×260mm　**印　张**：21.5　**字　数**：520千字
版　次：2014年9月第1版　**印　次**：2023年9月第12次印刷
定　价：62.00元

产品编号：060962-03

前　言

本书是作者在使用多年的讲义基础上，结合工科类院校数学专业的教学实际，汲取国内其他教材的长处整理而成．它将高等代数与空间解析几何的内容结合在一起，用代数的方法解决几何问题，用几何的直观勾勒代数理论．

高等代数和空间解析几何是大学数学的两大专业基础课程．前者的基本内容是多项式理论、矩阵理论、向量空间和线性变换理论；后者的基本内容是向量代数、空间直线和平面、常见曲面、坐标变换、二次曲线方程的化简等．多年来，我国大部分高校的数学专业，都是将这两门课分开教学．高等代数是研究线性空间及其上的线性变换的学科，课程中大量的公式、定理、推论都是采用严格的演绎论证方法，抽象程度高，逻辑性强．学生在学习知识时很难深刻理解其中的抽象概念和复杂结论，学习效率不高．利用几何直观方法，把抽象的问题形象化，结合直观的形象对抽象内容加以理解，可以帮助学生理解概念，发现研究思路，有效开展推理、猜想，直至问题解决．因此，在教学中运用几何直观与演绎论证相结合的方法，不仅是学生学好高等代数的需要，而且对培养学生分析问题的能力和养成科学的思维品质都具有十分重要的意义．事实上，高等代数为解析几何提供研究方法，而解析几何为高等代数提供直观背景．近年来，一般大学数学课程中的高等代数和空间解析几何课程的课时减少了许多，而对数学内容的要求却没有多大变化．因此，给这两门课的教学造成了一定的困难．另外，从纯数学的观点来看，高等代数与空间解析几何，这两门课有许多重叠的地方，因此，将这两门课整合成一门课是必要的．

本书将代数与几何融合为一门课程，更密切了它们的联系，避免了重叠，利用几何为代数提供直观背景来发展学生的想象能力，可以消除代数的抽象感，应用代数处理几何问题，可以使学生感受到代数应用的广泛性，使学生对代数与几何的理解更加深刻．

本书注重学生的学习体验，习题中题目与教学内容的难度相匹配，题目难易度有层次，便于学生学习．每章末有本章小结，介绍了相应章节知识的基本概念与基本解题方法，并配有复习题，便于学生复习巩固．

感谢重庆邮电大学理学院的领导和同事对本书编写提供的支持与帮助．限于时间仓促，书中难免有纰漏之处，恳请读者指正．

编　者

2014 年 5 月

目　录

第 1 章　行列式 …… 1

1.1　二阶和三阶行列式 …… 1

1.1.1　二阶行列式 …… 1

1.1.2　三阶行列式 …… 2

习题 1.1 …… 4

1.2　排列 …… 4

1.2.1　排列及其逆序数 …… 5

1.2.2　对换 …… 5

习题 1.2 …… 6

1.3　n 阶行列式 …… 6

习题 1.3 …… 9

1.4　行列式的性质 …… 10

习题 1.4 …… 16

1.5　行列式按行(列)展开 …… 17

习题 1.5 …… 24

1.6　克莱姆法则 …… 25

习题 1.6 …… 29

本章小结 …… 29

复习题一 …… 31

第 2 章　几何空间 …… 34

2.1　预备知识 …… 34

2.1.1　共线(共面)的向量 …… 34

2.1.2　向量与向量的夹角 …… 35

2.1.3　向量的投影及其性质 …… 35

2.1.4　极坐标系 …… 36

习题 2.1 …… 37

2.2　向量的向量积、混合积 …… 37

2.2.1　向量积 …… 37

2.2.2　向量积的应用举例 …… 39

2.2.3 混合积 …… 41
2.2.4 双重向量积 …… 42
习题 2.2 …… 44
2.3 空间坐标系 …… 44
2.3.1 空间直角坐标系 …… 44
2.3.2 空间向量运算的坐标表示 …… 46
2.3.3 向量的长度、方向角和方向余弦 …… 47
2.3.4 空间解析几何中的几个常用公式 …… 48
2.3.5 柱面坐标系与球面坐标系 …… 50
习题 2.3 …… 51
2.4 平面和直线 …… 52
2.4.1 平面方程 …… 52
2.4.2 空间直线方程 …… 54
2.4.3 点、直线、平面间的位置关系 …… 56
2.4.4 点、直线、平面间的度量关系 …… 60
习题 2.4 …… 63
2.5 常见曲面 …… 64
2.5.1 曲面、空间曲线与方程 …… 64
2.5.2 球面 …… 66
2.5.3 柱面 …… 67
2.5.4 旋转曲面 …… 68
2.5.5 锥面 …… 70
2.5.6 二次曲面 …… 72
2.5.7 二次曲面的种类 …… 75
习题 2.5 …… 76
2.6 空间区域的简图 …… 76
2.6.1 空间曲线在坐标面上的投影 …… 76
2.6.2 空间区域的表示和简图的画法 …… 77
2.6.3 曲面或空间区域在坐标面上的投影 …… 79
习题 2.6 …… 79
本章小结 …… 80
复习题二 …… 82

第3章 矩阵 …… 84

3.1 矩阵及其运算 …… 84
3.1.1 矩阵的概念 …… 84
3.1.2 几种特殊的矩阵 …… 86
3.1.3 矩阵的运算 …… 87
3.1.4 矩阵的行列式 …… 94

3.1.5 共轭矩阵 …… 94
习题 3.1 …… 95
3.2 矩阵的初等变换与初等矩阵 …… 96
3.2.1 初等变换 …… 96
3.2.2 初等矩阵 …… 96
习题 3.2 …… 100
3.3 可逆矩阵 …… 100
3.3.1 可逆矩阵的概念及性质 …… 100
3.3.2 可逆矩阵的判定及其求法 …… 102
3.3.3 用初等变换法求解矩阵方程 …… 107
习题 3.3 …… 108
3.4 矩阵的秩 …… 109
习题 3.4 …… 112
3.5 矩阵的分块 …… 113
习题 3.5 …… 117
本章小结 …… 118
复习题三 …… 120
第4章 线性方程组 …… 122
4.1 消元法 …… 122
4.1.1 线性方程组基本概念 …… 122
4.1.2 消元法解线性方程组 …… 123
习题 4.1 …… 130
4.2 n维向量空间 …… 130
4.2.1 n维向量 …… 130
4.2.2 向量空间 …… 131
习题 4.2 …… 132
4.3 线性相关性 …… 132
4.3.1 线性组合 …… 132
4.3.2 向量组的线性相关性 …… 134
习题 4.3 …… 138
4.4 向量组的秩 …… 139
4.4.1 向量组的极大线性无关组 …… 139
4.4.2 向量组的秩 …… 140
4.4.3 向量组的秩与矩阵的秩的关系 …… 140
4.4.4 向量空间的基与维数 …… 143
习题 4.4 …… 144
4.5 线性方程组解的结构 …… 144
4.5.1 线性方程组有解的判定 …… 144

4.5.2 齐次线性方程组解的结构 …… 146
4.5.3 非齐次线性方程组解的结构 …… 150
习题 4.5 …… 152
本章小结 …… 153
复习题四 …… 154

第 5 章 矩阵的特征值与特征向量 …… 156

5.1 n 维向量的内积 …… 156
5.1.1 内积 …… 156
5.1.2 标准正交基 …… 158
5.1.3 正交矩阵与正交变换 …… 162
习题 5.1 …… 162
5.2 矩阵的特征值与特征向量 …… 163
习题 5.2 …… 168
5.3 矩阵的相似对角化 …… 168
5.3.1 相似矩阵 …… 168
5.3.2 矩阵的相似对角化 …… 169
5.3.3 实对称矩阵的对角化 …… 172
习题 5.3 …… 175
本章小结 …… 176
复习题五 …… 178

第 6 章 二次型 …… 180

6.1 二次型及其矩阵 …… 180
习题 6.1 …… 182
6.2 二次型的标准形 …… 182
习题 6.2 …… 187
6.3 二次型的规范形 …… 187
6.3.1 复二次型的规范形 …… 187
6.3.2 实二次型的规范形 …… 188
习题 6.3 …… 190
6.4 正定二次型 …… 190
习题 6.4 …… 195
6.5 二次曲面一般方程的讨论 …… 196
习题 6.5 …… 199
本章小结 …… 199
复习题六 …… 201

第7章　一元多项式 …… 203

7.1　整数的整除性 …… 203
7.1.1　整除 …… 203
7.1.2　最大公因数 …… 204
7.1.3　因数分解唯一性定理 …… 205
习题7.1 …… 206
7.2　数域 …… 206
习题7.2 …… 207
7.3　一元多项式的定义及运算 …… 207
习题7.3 …… 209
7.4　多项式的整除 …… 209
7.4.1　多项式整除定义及性质 …… 209
7.4.2　带余除法 …… 210
7.4.3　综合除法 …… 212
习题7.4 …… 213
7.5　最大公因式 …… 214
7.5.1　最大公因式 …… 214
7.5.2　互素 …… 216
习题7.5 …… 217
7.6　多项式的因式分解 …… 218
7.6.1　不可约多项式 …… 218
7.6.2　多项式的因式分解 …… 218
7.6.3　重因式 …… 219
习题7.6 …… 221
7.7　多项式函数　多项式的根 …… 222
习题7.7 …… 223
7.8　复数域与实数域上多项式的因式分解 …… 224
习题7.8 …… 225
7.9　有理数域上的多项式 …… 225
习题7.9 …… 230
本章小结 …… 231
复习题七 …… 232

第8章　线性空间 …… 234

8.1　集合的映射 …… 234
8.1.1　映射 …… 234
8.1.2　映射的合成 …… 235

习题 8.1 …… 236
8.2 线性空间的定义和性质 …… 236
8.2.1 线性空间的定义及例子 …… 236
8.2.2 线性空间的简单性质 …… 237
8.2.3 子空间 …… 238
习题 8.2 …… 239
8.3 基与坐标 …… 239
8.3.1 向量的线性相关性 …… 239
8.3.2 基与坐标 …… 240
习题 8.3 …… 243
8.4 基变换与坐标变换 …… 243
8.4.1 过渡矩阵 …… 243
8.4.2 坐标变换 …… 245
习题 8.4 …… 247
8.5 子空间的交与和 直和 …… 247
8.5.1 生成子空间 …… 247
8.5.2 子空间的交 …… 248
8.5.3 子空间的和 …… 249
8.5.4 维数公式 …… 250
8.5.5 子空间的直和 …… 251
习题 8.5 …… 252
8.6 线性空间的同构 …… 252
习题 8.6 …… 255
本章小结 …… 255
复习题八 …… 257

第9章 线性变换 …… 259

9.1 线性变换的定义及性质 …… 259
9.1.1 线性变换的定义 …… 259
9.1.2 线性变换的基本性质 …… 260
习题 9.1 …… 261
9.2 线性变换的运算 …… 261
9.2.1 线性变换的运算 …… 261
9.2.2 线性变换的多项式 …… 263
习题 9.2 …… 264
9.3 线性变换的矩阵 …… 264
9.3.1 线性变换的矩阵 …… 264
9.3.2 向量的像的坐标 …… 268
9.3.3 线性变换在不同基下的矩阵 …… 269

习题 9.3 …… 271
9.4 线性变换的特征值与特征向量 …… 272
习题 9.4 …… 276
9.5 线性变换的对角化 …… 276
习题 9.5 …… 280
9.6 线性变换的值域与核 …… 280
习题 9.6 …… 282
9.7 不变子空间 …… 283
习题 9.7 …… 286
本章小结 …… 287
复习题九 …… 288

第 10 章 欧几里得空间 …… 291

10.1 基本概念 …… 291
习题 10.1 …… 294
10.2 标准正交基 …… 294
10.2.1 正交 …… 294
10.2.2 标准正交基 …… 295
10.2.3 正交补 …… 299
10.2.4 欧氏空间的同构 …… 300
习题 10.2 …… 300
10.3 正交变换 …… 301
习题 10.3 …… 303
10.4 对称变换 …… 303
习题 10.4 …… 305
本章小结 …… 305
复习题十 …… 307

附录 数学归纳法 …… 309

部分习题参考答案与提示 …… 311

参考文献 …… 330

第1章 行 列 式

行列式是数学的重要基本概念之一，也是代数学的主要研究对象之一. 在初等数学中，我们用代入消元法或加减消元法求解二元和三元线性方程组，从它们的解可以看出，线性方程组的解完全由未知量的系数与常数项所确定. 为了更清楚地表达线性方程组的解与未知量的系数和常数项的关系，本章先引入二阶和三阶行列式的概念，并在二阶和三阶行列式的基础上，给出 n 阶行列式的定义并讨论其性质，进而把 n 阶行列式应用于解 n 元线性方程组.

1.1 二阶和三阶行列式

1.1.1 二阶行列式

已知二元线性方程组

$$\begin{cases} a_{11}x_1 + a_{12}x_2 = b_1, \\ a_{21}x_1 + a_{22}x_2 = b_2. \end{cases} \tag{1.1.1}$$

用消元法，可得

$$(a_{11}a_{22} - a_{12}a_{21})x_1 = b_1a_{22} - b_2a_{12},$$
$$(a_{11}a_{22} - a_{12}a_{21})x_2 = b_2a_{11} - b_1a_{21}.$$

当 $a_{11}a_{22} - a_{12}a_{21} \neq 0$ 时，方程组(1.1.1)有唯一解

$$x_1 = \frac{b_1a_{22} - b_2a_{12}}{a_{11}a_{22} - a_{12}a_{21}}, \quad x_2 = \frac{b_2a_{11} - b_1a_{21}}{a_{11}a_{22} - a_{12}a_{21}}.$$

显然，上面解中的分母都是由方程组未知量的四个系数所确定，引入记号

$$\begin{vmatrix} a_{11} & a_{12} \\ a_{21} & a_{22} \end{vmatrix} = a_{11}a_{22} - a_{12}a_{21},$$

称其为**二阶行列式**. 其中 a_{ij} $(i=1,2;\ j=1,2)$ 称为行列式的元素. 元素 a_{ij} 的第一个下标 i 称为行标，表示该元素位于第 i 行，第二个下标 j 称为列标，表示该元素位于第 j 列.

注 二阶行列式的定义可用对角线法则来记忆，把 a_{11} 到 a_{22} 的连线称为主对角线，a_{12} 到 a_{21} 的连线称为副对角线，则二阶行列式就等于主对角线上两元素之积减去副对角线上两元素之积所得的差.

利用二阶行列式的定义，若记

$$D = \begin{vmatrix} a_{11} & a_{12} \\ a_{21} & a_{22} \end{vmatrix}, \quad D_1 = \begin{vmatrix} b_1 & a_{12} \\ b_2 & a_{22} \end{vmatrix}, \quad D_2 = \begin{vmatrix} a_{11} & b_1 \\ a_{21} & b_2 \end{vmatrix},$$

则当 $D\neq 0$ 时,二元线性方程组(1.1.1)的解可表示为

$$x_1=\frac{D_1}{D},\quad x_2=\frac{D_2}{D}.$$

其中分母 D 是由方程组(1.1.1)的系数所确定的二阶行列式(称之为方程组(1.1.1)的**系数行列式**),x_1 的分子 D_1 是用方程组的常数项替换 D 中 x_1 的系数 a_{11},a_{21}所得的二阶行列式,x_2 的分子 D_2 是用方程组的常数项替换 D 中 x_2 的系数 a_{12},a_{22}所得的二阶行列式.

例 1.1.1 求解二元一次方程组

$$\begin{cases}3x_1+5x_2=1,\\ x_1+3x_2=2.\end{cases}$$

解 因方程组的系数行列式

$$D=\begin{vmatrix}3&5\\1&3\end{vmatrix}=4\neq 0,$$

所以方程组有唯一解,又因为

$$D_1=\begin{vmatrix}1&5\\2&3\end{vmatrix}=-7,\quad D_2=\begin{vmatrix}3&1\\1&2\end{vmatrix}=5,$$

故方程组的解为

$$x_1=\frac{D_1}{D}=-\frac{7}{4},\quad x_2=\frac{D_2}{D}=\frac{5}{4}.$$

1.1.2 三阶行列式

对于三元线性方程组

$$\begin{cases}a_{11}x_1+a_{12}x_2+a_{13}x_3=b_1,\\ a_{21}x_1+a_{22}x_2+a_{23}x_3=b_2,\\ a_{31}x_1+a_{32}x_2+a_{33}x_3=b_3.\end{cases}\tag{1.1.2}$$

用 $a_{22}a_{33}-a_{23}a_{32}$乘第一个方程,$a_{13}a_{32}-a_{12}a_{33}$乘第二个方程,$a_{12}a_{23}-a_{13}a_{22}$乘第三个方程,再把所得的三个式子相加,则可消去未知量 x_2 和 x_3,得

$$\begin{aligned}&(a_{11}a_{22}a_{33}+a_{12}a_{23}a_{31}+a_{13}a_{21}a_{32}-a_{13}a_{22}a_{31}-a_{12}a_{21}a_{33}-a_{11}a_{23}a_{32})x_1\\ =&b_1a_{22}a_{33}+a_{13}b_2a_{32}+a_{12}a_{23}b_3-a_{13}a_{22}b_3-a_{12}b_2a_{33}-b_1a_{23}a_{32}.\end{aligned}$$

于是当

$$a_{11}a_{22}a_{33}+a_{12}a_{23}a_{31}+a_{13}a_{21}a_{32}-a_{13}a_{22}a_{31}-a_{12}a_{21}a_{33}-a_{11}a_{23}a_{32}\neq 0$$

时,可解出 x_1.

引入记号

$$\begin{vmatrix}a_{11}&a_{12}&a_{13}\\a_{21}&a_{22}&a_{23}\\a_{31}&a_{32}&a_{33}\end{vmatrix}=a_{11}a_{22}a_{33}+a_{12}a_{23}a_{31}+a_{13}a_{21}a_{32}-a_{13}a_{22}a_{31}-a_{11}a_{23}a_{32}-a_{12}a_{21}a_{33},$$

称为**三阶行列式**.

三阶行列式等于 6 项的代数和，每项均为取行列式中不同行不同列的三个元素乘积再冠以正负号.

三阶行列式的定义也可按对角线法则记忆(图 1-1-1)，实线上的三个数相乘所得到的项带正号，虚线上的三个数相乘所得到的项带负号.

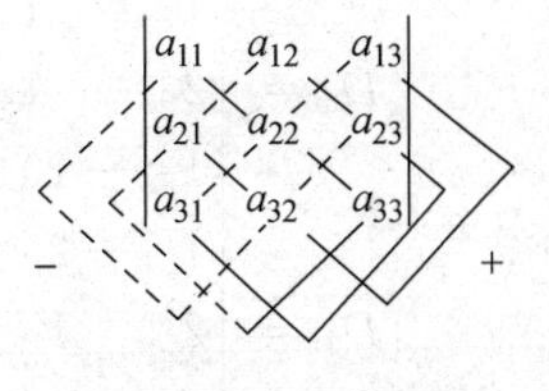

图 1-1-1

按三阶行列式定义，三元线性方程组(1.1.2)当系数行列式

$$D=\begin{vmatrix} a_{11} & a_{12} & a_{13} \\ a_{21} & a_{22} & a_{23} \\ a_{31} & a_{32} & a_{33} \end{vmatrix} \neq 0$$

时，有唯一解

$$x_1=\frac{D_1}{D},\quad x_2=\frac{D_2}{D},\quad x_3=\frac{D_3}{D}.$$

其中

$$D_1=\begin{vmatrix} b_1 & a_{12} & a_{13} \\ b_2 & a_{22} & a_{23} \\ b_3 & a_{32} & a_{33} \end{vmatrix},\quad D_2=\begin{vmatrix} a_{11} & b_1 & a_{13} \\ a_{21} & b_2 & a_{23} \\ a_{31} & b_3 & a_{33} \end{vmatrix},\quad D_3=\begin{vmatrix} a_{11} & a_{12} & b_1 \\ a_{21} & a_{22} & b_2 \\ a_{31} & a_{32} & b_3 \end{vmatrix}.$$

它们分别是将系数行列式 D 的第 1 列、第 2 列、第 3 列换成常数项所得的行列式.

例 1.1.2 计算下列三阶行列式：

(1) $\begin{vmatrix} 1 & 2 & -4 \\ -2 & 2 & 1 \\ -3 & 4 & -2 \end{vmatrix}$；　　(2) $\begin{vmatrix} 1 & 1 & 1 \\ 2 & 3 & x \\ 4 & 9 & x^2 \end{vmatrix}$.

解 (1)
$$\begin{vmatrix} 1 & 2 & -4 \\ -2 & 2 & 1 \\ -3 & 4 & -2 \end{vmatrix}=1\times2\times(-2)+2\times1\times(-3)+(-4)\times(-2)\times4$$
$$-1\times1\times4-2\times(-2)\times(-2)-(-4)\times2\times(-3)=-14;$$

(2)
$$\begin{vmatrix} 1 & 1 & 1 \\ 2 & 3 & x \\ 4 & 9 & x^2 \end{vmatrix}=3x^2+4x+18-9x-2x^2-12=x^2-5x+6.$$

例 1.1.3 解三元线性方程组

$$\begin{cases} x_1-2x_2+x_3=1, \\ 2x_1+x_2-x_3=1, \\ x_1-3x_2-4x_3=-10. \end{cases}$$

解 方程组的系数行列式

$$D=\begin{vmatrix} 1 & -2 & 1 \\ 2 & 1 & -1 \\ 1 & -3 & -4 \end{vmatrix}=-4+(-6)+2-1-3-16=-28\neq 0,$$

所以方程组有唯一解. 又由

$$D_1=\begin{vmatrix} 1 & -2 & 1 \\ 1 & 1 & -1 \\ -10 & -3 & -4 \end{vmatrix}=-4+(-20)+(-3)-(-10)-3-8=-28,$$

$$D_2=\begin{vmatrix}1&1&1\\2&1&-1\\1&-10&-4\end{vmatrix}=-4+(-1)+(-20)-1-10-(-8)=-28,$$

$$D_3=\begin{vmatrix}1&-2&1\\2&1&1\\1&-3&-10\end{vmatrix}=-10+(-2)+(-6)-1-(-3)-40=-56,$$

得方程组的解为

$$x_1=\frac{D_1}{D}=1,\quad x_2=\frac{D_2}{D}=1,\quad x_3=\frac{D_3}{D}=2.$$

习题 1.1

1. 利用对角线法则计算下列三阶行列式：

(1) $\begin{vmatrix}2&0&1\\1&-4&-1\\-1&8&3\end{vmatrix}$；　　(2) $\begin{vmatrix}a&b&c\\b&c&a\\c&a&b\end{vmatrix}$；

(3) $\begin{vmatrix}1&1&1\\a&b&c\\a^2&b^2&c^2\end{vmatrix}$；　　(4) $\begin{vmatrix}x&y&x+y\\y&x+y&x\\x+y&x&y\end{vmatrix}$.

2. 解下列线性方程组：

(1) $\begin{cases}x_1+x_2-2x_3=-3,\\x_1-2x_2+2x_3=2,\\2x_1-5x_2+4x_3=4;\end{cases}$　　(2) $\begin{cases}2x_1-4x_2-x_3=1,\\x_1-5x_2-3x_3=2,\\x_1-x_2-x_3=-1.\end{cases}$

1.2 排列

如何将二阶、三阶行列式概念推广到 n 阶行列式？

重新分析二阶、三阶行列式的定义，有

$$\begin{vmatrix}a_{11}&a_{12}\\a_{21}&a_{22}\end{vmatrix}=a_{11}a_{22}-a_{12}a_{21},$$

$$\begin{vmatrix}a_{11}&a_{12}&a_{13}\\a_{21}&a_{22}&a_{23}\\a_{31}&a_{32}&a_{33}\end{vmatrix}=a_{11}a_{22}a_{33}+a_{12}a_{23}a_{31}+a_{13}a_{21}a_{32}-a_{13}a_{22}a_{31}-a_{11}a_{23}a_{32}-a_{12}a_{21}a_{33}.$$

观察得知，它们是一些乘积项的代数和，且每一项都是由行列式中位于不同行不同列的元素作乘积而得；二阶行列式有 2(即 2!)项，三阶行列式有 6(即 3!)项；取正号的项与取负号的项各占一半.

由此，我们可以定义 n 阶行列式为 $n!$ 项的代数和，每项由行列式中位于不同行不同列的 n 个元素作乘积而得. 但需要解决的问题是：哪些项取正号，哪些项取负号？为此引入排列及其逆序数的相关问题.

在数学中,把考察的对象叫元素,把 n 个不同元素排成的一列,称之为这 n 个元素的一个全排列,简称排列.这里仅考察 n 个不同数字的排列.

1.2.1 排列及其逆序数

定义 1.2.1 由 $1,2,\cdots,n$ 组成的一个有序数组称为一个 **n 元排列**.

如排列 32514,12354,25314 等都是 5 元排列.

一般地,n 元排列共有 $n!$ 种排列方法.

在一个排列中,我们规定各元素之间有一个标准次序,对 n 元排列,规定由小到大的次序为**标准次序**,当某两个元素的先后次序与标准次序不同时,就说它们构成一个**逆序**,即在排列 $p_1p_2\cdots p_s\cdots p_t\cdots p_n$ 中,若数 $p_s>p_t$,则称 p_s 与 p_t 构成一个逆序.

定义 1.2.2 一个排列中所有逆序的总数称为该排列的**逆序数**,排列 $p_1p_2\cdots p_n$ 的逆序数记为 $t(p_1p_2\cdots p_n)$.

排列 $p_1p_2\cdots p_k\cdots p_n$ 中排在数 p_k 前而比 p_k 大的数的个数称为 p_k 在此排列中的逆序数,记为 t_k.

显然

$$t(p_1p_2\cdots p_n)=\sum_{k=1}^{n}t_k.$$

例 1.2.1 计算排列 32415 的逆序数.

解 $t(32415)=0+1+0+3+0=4$.

定义 1.2.3 逆序数为奇数的排列称为**奇排列**;逆序数为偶数的排列称为**偶排列**.

例 1.2.2 计算下列排列的逆序数,并讨论它们的奇偶性.

(1) 217986354;　　　　(2) $n(n-1)(n-2)\cdots 321$.

解 (1) $t(217986354)=0+1+0+0+1+3+4+4+5=18$,故排列 217986354 是偶排列.

(2) $t(n(n-1)(n-2)\cdots 321)=0+1+2+\cdots+(n-2)+(n-1)=\dfrac{n(n-1)}{2}$,故排列 $n(n-1)(n-2)\cdots 321$ 当 $n=4k,n=4k+1$ 时是偶排列,当 $n=4k+2,n=4k+3$ 时是奇排列,其中 k 为自然数.

1.2.2 对换

定义 1.2.4 在排列中,将任意两个元素对调,其余元素不动,这样作出新排列的手续叫**对换**;将相邻两个数对调,叫**相邻对换**.

定理 1.2.1 一个排列中任意两个元素对换,排列的奇偶性改变.

证明 先考察相邻对换情形.设排列

$$p_1\cdots p_kabq_1\cdots q_s,$$

对换 a 与 b 得到新排列

$$p_1\cdots p_k baq_1\cdots q_s.$$

由逆序数的定义，排列 $p_1\cdots p_k abq_1\cdots q_s$ 中 a 与 b 对换后，除 a,b 外，其余元素的逆序数不变；而当 $a>b$ 时，a 的逆序数不变，b 的逆序数减 1；当 $a<b$ 时，a 的逆序数加 1，b 的逆序数不变，总之 $t(p_1\cdots p_k abq_1\cdots q_s)$ 与 $t(p_1\cdots p_k baq_1\cdots q_s)$ 相差 1，即排列 $p_1\cdots p_k abq_1\cdots q_s$ 与排列 $p_1\cdots p_k baq_1\cdots q_s$ 的奇偶性不同.

再考虑一般情形. 设排列

$$p_1\cdots p_k ac_1\cdots c_l bq_1\cdots q_s,$$

对换数 a 与 b 得到新排列

$$p_1\cdots p_k bc_1\cdots c_l aq_1\cdots q_s.$$

这只需先将 a 依次与 $c_1,\cdots,c_l,b$ 对换，共进行 $l+1$ 次相邻对换得到排列

$$p_1\cdots p_k c_1\cdots c_l baq_1\cdots q_s,$$

再将 b 依次与 $c_l,\cdots,c_1$ 对换，共进行 l 次相邻对换得到排列

$$p_1\cdots p_k bc_1\cdots c_l aq_1\cdots q_s.$$

于是对排列 $p_1\cdots p_k ac_1\cdots c_l bq_1\cdots q_s$ 作 $2l+1$ 次相邻对换即可得到新排列

$$p_1\cdots p_k bc_1\cdots c_l aq_1\cdots q_s.$$

而 $2l+1$ 是奇数，因此排列 $p_1\cdots p_k ac_1\cdots c_l bq_1\cdots q_s$ 与排列 $p_1\cdots p_k bc_1\cdots c_l aq_1\cdots q_s$ 的奇偶性不同.

利用定理 1.2.1 容易证明下面两个定理.

定理 1.2.2 任意一个 n 元排列与标准顺序排列 $12\cdots n$ 都可以经过一系列对换互换，并且所作对换的次数与 n 元排列有相同的奇偶性.

定理 1.2.3 在全部 n 元排列中，偶排列与奇排列各有 $\frac{n!}{2}(n\geqslant 2)$ 个.

习题 1.2

1. 由数 $1,2,\cdots,n$ 组成的一个排列中，位于第 k 个位置的数 n 构成多少个逆序？

2. 计算下列排列的逆序数，并判断排列的奇偶性.

(1) 3412；　(2) 7564132；　(3) 24315876；　(4) 127485639.

3. 计算下列排列的逆序数.

(1) $13\cdots(2n-1)24\cdots(2n)$；　(2) $13\cdots(2n-1)(2n)(2n-2)\cdots2$.

4. 选择 i 与 j 使下述 9 元排列

(1) $1245i6j97$ 为奇排列；　(2) $3972i51j4$ 为偶排列.

5. 假设 n 个数码的排列 $i_1i_2\cdots i_{n-1}i_n$ 的逆序数是 k，求排列 $i_ni_{n-1}\cdots i_2i_1$ 的逆序数.

1.3 n 阶行列式

为给出 n 阶行列式的定义，先来分析三阶行列式的结构. 由三阶行列式的定义

$$\begin{vmatrix} a_{11} & a_{12} & a_{13} \\ a_{21} & a_{22} & a_{23} \\ a_{31} & a_{32} & a_{33} \end{vmatrix} = a_{11}a_{22}a_{33}+a_{12}a_{23}a_{31}+a_{13}a_{21}a_{32}-a_{11}a_{23}a_{32}-a_{12}a_{21}a_{33}-a_{13}a_{22}a_{31}$$

可见：

(1) 它的每一项恰是三个元素的乘积，这三个元素位于三阶行列式的不同行、不同列，因此除正负号外的任意一项都可写成 $a_{1p_1}a_{2p_2}a_{3p_3}$，这里第一个下标(行标)排成标准次序123，第二个下标(列标)排成 $p_1p_2p_3$ 是三个数1,2,3的某个排列，这样的排列共有6种，对应6项.

(2) 各项的正负号与列标排列的对照如下：

带正号的三项列标排列依次是123,231,312；

带负号的三项列标排列依次是132,213,321.

经计算可知前三个排列都是偶排列，而后三个排列都是奇排列.因此各项所带的正负号可以表示为 $(-1)^t$，其中 t 为列标排列的逆序数.

从而三阶行列式可以写成

$$\begin{vmatrix} a_{11} & a_{12} & a_{13} \\ a_{21} & a_{22} & a_{23} \\ a_{31} & a_{32} & a_{33} \end{vmatrix} = \sum_{p_1p_2p_3} (-1)^{t(p_1p_2p_3)} a_{1p_1}a_{2p_2}a_{3p_3},$$

其中 $\sum\limits_{p_1p_2p_3}$ 表示对三个数1,2,3的所有排列 $p_1p_2p_3$ 求和.

实际上二阶行列式也可写成上述类似的形式，即

$$\begin{vmatrix} a_{11} & a_{12} \\ a_{21} & a_{22} \end{vmatrix} = \sum_{p_1p_2} (-1)^{t(p_1p_2)} a_{1p_1}a_{2p_2},$$

其中 $\sum\limits_{p_1p_2}$ 表示对两个数1,2的所有排列 p_1p_2 求和.

由此，归纳出一般 n 阶行列式的定义.

定义 1.3.1 由 n^2 个元素 $a_{ij}(i,j=1,2,\cdots,n)$ 排成 n 行 n 列确定的 ***n* 阶行列式**记为

$$\begin{vmatrix} a_{11} & a_{12} & \cdots & a_{1n} \\ a_{21} & a_{22} & \cdots & a_{2n} \\ \vdots & \vdots & & \vdots \\ a_{n1} & a_{n2} & \cdots & a_{nn} \end{vmatrix},$$

它表示所有取自不同行不同列的 n 个元素乘积

$$a_{1p_1}a_{2p_2}\cdots a_{np_n}$$

的代数和，其中 $p_1p_2\cdots p_n$ 为数1,2,…,n 的一个 n 元排列，共有 $n!$ 项，每项前面带有符号 $(-1)^{t(p_1p_2\cdots p_n)}$，即当 $p_1p_2\cdots p_n$ 是偶排列时，该项带正号，当 $p_1p_2\cdots p_n$ 是奇排列时，该项带负号，即

$$\begin{vmatrix} a_{11} & a_{12} & \cdots & a_{1n} \\ a_{21} & a_{22} & \cdots & a_{2n} \\ \vdots & \vdots & & \vdots \\ a_{n1} & a_{n2} & \cdots & a_{nn} \end{vmatrix} = \sum_{p_1p_2\cdots p_n} (-1)^{t(p_1p_2\cdots p_n)} a_{1p_1}a_{2p_2}\cdots a_{np_n}.$$

这里 $\sum\limits_{p_1p_2\cdots p_n}$ 表示对所有 n 元排列求和，$(-1)^{t(p_1p_2\cdots p_n)}a_{1p_1}a_{2p_2}\cdots a_{np_n}$ 为行列式的项.

显然，当 $n=2$ 或 $n=3$ 时，定义1.3.1与前面用对角线法则定义的二阶、三阶行列式是一致的.

特别当 $n=1$ 时，约定一阶行列式 $|a|=a$.

例 1.3.1 写出四阶行列式中含因子 $a_{12}a_{43}$ 的项.

解 因四阶行列式中的项形如 $(-1)^{t(p_1p_2p_3p_4)}a_{1p_1}a_{2p_2}a_{3p_3}a_{4p_4}$，而由已知可见 $p_1=2$，$p_4=3$，于是 $p_2=1$，$p_3=4$ 或 $p_2=4$，$p_3=1$，故四阶行列式中含因子 $a_{12}a_{43}$ 的项有 $a_{12}a_{21}a_{34}a_{43}$ 与 $-a_{12}a_{24}a_{31}a_{43}$.

主对角线以下(或上)的元素都为零的行列式叫做**上(或下)三角形行列式**(主对角线是指从左上角到右下角的对角线).

例 1.3.2 利用行列式的定义计算下三角形行列式

$$D=\begin{vmatrix} a_{11} & 0 & \cdots & 0 \\ a_{21} & a_{22} & \cdots & 0 \\ \vdots & \vdots & & \vdots \\ a_{n1} & a_{n2} & \cdots & a_{nn} \end{vmatrix}.$$

解 由于行列式中的项形如 $(-1)^{t(p_1p_2\cdots p_n)}a_{1p_1}a_{2p_2}\cdots a_{np_n}$，因此只需找出行列式中可能不为零的项，便可计算出行列式的值. 因 $j>i$ 时，$a_{ij}=0$，故 D 中可能不为零的元素 a_{ip_i} 的下标 $p_i\leqslant i$，即 $p_1\leqslant 1$，$p_2\leqslant 2$，…，$p_n\leqslant n$，从而

$$D=\begin{vmatrix} a_{11} & 0 & \cdots & 0 \\ a_{21} & a_{22} & \cdots & 0 \\ \vdots & \vdots & & \vdots \\ a_{n1} & a_{n2} & \cdots & a_{nn} \end{vmatrix}=(-1)^{t(12\cdots n)}a_{11}a_{22}\cdots a_{nn}=a_{11}a_{22}\cdots a_{nn}.$$

同理，可计算上三角形行列式

$$\begin{vmatrix} a_{11} & a_{12} & \cdots & a_{1n} \\ 0 & a_{22} & \cdots & a_{2n} \\ \vdots & \vdots & & \vdots \\ 0 & 0 & \cdots & a_{nn} \end{vmatrix}=a_{11}a_{22}\cdots a_{nn}.$$

例 1.3.2 说明下(上)三角形行列式等于主对角线上元素的乘积.

特别地，**对角行列式**(主对角线以外的元素都为零的行列式)

$$\begin{vmatrix} a_{11} & 0 & \cdots & 0 \\ 0 & a_{22} & \cdots & 0 \\ \vdots & \vdots & & \vdots \\ 0 & 0 & \cdots & a_{nn} \end{vmatrix}=a_{11}a_{22}\cdots a_{nn}.$$

类似地，可得

$$\begin{vmatrix} 0 & \cdots & 0 & \lambda_1 \\ 0 & \cdots & \lambda_2 & 0 \\ \vdots & & \vdots & \vdots \\ \lambda_n & \cdots & 0 & 0 \end{vmatrix}=(-1)^{t(n(n-1)\cdots 21)}\lambda_1\lambda_2\cdots\lambda_n=(-1)^{\frac{n(n-1)}{2}}\lambda_1\lambda_2\cdots\lambda_n.$$

显然，有一行(或列)元素全为零的行列式等于零.

定理 1.3.1 n 阶行列式也可定义为

$$\begin{vmatrix} a_{11} & a_{12} & \cdots & a_{1n} \\ a_{21} & a_{22} & \cdots & a_{2n} \\ \vdots & \vdots & & \vdots \\ a_{n1} & a_{n2} & \cdots & a_{nn} \end{vmatrix}=\sum_{q_1q_2\cdots q_n}(-1)^{t(q_1q_2\cdots q_n)}a_{q_11}a_{q_22}\cdots a_{q_nn}.$$

分析 记行列式为 D,由行列式的定义 $D=\sum\limits_{p_1p_2\cdots p_n}(-1)^{t(p_1p_2\cdots p_n)}a_{1p_1}a_{2p_2}\cdots a_{np_n}$,记 $D_1=\sum\limits_{q_1q_2\cdots q_n}(-1)^{t(q_1q_2\cdots q_n)}a_{q_11}a_{q_22}\cdots a_{q_nn}$. 显然 D 和 D_1 都是 $n!$ 项的代数和,故只需证明 D 中任意的一项总对应着 D_1 中的某一项,D_1 中的任意一项总对应着 D 中的某一项即可.

证明 对 D 中任意一项

$$(-1)^{t(p_1\cdots p_i\cdots p_j\cdots p_n)}a_{1p_1}a_{2p_2}\cdots a_{ip_i}\cdots a_{jp_j}\cdots a_{np_n},$$

其中排列 $12\cdots i\cdots j\cdots n$ 为标准排列,对换因子 a_{ip_i} 与 a_{jp_j},则

$$\begin{aligned}&(-1)^{t(p_1\cdots p_i\cdots p_j\cdots p_n)}a_{1p_1}a_{2p_2}\cdots a_{ip_i}\cdots a_{jp_j}\cdots a_{np_n}\\=&(-1)^{t(p_1\cdots p_i\cdots p_j\cdots p_n)}a_{1p_1}a_{2p_2}\cdots a_{jp_j}\cdots a_{ip_i}\cdots a_{np_n},\end{aligned}$$

显然排列 $1\cdots j\cdots i\cdots n$ 是奇排列,所以 $t(1\cdots j\cdots i\cdots n)$ 是奇数,于是

$$(-1)^{t(p_1\cdots p_i\cdots p_j\cdots p_n)}=-(-1)^{t(p_1\cdots p_j\cdots p_i\cdots p_n)}=(-1)^{t(1\cdots j\cdots i\cdots n)+t(p_1\cdots p_j\cdots p_i\cdots p_n)}.$$

这表明,对换行列式某项乘积中两元素的次序,行标排列与列标排列同时作了相应对换,但行标排列与列标排列的逆序数之和的奇偶性不变. 从而,总可以经过有限次对换,使列标排列 $p_1\cdots p_i\cdots p_j\cdots p_n$ 变为标准排列,行标排列 $12\cdots i\cdots j\cdots n$ 变为某个新排列,记此新排列为 $q_1q_2\cdots q_n$,则

$$(-1)^{t(p_1p_2\cdots p_n)}a_{1p_1}a_{2p_2}\cdots a_{np_n}=(-1)^{t(q_1q_2\cdots q_n)}a_{q_11}a_{q_22}\cdots a_{q_nn}.$$

又 $p_i=j$ 时,由 $a_{ip_i}=a_{ij}=a_{q_jj}$ 知 $q_j=i$,即排列 $q_1q_2\cdots q_n$ 由 $p_1\cdots p_i\cdots p_j\cdots p_n$ 确定,因此,对于 D 中任意一项,D_1 中有一项与之对应并相等;反之,可证明对于 D_1 中任意一项,D 中也有一项与之对应并相等,故 $D=D_1$.

习题 1.3

1. 设五阶行列式

$$D=\begin{vmatrix}a_{11}&a_{12}&\cdots&a_{15}\\a_{21}&a_{22}&\cdots&a_{25}\\\vdots&\vdots&&\vdots\\a_{51}&a_{52}&\cdots&a_{55}\end{vmatrix},$$

则下列各式是否可能为 D 的项?如果可能,试确定它的正负号,使其成为 D 的项.

(1) $a_{31}a_{43}a_{21}a_{52}a_{55}$;　　(2) $a_{31}a_{23}a_{45}a_{12}a_{54}$.

2. 写出四阶行列式 $\begin{vmatrix}a_{11}&\cdots&a_{14}\\\vdots&&\vdots\\a_{41}&\cdots&a_{44}\end{vmatrix}$ 中一切带有负号且含元素 a_{23} 的项.

3. 根据行列式定义计算下列 n 阶行列式：

(1) $\begin{vmatrix} 0 & 1 & 0 & \cdots & 0 \\ 0 & 0 & 2 & \cdots & 0 \\ \vdots & \vdots & \vdots & & \vdots \\ 0 & 0 & 0 & \cdots & n-1 \\ n & 0 & 0 & \cdots & 0 \end{vmatrix}$； (2) $\begin{vmatrix} 0 & \cdots & 0 & 1 & 0 \\ 0 & \cdots & 2 & 0 & 0 \\ \vdots & & \vdots & \vdots & \vdots \\ n-1 & \cdots & 0 & 0 & 0 \\ 0 & \cdots & 0 & 0 & n \end{vmatrix}$.

4. 证明：如果 n 阶行列式 D 中零元素的个数比 n^2-n 多，那么 $D=0$.

1.4 行列式的性质

由于 n 阶行列式是 $n!$ 项的代数和，因此当 n 较大时，一般来说用定义计算 n 阶行列式是不容易的，本节将研究行列式的性质，并利用行列式的性质简化行列式的计算.

定义 1.4.1 设

$$D=\begin{vmatrix} a_{11} & a_{12} & \cdots & a_{1n} \\ a_{21} & a_{22} & \cdots & a_{2n} \\ \vdots & \vdots & & \vdots \\ a_{n1} & a_{n2} & \cdots & a_{nn} \end{vmatrix},$$

把 D 中的行与列互换，所得的行列式记为 D^{T}，即

$$D^{\mathrm{T}}=\begin{vmatrix} a_{11} & a_{21} & \cdots & a_{n1} \\ a_{12} & a_{22} & \cdots & a_{n2} \\ \vdots & \vdots & & \vdots \\ a_{1n} & a_{2n} & \cdots & a_{nn} \end{vmatrix},$$

称 D^{T} 为行列式 D 的**转置行列式**.

性质 1 行列互换，行列式的值不变，即 $D^{\mathrm{T}}=D$.

证明 设

$$D=\begin{vmatrix} a_{11} & a_{12} & \cdots & a_{1n} \\ a_{21} & a_{22} & \cdots & a_{2n} \\ \vdots & \vdots & & \vdots \\ a_{n1} & a_{n2} & \cdots & a_{nn} \end{vmatrix},$$

记

$$D^{\mathrm{T}}=\begin{vmatrix} a_{11} & a_{21} & \cdots & a_{n1} \\ a_{12} & a_{22} & \cdots & a_{n2} \\ \vdots & \vdots & & \vdots \\ a_{1n} & a_{2n} & \cdots & a_{nn} \end{vmatrix}=\begin{vmatrix} b_{11} & b_{12} & \cdots & b_{1n} \\ b_{21} & b_{22} & \cdots & b_{2n} \\ \vdots & \vdots & & \vdots \\ b_{n1} & b_{n2} & \cdots & b_{nn} \end{vmatrix},$$

其中 $b_{ij}=a_{ji}(i,j=1,2,\cdots,n)$，由行列式的定义，有

$$D^{\mathrm{T}}=\sum_{q_1q_2\cdots q_n}(-1)^{t(q_1q_2\cdots q_n)}b_{1q_1}b_{2q_2}\cdots b_{nq_n}=\sum_{q_1q_2\cdots q_n}(-1)^{t(q_1q_2\cdots q_n)}a_{q_11}a_{q_22}\cdots a_{q_nn}.$$

由定理 1.3.1 知，$D^{\mathrm{T}}=D$.

性质 1 表明,行列式中的行与列具有同等的地位,凡是对行列式的行成立的性质对行列式的列也成立,反之亦然.

性质 2 交换行列式中两行(或列)的位置,行列式变号.

证明 设给定行列式

$$D=\begin{vmatrix} a_{11} & a_{12} & \cdots & a_{1n} \\ \vdots & \vdots & & \vdots \\ a_{i1} & a_{i2} & \cdots & a_{in} \\ \vdots & \vdots & & \vdots \\ a_{j1} & a_{j2} & \cdots & a_{jn} \\ \vdots & \vdots & & \vdots \\ a_{n1} & a_{n2} & \cdots & a_{nn} \end{vmatrix},$$

交换 D 的第 i 行和第 j 行得到行列式

$$D_1=\begin{vmatrix} a_{11} & a_{12} & \cdots & a_{1n} \\ \vdots & \vdots & & \vdots \\ a_{j1} & a_{j2} & \cdots & a_{jn} \\ \vdots & \vdots & & \vdots \\ a_{i1} & a_{i2} & \cdots & a_{in} \\ \vdots & \vdots & & \vdots \\ a_{n1} & a_{n2} & \cdots & a_{nn} \end{vmatrix}=\begin{vmatrix} a_{11} & a_{12} & \cdots & a_{1n} \\ \vdots & \vdots & & \vdots \\ a'_{i1} & a'_{i2} & \cdots & a'_{in} \\ \vdots & \vdots & & \vdots \\ a'_{j1} & a'_{j2} & \cdots & a'_{jn} \\ \vdots & \vdots & & \vdots \\ a_{n1} & a_{n2} & \cdots & a_{nn} \end{vmatrix},$$

其中 $a'_{ik}=a_{jk}, a'_{jk}=a_{ik}(k=1,2,\cdots,n)$.

由行列式定义有

$$\begin{aligned} D_1 &= \sum_{q_1q_2\cdots q_n}(-1)^{t(q_1\cdots q_i\cdots q_j\cdots q_n)}a_{1q_1}\cdots a'_{iq_i}\cdots a'_{jq_j}\cdots a_{nq_n} \\ &= \sum_{q_1q_2\cdots q_n}(-1)^{t(q_1\cdots q_i\cdots q_j\cdots q_n)}a_{1q_1}\cdots a_{jq_i}\cdots a_{iq_j}\cdots a_{nq_n} \\ &= \sum_{q_1q_2\cdots q_n}(-1)^{t(q_1\cdots q_i\cdots q_j\cdots q_n)}a_{1q_1}\cdots a_{iq_j}\cdots a_{jq_i}\cdots a_{nq_n}, \end{aligned}$$

其中排列 $12\cdots i\cdots j\cdots n$ 为标准排列,而

$$(-1)^{t(q_1\cdots q_i\cdots q_j\cdots q_n)}=-(-1)^{t(q_1\cdots q_j\cdots q_i\cdots q_n)},$$

于是

$$\begin{aligned} D_1 &= \sum_{q_1q_2\cdots q_n}(-1)^{t(q_1\cdots q_i\cdots q_j\cdots q_n)}a_{1q_1}\cdots a_{iq_j}\cdots a_{jq_i}\cdots a_{nq_n} \\ &= -\sum_{q_1q_2\cdots q_n}(-1)^{t(q_1\cdots q_j\cdots q_i\cdots q_n)}a_{1q_1}\cdots a_{iq_j}\cdots a_{jq_i}\cdots a_{nq_n} \\ &= -D. \end{aligned}$$

以 r_i 表示行列式的第 i 行,c_i 表示行列式的第 i 列. 交换行列式的第 i 行与第 j 行记作 $r_i \leftrightarrow r_j$,交换行列式的第 i 列与第 j 列记作 $c_i \leftrightarrow c_j$.

推论 有两行(或列)对应元素完全相同的行列式等于零.

性质 3 行列式某一行(或列)的各元素都乘以同一数 k 等于用数 k 乘此行列式. 即

$$\begin{vmatrix} a_{11} & a_{12} & \cdots & a_{1n} \\ \vdots & \vdots & & \vdots \\ ka_{i1} & ka_{i2} & \cdots & ka_{in} \\ \vdots & \vdots & & \vdots \\ a_{n1} & a_{n2} & \cdots & a_{nn} \end{vmatrix} = k\begin{vmatrix} a_{11} & a_{12} & \cdots & a_{1n} \\ \vdots & \vdots & & \vdots \\ a_{i1} & a_{i2} & \cdots & a_{in} \\ \vdots & \vdots & & \vdots \\ a_{n1} & a_{n2} & \cdots & a_{nn} \end{vmatrix}.$$

证明 左端 $=\begin{vmatrix} a_{11} & a_{12} & \cdots & a_{1n} \\ \vdots & \vdots & & \vdots \\ ka_{i1} & ka_{i2} & \cdots & ka_{in} \\ \vdots & \vdots & & \vdots \\ a_{n1} & a_{n2} & \cdots & a_{nn} \end{vmatrix} = \sum\limits_{q_1 q_2 \cdots q_n} (-1)^{t(q_1 q_2 \cdots q_n)} a_{1q_1} \cdots (ka_{iq_i}) \cdots a_{nq_n}$

$$= k\sum_{q_1 q_2 \cdots q_n} (-1)^{t(q_1 q_2 \cdots q_n)} a_{1q_1} \cdots a_{iq_i} \cdots a_{nq_n} = \text{右端}.$$

用数 k 乘以行列式第 i 行(或列)的所有元素,记作 $r_i \times k$(或 $c_i \times k$).

推论 行列式的某一行(或列)所有元素的公因式可以提到行列式符号外.

由性质3和性质2的推论,可得下面的性质.

性质4 有两行(或列)对应元素成比例的行列式等于零.

性质5 某一行(或列)的元素都是两数之和的行列式可分解为两个行列式的和.即

$$\begin{vmatrix} a_{11} & a_{12} & \cdots & a_{1n} \\ \vdots & \vdots & & \vdots \\ b_{i1}+c_{i1} & b_{i2}+c_{i2} & \cdots & b_{in}+c_{in} \\ \vdots & \vdots & & \vdots \\ a_{n1} & a_{n2} & \cdots & a_{nn} \end{vmatrix} = \begin{vmatrix} a_{11} & a_{12} & \cdots & a_{1n} \\ \vdots & \vdots & & \vdots \\ b_{i1} & b_{i2} & \cdots & b_{in} \\ \vdots & \vdots & & \vdots \\ a_{n1} & a_{n2} & \cdots & a_{nn} \end{vmatrix} + \begin{vmatrix} a_{11} & a_{12} & \cdots & a_{1n} \\ \vdots & \vdots & & \vdots \\ c_{i1} & c_{i2} & \cdots & c_{in} \\ \vdots & \vdots & & \vdots \\ a_{n1} & a_{n2} & \cdots & a_{nn} \end{vmatrix}.$$

证明 左端 $=\sum\limits_{q_1 \cdots q_i \cdots q_n} (-1)^{t(q_1 \cdots q_i \cdots q_n)} a_{1q_1} \cdots (b_{iq_i} + c_{iq_i}) \cdots a_{nq_n}$

$$= \sum_{q_1 \cdots q_i \cdots q_n} (-1)^{t(q_1 \cdots q_i \cdots q_n)} a_{1q_1} \cdots b_{iq_i} \cdots a_{nq_n} + \sum_{q_1 \cdots q_i \cdots q_n} (-1)^{t(q_1 \cdots q_i \cdots q_n)} a_{1q_1} \cdots c_{iq_i} \cdots a_{nq_n}$$

$$= \text{右端}.$$

推论1 某一行(或列)的元素都是 n 个数之和的行列式可分解为 n 个行列式的和.

推论2 每个元素都表示成两数之和的行列式可分解为 2^n 个行列式的和.

由性质5和性质4,可得下面的性质.

性质6 把行列式某一行(或列)的各元素都乘以同一数 k 加到另一行(或列)的对应元素上去,行列式的值不变.即

$$\begin{vmatrix} a_{11} & a_{12} & \cdots & a_{1n} \\ \vdots & \vdots & & \vdots \\ a_{i1} & a_{i2} & \cdots & a_{in} \\ \vdots & \vdots & & \vdots \\ a_{j1} & a_{j2} & \cdots & a_{jn} \\ \vdots & \vdots & & \vdots \\ a_{n1} & a_{n2} & \cdots & a_{nn} \end{vmatrix} = \begin{vmatrix} a_{11} & a_{12} & \cdots & a_{1n} \\ \vdots & \vdots & & \vdots \\ a_{i1}+ka_{j1} & a_{i2}+ka_{j2} & \cdots & a_{in}+ka_{jn} \\ \vdots & \vdots & & \vdots \\ a_{j1} & a_{j2} & \cdots & a_{jn} \\ \vdots & \vdots & & \vdots \\ a_{n1} & a_{n2} & \cdots & a_{nn} \end{vmatrix}.$$

用数 k 乘以行列式第 j 行(或列)所有元素加到第 i 行(或列)对应元素上,记作 r_i+kr_j(或 c_i+kc_j),$i\neq j$.

性质 2、性质 3、性质 6 介绍了行列式关于行和列的三种运算,即 $r_i\leftrightarrow r_j$,$r_i\times k$,r_i+kr_j 和 $c_i\leftrightarrow c_j$,$c_i\times k$,c_i+kc_j,利用这些运算可以简化行列式的计算,特别利用运算 r_i+kr_j(或 c_i+kc_j)可以把行列式中许多元素化为 0,因此计算行列式常用的一种方法就是利用行列式的性质把所给行列式化为三角形行列式,从而得到行列式的值,这种方法也称为三角形法.

例 1.4.1 计算下列行列式

$$D=\begin{vmatrix} 3 & 1 & -1 & 2 \\ -5 & 1 & 3 & -4 \\ 2 & 0 & 1 & -1 \\ 10 & 0 & -3 & 5 \end{vmatrix}.$$

解
$$D\xlongequal{c_1\leftrightarrow c_2}-\begin{vmatrix} 1 & 3 & -1 & 2 \\ 1 & -5 & 3 & -4 \\ 0 & 2 & 1 & -1 \\ 0 & 10 & -3 & 5 \end{vmatrix}\xlongequal{r_2+(-1)r_1}-\begin{vmatrix} 1 & 3 & -1 & 2 \\ 0 & -8 & 4 & -6 \\ 0 & 2 & 1 & -1 \\ 0 & 10 & -3 & 5 \end{vmatrix}$$

$$\xlongequal[r_4-5r_3]{r_2+4r_3}-\begin{vmatrix} 1 & 3 & -1 & 2 \\ 0 & 0 & 8 & -10 \\ 0 & 2 & 1 & -1 \\ 0 & 0 & -8 & 10 \end{vmatrix}=0.$$

例 1.4.2 计算

$$D=\begin{vmatrix} a & b & c & d \\ a & a+b & a+b+c & a+b+c+d \\ a & 2a+b & 3a+2b+c & 4a+3b+2c+d \\ a & 3a+b & 6a+3b+c & 10a+6b+3c+d \end{vmatrix}.$$

解
$$D\xlongequal[\substack{r_3-r_2\\ r_2-r_1}]{r_4-r_3}\begin{vmatrix} a & b & c & d \\ 0 & a & a+b & a+b+c \\ 0 & a & 2a+b & 3a+2b+c \\ 0 & a & 3a+b & 6a+3b+c \end{vmatrix}\xlongequal[r_3-r_2]{r_4-r_3}\begin{vmatrix} a & b & c & d \\ 0 & a & a+b & a+b+c \\ 0 & 0 & a & 2a+b \\ 0 & 0 & a & 3a+b \end{vmatrix}$$

$$\xlongequal{r_4-r_3}\begin{vmatrix} a & b & c & d \\ 0 & a & a+b & a+b+c \\ 0 & 0 & a & 2a+b \\ 0 & 0 & 0 & a \end{vmatrix}=a^4.$$

例 1.4.3 计算

$$D=\begin{vmatrix} 1+a_1 & 1 & 1 & 1 \\ 1 & 1+a_2 & 1 & 1 \\ 1 & 1 & 1+a_3 & 1 \\ 1 & 1 & 1 & 1+a_4 \end{vmatrix},\quad a_1a_2a_3a_4\neq 0.$$

解 $D\xlongequal[\substack{r_3-r_1\\r_4-r_1}]{r_2-r_1}\begin{vmatrix}1+a_1&1&1&1\\-a_1&a_2&0&0\\-a_1&0&a_3&0\\-a_1&0&0&a_4\end{vmatrix}=a_1a_2a_3a_4\begin{vmatrix}1+\frac{1}{a_1}&\frac{1}{a_2}&\frac{1}{a_3}&\frac{1}{a_4}\\-1&1&0&0\\-1&0&1&0\\-1&0&0&1\end{vmatrix}$

$$\xlongequal[\substack{c_1+c_3\\c_1+c_4}]{c_1+c_2}a_1a_2a_3a_4\begin{vmatrix}1+\frac{1}{a_1}+\frac{1}{a_2}+\frac{1}{a_3}+\frac{1}{a_4}&\frac{1}{a_2}&\frac{1}{a_3}&\frac{1}{a_4}\\0&1&0&0\\0&0&1&0\\0&0&0&1\end{vmatrix}=\left(1+\sum_{i=1}^{4}\frac{1}{a_i}\right)a_1a_2a_3a_4.$$

上述例题可见,利用运算 r_i+kr_j(或 c_i+kc_j)可以把行列式化为上(下)三角形行列式,事实上,用数学归纳法可以证明任何 n 阶行列式总可以通过运算 r_i+kr_j(或 c_i+kc_j)化为上(下)三角形行列式.

例 1.4.4 设

$$D=\begin{vmatrix}a_{11}&\cdots&a_{1m}&0&\cdots&0\\\vdots&&\vdots&\vdots&&\vdots\\a_{m1}&\cdots&a_{mm}&0&\cdots&0\\c_{11}&\cdots&c_{1m}&b_{11}&\cdots&b_{1n}\\\vdots&&\vdots&\vdots&&\vdots\\c_{n1}&\cdots&c_{nm}&b_{n1}&\cdots&b_{nn}\end{vmatrix},\quad D_1=\begin{vmatrix}a_{11}&\cdots&a_{1m}\\\vdots&&\vdots\\a_{m1}&\cdots&a_{mm}\end{vmatrix},\quad D_2=\begin{vmatrix}b_{11}&\cdots&b_{1n}\\\vdots&&\vdots\\b_{n1}&\cdots&b_{nn}\end{vmatrix}.$$

证明 $D=D_1D_2$.

证明 因对行列式 D_1 作运算 r_i+kr_j,可把 D_1 化为下三角行列式

$$D_1=\begin{vmatrix}p_{11}&\cdots&0\\\vdots&\ddots&\vdots\\p_{m1}&\cdots&p_{mm}\end{vmatrix}=p_{11}\cdots p_{mm},$$

对行列式 D_2 作运算 c_i+kc_j,把 D_2 化为下三角行列式

$$D_2=\begin{vmatrix}q_{11}&\cdots&0\\\vdots&\ddots&\vdots\\q_{n1}&\cdots&q_{nn}\end{vmatrix}=q_{11}\cdots q_{nn},$$

于是对 D 的前 m 行作与 D_1 相同的运算 r_i+kr_j,再对 D 的后 n 列作与 D_2 相同的运算 c_i+kc_j,可把 D 化为下三角行列式

$$D=\begin{vmatrix}p_{11}&\cdots&0&0&\cdots&0\\\vdots&\ddots&\vdots&\vdots&&\vdots\\p_{m1}&\cdots&p_{mm}&0&\cdots&0\\c_{11}&\cdots&c_{1m}&q_{11}&\cdots&0\\\vdots&&\vdots&\vdots&\ddots&\vdots\\c_{n1}&\cdots&c_{nm}&q_{n1}&\cdots&q_{nn}\end{vmatrix},$$

故

$$D = p_{11}\cdots p_{mm}q_{11}\cdots q_{nn} = D_1 D_2.$$

例 1.4.5 计算 n 阶行列式

$$D_n = \begin{vmatrix} x & a & \cdots & a & a \\ a & x & \cdots & a & a \\ \vdots & \vdots & & \vdots & \vdots \\ a & a & \cdots & x & a \\ a & a & \cdots & a & x \end{vmatrix}.$$

解 由于行列式每行(列)所有元素的和相等,故如将第 2,3,…,n 行(列)都加到第 1 行(列),则可使第 1 行(列)元素化为相同元素,接着可以将得到的行列式化为三角形行列式.

$$D_n = \begin{vmatrix} x+(n-1)a & a & \cdots & a & a \\ x+(n-1)a & x & \cdots & a & a \\ \vdots & \vdots & & \vdots & \vdots \\ x+(n-1)a & a & \cdots & x & a \\ x+(n-1)a & a & \cdots & a & x \end{vmatrix} = \begin{vmatrix} x+(n-1)a & a & \cdots & a & a \\ 0 & x-a & \cdots & 0 & 0 \\ \vdots & \vdots & & \vdots & \vdots \\ 0 & 0 & \cdots & x-a & 0 \\ 0 & 0 & \cdots & 0 & x-a \end{vmatrix}$$

$$= [x+(n-1)a](x-a)^{n-1}.$$

例 1.4.6 计算 $2n$ 阶行列式

$$D_{2n} = \begin{vmatrix} a & & & & & b \\ & \ddots & & & \iddots & \\ & & a & b & & \\ & & c & d & & \\ & \iddots & & & \ddots & \\ c & & & & & d \end{vmatrix},$$

其中行列式中未写出的元素均为零.

解 把 D_{2n} 的第 $2n$ 行依次与第 $2n-1$ 行,第 $2n-2$ 行,…,第 2 行作相邻行的对换,得

$$D_{2n} = (-1)^{2n-2} \begin{vmatrix} a & 0 & \cdots & \cdots & \cdots & \cdots & 0 & b \\ c & 0 & \cdots & \cdots & \cdots & \cdots & 0 & d \\ 0 & a & & & & & b & 0 \\ \vdots & & \ddots & & & \iddots & & \vdots \\ \vdots & & & a & b & & & \vdots \\ \vdots & & & c & d & & & \vdots \\ \vdots & & \iddots & & & \ddots & & \vdots \\ 0 & c & & & & & d & 0 \end{vmatrix},$$

再把 D_{2n} 的第 $2n$ 列依次与第 $2n-1$ 列,第 $2n-2$ 列,…,第 2 列作相邻列的对换,得

$$D_{2n}=(-1)^{2n-2}\cdot(-1)^{2n-2}\begin{vmatrix} a & b & 0 & \cdots & \cdots & \cdots & \cdots & 0 \\ c & d & 0 & \cdots & \cdots & \cdots & \cdots & 0 \\ 0 & 0 & a & & & & & b \\ \vdots & \vdots & & \ddots & & & \iddots & \\ \vdots & \vdots & & & a & b & & \\ \vdots & \vdots & & & c & d & & \\ \vdots & \vdots & & \iddots & & & \ddots & \\ 0 & 0 & c & & & & & d \end{vmatrix}.$$

利用例 1.4.4 的结果得递推公式

$$D_{2n}=D_2D_{2(n-1)}=(ad-bc)D_{2(n-1)}.$$

于是

$$\begin{aligned} D_{2n}&=(ad-bc)D_{2(n-1)}=(ad-bc)^2D_{2(n-2)}\\ &=\cdots=(ad-bc)^n. \end{aligned}$$

习题 1.4

1. 利用行列式性质计算下列行列式.

(1) $\begin{vmatrix} 3421 & 3521 \\ 2809 & 2909 \end{vmatrix}$； (2) $\begin{vmatrix} -ab & ac & ae \\ bd & -cd & de \\ bf & cf & -ef \end{vmatrix}$； (3) $\begin{vmatrix} 4 & 1 & 2 & 1 \\ 2 & 1 & 3 & -1 \\ 3 & 2 & 1 & 2 \\ 6 & 2 & 5 & 0 \end{vmatrix}$；

(4) $\begin{vmatrix} 3 & 1 & 1 & 1 \\ 1 & 3 & 1 & 1 \\ 1 & 1 & 3 & 1 \\ 1 & 1 & 1 & 3 \end{vmatrix}$； (5) $\begin{vmatrix} a & 0 & b & 0 \\ 0 & c & 0 & d \\ e & 0 & f & 0 \\ 0 & g & 0 & h \end{vmatrix}$； (6) $\begin{vmatrix} 2 & 1 & 4 & 1 \\ 3 & -1 & 2 & 4 \\ 1 & 2 & 3 & 2 \\ 5 & 0 & 1 & 2 \end{vmatrix}$.

2. 已知 $\begin{vmatrix} a_{11} & a_{12} & a_{13} \\ a_{21} & a_{22} & a_{23} \\ a_{31} & a_{32} & a_{33} \end{vmatrix}=m$，求 $\begin{vmatrix} 4a_{11} & 2a_{13}-3a_{11} & -a_{12} \\ 4a_{21} & 2a_{23}-3a_{21} & -a_{22} \\ 4a_{31} & 2a_{33}-3a_{31} & -a_{32} \end{vmatrix}$ 的值.

3. 证明：

(1) $\begin{vmatrix} a^2 & ab & b^2 \\ 2a & a+b & 2b \\ 1 & 1 & 1 \end{vmatrix}=(a-b)^3$；

(2) $\begin{vmatrix} a^2 & (a+1)^2 & (a+2)^2 & (a+3)^3 \\ b^2 & (b+1)^2 & (b+2)^2 & (b+3)^2 \\ c^2 & (c+1)^2 & (c+2)^2 & (c+3)^2 \\ d^2 & (d+1)^2 & (d+2)^2 & (d+3)^2 \end{vmatrix}=0$；

(3) $\begin{vmatrix} x & -1 & 0 & 0 \\ 0 & x & -1 & 0 \\ 0 & 0 & x & -1 \\ a_4 & a_3 & a_2 & x+a_1 \end{vmatrix} = x^4+a_1x^3+a_2x^2+a_3x+a_4$;

(4) $\begin{vmatrix} 1+a & 1 & 1 & 1 \\ 1 & 1-a & 1 & 1 \\ 1 & 1 & 1+b & 1 \\ 1 & 1 & 1 & 1-b \end{vmatrix} = a^2b^2$.

4. 考察下列行列式:

$$D=\begin{vmatrix} a_{11} & a_{12} & \cdots & a_{1n} \\ a_{21} & a_{22} & \cdots & a_{2n} \\ \vdots & \vdots & & \vdots \\ a_{n1} & a_{n2} & \cdots & a_{nn} \end{vmatrix},\quad D_1=\begin{vmatrix} a_{1i_1} & a_{1i_2} & \cdots & a_{1i_n} \\ a_{2i_1} & a_{2i_2} & \cdots & a_{2i_n} \\ \vdots & \vdots & & \vdots \\ a_{ni_1} & a_{ni_2} & \cdots & a_{ni_n} \end{vmatrix},$$

其中 $i_1i_2\cdots i_n$ 是 $1,2,\cdots,n$ 的一个排列. 这两个行列式间有什么关系?

5. 计算下列 n 阶行列式的值.

(1) $D_n=\begin{vmatrix} 1 & -1 & \cdots & -1 & -1 \\ 1 & 1 & \cdots & -1 & -1 \\ \vdots & \vdots & & \vdots & \vdots \\ 1 & 1 & \cdots & 1 & -1 \\ 1 & 1 & \cdots & 1 & 1 \end{vmatrix}$;

(2) $D_n=\begin{vmatrix} 1+a_1 & 1 & \cdots & 1 & 1 \\ 1 & 1+a_2 & \cdots & 1 & 1 \\ \vdots & \vdots & & \vdots & \vdots \\ 1 & 1 & \cdots & 1+a_{n-1} & 1 \\ 1 & 1 & \cdots & 1 & 1+a_n \end{vmatrix}$, $a_1a_2\cdots a_n\neq 0$;

(3) $D_n=\begin{vmatrix} x & y & 0 & \cdots & 0 & 0 \\ 0 & x & y & \cdots & 0 & 0 \\ \vdots & \vdots & \vdots & & \vdots & \vdots \\ 0 & 0 & 0 & \cdots & x & y \\ y & 0 & 0 & \cdots & 0 & x \end{vmatrix}$.

1.5 行列式按行(列)展开

一般来说,计算低阶行列式比计算高阶行列式容易,因此自然可以考虑用低阶行列式来表示高阶行列式的问题. 为此,先引进余子式和代数余子式的概念.

定义 1.5.1 在一个 $n(n>1)$ 阶行列式 D 中,把元素 a_{ij} 所在的第 i 行第 j 列划去后,剩下的元素按原次序组成的 $n-1$ 阶行列式叫做元素 a_{ij} 的**余子式**,记为 M_{ij};而 $A_{ij}=(-1)^{i+j}M_{ij}$ 叫

做元素 a_{ij} 的**代数余子式**.

例 1.5.1 在四阶行列式

$$D=\begin{vmatrix} a_{11} & a_{12} & a_{13} & a_{14} \\ a_{21} & a_{22} & a_{23} & a_{24} \\ a_{31} & a_{32} & a_{33} & a_{34} \\ a_{41} & a_{42} & a_{43} & a_{44} \end{vmatrix}$$

中,元素 a_{23} 的余子式是

$$M_{23}=\begin{vmatrix} a_{11} & a_{12} & a_{14} \\ a_{31} & a_{32} & a_{34} \\ a_{41} & a_{42} & a_{44} \end{vmatrix},$$

而 a_{23} 的代数余子式是

$$A_{23}=(-1)^{2+3}M_{23}=-M_{23}=-\begin{vmatrix} a_{11} & a_{12} & a_{14} \\ a_{31} & a_{32} & a_{34} \\ a_{41} & a_{42} & a_{44} \end{vmatrix}.$$

定理 1.5.1 若 n 阶行列式 D 中第 i 行(或第 j 列)除 a_{ij} 外其余元素都为零,则

$$D=a_{ij}A_{ij}.$$

证明 我们只对行的情形来证明这个定理. 先假定 D 的第一行元素除 a_{11} 外都是零. 这时利用例 1.4.4 的结果得

$$D=\begin{vmatrix} a_{11} & 0 & \cdots & 0 \\ a_{21} & a_{22} & \cdots & a_{2n} \\ \vdots & \vdots & & \vdots \\ a_{n1} & a_{n2} & \cdots & a_{nn} \end{vmatrix}=|\,a_{11}\,|\begin{vmatrix} a_{22} & \cdots & a_{2n} \\ \vdots & & \vdots \\ a_{n2} & \cdots & a_{nn} \end{vmatrix}=a_{11}M_{11}=a_{11}\cdot(-1)^{1+1}M_{11}=a_{11}A_{11}.$$

再证一般情形,此时

$$D=\begin{vmatrix} a_{11} & \cdots & a_{1,j-1} & a_{1j} & a_{1,j+1} & \cdots & a_{1n} \\ \vdots & & \vdots & \vdots & \vdots & & \vdots \\ 0 & \cdots & 0 & a_{ij} & 0 & \cdots & 0 \\ \vdots & & \vdots & \vdots & \vdots & & \vdots \\ a_{n1} & \cdots & a_{n,j-1} & a_{nj} & a_{n,j+1} & \cdots & a_{nn} \end{vmatrix}.$$

对行列式 D 作如下行列变换: 先将 D 的第 i 行依次与第 $i-1$ 行,第 $i-2$ 行,……,第 1 行交换,共经过 $i-1$ 次交换两行的步骤,就把 D 的第 i 行换到第一行位置,然后把 D 的第 j 列依次与第 $j-1$ 列,第 $j-2$ 列,……,第 1 列交换,共经过 $j-1$ 次交换两列的步骤,a_{ij} 就被换到第一行第一列的位置上,即

$$D=(-1)^{(i-1)+(j-1)}\begin{vmatrix} a_{ij} & 0 & \cdots & 0 & 0 & \cdots & 0 \\ a_{1j} & a_{11} & \cdots & a_{1,j-1} & a_{1,j+1} & \cdots & a_{1n} \\ \vdots & \vdots & & \vdots & \vdots & & \vdots \\ a_{i-1,j} & a_{i-1,1} & \cdots & a_{i-1,j-1} & a_{i-1,j+1} & \cdots & a_{i-1,n} \\ a_{i+1,j} & a_{i+1,1} & \cdots & a_{i+1,j-1} & a_{i+1,j+1} & \cdots & a_{i+1,n} \\ \vdots & \vdots & & \vdots & \vdots & & \vdots \\ a_{nj} & a_{n1} & \cdots & a_{n,j-1} & a_{n,j+1} & \cdots & a_{nn} \end{vmatrix}$$

$$= (-1)^{i+j} a_{ij} M_{ij} = a_{ij} A_{ij},$$

定理得证.

定理 1.5.2 行列式 D 等于它的任一行(或列)的各元素与其对应的代数余子式乘积之和,即

$$D = a_{i1}A_{i1} + a_{i2}A_{i2} + \cdots + a_{in}A_{in}, \quad i = 1,2,\cdots,n, \tag{1.5.1}$$

或

$$D = a_{1j}A_{1j} + a_{2j}A_{2j} + \cdots + a_{nj}A_{nj}, \quad j = 1,2,\cdots,n. \tag{1.5.2}$$

证明 我们只对行的情形证明,即证公式(1.5.1).

$$D = \begin{vmatrix} a_{11} & a_{12} & \cdots & a_{1n} \\ \vdots & \vdots & & \vdots \\ a_{i1}+0+\cdots+0 & 0+a_{i2}+\cdots+0 & \cdots & 0+\cdots+0+a_{in} \\ \vdots & \vdots & & \vdots \\ a_{n1} & a_{n2} & \cdots & a_{nn} \end{vmatrix}$$

$$= \begin{vmatrix} a_{11} & a_{12} & \cdots & a_{1n} \\ \vdots & \vdots & & \vdots \\ a_{i1} & 0 & \cdots & 0 \\ \vdots & \vdots & & \vdots \\ a_{n1} & a_{n2} & \cdots & a_{nn} \end{vmatrix} + \begin{vmatrix} a_{11} & a_{12} & \cdots & a_{1n} \\ \vdots & \vdots & & \vdots \\ 0 & a_{i2} & \cdots & 0 \\ \vdots & \vdots & & \vdots \\ a_{n1} & a_{n2} & \cdots & a_{nn} \end{vmatrix} + \cdots + \begin{vmatrix} a_{11} & a_{12} & \cdots & a_{1n} \\ \vdots & \vdots & & \vdots \\ 0 & 0 & \cdots & a_{in} \\ \vdots & \vdots & & \vdots \\ a_{n1} & a_{n2} & \cdots & a_{nn} \end{vmatrix}$$

$$= a_{i1}A_{i1} + a_{i2}A_{i2} + \cdots + a_{in}A_{in}, \quad i = 1,2,\cdots,n.$$

类似地,可证明公式(1.5.2).

称定理 1.5.2 为行列式按行(或按列)展开法则,公式(1.5.1)叫做行列式按第 i 行的展开式,公式(1.5.2)叫做行列式按第 j 列的展开式.

定理 1.5.2 表明,$n(n>1)$阶行列式可用 $n-1$ 阶行列式来表示,因此利用行列式按行(或列)展开法则并结合行列式的性质,可以简化行列式的计算.

例 1.5.2 计算行列式

$$D = \begin{vmatrix} 3 & 1 & -1 & 2 \\ -5 & 1 & 3 & -4 \\ 2 & 0 & 1 & -1 \\ 1 & -5 & 3 & -3 \end{vmatrix}.$$

解 $D \xlongequal[c_4+c_3]{c_1-2c_3} \begin{vmatrix} 5 & 1 & -1 & 1 \\ -11 & 1 & 3 & -1 \\ 0 & 0 & 1 & 0 \\ -5 & -5 & 3 & 0 \end{vmatrix} \xlongequal{\text{按第 3 行展开}} 1\times(-1)^{3+3} \begin{vmatrix} 5 & 1 & 1 \\ -11 & 1 & -1 \\ -5 & -5 & 0 \end{vmatrix}$

$$= \begin{vmatrix} 5 & 1 & 1 \\ -11 & 1 & -1 \\ -5 & -5 & 0 \end{vmatrix} \xlongequal{r_2+r_1} \begin{vmatrix} 5 & 1 & 1 \\ -6 & 2 & 0 \\ -5 & -5 & 0 \end{vmatrix}$$

$$\xlongequal{\text{按第 3 列展开}} 1\times(-1)^{1+3} \begin{vmatrix} -6 & 2 \\ -5 & -5 \end{vmatrix} = 40.$$

例 1.5.3 计算 n 阶行列式

$$D_n = \begin{vmatrix} a_0 & -1 & 0 & \cdots & 0 & 0 \\ a_1 & x & -1 & \cdots & 0 & 0 \\ a_2 & 0 & x & \cdots & 0 & 0 \\ \vdots & \vdots & \vdots & & \vdots & \vdots \\ a_{n-2} & 0 & 0 & \cdots & x & -1 \\ a_{n-1} & 0 & 0 & \cdots & 0 & x \end{vmatrix}.$$

解 按第 n 行展开,得

$$D_n = (-1)^{n+1} a_{n-1} \begin{vmatrix} -1 & 0 & \cdots & 0 & 0 \\ x & -1 & \cdots & 0 & 0 \\ 0 & x & \cdots & 0 & 0 \\ \vdots & \vdots & & \vdots & \vdots \\ 0 & 0 & \cdots & x & -1 \end{vmatrix} + (-1)^{n+n} x \begin{vmatrix} a_0 & -1 & 0 & \cdots & 0 \\ a_1 & x & -1 & \cdots & 0 \\ a_2 & 0 & x & \cdots & 0 \\ \vdots & \vdots & \vdots & & \vdots \\ a_{n-2} & 0 & 0 & \cdots & x \end{vmatrix}.$$

这里第一个 $n-1$ 阶行列式等于$(-1)^{n-1}$,第二个 $n-1$ 阶行列式与 D_n 有相同的形式,把它记作 D_{n-1},于是

$$D_n = (-1)^{n+1}(-1)^{n-1} a_{n-1} + (-1)^{n+n} x D_{n-1} = a_{n-1} + x D_{n-1}.$$

上式对于任何 $n(n \geqslant 2)$都成立,因此有

$$\begin{aligned} D_n &= a_{n-1} + x D_{n-1} \\ &= a_{n-1} + x(a_{n-2} + x D_{n-2}) = a_{n-1} + a_{n-2} x + x^2 D_{n-2} \\ &= \cdots \\ &= a_{n-1} + a_{n-2} x + \cdots + a_2 x^{n-3} + x^{n-2} D_2. \end{aligned}$$

由 $D_2 = \begin{vmatrix} a_0 & -1 \\ a_1 & x \end{vmatrix} = a_0 x + a_1$,故

$$D_n = a_{n-1} + a_{n-2} x + \cdots + a_1 x^{n-2} + a_0 x^{n-1}.$$

例 1.5.4 证明 n 阶范德蒙德(Vandermonde)行列式

$$D_n = \begin{vmatrix} 1 & 1 & 1 & \cdots & 1 \\ a_1 & a_2 & a_3 & \cdots & a_n \\ a_1^2 & a_2^2 & a_3^2 & \cdots & a_n^2 \\ \vdots & \vdots & \vdots & & \vdots \\ a_1^{n-1} & a_2^{n-1} & a_3^{n-1} & \cdots & a_n^{n-1} \end{vmatrix} = \prod_{1 \leqslant j < i \leqslant n} (a_i - a_j),$$

其中记号 $\prod$ 表示全体同类因子的乘积.

证明 由最后一行开始,每一行减去它的相邻的前一行的 a_1 倍,得

$$D_n = \begin{vmatrix} 1 & 1 & 1 & \cdots & 1 \\ 0 & a_2 - a_1 & a_3 - a_1 & \cdots & a_n - a_1 \\ 0 & a_2(a_2 - a_1) & a_3(a_3 - a_1) & \cdots & a_n(a_n - a_1) \\ \vdots & \vdots & \vdots & & \vdots \\ 0 & a_2^{n-2}(a_2 - a_1) & a_3^{n-2}(a_3 - a_1) & \cdots & a_n^{n-2}(a_n - a_1) \end{vmatrix}.$$

按第一列展开,得

$$D_n = \begin{vmatrix} a_2 - a_1 & a_3 - a_1 & \cdots & a_n - a_1 \\ a_2(a_2 - a_1) & a_3(a_3 - a_1) & \cdots & a_n(a_n - a_1) \\ \vdots & \vdots & & \vdots \\ a_2^{n-2}(a_2 - a_1) & a_3^{n-2}(a_3 - a_1) & \cdots & a_n^{n-2}(a_n - a_1) \end{vmatrix}.$$

提出每一列的公因子后,得

$$D_n = (a_2 - a_1)(a_3 - a_1)\cdots(a_n - a_1)\begin{vmatrix} 1 & 1 & \cdots & 1 \\ a_2 & a_3 & \cdots & a_n \\ \vdots & \vdots & & \vdots \\ a_2^{n-2} & a_3^{n-2} & \cdots & a_n^{n-2} \end{vmatrix}.$$

后一个行列式是一个 $n-1$ 阶范德蒙德行列式,用 D_{n-1} 表示.于是

$$D_n = (a_2 - a_1)(a_3 - a_1)\cdots(a_n - a_1)D_{n-1},$$

同样可得

$$D_{n-1} = (a_3 - a_2)(a_4 - a_2)\cdots(a_n - a_2)D_{n-2}.$$

如此继续,最后可得

$$\begin{aligned} D_n = & (a_2 - a_1)(a_3 - a_1)(a_4 - a_1)\cdots(a_n - a_1) \\ & (a_3 - a_2)(a_4 - a_2)\cdots(a_n - a_2) \\ & \cdots \\ & (a_n - a_{n-1}) \\ = & \prod_{1 \leqslant j < i \leqslant n} (a_i - a_j). \end{aligned}$$

例 1.5.3 与例 1.5.4 及例 1.4.6 都是计算高阶行列式,且有相同的解题思路,即把行列式的计算归结为形式相同而阶数较低的行列式的计算,这种方法称为递推关系法,主要步骤是要导出递推公式(如例 1.5.4 中导出 $D_n=(a_2-a_1)(a_3-a_1)\cdots(a_n-a_1)D_{n-1}$).

例 1.5.5 计算四阶行列式

$$D_4 = \begin{vmatrix} x & b & b & b \\ a & x & b & b \\ a & a & x & b \\ a & a & a & x \end{vmatrix}, \quad a \neq b.$$

解 方法一 $D_4 = \begin{vmatrix} a+(x-a) & b & b & b \\ a & x & b & b \\ a & a & x & b \\ a & a & a & x \end{vmatrix} = \begin{vmatrix} a & b & b & b \\ a & x & b & b \\ a & a & x & b \\ a & a & a & x \end{vmatrix} + \begin{vmatrix} x-a & b & b & b \\ 0 & x & b & b \\ 0 & a & x & b \\ 0 & a & a & x \end{vmatrix}$

$$= \begin{vmatrix} a & b & b & b \\ 0 & x-b & 0 & 0 \\ 0 & a-b & x-b & 0 \\ 0 & a-b & a-b & x-b \end{vmatrix} + (x-a)\begin{vmatrix} x & b & b \\ a & x & b \\ a & a & x \end{vmatrix}$$

$$= a\begin{vmatrix} x-b & 0 & 0 \\ a-b & x-b & 0 \\ a-b & a-b & x-b \end{vmatrix} + (x-a)D_3$$

$$= a\,(x-b)^3 + (x-a)D_3.$$

交换 D_4 中元素 a,b 的位置,得行列式的转置行列式,因此有

$$\begin{cases} D_4 = a(x-b)^3 + (x-a)D_3, \\ D_4 = b(x-a)^3 + (x-b)D_3. \end{cases}$$

解得

$$D_4 = \frac{1}{a-b}\left[a(x-b)^4 - b(x-a)^4\right].$$

方法二
$$D_4 = \frac{1}{a-b}\begin{vmatrix} a-b & b-b & b-b & b-b & b-b \\ a & x & b & b & b \\ a & a & x & b & b \\ a & a & a & x & b \\ a & a & a & a & x \end{vmatrix}$$

$$= \frac{1}{a-b}\left[\begin{vmatrix} a & b & b & b & b \\ a & x & b & b & b \\ a & a & x & b & b \\ a & a & a & x & b \\ a & a & a & a & x \end{vmatrix} + \begin{vmatrix} -b & -b & -b & -b & -b \\ a & x & b & b & b \\ a & a & x & b & b \\ a & a & a & x & b \\ a & a & a & a & x \end{vmatrix}\right]$$

$$= \frac{1}{a-b}\left[\begin{vmatrix} a & b & b & b & b \\ 0 & x-b & 0 & 0 & 0 \\ 0 & a-b & x-b & 0 & 0 \\ 0 & a-b & a-b & x-b & 0 \\ 0 & a-b & a-b & a-b & x-b \end{vmatrix} + \begin{vmatrix} -b & 0 & 0 & 0 & 0 \\ a & x-a & b-a & b-a & b-a \\ a & 0 & x-a & b-a & b-a \\ a & 0 & 0 & x-a & b-a \\ a & 0 & 0 & 0 & x-a \end{vmatrix}\right]$$

$$= \frac{1}{a-b}\left[a\begin{vmatrix} x-b & 0 & 0 & 0 \\ a-b & x-b & 0 & 0 \\ a-b & a-b & x-b & 0 \\ a-b & a-b & a-b & x-b \end{vmatrix} - b\begin{vmatrix} x-a & b-a & b-a & b-a \\ 0 & x-a & b-a & b-a \\ 0 & 0 & x-a & b-a \\ 0 & 0 & 0 & x-a \end{vmatrix}\right]$$

$$= \frac{1}{a-b}\left[a(x-b)^4 - b(x-a)^4\right].$$

这种方法为升阶法,即对行列式增加一行和一列(行列式阶数升高一阶),增加的元素视具体情况而定,但升阶后的行列式与原行列式值相等.

在行列式 D 按第 i 行展开的展开式中,用 $b_1,b_2,\cdots,b_n$ 依次代替 $a_{i1},a_{i2},\cdots,a_{in}$ 可得

$$\begin{vmatrix} a_{11} & a_{12} & \cdots & a_{1n} \\ \vdots & \vdots & & \vdots \\ a_{i-1,1} & a_{i-1,2} & \cdots & a_{i-1,n} \\ b_1 & b_2 & & b_n \\ a_{i+1,1} & a_{i+1,2} & \cdots & a_{i+1,n} \\ \vdots & \vdots & & \vdots \\ a_{n1} & a_{n2} & \cdots & a_{nn} \end{vmatrix} = b_1A_{i1} + b_2A_{i2} + \cdots + b_nA_{in}. \qquad (1.5.3)$$

事实上,(1.5.3)式左端行列式按第 i 行展开,它的第 i 行元的代数余子式等于 D 中第 i

行元素的代数余子式 $A_{i1},A_{i2},\cdots,A_{in}$,可知(1.5.3)式成立.

类似地,用 $b_1,b_2,\cdots,b_n$ 依次代替 $a_{1j},a_{2j},\cdots,a_{nj}$ 可得

$$\begin{vmatrix} a_{11} & \cdots & a_{1,j-1} & b_1 & a_{1,j+1} & \cdots & a_{1n} \\ a_{21} & \cdots & a_{2,j-1} & b_2 & a_{2,j+1} & \cdots & a_{2n} \\ \vdots & & \vdots & \vdots & \vdots & & \vdots \\ a_{n1} & \cdots & a_{n,j-1} & b_n & a_{n,j+1} & \cdots & a_{nn} \end{vmatrix} = b_1A_{1j}+b_2A_{2j}+\cdots+b_nA_{nj}. \quad (1.5.4)$$

例 1.5.6 设

$$D=\begin{vmatrix} 3 & 1 & -1 & 2 \\ -5 & 1 & 3 & -4 \\ 2 & 0 & 1 & -1 \\ 1 & -5 & 3 & -3 \end{vmatrix},$$

求 $A_{11}+A_{12}+3A_{13}+A_{14}$ 及 $M_{12}+M_{22}+2M_{32}-M_{42}$. 其中 M_{ij} 和 A_{ij} 分别为元 a_{ij} 的余子式和代数余子.

解 此题若先计算元素的余子式再计算结果,则计算量是较大的,灵活利用行列式按行(列)展开法则会简化计算. 由(1.5.3)式,有

$$A_{11}+A_{12}+3A_{13}+A_{14}=\begin{vmatrix} 1 & 1 & 3 & 1 \\ -5 & 1 & 3 & -4 \\ 2 & 0 & 1 & -1 \\ 1 & -5 & 3 & -3 \end{vmatrix}=\begin{vmatrix} 1 & 1 & 3 & 1 \\ -6 & 0 & 0 & -5 \\ 2 & 0 & 1 & -1 \\ 6 & 0 & 18 & 2 \end{vmatrix}$$

$$=1\times(-1)^{1+2}\begin{vmatrix} -6 & 0 & -5 \\ 2 & 1 & -1 \\ 6 & 18 & 2 \end{vmatrix}$$

$$=-\begin{vmatrix} -6 & 0 & -5 \\ 2 & 1 & -1 \\ -30 & 0 & 20 \end{vmatrix}=-\begin{vmatrix} -6 & -5 \\ -30 & 20 \end{vmatrix}=270.$$

由(1.5.4)式可知

$$M_{12}+M_{22}+2M_{32}-M_{42}=-A_{12}+A_{22}-2A_{32}-A_{42}$$

$$=\begin{vmatrix} 3 & -1 & -1 & 2 \\ -5 & 1 & 3 & -4 \\ 2 & -2 & 1 & -1 \\ 1 & -1 & 3 & -3 \end{vmatrix}=\begin{vmatrix} 3 & -1 & -1 & 2 \\ -2 & 0 & 2 & -2 \\ -4 & 0 & 3 & -5 \\ -2 & 0 & 4 & -5 \end{vmatrix}$$

$$=(-1)(-1)^{1+2}\begin{vmatrix} -2 & 2 & -2 \\ -4 & 3 & -5 \\ -2 & 4 & -5 \end{vmatrix}=\begin{vmatrix} -2 & 2 & -2 \\ 0 & -1 & -1 \\ 0 & 2 & -3 \end{vmatrix}$$

$$=-10.$$

利用(1.5.3)式与(1.5.4)式及行列式的性质可得下面定理.

定理 1.5.3 行列式某一行(或列)的元素与另一行(或列)对应元素的代数余子式乘积之和等于零. 即

$$a_{k1}A_{i1}+a_{k2}A_{i2}+a_{k3}A_{i3}+\cdots+a_{kn}A_{in}=0 \quad (k\neq i), \tag{1.5.5}$$

或

$$a_{1k}A_{1j}+a_{2k}A_{2j}+a_{3k}A_{3j}+\cdots+a_{nk}A_{nj}=0 \quad (k\neq j). \tag{1.5.6}$$

证明 令行列式

$$D_1=\begin{vmatrix} a_{11} & a_{12} & \cdots & a_{1n} \\ \vdots & \vdots & & \vdots \\ a_{k1} & a_{k2} & \cdots & a_{kn} \\ \vdots & \vdots & & \vdots \\ a_{k1} & a_{k2} & \cdots & a_{kn} \\ \vdots & \vdots & & \vdots \\ a_{n1} & a_{n2} & \cdots & a_{nn} \end{vmatrix}\begin{matrix} \\ \\ 第 k 行 \\ \\ 第 i 行 \\ \\ \\ \end{matrix}.$$

D_1 的第 k 行与第 i 行完全相同，所以 $D_1=0$. 另一方面，D 与 D_1 仅有第 i 行不同，因此 D_1 的第 i 行的元素的代数余子式与 D 的第 i 行的对应元素的代数余子式相同. 把 D_1 按第 i 行展开，得

$$D_1=a_{k1}A_{i1}+a_{k2}A_{i2}+a_{k3}A_{i3}+\cdots+a_{kn}A_{in}.$$

因此

$$a_{k1}A_{i1}+a_{k2}A_{i2}+a_{k3}A_{i3}+\cdots+a_{kn}A_{in}=0.$$

类似地，可证(1.5.6)式.

综合定理 1.5.2 及定理 1.5.3 得到关于行列式代数余子式的重要性质：

$$\sum_{p=1}^{n}a_{kp}A_{ip}=a_{k1}A_{i1}+a_{k2}A_{i2}+a_{k3}A_{i3}+\cdots+a_{kn}A_{in}=\begin{cases} D, & k=i, \\ 0, & k\neq i, \end{cases}$$

或

$$\sum_{p=1}^{n}a_{pk}A_{pj}=a_{1k}A_{1j}+a_{2k}A_{2j}+a_{3k}A_{3j}+\cdots+a_{nk}A_{nj}=\begin{cases} D, & k=j, \\ 0, & k\neq j, \end{cases}$$

习题 1.5

1. 计算下列行列式：

(1) $\begin{vmatrix} 1 & 1 & 1 & 1 \\ 1 & 2 & 3 & 4 \\ 1 & 3 & 6 & 10 \\ 1 & 4 & 10 & 20 \end{vmatrix}$；

(2) $\begin{vmatrix} 1 & 4 & 9 & 16 \\ 4 & 9 & 16 & 25 \\ 9 & 16 & 25 & 36 \\ 16 & 25 & 36 & 49 \end{vmatrix}$；

(3) $\begin{vmatrix} 2+x & 2 & 2 & 2 \\ 2 & 2-x & 2 & 2 \\ 2 & 2 & 2+y & 2 \\ 2 & 2 & 2 & 2-y \end{vmatrix}$；

(4) $\begin{vmatrix} 0 & a_1 & 0 & \cdots & 0 \\ 0 & 0 & a_2 & \cdots & 0 \\ \vdots & \vdots & \vdots & & \vdots \\ 0 & 0 & 0 & \cdots & a_{n-1} \\ b_1 & b_2 & b_3 & \cdots & b_n \end{vmatrix}$；

(5) $\begin{vmatrix} 1 & a_1 & 0 & 0 & \cdots & 0 & 0 \\ -1 & 1-a_1 & a_2 & 0 & \cdots & 0 & 0 \\ 0 & -1 & 1-a_2 & a_3 & \cdots & 0 & 0 \\ \vdots & \vdots & \vdots & \vdots & & \vdots & \vdots \\ 0 & 0 & 0 & 0 & \cdots & 1-a_{n-1} & a_n \\ 0 & 0 & 0 & 0 & \cdots & -1 & 1-a_n \end{vmatrix}$.

2. 设

$$D=\begin{vmatrix} 3 & 1 & -1 & 2 \\ -5 & 2 & 3 & -4 \\ 2 & -1 & 1 & -1 \\ 1 & -5 & 3 & -3 \end{vmatrix},$$

计算 $A_{31}+A_{32}+2A_{33}+A_{34}$ 及 $M_{12}+M_{22}+M_{32}+M_{42}$，其中 M_{ij} 和 A_{ij} 分别是 D 中元素 a_{ij} 的余子式和代数余子式.

3. 解下列方程.

(1) $\begin{vmatrix} a_1-x & a_2 & \cdots & a_{n-1} & a_n \\ a_1 & a_2-x & \cdots & a_{n-1} & a_n \\ \vdots & \vdots & & \vdots & \vdots \\ a_1 & a_2 & \cdots & a_{n-1}-x & a_n \\ a_1 & a_2 & \cdots & a_{n-1} & a_n-x \end{vmatrix}=0$；

(2) $\begin{vmatrix} 1 & x & x^2 & \cdots & x^{n-1} \\ 1 & a_1 & a_1^2 & \cdots & a_1^{n-1} \\ \vdots & \vdots & \vdots & & \vdots \\ 1 & a_{n-2} & a_{n-2}^2 & \cdots & a_{n-2}^{n-1} \\ 1 & a_{n-1} & a_{n-1}^2 & \cdots & a_{n-1}^{n-1} \end{vmatrix}=0$，其中 $a_1,a_2,\cdots,a_{n-1}$ 互不相同.

1.6 克莱姆法则

行列式是一种特定的算式，它是根据求解方程个数和未知量个数相等的一次方程组的需要而定义的，也可以用行列式来表示一些线性方程组的解. 在 1.1 节中，我们曾用二阶行列式与三阶行列式表示二元线性方程组与三元线性方程组的解，对于 n 个未知数 n 个方程的线性方程组也有类似的结果.

设含有 n 个未知数 n 个方程的线性方程组

$$\begin{cases} a_{11}x_1+a_{12}x_2+\cdots+a_{1n}x_n=b_1, \\ a_{21}x_1+a_{22}x_2+\cdots+a_{2n}x_n=b_2, \\ \qquad\vdots \\ a_{n1}x_1+a_{n2}x_2+\cdots+a_{nn}x_n=b_n. \end{cases} \tag{1.6.1}$$

若方程组(1.6.1)右端的常数项 $b_1,b_2,\cdots,b_n$ 不全为零，则称方程组(1.6.1)为**非齐次线**

性方程组；当 $b_1,b_2,\cdots,b_n$ 全为零时，则称方程组(1.6.1)为**齐次线性方程组**.

定理 1.6.1(克莱姆(Cramer)法则) 如果线性方程组(1.6.1)的系数行列式

$$D=\begin{vmatrix} a_{11} & a_{12} & \cdots & a_{1n} \\ a_{21} & a_{22} & \cdots & a_{2n} \\ \vdots & \vdots & & \vdots \\ a_{n1} & a_{n2} & \cdots & a_{nn} \end{vmatrix} \neq 0,$$

则线性方程组(1.6.1)有唯一解，并且

$$x_1=\frac{D_1}{D},x_2=\frac{D_2}{D},\cdots,x_n=\frac{D_n}{D}. \tag{1.6.2}$$

其中

$$D_j=\begin{vmatrix} a_{11} & \cdots & a_{1,j-1} & b_1 & a_{1,j+1} & \cdots & a_{1n} \\ a_{21} & \cdots & a_{2,j-1} & b_2 & a_{2,j+1} & \cdots & a_{2n} \\ \vdots & & \vdots & \vdots & \vdots & & \vdots \\ a_{n1} & \cdots & a_{n,j-1} & b_n & a_{n,j+1} & \cdots & a_{nn} \end{vmatrix}, \quad j=1,2,\cdots,n.$$

证明 将 $x_1=\frac{D_1}{D},x_2=\frac{D_2}{D},\cdots,x_n=\frac{D_n}{D}$代入方程组(1.6.1)的第 i 个方程的左端，得

$$a_{i1}\frac{D_1}{D}+a_{i2}\frac{D_2}{D}+\cdots+a_{in}\frac{D_n}{D}. \tag{1.6.3}$$

将 D_j 按第 j 列展开，得

$$D_j=b_1A_{1j}+b_2A_{2j}+\cdots+b_nA_{nj}, \quad j=1,2,\cdots,n,$$

代入(1.6.3)式，得

$$\begin{aligned} & a_{i1}(b_1A_{11}+\cdots+b_iA_{i1}+\cdots+b_nA_{n1})\frac{1}{D} \\ & +a_{i2}(b_1A_{12}+\cdots+b_iA_{i2}+\cdots+b_nA_{n2})\frac{1}{D}+\cdots \\ & +a_{in}(b_1A_{1n}+\cdots+b_iA_{in}+\cdots+b_nA_{nn})\frac{1}{D} \\ = & b_1(a_{i1}A_{11}+a_{i2}A_{12}+\cdots+a_{in}A_{1n})\frac{1}{D}+\cdots \\ & +b_i(a_{i1}A_{i1}+a_{i2}A_{i2}+\cdots+a_{in}A_{in})\frac{1}{D}+\cdots \\ & +b_n(a_{i1}A_{n1}+a_{i2}A_{n2}+\cdots+a_{in}A_{nn})\frac{1}{D} \\ = & b_i\cdot D\cdot\frac{1}{D}=b_i, \quad i=1,2,\cdots,n. \end{aligned}$$

这说明(1.6.2)式是方程组(1.6.1)的一个解.

设 $x_1=c_1,x_2=c_2,\cdots,x_n=c_n$ 是方程组(1.6.1)的任意一个解，则有

$$a_{i1}c_1+\cdots+a_{ij}c_j+\cdots+a_{in}c_n=b_i, \quad i=1,2,\cdots,n.$$

用 $A_{1j},A_{2j},\cdots,A_{nj}$ 分别乘上面各式，然后相加，得

$$
\begin{aligned}
&(a_{11}A_{1j}+a_{21}A_{2j}+\cdots+a_{n1}A_{nj})c_1+\cdots\\
&+(a_{1j}A_{1j}+a_{2j}A_{2j}+\cdots+a_{nj}A_{nj})c_j+\cdots\\
&+(a_{1n}A_{1j}+a_{2n}A_{2j}+\cdots+a_{nj}A_{nj})c_n\\
=&b_1A_{1j}+b_2A_{2j}+\cdots+b_nA_{nj},
\end{aligned}
$$

即

$$Dc_j=D_j,$$

于是

$$c_j=\frac{D_j}{D},\quad j=1,2,\cdots,n.$$

这说明,若 $x_1=c_1,x_2=c_2,\cdots,x_n=c_n$ 是方程组(1.6.1)的解,则它必为(1.6.2)式的形式.

例 1.6.1 用克莱姆法则解方程组

$$
\begin{cases}
2x_1+x_2-5x_3+x_4=8,\\
x_1-3x_2-6x_4=9,\\
2x_2-x_3+2x_4=-5,\\
x_1+4x_2-7x_3+6x_4=0.
\end{cases}
$$

解 因为

$$D=\begin{vmatrix}2&1&-5&1\\1&-3&0&-6\\0&2&-1&2\\1&4&-7&6\end{vmatrix}=27,$$

$$D_1=\begin{vmatrix}8&1&-5&1\\9&-3&0&-6\\-5&2&-1&2\\0&4&-7&6\end{vmatrix}=81,$$

$$D_2=\begin{vmatrix}2&8&-5&1\\1&9&0&-6\\0&-5&-1&2\\1&0&-7&6\end{vmatrix}=-108,$$

$$D_3=\begin{vmatrix}2&1&8&1\\1&-3&9&-6\\0&2&-5&2\\1&4&0&6\end{vmatrix}=-27,$$

$$D_4=\begin{vmatrix}2&1&-5&8\\1&-3&0&9\\0&2&-1&-5\\1&4&-7&0\end{vmatrix}=27.$$

所以方程组的解为

$$x_1=3,\quad x_2=-4,\quad x_3=-1,\quad x_4=1.$$

推论 如果线性方程组(1.6.1)无解或有两个不同的解,则它的系数行列式必为零.

对于含 n 个未知数 n 个方程的齐次线性方程组

$$\begin{cases} a_{11}x_1 + a_{12}x_2 + \cdots + a_{1n}x_n = 0, \\ a_{21}x_1 + a_{22}x_2 + \cdots + a_{2n}x_n = 0, \\ \quad\vdots \\ a_{n1}x_1 + a_{n2}x_2 + \cdots + a_{nn}x_n = 0. \end{cases} \tag{1.6.4}$$

显然 $x_1 = x_2 = \cdots = x_n = 0$ 是方程组(1.6.4)的解,称这个解为齐次线性方程组(1.6.4)的**零解**.如果有一组不全为零的数是方程组(1.6.4)的解,则称它是齐次线性方程组的**非零解**.齐次线性方程组(1.6.4)一定有零解,但不一定有非零解,把定理1.6.1应用于齐次线性方程组(1.6.4),可得下面定理.

定理1.6.2 如果齐次线性方程组(1.6.4)的系数行列式不为零,则该方程组只有零解.

推论 如果齐次线性方程组(1.6.4)有非零解,则它的系数行列式必为零.

例1.6.2 当 λ 取何值时,齐次线性方程组

$$\begin{cases} (1-\lambda)x_1 - 2x_2 + 4x_3 = 0, \\ 2x_1 + (3-\lambda)x_2 + x_3 = 0, \\ x_1 + x_2 + (1-\lambda)x_3 = 0 \end{cases}$$

有非零解?

解 由定理1.6.2的推论可知,若所给齐次线性方程组有非零解,则其系数行列式 $D=0$.而

$$D = \begin{vmatrix} 1-\lambda & -2 & 4 \\ 2 & 3-\lambda & 1 \\ 1 & 1 & 1-\lambda \end{vmatrix} = \begin{vmatrix} 3-\lambda & 0 & 6-2\lambda \\ 2 & 3-\lambda & 1 \\ 1 & 1 & 1-\lambda \end{vmatrix}$$

$$= (3-\lambda)\begin{vmatrix} 1 & 0 & 2 \\ 2 & 3-\lambda & 1 \\ 1 & 1 & 1-\lambda \end{vmatrix} = (3-\lambda)\begin{vmatrix} 1 & 0 & 0 \\ 2 & 3-\lambda & -3 \\ 1 & 1 & -1-\lambda \end{vmatrix}$$

$$= (3-\lambda)\begin{vmatrix} 3-\lambda & -3 \\ 1 & -1-\lambda \end{vmatrix} = (3-\lambda)\lambda(\lambda-2).$$

因此,当 $\lambda=0$ 或 $\lambda=2$ 或 $\lambda=3$ 时,所给方程组有非零解.

克莱姆法则给出了线性方程组的解与方程组中未知数系数和常数项的关系,但使用克莱姆法则必须满足两个条件:

(1) 方程个数与未知数个数相等;

(2) 方程组的系数行列式 $D\neq 0$.对于 n 较大的线性方程组,用克莱姆法则求解并不方便,因为按这一法则解 n 个未知量 n 个方程的线性方程组就要计算 $n+1$ 个 n 阶行列式,这个计算量是很大的.因此克莱姆法则主要用于理论上的讨论.

习题 1.6

1. 用克莱姆法则解下列方程组.

(1) $\begin{cases} x_1+x_2-2x_3=-3, \\ 5x_1-2x_2+7x_3=22, \\ 2x_1-5x_2+4x_3=4; \end{cases}$

(2) $\begin{cases} x_1+x_2+2x_3+3x_4=1, \\ 3x_1-x_2-x_3-2x_4=-4, \\ 2x_1+3x_2-x_3-x_4=-6, \\ x_1+2x_2+3x_3-x_4=-4. \end{cases}$

2. 当 a,b 取何值时，齐次线性方程组

$$\begin{cases} ax_1+x_2+x_3=0, \\ x_1+bx_2+x_3=0, \\ x_1+2bx_2+x_3=0 \end{cases}$$

有非零解？

本章小结

一、基本概念

1. 全排列及逆序数

由 $1,2,3,\cdots,n$ 组成的一个有序数组称为一个 n 元排列.

在一个排列中，当某两个元素的先后次序与标准次序不同时，就说它们构成一个逆序.一个排列中逆序的总数为此排列的逆序数.

逆序数为奇数的排列称为奇排列；逆序数为偶数的排列称为偶排列.

2. 对换

在排列中，将任意两个元素对调，其余元素不动，这样作出新排列的手续叫做对换；将相邻两个元素对调，叫做相邻对换.

3. n阶行列式的定义

$$\begin{vmatrix} a_{11} & a_{12} & \cdots & a_{1n} \\ a_{21} & a_{22} & \cdots & a_{2n} \\ \vdots & \vdots & & \vdots \\ a_{n1} & a_{n2} & \cdots & a_{nn} \end{vmatrix} = \sum_{p_1p_2\cdots p_n}(-1)^{t(p_1p_2\cdots p_n)}a_{1p_1}a_{2p_2}\cdots a_{np_n},$$

其中 $\sum\limits_{p_1p_2\cdots p_n}$ 表示对所有 n 元排列求和，$(-1)^{t(p_1p_2\cdots p_n)}a_{1p_1}a_{2p_2}\cdots a_{np_n}$ 为行列式的一般项.

二、基本性质与定理

1. 一个排列中任意两个元素对换，排列的奇偶性改变.

2. 行列式的基本性质

(1) $D^{\mathrm{T}}=D$；

(2) 交换行列式中两行(或列)的位置，行列式的值变号；

(3) 行列式某一行(或列)的各元素都乘以同一数 k 等于用数 k 乘此行列式；

(4) 若行列式有两行(或列)的元素成比例,则此行列式等于零;

(5) 某一行(或列)的元素都是两数之和的行列式可分解为两个行列式的和;

(6) 行列式某一行(或列)的各元素都乘以同一数 k 加到另一行(或列)的对应元素上去,行列式的值不变.

3. 行列式按行(列)展开法则

$$D = a_{i1}A_{i1} + a_{i2}A_{i2} + \cdots + a_{in}A_{in}, \quad i = 1,2,\cdots,n,$$
$$D = a_{1j}A_{1j} + a_{2j}A_{2j} + \cdots + a_{nj}A_{nj}, \quad j = 1,2,\cdots,n.$$

4. 克莱姆法则

如果含 n 个未知数 n 个方程的线性方程组

$$\begin{cases} a_{11}x_1 + a_{12}x_2 + \cdots + a_{1n}x_n = b_1, \\ a_{21}x_1 + a_{22}x_2 + \cdots + a_{2n}x_n = b_2, \\ \quad\vdots \\ a_{n1}x_1 + a_{n2}x_2 + \cdots + a_{nn}x_n = b_n \end{cases}$$

的系数行列式

$$D = \begin{vmatrix} a_{11} & a_{12} & \cdots & a_{1n} \\ a_{21} & a_{22} & \cdots & a_{2n} \\ \vdots & \vdots & & \vdots \\ a_{n1} & a_{n2} & \cdots & a_{nn} \end{vmatrix} \neq 0,$$

则线性方程组有唯一解,并且解可以表为

$$x_1 = \frac{D_1}{D}, x_2 = \frac{D_2}{D}, \cdots, x_n = \frac{D_n}{D},$$

其中

$$D_j = \begin{vmatrix} a_{11} & \cdots & a_{1,j-1} & b_1 & a_{1,j+1} & \cdots & a_{1n} \\ a_{21} & \cdots & a_{2,j-1} & b_2 & a_{2,j+1} & \cdots & a_{2n} \\ \vdots & & \vdots & \vdots & \vdots & & \vdots \\ a_{n1} & \cdots & a_{n,j-1} & b_n & a_{n,j+1} & \cdots & a_{nn} \end{vmatrix}, \quad j = 1,2,\cdots,n.$$

5. 含 n 个未知数 n 个方程的齐次线性方程组有非零解时,方程组的系数行列式 $D=0$.

三、基本解题方法

1. 计算行列式的基本方法

(1) 利用行列式性质将行列式化为三角形行列式,得到行列式的值;

(2) 利用行列式按行(列)展开法则将行列式降阶,直至降为容易计算的低阶行列式来求得行列式的值.

2. 计算行列式的基本技巧

(1) 将行列式的性质与行列式按行(列)展开法则结合起来使用,即先用行列式的性质将行列式中某行(列)中尽可能多的元素化为零,再用行列式展开法则将行列式降阶;

(2) 若行列式中的各行(列)所有元素的和相等,则先将行列式第 2,3 ,…,n 列(行)的元素都加到第 1 列(行)后再计算得到的行列式;

(3) 计算行列式时也会用到递推法、数学归纳法或升阶法.

复习题一

1. 单项选择题.

(1) 若方程组$\begin{cases}\lambda x+2\lambda y+z=0,\\ 2x+\lambda y+z=0,\\ \lambda x-2y+z=0\end{cases}$有非零解,则(　　).

A. $\lambda=-1$；　B. $\lambda=-1$或$\lambda=2$；　C. $\lambda=2$；　D. $\lambda=-2$.

(2) 若行列式$\begin{vmatrix} a_{11} & a_{12} & \cdots & a_{1n} \\ a_{21} & a_{22} & \cdots & a_{2n} \\ \vdots & \vdots & & \vdots \\ a_{n1} & a_{n2} & \cdots & a_{nn} \end{vmatrix}=D$,则$\begin{vmatrix} -a_{11} & -a_{12} & \cdots & -a_{1n} \\ -a_{21} & -a_{22} & \cdots & -a_{2n} \\ \vdots & \vdots & & \vdots \\ -a_{n1} & -a_{n2} & \cdots & -a_{nn} \end{vmatrix}=$(　　).

A. $-D$；　B. D；　C. $(-1)^nD$；　D. D^{-1}.

2. 计算下列行列式:

(1) $\begin{vmatrix} 123 & 23 & 3 \\ 249 & 49 & 9 \\ 367 & 67 & 7 \end{vmatrix}$；　(2) $\begin{vmatrix} 0 & 1 & 1 & 1 \\ 1 & 0 & a & a \\ 1 & a & 0 & a \\ 1 & a & a & 0 \end{vmatrix}$；

(3) $\begin{vmatrix} 3 & 0 & 4 & 0 \\ 0 & 1 & 0 & 4 \\ 4 & 0 & 2 & 0 \\ 0 & -2 & 0 & 4 \end{vmatrix}$.

3. 证明下列等式:

(1) $\begin{vmatrix} ax+by & ay+bz & az+bx \\ ay+bz & az+bx & ax+by \\ az+bx & ax+by & ay+bz \end{vmatrix}=(a^3+b^3)\begin{vmatrix} x & y & z \\ y & z & x \\ z & x & y \end{vmatrix}$；

(2) $\begin{vmatrix} 1 & 1 & 1 & 1 \\ a & b & c & d \\ a^2 & b^2 & c^2 & d^2 \\ a^4 & b^4 & c^4 & d^4 \end{vmatrix}=(a-b)(a-c)(a-d)(b-c)(b-d)(c-d)(a+b+c+d)$.

4. 已知五阶行列式

$$D=\begin{vmatrix} 1 & 2 & 3 & 4 & 5 \\ 2 & 2 & 2 & 1 & 1 \\ 3 & 1 & 2 & 4 & 5 \\ 1 & 1 & 1 & 2 & 2 \\ 4 & 3 & 1 & 5 & 0 \end{vmatrix}=27,$$

求$A_{41}+A_{42}+A_{43}$和$A_{44}+A_{45}$,其中$A_{4j}(j=1,2,3,4,5)$为D中第4行第j列元素的代数余子式.

5. 计算下列 n 阶行列式：

(1) $D_n=\begin{vmatrix} 1 & 2 & 2 & \cdots & 2 \\ 2 & 2 & 2 & \cdots & 2 \\ 2 & 2 & 3 & \cdots & 2 \\ \vdots & \vdots & \vdots & & \vdots \\ 2 & 2 & 2 & \cdots & n \end{vmatrix}$；

(2) $D_n=\begin{vmatrix} 2 & -1 & 0 & \cdots & 0 & 0 \\ -1 & 2 & -1 & \cdots & 0 & 0 \\ 0 & -1 & 2 & \cdots & 0 & 0 \\ \vdots & \vdots & \vdots & & \vdots & \vdots \\ 0 & 0 & 0 & \cdots & 2 & -1 \\ 0 & 0 & 0 & \cdots & -1 & 2 \end{vmatrix}$；

(3) $D_n=\begin{vmatrix} a_0 & b_1 & b_2 & \cdots & b_{n-1} \\ x & a_1 & 0 & \cdots & 0 \\ x & 0 & a_2 & \cdots & 0 \\ \vdots & \vdots & \vdots & & \vdots \\ x & 0 & 0 & \cdots & a_{n-1} \end{vmatrix}$；

(4) $D_n=\begin{vmatrix} 0 & 1 & 2 & \cdots & n-2 & n-1 \\ 1 & 0 & 1 & \cdots & n-3 & n-2 \\ 2 & 1 & 0 & \cdots & n-4 & n-3 \\ \vdots & \vdots & \vdots & & \vdots & \vdots \\ n-2 & n-3 & n-4 & \cdots & 0 & 1 \\ n-1 & n-2 & n-3 & \cdots & 1 & 0 \end{vmatrix}$；

(5) $D_n=\begin{vmatrix} a_1-b_1 & a_1-b_2 & \cdots & a_1-b_n \\ a_2-b_1 & a_2-b_2 & \cdots & a_2-b_n \\ \vdots & \vdots & & \vdots \\ a_n-b_1 & a_n-b_2 & \cdots & a_n-b_n \end{vmatrix}$；

(6) $D_n=\begin{vmatrix} x-a_1 & -a_2 & -a_3 & \cdots & -a_{n-1} & -a_n \\ -a_1 & x-a_2 & -a_3 & \cdots & -a_{n-1} & -a_n \\ -a_1 & -a_2 & x-a_3 & \cdots & -a_{n-1} & -a_n \\ \vdots & \vdots & \vdots & & \vdots & \vdots \\ -a_1 & -a_2 & -a_3 & \cdots & x-a_{n-1} & -a_n \\ -a_1 & -a_2 & -a_3 & \cdots & -a_{n-1} & x-a_n \end{vmatrix}$.

6. 解方程组

$$\begin{cases} x_1+x_2+x_3=a+b+c, \\ ax_1+bx_2+cx_3=a^2+b^2+c^2, \\ bcx_1+cax_2+abx_3=3abc, \end{cases} \quad a,b,c \text{ 互不相等}.$$

7. 证明下列等式：

(1)
$$\begin{vmatrix} a_n & & & & & b_n \\ & \ddots & & & \iddots & \\ & & a_1 & b_1 & & \\ & & c_1 & d_1 & & \\ & \iddots & & & \ddots & \\ c_n & & & & & d_n \end{vmatrix} = \prod_{i=1}^{n} (a_i d_i - b_i c_i);$$

(2)
$$\begin{vmatrix} \alpha+\beta & \alpha\beta & 0 & \cdots & 0 & 0 \\ 1 & \alpha+\beta & \alpha\beta & \cdots & 0 & 0 \\ 0 & 1 & \alpha+\beta & \cdots & 0 & 0 \\ \vdots & \vdots & \vdots & & \vdots & \vdots \\ 0 & 0 & 0 & \cdots & \alpha+\beta & \alpha\beta \\ 0 & 0 & 0 & \cdots & 1 & \alpha+\beta \end{vmatrix} = \frac{\alpha^{n+1}-\beta^{n+1}}{\alpha-\beta};$$

(3)
$$\begin{vmatrix} \cos\theta & 1 & 0 & \cdots & 0 & 0 \\ 1 & 2\cos\theta & 1 & \cdots & 0 & 0 \\ 0 & 1 & 2\cos\theta & \cdots & 0 & 0 \\ \vdots & \vdots & \vdots & & \vdots & \vdots \\ 0 & 0 & 0 & \cdots & 2\cos\theta & 1 \\ 0 & 0 & 0 & \cdots & 1 & 2\cos\theta \end{vmatrix} = \cos n\theta.$$

第2章 几何空间

几何空间是从我们所处的现实空间中抽象出来的一个数学模型,用向量来描述这个模型是一种有效的方法,由此产生的向量代数理论已经被广泛地运用于数学、物理及计算机图形学等领域.几何空间还为 n 维向量空间提供了一个具体而生动的模型.本章介绍几何空间,第 4 章再介绍 n 维向量空间.

向量是数学中最基本的概念之一,通过向量,我们把代数引进到几何中来,实现空间结构的代数化.在中学阶段我们已经学习过向量的部分知识,知道了向量是既有大小又有方向的量,几何中用有向线段表示.还知道了向量的几种运算:向量的加法和数乘运算以及向量的数量积运算,向量的加法和数乘运算合起来称为向量的**线性运算**.本章首先介绍向量的向量积以及向量的其他运算,并建立空间坐标系,引进空间向量的坐标以及各种向量运算的坐标表示,然后以向量为工具,建立平面和空间直线的方程,并用方程讨论空间中点、直线、平面之间的相关问题,最后介绍空间中一些曲面的方程.

2.1 预备知识

2.1.1 共线(共面)的向量

定义 2.1.1 若将 $k(k\geqslant 2)$ 个向量用同一起点的有向线段表示后,它们在一条直线(一个平面)上,则称这 k 个向量是**共线(共面)**的.

定理 2.1.1 若向量 $\boldsymbol{\alpha}$ 与 $\boldsymbol{\beta}$ 共线且 $\boldsymbol{\alpha}\neq\boldsymbol{0}$,则存在唯一的实数 x 使 $\boldsymbol{\beta}=x\boldsymbol{\alpha}$.

证明 首先证明存在性.

因向量 $\boldsymbol{\alpha}$ 与 $\boldsymbol{\beta}$ 共线且 $\boldsymbol{\alpha}\neq\boldsymbol{0}$,则 $\boldsymbol{\beta}=\boldsymbol{0}$ 时,存在 $x=0$ 使 $\boldsymbol{\beta}=x\boldsymbol{\alpha}$;$\boldsymbol{\beta}\neq\boldsymbol{0}$ 时,记分别与 $\boldsymbol{\alpha}$,$\boldsymbol{\beta}$ 同方向的单位向量为 $\boldsymbol{e}_{\alpha}$,$\boldsymbol{e}_{\beta}$,于是 $\boldsymbol{e}_{\alpha}=\boldsymbol{e}_{\beta}$ 或 $\boldsymbol{e}_{\alpha}=-\boldsymbol{e}_{\beta}$,即

$$\frac{1}{|\boldsymbol{\alpha}|}\boldsymbol{\alpha}=\frac{1}{|\boldsymbol{\beta}|}\boldsymbol{\beta}\quad\text{或}\quad\frac{1}{|\boldsymbol{\alpha}|}\boldsymbol{\alpha}=-\frac{1}{|\boldsymbol{\beta}|}\boldsymbol{\beta},$$

从而存在 $x=\left|\frac{\boldsymbol{\beta}}{\boldsymbol{\alpha}}\right|$ 或 $x=-\left|\frac{\boldsymbol{\beta}}{\boldsymbol{\alpha}}\right|$ 使

$$\boldsymbol{\beta}=x\boldsymbol{\alpha}.$$

下面证明唯一性.

若有 x 和 y 使 $\boldsymbol{\beta}=x\boldsymbol{\alpha}$,$\boldsymbol{\beta}=y\boldsymbol{\alpha}$,则 $(x-y)\boldsymbol{\alpha}=\boldsymbol{0}$,因 $\boldsymbol{\alpha}\neq\boldsymbol{0}$,故 $x=y$.

综上所述,定理 2.1.1 得到证明.

定理 2.1.2 向量$\boldsymbol{\alpha}$与$\boldsymbol{\beta}$共线的充分必要条件是存在不全为零的实数k_1,k_2使得

$$k_1\boldsymbol{\alpha}+k_2\boldsymbol{\beta}=\mathbf{0}. \tag{2.1.1}$$

定理 2.1.3 若向量$\boldsymbol{\alpha},\boldsymbol{\beta},\boldsymbol{\gamma}$共面且$\boldsymbol{\alpha}$与$\boldsymbol{\beta}$不共线,则存在唯一的一对实数$k_1,k_2$使得

$$\boldsymbol{\gamma}=k_1\boldsymbol{\alpha}+k_2\boldsymbol{\beta}. \tag{2.1.2}$$

证明 先证明存在性.

因向量$\boldsymbol{\alpha},\boldsymbol{\beta},\boldsymbol{\gamma}$共面且$\boldsymbol{\alpha}$与$\boldsymbol{\beta}$不共线,则从同一起点$O$作

$$\overrightarrow{OA}=\boldsymbol{\alpha},\quad \overrightarrow{OB}=\boldsymbol{\beta},\quad \overrightarrow{OC}=\boldsymbol{\gamma}.$$

过点C作$CD\parallel BO$且与直线OA交于点D,过点C作$CE\parallel OA$且与直线OB交于点E(图 2-1-1).

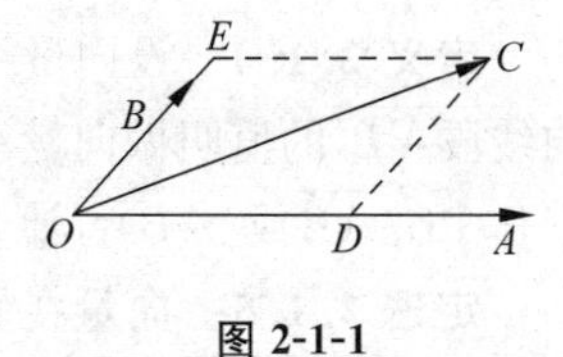

图 2-1-1

由定理 2.1.1 知道,存在唯一的数k_1,k_2使$\overrightarrow{OD}=k_1\boldsymbol{\alpha},\overrightarrow{OE}=k_2\boldsymbol{\beta}$,因此

$$\boldsymbol{\gamma}=\overrightarrow{OC}=\overrightarrow{OD}+\overrightarrow{OE}=k_1\boldsymbol{\alpha}+k_2\boldsymbol{\beta}.$$

若$\boldsymbol{\gamma}=k_1\boldsymbol{\alpha}+k_2\boldsymbol{\beta}=k_3\boldsymbol{\alpha}+k_4\boldsymbol{\beta}$,则$(k_1-k_3)\boldsymbol{\alpha}+(k_2-k_4)\boldsymbol{\beta}=\mathbf{0}$,因$\boldsymbol{\alpha}$与$\boldsymbol{\beta}$不共线,则$k_1-k_3=0$且$k_2-k_4=0$,于是$k_1=k_3$,$k_2=k_4$,唯一性得证.

定理 2.1.4 向量$\boldsymbol{\alpha},\boldsymbol{\beta},\boldsymbol{\gamma}$共面的充分必要条件是存在不全为零的实数$k_1,k_2,k_3$使得

$$k_1\boldsymbol{\alpha}+k_2\boldsymbol{\beta}+k_3\boldsymbol{\gamma}=\mathbf{0}. \tag{2.1.3}$$

2.1.2 向量与向量的夹角

定义 2.1.2 设有两个非零向量$\boldsymbol{\alpha},\boldsymbol{\beta}$,任取空间一点$O$,作$\overrightarrow{OA}=\boldsymbol{\alpha},\overrightarrow{OB}=\boldsymbol{\beta}$,称不超过$\pi$的$\angle AOB=\varphi$为向量$\boldsymbol{\alpha}$与$\boldsymbol{\beta}$的**夹角**,记作$\angle(\boldsymbol{\alpha},\boldsymbol{\beta})$或$\angle(\boldsymbol{\beta},\boldsymbol{\alpha})$,即$\angle(\boldsymbol{\alpha},\boldsymbol{\beta})=\varphi(0\leqslant\varphi\leqslant\pi)$. 如果向量$\boldsymbol{\alpha}$与$\boldsymbol{\beta}$有一个是零向量,规定它们的夹角可以在 0 与$\pi$之间任意取值.

显然,如果$\angle(\boldsymbol{\alpha},\boldsymbol{\beta})=0$或$\angle(\boldsymbol{\alpha},\boldsymbol{\beta})=\pi$,则$\boldsymbol{\alpha}$与$\boldsymbol{\beta}$共线,记作$\boldsymbol{\alpha}\parallel\boldsymbol{\beta}$; 如果$\angle(\boldsymbol{\alpha},\boldsymbol{\beta})=\dfrac{\pi}{2}$,则称$\boldsymbol{\alpha}$与$\boldsymbol{\beta}$垂直,记作$\boldsymbol{\alpha}\perp\boldsymbol{\beta}$.

特别地,向量与数轴同方向的一个向量的夹角是**向量与数轴的夹角**.

2.1.3 向量的投影及其性质

设有一定点O及单位向量$\boldsymbol{e}$确定的数轴l(图 2-1-2),对于轴上任一点P,对应一个向量$\overrightarrow{OP}$,由于$\overrightarrow{OP}\parallel\boldsymbol{e}$,由定理 2.1.1,必有唯一实数$x$,使$\overrightarrow{OP}=x\boldsymbol{e}$; 反之,给定实数$x$,则轴$l$上有点$P$使$\overrightarrow{OP}=x\boldsymbol{e}$,即轴$l$上的点$P$与实数$x$有一一对应关系. 实数$x$叫做点$P$在轴$l$上的**坐标**.

设$\overrightarrow{AB}$是轴l上的有向线段,$\boldsymbol{e}$是与轴l同方向的单位向量,则有唯一实数k使$\overrightarrow{AB}=k\boldsymbol{e}$,则$k$叫做轴$l$上**有向线段**$\overrightarrow{AB}$**的值**.

定义 2.1.3 设空间一点M及一数轴l,过点M作与轴l垂直的平面π,则π与轴l的交点M'叫做点M在轴l上的投影(图 2-1-3).

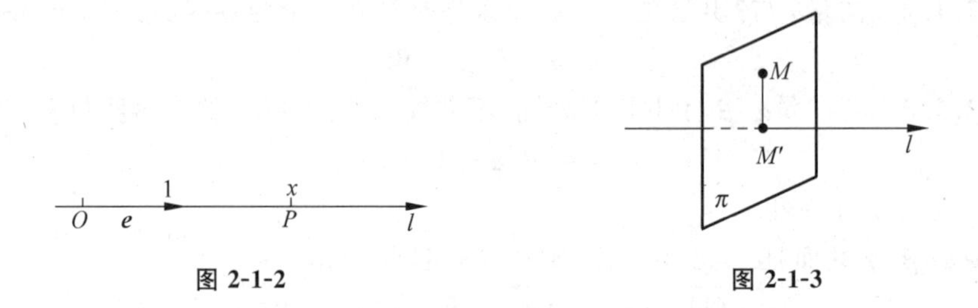

图 2-1-2　　　　图 2-1-3

定义 2.1.4　设向量$\overrightarrow{AB}$的起点 A 和终点 B 在轴 l 上的投影分别为 A'和 B'，则轴 l 上的有向线段$\overrightarrow{A'B'}$的值叫做向量$\overrightarrow{AB}$在轴 l 上的**投影**(图 2-1-4)，记作 $\mathrm{Prj}_l\,\overrightarrow{AB}$或$(\overrightarrow{AB})_l$，轴 l 叫做**投影轴**.

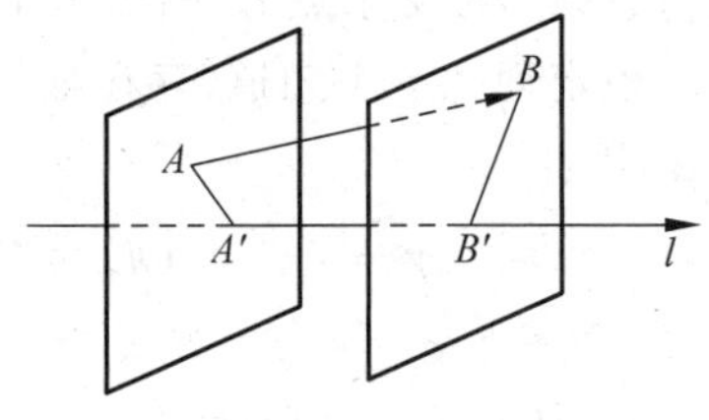

图 2-1-4

定理 2.1.5　向量在轴 l 上的投影具有以下性质：

(1) $\mathrm{Prj}_l\,\overrightarrow{AB}=|\overrightarrow{AB}|\cos\varphi$，其中 φ 为向量$\overrightarrow{AB}$与轴 l 的夹角，$0\leqslant\varphi\leqslant\pi$；

(2) $\mathrm{Prj}_l(\boldsymbol{\alpha}+\boldsymbol{\beta})=\mathrm{Prj}_l\boldsymbol{\alpha}+\mathrm{Prj}_l\boldsymbol{\beta}$；

(3) $\mathrm{Prj}_l(k\boldsymbol{\alpha})=k\mathrm{Prj}_l\boldsymbol{\alpha}$，其中 k 为实数.

2.1.4　极坐标系

平面上取一定点 O，从点 O 出发引一射线 Ox，在 Ox 上取定单位长度，再确定度量角度的正方向(通常取逆时针方向)，这样便在平面上建立了**极坐标系**，点 O 叫做**极点**，射线 Ox 叫做**极轴**.

对于平面上任一点 P，当 P 不与极点 O 重合时，记$|\overrightarrow{OP}|=\rho$，$\angle xOP=\theta$，有序数对$(\rho,\theta)$叫做点 P 的**极坐标**，ρ 叫做**极径**，θ 叫做**极角**. 极坐标为(ρ,θ)的点 P 记为 $P(\rho,\theta)$，其中 $0<\rho<+\infty$，$0\leqslant\theta<2\pi$ 或 $-\pi<\theta\leqslant\pi$. 约定极点 O 的极坐标为$(0,\theta)$.

在平面上建立极坐标系后，平面上除极点外的点与极坐标之间存在一一对应关系，在使用极坐标系时，为便利起见，通常把上述定义中关于 ρ,θ 的限制去掉，即把(ρ,θ)，$(-\rho,\pi+\theta)$及$(\rho,2k\pi+\theta)$(k 为整数)看成同一点的极坐标，这样极坐标(ρ,θ)中的 ρ,θ 可以是一切实数.

定理 2.1.6　在平面上建立一个极坐标系和一个直角坐标系 Oxy：使极坐标系的极点与直角坐标系的原点重合，极轴与 x 轴的正半轴重合，且两个坐标系有相同的长度单位，度量角的正方向也相同，则平面上任一点 P 的直角坐标(x,y)和极坐标(ρ,θ)之间有**互换公式**

$$x=\rho\cos\theta,\quad y=\rho\sin\theta,$$

或

$$\rho^2=x^2+y^2,\quad \tan\theta=\frac{y}{x}\quad (x\neq 0).$$

在极坐标系中，平面曲线可以用含有 ρ,θ 的方程 $\varphi(\rho,\theta)=0$ 来表示，这样的方程叫做曲线的**极坐标方程**. 例如，圆心在极点，半径为 R 的圆的极坐标方程为 $\rho=R$；圆心在$\left(R,\frac{\pi}{2}\right)$，半径为 R 的圆的极坐标方程为 $\rho=2R\sin\theta$；直线 $y=1$ 的极坐标方程为 $\rho\sin\theta=1$.

习题 2.1

1. 已知三角形 ABC 中，点 D,E,F 分别是边 BC,CA,AB 的中点. 证明：

$$\overrightarrow{AD}+\overrightarrow{BE}+\overrightarrow{CF}=\mathbf{0}.$$

2. 在四边形 $ABCD$ 中，$\overrightarrow{AB}=\boldsymbol{\alpha}+2\boldsymbol{\beta}$，$\overrightarrow{BC}=-4\boldsymbol{\alpha}-\boldsymbol{\beta}$，$\overrightarrow{CD}=-5\boldsymbol{\alpha}-3\boldsymbol{\beta}$. 证明：四边形 $ABCD$ 为梯形.

3. 设 M 是三角形 ABC 的重心，O 是三角形 ABC 所在平面上任意一点. 证明：

$$\overrightarrow{OM}=\frac{1}{3}(\overrightarrow{OA}+\overrightarrow{OB}+\overrightarrow{OC}).$$

4. 已知四边形 $ABCD$ 中，$\overrightarrow{AB}=\boldsymbol{\alpha}-2\boldsymbol{\gamma}$，$\overrightarrow{CD}=5\boldsymbol{\alpha}+6\boldsymbol{\beta}-8\boldsymbol{\gamma}$，对角线 AC,BD 的中点分别为 E,F，试用 $\boldsymbol{\alpha},\boldsymbol{\beta},\boldsymbol{\gamma}$ 表示向量 $\overrightarrow{EF}$.

5. 用极坐标方程表示下列曲线：

(1) 圆 $x^2+y^2-4x=0$；(2) 直线 $y=\sqrt{3}x$；(3) 直线 $x+y=1$.

2.2 向量的向量积、混合积

2.2.1 向量积

两向量的乘法运算有两种，一种是我们中学阶段已经学过的向量 $\boldsymbol{\alpha}$ 与 $\boldsymbol{\beta}$ 的数量积

$$\boldsymbol{\alpha}\cdot\boldsymbol{\beta}=|\boldsymbol{\alpha}||\boldsymbol{\beta}|\cos\angle(\boldsymbol{\alpha},\boldsymbol{\beta}),$$

其中 $\angle(\boldsymbol{\alpha},\boldsymbol{\beta})$ 表示向量 $\boldsymbol{\alpha}$ 与 $\boldsymbol{\beta}$ 的夹角，即两向量的数量积是一个数量，$\boldsymbol{\alpha}\cdot\boldsymbol{\beta}$ 读作"$\boldsymbol{\alpha}$ 点 $\boldsymbol{\beta}$"，数量积又称为**点积**或**内积**；当 $\boldsymbol{\beta}\neq\mathbf{0}$ 时，有 $\boldsymbol{\alpha}\cdot\boldsymbol{\beta}=|\boldsymbol{\beta}|\mathrm{Prj}_{\boldsymbol{\beta}}\boldsymbol{\alpha}$. 下面介绍两向量的另一种乘法运算——向量积.

定义 2.2.1 向量 $\boldsymbol{\alpha}$ 与 $\boldsymbol{\beta}$ 的**向量积**是一个向量，记为 $\boldsymbol{\alpha}\times\boldsymbol{\beta}$，它的模(即长度)为

$$|\boldsymbol{\alpha}\times\boldsymbol{\beta}|=|\boldsymbol{\alpha}||\boldsymbol{\beta}|\sin\angle(\boldsymbol{\alpha},\boldsymbol{\beta}). \tag{2.2.1}$$

$\boldsymbol{\alpha}\times\boldsymbol{\beta}$ 的方向垂直于向量 $\boldsymbol{\alpha}$ 和 $\boldsymbol{\beta}$，且 $(\boldsymbol{\alpha},\boldsymbol{\beta},\boldsymbol{\alpha}\times\boldsymbol{\beta})$ 构成右手系，即当右手四指从 $\boldsymbol{\alpha}$ 弯向 $\boldsymbol{\beta}$（转角小于 π）时，拇指的指向就是 $\boldsymbol{\alpha}\times\boldsymbol{\beta}$ 的方向.

$\boldsymbol{\alpha}\times\boldsymbol{\beta}$ 读作"$\boldsymbol{\alpha}$ 叉 $\boldsymbol{\beta}$"，向量积又称为**叉积**或**外积**.

定理 2.2.1 $\boldsymbol{\alpha}\times\boldsymbol{\beta}=\mathbf{0}$ 的充要条件是向量 $\boldsymbol{\alpha}$ 与 $\boldsymbol{\beta}$ 共线.

引理 2.2.1 设向量 $\boldsymbol{\alpha}$ 在与单位向量 $\boldsymbol{e}$ 垂直的平面上的射影为 $\boldsymbol{\alpha}'$(图 2-2-1)，则 $\boldsymbol{\alpha}\times\boldsymbol{e}=\boldsymbol{\alpha}'\times\boldsymbol{e}$ 且 $\boldsymbol{\alpha}\times\boldsymbol{e}$ 就是 $\boldsymbol{\alpha}'$ 在该平面内绕 $\boldsymbol{\alpha}$ 的始点顺时针方向转 90°所得到的向量.

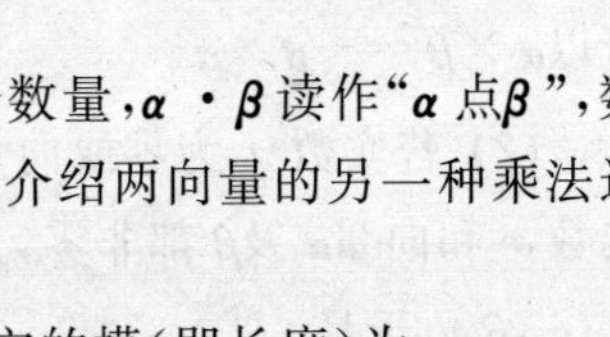

图 2-2-1

证明 因向量 $\boldsymbol{\alpha},\boldsymbol{\alpha}',\boldsymbol{e}$ 共面，且 $\angle(\boldsymbol{\alpha}',\boldsymbol{e})=90°$，$\angle(\boldsymbol{\alpha},\boldsymbol{e})=90°-\angle(\boldsymbol{\alpha},\boldsymbol{\alpha}')$，于是

$$|\boldsymbol{\alpha}\times\boldsymbol{e}|=|\boldsymbol{\alpha}|\sin\angle(\boldsymbol{\alpha},\boldsymbol{e})=|\boldsymbol{\alpha}|\cos\angle(\boldsymbol{\alpha},\boldsymbol{\alpha}')=|\boldsymbol{\alpha}'|,$$

$$|\boldsymbol{\alpha}'\times\boldsymbol{e}|=|\boldsymbol{\alpha}'|\sin\angle(\boldsymbol{\alpha}',\boldsymbol{e})=|\boldsymbol{\alpha}'|,$$

即$|\boldsymbol{\alpha}\times\boldsymbol{e}|=|\boldsymbol{\alpha}'\times\boldsymbol{e}|$，而且$\boldsymbol{\alpha}\times\boldsymbol{e}$与$\boldsymbol{\alpha}'\times\boldsymbol{e}$的方向也相同，因此$\boldsymbol{\alpha}\times\boldsymbol{e}=\boldsymbol{\alpha}'\times\boldsymbol{e}$.

又根据向量积的定义知道，$\boldsymbol{\alpha}'\times\boldsymbol{e}$的方向垂直于$\boldsymbol{\alpha}'$，也垂直于$\boldsymbol{e}$，且$\boldsymbol{\alpha}',\boldsymbol{e},\boldsymbol{\alpha}'\times\boldsymbol{e}$组成右手系，所以$\boldsymbol{\alpha}'$在与向量$\boldsymbol{e}$垂直的平面内绕$\boldsymbol{\alpha}$的始点顺时针方向转90°得到的向量$\boldsymbol{\alpha}'\times\boldsymbol{e}$就是向量$\boldsymbol{\alpha}\times\boldsymbol{e}$.

定理 2.2.2 向量的向量积满足如下运算律：对于任意向量$\boldsymbol{\alpha},\boldsymbol{\beta},\boldsymbol{\gamma}$及任意实数$x$有

(1) 反交换律

$$\boldsymbol{\alpha}\times\boldsymbol{\beta}=-\boldsymbol{\beta}\times\boldsymbol{\alpha}. \tag{2.2.2}$$

(2) 与数乘的结合律

$$(x\boldsymbol{\alpha})\times\boldsymbol{\beta}=x(\boldsymbol{\alpha}\times\boldsymbol{\beta}). \tag{2.2.3}$$

(3) 右分配律

$$(\boldsymbol{\alpha}+\boldsymbol{\beta})\times\boldsymbol{\gamma}=\boldsymbol{\alpha}\times\boldsymbol{\gamma}+\boldsymbol{\beta}\times\boldsymbol{\gamma}; \tag{2.2.4}$$

左分配律

$$\boldsymbol{\gamma}\times(\boldsymbol{\alpha}+\boldsymbol{\beta})=\boldsymbol{\gamma}\times\boldsymbol{\alpha}+\boldsymbol{\gamma}\times\boldsymbol{\beta}. \tag{2.2.5}$$

证明 (1) 当$\boldsymbol{\alpha}$或$\boldsymbol{\beta}$为零向量或$\boldsymbol{\alpha},\boldsymbol{\beta}$共线时，结论显然成立. 当$\boldsymbol{\alpha},\boldsymbol{\beta}$都是非零向量且$\boldsymbol{\alpha},\boldsymbol{\beta}$不共线时，由向量积的定义得到

$$|\boldsymbol{\alpha}\times\boldsymbol{\beta}|=|\boldsymbol{\alpha}||\boldsymbol{\beta}|\sin\angle(\boldsymbol{\alpha},\boldsymbol{\beta}),$$
$$|\boldsymbol{\beta}\times\boldsymbol{\alpha}|=|\boldsymbol{\beta}||\boldsymbol{\alpha}|\sin\angle(\boldsymbol{\beta},\boldsymbol{\alpha}),$$

由于$\angle(\boldsymbol{\alpha},\boldsymbol{\beta})$是无向角，即$\angle(\boldsymbol{\alpha},\boldsymbol{\beta})=\angle(\boldsymbol{\beta},\boldsymbol{\alpha})$，故

$$|\boldsymbol{\alpha}\times\boldsymbol{\beta}|=|\boldsymbol{\beta}\times\boldsymbol{\alpha}|,$$

又$\boldsymbol{\alpha}\times\boldsymbol{\beta}$和$\boldsymbol{\beta}\times\boldsymbol{\alpha}$的方向指向$\boldsymbol{\alpha}$和$\boldsymbol{\beta}$所决定的平面的不同侧，且都垂直于向量$\boldsymbol{\alpha}$和$\boldsymbol{\beta}$，因此$\boldsymbol{\alpha}\times\boldsymbol{\beta}$和$\boldsymbol{\beta}\times\boldsymbol{\alpha}$的方向正好相反(图 2-2-2)，所以$\boldsymbol{\alpha}\times\boldsymbol{\beta}=-\boldsymbol{\beta}\times\boldsymbol{\alpha}$.

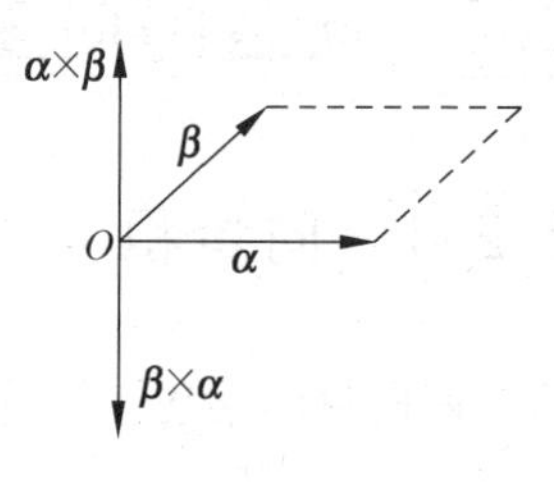

图 2-2-2

(2) 若实数x为零或向量$\boldsymbol{\alpha}$和$\boldsymbol{\beta}$中有一个为零，或向量$\boldsymbol{\alpha}$与$\boldsymbol{\beta}$共线，则结论显然成立. 若实数x和向量$\boldsymbol{\alpha}$及$\boldsymbol{\beta}$都非零，且向量$\boldsymbol{\alpha}$与$\boldsymbol{\beta}$不共线，则当$x>0$时，$x\boldsymbol{\alpha}$与$\boldsymbol{\alpha}$同向，即$\angle(x\boldsymbol{\alpha},\boldsymbol{\beta})=\angle(\boldsymbol{\alpha},\boldsymbol{\beta})$. 于是

$$\begin{aligned}|x\boldsymbol{\alpha}\times\boldsymbol{\beta}|&=|x\boldsymbol{\alpha}||\boldsymbol{\beta}|\sin\angle(x\boldsymbol{\alpha},\boldsymbol{\beta})=|x||\boldsymbol{\alpha}||\boldsymbol{\beta}|\sin\angle(\boldsymbol{\alpha},\boldsymbol{\beta})\\&=|x||\boldsymbol{\alpha}\times\boldsymbol{\beta}|=|x(\boldsymbol{\alpha}\times\boldsymbol{\beta})|.\end{aligned}$$

由于$x\boldsymbol{\alpha}\times\boldsymbol{\beta}$的方向同时垂直于$x\boldsymbol{\alpha}$和$\boldsymbol{\beta}$，且$(x\boldsymbol{\alpha},\boldsymbol{\beta},x\boldsymbol{\alpha}\times\boldsymbol{\beta})$成右手系，即$x\boldsymbol{\alpha}\times\boldsymbol{\beta}$的方向同时垂直于$\boldsymbol{\alpha}$和$\boldsymbol{\beta}$，且$(x\boldsymbol{\alpha},\boldsymbol{\beta},x\boldsymbol{\alpha}\times\boldsymbol{\beta})$成右手系，也就是$x\boldsymbol{\alpha}\times\boldsymbol{\beta}$与$x(\boldsymbol{\alpha}\times\boldsymbol{\beta})$同向，因此

$$x\boldsymbol{\alpha}\times\boldsymbol{\beta}=x(\boldsymbol{\alpha}\times\boldsymbol{\beta}).$$

当$x<0$时，$x\boldsymbol{\alpha}$与$\boldsymbol{\alpha}$反向，即$\angle(x\boldsymbol{\alpha},\boldsymbol{\beta})=\pi-\angle(\boldsymbol{\alpha},\boldsymbol{\beta})$，$\sin\angle(x\boldsymbol{\alpha},\boldsymbol{\beta})=\sin\angle(\boldsymbol{\alpha},\boldsymbol{\beta})$. 于是

$$\begin{aligned}|x\boldsymbol{\alpha}\times\boldsymbol{\beta}|&=|x\boldsymbol{\alpha}||\boldsymbol{\beta}|\sin\angle(x\boldsymbol{\alpha},\boldsymbol{\beta})=|x||\boldsymbol{\alpha}||\boldsymbol{\beta}|\sin\angle(\boldsymbol{\alpha},\boldsymbol{\beta})\\&=|x||\boldsymbol{\alpha}\times\boldsymbol{\beta}|=|x(\boldsymbol{\alpha}\times\boldsymbol{\beta})|.\end{aligned}$$

由于$x\boldsymbol{\alpha}\times\boldsymbol{\beta}$的方向与$\boldsymbol{\alpha}\times\boldsymbol{\beta}$的方向相反，即$x\boldsymbol{\alpha}\times\boldsymbol{\beta}$与$x(\boldsymbol{\alpha}\times\boldsymbol{\beta})$同向，因此

$$x\boldsymbol{\alpha}\times\boldsymbol{\beta}=x(\boldsymbol{\alpha}\times\boldsymbol{\beta}).$$

(3) 这里仅证明右分配律，左分配律的证明留给读者.

当$\boldsymbol{\alpha}$或$\boldsymbol{\beta}$或$\boldsymbol{\gamma}$为零向量或$\boldsymbol{\alpha}+\boldsymbol{\beta}$为零向量时，结论显然成立. 当$\boldsymbol{\alpha},\boldsymbol{\beta},\boldsymbol{\gamma}$和$\boldsymbol{\alpha}+\boldsymbol{\beta}$都不为零

向量时，记与$\boldsymbol{\gamma}$同方向的单位向量为$\boldsymbol{e}_\gamma$，先证明$(\boldsymbol{\alpha}+\boldsymbol{\beta})\times\boldsymbol{e}_\gamma=\boldsymbol{\alpha}\times\boldsymbol{e}_\gamma+\boldsymbol{\beta}\times\boldsymbol{e}_\gamma$.

设向量$\boldsymbol{\alpha}$和$\boldsymbol{\beta}$在与向量$\boldsymbol{e}_\gamma$垂直的平面Π上的射影为$\boldsymbol{\alpha}'$和$\boldsymbol{\beta}'$（图 2-2-3），根据引理 2.2.1 知，将$\boldsymbol{\alpha}'$，$\boldsymbol{\beta}'$和$\boldsymbol{\alpha}'+\boldsymbol{\beta}'$在平面$\Pi$内分别绕$\boldsymbol{\alpha}$的始点顺时针旋转 90°即可得$\boldsymbol{\alpha}\times\boldsymbol{e}_\gamma$，$\boldsymbol{\beta}\times\boldsymbol{e}_\gamma$和$(\boldsymbol{\alpha}+\boldsymbol{\beta})\times\boldsymbol{e}_\gamma$，由$\boldsymbol{\alpha}\times\boldsymbol{e}_\gamma$，$\boldsymbol{\beta}\times\boldsymbol{e}_\gamma$和$(\boldsymbol{\alpha}+\boldsymbol{\beta})\times\boldsymbol{e}_\gamma$组成三角形得

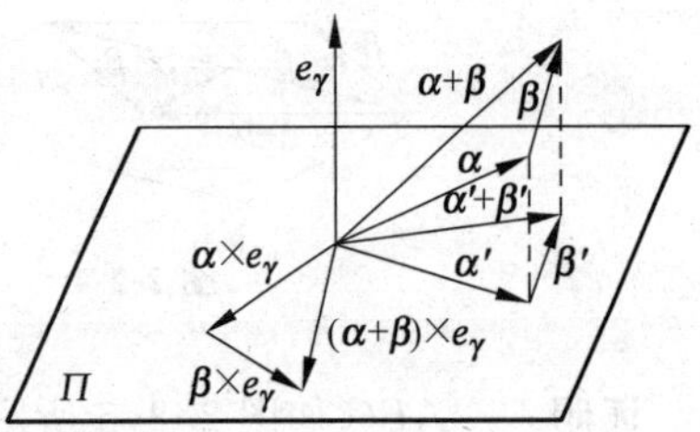

$$(\boldsymbol{\alpha}+\boldsymbol{\beta})\times\boldsymbol{e}_\gamma=\boldsymbol{\alpha}\times\boldsymbol{e}_\gamma+\boldsymbol{\beta}\times\boldsymbol{e}_\gamma.$$

图 2-2-3

又因为$\boldsymbol{\gamma}=|\boldsymbol{\gamma}|\boldsymbol{e}_\gamma$，于是

$$\begin{aligned}(\boldsymbol{\alpha}+\boldsymbol{\beta})\times\boldsymbol{\gamma}&=(\boldsymbol{\alpha}+\boldsymbol{\beta})\times|\boldsymbol{\gamma}|\boldsymbol{e}_\gamma\\&=|\boldsymbol{\gamma}|(\boldsymbol{\alpha}\times\boldsymbol{e}_\gamma+\boldsymbol{\beta}\times\boldsymbol{e}_\gamma)\\&=\boldsymbol{\alpha}\times|\boldsymbol{\gamma}|\boldsymbol{e}_\gamma+\boldsymbol{\beta}\times|\boldsymbol{\gamma}|\boldsymbol{e}_\gamma\\&=\boldsymbol{\alpha}\times\boldsymbol{\gamma}+\boldsymbol{\beta}\times\boldsymbol{\gamma}.\end{aligned}$$

2.2.2 向量积的应用举例

利用向量的向量积定义及其性质可以解决下列问题.

1. 计算平行四边形的面积

由向量积的定义可见，$|\boldsymbol{\alpha}||\boldsymbol{\beta}|\sin\angle(\boldsymbol{\alpha},\boldsymbol{\beta})$表示以$\boldsymbol{\alpha}$，$\boldsymbol{\beta}$为邻边的平行四边形的面积$S$，所以

$$S=|\boldsymbol{\alpha}\times\boldsymbol{\beta}|,$$

即向量积$\boldsymbol{\alpha}\times\boldsymbol{\beta}$的模$|\boldsymbol{\alpha}\times\boldsymbol{\beta}|$表示以$\boldsymbol{\alpha}$，$\boldsymbol{\beta}$为邻边的平行四边形的面积，这就是向量积模的几何意义.

特别地，$\triangle ABC$的面积为

$$S_{\triangle ABC}=\frac{1}{2}|\overrightarrow{AB}\times\overrightarrow{AC}|.$$

进而有

$$A,B,C\text{ 三点共线}\Leftrightarrow\overrightarrow{AB}\times\overrightarrow{AC}=\mathbf{0}.$$

例 2.2.1 证明：以平行四边形两对角线为邻边的平行四边形的面积等于原平行四边形面积的 2 倍.

证明 设原平行四边形的两个邻边用向量$\boldsymbol{\alpha}$，$\boldsymbol{\beta}$表示，则该四边形的两条对角线为$\boldsymbol{\alpha}+\boldsymbol{\beta}$和$\boldsymbol{\alpha}-\boldsymbol{\beta}$（图 2-2-4），于是原平行四边形的面积为$|\boldsymbol{\alpha}\times\boldsymbol{\beta}|$，新平行四边形的面积为$|(\boldsymbol{\alpha}+\boldsymbol{\beta})\times(\boldsymbol{\alpha}-\boldsymbol{\beta})|$. 而

$$(\boldsymbol{\alpha}+\boldsymbol{\beta})\times(\boldsymbol{\alpha}-\boldsymbol{\beta})=\boldsymbol{\alpha}\times\boldsymbol{\alpha}-\boldsymbol{\alpha}\times\boldsymbol{\beta}+\boldsymbol{\beta}\times\boldsymbol{\alpha}-\boldsymbol{\beta}\times\boldsymbol{\beta}=-2(\boldsymbol{\alpha}\times\boldsymbol{\beta}),$$

即

$$|(\boldsymbol{\alpha}+\boldsymbol{\beta})\times(\boldsymbol{\alpha}-\boldsymbol{\beta})|=2|\boldsymbol{\alpha}\times\boldsymbol{\beta}|.$$

结论得证.

例 2.2.2 已知a,b,c是三角形三边的长，s是三角形周长的一半，求证：三角形的面积为

$$S_{\triangle ABC}=\sqrt{s(s-a)(s-b)(s-c)}.$$

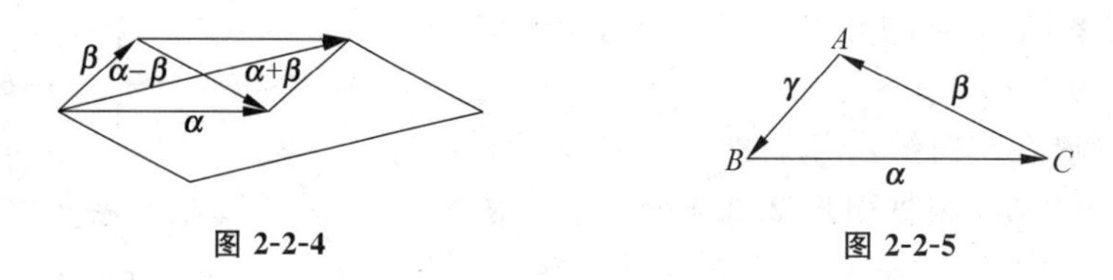

图 2-2-4　　图 2-2-5

证明　△ABC 如图 2-2-5 所示，设$\overrightarrow{AB}=\boldsymbol{\gamma}$，$\overrightarrow{BC}=\boldsymbol{\alpha}$，$\overrightarrow{CA}=\boldsymbol{\beta}$，$|\boldsymbol{\alpha}|=a$，$|\boldsymbol{\beta}|=b$，$|\boldsymbol{\gamma}|=c$，则有$\boldsymbol{\alpha}+\boldsymbol{\beta}+\boldsymbol{\gamma}=\mathbf{0}$. 而

$$S_{\triangle ABC}=\frac{1}{2}|\boldsymbol{\alpha}\times\boldsymbol{\beta}|,$$

$$\begin{aligned}(\boldsymbol{\alpha}\times\boldsymbol{\beta})^2=|\boldsymbol{\alpha}\times\boldsymbol{\beta}|^2&=|\boldsymbol{\alpha}|^2|\boldsymbol{\beta}|^2\sin^2\angle(\boldsymbol{\alpha},\boldsymbol{\beta})\\&=|\boldsymbol{\alpha}|^2|\boldsymbol{\beta}|^2(1-\cos^2\angle(\boldsymbol{\alpha},\boldsymbol{\beta}))\\&=\boldsymbol{\alpha}^2\boldsymbol{\beta}^2-(\boldsymbol{\alpha}\cdot\boldsymbol{\beta})^2,\end{aligned}$$

又$\boldsymbol{\alpha}+\boldsymbol{\beta}=-\boldsymbol{\gamma}$，得$\boldsymbol{\alpha}^2+2\boldsymbol{\alpha}\cdot\boldsymbol{\beta}+\boldsymbol{\beta}^2=\boldsymbol{\gamma}^2$，于是

$$\boldsymbol{\alpha}\cdot\boldsymbol{\beta}=\frac{1}{2}(\boldsymbol{\gamma}^2-\boldsymbol{\alpha}^2-\boldsymbol{\beta}^2)=\frac{1}{2}(c^2-a^2-b^2),$$

$$\begin{aligned}S^2_{\triangle ABC}&=\frac{1}{4}|\boldsymbol{\alpha}\times\boldsymbol{\beta}|^2=\frac{1}{4}[\boldsymbol{\alpha}^2\boldsymbol{\beta}^2-(\boldsymbol{\alpha}\cdot\boldsymbol{\beta})^2]\\&=\frac{1}{4}\left[a^2b^2-\frac{1}{4}(c^2-a^2-b^2)^2\right]\\&=\frac{1}{16}[2ab+(c^2-a^2-b^2)][2ab-(c^2-a^2-b^2)]\\&=\frac{1}{16}[c^2-(a-b)^2][(a+b)^2-c^2]\\&=\frac{1}{16}(c+a-b)(c-a+b)(a+b+c)(a+b-c)\\&=\left(\frac{c+a+b}{2}-b\right)\left(\frac{a+b+c}{2}-a\right)\frac{a+b+c}{2}\left(\frac{a+b+c}{2}-c\right)\\&=(s-b)(s-a)s(s-c).\end{aligned}$$

故

$$S_{\triangle ABC}=\sqrt{s(s-a)(s-b)(s-c)}.$$

2. 判断二非零向量是否共线

例 2.2.3　已知向量$\boldsymbol{\alpha},\boldsymbol{\beta},\boldsymbol{\gamma},\boldsymbol{\nu}$满足$\boldsymbol{\alpha}\times\boldsymbol{\beta}=\boldsymbol{\gamma}\times\boldsymbol{\nu}$，$\boldsymbol{\alpha}\times\boldsymbol{\gamma}=\boldsymbol{\beta}\times\boldsymbol{\nu}$，求证：$\boldsymbol{\alpha}-\boldsymbol{\nu}$与$\boldsymbol{\beta}-\boldsymbol{\gamma}$共线.

证明　因$\boldsymbol{\alpha}\times\boldsymbol{\beta}=\boldsymbol{\gamma}\times\boldsymbol{\nu}$，$\boldsymbol{\alpha}\times\boldsymbol{\gamma}=\boldsymbol{\beta}\times\boldsymbol{\nu}$，于是

$$\begin{aligned}(\boldsymbol{\alpha}-\boldsymbol{\nu})\times(\boldsymbol{\beta}-\boldsymbol{\gamma})&=\boldsymbol{\alpha}\times\boldsymbol{\beta}-\boldsymbol{\alpha}\times\boldsymbol{\gamma}-\boldsymbol{\nu}\times\boldsymbol{\beta}+\boldsymbol{\nu}\times\boldsymbol{\gamma}\\&=\boldsymbol{\alpha}\times\boldsymbol{\beta}-\boldsymbol{\alpha}\times\boldsymbol{\gamma}+\boldsymbol{\beta}\times\boldsymbol{\nu}-\boldsymbol{\gamma}\times\boldsymbol{\nu}=\mathbf{0}.\end{aligned}$$

故$\boldsymbol{\alpha}-\boldsymbol{\nu}$与$\boldsymbol{\beta}-\boldsymbol{\gamma}$共线.

3. 求与二已知向量都垂直的向量

由于向量积$\boldsymbol{\alpha}\times\boldsymbol{\beta}$的方向既垂直于$\boldsymbol{\alpha}$，又垂直于$\boldsymbol{\beta}$，因此同时垂直于$\boldsymbol{\alpha}$和$\boldsymbol{\beta}$的向量必可表示为$x(\boldsymbol{\alpha}\times\boldsymbol{\beta})$，其中$x$为实数.

2.2.3 混合积

定义 2.2.2 向量$\boldsymbol{\alpha}$与$\boldsymbol{\beta}$的向量积，再与向量$\boldsymbol{\gamma}$作数量积，其结果是一个数量，称这个数量为三向量$\boldsymbol{\alpha},\boldsymbol{\beta},\boldsymbol{\gamma}$的**混合积**，记为$(\boldsymbol{\alpha},\boldsymbol{\beta},\boldsymbol{\gamma})$，即

$$(\boldsymbol{\alpha},\boldsymbol{\beta},\boldsymbol{\gamma})=(\boldsymbol{\alpha}\times\boldsymbol{\beta})\cdot\boldsymbol{\gamma}. \tag{2.2.6}$$

当三个向量$\boldsymbol{\alpha},\boldsymbol{\beta},\boldsymbol{\gamma}$不共面时，下面来看三向量混合积$(\boldsymbol{\alpha},\boldsymbol{\beta},\boldsymbol{\gamma})$的**几何意义**.

由于

$$|(\boldsymbol{\alpha},\boldsymbol{\beta},\boldsymbol{\gamma})|=|(\boldsymbol{\alpha}\times\boldsymbol{\beta})\cdot\boldsymbol{\gamma}|=|\boldsymbol{\alpha}\times\boldsymbol{\beta}||\boldsymbol{\gamma}||\cos\angle(\boldsymbol{\alpha}\times\boldsymbol{\beta},\boldsymbol{\gamma})|,$$

考虑以$\boldsymbol{\alpha},\boldsymbol{\beta},\boldsymbol{\gamma}$为邻边的平行六面体(图 2-2-6 和图 2-2-7). 显然$|\boldsymbol{\gamma}|\cos\angle(\boldsymbol{\alpha}\times\boldsymbol{\beta},\boldsymbol{\gamma})$是$\boldsymbol{\gamma}$在$\boldsymbol{\alpha}\times\boldsymbol{\beta}$上的投影，其绝对值是上述平行六面体的高，$|\boldsymbol{\alpha}\times\boldsymbol{\beta}|$是以$\boldsymbol{\alpha},\boldsymbol{\beta}$为邻边的平行四边形的面积，即平行六面体的底面积，故$|(\boldsymbol{\alpha},\boldsymbol{\beta},\boldsymbol{\gamma})|$是以$\boldsymbol{\alpha},\boldsymbol{\beta},\boldsymbol{\gamma}$为邻边的**平行六面体的体积**. 特别地，有以下两种情况：

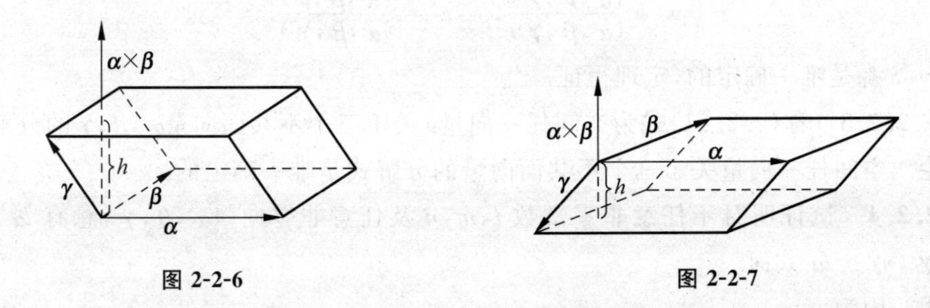

图 2-2-6　　图 2-2-7

(1) 当$\boldsymbol{\alpha},\boldsymbol{\beta},\boldsymbol{\gamma}$构成右手系时(图 2-2-6)，$\boldsymbol{\alpha}\times\boldsymbol{\beta}$与$\boldsymbol{\gamma}$指向$\boldsymbol{\alpha},\boldsymbol{\beta}$所在平面的同侧，$\angle(\boldsymbol{\alpha}\times\boldsymbol{\beta},\boldsymbol{\gamma})<\frac{\pi}{2}$，所以$(\boldsymbol{\alpha},\boldsymbol{\beta},\boldsymbol{\gamma})>0$，此时$(\boldsymbol{\alpha},\boldsymbol{\beta},\boldsymbol{\gamma})$是以$\boldsymbol{\alpha},\boldsymbol{\beta},\boldsymbol{\gamma}$为邻边的平行六面体的体积.

(2) 当$\boldsymbol{\alpha},\boldsymbol{\beta},\boldsymbol{\gamma}$构成左手系时(图 2-2-7)，$\boldsymbol{\alpha}\times\boldsymbol{\beta}$与$\boldsymbol{\gamma}$指向$\boldsymbol{\alpha},\boldsymbol{\beta}$所在平面的不同侧，$\angle(\boldsymbol{\alpha}\times\boldsymbol{\beta},\boldsymbol{\gamma})>\frac{\pi}{2}$，所以$(\boldsymbol{\alpha},\boldsymbol{\beta},\boldsymbol{\gamma})<0$，此时$(\boldsymbol{\alpha},\boldsymbol{\beta},\boldsymbol{\gamma})$是以$\boldsymbol{\alpha},\boldsymbol{\beta},\boldsymbol{\gamma}$为邻边的平行六面体的体积的相反数.

根据向量混合积的定义及其几何意义可得到向量混合积的性质.

定理 2.2.3 对于任意向量$\boldsymbol{\alpha},\boldsymbol{\beta},\boldsymbol{\gamma}$及任意实数$x$有

(1) $(\boldsymbol{\alpha},\boldsymbol{\alpha},\boldsymbol{\gamma})=0$； (2.2.7)

(2) $(\boldsymbol{\alpha},\boldsymbol{\beta},\boldsymbol{\gamma})=(\boldsymbol{\beta},\boldsymbol{\gamma},\boldsymbol{\alpha})=(\boldsymbol{\gamma},\boldsymbol{\alpha},\boldsymbol{\beta})$； (2.2.8)

(3) $(\boldsymbol{\alpha}\times\boldsymbol{\beta})\cdot\boldsymbol{\gamma}=\boldsymbol{\alpha}\cdot(\boldsymbol{\beta}\times\boldsymbol{\gamma})$； (2.2.9)

(4) $(x\boldsymbol{\alpha},\boldsymbol{\beta},\boldsymbol{\gamma})=x(\boldsymbol{\alpha},\boldsymbol{\beta},\boldsymbol{\gamma})$. (2.2.10)

注 1 (2.2.8)式说明三向量的混合积是由三向量的循环顺序决定的，与哪个向量排在第一个无关；

注 2 (2.2.9)式说明计算三向量的混合积时,可以前两个向量作向量积,也可以后两个向量作向量积.

定理 2.2.4 三向量共面的充要条件是$(\boldsymbol{\alpha},\boldsymbol{\beta},\boldsymbol{\gamma})=0$.

定理 2.2.5(空间向量的基本定理) 任意给定空间中三个不共面向量$\boldsymbol{\alpha},\boldsymbol{\beta},\boldsymbol{\gamma}$,则空间中任一向量$\boldsymbol{\nu}$可以用$\boldsymbol{\alpha},\boldsymbol{\beta},\boldsymbol{\gamma}$唯一线性表示(图 2-2-8),即存在唯一一组实数 x,y,z 使

$$\boldsymbol{\nu}=x\boldsymbol{\alpha}+y\boldsymbol{\beta}+z\boldsymbol{\gamma} \tag{2.2.11}$$

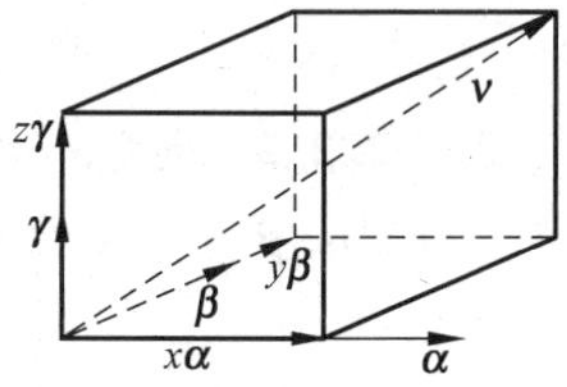

图 2-2-8

证明 因为$\boldsymbol{\alpha},\boldsymbol{\beta},\boldsymbol{\gamma}$不共面,所以$(\boldsymbol{\alpha},\boldsymbol{\beta},\boldsymbol{\gamma})\neq 0$. 由

$$(\boldsymbol{\nu},\boldsymbol{\beta},\boldsymbol{\gamma})=(x\boldsymbol{\alpha}+y\boldsymbol{\beta}+z\boldsymbol{\gamma},\boldsymbol{\beta},\boldsymbol{\gamma})=x(\boldsymbol{\alpha},\boldsymbol{\beta},\boldsymbol{\gamma})$$

得

$$x=\frac{(\boldsymbol{\nu},\boldsymbol{\beta},\boldsymbol{\gamma})}{(\boldsymbol{\alpha},\boldsymbol{\beta},\boldsymbol{\gamma})}.$$

同理

$$y=\frac{(\boldsymbol{\alpha},\boldsymbol{\nu},\boldsymbol{\gamma})}{(\boldsymbol{\alpha},\boldsymbol{\beta},\boldsymbol{\gamma})},\quad z=\frac{(\boldsymbol{\alpha},\boldsymbol{\beta},\boldsymbol{\nu})}{(\boldsymbol{\alpha},\boldsymbol{\beta},\boldsymbol{\gamma})}.$$

上述 x,y,z 都是唯一确定的,定理得证.

定义 2.2.3 称(2.2.11)式为空间任一向量$\boldsymbol{\nu}$关于三个不共面向量$\boldsymbol{\alpha},\boldsymbol{\beta},\boldsymbol{\gamma}$的分解式.

推论 空间任一向量关于三个不共面向量的分解式是唯一确定的.

例 2.2.4 试证明对于任意非零常数 l,m,n 及任意非零向量$\boldsymbol{\alpha},\boldsymbol{\beta},\boldsymbol{\gamma}$,总有 $l\boldsymbol{\alpha}-m\boldsymbol{\beta}$, $m\boldsymbol{\beta}-n\boldsymbol{\gamma}$, $n\boldsymbol{\gamma}-l\boldsymbol{\alpha}$ 共面.

证明 因为

$$\begin{aligned}(l\boldsymbol{\alpha}-m\boldsymbol{\beta},m\boldsymbol{\beta}-n\boldsymbol{\gamma},n\boldsymbol{\gamma}-l\boldsymbol{\alpha})&=[(l\boldsymbol{\alpha}-m\boldsymbol{\beta})\times(m\boldsymbol{\beta}-n\boldsymbol{\gamma})]\cdot(n\boldsymbol{\gamma}-l\boldsymbol{\alpha})\\&=[lm(\boldsymbol{\alpha}\times\boldsymbol{\beta})-ln(\boldsymbol{\alpha}\times\boldsymbol{\gamma})+mn(\boldsymbol{\beta}\times\boldsymbol{\gamma})]\cdot(n\boldsymbol{\gamma}-l\boldsymbol{\alpha})\\&=lmn(\boldsymbol{\alpha}\times\boldsymbol{\beta})\cdot\boldsymbol{\gamma}-lmn(\boldsymbol{\beta}\times\boldsymbol{\gamma})\cdot\boldsymbol{\alpha}=0,\end{aligned}$$

所以 $l\boldsymbol{\alpha}-m\boldsymbol{\beta}$, $m\boldsymbol{\beta}-n\boldsymbol{\gamma}$, $n\boldsymbol{\gamma}-l\boldsymbol{\alpha}$ 共面.

2.2.4 双重向量积

下面讨论三个向量$\boldsymbol{\alpha},\boldsymbol{\beta},\boldsymbol{\gamma}$的双重向量积$(\boldsymbol{\alpha}\times\boldsymbol{\beta})\times\boldsymbol{\gamma}$,先看特殊情形$(\boldsymbol{\alpha}\times\boldsymbol{\beta})\times\boldsymbol{\alpha}$.

例 2.2.5 证明:

$$(\boldsymbol{\alpha}\times\boldsymbol{\beta})\times\boldsymbol{\alpha}=\boldsymbol{\alpha}^2\boldsymbol{\beta}-(\boldsymbol{\alpha}\cdot\boldsymbol{\beta})\boldsymbol{\alpha}. \tag{2.2.12}$$

证明 当$\boldsymbol{\alpha}$与$\boldsymbol{\beta}$共线时,(2.2.12)式显然成立;下面证明$\boldsymbol{\alpha}$与$\boldsymbol{\beta}$不共线时(2.2.12)式也成立.

由$\boldsymbol{\alpha}$与$\boldsymbol{\beta}$不共线知$\boldsymbol{\alpha}\times\boldsymbol{\beta}\neq\mathbf{0}$,而$\boldsymbol{\alpha}\times\boldsymbol{\beta}\perp\boldsymbol{\alpha}$, $\boldsymbol{\alpha}\times\boldsymbol{\beta}\perp\boldsymbol{\beta}$, $(\boldsymbol{\alpha}\times\boldsymbol{\beta})\times\boldsymbol{\alpha}\perp\boldsymbol{\alpha}\times\boldsymbol{\beta}$,所以三向量$(\boldsymbol{\alpha}\times\boldsymbol{\beta})\times\boldsymbol{\alpha}$, $\boldsymbol{\alpha}$, $\boldsymbol{\beta}$共面,即有 x,y 使$(\boldsymbol{\alpha}\times\boldsymbol{\beta})\times\boldsymbol{\alpha}=x\boldsymbol{\alpha}+y\boldsymbol{\beta}$. 因$[(\boldsymbol{\alpha}\times\boldsymbol{\beta})\times\boldsymbol{\alpha}]\cdot\boldsymbol{\alpha}=0$,即$(x\boldsymbol{\alpha}+y\boldsymbol{\beta})\cdot\boldsymbol{\alpha}=0$,也就有 $x\boldsymbol{\alpha}^2+y(\boldsymbol{\alpha}\cdot\boldsymbol{\beta})=0$. 而

$$\begin{aligned}[(\boldsymbol{\alpha}\times\boldsymbol{\beta})\times\boldsymbol{\alpha}]\cdot[(\boldsymbol{\alpha}\times\boldsymbol{\beta})\times\boldsymbol{\alpha}]&=[(\boldsymbol{\alpha}\times\boldsymbol{\beta})\times\boldsymbol{\alpha}]^2\\&=[|\boldsymbol{\alpha}\times\boldsymbol{\beta}||\boldsymbol{\alpha}|\sin\angle(\boldsymbol{\alpha}\times\boldsymbol{\beta},\boldsymbol{\alpha})]^2\\&=(\boldsymbol{\alpha}\times\boldsymbol{\beta})^2\boldsymbol{\alpha}^2,\end{aligned}$$

$$[(\boldsymbol{\alpha}\times\boldsymbol{\beta})\times\boldsymbol{\alpha}]\cdot(x\boldsymbol{\alpha}+y\boldsymbol{\beta})=y(\boldsymbol{\alpha}\times\boldsymbol{\beta})\cdot(\boldsymbol{\alpha}\times\boldsymbol{\beta})=y(\boldsymbol{\alpha}\times\boldsymbol{\beta})^2,$$

于是 $y=\boldsymbol{\alpha}^2, x=-(\boldsymbol{\alpha}\cdot\boldsymbol{\beta})$，即(2.2.12)式得证.

定理 2.2.6 对于任意向量$\boldsymbol{\alpha},\boldsymbol{\beta},\boldsymbol{\gamma}$有

$$(\boldsymbol{\alpha}\times\boldsymbol{\beta})\times\boldsymbol{\gamma}=(\boldsymbol{\alpha}\cdot\boldsymbol{\gamma})\boldsymbol{\beta}-(\boldsymbol{\beta}\cdot\boldsymbol{\gamma})\boldsymbol{\alpha}. \tag{2.2.13}$$

证明 当$\boldsymbol{\alpha},\boldsymbol{\beta},\boldsymbol{\gamma}$有一个为零向量时，(2.2.13)式显然成立；当$\boldsymbol{\alpha},\boldsymbol{\beta},\boldsymbol{\gamma}$都不为零向量且$\boldsymbol{\alpha}$与$\boldsymbol{\beta}$共线时，由$\boldsymbol{\alpha}\times\boldsymbol{\beta}=\boldsymbol{0}$知(2.2.13)式左端为零向量，而由$\boldsymbol{\alpha}=x\boldsymbol{\beta}$可知(2.2.13)式右端也等于零向量，所以(2.2.13)式成立；下面证明当$\boldsymbol{\alpha},\boldsymbol{\beta},\boldsymbol{\gamma}$都不为零向量且$\boldsymbol{\alpha}$与$\boldsymbol{\beta}$不共线时(2.2.13)式成立.

当$\boldsymbol{\alpha},\boldsymbol{\beta},\boldsymbol{\gamma}$共面时，由于$\boldsymbol{\alpha}$与$\boldsymbol{\beta}$不共线，则有 x 和 y 使$\boldsymbol{\gamma}=x\boldsymbol{\alpha}+y\boldsymbol{\beta}$，于是

$$\begin{aligned}(\boldsymbol{\alpha}\times\boldsymbol{\beta})\times\boldsymbol{\gamma}&=(\boldsymbol{\alpha}\times\boldsymbol{\beta})\times(x\boldsymbol{\alpha}+y\boldsymbol{\beta})=x(\boldsymbol{\alpha}\times\boldsymbol{\beta})\times\boldsymbol{\alpha}+y(\boldsymbol{\alpha}\times\boldsymbol{\beta})\times\boldsymbol{\beta}\\&=x[\boldsymbol{\alpha}^2\boldsymbol{\beta}-(\boldsymbol{\alpha}\cdot\boldsymbol{\beta})\boldsymbol{\alpha}]-y[\boldsymbol{\beta}^2\boldsymbol{\alpha}-(\boldsymbol{\beta}\cdot\boldsymbol{\alpha})\boldsymbol{\beta}],\\(\boldsymbol{\alpha}\cdot\boldsymbol{\gamma})\boldsymbol{\beta}-(\boldsymbol{\beta}\cdot\boldsymbol{\gamma})\boldsymbol{\alpha}&=[\boldsymbol{\alpha}\cdot(x\boldsymbol{\alpha}+y\boldsymbol{\beta})]\boldsymbol{\beta}-[\boldsymbol{\beta}\cdot(x\boldsymbol{\alpha}+y\boldsymbol{\beta})]\boldsymbol{\alpha}\\&=x\boldsymbol{\alpha}^2\boldsymbol{\beta}+y(\boldsymbol{\alpha}\cdot\boldsymbol{\beta})\boldsymbol{\beta}-x(\boldsymbol{\alpha}\cdot\boldsymbol{\beta})\boldsymbol{\alpha}-y\boldsymbol{\beta}^2\boldsymbol{\alpha}\\&=x[\boldsymbol{\alpha}^2\boldsymbol{\beta}-(\boldsymbol{\alpha}\cdot\boldsymbol{\beta})\boldsymbol{\alpha}]-y[\boldsymbol{\beta}^2\boldsymbol{\alpha}-(\boldsymbol{\alpha}\cdot\boldsymbol{\beta})\boldsymbol{\beta}].\end{aligned}$$

上述可见，(2.2.13)式成立.

当$\boldsymbol{\alpha},\boldsymbol{\beta},\boldsymbol{\gamma}$不共面即$(\boldsymbol{\alpha},\boldsymbol{\beta},\boldsymbol{\gamma})\neq 0$时，因$\boldsymbol{\alpha}\times\boldsymbol{\beta}\perp\boldsymbol{\alpha}$，$\boldsymbol{\alpha}\times\boldsymbol{\beta}\perp\boldsymbol{\beta}$，$(\boldsymbol{\alpha}\times\boldsymbol{\beta})\times\boldsymbol{\gamma}\perp\boldsymbol{\alpha}\times\boldsymbol{\beta}$，所以三向量$(\boldsymbol{\alpha}\times\boldsymbol{\beta})\times\boldsymbol{\gamma},\boldsymbol{\alpha},\boldsymbol{\beta}$共面，即有 x,y 使$(\boldsymbol{\alpha}\times\boldsymbol{\beta})\times\boldsymbol{\gamma}=x\boldsymbol{\alpha}+y\boldsymbol{\beta}$，又

$$\begin{aligned}[(\boldsymbol{\alpha}\times\boldsymbol{\beta})\times\boldsymbol{\gamma}]\cdot(\boldsymbol{\beta}\times\boldsymbol{\gamma})&=(\boldsymbol{\alpha}\times\boldsymbol{\beta})\cdot[\boldsymbol{\gamma}\times(\boldsymbol{\beta}\times\boldsymbol{\gamma})]=(\boldsymbol{\alpha}\times\boldsymbol{\beta})\cdot[(\boldsymbol{\gamma}\times\boldsymbol{\beta})\times\boldsymbol{\gamma}]\\&=(\boldsymbol{\alpha}\times\boldsymbol{\beta})\cdot[\boldsymbol{\gamma}^2\boldsymbol{\beta}-(\boldsymbol{\beta}\cdot\boldsymbol{\gamma})\boldsymbol{\gamma}]\\&=-(\boldsymbol{\beta}\cdot\boldsymbol{\gamma})(\boldsymbol{\alpha},\boldsymbol{\beta},\boldsymbol{\gamma}),\end{aligned}$$

$$[(\boldsymbol{\alpha}\times\boldsymbol{\beta})\times\boldsymbol{\gamma}]\cdot(\boldsymbol{\beta}\times\boldsymbol{\gamma})=(x\boldsymbol{\alpha}+y\boldsymbol{\beta})\cdot(\boldsymbol{\beta}\times\boldsymbol{\gamma})=x(\boldsymbol{\alpha},\boldsymbol{\beta},\boldsymbol{\gamma}),$$

即 $x=-(\boldsymbol{\beta}\cdot\boldsymbol{\gamma})$. 且

$$\begin{aligned}[(\boldsymbol{\alpha}\times\boldsymbol{\beta})\times\boldsymbol{\gamma}]\cdot(\boldsymbol{\gamma}\times\boldsymbol{\alpha})&=(\boldsymbol{\alpha}\times\boldsymbol{\beta})\cdot[\boldsymbol{\gamma}\times(\boldsymbol{\gamma}\times\boldsymbol{\alpha})]=-(\boldsymbol{\alpha}\times\boldsymbol{\beta})\cdot[(\boldsymbol{\gamma}\times\boldsymbol{\alpha})\times\boldsymbol{\gamma}]\\&=-(\boldsymbol{\alpha}\times\boldsymbol{\beta})\cdot[\boldsymbol{\gamma}^2\boldsymbol{\alpha}-(\boldsymbol{\gamma}\cdot\boldsymbol{\alpha})\boldsymbol{\gamma}]\\&=(\boldsymbol{\gamma}\cdot\boldsymbol{\alpha})(\boldsymbol{\alpha},\boldsymbol{\beta},\boldsymbol{\gamma}),\end{aligned}$$

$$[(\boldsymbol{\alpha}\times\boldsymbol{\beta})\times\boldsymbol{\gamma}]\cdot(\boldsymbol{\gamma}\times\boldsymbol{\alpha})=(x\boldsymbol{\alpha}+y\boldsymbol{\beta})\cdot(\boldsymbol{\gamma}\times\boldsymbol{\alpha})=y(\boldsymbol{\alpha},\boldsymbol{\beta},\boldsymbol{\gamma}),$$

即 $y=(\boldsymbol{\alpha}\cdot\boldsymbol{\gamma})$，

综合上述有(2.2.13)式成立，定理得证.

推论 $\boldsymbol{\alpha}\times(\boldsymbol{\beta}\times\boldsymbol{\gamma})=(\boldsymbol{\alpha}\cdot\boldsymbol{\gamma})\boldsymbol{\beta}-(\boldsymbol{\alpha}\cdot\boldsymbol{\beta})\boldsymbol{\gamma}$.

注意，在一般情况下，

$$(\boldsymbol{\alpha}\times\boldsymbol{\beta})\times\boldsymbol{\gamma}\neq\boldsymbol{\alpha}\times(\boldsymbol{\beta}\times\boldsymbol{\gamma}),$$

即向量的向量积运算不满足结合律.

例 2.2.6 若$\boldsymbol{\alpha}$与$\boldsymbol{\beta}$不共线，则$\boldsymbol{\alpha}\times(\boldsymbol{\alpha}\times\boldsymbol{\beta})$与$\boldsymbol{\beta}\times(\boldsymbol{\alpha}\times\boldsymbol{\beta})$不共线.

证明 因

$$\begin{aligned}[\boldsymbol{\alpha}\times(\boldsymbol{\alpha}\times\boldsymbol{\beta})]\times[\boldsymbol{\beta}\times(\boldsymbol{\alpha}\times\boldsymbol{\beta})]&=[-\boldsymbol{\alpha}^2\boldsymbol{\beta}+(\boldsymbol{\alpha}\cdot\boldsymbol{\beta})\boldsymbol{\alpha}]\times[\boldsymbol{\beta}^2\boldsymbol{\alpha}-(\boldsymbol{\beta}\cdot\boldsymbol{\alpha})\boldsymbol{\beta}]\\&=[\boldsymbol{\alpha}^2\boldsymbol{\beta}^2-(\boldsymbol{\alpha}\cdot\boldsymbol{\beta})^2](\boldsymbol{\alpha}\times\boldsymbol{\beta})=|\boldsymbol{\alpha}\times\boldsymbol{\beta}|^2(\boldsymbol{\alpha}\times\boldsymbol{\beta}),\end{aligned}$$

又$\boldsymbol{\alpha}$与$\boldsymbol{\beta}$不共线，即$\boldsymbol{\alpha}\times\boldsymbol{\beta}\neq\boldsymbol{0}$，于是$|\boldsymbol{\alpha}\times\boldsymbol{\beta}|^2(\boldsymbol{\alpha}\times\boldsymbol{\beta})\neq\boldsymbol{0}$，故$\boldsymbol{\alpha}\times(\boldsymbol{\alpha}\times\boldsymbol{\beta})$与$\boldsymbol{\beta}\times(\boldsymbol{\alpha}\times\boldsymbol{\beta})$不共线.

习题 2.2

1. 已知$\overrightarrow{AB}=\boldsymbol{\alpha}+2\boldsymbol{\beta}$，$\overrightarrow{AD}=\boldsymbol{\alpha}-3\boldsymbol{\beta}$，其中$|\boldsymbol{\alpha}|=2$，$|\boldsymbol{\beta}|=3$，$\angle(\boldsymbol{\alpha},\boldsymbol{\beta})=\frac{\pi}{6}$，求平行四边形 $ABCD$ 的面积.

2. 已知两个非零向量$\boldsymbol{\alpha}$，$\boldsymbol{\beta}$，求 k 值使 $k\boldsymbol{\alpha}+2\boldsymbol{\beta}$ 与 $9\boldsymbol{\alpha}+2k\boldsymbol{\beta}$ 共线.

3. 已知三向量$\overrightarrow{OA}$，$\overrightarrow{OB}$，$\overrightarrow{OC}$适合

$$\overrightarrow{OA}\times\overrightarrow{OB}+\overrightarrow{OB}\times\overrightarrow{OC}+\overrightarrow{OC}\times\overrightarrow{OA}=\mathbf{0},$$

求证 A，B，C 三点共线.

4. 已知向量$\boldsymbol{\alpha}$，$\boldsymbol{\beta}$，$\boldsymbol{\gamma}$，$\boldsymbol{\eta}$满足$\boldsymbol{\alpha}\times\boldsymbol{\beta}=\boldsymbol{\gamma}\times\boldsymbol{\eta}$，$\boldsymbol{\alpha}\times\boldsymbol{\gamma}=\boldsymbol{\beta}\times\boldsymbol{\eta}$. 证明：$\boldsymbol{\alpha}-\boldsymbol{\eta}$与$\boldsymbol{\beta}-\boldsymbol{\gamma}$共线.

5. 已知$\boldsymbol{\alpha}\times\boldsymbol{\beta}+\boldsymbol{\beta}\times\boldsymbol{\gamma}+\boldsymbol{\gamma}\times\boldsymbol{\alpha}=\mathbf{0}$，求证$\boldsymbol{\alpha}$，$\boldsymbol{\beta}$，$\boldsymbol{\gamma}$共面.

6. 利用双重向量积公式(2.2.13)证明下面两个恒等式：

(1) 雅可比(Jacobi)恒等式

$$(\boldsymbol{\alpha}\times\boldsymbol{\beta})\times\boldsymbol{\gamma}+(\boldsymbol{\beta}\times\boldsymbol{\gamma})\times\boldsymbol{\alpha}+(\boldsymbol{\gamma}\times\boldsymbol{\alpha})\times\boldsymbol{\beta}=\mathbf{0};$$

(2) 拉格朗日(Lagrange)恒等式

$$(\boldsymbol{\alpha}\times\boldsymbol{\beta})\cdot(\boldsymbol{\gamma}\times\boldsymbol{\nu})=(\boldsymbol{\alpha}\cdot\boldsymbol{\gamma})(\boldsymbol{\beta}\cdot\boldsymbol{\nu})-(\boldsymbol{\alpha}\cdot\boldsymbol{\nu})(\boldsymbol{\beta}\cdot\boldsymbol{\gamma}).$$

7. 设$\boldsymbol{\alpha}$，$\boldsymbol{\beta}$，$\boldsymbol{\gamma}$是单位向量，且满足$\boldsymbol{\alpha}+\boldsymbol{\beta}+\boldsymbol{\gamma}=\mathbf{0}$，求$\boldsymbol{\alpha}\cdot\boldsymbol{\beta}+\boldsymbol{\beta}\cdot\boldsymbol{\gamma}+\boldsymbol{\gamma}\cdot\boldsymbol{\alpha}$.

2.3 空间坐标系

向量的几何表示具有简明、直观的特点，但是向量的运算不如数的运算方便，本节将建立空间坐标系，并通过空间直角坐标系，把向量的运算转化为数量的运算.

2.3.1 空间直角坐标系

定义 2.3.1 在空间中任取一点 O 为起点任意作三个不共面向量 $\boldsymbol{e}_1$，$\boldsymbol{e}_2$，$\boldsymbol{e}_3$，则称点 O 和 $\boldsymbol{e}_1$，$\boldsymbol{e}_2$，$\boldsymbol{e}_3$ 一起组成**空间仿射坐标系**，记为$\{O;\ \boldsymbol{e}_1,\boldsymbol{e}_2,\boldsymbol{e}_3\}$，其中点 O 为坐标原点，$\boldsymbol{e}_1$，$\boldsymbol{e}_2$，$\boldsymbol{e}_3$ 为空间的坐标向量，$\boldsymbol{e}_1$，$\boldsymbol{e}_2$，$\boldsymbol{e}_3$ 所在直线分别记为 Ox，Oy，Oz，称为 x 轴，y 轴和 z 轴，统称为**坐标轴**，$\boldsymbol{e}_1$，$\boldsymbol{e}_2$，$\boldsymbol{e}_3$ 的方向依次为 x 轴，y 轴和 z 轴的正方向.

若右手四指(拇指除外)从 x 轴方向弯向 y 轴方向(转角小于 π)，拇指所指的方向与 z 轴方向在 Oxy 面同侧，则称此坐标系为**右手系**(图 2-3-1)，否则称为**左手系**(图 2-3-2).

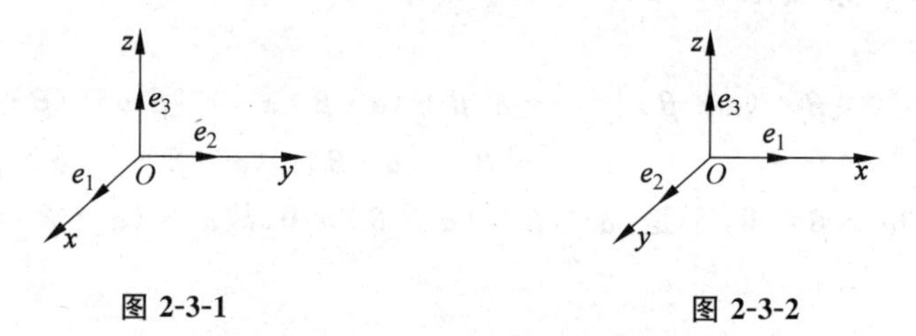

图 2-3-1　　　　图 2-3-2

两条坐标轴确定的 Oxy 平面、Oyz 平面和 Ozx 平面统称为**坐标面**. 三个坐标面把空间分成八个部分,称为八个卦限,分别用字母Ⅰ、Ⅱ、Ⅲ、Ⅳ、Ⅴ、Ⅵ、Ⅶ、Ⅷ表示(图 2-3-3).

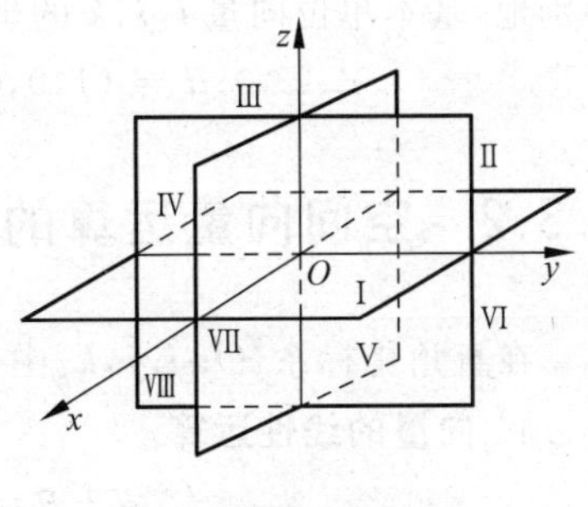

图 2-3-3

由空间基本定理知道空间任一向量 $\boldsymbol{d}$ 可唯一表示成

$$\boldsymbol{d} = x\boldsymbol{e}_1 + y\boldsymbol{e}_2 + z\boldsymbol{e}_3.$$

称上述分解式中的系数组成的三元数组 (x,y,z) 为向量 $\boldsymbol{d}$ 在空间仿射坐标系 $\{O;\ \boldsymbol{e}_1,\boldsymbol{e}_2,\boldsymbol{e}_3\}$ 中的坐标,记作 $\boldsymbol{d}=(x,y,z)$.

空间中的点 M 与向量 $\overrightarrow{OM}$ 之间存在一一对应,称起点在坐标原点的向量 $\overrightarrow{OM}$ 为点 M 的**定位向量**(或向径),把定位向量 $\overrightarrow{OM}$ 在仿射坐标系中的坐标称为点 M 在仿射坐标系中的坐标,即点 M 在 $\{O;\ \boldsymbol{e}_1,\boldsymbol{e}_2,\boldsymbol{e}_3\}$ 中的坐标为 (x,y,z) 的充分必要条件是 $\overrightarrow{OM}=x\boldsymbol{e}_1+y\boldsymbol{e}_2+z\boldsymbol{e}_3$,记为 $M(x,y,z)$.

在每个卦限内,点的坐标的符号是不变的(表 2-3-1).

表 2-3-1

	Ⅰ	Ⅱ	Ⅲ	Ⅳ	Ⅴ	Ⅵ	Ⅶ	Ⅷ
x	+	−	−	+	+	−	−	+
y	+	+	−	−	+	+	−	−
z	+	+	+	+	−	−	−	−

例如点 $M(1,-2,3)$ 在第四卦线内,点 $N(1,-3,-1)$ 在第八卦限内.

特别地,坐标原点 O 的坐标为 $(0,0,0)$; x 轴上的点的坐标为 $(x,0,0)$, y 轴上的点的坐标为 $(0,y,0)$, z 轴上的点的坐标为 $(0,0,z)$; Oxy 面上的点的坐标为 $(x,y,0)$, Oyz 面上的点的坐标为 $(0,y,z)$, Ozx 面上的点的坐标为 $(x,0,z)$.

当 $\boldsymbol{e}_1,\boldsymbol{e}_2,\boldsymbol{e}_3$ 两两垂直且都是单位向量时,习惯上把它们记为 $\boldsymbol{i},\boldsymbol{j},\boldsymbol{k}$.

定义 2.3.2 称坐标系 $\{O;\ \boldsymbol{i},\boldsymbol{j},\boldsymbol{k}\}$ 为笛卡儿空间直角坐标系,简称为**空间直角坐标系**,坐标轴 x 轴, y 轴和 z 轴也分别称为横轴、纵轴和竖轴,分别以 $\boldsymbol{i},\boldsymbol{j},\boldsymbol{k}$ 的方向为其正方向,称 $\boldsymbol{i},\boldsymbol{j},\boldsymbol{k}$ 为**基本单位坐标向量**.

在 $\{O;\ \boldsymbol{i},\boldsymbol{j},\boldsymbol{k}\}$ 中点 M 的坐标为 $M(x,y,z)$,则有

$$\overrightarrow{OM} = x\boldsymbol{i} + y\boldsymbol{j} + z\boldsymbol{k}.$$

称上式为向量 $\boldsymbol{r}=\overrightarrow{OM}$ 的坐标分解式, $x\boldsymbol{i}, y\boldsymbol{j}, z\boldsymbol{k}$ 称为向量 $\boldsymbol{r}=\overrightarrow{OM}$ 沿三个坐标轴方向的分向量; x, y, z 分别为向量 $\boldsymbol{r}=\overrightarrow{OM}$ 在三坐标轴上的投影.

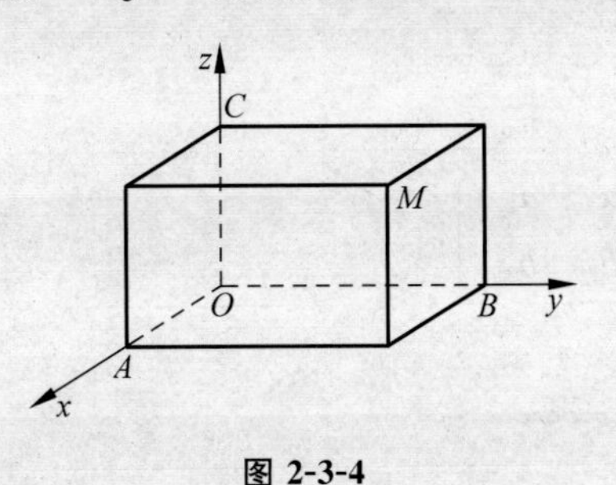

图 2-3-4

在几何上也可以用如下方法得到点 M 的坐标:

过点 M 作三个平面分别与三个坐标面平行,依次交 x 轴、y 轴和 z 轴于点 A, B 和 C(图 2-3-4),则 A, B 和 C 分别在 x 轴、y 轴和 z 轴上的坐标为点 M 的 x 坐标、y 坐标和 z 坐标.

向量 $\boldsymbol{\alpha}$ 的坐标 $\boldsymbol{\alpha}=(x,y,z)$,有

$$\boldsymbol{\alpha} = x\boldsymbol{i} + y\boldsymbol{j} + z\boldsymbol{k}.$$

特别地，基本单位向量 $\boldsymbol{i},\boldsymbol{j},\boldsymbol{k}$ 的坐标分别为

$$\boldsymbol{i}=(1,0,0),\quad \boldsymbol{j}=(0,1,0),\quad \boldsymbol{k}=(0,0,1).$$

2.3.2 空间向量运算的坐标表示

在直角坐标系$\{O;\boldsymbol{i},\boldsymbol{j},\boldsymbol{k}\}$中，设向量$\boldsymbol{\alpha}=(a_1,a_2,a_3)$，$\boldsymbol{\beta}=(b_1,b_2,b_3)$，$\boldsymbol{\gamma}=(c_1,c_2,c_3)$.

1. 向量的线性运算

$$\boldsymbol{\alpha}+\boldsymbol{\beta}=(a_1+b_1,a_2+b_2,a_3+b_3),$$
$$\boldsymbol{\alpha}-\boldsymbol{\beta}=(a_1-b_1,a_2-b_2,a_3-b_3),$$
$$x\boldsymbol{\alpha}=(xa_1,xa_2,xa_3),\quad x\text{ 为任意实数}.$$

定理 2.3.1 设向量$\overrightarrow{M_1M_2}$的起点为 $M_1(x_1,y_1,z_1)$，终点为 $M_2(x_2,y_2,z_2)$，则向量

$$\overrightarrow{M_1M_2}=(x_2-x_1,y_2-y_1,z_2-z_1),$$

即一个向量的坐标等于其终点坐标减去起点坐标.

定理 2.3.2 向量$\boldsymbol{\alpha}$与$\boldsymbol{\beta}$共线的充要条件是它们的对应坐标成比例，即$\dfrac{a_1}{b_1}=\dfrac{a_2}{b_2}=\dfrac{a_3}{b_3}$.

注 在式$\dfrac{a_1}{b_1}=\dfrac{a_2}{b_2}=\dfrac{a_3}{b_3}$中，当 b_1,b_2,b_3 有一个为零时，例如 $b_1=0,b_2\neq0,b_3\neq0$，应理解为

$$\begin{cases}a_1=0,\\ \dfrac{a_2}{b_2}=\dfrac{a_3}{b_3}.\end{cases}$$

当 b_1,b_2,b_3 有两个为零时，例如 $b_1=b_2=0,b_3\neq0$，应理解为

$$\begin{cases}a_1=0,\\ a_2=0.\end{cases}$$

2. 向量的数量积运算

$$\boldsymbol{\alpha}\cdot\boldsymbol{\beta}=(a_1\boldsymbol{i}+a_2\boldsymbol{j}+a_3\boldsymbol{k})\cdot(b_1\boldsymbol{i}+b_2\boldsymbol{j}+b_3\boldsymbol{k})=a_1b_1+a_2b_2+a_3b_3.$$

即两向量的数量积等于它们的对应坐标的乘积之和.

3. 向量的向量积运算

$$\begin{aligned}\boldsymbol{\alpha}\times\boldsymbol{\beta}&=(a_1\boldsymbol{i}+a_2\boldsymbol{j}+a_3\boldsymbol{k})\times(b_1\boldsymbol{i}+b_2\boldsymbol{j}+b_3\boldsymbol{k})\\&=(a_2b_3-a_3b_2)\boldsymbol{i}-(a_1b_3-a_3b_1)\boldsymbol{j}+(a_1b_2-a_2b_1)\boldsymbol{k}.\end{aligned}$$

用行列式可以表示为

$$\boldsymbol{\alpha}\times\boldsymbol{\beta}=\begin{vmatrix}\boldsymbol{i}&\boldsymbol{j}&\boldsymbol{k}\\a_1&a_2&a_3\\b_1&b_2&b_3\end{vmatrix},$$

即

$$\boldsymbol{\alpha}\times\boldsymbol{\beta}=\left(\begin{vmatrix}a_2&a_3\\b_2&b_3\end{vmatrix},\begin{vmatrix}a_3&a_1\\b_3&b_1\end{vmatrix},\begin{vmatrix}a_1&a_2\\b_1&b_2\end{vmatrix}\right).$$

4. 向量的混合积运算

$$(\boldsymbol{\alpha},\boldsymbol{\beta},\boldsymbol{\gamma})=(\boldsymbol{\alpha}\times\boldsymbol{\beta})\cdot\boldsymbol{\gamma}=\begin{vmatrix}a_2 & a_3\\ b_2 & b_3\end{vmatrix}c_1+\begin{vmatrix}a_3 & a_1\\ b_3 & b_1\end{vmatrix}c_2+\begin{vmatrix}a_1 & a_2\\ b_1 & b_2\end{vmatrix}c_3,$$

即

$$(\boldsymbol{\alpha},\boldsymbol{\beta},\boldsymbol{\gamma})=\begin{vmatrix}a_1 & a_2 & a_3\\ b_1 & b_2 & b_3\\ c_1 & c_2 & c_3\end{vmatrix}.$$

定理 2.3.3 三个向量$\boldsymbol{\alpha},\boldsymbol{\beta},\boldsymbol{\gamma}$共面的充要条件是$\begin{vmatrix}a_1 & a_2 & a_3\\ b_1 & b_2 & b_3\\ c_1 & c_2 & c_3\end{vmatrix}=0$.

2.3.3 向量的长度、方向角和方向余弦

定理 2.3.4 向量$\boldsymbol{\alpha}=(a_1,a_2,a_3)$的长度为

$$|\boldsymbol{\alpha}|=\sqrt{\boldsymbol{\alpha}\cdot\boldsymbol{\alpha}}=\sqrt{a_1^2+a_2^2+a_3^2},$$

即向量的长度等于它的坐标的平方和的算术平方根.

当$\boldsymbol{\alpha}=(a_1,a_2,a_3)$,$\boldsymbol{\beta}=(b_1,b_2,b_3)$都是非零向量时,$\boldsymbol{\alpha}$与$\boldsymbol{\beta}$夹角的余弦满足

$$\cos\angle(\boldsymbol{\alpha},\boldsymbol{\beta})=\frac{a_1b_1+a_2b_2+a_3b_3}{\sqrt{a_1^2+a_2^2+a_3^2}\cdot\sqrt{b_1^2+b_2^2+b_3^2}}.$$

定理 2.3.5 向量$\boldsymbol{\alpha}$与$\boldsymbol{\beta}$垂直的充要条件是$a_1b_1+a_2b_2+a_3b_3=0$.

定义 2.3.3 称非零向量$\boldsymbol{a}$与三条坐标轴x轴,y轴,z轴的夹角α,β,γ为向量$\boldsymbol{a}$的**方向角**(图 2-3-5),向量$\boldsymbol{a}$的方向角α,β,γ的余弦$\cos\alpha,\cos\beta,\cos\gamma$叫做向量$\boldsymbol{a}$的**方向余弦**.

设向量$\boldsymbol{a}=(a_1,a_2,a_3)$,容易得到

$$\cos\alpha=\frac{a_1}{\sqrt{a_1^2+a_2^2+a_3^2}},$$

$$\cos\beta=\frac{a_2}{\sqrt{a_1^2+a_2^2+a_3^2}},$$

$$\cos\gamma=\frac{a_3}{\sqrt{a_1^2+a_2^2+a_3^2}}.$$

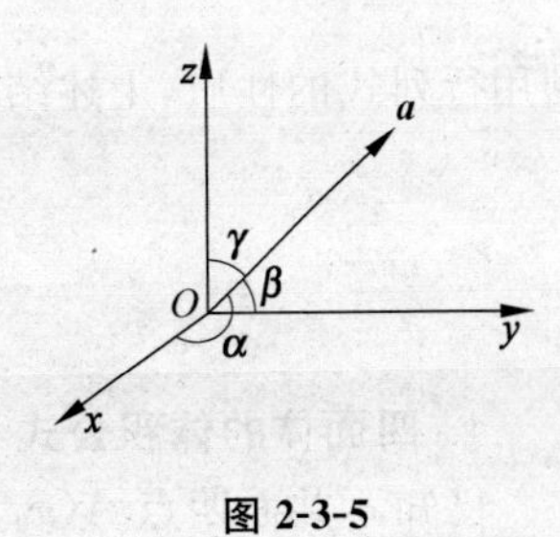

图 2-3-5

显然,(1) 向量$\boldsymbol{a}$的方向余弦满足

$$\cos^2\alpha+\cos^2\beta+\cos^2\gamma=1,$$

即任何非零向量的三个方向余弦的平方和等于 1.

(2) 与向量$\boldsymbol{a}$同方向的单位向量$\boldsymbol{a}^0=\frac{\boldsymbol{a}}{|\boldsymbol{a}|}$的坐标就是向量$\boldsymbol{a}$的方向余弦.

我们把与一个向量的三个方向余弦成比例的三个数,称为该向量的一组**方向数**,当然向量的坐标就是它的一组方向数.

2.3.4 空间解析几何中的几个常用公式

在直角坐标系$\{O;\boldsymbol{i},\boldsymbol{j},\boldsymbol{k}\}$中，有以下常用公式.

1. 空间两点的距离公式

已知空间两点$A(x_1,y_1,z_1)$，$B(x_2,y_2,z_2)$（图 2-3-6），则A和B间的距离为

$$|AB|=|\overrightarrow{AB}|=\sqrt{(x_2-x_1)^2+(y_2-y_1)^2+(z_2-z_1)^2}.$$

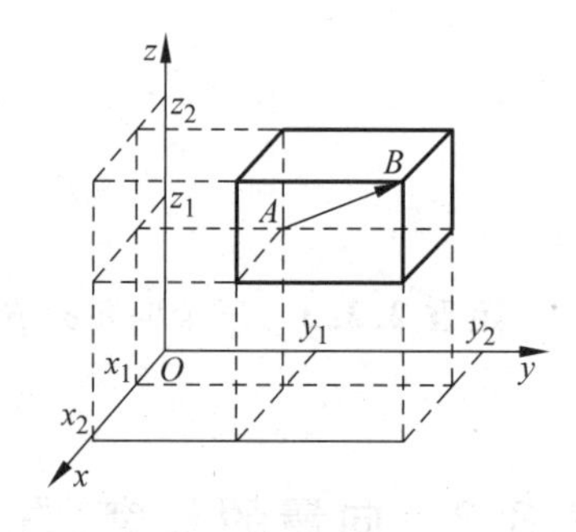

图 2-3-6

2. 线段的定比分点公式

定义 2.3.4 对于线段AB，若点M满足$\overrightarrow{AM}=\lambda\overrightarrow{MB}(\lambda\neq-1)$，则称点$M$为分线段$AB$成定比$\lambda$的点.

由定义 2.3.4 可见，点M在线段AB的内部时，λ为正，称为内分点；点M在线段AB的外部时，λ为负，称为外分点；点M与点A重合时，$\lambda=0$；当点M趋于点B时，λ变成无穷大；当M为线段AB的中点时，$\lambda=1$.

已知线段AB两个端点的坐标为$A(x_1,y_1,z_1)$，$B(x_2,y_2,z_2)$，则分线段AB成定比λ的点M的坐标分量为

$$x=\frac{x_1+\lambda x_2}{1+\lambda},\quad y=\frac{y_1+\lambda y_2}{1+\lambda},\quad z=\frac{z_1+\lambda z_2}{1+\lambda}.$$

3. 三角形的面积公式

已知Oxy面上三点$A(x_1,y_1,0)$，$B(x_2,y_2,0)$，$C(x_3,y_3,0)$，则三角形ABC的面积为

$$S_{\triangle ABC}=\frac{1}{2}|\overrightarrow{AB}\times\overrightarrow{AC}|=\frac{1}{2}\left\|\begin{matrix}\boldsymbol{i} & \boldsymbol{j} & \boldsymbol{k}\\ x_2-x_1 & y_2-y_1 & 0\\ x_3-x_1 & y_3-y_1 & 0\end{matrix}\right\|=\frac{1}{2}\left\|\begin{matrix}x_2-x_1 & y_2-y_1\\ x_3-x_1 & y_3-y_1\end{matrix}\right\|.$$

利用行列式的性质，上述结果可化成

$$S_{\triangle ABC}=\frac{1}{2}\left\|\begin{matrix}x_1 & y_1 & 1\\ x_2 & y_2 & 1\\ x_3 & y_3 & 1\end{matrix}\right\|.$$

4. 四面体的体积公式

已知不共面四点$A(x_1,y_1,z_1)$，$B(x_2,y_2,z_2)$，$C(x_3,y_3,z_3)$和$D(x_4,y_4,z_4)$，则四面体$ABCD$的体积为

$$V=\frac{1}{6}|(\overrightarrow{AB},\overrightarrow{AC},\overrightarrow{AD})|=\frac{1}{6}\left\|\begin{matrix}x_2-x_1 & y_2-y_1 & z_2-z_1\\ x_3-x_1 & y_3-y_1 & z_3-z_1\\ x_4-x_1 & y_4-y_1 & z_4-z_1\end{matrix}\right\|.$$

利用行列式的性质，上述结果可化成

$$V=\frac{1}{6}\left\|\begin{matrix}x_1 & y_1 & z_1 & 1\\ x_2 & y_2 & z_2 & 1\\ x_3 & y_3 & z_3 & 1\\ x_4 & y_4 & z_4 & 1\end{matrix}\right\|.$$

例 2.3.1 已知两点 $M_1(4,\sqrt{2},1)$ 和 $M_2(3,0,2)$，求向量 $\overrightarrow{M_1M_2}$ 的模、方向余弦和方向角.

解 因为

$$\overrightarrow{M_1M_2}=(3-4,0-\sqrt{2},2-1)=(-1,-\sqrt{2},1),$$

所以

$$|\overrightarrow{M_1M_2}|=\sqrt{(-1)^2+(-\sqrt{2})^2+1^2}=2,$$

于是方向余弦为

$$\cos\alpha=-\frac{1}{2},\quad \cos\beta=-\frac{\sqrt{2}}{2},\quad \cos\gamma=\frac{1}{2},$$

方向角为

$$\alpha=\frac{2\pi}{3},\quad \beta=\frac{3\pi}{4},\quad \gamma=\frac{\pi}{3}.$$

例 2.3.2 设点 M 位于第Ⅰ卦线，向径 $\boldsymbol{r}=\overrightarrow{OM}$ 与 x 轴、y 轴的夹角依次为 $\frac{\pi}{4}$ 和 $\frac{\pi}{3}$，已知 $|\overrightarrow{OM}|=4$，求点 M 的坐标.

解 因为 $\alpha=\frac{\pi}{4},\beta=\frac{\pi}{3}$，所以 $\cos\alpha=\frac{\sqrt{2}}{2},\cos\beta=\frac{1}{2}$，于是

$$\cos^2\gamma=1-\cos^2\alpha-\cos^2\beta=1-\left(\frac{\sqrt{2}}{2}\right)^2-\left(\frac{1}{2}\right)^2=\frac{1}{4},$$

又因为点 M 位于第Ⅰ卦线，知 $\cos\gamma>0$，故 $\cos\gamma=\frac{1}{2}$.

于是与 $\boldsymbol{r}=\overrightarrow{OM}$ 同方向的单位向量是 $\boldsymbol{r}^0=(\cos\alpha,\cos\beta,\cos\gamma)=\left(\frac{\sqrt{2}}{2},\frac{1}{2},\frac{1}{2}\right)$，而

$$\overrightarrow{OM}=\boldsymbol{r}=|\boldsymbol{r}|\boldsymbol{r}^0=4\left(\frac{\sqrt{2}}{2},\frac{1}{2},\frac{1}{2}\right)=(2\sqrt{2},2,2),$$

从而 M 点的坐标为 $(2\sqrt{2},2,2)$.

例 2.3.3 已知空间三点 $A(1,2,3),B(2,-1,5),C(3,2,-5)$，求：(1) $\triangle ABC$ 的面积；(2) $\triangle ABC$ 的 AB 边上的高.

解 (1) $\overrightarrow{AB}=(1,-3,2),\overrightarrow{AC}=(2,0,-8)$，所以

$$\overrightarrow{AB}\times\overrightarrow{AC}=\begin{vmatrix}\boldsymbol{i} & \boldsymbol{j} & \boldsymbol{k}\\ 1 & -3 & 2\\ 2 & 0 & -8\end{vmatrix}=24\boldsymbol{i}+12\boldsymbol{j}+6\boldsymbol{k},$$

从而

$$|\overrightarrow{AB}\times\overrightarrow{AC}|=\sqrt{24^2+12^2+6^2}=6\sqrt{21},$$

故

$$S_{\triangle ABC}=\frac{1}{2}|\overrightarrow{AB}\times\overrightarrow{AC}|=3\sqrt{21}.$$

(2) 如图 2-3-7，$\triangle ABC$ 的 AB 边上的高 CE 即是平行四边形 $ABDC$ 的 AB 边上的高，所以

$$CE=\frac{|\overrightarrow{AB}\times\overrightarrow{AC}|}{|\overrightarrow{AB}|}$$

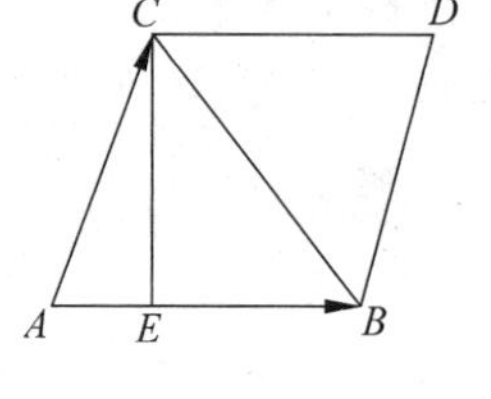

图 2-3-7

又因为

$$|\overrightarrow{AB}|=\sqrt{1^2+(-3)^2+2^2}=\sqrt{14},$$

所以

$$CE=\frac{|\overrightarrow{AB}\times\overrightarrow{AC}|}{|\overrightarrow{AB}|}=\frac{6\sqrt{21}}{\sqrt{14}}=3\sqrt{6}.$$

2.3.5 柱面坐标系与球面坐标系

在空间中除了直角坐标系外，还有多种坐标系，它们都是由于实际问题的需要而引入的. 比如地面观测站在测量空中目标的行踪时，为了确定它在某一时刻的位置，就需要测出那一时刻目标的高低角及方位角. 如果采用适合于这类情况的坐标系，对问题的研究就比较方便. 下面介绍两种较常用的坐标系——柱面坐标系与球面坐标系.

1. 柱面坐标系

在空间直角坐标系 $Oxyz$ 中，设 $P(x,y,z)$ 是空间中一点，在 Oxy 面上取点 O 为极点，Ox 为极轴，点 P 在 Oxy 面上的投影点 P' 的极坐标为 (ρ,θ)（图 2-3-8），则空间的点 P 与有序数组 (ρ,θ,z) 一一对应，称用有序数组 (ρ,θ,z) 表示空间点的坐标系为**柱面坐标系**，有序数组 (ρ,θ,z) 为点 P 的**柱面坐标**，记为 $P(\rho,\theta,z)$，这里坐标 ρ 是点 P 与 z 轴的距离，坐标 θ 是过 z 轴及点 P 的半平面与 Oxz 平面的夹角，坐标 z 是点 P 在直角坐标系中的竖坐标. 三个坐标的取值范围是

$$0\leqslant\rho<+\infty,\quad 0\leqslant\theta<2\pi,\quad -\infty<z<+\infty.$$

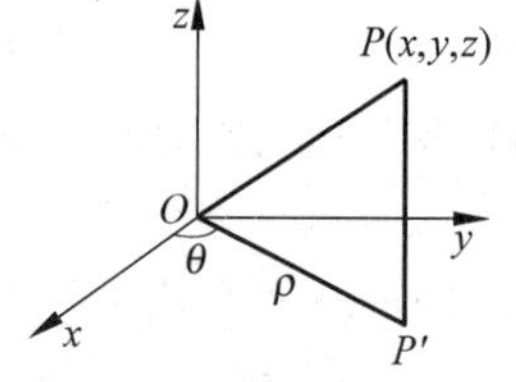

图 2-3-8

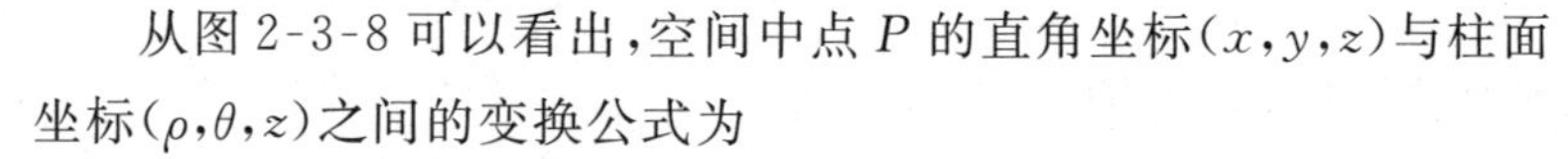

从图 2-3-8 可以看出，空间中点 P 的直角坐标 (x,y,z) 与柱面坐标 (ρ,θ,z) 之间的变换公式为

$$x=\rho\cos\theta,\quad y=\rho\sin\theta,\quad z=z.$$

$$\rho^2=x^2+y^2,\quad \tan\theta=\frac{y}{x}.$$

柱面坐标系中三个简单方程表示的图形如下：

$\rho=$常数，是以 z 轴对称轴，ρ 为半径的圆柱面；

$\theta=$常数，是过 z 轴，与 Oxz 面夹角为 θ 的半平面；

$z=$常数，是与 Oxy 面平行的平面.

上述的圆柱面、半平面、平面即为柱面坐标系中的三组坐标面.

2. 球面坐标系

在空间直角坐标系 $Oxyz$ 中，设 $P(x,y,z)$ 是空间中一点，点 P 在 Oxy 面上的投影点为 P'，记 $|\overrightarrow{OP}|=r$，有向线段 OP 与 z 轴正向所成的角为 φ，x 轴到有向线段 OP' 的转角为 θ，则

空间中的点与三元有序数组(r,φ,θ)一一对应，即空间中的点的位置可由有序数组(r,φ,θ)来确定(图 2-3-9)，称用有序数组(r,φ,θ)表示空间点位置的坐标系为**球面坐标系**，有序数组(r,φ,θ)为点 P 的**球面坐标**，记为 $P(r,\varphi,\theta)$，这三个坐标的变化范围是

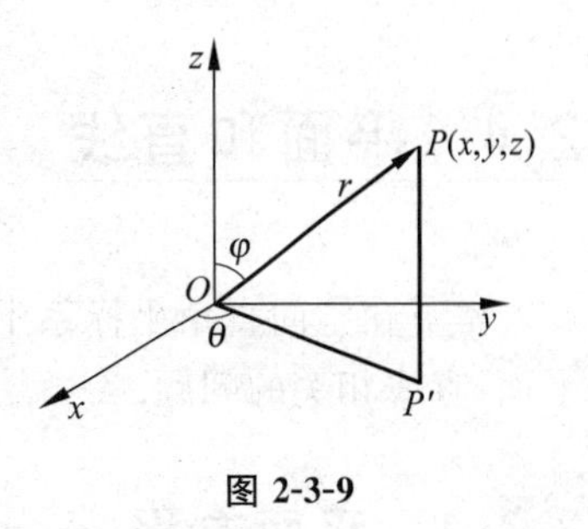

图 2-3-9

$$0\leqslant r<+\infty,\quad 0\leqslant\varphi\leqslant\pi,\quad 0\leqslant\theta<2\pi.$$

由图 2-3-9 可以看出，点 P 的直角坐标(x,y,z)与球面坐标(r,φ,θ)之间的变换公式为

$$x=r\sin\varphi\cos\theta,\quad y=r\sin\varphi\sin\theta,\quad z=r\cos\varphi.$$

$$r^2=x^2+y^2+z^2,\quad \varphi=\arccos\frac{z}{\sqrt{x^2+y^2+z^2}},\quad \tan\theta=\frac{y}{x}.$$

球面坐标系中三个简单方程表示的图形如下：

$r=$常数，是以原点为中心，r 为半径的球面；

$\varphi=$常数，是以原点为顶点，z 轴为轴，半顶角为 φ 的圆锥面；

$\theta=$常数，是过 z 轴，与 Oxz 面夹角为 θ 的半平面.

上述的球面、圆锥面、半平面即为球面坐标系中的三组坐标面.

习题 2.3

1. 给定直角坐标系中，设点 $M_0(x_0,y_0,z_0)$，求点 M_0 关于各坐标面、各坐标轴以及坐标原点的对称点的坐标.

2. 已知点 $A(3,0,-2)$和向量$\overrightarrow{AB}=(1,-5,4)$，求点 B 的坐标.

3. 已知向量$\boldsymbol{\alpha}=(0,-1,4)$，$\boldsymbol{\beta}=(-2,0,3)$，$\boldsymbol{\gamma}=(0,1,2)$，求 $2\boldsymbol{\alpha}+\boldsymbol{\beta}-3\boldsymbol{\gamma}$.

4. 设向量

$$\boldsymbol{m}=3\boldsymbol{i}+5\boldsymbol{j}+8\boldsymbol{k},\quad \boldsymbol{n}=2\boldsymbol{i}-4\boldsymbol{j}-7\boldsymbol{k},\quad \boldsymbol{p}=5\boldsymbol{i}+\boldsymbol{j}-4\boldsymbol{k},$$

求向量$\boldsymbol{\alpha}=4\boldsymbol{m}+3\boldsymbol{n}-\boldsymbol{p}$ 在 x 轴上的投影及在 y 轴上的分向量.

5. 设$\boldsymbol{\alpha}=3\boldsymbol{i}-\boldsymbol{j}-2\boldsymbol{k}$，$\boldsymbol{\beta}=\boldsymbol{i}+2\boldsymbol{j}-\boldsymbol{k}$，求：(1) $\boldsymbol{\alpha}\cdot\boldsymbol{\beta}$及$\boldsymbol{\alpha}\times\boldsymbol{\beta}$；(2)$\boldsymbol{\alpha}$与$\boldsymbol{\beta}$的夹角的余弦.

6. 求与二已知向量$\boldsymbol{\alpha}=(2,0,-1)$和$\boldsymbol{\beta}=(1,-2,1)$都垂直的单位向量.

7. 已知线段 AB 被点 $C(2,0,2)$和 $D(5,-2,0)$三等分，求这个线段两端点 A 与 B 的坐标.

8. 在 Oyz 面上求与三点 $A(3,1,2)$，$B(4,-2,-2)$和 $C(0,5,1)$距离相等的点.

9. 设点 $M_1(4,\sqrt{2},1)$和 $M_2(3,0,2)$，计算向量$\overrightarrow{M_1M_2}$的模、方向余弦和方向角.

10. 已知三角形的三个顶点 $A(2,5,0)$，$B(12,3,8)$，$C(5,11,12)$，求：(1)边 AB 上的中线之长；(2)$\angle ABC$；(3)三角形 ABC 的面积.

11. 已知一个四面体的顶点为 $A(1,2,0)$，$B(-1,3,4)$，$C(-1,-2,-3)$，$D(0,-1,3)$，求该四面体 $ABCD$ 的体积.

2.4 平面和直线

本节在空间直角坐标系中，以向量为工具讨论平面、直线的方程，再根据方程来讨论与平面、直线相关的问题.

2.4.1 平面方程

由立体几何知道，过空间一定点可以作且只能作一平面垂直于一已知直线，又这条已知直线可看成是某个非零向量所在的直线，因此空间中一个平面可由它上面的一个点和与它垂直的一个非零向量来确定.

定义 2.4.1 与平面 Π 垂直的任意一个非零向量 $\boldsymbol{n}$ 叫做平面 Π 的**法线向量**，简称**法向量**.

由定义 2.4.1 可见，一个平面的法向量并不唯一，与平面垂直的非零向量都可作该平面的法向量.

现在来导出由平面的法向量和平面上的一点所确定的平面的方程.

在直角坐标系 $Oxyz$ 中，设平面 Π 上一已知点 $P_0(x_0,y_0,z_0)$，法向量 $\boldsymbol{n}=(A,B,C)$，下面求平面 Π 的方程.

设 $P(x,y,z)$ 为平面上任意一点，那么点 P 在平面 Π 上的充要条件是 $\boldsymbol{n}\perp\overrightarrow{P_0P}$（图 2-4-1），所以

$$\boldsymbol{n}\cdot\overrightarrow{P_0P}=0.$$

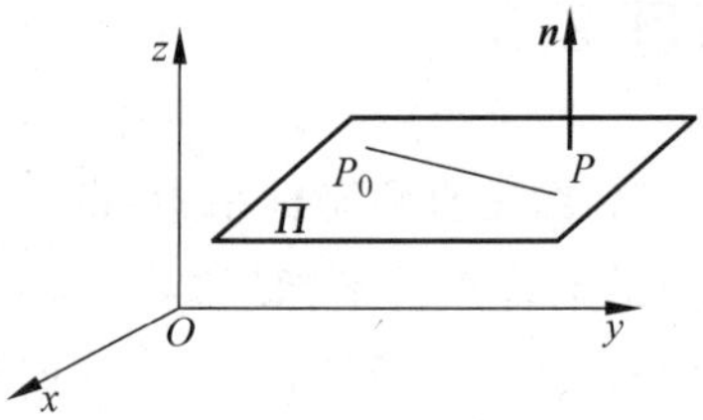

图 2-4-1

由于

$$\boldsymbol{n}=(A,B,C),\quad \overrightarrow{P_0P}=(x-x_0,y-y_0,z-z_0),$$

所以

$$A(x-x_0)+B(y-y_0)+C(z-z_0)=0. \tag{2.4.1}$$

这就是平面 Π 上任一点 P 的坐标 x,y,z 所满足的方程.

反之，如果 $P(x,y,z)$ 不在平面 Π 上，那么向量 $\overrightarrow{P_0P}$ 与法向量 $\boldsymbol{n}$ 不垂直，从而 $\boldsymbol{n}\cdot\overrightarrow{P_0P}\neq 0$，即不在平面 Π 上的点 P 的坐标 x,y,z 不满足方程(2.4.1).

这样方程(2.4.1)就是平面 Π 的方程，而平面 Π 就是方程的图形. 由于方程(2.4.1)是由平面 Π 上的点 $P_0(x_0,y_0,z_0)$ 及它的一个法向量 $\boldsymbol{n}=(A,B,C)$ 所确定的，所以方程(2.4.1)叫做平面的**点法式方程**.

如果记 $D=-(Ax_0+By_0+Cz_0)$，则(2.4.1)式可改写为

$$Ax+By+Cz+D=0\quad (A^2+B^2+C^2\neq 0). \tag{2.4.2}$$

方程(2.4.2)叫做平面的**一般方程**.

在空间直角坐标系下，平面的方程是关于 x，y，z 的三元一次方程，事实上有下面的定理.

定理 2.4.1 任何一个关于 x,y,z 的三元一次方程都是某个平面的方程.

证明 设关于 x,y,z 的三元一次方程为(2.4.2)，因 A,B,C 不全为零，不妨令 $A\neq 0$，则(2.4.2)式可化为

$$A\left(x+\frac{D}{A}\right)+By+Cz=0,$$

即

$$A\left(x-\left(-\frac{D}{A}\right)\right)+B(y-0)+C(z-0)=0. \tag{2.4.3}$$

将方程(2.4.3)与方程(2.4.1)比较可见，方程(2.4.3)表示以 $\boldsymbol{n}=(A,B,C)$ 为法向量，且过点 $\left(-\frac{D}{A},0,0\right)$ 的平面，因此关于 x,y,z 的三元一次方程是某个平面的方程.

显然，在空间直角坐标系下，平面一般方程中一次项系数 A,B,C 是平面的一个法向量 $\boldsymbol{n}$ 的坐标，即 $\boldsymbol{n}=(A,B,C)$. 若 A,B,C,D 中有一个或几个为零，则方程(2.4.2)所表示的平面在坐标系中的位置特殊. 例如：

(1) 当 $D=0$ 时，方程 $Ax+By+Cz=0$ 表示过原点的平面；

(2) 当 $A=0$ 时，方程 $By+Cz+D=0$ 表示与 x 轴平行的平面；

(3) 当 $A=0,B=0$ 时，方程 $Cz+D=0$ 表示与 z 轴垂直的平面；

(4) 当 $A=0,D=0$ 时，方程 $By+Cz=0$ 表示过 x 轴的平面.

其他情形有类似结论.

例 2.4.1 求过点 $M_1(1,2,3)$，$M_2(3,4,6)$ 且与向量 $\boldsymbol{\alpha}=(4,3,3)$ 平行的平面方程.

解 由于平面的法向量与平面垂直，所以与平面平行的向量都与平面的法向量垂直，而点 $M_1(1,2,3)$，$M_2(3,4,6)$ 在平面上，向量 $\boldsymbol{\alpha}=(4,3,3)$ 与平面平行，因此平面的法向量 $\boldsymbol{n}$ 与 $\overrightarrow{M_1M_2}=(2,2,3)$ 和 $\boldsymbol{\alpha}=(4,3,3)$ 都垂直，故可取平面的法向量 $\boldsymbol{n}$ 为

$$\boldsymbol{n}=\overrightarrow{M_1M_2}\times\boldsymbol{\alpha}=\begin{vmatrix}\boldsymbol{i} & \boldsymbol{j} & \boldsymbol{k}\\ 2 & 2 & 3\\ 4 & 3 & 3\end{vmatrix}=(-3,6,-2),$$

于是所求的平面方程为

$$-3(x-1)+6(y-2)-2(z-3)=0,$$

即

$$3x-6y+2z+3=0.$$

例 2.4.2 求过不共线三点 $P_1(x_1,y_1,z_1)$，$P_2(x_2,y_2,z_2)$，$P_3(x_3,y_3,z_3)$ 的平面的方程.

解 因为不共线三点 P_1,P_2,P_3 在平面上，故可取平面的法向量为 $\boldsymbol{n}=\overrightarrow{P_1P_2}\times\overrightarrow{P_1P_3}$. 又设 $P(x,y,z)$ 是平面上任一点，则过点 P_1 且以 $\boldsymbol{n}$ 为法向量的平面方程为

$$\boldsymbol{n}\cdot\overrightarrow{P_1P}=0,$$

即

$$(\overrightarrow{P_1P_2}\times\overrightarrow{P_1P_3})\cdot\overrightarrow{P_1P}=(\overrightarrow{P_1P},\overrightarrow{P_1P_2},\overrightarrow{P_1P_3})=0, \tag{2.4.4}$$

用坐标表示方程(2.4.4)为

$$\begin{vmatrix}x-x_1 & y-y_1 & z-z_1\\ x_2-x_1 & y_2-y_1 & z_2-z_1\\ x_3-x_1 & y_3-y_1 & z_3-z_1\end{vmatrix}=0, \tag{2.4.5}$$

方程(2.4.5)叫做平面的**三点式方程**.

特别地,若不共线三点为$P(a,0,0)$,$Q(0,b,0)$,$R(0,0,c)$,这里$abc\neq 0$,则方程(2.4.5)化为

$$\begin{vmatrix} x-a & y & z \\ -a & b & 0 \\ -a & 0 & c \end{vmatrix}=0,$$

即

$$bc(x-a)+acy+abz=0,$$

因$abc\neq 0$,故整理上方程得平面方程为

$$\frac{x}{a}+\frac{y}{b}+\frac{z}{c}=1. \tag{2.4.6}$$

方程(2.4.6)叫做平面的**截距式方程**,而a,b,c分别为平面在x,y,z轴上的**截距**.

例 2.4.3 求过y轴和点$(8,3,-2)$的平面的方程.

解 因为所求平面过y轴,所以可设平面方程为$Ax+Cz=0$,A,C不全为零.又因为点$(8,3,-2)$在平面上,则有

$$8A-2C=0,\quad 即\ C=4A.$$

故所求的平面方程为

$$x+4z=0.$$

2.4.2 空间直线方程

空间直线L可以看成两平面的交线(图2-4-2).若已知两个相交平面的方程分别为

$$\Pi_1: A_1x+B_1y+C_1z+D_1=0,$$

$$\Pi_2: A_2x+B_2y+C_2z+D_2=0.$$

那么直线L上任一点M的坐标应同时满足这两个平面的方程,即应满足方程组

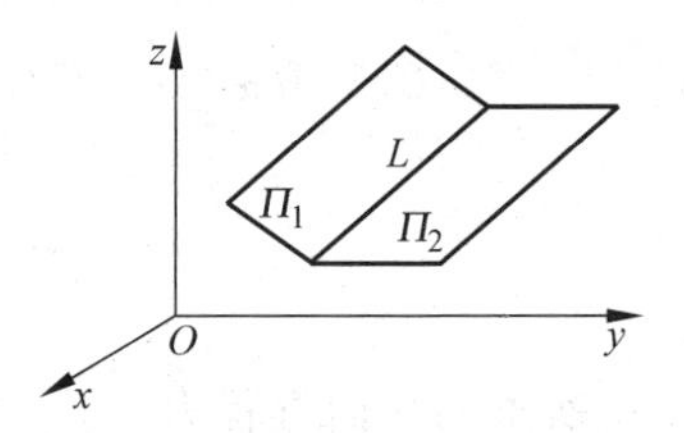

图 2-4-2

$$\begin{cases} A_1x+B_1y+C_1z+D_1=0, \\ A_2x+B_2y+C_2z+D_2=0. \end{cases} \tag{2.4.7}$$

反之,如果点M的坐标满足方程组(2.4.7),则点M既在平面Π_1上又在平面Π_2上,从而在两平面的交线L上.所以方程组(2.4.7)是直线L的方程,叫做空间直线L的**一般方程**.

直线的一般方程是不唯一的,因为通过空间一直线的平面有无限多个,一条直线可看成过它的任意两个两面的交线.

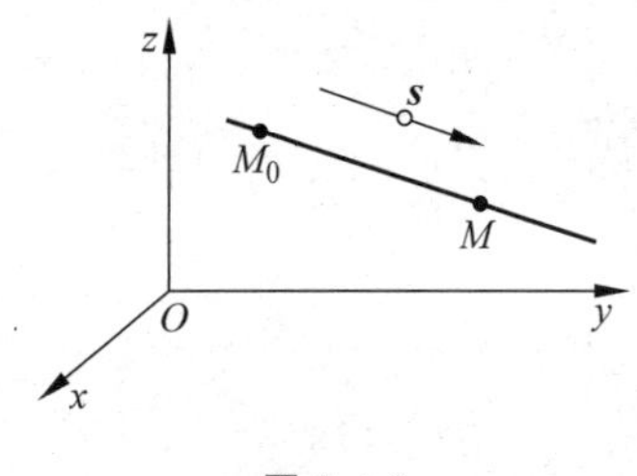

图 2-4-3

直线L还可由L上一点和与L平行的一条直线确定,即直线L可由一点M_0和与L平行的一个非零向量$\boldsymbol{s}$确定.称与直线平行的非零向量$\boldsymbol{s}$为这条直线的**方向向量**.

直线的方向向量并不唯一,与直线平行的任意非零向量都可作为直线的方向向量.

设直线L过已知点$M_0(x_0,y_0,z_0)$,它的一方向向量为$\boldsymbol{s}=(l,m,n)$(图2-4-3),下面来建立这条直线的方程.

易知，点 $M(x,y,z)$ 在直线 L 上的充要条件是 $\overrightarrow{M_0M} /\!/ \boldsymbol{s}$. 于是 $\overrightarrow{M_0M}=(x-x_0,y-y_0,z-z_0)$ 与 $\boldsymbol{s}=(l,m,n)$ 对应坐标成比例，即

$$\frac{x-x_0}{l}=\frac{y-y_0}{m}=\frac{z-z_0}{n}. \tag{2.4.8}$$

方程组(2.4.8)叫做直线 L 的**标准方程**(也称为**对称式方程**或**点向式方程**).

直线的任一方向向量 $\boldsymbol{s}$ 的坐标 l,m,n 叫做这条直线的一组**方向数**，而向量 $\boldsymbol{s}$ 的方向余弦叫做该直线的**方向余弦**.

注 标准方程中的 l,m,n 为直线的一组方向数，它是直线 L 的一个方向向量的坐标，l,m,n 不能同时为零，当 l,m,n 中有一个或两个为零时，我们仍把直线方程写成(2.4.8)式的形式，但约定：当分母为零时，分子也为零，例如，当 $l=0$ 时，方程

$$\frac{x-x_0}{0}=\frac{y-y_0}{m}=\frac{z-z_0}{n}$$

应理解为

$$x-x_0=0,\quad \frac{y-y_0}{m}=\frac{z-z_0}{n};$$

当 $l=m=0$ 时，方程

$$\frac{x-x_0}{0}=\frac{y-y_0}{0}=\frac{z-z_0}{n}$$

应理解为

$$x-x_0=0,\quad y-y_0=0.$$

由直线的标准方程可得直线的参数方程. 若令

$$\frac{x-x_0}{l}=\frac{y-y_0}{m}=\frac{z-z_0}{n}=t,$$

则有

$$\begin{cases}x=x_0+lt,\\ y=y_0+mt,\\ z=z_0+nt.\end{cases} \tag{2.4.9}$$

方程组(2.4.9)叫做直线 L 的**参数方程**.

易知过两点 $M_1(x_1,y_1,z_1)$，$M_2(x_2,y_2,z_2)$ 的直线 L 的方程为

$$\frac{x-x_1}{x_2-x_1}=\frac{y-y_1}{y_2-y_1}=\frac{z-z_1}{z_2-z_1}. \tag{2.4.10}$$

方程组(2.4.10)叫做直线 L 的**两点式方程**.

直线的标准方程和直线的参数方程互化是显然的，下面看直线的标准方程与直线的一般方程之间的互化.

由直线的标准方程(2.4.8)可以写出它的一般方程，即把方程(2.4.8)写成联立方程组的形式：

$$\begin{cases}\dfrac{x-x_0}{l}=\dfrac{y-y_0}{m},\\[2ex] \dfrac{x-x_0}{l}=\dfrac{z-z_0}{n}.\end{cases} \tag{2.4.11}$$

方程组(2.4.11)即为直线的一般方程，其中第一个方程表示与 z 轴平行的平面，第二个方程

表示与 y 轴平行的平面. 也称方程组(2.4.11)为直线的**射影式方程**.

由直线的一般方程(2.4.7)化成直线的标准方程,常用方法有两种. 方法一是先找出该直线上的一个定点 M_0 以及它的一个方向向量 $\boldsymbol{s}$. 凡满足方程组(2.4.7)的任一点都可取作 M_0,这样的点有无穷多个,为计算方便,取方程组(2.4.7)表示的直线与某个坐标面的交点为 M_0(空间中的一条直线可能与三条坐标轴都不相交,但不可能与三个坐标面都不相交),又因为两平面的交线与两平面的法向量都垂直,记 $\boldsymbol{n}_1=(A_1,B_1,C_1)$,$\boldsymbol{n}_2=(A_2,B_2,C_2)$,则可取 $\boldsymbol{n}_1\times\boldsymbol{n}_2$ 或与 $\boldsymbol{n}_1\times\boldsymbol{n}_2$ 共线的任一非零向量作为这两个平面交线的方向向量 $\boldsymbol{s}$,有了直线上一定点和方向向量,便可写出直线的标准方程; 方法二是由直线的一般方程变形得到直线的射影式方程,便可写出直线的标准方程.

例 2.4.4 已知直线 L 的一般方程

$$\begin{cases}3x+2y-4z-5=0,\\ 2x+y-2z+1=0.\end{cases}$$

求直线 L 的标准方程.

解 方法一 求直线 L 上一个定点及直线 L 的一个方向向量.

因直线一般方程中 x,y 的系数构成的行列式不等于零,故可令 $z=0$,解方程组

$$\begin{cases}3x+2y-5=0,\\ 2x+y+1=0.\end{cases}$$

得 $x=-7,y=13$,因此得直线上一个定点 $M_0(-7,13,0)$.

又记 $\boldsymbol{n}_1=(3,2,-4)$,$\boldsymbol{n}_2=(2,1,-2)$,则可取直线的方向向量

$$\boldsymbol{s}=\begin{vmatrix}\boldsymbol{i} & \boldsymbol{j} & \boldsymbol{k}\\ 3 & 2 & -4\\ 2 & 1 & -2\end{vmatrix}=(0,-2,-1),$$

故直线 L 的标准方程为

$$\frac{x+7}{0}=\frac{y-13}{-2}=\frac{z}{-1}.$$

方法二 由直线的一般方程 $\begin{cases}3x+2y-4z-5=0,\\ 2x+y-2z+1=0\end{cases}$ 得到直线的射影式方程

$$\begin{cases}x+7=0,\\ y-2z-13=0,\end{cases}\quad 即\begin{cases}x+7=0,\\ \dfrac{y-1}{2}=\dfrac{z+6}{1}.\end{cases}$$

于是直线 L 的标准方程为 $\dfrac{x+7}{0}=\dfrac{y-1}{2}=\dfrac{z+6}{1}$.

2.4.3 点、直线、平面间的位置关系

由立体几何我们知道,点、直线、平面三者间的位置关系如下:

点在(或不在)直线(平面)上; 直线与直线共面(平行、相交、重合)或异面; 直线在平面内,直线与平面交于一点,直线与平面平行; 平面与平面平行、相交、重合.

在坐标系中，若点的坐标满足直线(平面)方程，则点在直线(平面)上；否则点不在直线(平面)上. 下面利用坐标讨论直线、平面间的相关位置.

1. **平面与平面间的相关位置**

定理 2.4.2 设两个平面方程分别为

$$\Pi_1: A_1x+B_1y+C_1z+D_1=0,\quad \Pi_2: A_2x+B_2y+C_2z+D_2=0,$$

记 $\boldsymbol{n}_1=(A_1,B_1,C_1)$，$\boldsymbol{n}_2=(A_2,B_2,C_2)$，则

(1) 平面 Π_1 与 Π_2 平行的充要条件是 $\boldsymbol{n}_1 /\!/ \boldsymbol{n}_2 \Leftrightarrow \dfrac{A_1}{A_2}=\dfrac{B_1}{B_2}=\dfrac{C_1}{C_2}\neq\dfrac{D_1}{D_2}$；

(2) 平面 Π_1 与 Π_2 重合的充要条件是 $\dfrac{A_1}{A_2}=\dfrac{B_1}{B_2}=\dfrac{C_1}{C_2}=\dfrac{D_1}{D_2}$；

(3) 平面 Π_1 与 Π_2 垂直的充要条件是 $\boldsymbol{n}_1\cdot\boldsymbol{n}_2=0 \Leftrightarrow A_1A_2+B_1B_2+C_1C_2=0$.

定理 2.4.3 三个平面 $\Pi_1: A_1x+B_1y+C_1z+D_1=0$，$\Pi_2: A_2x+B_2y+C_2z+D_2=0$，$\Pi_3: A_3x+B_3y+C_3z+D_3=0$ 交于一点的充要条件是

$$\begin{vmatrix} A_1 & B_1 & C_1 \\ A_2 & B_2 & C_2 \\ A_3 & B_3 & C_3 \end{vmatrix}\neq 0.$$

2. **直线与平面的相关位置**

定理 2.4.4 设直线 L 过定点 $M_0(x_0,y_0,z_0)$，方向向量 $\boldsymbol{s}=(l,m,n)$，平面方程为 Π: $Ax+By+Cz+D=0$，法向量 $\boldsymbol{n}=(A,B,C)$，则

(1) 直线 L 与平面 Π 垂直的充要条件是 $\boldsymbol{n} /\!/ \boldsymbol{s} \Leftrightarrow \dfrac{A}{l}=\dfrac{B}{m}=\dfrac{C}{n}$；

(2) 直线 L 与平面 Π 平行的充要条件是 $\boldsymbol{n}\cdot\boldsymbol{s}=0$ 且 $Ax_0+By_0+Cz_0+D\neq 0$

$$\Leftrightarrow Al+Bm+Cn=0 \quad 且 \quad Ax_0+By_0+Cz_0+D\neq 0；$$

(3) 直线 L 在平面 Π 上的充要条件是 $\boldsymbol{n}\cdot\boldsymbol{s}=0$ 且 $Ax_0+By_0+Cz_0+D=0$

$$\Leftrightarrow Al+Bm+Cn=0 \quad 且 \quad Ax_0+By_0+Cz_0+D=0.$$

3. **直线与直线的相关位置**

定理 2.4.5 设直线 L_1 过定点 $M_1(x_1,y_1,z_1)$，方向向量 $\boldsymbol{s}_1=(l_1,m_1,n_1)$；直线 L_2 过定点 $M_2(x_2,y_2,z_2)$，方向向量 $\boldsymbol{s}_2=(l_2,m_2,n_2)$，则

(1) L_1 与 L_2 垂直的充要条件是 $\boldsymbol{s}_1\cdot\boldsymbol{s}_2=0$；

(2) L_1 与 L_2 重合的充要条件是 $\boldsymbol{s}_1 /\!/ \boldsymbol{s}_2 /\!/ \overrightarrow{M_1M_2}$；

(3) L_1 与 L_2 平行的充要条件是 $\boldsymbol{s}_1 /\!/ \boldsymbol{s}_2$ 且 $\boldsymbol{s}_1$ 与 $\overrightarrow{M_1M_2}$ 不共线；

(4) L_1 与 L_2 相交的充要条件是 $\boldsymbol{s}_1$ 与 $\boldsymbol{s}_2$ 不共线且 $(\boldsymbol{s}_1,\boldsymbol{s}_2,\overrightarrow{M_1M_2})=0$；

(5) L_1 与 L_2 异面的充要条件是 $(\boldsymbol{s}_1,\boldsymbol{s}_2,\overrightarrow{M_1M_2})\neq 0$.

例 2.4.5 从原点 O 向直线

$$L_1: \begin{cases} x+2y+3z+4=0, \\ 2x+3y+4z+5=0 \end{cases}$$

作垂线 L，求垂线 L 的方程和垂足 H.

解 在 L_1 的方程中，取 $z=0$，得

$$\begin{cases} x+2y=-4, \\ 2x+3y=-5. \end{cases}$$

解得 $x=2, y=-3$，于是得 L_1 上的点 $M_0(2,-3,0)$.

由于直线 L_1 的方程中两个平面的法向量分别是 $\boldsymbol{n}_1=(1,2,3)$，$\boldsymbol{n}_2=(2,3,4)$，故 L_1 的方向向量为

$$\boldsymbol{s}=\boldsymbol{n}_1\times\boldsymbol{n}_2=\begin{vmatrix} \boldsymbol{i} & \boldsymbol{j} & \boldsymbol{k} \\ 1 & 2 & 3 \\ 2 & 3 & 4 \end{vmatrix}=(-1,2,-1).$$

得 L_1 的标准方程

$$\frac{x-2}{1}=\frac{y+3}{-2}=\frac{z}{1},$$

从而 L_1 的参数方程为

$$x=t+2, \quad y=-2t-3, \quad z=t.$$

设垂线 L 的垂足为 $H(t+2,-2t-3,t)$，则 $\overrightarrow{OH}\cdot\boldsymbol{s}=0$，又 $\overrightarrow{OH}=(t+2,-2t-3,t)$，从而

$$-1\cdot(t+2)+2\cdot(-2t-3)-1\cdot t=0,$$

即 $t=-\frac{4}{3}$，故垂足 $H\left(\frac{2}{3},-\frac{1}{3},-\frac{4}{3}\right)$，垂线 L 的方程为

$$\frac{x}{\frac{2}{3}}=\frac{y}{-\frac{1}{3}}=\frac{z}{-\frac{4}{3}}, \quad 即 \quad \frac{x}{2}=\frac{y}{-1}=\frac{z}{-4}.$$

例 2.4.6 已知直线 L 通过点 $A(2,1,-1)$，且与平面 Π_0：$x-2y+3z+7=0$ 平行，与直线 L_0：$\frac{x-2}{-5}=\frac{y+3}{-8}=\frac{z-2}{2}$ 相交，求直线 L 的方程.

解 易知 L_0 的参数方程为

$$x=-5t+2, \quad y=-8t-3, \quad z=2t+2.$$

设直线 L 与 L_0 交于点 $M(-5t+2,-8t-3,2t+2)$，则 L 的方向向量可取为

$$\boldsymbol{s}=\overrightarrow{AM}=(-5t,-8t-4,2t+3),$$

又直线 L 与平面 Π_0 平行，记平面 Π_0 的法向量 $\boldsymbol{n}=(1,-2,3)$，于是 $\boldsymbol{s}\cdot\boldsymbol{n}=0$，即

$$(-5t)\cdot 1+(-8t-4)\cdot(-2)+(2t+3)\cdot 3=0,$$

$$t=-1, \quad \boldsymbol{s}=(5,4,1),$$

故直线 L 的方程为

$$\frac{x-2}{5}=\frac{y-1}{4}=\frac{z+1}{1}.$$

4. 平面束

空间中过同一直线的所有平面的集合叫**有轴平面束**，直线叫有轴平面束的轴；空间中平行于同一平面的所有平面的集合叫**平行平面束**.

定理 2.4.6 以二相交平面

$$\Pi_1: A_1x+B_1y+C_1z+D_1=0, \quad \Pi_2: A_2x+B_2y+C_2z+D_2=0$$

的交线 L 为轴的有轴平面束的方程为

$$\lambda(A_1x+B_1y+C_1z+D_1)+\mu(A_2x+B_2y+C_2z+D_2)=0, \tag{2.4.12}$$

其中 λ 与 μ 是不全为零的实数,称之为参数.

证明 首先证明(2.4.12)式表示的图形是过直线 L 的平面.

将(2.4.12)式改写成

$$(\lambda A_1+\mu A_2)x+(\lambda B_1+\mu B_2)y+(\lambda C_1+\mu C_2)z+(\lambda D_1+\mu D_2)=0,$$

其中一次项系数 $\lambda A_1+\mu A_2,\lambda B_1+\mu B_2,\lambda C_1+\mu C_2$ 不全为零,否则有$\dfrac{A_1}{A_2}=\dfrac{B_1}{B_2}=\dfrac{C_1}{C_2}$,这与已知两平面有交线矛盾,因此(2.4.12)式表示的图形是平面.又在直线 L 上的点的坐标都满足方程(2.4.12),故(2.4.12)式表示的图形是过直线 L 的平面.

其次证明若平面 Π 过直线 L 及 L 外任意一点 $P_0(x_0,y_0,z_0)$,则一定有不全为零的实数 λ 与 μ 使平面 Π 的方程是(2.4.12)式的形式.

因方程(2.4.12)表示过直线 L 的平面,则可令过直线 L 的平面为方程(2.4.12)表示的平面,而平面要过点 $P_0(x_0,y_0,z_0)$,则

$$\lambda(A_1x_0+B_1y_0+C_1z_0+D_1)+\mu(A_2x_0+B_2y_0+C_2z_0+D_2)=0,$$

又因 $P_0(x_0,y_0,z_0)$在直线 L 外,即 $A_1x_0+B_1y_0+C_1z_0+D_1$ 与 $A_2x_0+B_2y_0+C_2z_0+D_2$ 不全为零,于是可取 $\lambda=A_2x_0+B_2y_0+C_2z_0+D_2,\mu=-(A_1x_0+B_1y_0+C_1z_0+D_1)$,

则 λ 与 μ 不全为零且方程

$$\lambda(A_1x+B_1y+C_1z+D_1)+\mu(A_2x+B_2y+C_2z+D_2)=0$$

是过直线 L 及 L 外任意一点 $P_0(x_0,y_0,z_0)$的平面的方程.

类似地可证明下面定理.

定理 2.4.7 与已知平面 Π: $Ax+By+Cz+D=0$ 平行的平行平面束的方程为

$$Ax+By+Cz+\lambda=0,\quad \lambda\text{ 为任意实数}. \tag{2.4.13}$$

例 2.4.7 求经过直线 L: $\begin{cases}2x-y-2z+1=0,\\ x+y+4z-2=0\end{cases}$ 且垂直于 Oyz 面的平面方程.

解 设过直线 L 的平面的方程为

$$\lambda(2x-y-2z+1)+\mu(x+y+4z-2)=0,\quad \lambda\text{ 与 }\mu\text{ 不全为零},$$

即

$$(2\lambda+\mu)x+(-\lambda+\mu)y+(-2\lambda+4\mu)z+(\lambda-2\mu)=0.$$

又平面垂直于 Oyz 面,则

$$1\cdot(2\lambda+\mu)+0\cdot(-\lambda+\mu)+0\cdot(-2\lambda+4\mu)=0,$$

即 $\mu=-2\lambda$,故所求的平面方程为

$$3y+10z-5=0.$$

5. **公垂线**

与两条异面直线都垂直且相交的直线为这两条异面直线的**公垂线**,两垂足的连线段为俩异面直线的**公垂线段**.

设两条异面直线 L_1,L_2,其中 L_1 过定点 $M_1(x_1,y_1,z_1)$,方向向量 $\boldsymbol{s}_1=(l_1,m_1,n_1)$; L_2 过定点 $M_2(x_2,y_2,z_2)$,方向向量 $\boldsymbol{s}_2=(l_2,m_2,n_2)$. L 是 L_1 与 L_2 的公垂线,$\boldsymbol{s}$ 是 L 的方向向量.因 L 与 L_1,L_2 都垂直,所以 $\boldsymbol{s}$ 与 $\boldsymbol{s}_1,\boldsymbol{s}_2$ 都垂直,故可取 $\boldsymbol{s}=\boldsymbol{s}_1\times\boldsymbol{s}_2$.

L 与 L_1 确定的平面 Π_1 的法向量可取为 $\boldsymbol{s}_1\times\boldsymbol{s}$,于是平面 Π_1 的方程为$\overrightarrow{M_1M}\cdot(\boldsymbol{s}_1\times\boldsymbol{s})=$

0,即$(\overrightarrow{M_1M},\boldsymbol{s}_1,\boldsymbol{s})=0$,亦即$(\overrightarrow{M_1M},\boldsymbol{s}_1,\boldsymbol{s}_1\times\boldsymbol{s}_2)=0$. 同样可得 L 与 L_2 确定的平面 Π_2 的方程为$(\overrightarrow{M_2M},\boldsymbol{s}_2,\boldsymbol{s}_1\times\boldsymbol{s}_2)=0$. 故所求公垂线 L 即为平面 Π_1 与平面 Π_2 的交线,其方程为

$$\begin{cases}(\overrightarrow{M_1M},\boldsymbol{s}_1,\boldsymbol{s}_1\times\boldsymbol{s}_2)=0,\\(\overrightarrow{M_2M},\boldsymbol{s}_2,\boldsymbol{s}_1\times\boldsymbol{s}_2)=0.\end{cases}$$

2.4.4 点、直线、平面间的度量关系

1. 夹角

两直线相交或异面,直线与平面相交,两平面相交都涉及夹角问题,下面我们利用向量的内积及向量的夹角来讨论这些夹角.

(1) 两直线之间的夹角

规定两直线的夹角为它们的方向向量的夹角 θ 或它的补角 $\pi-\theta$(通常指锐角),即若 L_1 的方向向量 $\boldsymbol{s}_1=(l_1,m_1,n_1)$,$L_2$ 的方向向量 $\boldsymbol{s}_2=(l_2,m_2,n_2)$,则

$$\cos\theta=\frac{|\boldsymbol{s}_1\cdot\boldsymbol{s}_2|}{|\boldsymbol{s}_1||\boldsymbol{s}_2|}=\frac{|l_1l_2+m_1m_2+n_1n_2|}{\sqrt{l_1^2+m_1^2+n_1^2}\sqrt{l_2^2+m_2^2+n_2^2}}.\tag{2.4.14}$$

例 2.4.8 求直线 L_1: $\frac{x-1}{1}=\frac{y}{-4}=\frac{z+3}{1}$和 L_2: $\frac{x}{2}=\frac{y+2}{-2}=\frac{z}{-1}$的夹角.

解 直线 L_1 的方向向量 $\boldsymbol{s}_1=(1,-4,1)$; 直线 L_2 的方向向量 $\boldsymbol{s}_2=(2,-2,-1)$,由(2.4.14)式知直线 L_1 与 L_2 的夹角 θ 满足

$$\cos\theta=\frac{|1\times2+(-4)\times(-2)+1\times(-1)|}{\sqrt{1^2+(-4)^2+1^2}\sqrt{2^2+(-2)^2+(-1)^2}}=\frac{1}{\sqrt{2}},$$

所以 $\theta=\frac{\pi}{4}$.

(2) 直线与平面的夹角

直线不垂直于平面时,定义直线和平面的夹角为直线 L 和它在平面上的垂直投影所夹的锐角 φ(图 2-4-4),当直线与平面垂直时规定直线和平面的夹角为$\frac{\pi}{2}$.

设直线 L 方向向量 $\boldsymbol{s}=(l,m,n)$,平面的法向量为 $\boldsymbol{n}=(A,B,C)$,直线与平面的夹角为 φ,那么 $\varphi=\left|\frac{\pi}{2}-\angle(\boldsymbol{s},\boldsymbol{n})\right|$,因此 $\sin\varphi=|\cos\angle(\boldsymbol{s},\boldsymbol{n})|$,于是

$$\sin\varphi=\frac{|\boldsymbol{s}\cdot\boldsymbol{n}|}{|\boldsymbol{s}||\boldsymbol{n}|}=\frac{|lA+mB+nC|}{\sqrt{l^2+m^2+n^2}\sqrt{A^2+B^2+C^2}}.\tag{2.4.15}$$

(3) 两平面的夹角

两平面的法向量的夹角或其补角(通常指锐角)称之为两平面的夹角(图 2-4-5).

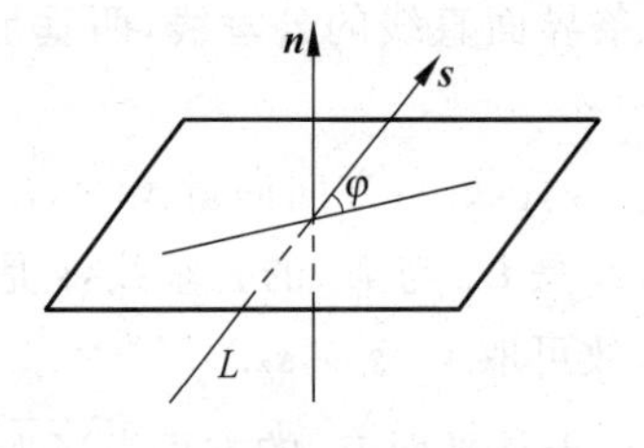

图 2-4-4

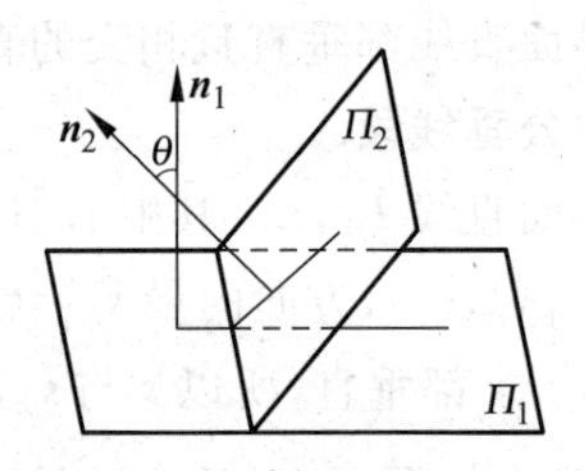

图 2-4-5

设两平面 Π_1 与 Π_2 的法向量依次为 $\boldsymbol{n}_1=(A_1,B_1,C_1)$，$\boldsymbol{n}_2=(A_2,B_2,C_2)$，则平面 Π_1 与 Π_2 的夹角 θ 满足

$$\cos\theta=\frac{|\boldsymbol{n}_1\cdot\boldsymbol{n}_2|}{|\boldsymbol{n}_1||\boldsymbol{n}_2|}=\frac{|A_1A_2+B_1B_2+C_1C_2|}{\sqrt{A_1^2+B_1^2+C_1^2}\sqrt{A_2^2+B_2^2+C_2^2}}. \tag{2.4.16}$$

2. **距离**

(1) 点到平面的距离

设 $P_0(x_0,y_0,z_0)$ 是平面 Π: $Ax+By+Cz+D=0$ 外一点，下面求点 P_0 到平面 Π 的距离 d.

记平面 Π 的法向量 $\boldsymbol{n}=(A,B,C)$，设点 P_0 在平面 Π 上的投影点为 $N=(x_1,y_1,z_1)$，则 $d=|\overrightarrow{NP_0}|$，又 $\overrightarrow{NP_0}\parallel\boldsymbol{n}$，故 $\overrightarrow{NP_0}=\delta\boldsymbol{n}^0$. 而

$$\overrightarrow{NP_0}=(x_0-x_1,y_0-y_1,z_0-z_1),\quad Ax_1+By_1+Cz_1+D=0.$$

那么

$$\begin{aligned}\delta=\overrightarrow{NP_0}\cdot\boldsymbol{n}^0&=\frac{1}{\sqrt{A^2+B^2+C^2}}[A(x_0-x_1)+B(y_0-y_1)+C(z_0-z_1)]\\&=\frac{Ax_0+By_0+Cz_0+D}{\sqrt{A^2+B^2+C^2}},\end{aligned} \tag{2.4.17}$$

于是

$$d=|\overrightarrow{NP_0}|=|\delta|=\frac{|Ax_0+By_0+Cz_0+D|}{\sqrt{A^2+B^2+C^2}}. \tag{2.4.18}$$

称(2.4.17)式中的 δ 为点 $P_0(x_0,y_0,z_0)$ 到平面 Π: $Ax+By+Cz+D=0$ 的**离差**.

由于 $\overrightarrow{NP_0}$ 与 $\boldsymbol{n}$ 同向时，$\delta>0$，因此所有坐标适合不等式 $Ax+By+Cz+D>0$ 的点都在平面 Π 的同一侧($\boldsymbol{n}$ 所指的一侧)，当然所有坐标适合不等式 $Ax+By+Cz+D<0$ 的点都在平面 Π 的另一侧($-\boldsymbol{n}$ 所指的一侧). 于是我们得到如下结论：平面 Π 把空间的点分成三部分，平面上的点都满足方程

$$Ax+By+Cz+D=0,$$

在平面一侧的所有点都适合

$$Ax+By+Cz+D>0,$$

在平面另一侧的所有点都适合

$$Ax+By+Cz+D<0.$$

换句话说，若点 $M_1(x_1,y_1,z_1)$ 和点 $M_2(x_2,y_2,z_2)$ 不在平面 Π: $Ax+By+Cz+D=0$ 上，则 M_1 和点 M_2 位于平面 Π 同侧的充要条件是

$$F_1=Ax_1+By_1+Cz_1+D\quad 与\quad F_2=Ax_2+By_2+Cz_2+D$$

同号.

因为 M_1 和点 M_2 位于平面 Π 同侧的充要条件是线段 M_1M_2 上的点都不在平面 Π 上，又线段 M_1M_2 的参数方程为

$$\begin{cases}x=(1-t)x_1+tx_2,\\y=(1-t)y_1+ty_2,\quad 0\leqslant t\leqslant 1.\\z=(1-t)z_1+tz_2,\end{cases}$$

若线段 M_1M_2 上有点 (x,y,z) 在平面 Π 上，则

$$A[(1-t)x_1+tx_2]+B[(1-t)y_1+ty_2]+C[(1-t)z_1+tz_2]+D=0,$$

即 $(1-t)F_1+tF_2=0$，而 $0\leqslant t\leqslant 1$，从而 F_1 与 F_2 异号.

(2) 点到直线的距离

设直线 L 过点 $M_0(x_0,y_0,z_0)$，方向向量为 $\boldsymbol{s}=(l,m,n)$，则点 $M(x_1,y_1,z_1)$ 到直线 L 的距离为

$$d=\frac{|\overrightarrow{M_0M}\times\boldsymbol{s}|}{|\boldsymbol{s}|}. \tag{2.4.19}$$

(3) 两直线之间的距离

定义 2.4.2 两直线间的距离为两直线上的点之间距离的最小值.

由定义可见，两直线重合或相交时，它们间的距离为零；两直线平行时，它们间的距离为一直线上任一点到另一直线的距离；两直线异面时，它们间的距离为它们的公垂线段的长.

设两条异面直线 L_1 和 L_2，其中 L_1 过定点 $M_1(x_1,y_1,z_1)$，方向向量为 $\boldsymbol{s}_1=(l_1,m_1,n_1)$；$L_2$ 过定点 $M_2(x_2,y_2,z_2)$，方向向量为 $\boldsymbol{s}_2=(l_2,m_2,n_2)$（图 2-4-6），则直线 L_1 与 L_2 的距离为

$$d=\frac{|\overrightarrow{M_1M_2}\cdot(\boldsymbol{s}_1\times\boldsymbol{s}_2)|}{|\boldsymbol{s}_1\times\boldsymbol{s}_2|}. \tag{2.4.20}$$

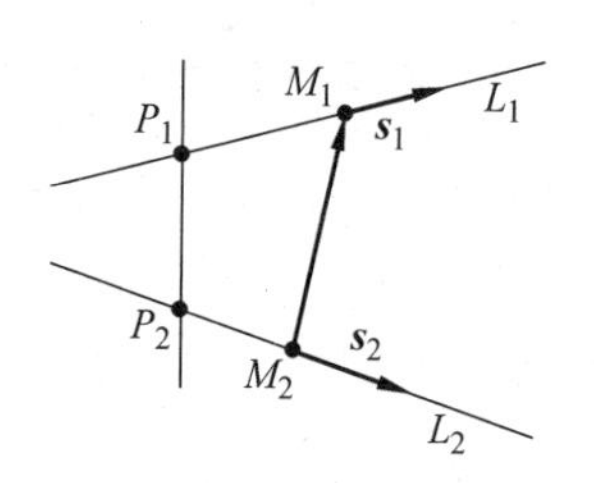

图 2-4-6

事实上，若直线 L_1 与 L_2 的公垂线段 P_1P_2（P_1 在直线 L_1 上，P_2 在直线 L_2 上），因为公垂线的方向向量为 $\boldsymbol{s}_1\times\boldsymbol{s}_2$，所以 $\overrightarrow{P_1P_2}/\!/\boldsymbol{s}_1\times\boldsymbol{s}_2$.

记 $\boldsymbol{e}$ 为与 $\boldsymbol{s}_1\times\boldsymbol{s}_2$ 同方向的单位向量，则

$$\begin{aligned}d&=|\overrightarrow{P_1P_2}|=|\overrightarrow{P_1P_2}\cdot\boldsymbol{e}|\\&=|(\overrightarrow{P_1M_1}+\overrightarrow{M_1M_2}+\overrightarrow{M_2P_2})\cdot\boldsymbol{e}|\\&=|\overrightarrow{M_1M_2}\cdot\boldsymbol{e}|=\left|\overrightarrow{M_1M_2}\cdot\frac{\boldsymbol{s}_1\times\boldsymbol{s}_2}{|\boldsymbol{s}_1\times\boldsymbol{s}_2|}\right|\\&=\frac{|\overrightarrow{M_1M_2}\cdot(\boldsymbol{s}_1\times\boldsymbol{s}_2)|}{|\boldsymbol{s}_1\times\boldsymbol{s}_2|}.\end{aligned}$$

公式(2.4.20)表明：两条异面直线 L_1 与 L_2 之间的距离等于以 $\overrightarrow{M_1M_2},\boldsymbol{s}_1,\boldsymbol{s}_2$ 为棱的平行六面体的体积除以以 $\boldsymbol{s}_1,\boldsymbol{s}_2$ 为邻边的平行四边形的面积.

例 2.4.9 判断下列两条直线

$$L_1:\frac{x-5}{1}=\frac{y}{-4}=\frac{z+2}{1}\quad 与\quad L_2:\frac{x-2}{2}=\frac{y+3}{1}=\frac{z-3}{2}$$

是否异面，若异面，求出其公垂线方程及两条直线间的距离.

解 L_1 经过点 $M_1(5,0,-2)$，方向向量 $\boldsymbol{s}_1=(1,-4,1)$，$L_2$ 经过点 $M_2(2,-3,3)$，方向向量 $\boldsymbol{s}_2=(2,1,2)$. 由

$$(\overrightarrow{M_1M_2},\boldsymbol{s}_1,\boldsymbol{s}_2)=\begin{vmatrix}2-5&-3-0&3-(-2)\\1&-4&1\\2&1&2\end{vmatrix}=\begin{vmatrix}-3&-3&5\\1&-4&1\\2&1&2\end{vmatrix}=72\neq 0,$$

可知直线 L_1 与 L_2 异面，又

$$\boldsymbol{s}_1\times\boldsymbol{s}_2=(1,-4,1)\times(2,1,2)=(-9,0,9).$$

取公垂线的方向向量 $\boldsymbol{s}=(-1,0,1)$，于是 L_1 与 L_2 的公垂线方程为

$$\begin{cases}(\overrightarrow{M_1M},\boldsymbol{s}_1,\boldsymbol{s})=\begin{vmatrix}x-5 & y & z+2\\ 1 & -4 & 1\\ -1 & 0 & 1\end{vmatrix}=0,\\ (\overrightarrow{M_2M},\boldsymbol{s}_2,\boldsymbol{s})=\begin{vmatrix}x-2 & y+3 & z-3\\ 2 & 1 & 2\\ -1 & 0 & 1\end{vmatrix}=0.\end{cases}$$

即

$$\begin{cases}2x+y+2z-6=0,\\ x-4y+z-17=0.\end{cases}$$

L_1 与 L_2 之间的距离为

$$d=\frac{|\overrightarrow{M_1M_2}\cdot(\boldsymbol{s}_1\times\boldsymbol{s}_2)|}{|\boldsymbol{s}_1\times\boldsymbol{s}_2|}=\frac{|72|}{\sqrt{(-9)^2+0^2+9^2}}=4\sqrt{2}.$$

习题 2.4

1. 已知两点 $A(x_1,y_1,z_1)$，$B(x_2,y_2,z_2)$，求分别满足下列条件的平面的方程：

(1) 过点 A 且与 AB 垂直；

(2) 使 A，B 两点关于该平面对称.

2. 用标准方程表示直线

$$\begin{cases}x-y+z-1=0,\\ 2x+y+z-4=0.\end{cases}$$

3. 求过点 $(0,2,4)$ 且与两平面 $x+2z=1$ 和 $y-3z=2$ 平行的直线方程.

4. 求过点 $(3,1,-2)$ 且通过直线 $\frac{x-4}{5}=\frac{y+3}{2}=\frac{z}{1}$ 的平面方程.

5. 设一平面平行于已知直线

$$\begin{cases}2x-z=0,\\ x+y-z+5=0\end{cases}$$

且垂直于已知平面 $7x-y+4z-3=0$，求该平面法向量的方向余弦.

6. 求直线 $\begin{cases}x+y+3z=0,\\ x-y-z=0\end{cases}$ 与平面 $x-y-z+1=0$ 的夹角.

7. 求直线 $\frac{x-1}{2}=\frac{y+1}{3}=\frac{z-2}{-4}$ 上一点 $(1,-1,2)$ 到此直线与平面 $x+2y+3z+3=0$ 的交点的距离.

8. 求过点 $(11,9,0)$ 与直线 $\frac{x-1}{2}=\frac{y+3}{4}=\frac{z-5}{3}$ 和直线 $\frac{x}{5}=\frac{y-2}{-1}=\frac{z+1}{2}$ 都相交的直线的方程.

9. 求点 $P(3,-1,2)$ 到直线 $\begin{cases} x+y-z+1=0, \\ 2x-y+z-4=0 \end{cases}$ 的距离.

2.5 常见曲面

平面是空间中最特殊、最简单的曲面之一,本节将在直角坐标系中介绍一些常见曲面,一方面了解如何利用曲面的几何性质建立它的方程,另一方面熟悉如何利用方程研究曲面的几何性质.

2.5.1 曲面、空间曲线与方程

我们把空间的曲面和曲线看成是满足某些条件的空间动点的轨迹.

定义 2.5.1 在空间直角坐标系中,如果一张曲面 S 与一个三元方程

$$F(x,y,z)=0 \tag{2.5.1}$$

满足如下关系:

(1) 曲面 S 上任一点的坐标都满足方程(2.5.1);

(2) 不在曲面 S 上的点的坐标都不满足方程(2.5.1),

则称方程(2.5.1)是曲面 S 的**方程**,而称曲面 S 是方程(2.5.1)的**图形**.

同样对于空间曲线我们有下面的定义:

定义 2.5.2 在空间直角坐标系中,如果一条空间曲线 C 和一个三元方程组

$$\begin{cases} F(x,y,z)=0, \\ G(x,y,z)=0 \end{cases} \tag{2.5.2}$$

之间满足下述关系:

(1) 曲线 C 上任一点的坐标都满足方程组(2.5.2);

(2) 不在曲线 C 上的点的坐标都不满足方程组(2.5.2),

则称方程组(2.5.2)是空间曲线 C 的**一般方程**,而称曲线 C 是方程(2.5.2)的**图形**.

通常,若两张曲面相交,其交线是一条空间曲线,因此若曲面方程分别为 $F(x,y,z)=0$ 和 $G(x,y,z)=0$,则作为这两张曲面交线(图 2-5-1)的曲线由方程组

$$\begin{cases} F(x,y,z)=0, \\ G(x,y,z)=0 \end{cases}$$

给出.

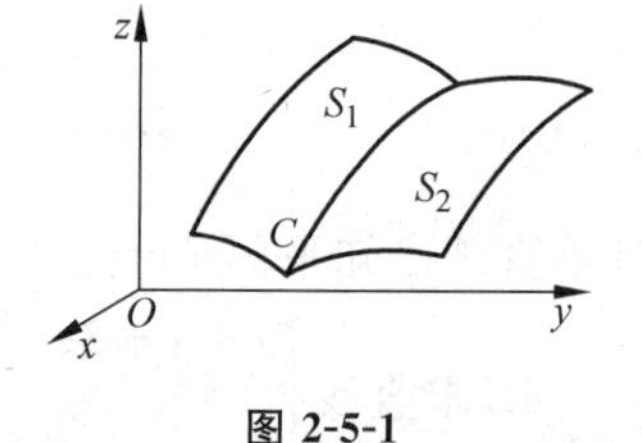

图 2-5-1

由于通过一条空间曲线的曲面有很多,可以从其中任意选两张曲面,将它们的方程联立起来得到方程组,只要这些方程组同解,它们就都是这条空间曲线的方程,因此空间曲线的方程不唯一.例如

$$\begin{cases} x-2y+4z-3=0, \\ 2x+3y+z+5=0 \end{cases}$$

与

$$\begin{cases} 3x+y+5z+2=0, \\ x+5y-3z+8=0 \end{cases}$$

都是同一条直线的方程.

空间曲线 C 的方程除了用一般方程表示外，还可以用参数形式表示，将空间曲线 C 上的动点的坐标 x,y,z 表示为参数 t 的函数

$$\begin{cases} x=x(t), \\ y=y(t), \\ z=z(t), \end{cases} \tag{2.5.3}$$

当给定 $t=t_1$ 时，就得到 C 上的一个点 (x_1,y_1,z_1). 随着 t 的变动便可得曲线 C 上的全部点. 方程组(2.5.3)叫做空间**曲线 C 的参数方程**.

例 2.5.1 设空间一动点 M 在圆柱面 $x^2+y^2=a$ 上以角速度 ω 绕 z 轴旋转，同时又以线速度 v 沿平行于 z 轴的正方向上升(其中 ω,v 都是常数)，动点 M 的轨迹叫做**螺旋线**. 试建立其参数方程.

解 建立空间直角坐标系. 取时间 t 为参数，设当 $t=0$ 时，动点位于 x 轴上的点 $A(a,0,0)$. 经过时间 t，动点由 A 运动到 $M(x,y,z)$(图 2-5-2).

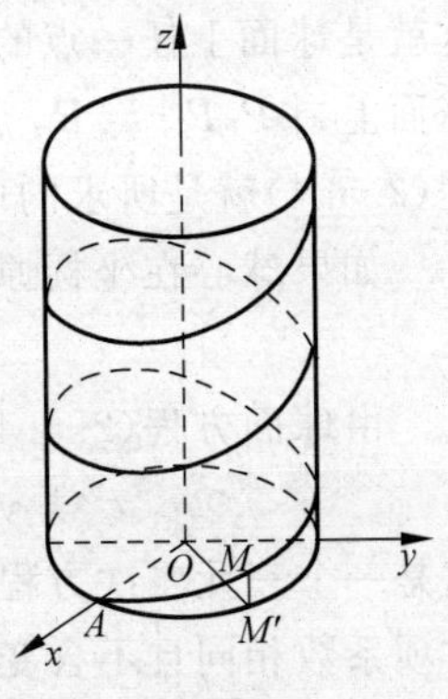

图 2-5-2

设动点 M 在 Oxy 面上的投影为 M'，M' 的坐标为 $(x,y,0)$. 依题意有

$$\begin{aligned} x &= |OM'|\cos\angle AOM' = a\cos\omega t, \\ y &= |OM'|\sin\angle AOM' = a\sin\omega t, \\ z &= |M'M| = vt. \end{aligned}$$

于是得螺旋线的参数方程

$$\begin{cases} x=a\cos\omega t, \\ y=a\sin\omega t, \quad t \text{ 为参数}. \\ z=vt, \end{cases}$$

如果令 $\theta=\omega t$，则螺旋线的参数方程也可写为

$$\begin{cases} x=a\cos\theta, \\ y=a\sin\theta, \quad \theta \text{ 为参数}, \\ z=b\theta, \end{cases}$$

其中 $b=\dfrac{v}{\omega}$.

建立空间曲面(曲线)的方程的方法步骤如下：

(1) 根据曲面(曲线)的几何定义，分析曲面(曲线)上的点应满足的几何条件，把曲面(曲线)看成是满足这些几何条件的空间动点的轨迹；

(2) 在空间直角坐标系中，设曲面(曲线)上动点的坐标为 (x,y,z)；

(3) 由动点应满足的几何条件,求出坐标(x,y,z)应适合的方程(或动点的向径应适合的向量方程),即写出几何条件的代数表示式;

(4) 验证不在曲面(曲线)上的点的坐标都不满足方程.

这是建立空间曲面(曲线)方程的一般方法,在2.4节中我们就是这样来建立平面和空间直线的方程的,本节还要用这种方法来建立一些曲面的方程.

2.5.2 球面

定义 2.5.3 到空间一定点的距离等于定数的空间动点的轨迹称为**球面**,定点叫**球心**,定数叫球面的**半径**.

现在来建立球心在点$P_0(x_0,y_0,z_0)$、半径为R的球面的方程.

设$P(x,y,z)$是球面上的任一点,由球面的定义有

$$|P_0P|=R,$$

坐标表示为

$$(x-x_0)^2+(y-y_0)^2+(z-z_0)^2=R^2. \qquad (2.5.4)$$

这就是球面上任一点的坐标所适合的方程.若点$P(x,y,z)$不在球面上,$|P_0P|\neq R$,点P就不会满足方程(2.5.4),因此方程(2.5.4)就是所求的球面方程.

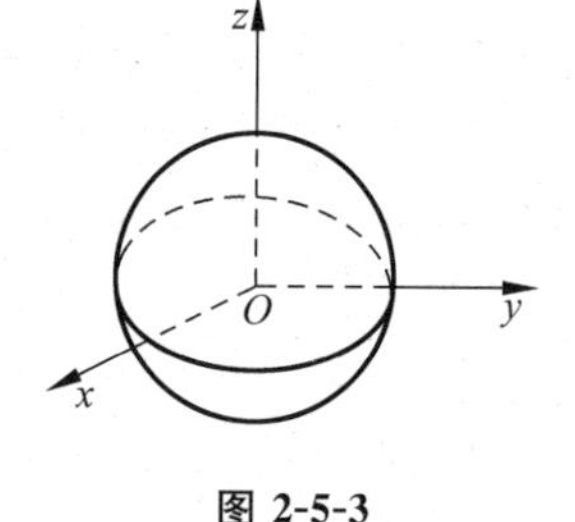

图 2-5-3

如果球心在坐标原点(图2-5-3),则球面方程为

$$x^2+y^2+z^2=R^2.$$

由球面方程(2.5.4)展开得

$$x^2+y^2+z^2-2x_0x-2y_0y-2z_0z+x_0^2+y_0^2+z_0^2=R^2, \qquad (2.5.5)$$

这是一个三元二次方程,平方项系数相同且不含变量的交叉乘积项xy,yz,zx.一般地,平方项系数相同且不含变量的交叉乘积项xy,yz,zx的三元二次方程

$$x^2+y^2+z^2+Dx+Ey+Fz+G=0$$

的图形总是一个球面.事实上,通过配方,可把上述方程化为

$$(x-x_0)^2+(y-y_0)^2+(z-z_0)^2=k.$$

当$k>0$时,上式表示球心在点$P_0(x_0,y_0,z_0)$,半径为$\sqrt{k}$的球面方程;当$k=0$时,球面收缩为一点(称为**点球面**);当$k<0$时,无图形(通常称为**虚球面**).

称方程(2.5.4)为**球面的标准方程**,方程(2.5.5)为**球面的一般方程**.

例 2.5.2 已知三点$A(a,0,0)$,$B(0,b,0)$,$C(0,0,c)$.

(1) 求经过A,B,C三点及原点的球面的方程,并求出该球面的球心和半径;

(2) 求经过A,B,C三点的圆的方程.

解 (1) 设所求的球面方程为

$$x^2+y^2+z^2+Dx+Ey+Fz+G=0.$$

因为球面经过$A(a,0,0)$,$B(0,b,0)$,$C(0,0,c)$及$O(0,0,0)$,所以有

$$D=-a,\quad E=-b,\quad F=-c,\quad G=0,$$

于是所求的球面方程为

$$x^2+y^2+z^2-ax-by-cz=0,$$

将上式配方得球面的标准方程

$$\left(x-\frac{a}{2}\right)^2+\left(y-\frac{b}{2}\right)^2+\left(z-\frac{c}{2}\right)^2=\frac{a^2}{4}+\frac{b^2}{4}+\frac{c^2}{4}.$$

因此所求球面的球心为$\left(\frac{a}{2},\frac{b}{2},\frac{c}{2}\right)$，半径为$\frac{\sqrt{a^2+b^2+c^2}}{2}$.

(2) 由于经过 A,B,C 三点的圆是经过 A,B,C 三点的任一球面与经过 A,B,C 三点的平面的交线.(1)已求出经过 A,B,C 三点的一个球面的方程，而经过 A,B,C 三点的一个平面方程为

$$\frac{x}{a}+\frac{y}{b}+\frac{z}{c}=1,$$

因此经过 A,B,C 三点的一个圆的方程为

$$\begin{cases}x^2+y^2+z^2-ax-by-cz=0,\\ \frac{x}{a}+\frac{y}{b}+\frac{z}{c}=1.\end{cases}$$

2.5.3 柱面

定义 2.5.4 平行于一个定方向的动直线 L 沿空间一条定曲线 C 移动形成的轨迹叫做**柱面**，定曲线 C 叫做柱面的**准线**，动直线 L 叫做柱面的**母线**，定方向叫**母线方向**.

定义表明，柱面由它的准线和母线方向完全确定，下面我们来建立母线方向向量为 $\boldsymbol{s}=(l,m,n)$，准线方程为

$$C:\begin{cases}F(x,y,z)=0,\\ G(x,y,z)=0\end{cases}$$

的柱面的方程.

设 $P(x,y,z)$为柱面上任意一点，则准线 C 上一定有点 $P_0(x_0,y_0,z_0)$使$\overrightarrow{P_0P}\parallel\boldsymbol{s}$，于是得方程组

$$\begin{cases}\frac{x-x_0}{l}=\frac{y-y_0}{m}=\frac{z-z_0}{n},\\ F(x_0,y_0,z_0)=0,\\ G(x_0,y_0,z_0)=0.\end{cases}$$

消去 x_0,y_0,z_0 得

$$\begin{cases}F(x-lu,y-mu,z-nu)=0,\\ G(x-lu,y-mu,z-nu)=0.\end{cases}\tag{2.5.6}$$

再消去参数 u 得到关于 x,y,z 的一个方程，就是所求柱面的方程.

特别，若柱面的母线平行于 z 轴，即 $\boldsymbol{s}=(0,0,1)$，则此柱面与 Oxy 面一定有交线(图 2-5-4)，于是这个柱面的准线可取为 Oxy 面上的一条曲线

$$\begin{cases}F(x,y)=0,\\ z=0.\end{cases}$$

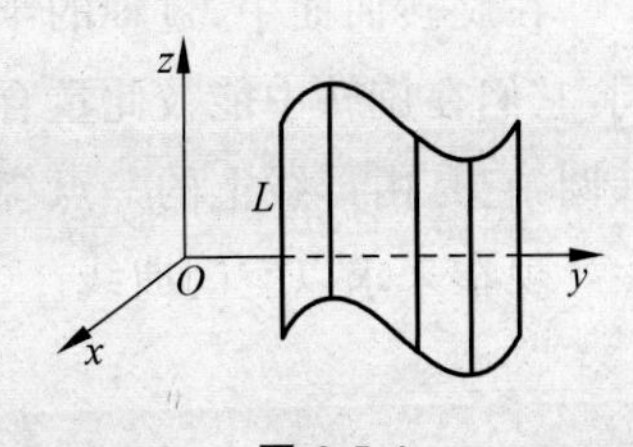

图 2-5-4

设 $P(x,y,z)$ 是柱面上任一点，则用上面的方法可得柱面方程为

$$F(x,y)=0.$$

上述结果说明，以某个坐标面上的一条曲线为准线，母线方向垂直于该坐标面的柱面方程与这条曲线在坐标面上的方程相同.

一般地，在空间直角坐标系中，一个二元方程必表示柱面，其母线方向与所缺变量的同名坐标轴平行，这个二元方程所表示的相应的坐标面上的曲线为该柱面的一条准线. 即在空间直角坐标系中，只含 x,y 而缺 z 的方程 $F(x,y)=0$ 表示母线平行于 z 轴的柱面；只含 x,z 而缺 y 的方程 $G(x,z)=0$ 表示母线平行于 y 轴的柱面；只含 y,z 而缺 x 的方程 $H(y,z)=0$ 表示母线平行于 x 轴的柱面.

如果一个柱面上的每条母线与一条定直线的距离都相等，则这个柱面叫**圆柱面**，定直线叫圆柱面的**对称轴**，母线到定直线的距离为圆柱面的**半径**. 圆柱面是特殊的柱面，求圆柱面的方程可依据具体条件选择简便的方法. 若已知圆柱面的准线和母线方向，可按前面求柱面方程的方法求得圆柱面的方程；若知道圆柱面的半径和其对称轴，则由点 M 在圆柱面上的充要条件是点 M 到对称轴的距离等于半径出发求得圆柱面的方程.

例 2.5.3 在空间直角坐标系中，方程 $\frac{x^2}{a^2}+\frac{y^2}{b^2}=1$ 表示母线平行于 z 轴的椭圆柱面（图 2-5-5）；方程 $\frac{x^2}{a^2}-\frac{y^2}{b^2}=1$ 表示母线平行于 z 轴的双曲柱面（图 2-5-6）；方程 $x^2-ay=0$ 表示母线平行于 z 轴的抛物柱面（图 2-5-7）.

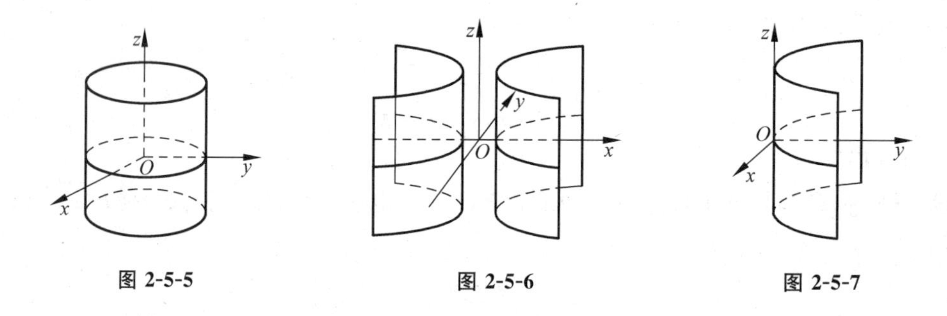

图 2-5-5　　图 2-5-6　　图 2-5-7

2.5.4 旋转曲面

定义 2.5.5 一条空间曲线 C 绕一条定直线 L 旋转一周所产生的曲面叫**旋转曲面**，定直线 L 叫做旋转曲面的**轴**，曲线 C 叫做旋转曲面的**母线**.

在旋转曲面中，过轴的半平面与旋转曲面的交线叫经线，显然，所有的经线形状完全相同，它们在旋转中能彼此重合. 与轴垂直的平面与旋转曲面的交线是一个圆，称之为纬线或纬圆，它是由母线上的一点绕轴旋转时形成的.

现在来求以空间曲线

$$C:\begin{cases}F(x,y,z)=0,\\G(x,y,z)=0\end{cases}$$

为母线，以直线

$$L: \frac{x-x_0}{l}=\frac{y-y_0}{m}=\frac{z-z_0}{n}$$

为旋转轴的旋转曲面(图 2-5-8)的方程.

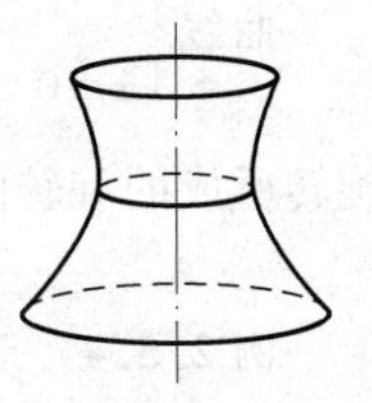

图 2-5-8

记 $\boldsymbol{s}=(l,m,n)$，点 $M_0(x_0,y_0,z_0)$. 点 $P(x,y,z)$ 在旋转曲面上的充要条件是点 P 在经过母线 C 上某一点 $P_1(x_1,y_1,z_1)$ 的纬圆上，即母线 C 上一定有点 P_1 使得 P 和 P_1 到轴 L 的距离相等，并且 $\overrightarrow{P_1P}\perp L$. 因此有

$$\begin{cases}F(x_1,y_1,z_1)=0,\\ G(x_1,y_1,z_1)=0,\\ |\overrightarrow{PM_0}\times\boldsymbol{s}|=|\overrightarrow{P_1M_0}\times\boldsymbol{s}|,\\ l(x-x_1)+m(y-y_1)+n(z-z_1)=0.\end{cases}\tag{2.5.7}$$

从参数方程(2.5.7)消去参数 x_1,y_1,z_1，就得到 x,y,z 的方程，它就是所求旋转曲面方程. 特别，旋转轴为 z 轴，即 $\boldsymbol{s}=(0,0,1)$，$M_0(0,0,0)$，母线为 Oyz 坐标面上的曲线 C(图 2-5-9)，它的方程为

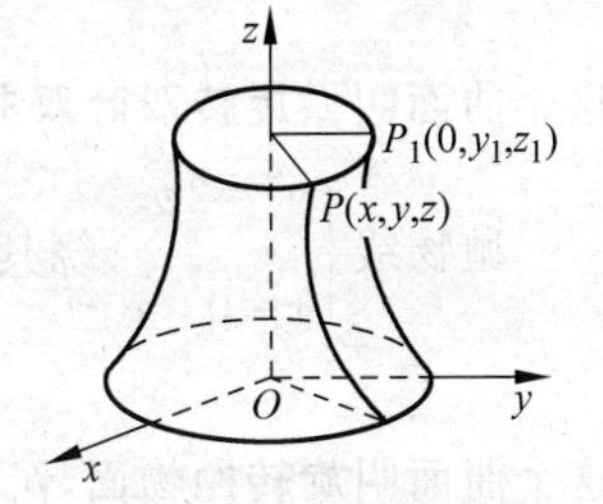

图 2-5-9

$$\begin{cases}f(y,z)=0,\\ x=0.\end{cases}$$

则点 $P(x,y,z)$ 在旋转曲面上的充要条件是

$$\begin{cases}f(y_1,z_1)=0,\\ x_1=0,\\ x^2+y^2=x_1^2+y_1^2,\\ z-z_1=0.\end{cases}$$

消去参数 x_1,y_1,z_1，得

$$f(\pm\sqrt{x^2+y^2},z)=0,\tag{2.5.8}$$

方程(2.5.8)就是所求的旋转曲面方程.

由此可见，Oyz 面上的曲线绕 z 轴旋转所得的曲面方程就是将母线在 Oyz 面上的方程 $f(y,z)=0$ 中将 y 改成 $\pm\sqrt{x^2+y^2}$，z 不动. 其他坐标平面上的曲线绕该坐标面内的一坐标轴旋转也有类似规律，于是我们得到如下结论：

坐标平面上的曲线绕该坐标面内的一坐标轴旋转所得旋转曲面的方程就是将该曲线在坐标面上的方程中保留与旋转轴同名的变量不动，而把另一个变量换成与旋转轴不同名的另两个变量平方和的平方根. 例如：

曲线 $\begin{cases}f(y,z)=0,\\ x=0\end{cases}$ 绕 y 轴旋转所成的旋转曲面的方程为 $f(y,\pm\sqrt{x^2+z^2})=0$.

曲线 $\begin{cases}f(x,z)=0,\\ y=0\end{cases}$ 绕 z 轴旋转所成的旋转曲面的方程为 $f(\pm\sqrt{x^2+y^2},z)=0$，绕 x 轴旋转所成的旋转曲面的方程为 $f(x,\pm\sqrt{y^2+z^2})=0$.

曲线$\begin{cases}f(x,y)=0,\\ z=0\end{cases}$绕 y 轴旋转所成的旋转曲面的方程为 $f(\pm\sqrt{x^2+z^2},y)=0$，绕 x 轴旋转所成的旋转曲面的方程为 $f(x,\pm\sqrt{y^2+z^2})=0$.

例 2.5.4 双曲线$\begin{cases}\dfrac{y^2}{b^2}-\dfrac{z^2}{c^2}=1,\\ x=0\end{cases}$绕 z 轴旋转一周所得的旋转曲面的方程为

$$\frac{x^2+y^2}{b^2}-\frac{z^2}{c^2}=1.$$

这个曲面叫做**旋转单叶双曲面**(图 2-5-10).

绕 y 轴旋转一周所得的旋转曲面的方程为

$$\frac{y^2}{b^2}-\frac{x^2+z^2}{c^2}=1.$$

这个曲面叫做**旋转双叶双曲面**(图 2-5-11).

抛物线$\begin{cases}y^2=2pz,\\ x=0\end{cases}$绕其对称轴($z$ 轴)旋转所得旋转曲面的方程为

$$x^2+y^2=2pz.$$

这个曲面叫**旋转抛物面**，$p>0$ 时形状如图 2-5-12 所示.

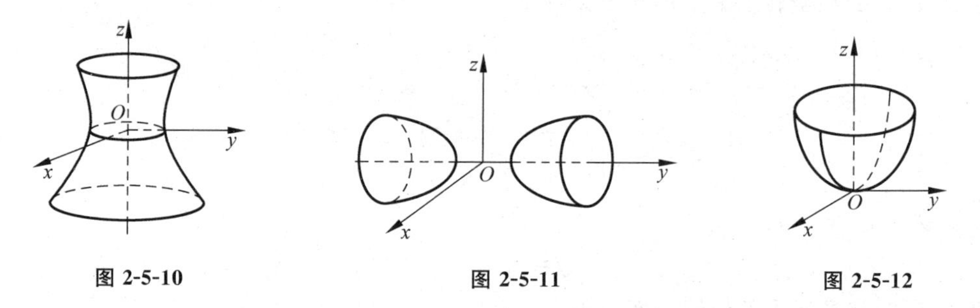

图 2-5-10　　图 2-5-11　　图 2-5-12

2.5.5 锥面

定义 2.5.6 在空间中，由定曲线 C 上的所有点与不在曲线 C 上的一个定点 M_0 的连线组成的曲面称为**锥面**，定点 M_0 为锥面的**顶点**，定曲线 C 为**准线**，C 上的点与 M_0 的连线为锥面的**母线**.

一个锥面的准线是不唯一的，锥面上与每条母线都相交的曲线均可作为锥面的准线.

设一个锥面的顶点为 $M_0(x_0,y_0,z_0)$，准线 C 的方程为

$$C:\begin{cases}F(x,y,z)=0,\\ G(x,y,z)=0.\end{cases}$$

下面来求这个锥面的方程.

按定义 2.5.6，点 $M(x,y,z)(M\neq M_0)$ 在锥面上的充要条件是 M 在锥面的一条母线上，

即准线 C 上一定有点 $M_1(x_1,y_1,z_1)$ 使得 $\overrightarrow{M_0M_1}/\!/\overrightarrow{M_0M}$，因此

$$\begin{cases}F(x_1,y_1,z_1)=0,\\ G(x_1,y_1,z_1)=0,\\ x_1=x_0+(x-x_0)u,\\ y_1=y_0+(y-y_0)u,\\ z_1=z_0+(z-z_0)u.\end{cases}$$

消去 x_1,y_1,z_1 得

$$\begin{cases}F(x_0+(x-x_0)u,y_0+(y-y_0)u,z_0+(z-z_0)u)=0,\\ G(x_0+(x-x_0)u,y_0+(y-y_0)u,z_0+(z-z_0)u)=0.\end{cases}$$

再消去参数 u 得到关于 x,y,z 的一个方程，就是所求锥面(除去顶点)的方程.

特别地，若一个锥面有一条对称轴 L，且它的每条母线与对称轴 L 夹的锐角 θ 都相等，则称这个锥面叫做**圆锥面**，锐角 θ 叫做圆锥面的**半顶角**，与轴垂直的平面和圆锥面的交线是圆. 圆锥面又可看成由一条直线 l 绕另一条与 l 相交的直线 L 旋转一周所得的旋转曲面，此时，圆锥面的**顶点**是两直线的交点，圆锥面的**半顶角**是两直线的夹角 α $\left(0<\alpha<\frac{\pi}{2}\right)$，因此，建立圆锥面的方程时要根据具体的题设条件选取适当的方法.

例 2.5.5 建立顶点在坐标原点 O，旋转轴为 z 轴，半顶角为 α 的圆锥面(图 2-5-13)的方程.

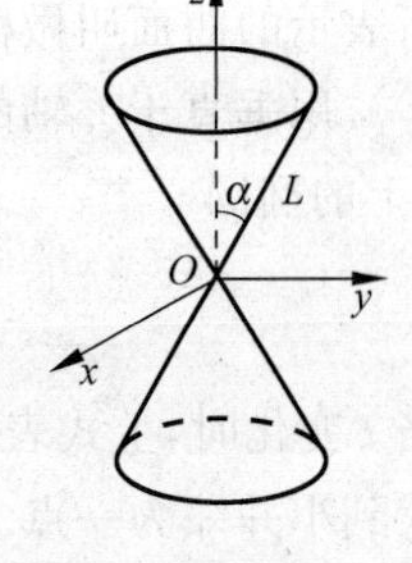

图 2-5-13

解 因所给圆锥面可看成 Oyz 坐标面内与 z 轴夹角为 α 的直线 L 绕 z 轴旋转形成的，又 Oyz 坐标面与 z 轴夹角为 α 的直线 L 的方程为

$$z=y\cot\alpha,$$

由于旋转轴为 z 轴，所以只要将 L 的方程中的 y 改成 $\pm\sqrt{x^2+y^2}$，便得所求的圆锥面方程 $z=\pm\sqrt{x^2+y^2}\cot\alpha$，即

$$z^2=a^2(x^2+y^2),$$

其中 $a=\cot\alpha$.

例 2.5.6 求以三条坐标轴为母线的圆锥面的方程.

解 显然这个圆锥面的顶点在坐标原点，三条坐标轴与圆锥面对称轴所夹锐角相等，设对称轴的方向向量 $\boldsymbol{s}=(l,m,n)$，则

$$|\cos\angle(\boldsymbol{i},\boldsymbol{s})|=|\cos\angle(\boldsymbol{j},\boldsymbol{s})|=|\cos\angle(\boldsymbol{k},\boldsymbol{s})|,$$

因此对称轴的一个方向向量为 $\boldsymbol{s}=(1,1,1)$ 或 $\boldsymbol{s}=(1,1,-1)$ 或 $\boldsymbol{s}=(1,-1,1)$ 或 $\boldsymbol{s}=(-1,1,1)$，考虑 $\boldsymbol{s}=(1,1,1)$ 的情形，其余三种情形可类似讨论.

点 $M(x,y,z)$ 在这个圆锥面上的充要条件是

$$|\cos\angle(\overrightarrow{OM},\boldsymbol{s})|=|\cos\angle(\boldsymbol{i},\boldsymbol{s})|,$$

即

$$\frac{|\overrightarrow{OM}\cdot\boldsymbol{s}|}{|\overrightarrow{OM}||\boldsymbol{s}|}=\frac{|\boldsymbol{i}\cdot\boldsymbol{s}|}{|\boldsymbol{s}|},$$

于是得

$$xy + yz + zx = 0.$$

这就是所求的一个圆锥面的方程.

2.5.6 二次曲面

在 2.5.5 中,我们选取适当的坐标系,利用曲面的几何性质建立了一些曲面如球面、柱面、旋转曲面、锥面的方程,现在对于比较简单的二次方程,从方程出发去研究图形的性质和形状.

与平面解析几何中规定的二次曲线类似,在空间直角坐标系中,我们把三元二次方程 $F(x,y,z)=0$ 所表示的曲面称为**二次曲面**.

研究二次曲面的形状,我们常常用一组与坐标面平行的平面去截曲面,所得交线称为截口曲线,通过分析一组平行平面的截口曲线的形状,来想象曲面的大致形状,概括出曲面的全貌,这种方法称为**平行截割法**.

下面用"**平行截割法**"来研究几个二次曲面的形状.

(1) 椭圆锥面

方程

$$\frac{x^2}{a^2}+\frac{y^2}{b^2}=z^2$$

所表示的曲面叫做**椭圆锥面**.

用垂直于 z 轴的平面 $z=t$ 截此曲面,当 $t=0$ 时得一点 $(0,0,0)$;当 $t\neq 0$ 时,得平面 $z=t$ 上的椭圆

$$\frac{x^2}{(at)^2}+\frac{y^2}{(bt)^2}=1.$$

当 t 变化时,上式表示一族长短轴比例不变的椭圆,当 $|t|$ 从大到小并变为 0 时,这族椭圆从大到小并缩为一点.综上所述,可得椭圆锥面的形状如图 2-5-14 所示.

(2) 椭球面

方程

$$\frac{x^2}{a^2}+\frac{y^2}{b^2}+\frac{z^2}{c^2}=1$$

所表示的曲面叫做**椭球面**(图 2-5-15).

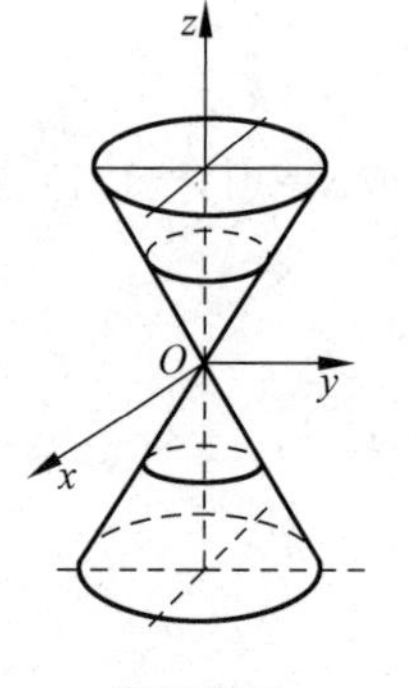

图 2-5-14

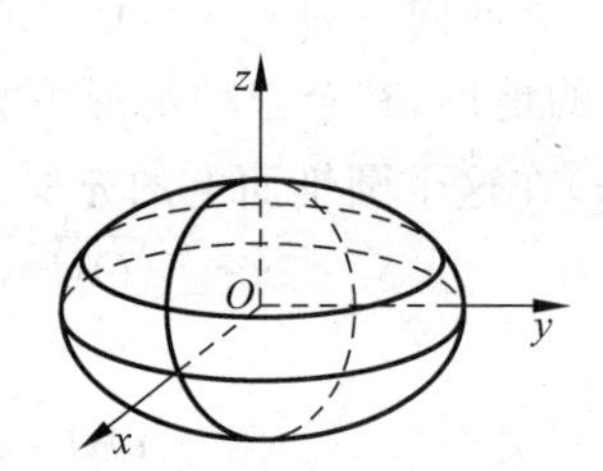

图 2-5-15

从方程可以看出

$$|x| \leqslant a, \quad |y| \leqslant b, \quad |z| \leqslant c.$$

即椭球面是有界的，且曲面关于坐标面都是对称的，从而关于坐标轴及原点也是对称的.

用 Oxy 坐标面($z=0$)去截椭球面，截痕为椭圆

$$\frac{x^2}{a^2}+\frac{y^2}{b^2}=1.$$

用平行于 Oxy 面的平面 $z=z_1(|z_1|<c)$ 去截椭球面，截痕为平面 $z=z_1$ 上的椭圆

$$\frac{x^2}{a^2\left(1-\frac{z_1^2}{c^2}\right)}+\frac{y^2}{b^2\left(1-\frac{z_1^2}{c^2}\right)}=1.$$

当 z_1 变动时，这族椭圆的中心都在 z 轴上，当 $|z_1|$ 由 0 逐渐增大到 c，椭圆由大到小，当 $|z_1|=c$ 时，截痕最后缩成一点 $(0,0,\pm c)$.

用平面 $y=y_1(|y_1|\leqslant b)$ 去截椭球面或用平面 $x=x_1(|x_1|\leqslant a)$ 去截椭球面，也有类似结果.

如果 $a=b\neq c$，则椭球面方程为

$$\frac{x^2+y^2}{b^2}+\frac{z^2}{c^2}=1,$$

这是 Oyz 坐标面上的椭圆 $\frac{y^2}{b^2}+\frac{z^2}{c^2}=1$ 绕 z 轴旋转所成的旋转椭球面.

如果 $a=b=c$，则椭球面成为球面 $x^2+y^2+z^2=a^2$.

(3) 单叶双曲面

方程

$$\frac{x^2}{a^2}+\frac{y^2}{b^2}-\frac{z^2}{c^2}=1$$

所表示的曲面叫做**单叶双曲面**(图 2-5-16).

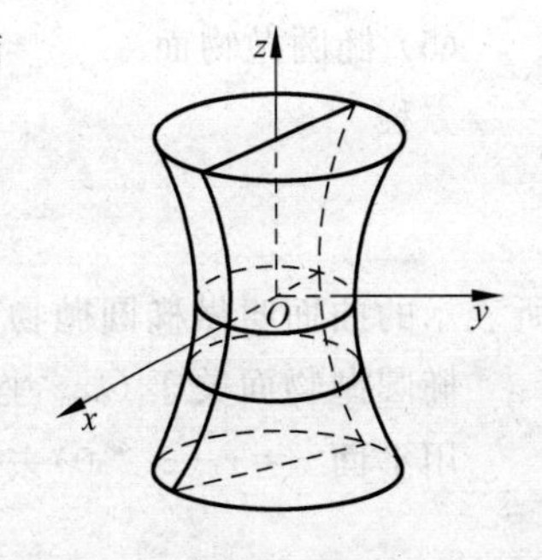

图 2-5-16

单叶双曲面关于坐标面，坐标轴和原点都是对称的.

用平面 $z=z_1$ 去截曲面，截痕为 $z=z_1$ 平面上的椭圆

$$\frac{x^2}{a^2\left(1+\frac{z_1^2}{c^2}\right)}+\frac{y^2}{b^2\left(1+\frac{z_1^2}{c^2}\right)}=1.$$

用平面 $y=y_1$ 去截曲面，截痕为 $y=y_1$ 平面上的双曲线

$$\frac{x^2}{a^2\left(1-\frac{y_1^2}{b^2}\right)}-\frac{z^2}{c^2\left(1-\frac{y_1^2}{b^2}\right)}=1.$$

用平面 $x=x_1$ 去截曲面，截痕为 $x=x_1$ 平面上的双曲线

$$\frac{y^2}{b^2\left(1-\frac{x_1^2}{a^2}\right)}-\frac{z^2}{c^2\left(1-\frac{x_1^2}{a^2}\right)}=1.$$

(4) 双叶双曲面.

方程

$$\frac{x^2}{a^2}-\frac{y^2}{b^2}-\frac{z^2}{c^2}=1$$

所表示的曲面叫做**双叶双曲面**(图 2-5-17).

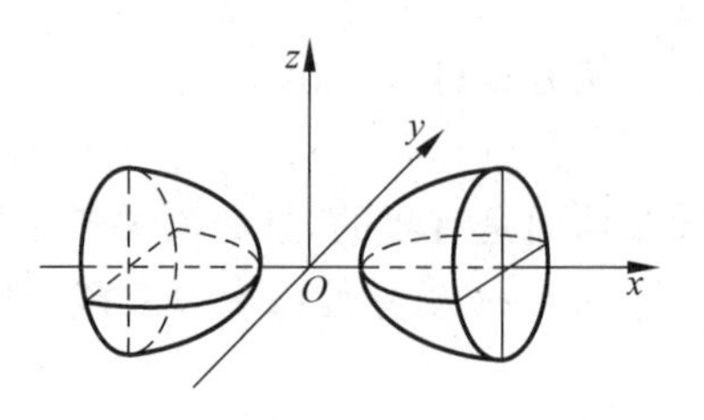

图 2-5-17

双叶双曲面关于坐标面,坐标轴和原点都是对称的.

用平面 $z=z_1$ 去截曲面,截痕是双曲线

$$\frac{x^2}{a^2\left(1+\frac{z_1^2}{c^2}\right)}-\frac{y^2}{b^2\left(1+\frac{z_1^2}{c^2}\right)}=1.$$

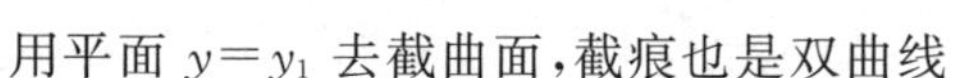

用平面 $y=y_1$ 去截曲面,截痕也是双曲线

$$\frac{x^2}{a^2\left(1+\frac{y_1^2}{b^2}\right)}-\frac{z^2}{c^2\left(1+\frac{y_1^2}{b^2}\right)}=1.$$

用平面 $x=x_1(|x_1|>a)$去截曲面,截痕是椭圆

$$\frac{y^2}{b^2\left(\frac{x_1^2}{a^2}-1\right)}+\frac{z^2}{c^2\left(\frac{x_1^2}{a^2}-1\right)}=1.$$

椭球面、单叶双曲面、双叶双曲面都有唯一的对称中心,因此,又称它们为**中心二次曲面**.

(5) 椭圆抛物面

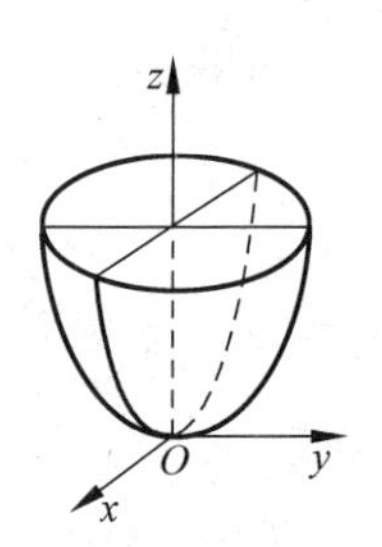

图 2-5-18

方程

$$z=\frac{x^2}{a^2}+\frac{y^2}{b^2}$$

所表示的曲面叫做**椭圆抛物面**(图 2-5-18).

椭圆抛物面关于 Oxz 坐标面和 Oyz 坐标面以及 z 轴是对称的.

用平面 $z=z_1(z_1>0)$去截曲面,截痕是椭圆

$$\frac{x^2}{a^2z_1}+\frac{y^2}{b^2z_1}=1.$$

用平行于 Oxz 面和 Oyz 面的平面去截曲面,截痕都是抛物线.

(6) 双曲抛物面.

方程

$$z=\frac{x^2}{a^2}-\frac{y^2}{b^2}$$

所表示的曲面叫做**双曲抛物面**(图 2-5-19).

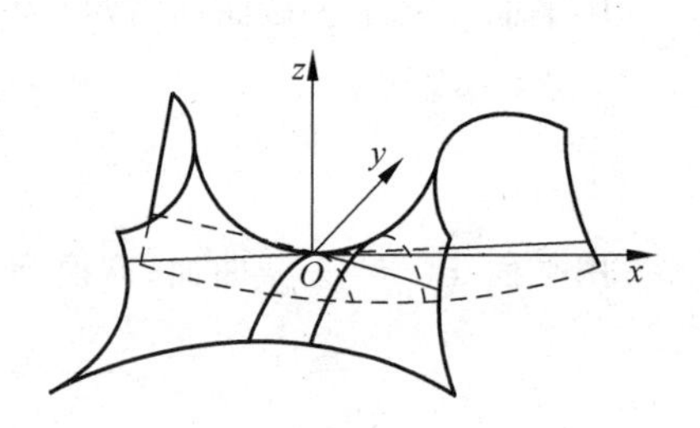

图 2-5-19

双曲抛物面又称**马鞍面**. 双曲抛物面关于 Oxz 坐标面和 Oyz 坐标面以及 z 轴是对称的.

用平面 $x=x_1$ 去截曲面,截痕是抛物线

$$z=-\frac{y^2}{b^2}+\frac{x_1^2}{a^2},$$

此抛物线开口朝下,顶点在 Oxz 面上.

用平面 $y=y_1$ 去截曲面,截痕也是抛物线

$$z=\frac{x^2}{a^2}-\frac{y_1^2}{b^2},$$

此抛物线开口朝上，顶点在 Oyz 面上.

用平面 $z=z_1$ 去截曲面，当 $z_1\neq 0$ 时截痕是双曲线

$$\frac{x^2}{a^2 z_1}-\frac{y^2}{b^2 z_1}=1;$$

当 $z_1=0$ 时，截痕是两条相交直线

$$\frac{x}{a}+\frac{y}{b}=0 \quad \text{和} \quad \frac{x}{a}-\frac{y}{b}=0.$$

椭圆抛物面与双曲抛物面都没有对称中心，因此，又称它们为**无心二次曲面**.

2.5.7 二次曲面的种类

二次曲面(包括退化情形)共分为 5 类 17 种，在适当的空间直角坐标系中，它们的标准方程如下：

1. 椭球面

(1) 实椭球面：$\frac{x^2}{a^2}+\frac{y^2}{b^2}+\frac{z^2}{c^2}=1$；

(2) 虚椭球面：$\frac{x^2}{a^2}+\frac{y^2}{b^2}+\frac{z^2}{c^2}=-1$；

(3) 点：$\frac{x^2}{a^2}+\frac{y^2}{b^2}+\frac{z^2}{c^2}=0$.

2. 双曲面

(4) 单叶双曲面：$\frac{x^2}{a^2}+\frac{y^2}{b^2}-\frac{z^2}{c^2}=1$；

(5) 双叶双曲面：$\frac{x^2}{a^2}+\frac{y^2}{b^2}-\frac{z^2}{c^2}=-1$；

3. 抛物面

(6) 椭圆抛物面：$\frac{x^2}{a^2}+\frac{y^2}{b^2}=z$；

(7) 双曲抛物面：$\frac{x^2}{a^2}-\frac{y^2}{b^2}=z$；

4. 锥面

(8) 二次锥面：$\frac{x^2}{a^2}+\frac{y^2}{b^2}-\frac{z^2}{c^2}=0$；

5. 柱面

(9) 椭圆柱面：$\frac{x^2}{a^2}+\frac{y^2}{b^2}=1$；

(10) 虚椭圆柱面：$\frac{x^2}{a^2}+\frac{y^2}{b^2}=-1$；

(11) 直线(z 轴)：$\frac{x^2}{a^2}+\frac{y^2}{b^2}=0$；

(12) 双曲柱面：$\frac{x^2}{a^2}-\frac{y^2}{b^2}=1$；

(13) 一对相交平面：$\frac{x^2}{a^2}-\frac{y^2}{b^2}=0$；

(14) 抛物柱面：$x^2=ay$；

(15) 一对平行平面：$x^2=a^2$；

(16) 一对虚平行平面：$x^2=-a^2$；

(17) 一对重合平面：$x^2=0$.

利用第 6 章知识可以证明，二次曲面只有上述 17 种.

习题 2.5

1. 求与坐标原点 O 及点 $P(2,3,4)$ 的距离之比为 1∶2 的点的全体所组成的曲面的方程，它表示怎样的曲面？

2. 求出一直径的两端点为 $P_1(2,-3,5)$ 和 $P_2(4,1,-3)$ 的球面方程.

3. 求过点 $M_1(1,-2,1)$ 且对称轴为 $x=t,y=1+2t,z=-3-2t$ 的圆柱面的方程.

4. 将 Oxy 坐标面上的双曲线 $\frac{x^2}{9}-\frac{y^2}{4}=1$ 分别绕 x 轴及 y 轴旋转一周，求所生成的旋转曲面的方程.

5. 指出下列方程所表示的曲面中，哪些是旋转曲面，它们是怎样形成的？

(1) $\frac{x^2}{4}-\frac{y^2}{9}+\frac{z^2}{4}=0$；　　(2) $x^2+y^2=2z-1$；

(3) $x^2+z^2=y^2$；　　(4) $(z-a)^2=x^2+y^2$；

(5) $\frac{x^2}{4}+\frac{y^2}{9}-\frac{z^2}{4}=1$；　　(6) $x^2+\frac{y^2}{4}+\frac{z^2}{9}=1$.

6. 求过点 $M_1(3,2,1)$，顶点为 $A(1,2,4)$，轴与平面 $2x+2y+z=0$ 垂直的圆锥面的方程.

7. 问当 k 取异于 a^2,b^2,c^2 的各种实数值时，方程

$$\frac{x^2}{a^2-k}+\frac{y^2}{b^2-k}+\frac{z^2}{c^2-k}=1,\quad a>b>c$$

表示怎样的曲面？

2.6 空间区域的简图

在多元函数积分学中，常常要求我们想象出由几张曲面围成的空间区域的大致形状，并画出这个空间区域的简图. 要画出空间区域的简图，关键是画出曲面间的交线. 为此，我们先介绍空间曲线在坐标面上的投影及曲面交线的画法.

2.6.1 空间曲线在坐标面上的投影

定义 2.6.1 空间曲线 C 上各点向坐标面上作垂线，所有垂足组成的曲线 C' 为曲线 C 在坐标面上的**投影曲线**（简称**投影**），所有垂线组成的曲面叫曲线 C 关于坐标面的**投影柱面**.

显然，曲线 C 关于坐标面的投影柱面是母线平行于坐标轴的柱面，曲线 C' 是坐标面和曲线 C 关于坐标面的投影柱面的交线. 由于在空间直角坐标系中，母线平行于坐标轴的柱面方程至多含两个变量，不含与母线平行的坐标轴同名的变量，因此，若空间曲线 C 的一般方程为

$$\begin{cases} F(x,y,z)=0, \\ G(x,y,z)=0. \end{cases} \tag{2.6.1}$$

则从方程(2.6.1)消去变量 z 后得方程

$$H(x,y)=0. \tag{2.6.2}$$

方程(2.6.2)表示母线平行于 z 轴的柱面. 由于 $H(x,y)=0$ 是由曲线 C 的方程消去 z 得到的,因此 C 上的点的坐标中的 x,y 必定满足方程 $H(x,y)=0$,这说明曲线 C 上的所有点都在柱面 $H(x,y)=0$ 上. 柱面 $H(x,y)=0$ 包含曲线 C.

由上面的讨论可知,曲线 C 关于 Oxy 面的**投影柱面**方程为 $H(x,y)=0$. 曲线 C 在 Oxy 面上的**投影曲线**方程为

$$\begin{cases} H(x,y)=0, \\ z=0. \end{cases}$$

同理,从方程(2.6.1)消去变量 x,得曲线 C 关于 Oyz 面的**投影柱面** $R(y,z)=0$,方程组

$$\begin{cases} R(y,z)=0, \\ x=0 \end{cases}$$

就是空间曲线 C 在 Oyz 面上的投影.

从方程(2.6.1)消去变量 y,得曲线 C 关于 Oxz 面的投影柱面,方程组

$$\begin{cases} T(x,z)=0, \\ y=0 \end{cases}$$

就是空间曲线 C 在 Oxz 面上的投影.

例 2.6.1 求球面 $x^2+y^2+z^2=4$ 与平面 $x+z=2$ 的交线在 Oxy 面上的投影的方程.

解 所给球面与平面的交线方程为

$$\begin{cases} x^2+y^2+z^2=4, \\ x+z=2. \end{cases}$$

消去 z,得投影柱面方程

$$2x^2-4x+y^2=0,$$

于是所给球面与平面的交线在 Oxy 面上的投影方程是

$$\begin{cases} 2x^2-4x+y^2=0, \\ z=0. \end{cases}$$

将第一个方程配方得 $2(x-1)^2+y^2=2$,可知所求投影曲线为 Oxy 面上的椭圆(图 2-6-1).

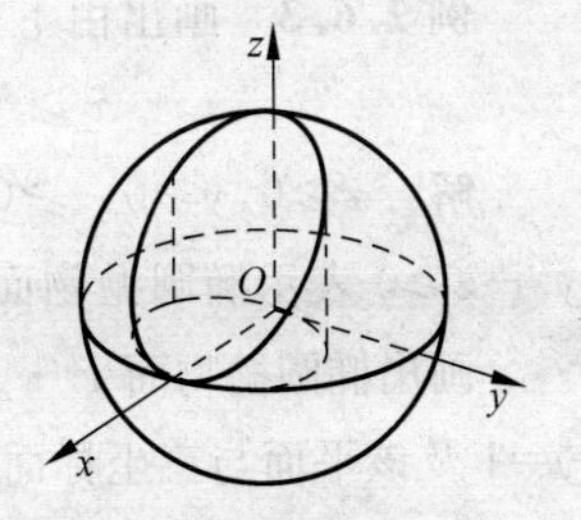

图 2-6-1

2.6.2 空间区域的表示和简图的画法

几张曲面所围成的空间区域可以用几个不等式联立起来表示,只要画出曲面及相应曲面的交线,便得到空间区域的简图. 简单方程所表曲面及曲面交线的画法前面已有介绍,下面讨论如何用不等式表示空间区域的问题.

一张曲面 $F(x,y,z)=0$ 把空间分为三个部分,分别用 $F(x,y,z)>0$, $F(x,y,z)=0$ 和

$F(x,y,z)<0$ 来表示. 由于在曲面同一侧的点满足相同的不等式，因此要判断曲面的某一侧用哪个不等号来表示，只需在该侧取一个特殊点，通常取坐标原点或坐标轴上的点，将其坐标代入曲面方程左端 $F(x,y,z)$，看它适合哪个不等号就行了.

例 2.6.2 画出由曲面 $3(x^2+y^2)=16z$ 和 $z=\sqrt{25-x^2-y^2}$ 围成的空间区域的简图，并用不等式组表示出这个空间区域.

解 方程 $3(x^2+y^2)=16z$ 表示顶点在原点，开口向上，以 z 轴为旋转轴的旋转抛物面；方程 $z=\sqrt{25-x^2-y^2}$ 表示以原点为球心，半径为 5 的上半球面，开口向下. 要画出这两张曲面围成的空间区域，就需要画出它们的交线

$$\begin{cases}3(x^2+y^2)=16z,\\ z=\sqrt{25-x^2-y^2}.\end{cases}$$

由此可得

$$\begin{cases}x^2+y^2=16,\\ z=3.\end{cases}$$

即两曲面的交线是一个在平面 $z=3$ 上，圆心在 $(0,0,3)$，半径为 4 的圆.

画出上述圆，再加上由它割下来的一块球面及一块抛物面，就得到所给曲面围成的空间区域的简图(图 2-6-2).

从图 2-6-2 可知，这个空间区域位于球面下方且在旋转抛物面内部的公共部分，连同围成它的两块曲面，又区域内部的点 $(0,0,1)$ 满足不等式 $3(x^2+y^2)<16z$ 和 $z<\sqrt{25-x^2-y^2}$，故所给曲面围成的空间区域用不等式组

$$\begin{cases}3(x^2+y^2)\leqslant 16z,\\ \sqrt{25-x^2-y^2}\geqslant z\end{cases}$$

表示.

例 2.6.3 画出由下列不等式组表示的空间区域的简图：

$$x\geqslant 0, y\geqslant 0, z\geqslant 0, x+y\leqslant 1, x^2+y^2-z\geqslant 0.$$

解 $x\geqslant 0, y\geqslant 0, z\geqslant 0$ 表示第一卦限；$x+y\leqslant 1$ 表示平面及其包含原点的一侧；$x^2+y^2-z\geqslant 0$ 表示椭圆抛物面及其外部.

画出椭圆抛物面 $x^2+y^2-z=0$ 分别与坐标面 $x=0, y=0$ 及平面 $x+y=1$ 的交线，平面 $x+y=1$ 及该平面与三坐标面的交线，上述 6 条线割出的一块椭圆抛物面和一块平面，再加上它们和两段坐标轴围成的三块坐标面，共同围成的部分就是所作的空间区域的简图(图 2-6-3).

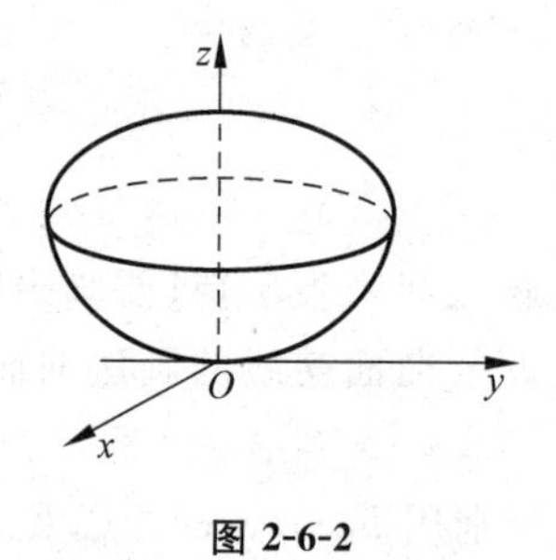

图 2-6-2

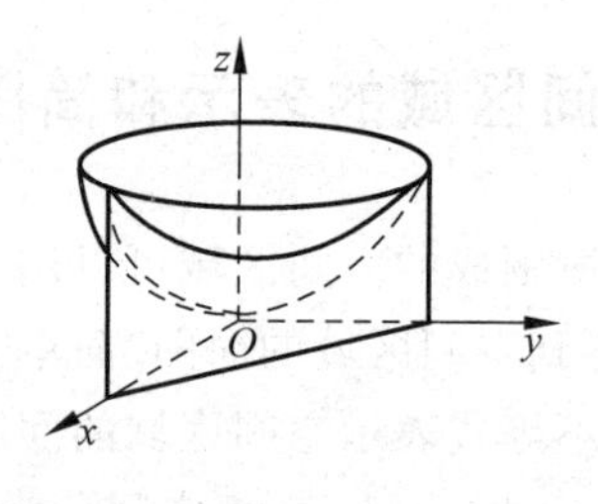

图 2-6-3

2.6.3 曲面或空间区域在坐标面上的投影

定义 2.6.2 曲面上(或空间区域内)各点向坐标面上作垂线,所有垂足的集合为曲面或空间区域在坐标面上的**投影**.

若干张曲面围成的空间区域可看成是某个立体所占的区域,因此常把曲面围成的空间区域说成是曲面围成的立体,在重积分和曲面积分的计算中,往往需要确定一个立体或曲面在坐标面上的投影,解决这类问题,只要作出曲面交线在坐标面上的投影以及曲面所围成的空间区域的简图即可.

例 2.6.4 求由上半球面 $z=\sqrt{a^2-x^2-y^2}$ 和锥面 $z=\sqrt{x^2+y^2}$ 所围成的立体在 Oxy 面上的投影.

解 因上半球面与锥面的交线

$$\begin{cases} z=\sqrt{a^2-x^2-y^2}, \\ z=\sqrt{x^2+y^2} \end{cases}$$

在 Oxy 面上的投影曲线为

$$\begin{cases} x^2+y^2=\dfrac{a^2}{2}, \\ z=0. \end{cases}$$

作出所给的上半球面和锥面围成的立体的简图以及它们的交线在 Oxy 面上的投影(图 2-6-4),于是所给立体在 Oxy 面上的投影是图 2-6-4 中阴影部分,用不等式表示为

$$x^2+y^2\leqslant\frac{a^2}{2}.$$

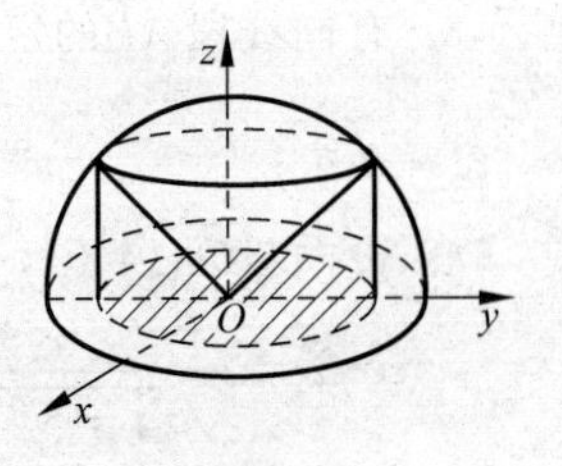

图 2-6-4

习题 2.6

1. 求直线 $\begin{cases} x+y-z-1=0, \\ x-y+z+1=0 \end{cases}$ 在平面 $x+y+z=0$ 上的投影直线的方程.

2. 分别求母线平行于 x 轴及 y 轴且通过曲线 $\begin{cases} 2x^2+y^2+z^2=9, \\ x^2-y^2+z^2=0 \end{cases}$ 的柱面方程.

3. 求下列空间曲线在坐标面上的投影的方程,并画出空间曲线的图形:

(1) $\begin{cases} x^2+y^2=4, \\ y^2+z^2=1; \end{cases}$ (2) $\begin{cases} x^2+y^2=4, \\ z=2y; \end{cases}$ (3) $\begin{cases} x^2+y^2+z^2=5, \\ x^2+z^2=4z. \end{cases}$

4. 画出旋转抛物面 $z=x^2+y^2$ 与平面 $z=4$ 所围空间区域的简图,并用不等式组表示这个空间区域.

5. 求上半球 $0\leqslant z\leqslant \sqrt{a^2-x^2-y^2}$ 与圆柱体 $x^2+y^2\leqslant ax(a>0)$ 的公共部分在 Oxy 面和 Oxz 面上的投影.

本章小结

一、基本概念

1. 向量及其线性运算.
2. 空间直角坐标系下向量的坐标表示.
3. 向量的模、夹角、方向角、方向余弦.
4. 向量的数量积、向量积、混合积.
5. 空间图形与方程的关系.
6. 空间平面方程、直线方程和曲面方程的表达式.

二、基本性质与定理

1. 设 $\boldsymbol{\alpha}\neq\mathbf{0}$,则 $\boldsymbol{\beta}/\!/\boldsymbol{\alpha}\Leftrightarrow\boldsymbol{\beta}=m\boldsymbol{\alpha}$,m 是实数.
2. 两点 $P_1(x_1,y_1,z_1)$,$P_2(x_2,y_2,z_2)$间的距离公式

$$|P_1P_2|=\sqrt{(x_2-x_1)^2+(y_2-y_1)^2+(z_2-z_1)^2}.$$

3. 有向线段 $\overrightarrow{AB}$ 的定比分点公式

$$x=\frac{x_1+\lambda x_2}{1+\lambda},\quad y=\frac{y_1+\lambda y_2}{1+\lambda},\quad z=\frac{z_1+\lambda z_2}{1+\lambda}.$$

4. 设向量 $\overrightarrow{OM}=(x,y,z)$,则 $\overrightarrow{OM}$ 的方向余弦计算公式

$$\cos\alpha=\frac{x}{\sqrt{x^2+y^2+z^2}},\quad \cos\beta=\frac{y}{\sqrt{x^2+y^2+z^2}},\quad \cos\gamma=\frac{z}{\sqrt{x^2+y^2+z^2}}.$$

且有

$$\cos^2\alpha+\cos^2\beta+\cos^2\gamma=1.$$

5. 数量积、向量积、混合积的基本性质及运算律
6. 数量积、向量积、混合积的坐标表示式

设 $\boldsymbol{\alpha}=(x_1,y_1,z_1)$,$\boldsymbol{\beta}=(x_2,y_2,z_2)$,$\boldsymbol{\gamma}=(x_3,y_3,z_3)$,则

$$\boldsymbol{\alpha}\cdot\boldsymbol{\beta}=x_1x_2+y_1y_2+z_1z_2,$$

$$\boldsymbol{\alpha}\times\boldsymbol{\beta}=(y_1z_2-z_1y_2,z_1x_2-x_1z_2,x_1y_2-y_1x_2)=\begin{vmatrix}\boldsymbol{i}&\boldsymbol{j}&\boldsymbol{k}\\x_1&y_1&z_1\\x_2&y_2&z_2\end{vmatrix},$$

$$(\boldsymbol{\alpha},\boldsymbol{\beta},\boldsymbol{\gamma})=(\boldsymbol{\alpha}\times\boldsymbol{\beta})\cdot\boldsymbol{\gamma}=\begin{vmatrix}x_1&y_1&z_1\\x_2&y_2&z_2\\x_3&y_3&z_3\end{vmatrix}.$$

7. 两向量夹角余弦的坐标表示式

设 $\boldsymbol{\alpha}=(x_1,y_1,z_1)$,$\boldsymbol{\beta}=(x_2,y_2,z_2)$,当 $\boldsymbol{\alpha}\neq\mathbf{0}$,$\boldsymbol{\beta}\neq\mathbf{0}$ 时,有

$$\cos\theta=\frac{x_1x_2+y_1y_2+z_1z_2}{\sqrt{x_1^2+y_1^2+z_1^2}\sqrt{x_2^2+y_2^2+z_2^2}}.$$

8. $\boldsymbol{\alpha}\perp\boldsymbol{\beta}$的充要条件是$\boldsymbol{\alpha}\cdot\boldsymbol{\beta}=0$；$\boldsymbol{\alpha}\,/\!/\,\boldsymbol{\beta}$的充要条件是$\boldsymbol{\alpha}\times\boldsymbol{\beta}=\mathbf{0}$.

9. 平面与平面的相关位置

设两个平面方程Π_1：$A_1x+B_1y+C_1z+D_1=0$，Π_2：$A_2x+B_2y+C_2z+D_2=0$，则

(1) 平面Π_1与Π_2平行$\Leftrightarrow\dfrac{A_1}{A_2}=\dfrac{B_1}{B_2}=\dfrac{C_1}{C_2}\neq\dfrac{D_1}{D_2}$；

(2) 平面Π_1与Π_2重合$\Leftrightarrow\dfrac{A_1}{A_2}=\dfrac{B_1}{B_2}=\dfrac{C_1}{C_2}=\dfrac{D_1}{D_2}$；

(3) 平面Π_1与Π_2垂直$\Leftrightarrow A_1A_2+B_1B_2+C_1C_2=0$.

10. 直线与平面的相关位置

设直线L的方程$\dfrac{x-x_0}{l}=\dfrac{y-y_0}{m}=\dfrac{z-z_0}{n}$，平面方程$\Pi$：$Ax+By+Cz+D=0$，则

(1) 直线L与平面Π垂直$\Leftrightarrow\dfrac{A}{l}=\dfrac{B}{m}=\dfrac{C}{n}$；

(2) 直线L与平面Π平行$\Leftrightarrow Al+Bm+Cn=0$且$Ax_0+By_0+Cz_0+D\neq0$；

(3) 直线L在平面Π上$\Leftrightarrow Al+Bm+Cn=0$且$Ax_0+By_0+Cz_0+D=0$.

11. 直线与直线的相关位置

设直线L_1过定点$M_1(x_1,y_1,z_1)$，方向向量$\boldsymbol{s}_1=(l_1,m_1,n_1)$；直线$L_2$过定点$M_2(x_2,y_2,z_2)$，方向向量$\boldsymbol{s}_2=(l_2,m_2,n_2)$，则

(1) L_1与L_2垂直$\Leftrightarrow\boldsymbol{s}_1\cdot\boldsymbol{s}_2=0$；

(2) L_1与L_2重合$\Leftrightarrow\boldsymbol{s}_1/\!/\boldsymbol{s}_2/\!/\overrightarrow{M_1M_2}$；

(3) L_1与L_2平行$\Leftrightarrow\boldsymbol{s}_1/\!/\boldsymbol{s}_2$且$\boldsymbol{s}_1$与$\overrightarrow{M_1M_2}$不共线；

(4) L_1与L_2相交$\Leftrightarrow\boldsymbol{s}_1$与$\boldsymbol{s}_2$不共线且$(\boldsymbol{s}_1,\boldsymbol{s}_2,\overrightarrow{M_1M_2})=0$；

(5) L_1与L_2异面$\Leftrightarrow(\boldsymbol{s}_1,\boldsymbol{s}_2,\overrightarrow{M_1M_2})\neq0$.

12. 有关夹角公式

(1) 两直线之间的夹角公式

设直线L_1的方向向量$\boldsymbol{s}_1=(l_1,m_1,n_1)$，$L_2$的方向向量$\boldsymbol{s}_2=(l_2,m_2,n_2)$，$L_1$与$L_2$的夹角为$\theta$，则

$$\cos\theta=\frac{|\,l_1l_2+m_1m_2+n_1n_2\,|}{\sqrt{l_1^2+m_1^2+n_1^2}\,\sqrt{l_2^2+m_2^2+n_2^2}}.$$

(2) 直线与平面的夹角公式

设直线L方向向量$\boldsymbol{s}=(l,m,n)$，平面的法向量为$\boldsymbol{n}=(A,B,C)$，直线与平面的夹角为φ，则

$$\sin\varphi=\frac{|\,Al+Bm+Cn\,|}{\sqrt{A^2+B^2+C^2}\,\sqrt{l^2+m^2+n^2}}.$$

(3) 两平面的夹角公式

设平面Π_1与Π_2的法向量依次为$\boldsymbol{n}_1=(A_1,B_1,C_1)$，$\boldsymbol{n}_2=(A_2,B_2C_2)$，平面$\Pi_1$与$\Pi_2$的夹角为$\theta$，则

$$\cos\theta=\frac{|\,A_1A_2+B_1B_2+C_1C_2\,|}{\sqrt{A_1^2+B_1^2+C_1^2}\,\sqrt{A_2^2+B_2^2+C_2^2}}.$$

13. 有关距离公式

(1) 点到平面的距离

$P_0(x_0,y_0,z_0)$到平面Π: $Ax+By+Cz+D=0$ 的距离

$$d=\frac{|Ax_0+By_0+Cz_0+D|}{\sqrt{A^2+B^2+C^2}}.$$

(2) 点到直线的距离

设直线 L 过点 $M_0(x_0,y_0,z_0)$,方向向量为 $\boldsymbol{s}=(l,m,n)$,则点 $M(x_1,y_1,z_1)$到直线 L 的距离

$$d=\frac{|\overrightarrow{M_0M}\times\boldsymbol{s}|}{|\boldsymbol{s}|}=\frac{1}{\sqrt{l^2+m^2+n^2}}\left\|\begin{matrix}\boldsymbol{i} & \boldsymbol{j} & \boldsymbol{k}\\ x_1-x_0 & y_1-y_0 & z_1-z_0\\ l & m & n\end{matrix}\right\|.$$

(3) 两直线之间的距离

两直线重合或相交时,它们间的距离为零;两直线平行时,它们间的距离为一直线上任一点到另一直线的距离;两直线异面时,它们间的距离为它们的公垂线段的长.

设两条异面直线 L_1 过定点 $M_1(x_1,y_1,z_1)$,方向向量 $\boldsymbol{s}_1=(l_1,m_1,n_1)$; L_2 过定点 $M_2(x_2,y_2,z_2)$,方向向量 $\boldsymbol{s}_2=(l_2,m_2,n_2)$,则直线 L_1 与 L_2 的距离

$$d=\frac{|\overrightarrow{M_1M_2}\cdot(\boldsymbol{s}_1\times\boldsymbol{s}_2)|}{|\boldsymbol{s}_1\times\boldsymbol{s}_2|}.$$

三、基本解题方法

1. 求平行于坐标轴(坐标面)或平行于某已知平面且满足另一条件的平面方程,通常用一般式,即将所求平面设为一般式方程,再由题设条件确定 x,y,z 的系数与常数项.

如果易求出平面上的一个点和它的法向量,则可考虑用点法式方程,通常利用向量积运算求法向量.

2. 求空间直线方程时,如果易求出直线上的一个点和它的方向向量,则可考虑用点向式方程,通常利用向量积运算求方向向量.

3. 如果直线是用一般方程给出的,求解相关的题时,可考虑用平面束方程.

复习题二

1. 设$\triangle ABC$的三边$\overrightarrow{BC}=\boldsymbol{\alpha}$,$\overrightarrow{CA}=\boldsymbol{\beta}$,$\overrightarrow{AB}=\boldsymbol{\gamma}$,三边中点依次为 D,E,F,试用向量$\boldsymbol{\alpha}$,$\boldsymbol{\beta}$,$\boldsymbol{\gamma}$表示$\overrightarrow{AD}$,$\overrightarrow{BE}$,$\overrightarrow{CF}$,并证明

$$\overrightarrow{AD}+\overrightarrow{BE}+\overrightarrow{CF}=\boldsymbol{0}.$$

2. 设$\boldsymbol{\alpha}+3\boldsymbol{\beta}\perp 7\boldsymbol{\alpha}-5\boldsymbol{\beta}$,$\boldsymbol{\alpha}-4\boldsymbol{\beta}\perp 7\boldsymbol{\alpha}-2\boldsymbol{\beta}$,求$\boldsymbol{\alpha}$与$\boldsymbol{\beta}$的夹角.

3. 设$\boldsymbol{\alpha}=(2,-1,-2)$,$\boldsymbol{\beta}=(1,1,z)$,问 z 为何值时,$\boldsymbol{\alpha}$与$\boldsymbol{\beta}$的夹角最小?并求此最小值.

4. 已知向量$\boldsymbol{\alpha}=(1,-2,3)$,$\boldsymbol{\beta}=(2,1,0)$,$\boldsymbol{\gamma}=(-6,-2,6)$,求$(\boldsymbol{\alpha},\boldsymbol{\beta},\boldsymbol{\gamma})$,并判断$\boldsymbol{\alpha}$,$\boldsymbol{\beta}$,$\boldsymbol{\gamma}$是否共面.

5. 求与平面 $3x+6y-9z+5=0$ 平行且在三坐标轴上的截距之和为 7 的平面方程.

6. 求过点$(-1,0,4)$与直线$\frac{x+1}{1}=\frac{y-1}{1}=\frac{z}{2}$相交，且与平面$3x-4y+z-10=0$平行的直线方程.

7. 在z轴上求一点，使它到点$A(1,-2,0)$与到平面$3x-6y-2z-18=0$的距离相等.

8. 求直线L_1：$\begin{cases}5x-3y+3z-9=0,\\3x-2y+z-1=0\end{cases}$与直线$L_2$：$\begin{cases}2x+2y-z+23=0,\\3x+8y+z-18=0\end{cases}$的夹角.

9. 求直线L：$\begin{cases}x+y+3z=0,\\x-y-z=0\end{cases}$与平面$x-y-z+1=0$的夹角.

10. 已知点$A(1,0,0)$和点$B(0,2,1)$，试在z轴上求一点C，使$\triangle ABC$的面积最小，并求其面积.

11. 求直线$\frac{x-2}{1}=\frac{y-3}{1}=\frac{z-4}{2}$与平面$2x+y+z-6=0$的交点.

12. 求点$P_0(1,2,3)$到直线L：$\begin{cases}x+y-z-1=0,\\2x+z-3=0\end{cases}$的距离.

13. 求点$P_0(1,2,1)$到平面$x+2y+2z-10=0$的距离.

14. 求过点$(2,1,3)$且与直线$\frac{x+1}{3}=\frac{y-1}{2}=\frac{z}{-1}$垂直相交的直线方程.

15. 求过点$(-3,2,5)$且与两平面$x-4z=3$和$2x-y-5z=1$的交线平行的直线方程.

16. 求过直线L：$\begin{cases}x+5y+z=0,\\x-z+4=0\end{cases}$且与平面$x-4y-8z+12=0$成$\frac{\pi}{4}$角的平面方程.

17. 求过点$M_0(1,1,1)$且与两直线L_1：$\begin{cases}y=2x,\\z=x-1\end{cases}$和$L_2$：$\begin{cases}y=3x-4,\\z=2x-1\end{cases}$都相交的直线方程.

18. 直线L：$\frac{x-1}{0}=\frac{y}{1}=\frac{z}{1}$绕$z$轴旋转一周，求此旋转曲面的方程.

19. 求直线$\begin{cases}x+y-z-1=0,\\x-y+z+1=0\end{cases}$在平面$x+y+z=0$上的投影直线方程.

20. 判断二直线

$$L_1:\ \frac{x}{1}=\frac{y-1}{-1}=\frac{z+1}{0}\quad 和\quad L_2:\ \frac{x+1}{2}=\frac{y-1}{-1}=\frac{z}{2}$$

是否异面，若异面，求出其公垂线方程及二直线间的距离.

21. 选取适当的坐标系，求下列轨迹的方程.

(1) 到两定点距离之比等于常数的点的轨迹；

(2) 到两定点距离之和等于常数的点的轨迹；

(3) 到定平面和定点等距离的点的轨迹.

22. 用不等式组表达下列曲面或平面所围成的空间区域Ω，并且画出图形.

(1) $x^2+y^2=16,z=x+4,z=0$；

(2) $x^2+y^2=4,y^2+z^2=1$；

(3) $x^2+y^2+z^2=5,x^2+y^2=4z$.

第3章 矩 阵

矩阵是线性代数的主要研究对象之一，它在数学的许多分支中都有重要应用，许多实际问题不但可以用矩阵来表现，而且还可以利用矩阵来研究和解决这些问题. 在矩阵的理论中，矩阵的运算起着重要作用. 本章介绍矩阵的运算，并讨论矩阵运算的一些基本性质.

3.1 矩阵及其运算

3.1.1 矩阵的概念

定义 3.1.1 由 $m\times n$ 个数 a_{ij} $(i=1,2,\cdots,m;\ j=1,2,\cdots,n)$ 排成的 m 行 n 列的数表

$$\boldsymbol{A}=\begin{pmatrix} a_{11} & a_{12} & \cdots & a_{1n} \\ a_{21} & a_{22} & \cdots & a_{2n} \\ \vdots & \vdots & & \vdots \\ a_{m1} & a_{m2} & \cdots & a_{mn} \end{pmatrix}$$

叫做 m 行 n 列**矩阵**，简称 $m\times n$ 矩阵，其中 a_{ij} 表示位于表中第 i 行第 j 列的数，称为矩阵的**元素**.

矩阵常用大写字母 $\boldsymbol{A},\boldsymbol{B},\boldsymbol{C},\cdots$ 表示，以 a_{ij} 为元素的矩阵 $\boldsymbol{A}$ 可简记为 (a_{ij})，为了指明 $\boldsymbol{A}$ 的行数和列数，有时也把它记作 $\boldsymbol{A}_{m\times n}$ 或 $(a_{ij})_{m\times n}$.

元素是实数的矩阵称为实矩阵，元素是复数的矩阵称为复矩阵.

行数与列数都等于 n 的矩阵叫做 n 阶矩阵或 n 阶方阵. n 阶矩阵 $\boldsymbol{A}$ 为了表明阶数，也可记为 $\boldsymbol{A}_n$. 一阶矩阵 (a) 可以简记为 a.

只有一行的矩阵

$$\boldsymbol{A}=(a_1\quad a_2\quad \cdots\quad a_n)$$

称为**行矩阵**. 为避免元素间的混淆，行矩阵也记作

$$\boldsymbol{A}=(a_1,a_2,\cdots,a_n).$$

只有一列的矩阵

$$\boldsymbol{B}=\begin{pmatrix} b_1 \\ b_2 \\ \vdots \\ b_n \end{pmatrix}$$

称为**列矩阵**.

两个矩阵行数相等,列数也相等时,就称它们是**同型矩阵**. 如果 $\boldsymbol{A}=(a_{ij})$ 与 $\boldsymbol{B}=(b_{ij})$ 是同型矩阵,且它们的对应元素相等,即

$$a_{ij}=b_{ij},\quad i=1,2,\cdots,m;\ j=1,2,\cdots,n,$$

那么就称矩阵 $\boldsymbol{A}$ 与矩阵 $\boldsymbol{B}$ 相等,记作

$$\boldsymbol{A}=\boldsymbol{B}.$$

元素全为零的矩阵称为**零矩阵**,记为 $\boldsymbol{O}_{m\times n}$,在不致引起混淆的情况下,可以简单地记为 $\boldsymbol{O}$. 注意不同型的零矩阵是不同的.

例 3.1.1 在解析几何中,考虑坐标变换时,如果只考虑坐标系转轴(逆时针方向转轴),设 P 点在旧坐标系下的坐标为 (x,y),在新坐标系下的坐标为 (x',y'). 则

$$\begin{cases}x=OM=OS-TQ=x'\cos\theta-y'\sin\theta,\\ y=ON=SQ+TP=x'\sin\theta+y'\cos\theta.\end{cases}$$

于是平面直角坐标变换的公式为

$$\begin{cases}x=x'\cos\theta-y'\sin\theta,\\ y=x'\sin\theta+y'\cos\theta,\end{cases}$$

其中 θ 为 x 轴与 x' 轴的夹角(图 3-1-1).

显然,新旧坐标之间的关系,完全可以通过公式中系数所组成的矩阵

$$\boldsymbol{A}=\begin{pmatrix}\cos\theta & -\sin\theta\\ \sin\theta & \cos\theta\end{pmatrix}$$

表示出来.

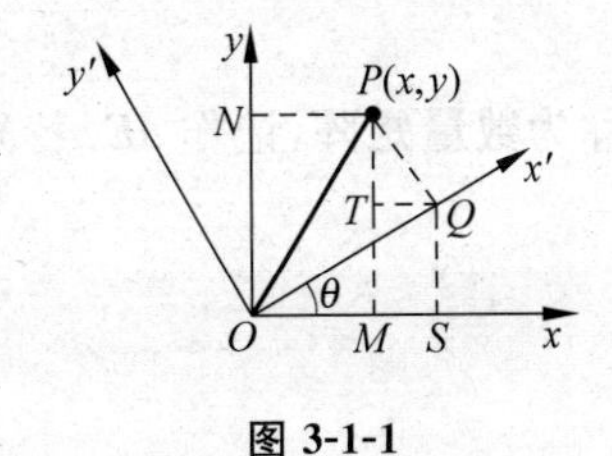

图 3-1-1

例 3.1.2 假设在某一地区,某种物资有 m 个产地 $A_1,A_2,\cdots,A_m$ 和 n 个销售地 $B_1,B_2,\cdots,B_n$,那么一个调运方案就可用一个矩阵

$$\boldsymbol{A}=\begin{pmatrix}a_{11} & a_{12} & \cdots & a_{1n}\\ a_{21} & a_{22} & \cdots & a_{2n}\\ \vdots & \vdots & & \vdots\\ a_{m1} & a_{m2} & \cdots & a_{mn}\end{pmatrix}$$

来表示,其中 a_{ij} 表示产地 A_i 运到销售地 B_j 的数量.

注 矩阵与行列式有本质的区别,行列式是一个算式,一个数字行列式经过计算可求得其值,而矩阵仅仅是一个数表,它的行数和列数可以不同.

例 3.1.3 n 个变量 $x_1,x_2,\cdots,x_n$ 与 m 个变量 $y_1,y_2,\cdots,y_m$ 之间的关系式

$$\begin{cases}y_1=a_{11}x_1+a_{12}x_2+\cdots+a_{1n}x_n\\ y_2=a_{21}x_1+a_{22}x_2+\cdots+a_{2n}x_n\\ \qquad\vdots\\ y_m=a_{m1}x_1+a_{m2}x_2+\cdots+a_{mn}x_n\end{cases}$$

表示一个从变量 $x_1,x_2,\cdots,x_n$ 到变量 $y_1,y_2,\cdots,y_m$ 的线性变换,其中 a_{ij} 为常数. 此线性变换的系数构成矩阵 $\boldsymbol{A}=(a_{ij})_{m\times n}$,称为系数矩阵. 线性变换与矩阵之间存在着一一对应关系.

3.1.2 几种特殊的矩阵

1. 对角矩阵

主对角线(从左上角到右下角的直线)以外的所有元素都为零的方阵

$$\begin{pmatrix} \lambda_1 & 0 & \cdots & 0 \\ 0 & \lambda_2 & \cdots & 0 \\ \vdots & \vdots & & \vdots \\ 0 & 0 & \cdots & \lambda_n \end{pmatrix}$$

称为**对角矩阵**.

2. 数量矩阵

主对角线上元素都相等的对角矩阵

$$\begin{pmatrix} a & 0 & \cdots & 0 \\ 0 & a & \cdots & 0 \\ \vdots & \vdots & & \vdots \\ 0 & 0 & \cdots & a \end{pmatrix}$$

称为**数量矩阵**,记作 $a\boldsymbol{E}$. 特别地,n 阶方阵

$$\begin{pmatrix} 1 & 0 & \cdots & 0 \\ 0 & 1 & \cdots & 0 \\ \vdots & \vdots & & \vdots \\ 0 & 0 & \cdots & 1 \end{pmatrix}$$

称为**单位矩阵**,记为 $\boldsymbol{E}_n$,或简记为 $\boldsymbol{E}$.

3. 三角矩阵

主对角线下方所有元素都为零的方阵

$$\begin{pmatrix} a_{11} & a_{12} & \cdots & a_{1n} \\ 0 & a_{22} & \cdots & a_{2n} \\ \vdots & \vdots & & \vdots \\ 0 & 0 & \cdots & a_{nn} \end{pmatrix}$$

称为**上三角矩阵**.

主对角线上方所有元素都为零的方阵

$$\begin{pmatrix} a_{11} & 0 & \cdots & 0 \\ a_{21} & a_{22} & \cdots & 0 \\ \vdots & \vdots & & \vdots \\ a_{n1} & a_{n2} & \cdots & a_{nn} \end{pmatrix}$$

称为**下三角矩阵**.

上、下三角矩阵统称为**三角矩阵**.

4. 行阶梯形矩阵

如果矩阵 $\boldsymbol{A}$ 满足如下条件:

(1) 如果 $\boldsymbol{A}$ 有零行(元素全为零的行),那么零行都在非零行(元素不全为零的行)的

下边；

(2) 非零行的第一个非零元素所在列的下方元素全为零，则 $\boldsymbol{A}$ 称为**行阶梯形矩阵**.

非零行的第一个非零元素都是 1，且第一个非零元素所在列的其他元素全为零的行阶梯形矩阵称为**简化行阶梯形矩阵**，简称**行最简形矩阵**.

例如，下列矩阵

$$\begin{pmatrix} 1 & 5 & 0 \\ 0 & 4 & 6 \\ 0 & 0 & 2 \end{pmatrix}, \quad \begin{pmatrix} 1 & 2 & 3 \\ 0 & 3 & 5 \\ 0 & 0 & 3 \\ 0 & 0 & 0 \end{pmatrix}, \quad \begin{pmatrix} 1 & 5 & 0 & 5 \\ 0 & 0 & 1 & 6 \\ 0 & 0 & 0 & 0 \end{pmatrix}$$

都是行阶梯形矩阵，且第三个矩阵为行最简形矩阵，而

$$\begin{pmatrix} 2 & 1 & 4 & 0 & 5 \\ 0 & 3 & 2 & 3 & 1 \\ 0 & 3 & 1 & 1 & 0 \\ 0 & 0 & 0 & 0 & 0 \end{pmatrix}$$

不是行阶梯形矩阵.

3.1.3 矩阵的运算

1. 矩阵加法

定义 3.1.2 设

$$\boldsymbol{A} = (a_{ij})_{m\times n} = \begin{pmatrix} a_{11} & a_{12} & \cdots & a_{1n} \\ a_{21} & a_{22} & \cdots & a_{2n} \\ \vdots & \vdots & & \vdots \\ a_{m1} & a_{m2} & \cdots & a_{mn} \end{pmatrix}, \quad \boldsymbol{B} = (b_{ij})_{m\times n} = \begin{pmatrix} b_{11} & b_{12} & \cdots & b_{1n} \\ b_{21} & b_{22} & \cdots & b_{2n} \\ \vdots & \vdots & & \vdots \\ b_{m1} & b_{m2} & \cdots & b_{mn} \end{pmatrix}$$

是两个 $m\times n$ 矩阵，则矩阵

$$\boldsymbol{C} = \begin{pmatrix} a_{11}+b_{11} & a_{12}+b_{12} & \cdots & a_{1n}+b_{1n} \\ a_{21}+b_{21} & a_{22}+b_{22} & \cdots & a_{2n}+b_{2n} \\ \vdots & \vdots & & \vdots \\ a_{m1}+b_{m1} & a_{m2}+b_{m2} & \cdots & a_{mn}+b_{mn} \end{pmatrix}$$

称为 $\boldsymbol{A}$ 与 $\boldsymbol{B}$ 的和，记作 $\boldsymbol{C}=\boldsymbol{A}+\boldsymbol{B}$.

由定义可知，两个矩阵必须为同型矩阵才能相加. 而矩阵加法就是把矩阵的对应元素相加.

容易验证矩阵加法满足下列规律：

(1) 交换律 $\boldsymbol{A}+\boldsymbol{B}=\boldsymbol{B}+\boldsymbol{A}$；

(2) 结合律 $\boldsymbol{A}+(\boldsymbol{B}+\boldsymbol{C})=(\boldsymbol{A}+\boldsymbol{B})+\boldsymbol{C}$.

显然，对任意矩阵 $\boldsymbol{A}$，都有 $\boldsymbol{A}+\boldsymbol{O}=\boldsymbol{A}$.

设矩阵 $\boldsymbol{A}=(a_{ij})$，称矩阵 $(-a_{ij})$ 为矩阵 $\boldsymbol{A}$ 的**负矩阵**，记作 $-\boldsymbol{A}$，即

$$-\boldsymbol{A} = \begin{pmatrix} -a_{11} & -a_{12} & \cdots & -a_{1n} \\ -a_{21} & -a_{22} & \cdots & -a_{2n} \\ \vdots & \vdots & & \vdots \\ -a_{m1} & -a_{m2} & \cdots & -a_{mn} \end{pmatrix}.$$

显然有 $\boldsymbol{A}+(-\boldsymbol{A})=\boldsymbol{O}$. 由此可定义矩阵的减法：

$$\boldsymbol{A}-\boldsymbol{B}=\boldsymbol{A}+(-\boldsymbol{B}).$$

例 3.1.4 设

$$\boldsymbol{A}=\begin{pmatrix}2 & 1 & 4\\ 5 & 0 & -1\end{pmatrix},\quad \boldsymbol{B}=\begin{pmatrix}0 & -1 & 5\\ 3 & -2 & 4\end{pmatrix},$$

求 $\boldsymbol{A}+\boldsymbol{B}$ 与 $\boldsymbol{A}-\boldsymbol{B}$.

解 $\boldsymbol{A}+\boldsymbol{B}=\begin{pmatrix}2+0 & 1+(-1) & 4+5\\ 5+3 & 0+(-2) & (-1)+4\end{pmatrix}=\begin{pmatrix}2 & 0 & 9\\ 8 & -2 & 3\end{pmatrix}$,

$\boldsymbol{A}-\boldsymbol{B}=\begin{pmatrix}2-0 & 1-(-1) & 4-5\\ 5-3 & 0-(-2) & (-1)-4\end{pmatrix}=\begin{pmatrix}2 & 2 & -1\\ 2 & 2 & -5\end{pmatrix}$.

2. 数与矩阵的乘法

定义 3.1.3 设矩阵 $\boldsymbol{A}=(a_{ij})_{m\times n}$，$k$ 是一个数. 矩阵

$$\begin{pmatrix}ka_{11} & ka_{12} & \cdots & ka_{1n}\\ ka_{21} & ka_{22} & \cdots & ka_{2n}\\ \vdots & \vdots & & \vdots\\ ka_{m1} & ka_{m2} & \cdots & ka_{mn}\end{pmatrix}$$

称为数 k 与矩阵 $\boldsymbol{A}$ 的**数量乘积**，简称**数乘**，记为 $k\boldsymbol{A}$.

也就是说，用数 k 乘矩阵 $\boldsymbol{A}$，就是把 $\boldsymbol{A}$ 的每个元素都乘以数 k.

容易验证数量乘积满足下列规律(设 $\boldsymbol{A}$，$\boldsymbol{B}$ 为同型矩阵，k，l 为常数)：

(1) $(k+l)\boldsymbol{A}=k\boldsymbol{A}+l\boldsymbol{A}$；

(2) $k(\boldsymbol{A}+\boldsymbol{B})=k\boldsymbol{A}+k\boldsymbol{B}$；

(3) $k(l\boldsymbol{A})=(kl)\boldsymbol{A}$；

(4) $1\boldsymbol{A}=\boldsymbol{A}$.

矩阵加法与数乘运算，统称为矩阵的**线性运算**.

例 3.1.5 设矩阵

$$\boldsymbol{A}=\begin{pmatrix}1 & 2 & -1 & 4\\ -1 & 0 & 3 & 2\\ 0 & 1 & 2 & 4\end{pmatrix},\quad \boldsymbol{B}=\begin{pmatrix}2 & 4 & 2 & 0\\ -2 & 0 & 6 & 8\\ 4 & 2 & 0 & 4\end{pmatrix},$$

且 $2\boldsymbol{A}-4\boldsymbol{X}=\boldsymbol{B}$，求矩阵 $\boldsymbol{X}$.

解 由 $2\boldsymbol{A}-4\boldsymbol{X}=\boldsymbol{B}$，得

$$\boldsymbol{X}=\frac{1}{2}\boldsymbol{A}-\frac{1}{4}\boldsymbol{B}=\frac{1}{2}\begin{pmatrix}1 & 2 & -1 & 4\\ -1 & 0 & 3 & 2\\ 0 & 1 & 2 & 4\end{pmatrix}-\frac{1}{4}\begin{pmatrix}2 & 4 & 2 & 0\\ -2 & 0 & 6 & 8\\ 4 & 2 & 0 & 4\end{pmatrix}$$

$$=\begin{pmatrix}0 & 0 & -1 & 2\\ 0 & 0 & 0 & -1\\ -1 & 0 & 1 & 1\end{pmatrix}.$$

3. 矩阵的乘法

例 3.1.6 设某地区有甲、乙、丙三个工厂，每个工厂都生产Ⅰ、Ⅱ、Ⅲ、Ⅳ产品. 已知每个工厂的年产量(单位：件)如表 3-1 所示：

表 3-1

工厂＼产品	Ⅰ	Ⅱ	Ⅲ	Ⅳ
甲	200	300	100	400
乙	150	100	500	200
丙	200	150	350	100

已知每种产品的单价(单位：元/件)和单位利润(单位：元/件)如表 3-2 所示：

表 3-2

产品＼项目	单价	单位利润
Ⅰ	10	2
Ⅱ	20	6
Ⅲ	50	10
Ⅳ	60	15

求各工厂的总收入与总利润.

解 容易算出各工厂的总收入(单位：元)与总利润(单位：元)，如表 3-3 所示：

表 3-3

工厂＼项目	总收入	总利润
甲	37000	9200
乙	40500	8900
丙	28500	6300

本例中的三个表格可用三个矩阵表示，分别为

$$\boldsymbol{A}=\begin{pmatrix}200&300&100&400\\150&100&500&200\\200&150&350&100\end{pmatrix},\quad \boldsymbol{B}=\begin{pmatrix}10&2\\20&6\\50&10\\60&15\end{pmatrix},\quad \boldsymbol{C}=\begin{pmatrix}37000&9200\\40500&8900\\28500&6300\end{pmatrix}.$$

显而易见，矩阵 $\boldsymbol{A}$ 的列数等于矩阵 $\boldsymbol{B}$ 的行数，而矩阵 $\boldsymbol{C}$ 的行数等于矩阵 $\boldsymbol{A}$ 的行数，矩阵 $\boldsymbol{C}$ 的列数等于矩阵 $\boldsymbol{B}$ 的列数.

如果记

$$\boldsymbol{A}=(a_{ij})_{3\times4},\quad \boldsymbol{B}=(b_{ij})_{4\times2},\quad \boldsymbol{C}=(c_{ij})_{3\times2},$$

则

$$c_{ij}=a_{i1}b_{1j}+a_{i2}b_{2j}+a_{i3}b_{3j}+a_{i4}b_{4j},\quad i=1,2,3;\quad j=1,2.$$

我们把矩阵 $\boldsymbol{C}$ 称为矩阵 $\boldsymbol{A}$ 与矩阵 $\boldsymbol{B}$ 的乘积.

定义 3.1.4 设矩阵 $\boldsymbol{A}=(a_{ij})_{m\times s}$，$\boldsymbol{B}=(b_{ij})_{s\times n}$，记

$$c_{ij}=a_{i1}b_{1j}+a_{i2}b_{2j}+\cdots+a_{is}b_{sj},\quad i=1,2,\cdots,m;\ j=1,2,\cdots,n.$$

那么矩阵 $\boldsymbol{C}=(c_{ij})_{m\times n}$ 称为矩阵 $\boldsymbol{A}$ 与 $\boldsymbol{B}$ 的**乘积**,记为

$$\boldsymbol{C}=\boldsymbol{AB}.$$

由定义可知,矩阵 $\boldsymbol{A}$ 与 $\boldsymbol{B}$ 的乘积 $\boldsymbol{C}$ 的第 i 行第 j 列元素等于第一个矩阵 $\boldsymbol{A}$ 的第 i 行与第二个矩阵 $\boldsymbol{B}$ 的第 j 列对应元素乘积之和.

$$i\text{ 行}\begin{pmatrix}\cdots & \cdots & \cdots & \cdots\\ \boxed{a_{i1} \quad a_{i2} \quad \cdots \quad a_{is}}\\ \cdots & \cdots & \cdots & \cdots\end{pmatrix}\overset{j\text{ 列}}{\begin{pmatrix}\cdots & b_{1j} & \cdots\\ \cdots & b_{2j} & \cdots\\ \vdots & \vdots & \vdots\\ \cdots & b_{sj} & \cdots\end{pmatrix}}=\overset{j\text{ 列}}{\begin{pmatrix} & \vdots & \\ \cdots & \boxed{c_{ij}} & \cdots\\ & \vdots & \end{pmatrix}}i\text{ 行}$$

$m\times s$ 矩阵　　$s\times n$ 矩阵　　$m\times n$ 矩阵

注　两个矩阵相乘必须第一个矩阵的列数与第二个矩阵的行数相等才能进行,其乘积所得矩阵的行数与第一个矩阵行数相同,其列数与第二个矩阵的列数相同.

例 3.1.7　设

$$\boldsymbol{A}=\begin{pmatrix}4 & 3 & 1\\ 2 & 1 & 3\\ 3 & 1 & 2\end{pmatrix},\quad \boldsymbol{B}=\begin{pmatrix}2 & 2\\ 1 & 3\\ 0 & 1\end{pmatrix},$$

求 $\boldsymbol{AB}$.

解

$$\boldsymbol{AB}=\begin{pmatrix}4 & 3 & 1\\ 2 & 1 & 3\\ 3 & 1 & 2\end{pmatrix}\begin{pmatrix}2 & 2\\ 1 & 3\\ 0 & 1\end{pmatrix}=\begin{pmatrix}4\times2+3\times1+1\times0 & 4\times2+3\times3+1\times1\\ 2\times2+1\times1+3\times0 & 2\times2+1\times3+3\times1\\ 3\times2+1\times1+2\times0 & 3\times2+1\times3+2\times1\end{pmatrix}$$

$$=\begin{pmatrix}11 & 18\\ 5 & 10\\ 7 & 11\end{pmatrix}.$$

注　此题 $\boldsymbol{B}$ 与 $\boldsymbol{A}$ 不能相乘,即 $\boldsymbol{BA}$ 无意义.

例 3.1.8　设

$$\boldsymbol{A}=\begin{pmatrix}-2 & 4\\ 1 & -2\end{pmatrix},\quad \boldsymbol{B}=\begin{pmatrix}2 & 4\\ -3 & -6\end{pmatrix},\quad \boldsymbol{C}=\begin{pmatrix}-2 & 0\\ -5 & -8\end{pmatrix},$$

求 $\boldsymbol{AB},\boldsymbol{AC},\boldsymbol{BA}$.

解　$\boldsymbol{AB}=\begin{pmatrix}-2 & 4\\ 1 & -2\end{pmatrix}\begin{pmatrix}2 & 4\\ -3 & -6\end{pmatrix}=\begin{pmatrix}-16 & -32\\ 8 & 16\end{pmatrix},$

$$\boldsymbol{AC}=\begin{pmatrix}-2 & 4\\ 1 & -2\end{pmatrix}\begin{pmatrix}-2 & 0\\ -5 & -8\end{pmatrix}=\begin{pmatrix}-16 & -32\\ 8 & 16\end{pmatrix},$$

$$\boldsymbol{BA}=\begin{pmatrix}2 & 4\\ -3 & -6\end{pmatrix}\begin{pmatrix}-2 & 4\\ 1 & -2\end{pmatrix}=\begin{pmatrix}0 & 0\\ 0 & 0\end{pmatrix}.$$

例 3.1.9　设矩阵

$$\boldsymbol{A}=(1,-1,2),\quad \boldsymbol{B}=\begin{pmatrix}2\\ 1\\ 4\end{pmatrix},$$

计算 $\boldsymbol{AB},\boldsymbol{BA}$.

解 $\boldsymbol{AB}=(1,-1,2)\begin{pmatrix}2\\1\\4\end{pmatrix}=(1\times2+(-1)\times1+2\times4)=(9)$,

$$\boldsymbol{BA}=\begin{pmatrix}2\\1\\4\end{pmatrix}(1,-1,2)=\begin{pmatrix}2\times1&2\times(-1)&2\times2\\1\times1&1\times(-1)&1\times2\\4\times1&4\times(-1)&4\times2\end{pmatrix}=\begin{pmatrix}2&-2&4\\1&-1&2\\4&-4&8\end{pmatrix}.$$

注 1 $\boldsymbol{AB}$ 有意义时,$\boldsymbol{BA}$ 不一定有意义,见例 3.1.7.

注 2 矩阵的乘法不满足交换律,即 $\boldsymbol{AB}$ 与 $\boldsymbol{BA}$ 不一定相等,如例 3.1.7 和例 3.1.8. 如果 $\boldsymbol{AB}=\boldsymbol{BA}$,则称 $\boldsymbol{A}$ 与 $\boldsymbol{B}$ 是**可交换的**.

注 3 两个非零矩阵的乘积可能是零矩阵,如例 3.1.7. 因此由 $\boldsymbol{AB}=\boldsymbol{O}$,不能推出 $\boldsymbol{A}=\boldsymbol{O}$ 或 $\boldsymbol{B}=\boldsymbol{O}$.

注 4 矩阵乘法不满足消去律,即由 $\boldsymbol{AB}=\boldsymbol{AC}$,不能推出 $\boldsymbol{B}=\boldsymbol{C}$.

矩阵乘法满足下列规律:

(1) 结合律 $(\boldsymbol{AB})\boldsymbol{C}=\boldsymbol{A}(\boldsymbol{BC})$;

(2) 分配律 $(\boldsymbol{A}+\boldsymbol{B})\boldsymbol{C}=\boldsymbol{AC}+\boldsymbol{BC},\boldsymbol{C}(\boldsymbol{A}+\boldsymbol{B})=\boldsymbol{CA}+\boldsymbol{CB}$;

(3) $k(\boldsymbol{AB})=(k\boldsymbol{A})\boldsymbol{B}=\boldsymbol{A}(k\boldsymbol{B})$,其中 k 是数.

证明 只证(1)结合律. 设

$$\boldsymbol{A}=(a_{ij})_{m\times p},\quad \boldsymbol{B}=(b_{ij})_{p\times s},\quad \boldsymbol{C}=(c_{ij})_{s\times n},$$

则 $\boldsymbol{AB}$ 是 $m\times s$ 矩阵,$\boldsymbol{BC}$ 是 $p\times n$ 矩阵. 于是 $(\boldsymbol{AB})\boldsymbol{C}$ 与 $\boldsymbol{A}(\boldsymbol{BC})$ 都是 $m\times n$ 矩阵,因此只需证明它们对应元素相等. 设

$$\boldsymbol{V}=\boldsymbol{AB}=(v_{ik})_{m\times s},\quad \boldsymbol{W}=\boldsymbol{BC}=(w_{lj})_{p\times n},$$

其中

$$v_{ik}=a_{i1}b_{1k}+a_{i2}b_{2k}+\cdots+a_{ip}b_{pk},\quad i=1,2,\cdots,m;\ k=1,2,\cdots,s,$$
$$w_{lj}=b_{l1}c_{1j}+b_{l2}c_{2j}+\cdots+b_{ls}c_{sj},\quad l=1,2,\cdots,p;\ j=1,2,\cdots,n,$$

于是 $(\boldsymbol{AB})\boldsymbol{C}=\boldsymbol{VC}$ 中的第 i 行第 j 列元素为

$$\begin{aligned}v_{i1}c_{1j}+v_{i2}c_{2j}+\cdots+v_{is}c_{sj}&=(a_{i1}b_{11}+a_{i2}b_{21}+\cdots+a_{ip}b_{p1})c_{1j}+(a_{i1}b_{12}+a_{i2}b_{22}\\&\quad+\cdots+a_{ip}b_{p2})c_{2j}+\cdots+(a_{i1}b_{1s}+a_{i2}b_{2s}+\cdots+a_{ip}b_{ps})c_{sj}\\&=a_{i1}(b_{11}c_{1j}+b_{12}c_{2j}+\cdots+b_{1s}c_{sj})+a_{i2}(b_{21}c_{1j}+b_{22}c_{2j}\\&\quad+\cdots+b_{2s}c_{sj})+\cdots+a_{ip}(b_{p1}c_{1j}+b_{p2}c_{2j}+\cdots+b_{ps}c_{sj}),\end{aligned}$$

而 $\boldsymbol{A}(\boldsymbol{BC})=\boldsymbol{AW}$ 中的第 i 行第 j 列元素为

$$\begin{aligned}a_{i1}w_{1j}+a_{i2}w_{2j}+\cdots+a_{ip}w_{pj}&=a_{i1}(b_{11}c_{1j}+b_{12}c_{2j}+\cdots+b_{1s}c_{sj})\\&\quad+a_{i2}(b_{21}c_{1j}+b_{22}c_{2j}+\cdots+b_{2s}c_{sj})\\&\quad+\cdots+a_{ip}(b_{p1}c_{1j}+b_{p2}c_{2j}+\cdots+b_{ps}c_{sj}),\end{aligned}$$

所以 $(\boldsymbol{AB})\boldsymbol{C}$ 与 $\boldsymbol{A}(\boldsymbol{BC})$ 第 i 行第 j 列元素都相同,故

$$(\boldsymbol{AB})\boldsymbol{C}=\boldsymbol{A}(\boldsymbol{BC}).$$

对于任意矩阵 $\boldsymbol{A}_{m\times n}$,有

$$\boldsymbol{A}_{m\times n}\boldsymbol{E}_n=\boldsymbol{A}_{m\times n},\quad \boldsymbol{E}_m\boldsymbol{A}_{m\times n}=\boldsymbol{A}_{m\times n},$$

其中 $\boldsymbol{E}_n$ 是 n 阶单位矩阵,$\boldsymbol{E}_m$ 是 m 阶单位矩阵.

特别地,对于 n 阶单位矩阵与 n 阶矩阵 $\boldsymbol{A}$,有

$$\boldsymbol{EA}=\boldsymbol{AE}=\boldsymbol{A}.$$

即单位矩阵与任意同阶矩阵作乘法是可以交换的.

如果 $\boldsymbol{A}$ 与 $\boldsymbol{E}$ 是同阶矩阵,则有

$$(a\boldsymbol{E})\boldsymbol{A}=a(\boldsymbol{EA})=a(\boldsymbol{AE})=\boldsymbol{A}(a\boldsymbol{E}),$$

即数量矩阵与任意同阶矩阵作乘法是可以交换的.

关于数量矩阵,还有以下运算性质:

$$k\boldsymbol{E}+l\boldsymbol{E}=(k+l)\boldsymbol{E},$$
$$(k\boldsymbol{E})(l\boldsymbol{E})=(kl)\boldsymbol{E}.$$

这就是说,数量矩阵的加法与乘法完全归结为数的加法与乘法.

因为矩阵乘法满足结合律,所以可以定义矩阵的方幂. 设 $\boldsymbol{A}$ 是 n 阶矩阵,k 个 $\boldsymbol{A}$ 相乘称为 $\boldsymbol{A}$ 的 k 次幂,记为 $\boldsymbol{A}^k$,即

$$\boldsymbol{A}^k=\underbrace{\boldsymbol{AA}\cdots\boldsymbol{A}}_{k\text{个}},\quad k\text{ 为正整数}.$$

对于 n 阶矩阵 $\boldsymbol{A}$,规定

$$\boldsymbol{A}^0=\boldsymbol{E},\quad \boldsymbol{E}\text{ 是 }n\text{ 阶单位矩阵}.$$

容易看出

$$\boldsymbol{A}^k\boldsymbol{A}^l=\boldsymbol{A}^{k+l},\quad (\boldsymbol{A}^k)^l=\boldsymbol{A}^{kl},\quad k,l\text{ 为非负整数}.$$

注 由于矩阵乘法不满足交换律,一般地

$$(\boldsymbol{AB})^k\neq\boldsymbol{A}^k\boldsymbol{B}^k.$$

由方阵的幂可以定义方阵的多项式. 设 $f(x)=a_mx^m+a_{m-1}x^{m-1}+\cdots+a_1x+a_0$ 是 x 的 m 次多项式,$\boldsymbol{A}$ 是 n 阶矩阵,则

$$f(\boldsymbol{A})=a_m\boldsymbol{A}^m+a_{m-1}\boldsymbol{A}^{m-1}+\cdots+a_1\boldsymbol{A}+a_0\boldsymbol{E}$$

称为**矩阵 $\boldsymbol{A}$ 的 m 次多项式**,其中 $\boldsymbol{E}$ 是与 $\boldsymbol{A}$ 同阶的单位矩阵.

显然 $f(\boldsymbol{A})$ 也是与 $\boldsymbol{A}$ 同阶的矩阵.

例 3.1.10 设矩阵

$$\boldsymbol{A}=\begin{pmatrix}\lambda & 1 & 0\\ 0 & \lambda & 1\\ 0 & 0 & \lambda\end{pmatrix},$$

计算 $\boldsymbol{A}^n$.

解 设 $\boldsymbol{A}=\lambda\boldsymbol{E}+\boldsymbol{B}$,其中 $\boldsymbol{E}$ 为三阶单位矩阵,

$$\boldsymbol{B}=\begin{pmatrix}0 & 1 & 0\\ 0 & 0 & 1\\ 0 & 0 & 0\end{pmatrix}.$$

则

$$\boldsymbol{A}^n=(\lambda\boldsymbol{E}+\boldsymbol{B})^n=\lambda^n\boldsymbol{E}+n\lambda^{n-1}\boldsymbol{B}+\frac{n(n-1)}{2!}\lambda^{n-2}\boldsymbol{B}^2+\cdots+\boldsymbol{B}^n,$$

注意到

$$B^2=\begin{pmatrix}0&0&1\\0&0&0\\0&0&0\end{pmatrix},\quad B^3=B^4=\cdots=B^n=O,$$

所以

$$A^n=(\lambda E+B)^n=\lambda^n E+n\lambda^{n-1}B+\frac{n(n-1)}{2!}\lambda^{n-2}B^2$$

$$=\begin{pmatrix}\lambda^n & n\lambda^{n-1} & \frac{n(n-1)}{2}\lambda^{n-2}\\ 0 & \lambda^n & n\lambda^{n-1}\\ 0 & 0 & \lambda^n\end{pmatrix}.$$

4. **矩阵的转置**

定义 3.1.5 把一个 $m\times n$ 矩阵 $\boldsymbol{A}$ 的行列互换，得到的 $n\times m$ 矩阵称为 $\boldsymbol{A}$ 的**转置矩阵**，简称 $\boldsymbol{A}$ 的**转置**，记为 $\boldsymbol{A}^{\mathrm{T}}$ 或 $\boldsymbol{A}'$. 即若

$$\boldsymbol{A}=\begin{pmatrix}a_{11}&a_{12}&\cdots&a_{1n}\\a_{21}&a_{22}&\cdots&a_{2n}\\\vdots&\vdots&&\vdots\\a_{m1}&a_{m2}&\cdots&a_{mn}\end{pmatrix},$$

则

$$\boldsymbol{A}^{\mathrm{T}}=\begin{pmatrix}a_{11}&a_{21}&\cdots&a_{m1}\\a_{12}&a_{22}&\cdots&a_{m2}\\\vdots&\vdots&&\vdots\\a_{1n}&a_{2n}&\cdots&a_{mn}\end{pmatrix}.$$

矩阵的转置满足下列规律：

(1) $(\boldsymbol{A}^{\mathrm{T}})^{\mathrm{T}}=\boldsymbol{A}$;

(2) $(\boldsymbol{A}+\boldsymbol{B})^{\mathrm{T}}=\boldsymbol{A}^{\mathrm{T}}+\boldsymbol{B}^{\mathrm{T}}$;

(3) $(k\boldsymbol{A})^{\mathrm{T}}=k\boldsymbol{A}^{\mathrm{T}}$;

(4) $(\boldsymbol{AB})^{\mathrm{T}}=\boldsymbol{B}^{\mathrm{T}}\boldsymbol{A}^{\mathrm{T}}$.

证明 只证等式(4)，设

$$\boldsymbol{A}=\begin{pmatrix}a_{11}&a_{12}&\cdots&a_{1n}\\a_{21}&a_{22}&\cdots&a_{2n}\\\vdots&\vdots&&\vdots\\a_{s1}&a_{s2}&\cdots&a_{sn}\end{pmatrix},\quad \boldsymbol{B}=\begin{pmatrix}b_{11}&b_{12}&\cdots&b_{1m}\\b_{21}&b_{22}&\cdots&b_{2m}\\\vdots&\vdots&&\vdots\\b_{n1}&b_{n2}&\cdots&b_{nm}\end{pmatrix},$$

$(\boldsymbol{AB})^{\mathrm{T}}$ 的第 i 行第 j 列元素即为 $\boldsymbol{AB}$ 的第 j 行第 i 列元素

$$a_{j1}b_{1i}+a_{j2}b_{2i}+\cdots+a_{jn}b_{ni}.$$

$\boldsymbol{B}^{\mathrm{T}}$ 的第 i 行元素为 $b_{1i},b_{2i},\cdots,b_{ni}$，$\boldsymbol{A}^{\mathrm{T}}$ 的第 j 列元素为 $a_{j1},a_{j2},\cdots,a_{jn}$，因此 $\boldsymbol{B}^{\mathrm{T}}\boldsymbol{A}^{\mathrm{T}}$ 的第 i 行第 j 列元素为

$$b_{1i}a_{j1}+b_{2i}a_{j2}+\cdots+b_{ni}a_{jn}=a_{j1}b_{1i}+a_{j2}b_{2i}+\cdots+a_{jn}b_{ni}.$$

这就证明了 $(\boldsymbol{AB})^{\mathrm{T}}=\boldsymbol{B}^{\mathrm{T}}\boldsymbol{A}^{\mathrm{T}}$.

定义 3.1.6 设 $\boldsymbol{A}$ 是 n 阶矩阵，如果 $\boldsymbol{A}^{\mathrm{T}}=\boldsymbol{A}$，则称 $\boldsymbol{A}$ 为**对称矩阵**. 如果 $\boldsymbol{A}^{\mathrm{T}}=-\boldsymbol{A}$，则称 $\boldsymbol{A}$

为**反对称矩阵**.

显然，若 $\boldsymbol{A}=(a_{ij})_{n\times n}$ 是对称矩阵，则有 $a_{ij}=a_{ji}(i,j=1,2,\cdots,n)$. 若 $\boldsymbol{A}=(a_{ij})_{n\times n}$ 是反对称矩阵，则有 $a_{ij}=-a_{ji}(i,j=1,2,\cdots,n)$. 特别地，有 $a_{ii}=-a_{ii}$，$a_{ii}=0(i=1,2,\cdots,n)$，故反对称矩阵主对角线上元素全为零.

3.1.4 矩阵的行列式

定义 3.1.7 由 n 阶矩阵

$$\boldsymbol{A}=\begin{pmatrix} a_{11} & a_{12} & \cdots & a_{1n} \\ a_{21} & a_{22} & \cdots & a_{2n} \\ \vdots & \vdots & & \vdots \\ a_{n1} & a_{n2} & \cdots & a_{nn} \end{pmatrix}$$

的元素所构成的行列式

$$\begin{vmatrix} a_{11} & a_{12} & \cdots & a_{1n} \\ a_{21} & a_{22} & \cdots & a_{2n} \\ \vdots & \vdots & & \vdots \\ a_{n1} & a_{n2} & \cdots & a_{nn} \end{vmatrix},$$

称为**矩阵 $\boldsymbol{A}$ 的行列式**，记作 $|\boldsymbol{A}|$ 或 $\det\boldsymbol{A}$.

例如，$\boldsymbol{A}=\begin{pmatrix} -2 & 1 \\ 3 & -4 \end{pmatrix}$，则 $|\boldsymbol{A}|=\begin{vmatrix} -2 & 1 \\ 3 & -4 \end{vmatrix}=5$.

注 只有当矩阵 $\boldsymbol{A}$ 的行数与列数相同时，才能引用符号 $|\boldsymbol{A}|$，否则 $|\boldsymbol{A}|$ 是没有意义的.

矩阵与行列式有本质的区别，行列式是一个算式，一个数字行列式经过计算可求得其值. 而矩阵仅仅是一个数表，它的行数和列数可以不同. 两个不同的矩阵，其行列式的值可能相等，例如

$$\begin{pmatrix} 1 & 2 \\ 3 & 5 \end{pmatrix}\neq\begin{pmatrix} 1 & 2 \\ 0 & -1 \end{pmatrix},\quad \text{而}\begin{vmatrix} 1 & 2 \\ 3 & 5 \end{vmatrix}=\begin{vmatrix} 1 & 2 \\ 0 & -1 \end{vmatrix}=-1.$$

定理 3.1.1 设 $\boldsymbol{A},\boldsymbol{B}$ 是两个 n 阶矩阵，则有

$$|\boldsymbol{AB}|=|\boldsymbol{A}||\boldsymbol{B}|,$$

即矩阵乘积的行列式等于它的因子的行列式的乘积.

推论 1 设 $\boldsymbol{A}_1,\boldsymbol{A}_2,\cdots,\boldsymbol{A}_m$ 是 n 阶矩阵，则有

$$|\boldsymbol{A}_1\boldsymbol{A}_2\cdots\boldsymbol{A}_m|=|\boldsymbol{A}_1||\boldsymbol{A}_2|\cdots|\boldsymbol{A}_m|.$$

定义 3.1.8 如果 n 阶矩阵 $\boldsymbol{A}$ 的行列式 $|\boldsymbol{A}|$ 不等于零，则称 $\boldsymbol{A}$ 为**非退化矩阵**(或**非奇异矩阵**)，否则称为**退化矩阵**(或**奇异矩阵**).

推论 2 设 $\boldsymbol{A},\boldsymbol{B}$ 都是 n 阶矩阵，则 $\boldsymbol{AB}$ 是非退化矩阵的充要条件是 $\boldsymbol{A},\boldsymbol{B}$ 都是非退化矩阵.

3.1.5 共轭矩阵

定义 3.1.9 设 $\boldsymbol{A}=(a_{ij})_{m\times n}$ 为复数矩阵，用 $\bar{a}_{ij}$ 表示 a_{ij} 的共轭复数，则矩阵 $\overline{\boldsymbol{A}}=(\bar{a}_{ij})_{m\times n}$ 称为 $\boldsymbol{A}$ 的**共轭矩阵**.

容易证明，共轭矩阵满足下列规律：

(1) $\overline{\overline{\boldsymbol{A}}}=\boldsymbol{A}$；

(2) $\overline{k\boldsymbol{A}}=\bar{k}\overline{\boldsymbol{A}}$（$k$ 是任意数）；

(3) $\overline{\boldsymbol{A}+\boldsymbol{B}}=\overline{\boldsymbol{A}}+\overline{\boldsymbol{B}}$；

(4) $\overline{\boldsymbol{AB}}=\overline{\boldsymbol{A}}\overline{\boldsymbol{B}}$；

(5) $(\overline{\boldsymbol{A}})^{\mathrm{T}}=\overline{\boldsymbol{A}^{\mathrm{T}}}$；

(6) 若 $\boldsymbol{A}$ 为方阵，则 $|\overline{\boldsymbol{A}}|=\overline{|\boldsymbol{A}|}$.

习题 3.1

1. 设矩阵 $\boldsymbol{A}=\begin{pmatrix}1&2&3\\2&4&1\\3&2&4\end{pmatrix}$，$\boldsymbol{B}=\begin{pmatrix}1&0&1\\-4&2&1\\1&-2&2\end{pmatrix}$. 求矩阵 $\boldsymbol{X}$，使 $3\boldsymbol{A}-2\boldsymbol{X}=\boldsymbol{B}$.

2. 计算：

(1) $\begin{pmatrix}1&2&3\\2&4&6\\3&6&9\end{pmatrix}\begin{pmatrix}-1&-2&-4\\-1&-2&-4\\1&2&4\end{pmatrix}$；　　(2) $\begin{pmatrix}1&-1&0&2\\-2&0&3&4\end{pmatrix}\begin{pmatrix}1&2&-1\\2&1&-2\\3&0&5\\0&3&4\end{pmatrix}$；

(3) $\begin{pmatrix}a_1\\a_2\\\vdots\\a_n\end{pmatrix}(b_1\quad b_2\quad\cdots\quad b_n)$；　　(4) $(x_1\quad x_2\quad x_3)\begin{pmatrix}a_{11}&a_{12}&a_{13}\\a_{21}&a_{22}&a_{23}\\a_{31}&a_{32}&a_{33}\end{pmatrix}\begin{pmatrix}x_1\\x_2\\x_3\end{pmatrix}$.

3. 设矩阵

$$\boldsymbol{A}=\begin{pmatrix}2&1\\-1&1\\3&2\end{pmatrix},\quad \boldsymbol{B}=\begin{pmatrix}2&1&3\\1&0&2\end{pmatrix},\quad \boldsymbol{C}=\begin{pmatrix}2&1&0\\-1&-2&3\\4&0&-1\end{pmatrix}.$$

求 $\boldsymbol{AB}$，$(\boldsymbol{AB})\boldsymbol{C}$，$\boldsymbol{BC}$，$\boldsymbol{A}(\boldsymbol{BC})$.

4. 设 $\boldsymbol{AB}=\boldsymbol{BA}$. 证明：

(1) $(\boldsymbol{A}+\boldsymbol{B})^2=\boldsymbol{A}^2+2\boldsymbol{AB}+\boldsymbol{B}^2$；　　(2) $\boldsymbol{A}^2-\boldsymbol{B}^2=(\boldsymbol{A}+\boldsymbol{B})(\boldsymbol{A}-\boldsymbol{B})$.

5. 已知 $\boldsymbol{A}=\begin{pmatrix}1&0\\2&3\\4&5\end{pmatrix}$，$\boldsymbol{B}=\begin{pmatrix}2&1\\4&3\end{pmatrix}$，求 $(\boldsymbol{AB})^{\mathrm{T}}$，$\boldsymbol{B}^{\mathrm{T}}\boldsymbol{A}^{\mathrm{T}}$.

6. 设 $\boldsymbol{A}=\dfrac{1}{2}(\boldsymbol{B}+\boldsymbol{E})$. 证明：$\boldsymbol{A}^2=\boldsymbol{A}$ 的充要条件是 $\boldsymbol{B}^2=\boldsymbol{E}$.

7. 设 $\boldsymbol{A}$ 是实对称矩阵. 证明：若 $\boldsymbol{A}^2=\boldsymbol{O}$，则 $\boldsymbol{A}=\boldsymbol{O}$.

8. 证明：对任意 n 阶矩阵 $\boldsymbol{A}$，必有 n 阶对称矩阵 $\boldsymbol{B}$ 和反对称矩阵 $\boldsymbol{C}$，使 $\boldsymbol{A}=\boldsymbol{B}+\boldsymbol{C}$.

3.2 矩阵的初等变换与初等矩阵

3.2.1 初等变换

定义 3.2.1 下面三种变换称为矩阵的**初等行变换**：

(1) 互换矩阵的两行(互换 i、j 两行，记作 $r_i \leftrightarrow r_j$)；

(2) 以一个非零数乘矩阵的一行(第 i 行乘非零数 k，记作 $r_i \times k$)；

(3) 把矩阵的某一行的 k 倍加到另一行对应元素上(第 j 行的 k 倍加到第 i 行上，记作 $r_i + kr_j$).

类似地可以定义矩阵的**初等列变换**，这只需把上述变换中的"行"换成"列". 互换 i、j 两列，记作 $c_i \leftrightarrow c_j$；第 i 列乘非零数 k，记作 $c_i \times k$；第 j 列的 k 倍加到第 i 列上，记作 $c_i + kc_j$.

矩阵的初等行变换与初等列变换，统称为矩阵的**初等变换**.

定义 3.2.2 如果矩阵 $\boldsymbol{A}$ 经过有限次初等变换化成矩阵 $\boldsymbol{B}$，则称矩阵 $\boldsymbol{A}$ 与 $\boldsymbol{B}$ **等价**.

等价是矩阵间的一种关系. 容易证明，这种关系具有下述三个性质：

(1) 反身性 矩阵 $\boldsymbol{A}$ 与 $\boldsymbol{A}$ 等价；

(2) 对称性 如果 $\boldsymbol{A}$ 与 $\boldsymbol{B}$ 等价，那么 $\boldsymbol{B}$ 也与 $\boldsymbol{A}$ 等价；

(3) 传递性 如果 $\boldsymbol{A}$ 与 $\boldsymbol{B}$ 等价，$\boldsymbol{B}$ 与 $\boldsymbol{C}$ 等价，那么 $\boldsymbol{A}$ 与 $\boldsymbol{C}$ 也等价.

3.2.2 初等矩阵

定义 3.2.3 由单位矩阵 $\boldsymbol{E}$ 经过一次初等变换得到的矩阵，称为**初等矩阵**.

显然，初等矩阵都是方阵. 初等变换有三类，故初等矩阵也有三类.

(1) 互换单位矩阵 $\boldsymbol{E}$ 的第 i 行(列)与第 j 行(列)得到的初等矩阵记为 $\boldsymbol{P}(i,j)$.

$$
\boldsymbol{P}(i,j) = \begin{pmatrix}
1 & & & & & & & & \\
& \ddots & & & & & & & \\
& & 1 & & & & & & \\
& & & 0 & \cdots & 1 & & & \\
& & & & 1 & & & & \\
& & & \vdots & \ddots & \vdots & & & \\
& & & & & 1 & & & \\
& & & 1 & \cdots & 0 & & & \\
& & & & & & 1 & & \\
& & & & & & & \ddots & \\
& & & & & & & & 1
\end{pmatrix}
\begin{matrix} \\ \\ \\ \text{第}\,i\,\text{行} \\ \\ \\ \\ \text{第}\,j\,\text{行} \\ \\ \\ \\ \end{matrix}
$$

(2) 单位矩阵 $\boldsymbol{E}$ 的第 i 行(列)乘以非零数 k 得到的初等矩阵记为 $\boldsymbol{P}(i(k))$.

$$\boldsymbol{P}(i(k))=\begin{pmatrix}1&&&&&&\\&\ddots&&&&&\\&&1&&&&\\&&&k&&&\\&&&&1&&\\&&&&&\ddots&\\&&&&&&1\end{pmatrix}\text{第 } i \text{ 行}$$

(3) 单位矩阵 $\boldsymbol{E}$ 的第 j 行的 k 倍加到第 i 行(或第 i 列的 k 倍加到第 j 列)上得到的初等矩阵记为 $\boldsymbol{P}(i,j(k))$.

$$\boldsymbol{P}(i,j(k))=\begin{pmatrix}1&&&&&\\&\ddots&&&&\\&&1&\cdots&k&\\&&&\ddots&\vdots&\\&&&&1&\\&&&&&\ddots\\&&&&&&1\end{pmatrix}\begin{matrix}\\\\\text{第 } i \text{ 行}\\\\\text{第 } j \text{ 行}\\\\\\\end{matrix}$$

初等矩阵是由单位矩阵经一次初等变换得到的方阵,那么初等矩阵与一般矩阵的初等变换有什么关系呢?

设 $\boldsymbol{A}=(a_{ij})$ 是一个 $m\times n$ 矩阵,用 m 阶初等矩阵 $\boldsymbol{P}(i,j)$ 左乘矩阵 $\boldsymbol{A}$,得

$$\boldsymbol{P}(i,j)\boldsymbol{A}=\begin{pmatrix}1&&&&&&\\&\ddots&&&&&\\&&0&&1&&\\&&&1&&&\\&&&\ddots&&&\\&&&&1&&\\&&1&&0&&\\&&&&&\ddots&\\&&&&&&1\end{pmatrix}\begin{pmatrix}a_{11}&a_{12}&\cdots&a_{1n}\\\vdots&\vdots&&\vdots\\a_{i1}&a_{i2}&\cdots&a_{in}\\\vdots&\vdots&&\vdots\\a_{j1}&a_{j2}&\cdots&a_{jn}\\\vdots&\vdots&&\vdots\\a_{m1}&a_{m2}&\cdots&a_{mn}\end{pmatrix}\begin{matrix}\\\\\text{第 } i \text{ 行}\\\\\text{第 } j \text{ 行}\\\\\\\end{matrix}$$

$$=\begin{pmatrix}a_{11}&a_{12}&\cdots&a_{1n}\\\vdots&\vdots&&\vdots\\a_{j1}&a_{j2}&\cdots&a_{jn}\\\vdots&\vdots&&\vdots\\a_{i1}&a_{i2}&\cdots&a_{in}\\\vdots&\vdots&&\vdots\\a_{m1}&a_{m2}&\cdots&a_{mn}\end{pmatrix}\begin{matrix}\\\\\text{第 } i \text{ 行}\\\\\text{第 } j \text{ 行}\\\\\\\end{matrix}.$$

其结果相当于对矩阵 $\boldsymbol{A}$ 施行第一种初等行变换:互换第 i 行与第 j 行.

类似地,用 n 阶初等矩阵 $\boldsymbol{P}(i,j)$ 右乘矩阵 $\boldsymbol{A}$,其结果相当于对矩阵 $\boldsymbol{A}$ 施行第一种初等

列变换：互换第 i 列与第 j 列.

用 m 阶初等矩阵 $\boldsymbol{P}(i(k))$ 左乘矩阵 $\boldsymbol{A}$，得

$$\boldsymbol{P}(i(k))\boldsymbol{A}=\begin{pmatrix}1 & & & & \\ & \ddots & & & \\ & & k & & \\ & & & \ddots & \\ & & & & 1\end{pmatrix}\begin{pmatrix}a_{11} & a_{12} & \cdots & a_{1n} \\ \vdots & \vdots & & \vdots \\ a_{i1} & a_{i2} & \cdots & a_{in} \\ \vdots & \vdots & & \vdots \\ a_{m1} & a_{m2} & \cdots & a_{mn}\end{pmatrix}\text{第 } i \text{ 行}$$

$$=\begin{pmatrix}a_{11} & a_{12} & \cdots & a_{1n} \\ \vdots & \vdots & & \vdots \\ ka_{i1} & ka_{i2} & \cdots & ka_{in} \\ \vdots & \vdots & & \vdots \\ a_{m1} & a_{m2} & \cdots & a_{mn}\end{pmatrix}.$$

其结果相当于对矩阵 $\boldsymbol{A}$ 施行第二种初等行变换：用数 k 乘 $\boldsymbol{A}$ 的第 i 行.

类似地，用 n 阶初等矩阵 $\boldsymbol{P}(i(k))$ 右乘矩阵 $\boldsymbol{A}$，其结果相当于对矩阵 $\boldsymbol{A}$ 施行第二种初等列变换：用数 k 乘 $\boldsymbol{A}$ 的第 i 列.

用 m 阶初等矩阵 $\boldsymbol{P}(i,j(k))$ 左乘矩阵 $\boldsymbol{A}$，得

$$\boldsymbol{P}(i,j(k))\boldsymbol{A}=\begin{pmatrix}1 & & & & & & \\ & \ddots & & & & & \\ & & 1 & \cdots & k & & \\ & & & \ddots & \vdots & & \\ & & & & 1 & & \\ & & & & & \ddots & \\ & & & & & & 1\end{pmatrix}\begin{pmatrix}a_{11} & a_{12} & \cdots & a_{1n} \\ \vdots & \vdots & & \vdots \\ a_{i1} & a_{i2} & \cdots & a_{in} \\ \vdots & \vdots & & \vdots \\ a_{j1} & a_{j2} & \cdots & a_{jn} \\ \vdots & \vdots & & \vdots \\ a_{m1} & a_{m2} & \cdots & a_{mn}\end{pmatrix}\begin{matrix} \\ \\ \text{第 } i \text{ 行} \\ \\ \text{第 } j \text{ 行} \\ \\ \\ \end{matrix}$$

$$=\begin{pmatrix}a_{11} & a_{12} & \cdots & a_{1n} \\ \vdots & \vdots & & \vdots \\ a_{i1}+ka_{j1} & a_{i2}+ka_{j2} & \cdots & a_{in}+ka_{jn} \\ \vdots & \vdots & & \vdots \\ a_{j1} & a_{j2} & \cdots & a_{jn} \\ \vdots & \vdots & & \vdots \\ a_{m1} & a_{m2} & \cdots & a_{mn}\end{pmatrix}\begin{matrix} \\ \\ \text{第 } i \text{ 行} \\ \\ \text{第 } j \text{ 行} \\ \\ \\ \end{matrix}.$$

其结果相当于对矩阵 $\boldsymbol{A}$ 施行第三种初等行变换：将 $\boldsymbol{A}$ 的第 j 行的 k 倍加到第 i 行.

类似地，用 n 阶初等矩阵 $\boldsymbol{P}(i,j(k))$ 右乘矩阵 $\boldsymbol{A}$，其结果相当于对矩阵 $\boldsymbol{A}$ 施行第三种初等列变换：将 $\boldsymbol{A}$ 的第 i 列的 k 倍加到第 j 列.

综上所述，我们得到矩阵的初等变换与矩阵乘法的关系定理.

定理 3.2.1 设 $\boldsymbol{A}$ 是一个 $m\times n$ 矩阵，对 $\boldsymbol{A}$ 施行一次初等行变换，相当于在 $\boldsymbol{A}$ 的左边乘上相应的 m 阶初等矩阵；对 $\boldsymbol{A}$ 施行一次初等列变换，相当于在 $\boldsymbol{A}$ 的右边乘上相应的 n 阶初等矩阵.

注 对矩阵进行初等变换时，所得矩阵与原矩阵之间可以用“→”或“～”连接，不能用

“=”连接.

定理 3.2.2 任意一个 $m\times n$ 矩阵 $\boldsymbol{A}=(a_{ij})$ 都与一形式为：

$$\begin{pmatrix} 1 & 0 & \cdots & 0 & \cdots & 0 \\ 0 & 1 & \cdots & 0 & \cdots & 0 \\ \vdots & \vdots & & \vdots & & \vdots \\ 0 & 0 & \cdots & 1 & \cdots & 0 \\ 0 & 0 & \cdots & 0 & \cdots & 0 \\ \vdots & \vdots & & \vdots & & \vdots \\ 0 & 0 & \cdots & 0 & \cdots & 0 \end{pmatrix}$$

的矩阵等价，它称为矩阵 $\boldsymbol{A}$ 的(等价)**标准形**.

证明 如果 $\boldsymbol{A}=\boldsymbol{O}$，那么它已经是标准形. 下设 $\boldsymbol{A}\neq\boldsymbol{O}$. 经过初等变换，$\boldsymbol{A}$ 可以变成一左上角元素不为零的矩阵，因此不失一般性，可假设 $a_{11}\neq 0$.

把 $\boldsymbol{A}$ 的第一行乘以 $-a_{11}^{-1}a_{i1}$ 加到第 i 行($i=2,3,\cdots,m$)，再将第一列乘以 $-a_{11}^{-1}a_{1j}$ 加到第 j 列($j=2,3,\cdots,n$)，然后第一行乘以 a_{11}^{-1}，$\boldsymbol{A}$ 就变成

$$\begin{pmatrix} 1 & 0 & \cdots & 0 \\ 0 & & & \\ \vdots & & \boldsymbol{A}_1 & \\ 0 & & & \end{pmatrix}.$$

其中 $\boldsymbol{A}_1$ 是一个 $(m-1)\times(n-1)$ 矩阵. 对 $\boldsymbol{A}_1$ 重复以上步骤，最后可得出所要的标准形.

例 3.2.1 用初等变换将下列矩阵化为标准形：

$$\boldsymbol{A}=\begin{pmatrix} 1 & 1 & 2 & 1 & 3 \\ 1 & 3 & 2 & 3 & 5 \\ 2 & 4 & 4 & 4 & 8 \\ 2 & 2 & 5 & 3 & 4 \end{pmatrix}.$$

解

$$\boldsymbol{A}\xrightarrow[r_4-2r_1]{\substack{r_2-r_1\\ r_3-2r_1}}\begin{pmatrix} 1 & 1 & 2 & 1 & 3 \\ 0 & 2 & 0 & 2 & 2 \\ 0 & 2 & 0 & 2 & 2 \\ 0 & 0 & 1 & 1 & -2 \end{pmatrix}\xrightarrow[\substack{c_4-c_1\\ c_5-3c_1}]{\substack{c_2-c_1\\ c_3-2c_1}}\begin{pmatrix} 1 & 0 & 0 & 0 & 0 \\ 0 & 2 & 0 & 2 & 2 \\ 0 & 2 & 0 & 2 & 2 \\ 0 & 0 & 1 & 1 & -2 \end{pmatrix}$$

$$\xrightarrow[\substack{c_4-c_2\\ c_5-c_2}]{r_3-r_2}\begin{pmatrix} 1 & 0 & 0 & 0 & 0 \\ 0 & 2 & 0 & 0 & 0 \\ 0 & 0 & 0 & 0 & 0 \\ 0 & 0 & 1 & 1 & -2 \end{pmatrix}\xrightarrow[\substack{c_4-c_3\\ c_5+2c_3}]{\frac{1}{2}r_2}\begin{pmatrix} 1 & 0 & 0 & 0 & 0 \\ 0 & 1 & 0 & 0 & 0 \\ 0 & 0 & 0 & 0 & 0 \\ 0 & 0 & 1 & 0 & 0 \end{pmatrix}$$

$$\xrightarrow{r_3\leftrightarrow r_4}\begin{pmatrix} 1 & 0 & 0 & 0 & 0 \\ 0 & 1 & 0 & 0 & 0 \\ 0 & 0 & 1 & 0 & 0 \\ 0 & 0 & 0 & 0 & 0 \end{pmatrix}.$$

由定理 3.2.1，对一矩阵作初等变换就相当于用相应的初等矩阵去乘这个矩阵. 因此有如下定理.

定理 3.2.3 矩阵 $\boldsymbol{A}$ 与 $\boldsymbol{B}$ 等价的充要条件是有初等矩阵 $\boldsymbol{P}_1,\boldsymbol{P}_2,\cdots,\boldsymbol{P}_l,\boldsymbol{Q}_1,\boldsymbol{Q}_2,\cdots,\boldsymbol{Q}_t$ 使

$$\boldsymbol{A}=\boldsymbol{P}_1\boldsymbol{P}_2\cdots\boldsymbol{P}_l\boldsymbol{B}\boldsymbol{Q}_1\boldsymbol{Q}_2\cdots\boldsymbol{Q}_t.$$

习题 3.2

1. 设对 5 阶矩阵施行以下初等变换：把第 2 行的 k 倍加到第 4 行，把第 2 列的 k 倍加到第 4 列，相当于这两个初等变换的初等矩阵是什么？

2. 把下列矩阵化为行最简形和标准形.

(1) $\begin{pmatrix} 1 & 0 & 2 & -1 \\ 2 & 1 & 3 & 2 \\ 3 & 4 & 6 & 1 \end{pmatrix}$；　(2) $\begin{pmatrix} 1 & 2 & -1 \\ 3 & -2 & 1 \\ 1 & -1 & -1 \end{pmatrix}$；

(3) $\begin{pmatrix} 0 & 0 & 3 & 1 \\ 2 & 1 & -1 & 2 \\ 4 & 2 & 3 & 1 \\ 2 & 1 & -4 & -3 \end{pmatrix}$；　(4) $\begin{pmatrix} 1 & -1 & 2 & 2 & 1 \\ 2 & -2 & -2 & 0 & 3 \\ 3 & -3 & 4 & 2 & 4 \\ 4 & -4 & 6 & 4 & 5 \end{pmatrix}$.

3. 设

$$\boldsymbol{A} = \begin{pmatrix} a & b \\ c & d \end{pmatrix}, \quad ad - bc = 1.$$

证明 $\boldsymbol{A}$ 的标准形是单位矩阵 $\boldsymbol{E}$，并求矩阵 $\boldsymbol{P},\boldsymbol{Q}$，使得 $\boldsymbol{PAQ}=\boldsymbol{E}$.

3.3 可逆矩阵

3.3.1 可逆矩阵的概念及性质

在平面直角坐标系 Oxy 中，将两个坐标轴同时绕原点旋转 θ 角(逆时针为正，顺时针为负)，就得到一个新的直角坐标系 $Ox'y'$(图 3-3-1). 平面上任何一点 P 在两个坐标系中的坐标分别记为(x,y)与(x',y')，则有平面直角坐标变换的公式(见例 3.1.1).

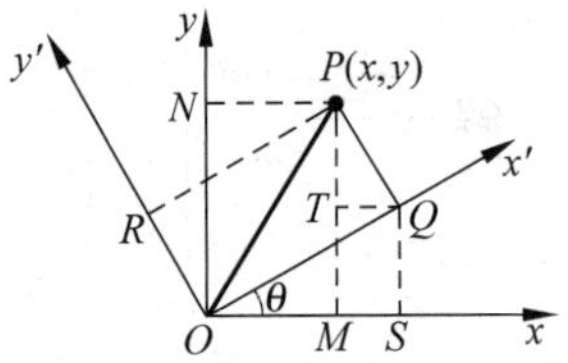

$$\begin{cases} x = x'\cos\theta - y'\sin\theta, \\ y = x'\sin\theta + y'\cos\theta. \end{cases}$$

图 3-3-1

利用矩阵乘法可将上述关系式表示为

$$\begin{pmatrix} x \\ y \end{pmatrix} = \begin{pmatrix} \cos\theta & -\sin\theta \\ \sin\theta & \cos\theta \end{pmatrix} \begin{pmatrix} x' \\ y' \end{pmatrix}. \tag{3.3.1}$$

将 $Ox'y'$ 坐标系绕原点旋转 $-\theta$，就又回到 Oxy 坐标系. 因此有

$$\begin{pmatrix} x' \\ y' \end{pmatrix} = \begin{pmatrix} \cos(-\theta) & -\sin(-\theta) \\ \sin(-\theta) & \cos(-\theta) \end{pmatrix} \begin{pmatrix} x \\ y \end{pmatrix} = \begin{pmatrix} \cos\theta & \sin\theta \\ -\sin\theta & \cos\theta \end{pmatrix} \begin{pmatrix} x \\ y \end{pmatrix}, \tag{3.3.2}$$

将(3.3.2)式代入(3.3.1)式，得

$$\begin{pmatrix} x \\ y \end{pmatrix} = \begin{pmatrix} \cos\theta & -\sin\theta \\ \sin\theta & \cos\theta \end{pmatrix} \begin{pmatrix} \cos\theta & \sin\theta \\ -\sin\theta & \cos\theta \end{pmatrix} \begin{pmatrix} x \\ y \end{pmatrix} = \boldsymbol{E} \begin{pmatrix} x \\ y \end{pmatrix},$$

如果记

$$\boldsymbol{A}=\begin{pmatrix}\cos\theta & -\sin\theta\\ \sin\theta & \cos\theta\end{pmatrix},\quad \boldsymbol{B}=\begin{pmatrix}\cos\theta & \sin\theta\\ -\sin\theta & \cos\theta\end{pmatrix},$$

则容易验证

$$\boldsymbol{AB}=\boldsymbol{BA}=\boldsymbol{E}.$$

从线性变换的角度来看，上述坐标变换公式(3.3.1)和公式(3.3.2)都是线性变换.(3.3.1)式是从 x,y 到 x',y' 的线性变换；而(3.3.2)式是从 x',y' 到 x，y 的线性变换，称(3.3.2)式是(3.3.1)式的逆变换，或称(3.3.1)式是(3.3.2)式的逆变换.相应地称(3.3.2)式所对应的矩阵 $\boldsymbol{B}$ 是(3.3.1)式所对应的矩阵 $\boldsymbol{A}$ 的逆矩阵.

我们知道，对于任意的 n 阶方阵 $\boldsymbol{A}$ 有

$$\boldsymbol{AE}=\boldsymbol{EA}=\boldsymbol{A},$$

这里 $\boldsymbol{E}$ 是 n 阶单位矩阵.因此，从乘法的角度来看 n 阶单位矩阵在 n 阶方阵中的地位类似于 1 在复数中的地位.一个复数 $a(a\neq 0)$ 的倒数 a^{-1} 可以用等式 $aa^{-1}=1$ 来刻画，相仿地，下面引入逆矩阵的概念.

定义 3.3.1 设 $\boldsymbol{A}$ 为 n 阶方阵，如果存在一个 n 阶方阵 $\boldsymbol{B}$，使得

$$\boldsymbol{AB}=\boldsymbol{BA}=\boldsymbol{E},$$

则称 $\boldsymbol{A}$ 是**可逆的**(或称 $\boldsymbol{A}$ 是**可逆矩阵**)，$\boldsymbol{B}$ 称为 $\boldsymbol{A}$ 的**逆矩阵**，记为 $\boldsymbol{B}=\boldsymbol{A}^{-1}$，这里 $\boldsymbol{E}$ 是 n 阶单位矩阵.

若 $\boldsymbol{A}$ 可逆，则 $\boldsymbol{A}$ 的逆矩阵是唯一的.

事实上，设 $\boldsymbol{B},\boldsymbol{C}$ 都适合

$$\boldsymbol{AB}=\boldsymbol{BA}=\boldsymbol{E},\quad \boldsymbol{AC}=\boldsymbol{CA}=\boldsymbol{E},$$

则

$$\boldsymbol{B}=\boldsymbol{BE}=\boldsymbol{B}(\boldsymbol{AC})=(\boldsymbol{BA})\boldsymbol{C}=\boldsymbol{EC}=\boldsymbol{C}.$$

初等矩阵都是可逆矩阵，且它们的逆矩阵仍是同类型的初等矩阵，且

(1) $\boldsymbol{P}(i,j)^{-1}=\boldsymbol{P}(i,j)$；

(2) $\boldsymbol{P}(i(k))^{-1}=P\left(i\left(\dfrac{1}{k}\right)\right)$；

(3) $\boldsymbol{P}(i,j(k))^{-1}=\boldsymbol{P}(i,j(-k))$.

事实上，易证

$$\boldsymbol{P}(i,j)\boldsymbol{P}(i,j)=\boldsymbol{E},$$

$$\boldsymbol{P}(i(k))\boldsymbol{P}\left(i\left(\frac{1}{k}\right)\right)=\boldsymbol{P}\left(i\left(\frac{1}{k}\right)\right)\boldsymbol{P}(i(k))=\boldsymbol{E},$$

$$\boldsymbol{P}(i,j(k))\boldsymbol{P}(i,j(-k))=\boldsymbol{P}(i,j(-k))\boldsymbol{P}(i,j(k))=\boldsymbol{E}.$$

所以

$$\boldsymbol{P}(i,j)^{-1}=\boldsymbol{P}(i,j),\quad \boldsymbol{P}(i(k))^{-1}=\boldsymbol{P}\left(i\left(\frac{1}{k}\right)\right),\quad \boldsymbol{P}(i,j(k))^{-1}=\boldsymbol{P}(i,j(-k)).$$

可逆矩阵有如下性质：

(1) 如果 $\boldsymbol{A}$ 可逆，则 $\boldsymbol{A}^{-1}$ 也可逆，且 $(\boldsymbol{A}^{-1})^{-1}=\boldsymbol{A}$，$|\boldsymbol{A}|\neq 0$，$|\boldsymbol{A}^{-1}|=|\boldsymbol{A}|^{-1}$；

(2) 如果 $\boldsymbol{A}$ 可逆，则当 $\lambda\neq 0$ 时，$\lambda\boldsymbol{A}$ 也可逆，且 $(\lambda\boldsymbol{A})^{-1}=\lambda^{-1}\boldsymbol{A}^{-1}$；

(3) 若 $\boldsymbol{A}$ 与 $\boldsymbol{B}$ 为同阶可逆矩阵,则 $\boldsymbol{AB}$ 也可逆,且 $(\boldsymbol{AB})^{-1}=\boldsymbol{B}^{-1}\boldsymbol{A}^{-1}$.

推广 若 $\boldsymbol{A}_1,\boldsymbol{A}_2,\cdots,\boldsymbol{A}_m$ 为同阶可逆矩阵,则 $\boldsymbol{A}_1\boldsymbol{A}_2\cdots\boldsymbol{A}_m$ 也可逆,且

$$(\boldsymbol{A}_1\boldsymbol{A}_2\cdots\boldsymbol{A}_m)^{-1}=\boldsymbol{A}_m^{-1}\cdots\boldsymbol{A}_2^{-1}\boldsymbol{A}_1^{-1}.$$

(4) 如果 $\boldsymbol{A}$ 可逆,则 $\boldsymbol{A}^{\mathrm{T}}$ 也可逆,且 $(\boldsymbol{A}^{\mathrm{T}})^{-1}=(\boldsymbol{A}^{-1})^{\mathrm{T}}$.

证明 (1) 因为

$$\boldsymbol{AA}^{-1}=\boldsymbol{A}^{-1}\boldsymbol{A}=\boldsymbol{E},$$

所以由定义 $\boldsymbol{A}^{-1}$ 也可逆,且 $(\boldsymbol{A}^{-1})^{-1}=\boldsymbol{A}$. 又

$$|\boldsymbol{A}||\boldsymbol{A}^{-1}|=|\boldsymbol{AA}^{-1}|=|\boldsymbol{E}|=1,$$

知 $|\boldsymbol{A}|\neq 0$,且 $|\boldsymbol{A}^{-1}|=|\boldsymbol{A}|^{-1}$.

(2) 因为

$$(\lambda\boldsymbol{A})(\lambda^{-1}\boldsymbol{A}^{-1})=(\lambda\lambda^{-1})(\boldsymbol{AA}^{-1})=\boldsymbol{E},$$

同理有 $(\lambda^{-1}\boldsymbol{A}^{-1})(\lambda\boldsymbol{A})=\boldsymbol{E}$,所以 $\lambda\boldsymbol{A}$ 也可逆,且

$$(\lambda\boldsymbol{A})^{-1}=\lambda^{-1}\boldsymbol{A}^{-1}.$$

(3) 因为

$$(\boldsymbol{AB})(\boldsymbol{B}^{-1}\boldsymbol{A}^{-1})=\boldsymbol{A}(\boldsymbol{BB}^{-1})\boldsymbol{A}^{-1}=\boldsymbol{AA}^{-1}=\boldsymbol{E},$$

同理有 $(\boldsymbol{B}^{-1}\boldsymbol{A}^{-1})(\boldsymbol{AB})=\boldsymbol{E}$,所以 $\boldsymbol{AB}$ 也可逆,且

$$(\boldsymbol{AB})^{-1}=\boldsymbol{B}^{-1}\boldsymbol{A}^{-1}.$$

(4) 因为

$$\boldsymbol{A}^{\mathrm{T}}(\boldsymbol{A}^{-1})^{\mathrm{T}}=(\boldsymbol{A}^{-1}\boldsymbol{A})^{\mathrm{T}}=\boldsymbol{E}^{\mathrm{T}}=\boldsymbol{E},\quad (\boldsymbol{A}^{-1})^{\mathrm{T}}\boldsymbol{A}^{\mathrm{T}}=(\boldsymbol{AA}^{-1})^{\mathrm{T}}=\boldsymbol{E}^{\mathrm{T}}=\boldsymbol{E},$$

所以 $\boldsymbol{A}^{\mathrm{T}}$ 也可逆,且

$$(\boldsymbol{A}^{\mathrm{T}})^{-1}=(\boldsymbol{A}^{-1})^{\mathrm{T}}.$$

由定理 3.2.3 与可逆矩阵的性质可得下面定理.

定理 3.3.1 两个 $m\times n$ 矩阵 $\boldsymbol{A},\boldsymbol{B}$ 等价的充要条件是存在 m 阶可逆矩阵 $\boldsymbol{P}$ 与 n 阶可逆矩阵 $\boldsymbol{Q}$ 使

$$\boldsymbol{PAQ}=\boldsymbol{B}.$$

当 $\boldsymbol{A}$ 可逆时,定义

$$(\boldsymbol{A}^{-1})^k=\boldsymbol{A}^{-k},\quad k\text{ 为正整数}.$$

则

$$\boldsymbol{A}^k\boldsymbol{A}^l=\boldsymbol{A}^{k+l},\quad (\boldsymbol{A}^k)^l=\boldsymbol{A}^{kl},\quad k,l\text{ 为整数}.$$

3.3.2 可逆矩阵的判定及其求法

1. 伴随矩阵法

定义 3.3.2 设 n 阶矩阵

$$\boldsymbol{A}=\begin{pmatrix} a_{11} & a_{12} & \cdots & a_{1n} \\ a_{21} & a_{22} & \cdots & a_{2n} \\ \vdots & \vdots & & \vdots \\ a_{n1} & a_{n2} & \cdots & a_{nn} \end{pmatrix},$$

A_{ij} 是 $|\boldsymbol{A}|$ 中元素 a_{ij} 的代数余子式 $(i,j=1,2,\cdots,n)$,称矩阵

$$A^* = \begin{pmatrix} A_{11} & A_{21} & \cdots & A_{n1} \\ A_{12} & A_{22} & \cdots & A_{n2} \\ \vdots & \vdots & & \vdots \\ A_{1n} & A_{2n} & \cdots & A_{nn} \end{pmatrix}$$

为 $\boldsymbol{A}$ 的**伴随矩阵**.

注 $|\boldsymbol{A}|$的第 i 行元素的代数余子式写在 $\boldsymbol{A}^*$ 的第 i 列.

由行列式按行(列)展开公式

$$a_{i1}A_{j1} + a_{i2}A_{j2} + \cdots + a_{in}A_{jn} += \begin{cases} |\boldsymbol{A}|, & i = j, \\ 0, & i \neq j, \end{cases}$$

可得

$$\boldsymbol{A}\boldsymbol{A}^* = \begin{pmatrix} a_{11} & a_{12} & \cdots & a_{1n} \\ a_{21} & a_{22} & \cdots & a_{2n} \\ \vdots & \vdots & & \vdots \\ a_{n1} & a_{n2} & \cdots & a_{nn} \end{pmatrix} \begin{pmatrix} A_{11} & A_{21} & \cdots & A_{n1} \\ A_{12} & A_{22} & \cdots & A_{n2} \\ \vdots & \vdots & & \vdots \\ A_{1n} & A_{2n} & \cdots & A_{nn} \end{pmatrix}$$

$$= \begin{pmatrix} |\boldsymbol{A}| & 0 & \cdots & 0 \\ 0 & |\boldsymbol{A}| & \cdots & 0 \\ \vdots & \vdots & & \vdots \\ 0 & 0 & \cdots & |\boldsymbol{A}| \end{pmatrix} = |\boldsymbol{A}|\boldsymbol{E},$$

同样可得

$$\boldsymbol{A}^*\boldsymbol{A} = |\boldsymbol{A}|\boldsymbol{E}.$$

于是有

$$\boldsymbol{A}\boldsymbol{A}^* = \boldsymbol{A}^*\boldsymbol{A} = |\boldsymbol{A}|\boldsymbol{E}.$$

如果$|\boldsymbol{A}|\neq 0$,那么由上式,有

$$\boldsymbol{A}\left(\frac{1}{|\boldsymbol{A}|}\boldsymbol{A}^*\right) = \left(\frac{1}{|\boldsymbol{A}|}\boldsymbol{A}^*\right)\boldsymbol{A} = \boldsymbol{E}.$$

于是由定义可知,$\boldsymbol{A}$ 可逆,且

$$\boldsymbol{A}^{-1} = \frac{1}{|\boldsymbol{A}|}\boldsymbol{A}^*.$$

反之,如果 $\boldsymbol{A}$ 可逆,则由可逆矩阵的性质知$|\boldsymbol{A}|\neq 0$.于是得到下面定理.

定理 3.3.2 矩阵 $\boldsymbol{A}$ 可逆的充要条件是$|\boldsymbol{A}|\neq 0$,且

$$\boldsymbol{A}^{-1} = \frac{1}{|\boldsymbol{A}|}\boldsymbol{A}^*.$$

定理 3.3.2 不但给出了矩阵可逆的条件,同时也给出了求逆矩阵的公式.上面求逆矩阵的方法叫**伴随矩阵法**(也称为**行列式法**,**公式法**).

如果 $\boldsymbol{A},\boldsymbol{B}$ 均为 n 阶矩阵,且 $\boldsymbol{AB}=\boldsymbol{E}$,那么

$$|\boldsymbol{AB}| = |\boldsymbol{A}||\boldsymbol{B}| = |\boldsymbol{E}| = 1,$$

于是$|\boldsymbol{A}|\neq 0$,从而 $\boldsymbol{A}$ 可逆,且

$$\boldsymbol{B} = \boldsymbol{EB} = (\boldsymbol{A}^{-1}\boldsymbol{A})\boldsymbol{B} = \boldsymbol{A}^{-1}(\boldsymbol{AB}) = \boldsymbol{A}^{-1}\boldsymbol{E} = \boldsymbol{A}^{-1},$$

即 $\boldsymbol{B}=\boldsymbol{A}^{-1}$.

类似地,若 $\boldsymbol{BA}=\boldsymbol{E}$,则 $\boldsymbol{B}=\boldsymbol{A}^{-1}$.

推论 设 $\boldsymbol{A},\boldsymbol{B}$ 均为 n 阶矩阵,且 $\boldsymbol{AB}=\boldsymbol{E}$(或 $\boldsymbol{BA}=\boldsymbol{E}$),则 $\boldsymbol{A}$ 可逆,且

$$\boldsymbol{B}=\boldsymbol{A}^{-1}.$$

因此只要 $\boldsymbol{AB}=\boldsymbol{E}$ 或 $\boldsymbol{BA}=\boldsymbol{E}$ 之一成立,就可判定 $\boldsymbol{A}$ 可逆.

例 3.3.1 求矩阵

$$\boldsymbol{A}=\begin{pmatrix}2&1&1\\3&1&2\\1&-1&0\end{pmatrix}$$

的伴随矩阵 $\boldsymbol{A}^*$,并判断矩阵 $\boldsymbol{A}$ 是否可逆.如果可逆,求 $\boldsymbol{A}^{-1}$.

解 因为

$$A_{11}=2,A_{12}=2,A_{13}=-4,$$
$$A_{21}=-1,A_{22}=-1,A_{23}=3,$$
$$A_{31}=1,A_{32}=-1,A_{33}=-1,$$

所以

$$\boldsymbol{A}^*=\begin{pmatrix}2&-1&1\\2&-1&-1\\-4&3&-1\end{pmatrix}.$$

又因为

$$|\boldsymbol{A}|=\begin{vmatrix}2&1&1\\3&1&2\\1&-1&0\end{vmatrix}=2\neq 0,$$

所以 $\boldsymbol{A}$ 可逆,且

$$\boldsymbol{A}^{-1}=\frac{\boldsymbol{A}^*}{|\boldsymbol{A}|}=\frac{1}{2}\begin{pmatrix}2&-1&1\\2&-1&-1\\-4&3&-1\end{pmatrix}.$$

例 3.3.2 求矩阵 $\boldsymbol{X}$,使 $\boldsymbol{AX}=\boldsymbol{B}$,其中

$$\boldsymbol{A}=\begin{pmatrix}2&1&1\\3&1&2\\1&-1&0\end{pmatrix},\quad \boldsymbol{B}=\begin{pmatrix}1&2\\2&4\\0&-1\end{pmatrix}.$$

解 由例 3.3.1 知 $\boldsymbol{A}$ 可逆,且

$$\boldsymbol{A}^{-1}=\frac{1}{2}\begin{pmatrix}2&-1&1\\2&-1&-1\\-4&3&-1\end{pmatrix}.$$

由 $\boldsymbol{AX}=\boldsymbol{B}$,得 $\boldsymbol{A}^{-1}\boldsymbol{AX}=\boldsymbol{A}^{-1}\boldsymbol{B}$,即得 $\boldsymbol{X}=\boldsymbol{A}^{-1}\boldsymbol{B}$. 于是

$$\boldsymbol{X}=\boldsymbol{A}^{-1}\boldsymbol{B}=\frac{1}{2}\begin{pmatrix}2&-1&1\\2&-1&-1\\-4&3&-1\end{pmatrix}\begin{pmatrix}1&2\\2&4\\0&-1\end{pmatrix}=\frac{1}{2}\begin{pmatrix}0&-1\\0&1\\2&5\end{pmatrix}.$$

一般地,如果 $\boldsymbol{A}$ 是一个 n 阶可逆矩阵,$\boldsymbol{B}$ 是一个 $n\times s$ 矩阵,那么矩阵方程

$$\boldsymbol{AX}=\boldsymbol{B}$$

有唯一解

$$X = A^{-1}B,$$

且解 X 也是一个 $n \times s$ 矩阵.

类似地,如果 A 是一个 n 阶可逆矩阵,B 是一个 $s \times n$ 矩阵,那么矩阵方程

$$XA = B$$

有唯一解

$$X = BA^{-1},$$

且解 X 也是一个 $s \times n$ 矩阵.

2. **初等变换法**

伴随矩阵法求可逆矩阵的逆矩阵,计算量较大,通常只用来求阶数较低或较特殊的矩阵的逆矩阵.对于阶数较高的矩阵,一般采用初等变换法求逆矩阵.

由于对方阵 A 进行初等变换相当于对 A 乘以相应的初等矩阵.即任何一个矩阵左乘或右乘一系列初等矩阵可等于其标准形.即有初等矩阵 $P_1, P_2, \cdots, P_l, Q_1, Q_2, \cdots, Q_t$ 使

$$P_1P_2\cdots P_lAQ_1Q_2\cdots Q_t = \begin{pmatrix} 1 & & & & & \\ & \ddots & & & & \\ & & 1 & & & \\ & & & 0 & & \\ & & & & \ddots & \\ & & & & & 0 \end{pmatrix} = F.$$

如果 A 是可逆矩阵,因初等矩阵也是可逆矩阵,所以 $P_1P_2\cdots P_lAQ_1Q_2\cdots Q_t$ 是可逆矩阵,于是 $|P_1P_2\cdots P_lAQ_1Q_2\cdots Q_t| = |F| \neq 0$,因此 A 的标准形 F 的主对角线上元素不能出现 0.即可逆矩阵的标准形是单位矩阵.这说明可逆矩阵 A 与同阶单位矩阵 E 等价,因此有初等矩阵 $P_1, P_2, \cdots, P_l$,使

$$\begin{aligned} A &= P_1P_2\cdots P_sEP_{s+1}\cdots P_l \\ &= P_1P_2\cdots P_sP_{s+1}\cdots P_l. \end{aligned}$$

于是有下面定理.

定理 3.3.3 n 阶矩阵 A 可逆的充要条件是 A 可以表为一系列初等矩阵的乘积.

推论 可逆矩阵总可以经过一系列的初等行(或列)变换化成单位矩阵.

证明 设 A 为可逆矩阵,则存在初等矩阵 $P_1, P_2, \cdots, P_l$ 使

$$A = P_1P_2\cdots P_l.$$

把上式改写一下,有

$$P_l^{-1}\cdots P_2^{-1}P_1^{-1}A = E$$

或

$$AP_l^{-1}\cdots P_2^{-1}P_1^{-1} = E.$$

因为初等矩阵的逆矩阵还是初等矩阵,同时在矩阵 A 的左边乘初等矩阵就相当于对 A 作初等行变换,右边乘初等矩阵就相当于对 A 作初等列变换,所以结论得证.

由定理 3.3.3 的推论可得用初等变换求可逆矩阵的逆矩阵的方法.

设 A 是可逆矩阵,则有初等矩阵 $P_1, P_2, \cdots, P_l$,使

$$P_l\cdots P_2P_1A = E,$$

于是有

$$A^{-1}=P_l\cdots P_2P_1=P_l\cdots P_2P_1E.$$

比较

$$P_l\cdots P_2P_1A=E$$

与

$$P_l\cdots P_2P_1E=A^{-1}$$

可以得知，用初等行变换将 A 化为单位矩阵 E 的同时，对单位矩阵 E 施行同样的初等行变换，就可得到 A^{-1}.

求 n 阶可逆矩阵 A 的逆矩阵的初等变换法归纳如下：

将 A 和 E 凑在一起，作成一个 $n\times(2n)$ 矩阵 (A,E)，对 (A,E) 施行初等行变换，当左边 n 阶矩阵 A 化成单位矩阵时，右边 n 阶矩阵就是 A^{-1}，即

$$(A,E)\xrightarrow{\text{初等行变换}}(E,A^{-1}).$$

类似地，有

$$\begin{pmatrix}A\\E\end{pmatrix}\xrightarrow{\text{初等列变换}}\begin{pmatrix}E\\A^{-1}\end{pmatrix}.$$

注 用初等变换求逆矩阵时，要么对 (A,E) 施行初等行变换，要么对 $\begin{pmatrix}A\\E\end{pmatrix}$ 施行初等列变换，切记不能行、列变换混用.

例 3.3.3 求矩阵 A 的逆矩阵 A^{-1}，其中

$$A=\begin{pmatrix}4&2&3\\3&1&2\\2&1&1\end{pmatrix}.$$

解
$$(A,E)=\left(\begin{array}{ccc:ccc}4&2&3&1&0&0\\3&1&2&0&1&0\\2&1&1&0&0&1\end{array}\right)\xrightarrow{r_1+(-1)r_2}\left(\begin{array}{ccc:ccc}1&1&1&1&-1&0\\3&1&2&0&1&0\\2&1&1&0&0&1\end{array}\right)$$

$$\xrightarrow[r_3+(-2)r_1]{r_2+(-3)r_1}\left(\begin{array}{ccc:ccc}1&1&1&1&-1&0\\0&-2&-1&-3&4&0\\0&-1&-1&-2&2&1\end{array}\right)\xrightarrow[r_2+(-2)r_3]{r_1+r_3}\left(\begin{array}{ccc:ccc}1&0&0&-1&1&1\\0&0&1&1&0&-2\\0&-1&-1&-2&2&1\end{array}\right)$$

$$\xrightarrow{r_2\leftrightarrow r_3}\left(\begin{array}{ccc:ccc}1&0&0&-1&1&1\\0&-1&-1&-2&2&1\\0&0&1&1&0&-2\end{array}\right)\xrightarrow{r_2+r_3}\left(\begin{array}{ccc:ccc}1&0&0&-1&1&1\\0&-1&0&-1&2&-1\\0&0&1&1&0&-2\end{array}\right)$$

$$\xrightarrow{(-1)r_2}\left(\begin{array}{ccc:ccc}1&0&0&-1&1&1\\0&1&0&1&-2&1\\0&0&1&1&0&-2\end{array}\right).$$

故

$$A^{-1}=\begin{pmatrix}-1&1&1\\1&-2&1\\1&0&-2\end{pmatrix}.$$

用上述方法还可以判断矩阵 $\boldsymbol{A}$ 是否可逆. 当对矩阵 $(\boldsymbol{A},\boldsymbol{E})$ 施行初等行变换的过程中,如果左边 n 阶矩阵中出现元素全为 0 的行,则可断定矩阵 $\boldsymbol{A}$ 不可逆.

例 3.3.4 判断矩阵 $\boldsymbol{A}$ 是否可逆,如可逆,求出 $\boldsymbol{A}$ 的逆,这里

$$\boldsymbol{A}=\begin{pmatrix}1&1&3&1\\1&3&2&5\\2&2&6&7\\2&4&5&6\end{pmatrix}.$$

解 $$(\boldsymbol{A},\boldsymbol{E})=\left(\begin{array}{cccc:cccc}1&1&3&1&1&0&0&0\\1&3&2&5&0&1&0&0\\2&2&6&7&0&0&1&0\\2&4&5&6&0&0&0&1\end{array}\right)\xrightarrow[r_4+(-2)r_1]{\substack{r_2+(-1)r_1\\r_3+(-2)r_1}}\left(\begin{array}{cccc:cccc}1&1&3&1&1&0&0&0\\0&2&-1&4&-1&1&0&0\\0&0&0&5&-2&0&1&0\\0&2&-1&4&-2&0&0&1\end{array}\right)$$

$$\xrightarrow{r_4+(-1)r_2}\left(\begin{array}{cccc:cccc}1&1&3&1&1&0&0&0\\0&2&-1&4&-1&1&0&0\\0&0&0&5&-2&0&1&0\\0&0&0&0&-1&-1&0&1\end{array}\right).$$

这说明 $\boldsymbol{A}$ 经过初等行变换后所得的矩阵最后一行全为 0,因此 $|\boldsymbol{A}|=0$,故 $\boldsymbol{A}$ 不可逆.

3.3.3 用初等变换法求解矩阵方程

设 $\boldsymbol{A}$ 为 n 阶可逆矩阵,上述求逆矩阵的方法知矩阵方程 $\boldsymbol{AX}=\boldsymbol{E}$ 的解为 $\boldsymbol{X}=\boldsymbol{A}^{-1}\boldsymbol{E}$. 将 $\boldsymbol{E}$ 换成任一个 $n\times s$ 矩阵 $\boldsymbol{B}$,那么矩阵方程 $\boldsymbol{AX}=\boldsymbol{B}$ 的解为 $\boldsymbol{X}=\boldsymbol{A}^{-1}\boldsymbol{B}$.

解矩阵方程 $\boldsymbol{AX}=\boldsymbol{B}$ 的初等变换法归纳如下:

将 $\boldsymbol{A}$ 和 $\boldsymbol{B}$ 凑在一起,作成一个 $n\times(n+s)$ 矩阵 $(\boldsymbol{A},\boldsymbol{B})$,对 $(\boldsymbol{A},\boldsymbol{B})$ 施行初等行变换,当左边 n 阶矩阵 $\boldsymbol{A}$ 化成单位矩阵时,右边 $n\times s$ 矩阵就是方程的解 $\boldsymbol{A}^{-1}\boldsymbol{B}$,即

$$(\boldsymbol{A},\boldsymbol{B})\xrightarrow{\text{初等行变换}}(\boldsymbol{E},\boldsymbol{A}^{-1}\boldsymbol{B}).$$

类似地,如果要解矩阵方程 $\boldsymbol{XA}=\boldsymbol{B}$,则将 $\boldsymbol{A}$ 和 $\boldsymbol{B}$ 凑在一起,作成一个矩阵 $\begin{pmatrix}\boldsymbol{A}\\\boldsymbol{B}\end{pmatrix}$,对 $\begin{pmatrix}\boldsymbol{A}\\\boldsymbol{B}\end{pmatrix}$ 施行初等列变换,当上边 n 阶矩阵 $\boldsymbol{A}$ 化成单位矩阵时,下边 n 阶矩阵就是方程的解 $\boldsymbol{BA}^{-1}$,即

$$\begin{pmatrix}\boldsymbol{A}\\\boldsymbol{B}\end{pmatrix}\xrightarrow{\text{初等列变换}}\begin{pmatrix}\boldsymbol{E}\\\boldsymbol{BA}^{-1}\end{pmatrix}.$$

例 3.3.5 解矩阵方程 $\boldsymbol{AX}=\boldsymbol{B}$,其中 $\boldsymbol{A}=\begin{pmatrix}1&2&3\\2&3&2\\3&5&4\end{pmatrix}$, $\boldsymbol{B}=\begin{pmatrix}2&1\\3&4\\6&2\end{pmatrix}$.

解 $$(\boldsymbol{A},\boldsymbol{B})=\left(\begin{array}{ccc:cc}1&2&3&2&1\\2&3&2&3&4\\3&5&4&6&2\end{array}\right)\xrightarrow[r_3+(-3)r_1]{r_2+(-2)r_1}\left(\begin{array}{ccc:cc}1&2&3&2&1\\0&-1&-4&-1&2\\0&-1&-5&0&-1\end{array}\right)$$

$$\xrightarrow[r_3+(-1)r_2]{r_2+2r_2}\left(\begin{array}{ccc:cc}1 & 0 & -5 & 0 & 5\\ 0 & -1 & -4 & -1 & 2\\ 0 & 0 & -1 & 1 & -3\end{array}\right)\xrightarrow[r_2+(-4)r_3]{r_1+(-5)r_3}\left(\begin{array}{ccc:cc}1 & 0 & 0 & -5 & 20\\ 0 & -1 & 0 & -5 & 14\\ 0 & 0 & -1 & 1 & -3\end{array}\right)$$

$$\xrightarrow[(-1)r_3]{(-1)r_2}\left(\begin{array}{ccc:cc}1 & 0 & 0 & -5 & 20\\ 0 & 1 & 0 & 5 & -14\\ 0 & 0 & 1 & -1 & 3\end{array}\right).$$

故方程的解为 $\boldsymbol{X}=\begin{pmatrix}-5 & 20\\ 5 & -14\\ -1 & 3\end{pmatrix}$.

对于矩阵方程 $\boldsymbol{AXB}=\boldsymbol{C}$,如果 $\boldsymbol{A},\boldsymbol{B}$ 可逆,则方程的解为 $\boldsymbol{X}=\boldsymbol{A}^{-1}\boldsymbol{C}\boldsymbol{B}^{-1}$. 可按下面步骤求解.

先令 $\boldsymbol{Y}=\boldsymbol{XB}$,则 $\boldsymbol{AY}=\boldsymbol{C}$,作

$$(\boldsymbol{A},\boldsymbol{C})\xrightarrow{\text{初等行变换}}(\boldsymbol{E},\boldsymbol{A}^{-1}\boldsymbol{C}),$$

所以 $\boldsymbol{Y}=\boldsymbol{A}^{-1}\boldsymbol{C}$,即 $\boldsymbol{XB}=\boldsymbol{A}^{-1}\boldsymbol{C}$,再作

$$\begin{pmatrix}\boldsymbol{B}\\ \boldsymbol{A}^{-1}\boldsymbol{C}\end{pmatrix}\xrightarrow{\text{初等列变换}}\begin{pmatrix}\boldsymbol{E}\\ \boldsymbol{A}^{-1}\boldsymbol{C}\boldsymbol{B}^{-1}\end{pmatrix}.$$

习题 3.3

1. 求下列矩阵的逆矩阵.

(1) $\begin{pmatrix}1 & 2 & -1\\ 3 & 4 & -2\\ 5 & -3 & 1\end{pmatrix}$;　　(2) $\begin{pmatrix}\cos\theta & -\sin\theta\\ \sin\theta & \cos\theta\end{pmatrix}$;

(3) $\begin{pmatrix}2 & 1 & 7\\ 5 & 3 & -1\\ -4 & -3 & 2\end{pmatrix}$;　　(4) $\begin{pmatrix}1 & 0 & 1 & -1\\ 2 & 0 & 1 & 0\\ 3 & 1 & 2 & 0\\ -3 & 1 & 0 & 4\end{pmatrix}$.

2. 设 $\boldsymbol{A}$ 是一个 n 阶矩阵,并且存在正整数 m 使得 $\boldsymbol{A}^m=\boldsymbol{O}$. 证明: $\boldsymbol{E}-\boldsymbol{A}$ 可逆,且

$$(\boldsymbol{E}-\boldsymbol{A})^{-1}=\boldsymbol{E}+\boldsymbol{A}+\cdots+\boldsymbol{A}^{m-1}.$$

3. 解下列矩阵方程.

(1) $\begin{pmatrix}4 & 1 & -2\\ 2 & 2 & 1\\ 3 & 1 & -1\end{pmatrix}\boldsymbol{X}=\begin{pmatrix}1 & -3\\ 2 & 2\\ 3 & -1\end{pmatrix}$;　　(2) $\boldsymbol{X}\begin{pmatrix}0 & 2 & 1\\ 2 & -1 & 3\\ -3 & 3 & -4\end{pmatrix}=\begin{pmatrix}1 & 2 & 3\\ 2 & -3 & 1\end{pmatrix}$.

4. 设 $\boldsymbol{A}=\begin{pmatrix}1 & -1 & 0\\ 0 & 1 & -1\\ -1 & 0 & 1\end{pmatrix}$, $\boldsymbol{AX}=2\boldsymbol{X}+\boldsymbol{A}$,求 $\boldsymbol{X}$.

5. 证明:若 $\boldsymbol{A}$ 是可逆对称矩阵(反对称矩阵),则 $\boldsymbol{A}^{-1}$ 也是对称矩阵(反对称矩阵).

6. 证明:若 $\boldsymbol{A}^2=\boldsymbol{A}$($\boldsymbol{A}$ 称为**幂等矩阵**),且 $\boldsymbol{A}\neq\boldsymbol{E}$,则 $\boldsymbol{A}$ 必不可逆.

7. 已知 $\boldsymbol{A}=\begin{pmatrix}\frac{1}{2} & -\frac{\sqrt{3}}{2}\\ \frac{\sqrt{3}}{2} & \frac{1}{2}\end{pmatrix}$，求 $\boldsymbol{A}^{11}$.

8. 设 $\boldsymbol{A}$ 是 n 阶矩阵. 证明：$|\boldsymbol{A}^*|=|\boldsymbol{A}|^{n-1}$.

3.4 矩阵的秩

定义 3.4.1 在矩阵 $\boldsymbol{A}=(a_{ij})_{m\times n}$ 中任取 k 行 k 列，位于这 k 行 k 列交叉处的 k^2 个元素，按原来的次序组成的 k 阶行列式称为矩阵 $\boldsymbol{A}$ 的 **k 阶子式**.

一个 $m\times n$ 矩阵 $\boldsymbol{A}$ 的 k 阶子式共有 $\mathrm{C}_m^k\mathrm{C}_n^k$ 个. 特别地，$\boldsymbol{A}$ 的每个元素都是 $\boldsymbol{A}$ 的一个一阶子式.

例如，在矩阵

$$\boldsymbol{A}=\begin{pmatrix}1 & -2 & 3 & 4 & 5\\ 2 & 0 & 1 & 3 & 6\\ 3 & -1 & 4 & -2 & 0\\ 4 & 2 & 5 & 3 & 1\end{pmatrix}$$

中，取第 1,3 行，第 2,4 列，得到一个二阶子式

$$\begin{vmatrix}-2 & 4\\ -1 & -2\end{vmatrix}=8,$$

如果取第 1,2,3 行，第 1,3,5 列，得到一个三阶子式

$$\begin{vmatrix}1 & 3 & 5\\ 2 & 1 & 6\\ 3 & 4 & 0\end{vmatrix}=55.$$

定义 3.4.2 如果矩阵 $\boldsymbol{A}$ 有一个不等于 0 的 r 阶子式 D，且所有 $r+1$ 阶子式(如果存在的话)全等于 0，那么 D 称为矩阵 $\boldsymbol{A}$ 的**最高阶非零子式**，而 r 称为矩阵 $\boldsymbol{A}$ 的**秩**，记作 $\mathrm{R}(\boldsymbol{A})$，并规定零矩阵的秩等于 0.

由行列式的性质可知，如果矩阵 $\boldsymbol{A}$ 的所有 $r+1$ 阶子式全等于 0，那么所有高于 $r+1$ 阶的子式也全等于 0，因此矩阵的秩就是 $\boldsymbol{A}$ 中不等于 0 的子式的最大阶数.

显然，只有零矩阵的秩才能是 0.

对于任意 $m\times n$ 矩阵 $\boldsymbol{A}$，显然有

$$\mathrm{R}(\boldsymbol{A}^{\mathrm{T}})=\mathrm{R}(\boldsymbol{A}),\quad \mathrm{R}(k\boldsymbol{A})=\mathrm{R}(\boldsymbol{A})\quad (k\neq 0).$$

例 3.4.1 求矩阵

$$\boldsymbol{A}=\begin{pmatrix}1 & 3 & 2 & -4\\ 2 & 6 & -2 & -8\\ 3 & 9 & 6 & -12\end{pmatrix}$$

的秩.

解 因为 $\boldsymbol{A}$ 的 1,3 行成比例，所以 $\boldsymbol{A}$ 的任意三阶子式都等于 0，而有一个二阶子式

$$\begin{vmatrix} 1 & 2 \\ 2 & -2 \end{vmatrix} = -6 \neq 0,$$

故 $R(\boldsymbol{A})=2$.

例 3.4.2 求矩阵

$$\boldsymbol{A} = \begin{pmatrix} 1 & -1 & 3 & 5 & 3 & 2 \\ 0 & 2 & 4 & 1 & 6 & -1 \\ 0 & 0 & 0 & 2 & 1 & 5 \\ 0 & 0 & 0 & 0 & 0 & 0 \end{pmatrix}$$

的秩.

解 $\boldsymbol{A}$ 是一个阶梯形矩阵,有三个非零行,可知 $\boldsymbol{A}$ 的所有四阶子式全为 0,而非零行的第一个非零元所在列作成的三阶子式

$$\begin{vmatrix} 1 & -1 & 5 \\ 0 & 2 & 1 \\ 0 & 0 & 2 \end{vmatrix} = 4 \neq 0.$$

所以 $R(\boldsymbol{A})=3$.

对于一般矩阵,当行数与列数较高时,按定义求秩是很麻烦的,因为要计算许多行列式.而对于阶梯形矩阵,它的非零行的第一个非零元所在列作成的子式就是一个最大阶非零子式(主对角线上元全不为 0 的上三角行列式),因而它的秩就等于非零行的行数.一个矩阵可以经过初等变换化为阶梯形矩阵,那么一个矩阵经过初等变换其秩会变化吗?

定理 3.4.1 初等变换不改变矩阵的秩.

证明 先证初等行变换不改变矩阵的秩.

交换矩阵的两行只是改变了矩阵行的次序,变换后的矩阵的任一子式经过行的重新排列必是原矩阵的一个子式,故与它至多相差一个符号,因此交换矩阵的两行的初等变换不改变矩阵的秩.

用一个非零数乘矩阵的某一行,所得矩阵的子式,或是原矩阵的子式,或与它相差一个非零因数,因此也不改变矩阵的秩.

下面就第三种初等行变换来证明定理.

设 $\boldsymbol{A}=(a_{ij})_{m\times n}$,$R(\boldsymbol{A})=r$,将 $\boldsymbol{A}$ 的第 j 行乘以 k 加到第 i 行得矩阵 $\boldsymbol{B}$.先证 $R(\boldsymbol{B})\leqslant r$.

如果矩阵 $\boldsymbol{B}$ 没有阶数大于 r 的子式,显然 $R(\boldsymbol{B})\leqslant r$.

设矩阵 $\boldsymbol{B}$ 有 s 阶子式 D,而 $s>r$,那么有三种可能情形.

(1) D 不含第 i 行元素.这时 D 也是矩阵 $\boldsymbol{A}$ 的一个 s 阶子式,而 $s>r$,因此 $D=0$.

(2) D 含第 i 行元素,也含第 j 行元素.这时

$$D = \begin{vmatrix} a_{ht_1} & \cdots & a_{ht_s} \\ \vdots & & \vdots \\ a_{it_1}+ka_{jt_1} & \cdots & a_{it_s}+ka_{jt_s} \\ \vdots & & \vdots \\ a_{jt_1} & \cdots & a_{jt_s} \\ \vdots & & \vdots \\ a_{pt_1} & \cdots & a_{pt_s} \end{vmatrix} = \begin{vmatrix} a_{ht_1} & \cdots & a_{ht_s} \\ \vdots & & \vdots \\ a_{it_1} & \cdots & a_{it_s} \\ \vdots & & \vdots \\ a_{jt_1} & \cdots & a_{jt_s} \\ \vdots & & \vdots \\ a_{pt_1} & \cdots & a_{pt_s} \end{vmatrix} = 0.$$

这是因为行列式的某一行乘以一个数加到另一行，行列式的值不变．而上面后一个行列式是矩阵 $\boldsymbol{A}$ 的一个 s 阶子式．

(3) D 含第 i 行元素，不含第 j 行元素．这时

$$D=\begin{vmatrix} a_{ht_1} & \cdots & a_{ht_s} \\ \vdots & & \vdots \\ a_{it_1}+ka_{jt_1} & \cdots & a_{it_s}+ka_{jt_s} \\ \vdots & & \vdots \\ a_{pt_1} & \cdots & a_{pt_s} \end{vmatrix}=\begin{vmatrix} a_{ht_1} & \cdots & a_{ht_s} \\ \vdots & & \vdots \\ a_{it_1} & \cdots & a_{it_s} \\ \vdots & & \vdots \\ a_{pt_1} & \cdots & a_{pt_s} \end{vmatrix}+k\begin{vmatrix} a_{ht_1} & \cdots & a_{ht_s} \\ \vdots & & \vdots \\ a_{jt_1} & \cdots & a_{jt_s} \\ \vdots & & \vdots \\ a_{pt_1} & \cdots & a_{pt_s} \end{vmatrix}.$$

上式右端第一个行列式是矩阵 $\boldsymbol{A}$ 的一个 s 阶子式，而第二个行列式与 $\boldsymbol{A}$ 的一个 s 阶子式至多相差一个符号，所以这两个行列式都等于零，从而 $D=0$．

因此，矩阵 $\boldsymbol{B}$ 的任何阶数大于 r 的子式都等于零，故 $\mathrm{R}(\boldsymbol{B})\leqslant r=\mathrm{R}(\boldsymbol{A})$．

若对 $\boldsymbol{A}$ 施行某种初等变换化为 $\boldsymbol{B}$，则对 $\boldsymbol{B}$ 施行同一种初等变换又可化为 $\boldsymbol{A}$，因此由上面所证，有 $\mathrm{R}(\boldsymbol{A})\leqslant\mathrm{R}(\boldsymbol{B})$．这就证明了 $\mathrm{R}(\boldsymbol{A})=\mathrm{R}(\boldsymbol{B})$．

由 $\mathrm{R}(\boldsymbol{A}^{\mathrm{T}})=\mathrm{R}(\boldsymbol{A})$ 可知，初等列变换也不改变矩阵的秩．

由此得到用矩阵初等变换求矩阵的秩的方法：

将矩阵 $\boldsymbol{A}$ 经过有限次初等变换化为行阶梯形矩阵后，阶梯形矩阵的非零行行数即为 $\boldsymbol{A}$ 的秩．

例 3.4.3 求矩阵 $\boldsymbol{A}$ 的秩，其中

$$\boldsymbol{A}=\begin{pmatrix} 0 & 1 & 0 & -1 & 1 \\ 1 & -1 & 4 & 0 & 1 \\ 2 & 1 & 2 & 1 & 2 \\ -1 & 2 & -4 & -1 & 0 \end{pmatrix}.$$

解 对 $\boldsymbol{A}$ 施行初等行变换，得

$$\boldsymbol{A}=\begin{pmatrix} 0 & 1 & 0 & -1 & 1 \\ 1 & -1 & 4 & 0 & 1 \\ 2 & 1 & 2 & 1 & 2 \\ -1 & 2 & -4 & -1 & 0 \end{pmatrix}\xrightarrow{r_1\leftrightarrow r_2}\begin{pmatrix} 1 & -1 & 4 & 0 & 1 \\ 0 & 1 & 0 & -1 & 1 \\ 2 & 1 & 2 & 1 & 2 \\ -1 & 2 & -4 & -1 & 0 \end{pmatrix}$$

$$\xrightarrow[r_4+r_1]{r_3+(-2)r_1}\begin{pmatrix} 1 & -1 & 4 & 0 & 1 \\ 0 & 1 & 0 & -1 & 1 \\ 0 & 3 & -6 & 1 & 0 \\ 0 & 1 & 0 & -1 & 1 \end{pmatrix}\xrightarrow[r_4+(-1)r_2]{r_3+(-3)r_2}\begin{pmatrix} 1 & -1 & 4 & 0 & 1 \\ 0 & 1 & 0 & -1 & 1 \\ 0 & 0 & -6 & 4 & -3 \\ 0 & 0 & 0 & 0 & 0 \end{pmatrix}.$$

所以 $\mathrm{R}(\boldsymbol{A})=3$．

对于 n 阶可逆矩阵 $\boldsymbol{A}$，因为 $|\boldsymbol{A}|\neq 0$，所以 $|\boldsymbol{A}|$ 就是 $\boldsymbol{A}$ 的最高阶非零子式，因此 $\mathrm{R}(\boldsymbol{A})=n$．这表明可逆矩阵的秩等于其阶数，故可逆矩阵又称为**满秩矩阵**，而不可逆矩阵又称为**降秩矩阵**．

定理 3.4.2 设 n 阶矩阵 $\boldsymbol{A}$，则 $|\boldsymbol{A}|=0$ 的充要条件是 $\mathrm{R}(\boldsymbol{A})<n$．

定理 3.4.3 设 $\boldsymbol{A}$ 是 $m\times s$ 矩阵，$\boldsymbol{B}$ 是 $s\times n$ 矩阵，则 $\mathrm{R}(\boldsymbol{AB})\leqslant\min\{\mathrm{R}(\boldsymbol{A}),\mathrm{R}(\boldsymbol{B})\}$．

证明 设 $\mathrm{R}(\boldsymbol{A})=r$，由定理 3.2.2 知，对 $\boldsymbol{A}$ 施行初等变换可化为

$$\overline{A} = \begin{pmatrix} 1 & 0 & \cdots & 0 & \cdots & 0 \\ 0 & 1 & \cdots & 0 & \cdots & 0 \\ \vdots & \vdots & & \vdots & & \vdots \\ 0 & 0 & \cdots & 1 & \cdots & 0 \\ 0 & 0 & \cdots & 0 & \cdots & 0 \\ \vdots & \vdots & & \vdots & & \vdots \\ 0 & 0 & \cdots & 0 & \cdots & 0 \end{pmatrix} \begin{matrix} \left.\begin{matrix} \\ \\ \\ \\ \end{matrix}\right\} r\text{行} \\ \\ \\ \\ \end{matrix}$$

于是存在 m 阶初等矩阵 $\boldsymbol{P}_1, \boldsymbol{P}_2, \cdots, \boldsymbol{P}_l$ 和 s 阶初等矩阵 $\boldsymbol{Q}_1, \boldsymbol{Q}_2, \cdots, \boldsymbol{Q}_t$，使

$$\boldsymbol{P}_1\boldsymbol{P}_2\cdots\boldsymbol{P}_l\boldsymbol{A}\boldsymbol{Q}_1\boldsymbol{Q}_2\cdots\boldsymbol{Q}_t = \overline{\boldsymbol{A}},$$

即

$$\boldsymbol{P}_1\boldsymbol{P}_2\cdots\boldsymbol{P}_l\boldsymbol{A} = \overline{\boldsymbol{A}}\boldsymbol{Q}_t^{-1}\cdots\boldsymbol{Q}_2^{-1}\boldsymbol{Q}_1^{-1}.$$

于是

$$\boldsymbol{P}_1\boldsymbol{P}_2\cdots\boldsymbol{P}_l\boldsymbol{A}\boldsymbol{B} = \overline{\boldsymbol{A}}\boldsymbol{Q}_t^{-1}\cdots\boldsymbol{Q}_2^{-1}\boldsymbol{Q}_1^{-1}\boldsymbol{B} = \overline{\boldsymbol{A}}\,\overline{\boldsymbol{B}},$$

这里 $\overline{\boldsymbol{B}}=\boldsymbol{Q}_t^{-1}\cdots\boldsymbol{Q}_2^{-1}\boldsymbol{Q}_1^{-1}\boldsymbol{B}$. 因 $\overline{\boldsymbol{A}}$ 的后 $m-r$ 行全为零，所以 $\overline{\boldsymbol{A}}\,\overline{\boldsymbol{B}}$ 除前 r 行外，其余各行的元素都是零，因此 $\mathrm{R}(\overline{\boldsymbol{A}}\,\overline{\boldsymbol{B}})\leqslant r$. 另一方面，$\boldsymbol{P}_1\boldsymbol{P}_2\cdots\boldsymbol{P}_l\boldsymbol{A}\boldsymbol{B}$ 表示对 $\boldsymbol{A}\boldsymbol{B}$ 施行初等行变换，因此

$$\mathrm{R}(\boldsymbol{A}\boldsymbol{B}) = \mathrm{R}(\boldsymbol{P}_1\boldsymbol{P}_2\cdots\boldsymbol{P}_l\boldsymbol{A}\boldsymbol{B}) = \mathrm{R}(\overline{\boldsymbol{A}}\,\overline{\boldsymbol{B}}) \leqslant r = \mathrm{R}(\boldsymbol{A}).$$

同理可证 $\mathrm{R}(\boldsymbol{A}\boldsymbol{B})\leqslant\mathrm{R}(\boldsymbol{B})$.

推论 设 $\boldsymbol{A}$ 是 $m\times n$ 矩阵，$\boldsymbol{P}$ 是 m 阶可逆矩阵，$\boldsymbol{Q}$ 是 n 阶可逆矩阵，则

$$\mathrm{R}(\boldsymbol{A}) = \mathrm{R}(\boldsymbol{P}\boldsymbol{A}) = \mathrm{R}(\boldsymbol{A}\boldsymbol{Q}).$$

证明 令 $\boldsymbol{B}=\boldsymbol{P}\boldsymbol{A}$，由定理3.4.3，有

$$\mathrm{R}(\boldsymbol{B}) \leqslant \mathrm{R}(\boldsymbol{A}),$$

另一方面由 $\boldsymbol{A}=\boldsymbol{P}^{-1}\boldsymbol{B}$，又有

$$\mathrm{R}(\boldsymbol{A}) \leqslant \mathrm{R}(\boldsymbol{B}).$$

所以 $\mathrm{R}(\boldsymbol{A})=\mathrm{R}(\boldsymbol{B})=\mathrm{R}(\boldsymbol{P}\boldsymbol{A})$. 同理可证 $\mathrm{R}(\boldsymbol{A})=\mathrm{R}(\boldsymbol{A}\boldsymbol{Q})$.

定理3.4.3可以推广到多个矩阵的乘积的情形：任意有限个矩阵乘积的秩不大于每一因子的秩.

习题 3.4

1. 求下列矩阵的秩.

(1) $\boldsymbol{A}=\begin{pmatrix} 1 & 0 & 2 & -1 \\ 2 & 1 & 2 & 4 \\ 3 & 1 & 4 & 3 \end{pmatrix}$； (2) $\boldsymbol{A}=\begin{pmatrix} 3 & 2 & -1 & -3 \\ 2 & -1 & 3 & 1 \\ 7 & 0 & 5 & -1 \end{pmatrix}$；

(3) $\boldsymbol{A}=\begin{pmatrix} 1 & -1 & 2 & 0 & 1 \\ 2 & -2 & 4 & 0 & -2 \\ 3 & 0 & 6 & 1 & -1 \\ 0 & 3 & 0 & 1 & 0 \end{pmatrix}$； (4) $\boldsymbol{A}=\begin{pmatrix} 2 & 1 & 1 & -2 & 1 \\ 2 & -3 & 4 & 2 & 2 \\ 3 & -2 & 0 & 1 & 3 \\ 1 & 0 & 5 & -1 & 0 \end{pmatrix}$.

2. 设矩阵

$$A=\begin{pmatrix}1 & -2 & 3k\\ -1 & 2k & -3\\ k & -2 & 3\end{pmatrix},$$

问 k 为何值时，可使(1)$\mathrm{R}(\boldsymbol{A})=1$；(2)$\mathrm{R}(\boldsymbol{A})=2$；(3)$\mathrm{R}(\boldsymbol{A})=3$.

3. 设 $\boldsymbol{A}$ 是 n 阶矩阵. 证明：$\mathrm{R}(\boldsymbol{A})\leqslant 1$ 的充要条件是 $\boldsymbol{A}$ 可以表为一个 $n\times 1$ 矩阵和一个 $1\times n$ 矩阵的乘积.

4. 设 $\boldsymbol{A}$ 是一个 n 阶矩阵，$\mathrm{R}(\boldsymbol{A})=1$. 证明：

(1) $\boldsymbol{A}=\begin{pmatrix}a_1\\ a_2\\ \vdots\\ a_n\end{pmatrix}(b_1,b_2,\cdots,b_n)$；　　(2) $\boldsymbol{A}^2=k\boldsymbol{A}$，($k$ 是一个数).

5. 证明：一个秩为 r 的矩阵总可以表为 r 个秩为 1 的矩阵之和.

6. 设 $\boldsymbol{A}$ 为二阶矩阵. 证明：如果 $\boldsymbol{A}^l=\boldsymbol{O}(l\geqslant 2)$，那么 $\boldsymbol{A}^2=\boldsymbol{O}$.

3.5 矩阵的分块

在这一节里，我们将介绍矩阵运算的一种有用的技巧，即矩阵的分块，这种技巧在处理某些阶数较高的矩阵时常常被用到.

设 $\boldsymbol{A}$ 是一个矩阵，在 $\boldsymbol{A}$ 的行或列之间加上一些线，把这个矩阵分成若干小块. 用这种方法被分成若干小块的矩阵叫做**分块矩阵**.

例如，在矩阵

$$\boldsymbol{A}=\left(\begin{array}{ccc:cc}1 & 0 & 0 & 0 & 0\\ 0 & 1 & 0 & 0 & 0\\ 0 & 0 & 1 & 0 & 0\\ \hdashline 1 & 2 & 3 & 1 & 0\\ 4 & 5 & 6 & 0 & 1\end{array}\right)$$

中，将 $\boldsymbol{A}$ 分成了四块，$\boldsymbol{A}$ 由以下四个矩阵组成：

$$\boldsymbol{E}_3=\begin{pmatrix}1 & 0 & 0\\ 0 & 1 & 0\\ 0 & 0 & 1\end{pmatrix},\quad \boldsymbol{O}=\begin{pmatrix}0 & 0\\ 0 & 0\\ 0 & 0\end{pmatrix},\quad \boldsymbol{A}_1=\begin{pmatrix}1 & 2 & 3\\ 4 & 5 & 6\end{pmatrix},\quad \boldsymbol{E}_2=\begin{pmatrix}1 & 0\\ 0 & 1\end{pmatrix}.$$

则 $\boldsymbol{A}$ 可表示成

$$\boldsymbol{A}=\begin{pmatrix}\boldsymbol{E}_3 & \boldsymbol{O}\\ \boldsymbol{A}_1 & \boldsymbol{E}_2\end{pmatrix}.$$

给了一个矩阵，可以由各种不同的分块方法. 例如矩阵 $\boldsymbol{A}=(a_{ij})_{5\times 4}$ 可以分成三块：

$$A=\left(\begin{array}{cc|cc|c} a_{11} & a_{12} & a_{13} & a_{14} & a_{15} \\ a_{21} & a_{22} & a_{23} & a_{24} & a_{25} \\ a_{31} & a_{32} & a_{33} & a_{34} & a_{35} \\ a_{41} & a_{42} & a_{43} & a_{44} & a_{45} \end{array}\right),$$

也可以分成六块：

$$A=\left(\begin{array}{cc|cc|c} a_{11} & a_{12} & a_{13} & a_{14} & a_{15} \\ a_{21} & a_{22} & a_{23} & a_{24} & a_{25} \\ \hline a_{31} & a_{32} & a_{33} & a_{34} & a_{35} \\ a_{41} & a_{42} & a_{43} & a_{44} & a_{45} \end{array}\right).$$

每一个分块的方法叫做 $\boldsymbol{A}$ 的一种**分法**. 下面具体介绍分块矩阵的运算.

1. 分块加法

设 $\boldsymbol{A},\boldsymbol{B}$ 是同型矩阵，并且对于 $\boldsymbol{A},\boldsymbol{B}$ 用同样的分法来分块：

$$\boldsymbol{A}=\begin{pmatrix} \boldsymbol{A}_{11} & \cdots & \boldsymbol{A}_{1r} \\ \vdots & & \vdots \\ \boldsymbol{A}_{s1} & \cdots & \boldsymbol{A}_{sr} \end{pmatrix},\quad \boldsymbol{B}=\begin{pmatrix} \boldsymbol{B}_{11} & \cdots & \boldsymbol{B}_{1r} \\ \vdots & & \vdots \\ \boldsymbol{B}_{s1} & \cdots & \boldsymbol{B}_{sr} \end{pmatrix}.$$

其中 $\boldsymbol{A}_{ij}$ 与 $\boldsymbol{B}_{ij}$ 是同型矩阵，则

$$\boldsymbol{A}+\boldsymbol{B}=\begin{pmatrix} \boldsymbol{A}_{11}+\boldsymbol{B}_{11} & \cdots & \boldsymbol{A}_{1r}+\boldsymbol{B}_{1r} \\ \vdots & & \vdots \\ \boldsymbol{A}_{s1}+\boldsymbol{B}_{s1} & \cdots & \boldsymbol{A}_{sr}+\boldsymbol{B}_{sr} \end{pmatrix}.$$

2. 分块数乘

设分块矩阵

$$\boldsymbol{A}=\begin{pmatrix} \boldsymbol{A}_{11} & \cdots & \boldsymbol{A}_{1r} \\ \vdots & & \vdots \\ \boldsymbol{A}_{s1} & \cdots & \boldsymbol{A}_{sr} \end{pmatrix},$$

k 为数，则

$$k\boldsymbol{A}=\begin{pmatrix} k\boldsymbol{A}_{11} & \cdots & k\boldsymbol{A}_{1r} \\ \vdots & & \vdots \\ k\boldsymbol{A}_{s1} & \cdots & k\boldsymbol{A}_{sr} \end{pmatrix}.$$

3. 分块乘法

设 $\boldsymbol{A}$ 是 $m\times s$ 矩阵，$\boldsymbol{B}$ 是 $s\times n$ 矩阵，对于 $\boldsymbol{A},\boldsymbol{B}$ 如下分块：

$$\boldsymbol{A}=\begin{array}{c} \begin{array}{cccc} s_1 & s_2 & \cdots & s_r \end{array} \\ \begin{pmatrix} \boldsymbol{A}_{11} & \boldsymbol{A}_{12} & \cdots & \boldsymbol{A}_{1r} \\ \boldsymbol{A}_{21} & \boldsymbol{A}_{22} & \cdots & \boldsymbol{A}_{2r} \\ \vdots & \vdots & & \vdots \\ \boldsymbol{A}_{p1} & \boldsymbol{A}_{p2} & \cdots & \boldsymbol{A}_{pr} \end{pmatrix} \end{array} \begin{array}{c} m_1 \\ m_2 \\ \vdots \\ m_p \end{array},\quad \boldsymbol{B}=\begin{array}{c} \begin{array}{cccc} n_1 & n_2 & \cdots & n_t \end{array} \\ \begin{pmatrix} \boldsymbol{B}_{11} & \boldsymbol{B}_{12} & \cdots & \boldsymbol{B}_{1t} \\ \boldsymbol{B}_{21} & \boldsymbol{B}_{22} & \cdots & \boldsymbol{B}_{2t} \\ \vdots & \vdots & & \vdots \\ \boldsymbol{B}_{r1} & \boldsymbol{B}_{r2} & \cdots & \boldsymbol{B}_{rt} \end{pmatrix} \end{array} \begin{array}{c} s_1 \\ s_2 \\ \vdots \\ s_r \end{array}.$$

其中每个 $\boldsymbol{A}_{ij}$ 是 $m_i\times s_j$ 小矩阵，$\boldsymbol{B}_{ij}$ 是 $s_i\times n_j$ 小矩阵，则

$$AB=\begin{pmatrix} C_{11} & C_{12} & \cdots & C_{1t} \\ C_{21} & C_{22} & \cdots & C_{2t} \\ \vdots & \vdots & & \vdots \\ C_{p1} & C_{p2} & \cdots & C_{pt} \end{pmatrix}\begin{matrix} m_1 \\ m_2 \\ \vdots \\ m_p \end{matrix}$$

其中 $C_{ij}=A_{i1}B_{1j}+A_{i2}B_{2j}+\cdots+A_{ir}B_{rj}=\sum\limits_{k=1}^{r}A_{ik}B_{kj}\,(i=1,2,\cdots,p;\ j=1,2,\cdots,t)$. 这里

$$m_1+m_2+\cdots+m_p=m,s_1+s_2+\cdots+s_r=s,n_1+n_2+\cdots+n_t=n.$$

这个结果由矩阵乘积的定义直接验证即得.

注 作分块乘法 AB 时,矩阵 A 的列分法必须与矩阵 B 的行分法一致.

例 3.5.1 设 A 是 $m\times n$ 矩阵,B 是 $n\times s$ 矩阵,将 B 分块为

$$B=\left(\begin{array}{c|c|c|c} b_{11} & b_{12} & \cdots & b_{1s} \\ b_{21} & b_{22} & \cdots & b_{2s} \\ \vdots & \vdots & & \vdots \\ b_{n1} & b_{n2} & \cdots & b_{ns} \end{array}\right)=(B_1,B_2,\cdots,B_s),$$

其中 $B_k(k=1,2,\cdots,s)$ 是 $n\times 1$ 矩阵,则

$$AB=A(B_1,B_2,\cdots,B_s)=(AB_1,AB_2,\cdots,AB_s).$$

矩阵 AB 的第 j 列即为

$$AB_j=A\begin{pmatrix} b_{1j} \\ b_{2j} \\ \vdots \\ b_{nj} \end{pmatrix},\quad j=1,2,\cdots,s.$$

即 AB 的第 j 列等于用 A 左乘 B 的第 j 列.

例 3.5.2 设矩阵

$$A=\begin{pmatrix} 1 & 0 & 1 & 3 \\ 0 & 1 & 0 & 2 \\ 0 & 0 & -1 & 0 \\ 0 & 0 & 0 & -1 \end{pmatrix},\quad B=\begin{pmatrix} 1 & 2 & 0 & 0 \\ 2 & 0 & 0 & 0 \\ 2 & 1 & 1 & 0 \\ 0 & -2 & 0 & 1 \end{pmatrix},$$

计算 AB.

解 把 A,B 分块成

$$A=\left(\begin{array}{cc|cc} 1 & 0 & 1 & 3 \\ 0 & 1 & 0 & 2 \\ \hline 0 & 0 & -1 & 0 \\ 0 & 0 & 0 & -1 \end{array}\right)=\begin{pmatrix} E & C \\ O & -E \end{pmatrix},\quad B=\left(\begin{array}{cc|cc} 1 & 2 & 0 & 0 \\ 2 & 0 & 0 & 0 \\ \hline 2 & 1 & 1 & 0 \\ 0 & -2 & 0 & 1 \end{array}\right)=\begin{pmatrix} D & O \\ F & E \end{pmatrix},$$

其中

$$C=\begin{pmatrix} 1 & 3 \\ 0 & 2 \end{pmatrix},\quad E=\begin{pmatrix} 1 & 0 \\ 0 & 1 \end{pmatrix},\quad D=\begin{pmatrix} 1 & 2 \\ 2 & 0 \end{pmatrix},\quad F=\begin{pmatrix} 2 & 1 \\ 0 & -2 \end{pmatrix},$$

作分块乘法,得

$$AB=\begin{pmatrix} E & C \\ O & -E \end{pmatrix}\begin{pmatrix} D & O \\ F & E \end{pmatrix}=\begin{pmatrix} D+CF & C \\ -F & -E \end{pmatrix},$$

计算得到

$$\boldsymbol{D}+\boldsymbol{CF}=\begin{pmatrix}3 & -3\\ 2 & -4\end{pmatrix},$$

所以

$$\boldsymbol{AB}=\begin{pmatrix}3 & -3 & 1 & 3\\ 2 & -4 & 0 & 2\\ -2 & -1 & -1 & 0\\ 0 & 2 & 0 & -1\end{pmatrix}.$$

例 3.5.3 设

$$\boldsymbol{P}=\begin{pmatrix}\boldsymbol{A} & \boldsymbol{C}\\ \boldsymbol{O} & \boldsymbol{B}\end{pmatrix}$$

是一个 n 阶分块矩阵，且 $\boldsymbol{A},\boldsymbol{B}$ 分别为 r 阶和 s 阶可逆矩阵，$r+s=n$. 证明 $\boldsymbol{P}$ 可逆，并求 $\boldsymbol{P}$ 的逆矩阵.

证明 假设 $\boldsymbol{P}$ 有逆矩阵 $\boldsymbol{X}$，将 $\boldsymbol{X}$ 按 $\boldsymbol{P}$ 的分法进行分块：

$$\boldsymbol{X}=\begin{pmatrix}\boldsymbol{X}_1 & \boldsymbol{X}_2\\ \boldsymbol{X}_3 & \boldsymbol{X}_4\end{pmatrix},$$

则有

$$\begin{pmatrix}\boldsymbol{A} & \boldsymbol{C}\\ \boldsymbol{O} & \boldsymbol{B}\end{pmatrix}\begin{pmatrix}\boldsymbol{X}_1 & \boldsymbol{X}_2\\ \boldsymbol{X}_3 & \boldsymbol{X}_4\end{pmatrix}=\begin{pmatrix}\boldsymbol{E}_r & O\\ O & \boldsymbol{E}_s\end{pmatrix}.$$

于是得

$$\boldsymbol{AX}_1+\boldsymbol{CX}_3=\boldsymbol{E}_r,\quad \boldsymbol{AX}_2+\boldsymbol{CX}_4=\boldsymbol{O},\quad \boldsymbol{BX}_3=\boldsymbol{O},\quad \boldsymbol{BX}_4=\boldsymbol{E}_s.$$

由 $\boldsymbol{B}$ 可逆，可得 $\boldsymbol{X}_3=\boldsymbol{O},\boldsymbol{X}_4=\boldsymbol{B}^{-1}$. 分别代入前两个等式，得

$$\boldsymbol{AX}_1=\boldsymbol{E}_r,\quad \boldsymbol{AX}_2+\boldsymbol{CB}^{-1}=\boldsymbol{O},$$
$$\boldsymbol{X}_1=\boldsymbol{A}^{-1},\quad \boldsymbol{X}_2=-\boldsymbol{A}^{-1}\boldsymbol{CB}^{-1}.$$

从而

$$\boldsymbol{X}=\begin{pmatrix}\boldsymbol{A}^{-1} & -\boldsymbol{A}^{-1}\boldsymbol{CB}^{-1}\\ \boldsymbol{O} & \boldsymbol{B}^{-1}\end{pmatrix}.$$

直接验证可知 $\boldsymbol{PX}=\boldsymbol{XP}=\boldsymbol{E}$.

特别地，当 $\boldsymbol{C}=\boldsymbol{O}$ 时，有

$$\begin{pmatrix}\boldsymbol{A} & \boldsymbol{O}\\ \boldsymbol{O} & \boldsymbol{B}\end{pmatrix}^{-1}=\begin{pmatrix}\boldsymbol{A}^{-1} & \boldsymbol{O}\\ \boldsymbol{O} & \boldsymbol{B}^{-1}\end{pmatrix}.$$

形如

$$\begin{pmatrix}\boldsymbol{A}_1 & \boldsymbol{O} & \cdots & \boldsymbol{O}\\ \boldsymbol{O} & \boldsymbol{A}_2 & \cdots & \boldsymbol{O}\\ \vdots & \vdots & & \vdots\\ \boldsymbol{O} & \boldsymbol{O} & \cdots & \boldsymbol{A}_s\end{pmatrix}$$

的分块矩阵，其中 $\boldsymbol{A}_i$ 是一个 n_i 阶矩阵（$i=1,2,\cdots,s$），通常称为**分块对角矩阵**（或**准对角矩阵**）.

设 $\boldsymbol{A},\boldsymbol{B}$ 为两个同阶且具有相同分法的分块对角矩阵，具体可表示为

$$\boldsymbol{A}=\begin{pmatrix}\boldsymbol{A}_1 & \boldsymbol{O} & \cdots & \boldsymbol{O}\\ \boldsymbol{O} & \boldsymbol{A}_2 & \cdots & \boldsymbol{O}\\ \vdots & \vdots & & \vdots\\ \boldsymbol{O} & \boldsymbol{O} & \cdots & \boldsymbol{A}_s\end{pmatrix},\quad \boldsymbol{B}=\begin{pmatrix}\boldsymbol{B}_1 & \boldsymbol{O} & \cdots & \boldsymbol{O}\\ \boldsymbol{O} & \boldsymbol{B}_2 & \cdots & \boldsymbol{O}\\ \vdots & \vdots & & \vdots\\ \boldsymbol{O} & \boldsymbol{O} & \cdots & \boldsymbol{B}_s\end{pmatrix},$$

则有

$$\boldsymbol{A}+\boldsymbol{B}=\begin{pmatrix}\boldsymbol{A}_1+\boldsymbol{B}_1 & \boldsymbol{O} & \cdots & \boldsymbol{O}\\ \boldsymbol{O} & \boldsymbol{A}_2+\boldsymbol{B}_2 & \cdots & \boldsymbol{O}\\ \vdots & \vdots & & \vdots\\ \boldsymbol{O} & \boldsymbol{O} & \cdots & \boldsymbol{A}_s+\boldsymbol{B}_s\end{pmatrix};$$

$$\boldsymbol{AB}=\begin{pmatrix}\boldsymbol{A}_1\boldsymbol{B}_1 & \boldsymbol{O} & \cdots & \boldsymbol{O}\\ \boldsymbol{O} & \boldsymbol{A}_2\boldsymbol{B}_2 & \cdots & \boldsymbol{O}\\ \vdots & \vdots & & \vdots\\ \boldsymbol{O} & \boldsymbol{O} & \cdots & \boldsymbol{A}_s\boldsymbol{B}_s\end{pmatrix}.$$

它们还是分块对角矩阵.

如果每一 $\boldsymbol{A}_i$ 都是可逆矩阵，那么 $\boldsymbol{A}$ 也可逆，且

$$\boldsymbol{A}^{-1}=\begin{pmatrix}\boldsymbol{A}_1^{-1} & \boldsymbol{O} & \cdots & \boldsymbol{O}\\ \boldsymbol{O} & \boldsymbol{A}_2^{-1} & \cdots & \boldsymbol{O}\\ \vdots & \vdots & & \vdots\\ \boldsymbol{O} & \boldsymbol{O} & \cdots & \boldsymbol{A}_s^{-1}\end{pmatrix}.$$

习题 3.5

1. 求矩阵

$$\boldsymbol{A}=\begin{pmatrix}2 & 1 & 0 & 0\\ 3 & 2 & 0 & 0\\ 5 & 7 & 1 & 3\\ -1 & -3 & -2 & -5\end{pmatrix}$$

的逆矩阵.

2. 设

$$\boldsymbol{X}=\begin{pmatrix}\boldsymbol{O} & \boldsymbol{B}\\ \boldsymbol{C} & \boldsymbol{O}\end{pmatrix},$$

已知 $\boldsymbol{B}^{-1},\boldsymbol{C}^{-1}$ 存在，求 $\boldsymbol{X}^{-1}$.

3. 设

$$\boldsymbol{A}=\begin{pmatrix}0 & a_1 & 0 & \cdots & 0 & 0\\ 0 & 0 & a_2 & \cdots & 0 & 0\\ \vdots & \vdots & \vdots & & \vdots & \vdots\\ 0 & 0 & 0 & \cdots & 0 & a_{n-1}\\ a_n & 0 & 0 & \cdots & 0 & 0\end{pmatrix},$$

其中 $a_i\neq0(i=1,2,\cdots,n)$,求 $\boldsymbol{A}^{-1}$.

4. 设 $\boldsymbol{A},\boldsymbol{B},\boldsymbol{C},\boldsymbol{D}$ 都是 n 阶矩阵,且 $|\boldsymbol{A}|\neq0$,$\boldsymbol{AC}=\boldsymbol{CA}$. 证明:

$$\begin{vmatrix}\boldsymbol{A} & \boldsymbol{B}\\ \boldsymbol{C} & \boldsymbol{D}\end{vmatrix}=|\boldsymbol{AD}-\boldsymbol{CB}|.$$

本章小结

一、基本概念

1. 矩阵的运算

加(减),数乘,乘,幂,转置(注意在加(减),乘,幂运算中对矩阵形状的要求).

分块矩阵的运算(注意对矩阵分法的要求).

2. 几类特殊矩阵

三角矩阵,对角矩阵,数量矩阵,单位矩阵,阶梯形矩阵,伴随矩阵.

3. 可逆矩阵及其逆矩阵

可逆矩阵,逆矩阵.

4. 初等变换与初等矩阵

三种初等变换与三种初等矩阵.

5. 矩阵的秩

二、基本性质与定理

1. 矩阵运算的性质

设 $\boldsymbol{A},\boldsymbol{B},\boldsymbol{C},\boldsymbol{D}$ 是矩阵,k,l 是数,则

(1) ① $\boldsymbol{A}+\boldsymbol{B}=\boldsymbol{B}+\boldsymbol{A}$;

② $(\boldsymbol{A}+\boldsymbol{B})+\boldsymbol{C}=\boldsymbol{A}+(\boldsymbol{B}+\boldsymbol{C})$;

③ $\boldsymbol{A}+\boldsymbol{O}=\boldsymbol{A}$;

④ $\boldsymbol{A}+(-\boldsymbol{A})=\boldsymbol{O}$;

⑤ $k(\boldsymbol{A}+\boldsymbol{B})=k\boldsymbol{A}+k\boldsymbol{B}$;

⑥ $(k+l)\boldsymbol{A}=k\boldsymbol{A}+l\boldsymbol{A}$;

⑦ $k(l\boldsymbol{A})=(kl)\boldsymbol{A}$;

⑧ $1\boldsymbol{A}=\boldsymbol{A}$.

(2) ① $(\boldsymbol{AB})\boldsymbol{C}=\boldsymbol{A}(\boldsymbol{BC})$;

② $(\boldsymbol{A}+\boldsymbol{B})\boldsymbol{C}=\boldsymbol{AC}+\boldsymbol{BC},\boldsymbol{C}(\boldsymbol{A}+\boldsymbol{B})=\boldsymbol{CA}+\boldsymbol{CB}$;

③ $k(\boldsymbol{AB})=(k\boldsymbol{A})\boldsymbol{B}=\boldsymbol{A}(k\boldsymbol{B})$.

注 1 矩阵乘法不适合交换律.

注 2 矩阵乘法不适合消去律,即由 $\boldsymbol{AB}=\boldsymbol{AC}$ 且 $\boldsymbol{A}\neq\boldsymbol{O}$,不一定有 $\boldsymbol{B}=\boldsymbol{C}$.

(3) ① $(\boldsymbol{A}^{\mathrm{T}})^{\mathrm{T}}=\boldsymbol{A}$;

② $(\boldsymbol{A}\pm\boldsymbol{B})^{\mathrm{T}}=\boldsymbol{A}^{\mathrm{T}}\pm\boldsymbol{B}^{\mathrm{T}}$;

③ $(k\boldsymbol{A})^{\mathrm{T}}=k\boldsymbol{A}^{\mathrm{T}}$;

④ $(\boldsymbol{AB})^{\mathrm{T}}=\boldsymbol{B}^{\mathrm{T}}\boldsymbol{A}^{\mathrm{T}}$.

(4) ① $(\boldsymbol{A}^{-1})^{-1}=\boldsymbol{A}$;

② $(k\boldsymbol{A})^{-1}=k^{-1}\boldsymbol{A}^{-1}$ (k 为非零数);

③ $(\boldsymbol{AB})^{-1}=\boldsymbol{B}^{-1}\boldsymbol{A}^{-1}$;

④ $(\boldsymbol{A}^{\mathrm{T}})^{-1}=(\boldsymbol{A}^{-1})^{\mathrm{T}}$.

(5) $\boldsymbol{AA}^*=\boldsymbol{A}^*\boldsymbol{A}=|\boldsymbol{A}|\boldsymbol{E}$.

2. 可逆矩阵的判定

(1) 矩阵 $\boldsymbol{A}$ 可逆⇔存在矩阵 $\boldsymbol{B}$,使 $\boldsymbol{AB}=\boldsymbol{E}$ 或($\boldsymbol{BA}=\boldsymbol{E}$);

(2) 矩阵 $\boldsymbol{A}$ 可逆⇔ $\boldsymbol{A}$ 可以表成一些初等矩阵的乘积;

(3) 矩阵 $\boldsymbol{A}$ 可逆⇔$|\boldsymbol{A}|\neq 0$;

(4) 矩阵 $\boldsymbol{A}$ 可逆⇔$\mathrm{R}(\boldsymbol{A})=n$($n$ 为 $\boldsymbol{A}$ 的阶数).

3. 对 $\boldsymbol{A}$ 施行一次初等行(列)变换,相当于在 $\boldsymbol{A}$ 的左(右)边乘上相应的初等矩阵.

4. 初等变换不改变矩阵的秩.

5. 任一矩阵 $\boldsymbol{A}$ 都与一形式为

$$\begin{pmatrix}\boldsymbol{E}_r & \boldsymbol{O}\\ \boldsymbol{O} & \boldsymbol{O}\end{pmatrix} \quad (r\text{ 为 }\boldsymbol{A}\text{ 的秩})$$

的矩阵等价,它称为矩阵 $\boldsymbol{A}$ 的(等价)标准形.

6. $\mathrm{R}(\boldsymbol{AB})\leqslant\min\{\mathrm{R}(\boldsymbol{A}),\mathrm{R}(\boldsymbol{B})\}$.

三、基本解题方法

1. 逆矩阵的求法

(1) 公式法 $\boldsymbol{A}^{-1}=\dfrac{1}{|\boldsymbol{A}|}\boldsymbol{A}^*$ ($\boldsymbol{A}^*$ 为 $\boldsymbol{A}$ 的伴随矩阵).

(2) 初等变换法

$$(\boldsymbol{A},\boldsymbol{E})\xrightarrow{\text{初等行变换}}(\boldsymbol{E},\boldsymbol{A}^{-1}),$$

或

$$\begin{pmatrix}\boldsymbol{A}\\ \boldsymbol{E}\end{pmatrix}\xrightarrow{\text{初等列变换}}\begin{pmatrix}\boldsymbol{E}\\ \boldsymbol{A}^{-1}\end{pmatrix}.$$

2. 解矩阵方程

(1) 解矩阵方程 $\boldsymbol{AX}=\boldsymbol{B}$:

$$(\boldsymbol{A},\boldsymbol{B})\xrightarrow{\text{初等行变换}}(\boldsymbol{E},\boldsymbol{A}^{-1}\boldsymbol{B}),$$

$\boldsymbol{A}^{-1}\boldsymbol{B}$ 即为方程的解.

(2) 解矩阵方程 $\boldsymbol{XA}=\boldsymbol{B}$:

$$\begin{pmatrix}\boldsymbol{A}\\ \boldsymbol{B}\end{pmatrix}\xrightarrow{\text{初等列变换}}\begin{pmatrix}\boldsymbol{E}\\ \boldsymbol{BA}^{-1}\end{pmatrix},$$

$\boldsymbol{BA}^{-1}$ 即为方程的解.

3. 用初等变换求矩阵的秩

将矩阵 $\boldsymbol{A}$ 用初等行变换化为行阶梯形矩阵,阶梯形矩阵的非零行数即为 $\boldsymbol{A}$ 的秩.

复习题三

1. 下列说法是否正确？若正确，请证明；若错误，请举出反例.

(1) 若 $\boldsymbol{A}^2=\boldsymbol{O}$，则 $\boldsymbol{A}=\boldsymbol{O}$；

(2) 若 $\boldsymbol{A}^2=\boldsymbol{A}$，则 $\boldsymbol{A}=\boldsymbol{O}$ 或 $\boldsymbol{A}=\boldsymbol{E}$；

(3) 若 $\boldsymbol{A}^2=\boldsymbol{E}$，则 $\boldsymbol{A}=\boldsymbol{E}$ 或 $\boldsymbol{A}=-\boldsymbol{E}$；

(4) 若 $\boldsymbol{AX}=\boldsymbol{AY}$，且 $\boldsymbol{A}$ 可逆，则 $\boldsymbol{X}=\boldsymbol{Y}$.

2. 设 $\boldsymbol{A}$ 是 $m\times n$ 矩阵，若对任意 n 阶矩阵 $\boldsymbol{X}$ 都有 $\boldsymbol{AX}=\boldsymbol{O}$. 证明：$\boldsymbol{A}=\boldsymbol{O}$.

3. 设 $\boldsymbol{A}$ 为 n 阶实矩阵. 证明：$\boldsymbol{A}^{\mathrm{T}}\boldsymbol{A}=\boldsymbol{O}$ 的充要条件是 $\boldsymbol{A}=\boldsymbol{O}$.

4. 试确定矩阵 $\boldsymbol{A}=\begin{pmatrix}1 & -a & b\\ a & 1 & -c\\ -b & c & 1\end{pmatrix}$ 可逆的条件，并求其逆矩阵.

5. 确定 x 与 y 的值，使矩阵 $\boldsymbol{A}=\begin{pmatrix}1 & 1 & 1 & 1 & 1\\ 3 & 2 & 1 & -3 & x\\ 0 & 1 & 2 & 6 & 3\\ 5 & 4 & 3 & -1 & y\end{pmatrix}$ 的秩为 2.

6. 已知 $\boldsymbol{x}=(1,2,3)^{\mathrm{T}}$，$\boldsymbol{y}=\left(1,-2,\dfrac{1}{3}\right)^{\mathrm{T}}$，令 $\boldsymbol{A}=\boldsymbol{xy}^{\mathrm{T}}$，求 $\boldsymbol{A}^n$（n 为正整数）.

7. 已知 $\boldsymbol{P}=\begin{pmatrix}2 & 0 & 0\\ 0 & 1 & 2\\ 0 & 0 & 1\end{pmatrix}$，$\boldsymbol{A}=\begin{pmatrix}-2 & 0 & 0\\ 0 & 1 & 0\\ 0 & 0 & 1\end{pmatrix}$，求 $(\boldsymbol{P}^{-1}\boldsymbol{AP})^{10}$，进而求 $\boldsymbol{A}^k$.

8. 设 $\boldsymbol{A}=\begin{pmatrix}a & a & a\\ a & a & a\\ a & a & a\end{pmatrix}$，求 $\boldsymbol{A}^n$.

9. 设 $\boldsymbol{A}=\begin{pmatrix}2 & 4 & 0 & 0\\ 1 & 2 & 0 & 0\\ 0 & 0 & 2 & 0\\ 0 & 0 & 4 & 2\end{pmatrix}$，求 $\boldsymbol{A}^n$.

10. 用 $\boldsymbol{E}_{ij}$ 表示第 i 行第 j 列处元素为 1，而其余元素全为 0 的 n 阶矩阵，设 $\boldsymbol{A}=(a_{ij})_{n\times n}$. 证明：(1) 如果 $\boldsymbol{AE}_{12}=\boldsymbol{E}_{12}\boldsymbol{A}$，那么当 $k\neq1$ 时 $a_{k1}=0$，当 $k\neq2$ 时 $a_{2k}=0$；

(2) 如果 $\boldsymbol{AE}_{ij}=\boldsymbol{E}_{ij}\boldsymbol{A}$，那么当 $k\neq i$ 时 $a_{ki}=0$，当 $k\neq j$ 时 $a_{jk}=0$ 且 $a_{ii}=a_{jj}$；

(3) 如果 $\boldsymbol{A}$ 与所有的 n 阶矩阵可交换，那么 $\boldsymbol{A}$ 一定是数量矩阵.

11. 设矩阵

$$\boldsymbol{A}=\begin{pmatrix}1 & 0 & 0\\ 1 & 0 & 1\\ 0 & 1 & 0\end{pmatrix},$$

(1) 证明：当 $n\geqslant 2$ 时，有 $\boldsymbol{A}^n=\boldsymbol{A}^{n-2}+\boldsymbol{A}^2-\boldsymbol{E}$；

(2) 求 $\boldsymbol{A}^{100}$.

12. 设矩阵 $\boldsymbol{A}$ 满足 $\boldsymbol{A}^2=\boldsymbol{E}$，证明：$\boldsymbol{A}+\boldsymbol{E}$ 与 $\boldsymbol{A}-\boldsymbol{E}$ 中至少有一个不可逆.

13. 设 $\boldsymbol{A}$ 是 n 阶矩阵，且满足 $\boldsymbol{A}\boldsymbol{A}^{\mathrm{T}}=\boldsymbol{E}$，$|\boldsymbol{A}|<0$. 求 $|\boldsymbol{A}+\boldsymbol{E}|$.

14. 设 $\boldsymbol{A},\boldsymbol{B}$ 为 n 阶可逆矩阵. 证明：(1) $(\boldsymbol{A}\boldsymbol{B})^*=\boldsymbol{B}^*\boldsymbol{A}^*$；(2) $(\boldsymbol{A}^*)^*=|\boldsymbol{A}|^{n-2}\boldsymbol{A}$.

15. 求矩阵 $\boldsymbol{A}$ 的标准形 $\boldsymbol{B}$，并求出矩阵 $\boldsymbol{P},\boldsymbol{Q}$，使得 $\boldsymbol{P}\boldsymbol{A}\boldsymbol{Q}=\boldsymbol{B}$，其中

$$\boldsymbol{A}=\begin{pmatrix}3 & 1 & 2\\ -1 & 0 & 1\\ 2 & 1 & 0\end{pmatrix}.$$

16. 设 $\boldsymbol{A},\boldsymbol{B}$ 分别是 $n\times m$ 和 $m\times n$ 矩阵. 证明：

$$\begin{vmatrix}\boldsymbol{E}_m & \boldsymbol{B}\\ \boldsymbol{A} & \boldsymbol{E}_n\end{vmatrix}=|\boldsymbol{E}_n-\boldsymbol{A}\boldsymbol{B}|=|\boldsymbol{E}_m-\boldsymbol{B}\boldsymbol{A}|.$$

17. 设 $\boldsymbol{A},\boldsymbol{B}$ 为 n 阶矩阵，且 $\boldsymbol{E}-\boldsymbol{A}\boldsymbol{B}$ 可逆. 证明：$\boldsymbol{E}-\boldsymbol{B}\boldsymbol{A}$ 也可逆.

18. 设 $\boldsymbol{A}$ 是 n 阶矩阵，且 $\mathrm{R}(\boldsymbol{A})=r$. 证明：存在一 n 阶可逆矩阵 $\boldsymbol{P}$ 使 $\boldsymbol{P}^{-1}\boldsymbol{A}\boldsymbol{P}$ 的后 $n-r$ 行全为零.

第4章　线性方程组

4.1　消元法

数学研究的主要问题之一是方程的求解，其中最简单而且最重要的是线性方程组的求解.线性方程组在数学的许多分支以及其他领域中都有广泛的应用.本章将讨论一般线性方程组有解的条件及解法.

4.1.1　线性方程组基本概念

线性方程组的一般形式为

$$\begin{cases} a_{11}x_1 + a_{12}x_2 + \cdots + a_{1n}x_n = b_1, \\ a_{21}x_1 + a_{22}x_2 + \cdots + a_{2n}x_n = b_2, \\ \qquad\qquad\vdots \\ a_{s1}x_1 + a_{s2}x_2 + \cdots + a_{sn}x_n = b_s. \end{cases} \tag{4.1.1}$$

其中 $x_1,x_2,\cdots,x_n$ 代表 n 个未知量，s 是方程的个数.方程组(4.1.1)简称为 $s\times n$ 线性方程组.$a_{ij}(i=1,2,\cdots,s;\ j=1,2,\cdots,n)$称为方程组的**系数**，$b_i(i=1,2,\cdots,s)$称为**常数项**.方程组中未知量的个数 n 与方程的个数 s 不一定相等. a_{ij} 表示第 i 个方程中第 j 个未知量 x_j 的系数.

若方程组(4.1.1)右端的常数项 $b_1,b_2,\cdots,b_s$ 不全为零，则称方程组(4.1.1)为**非齐次线性方程组**；当 $b_1,b_2,\cdots,b_s$ 全为零时，则称方程组(4.1.1)为**齐次线性方程组**.

利用矩阵乘法，方程组(4.1.1)又可以表示成

$$\boldsymbol{Ax} = \boldsymbol{\beta},$$

其中

$$\boldsymbol{A} = \begin{pmatrix} a_{11} & a_{12} & \cdots & a_{1n} \\ a_{21} & a_{22} & \cdots & a_{2n} \\ \vdots & \vdots & & \vdots \\ a_{s1} & a_{s2} & \cdots & a_{sn} \end{pmatrix},\quad \boldsymbol{x} = \begin{pmatrix} x_1 \\ x_2 \\ \vdots \\ x_n \end{pmatrix},\quad \boldsymbol{\beta} = \begin{pmatrix} b_1 \\ b_2 \\ \vdots \\ b_s \end{pmatrix}.$$

$\boldsymbol{A}$ 称为方程组的**系数矩阵**.

使方程组(4.1.1)的每个方程

$$a_{i1}x_1 + a_{i2}x_2 + \cdots + a_{in}x_n = b_i,\quad i = 1,2,\cdots,s$$

变成恒等式

$$a_{i1}k_1 + a_{i2}k_2 + \cdots + a_{in}k_n = b_i, \quad i = 1,2,\cdots,s$$

的未知量组$(x_1,x_2,\cdots,x_n)$的一个有序数组$(k_1,k_2,\cdots,k_n)$叫做方程组(4.1.1)的一个**解**.有解的线性方程组叫做**相容方程组**,无解的线性方程组叫做**矛盾方程组**.方程组的一切解的全体叫做方程组的**解集**(解集的元素都是一些有序数组).矛盾方程组的解集是空集.解集相同的两个方程组叫做**同解方程组**.

例 4.1.1 方程组

$$\begin{cases} x_1 - 2x_2 = 1, \\ x_1 - 4x_2 = 5 \end{cases}$$

只有一个解$(-3,-2)$.因此这个方程组的解集只含有一个元素$(-3,-2)$.

例 4.1.2 方程组

$$\begin{cases} x_1 + x_2 + x_3 = 1, \\ x_1 + 2x_2 + 2x_3 = 6, \\ 2x_1 + 3x_2 + 3x_3 = 7 \end{cases}$$

的解为$(-4,\ \ 5-c,\ \ c)$,其中c为任意数,这个方程组的解集含有无限多个元素.

例 4.1.3 方程组

$$\begin{cases} x_1 + x_2 + x_3 = 1 \\ 2x_1 + 2x_2 + 2x_3 = 3 \end{cases}$$

无解,它的解集就是空集.

4.1.2 消元法解线性方程组

1. 初等变换

对于一般的线性方程组,最基本的求解方法是在中学里学过的消元法,即先通过方程之间的一些运算,将某些方程中的一些未知量消去,将方程组化简后再进行求解.我们先看一个例子.

例 4.1.4 解线性方程组

$$\begin{cases} 2x_1 - x_2 - 3x_3 = 1, \\ \frac{1}{2}x_1 - \frac{1}{2}x_2 - \frac{1}{2}x_3 = 1, \\ 3x_1 + 2x_2 - 5x_3 = 0. \end{cases}$$

解 第二个方程乘以 2,再与第一个方程对换次序得

$$\begin{cases} x_1 - x_2 - x_3 = 2, \\ 2x_1 - x_2 - 3x_3 = 1, \\ 3x_1 + 2x_2 - 5x_3 = 0. \end{cases}$$

第二个方程减去第一个方程的 2 倍,第三个方程减去第一个方程的 3 倍,得

$$\begin{cases} x_1 - x_2 - x_3 = 2, \\ x_2 - x_3 = -3, \\ 5x_2 - 2x_3 = -6. \end{cases}$$

第三个方程减去第二个方程的 5 倍,得

$$\begin{cases} x_1 - x_2 - x_3 = 2, \\ x_2 - x_3 = -3, \\ 3x_3 = 9. \end{cases}$$

第三个方程乘以$\frac{1}{3}$,得

$$\begin{cases} x_1 - x_2 - x_3 = 2, \\ x_2 - x_3 = -3, \\ x_3 = 3. \end{cases}$$

第一个方程加上第三个方程,第二个方程加上第三个方程,得

$$\begin{cases} x_1 - x_2 = 5, \\ x_2 = 0, \\ x_3 = 3. \end{cases}$$

第一个方程加上第二个方程,这样便求得原方程组的解为

$$\begin{cases} x_1 = 5, \\ x_2 = 0, \\ x_3 = 3. \end{cases}$$

或记为(5,0,3).

定义 4.1.1 线性方程组的**初等变换**是指下列三种变换:

(1) 交换两个方程的位置;

(2) 用一个非零的数乘某一个方程;

(3) 将一个方程的倍数加到另一个方程上.

上例的求解过程实际上就用到了方程组的初等变换.

上述求线性方程组的解的方法称为 **Gauss 消元法**.

定理 4.1.1 线性方程组经初等变换后,得到的线性方程组与原线性方程组同解.

例如,对方程组(4.1.1)作第三种初等变换,为简便起见,不妨设把第二个方程的 k 倍加到第一个方程得到新方程组

$$\begin{cases} (a_{11} + ka_{21})x_1 + (a_{12} + ka_{22})x_2 + \cdots + (a_{1n} + ka_{2n})x_n = b_1 + kb_2, \\ a_{21}x_1 + a_{22}x_2 + \cdots + a_{2n}x_n = b_2, \\ \qquad\vdots \\ a_{s1}x_1 + a_{s2}x_2 + \cdots + a_{sn}x_n = b_s. \end{cases} \tag{4.1.2}$$

设$(c_1, c_2, \cdots, c_n)$是方程组(4.1.1)的任一解,则

$$\begin{cases} a_{11}c_1 + a_{12}c_2 + \cdots + a_{1n}c_n = b_1, \\ a_{21}c_1 + a_{22}c_2 + \cdots + a_{2n}c_n = b_2, \\ \qquad\vdots \\ a_{s1}c_1 + a_{s2}c_2 + \cdots + a_{sn}c_n = b_s. \end{cases}$$

于是有

$$\begin{aligned} &(a_{11} + ka_{21})c_1 + (a_{12} + ka_{22})c_2 + \cdots + (a_{1n} + ka_{2n})c_n \\ =&(a_{11}c_1 + a_{12}c_2 + \cdots + a_{1n}c_n) + k(a_{21}c_1 + a_{22}c_2 + \cdots + a_{2n}c_n) \\ =&b_1 + kb_2, \end{aligned}$$

即$(c_1,c_2,\cdots,c_n)$满足方程组(4.1.2)的第一个方程，而方程组(4.1.2)与方程组(4.1.1)除第一个方程外，其余方程完全相同，所以$(c_1,c_2,\cdots,c_n)$也是方程组(4.1.2)的解. 同理可证的方程组(4.1.2)的任一解也是方程组(4.1.1)的解. 故方程组(4.1.2)与方程组(4.1.1)是同解的.

2. 用消元法解一般线性方程组的步骤

(1) 用初等变换把方程组化为阶梯形方程组

先检查方程组(4.1.1)中x_1的系数，若$a_{11},a_{21},\cdots,a_{s1}$全为零，则$x_1$没有任何限制，即$x_1$可取任意值，从而方程组(4.1.1)可以看作是$x_2,\cdots,x_n$的方程组来解.

如果x_1的系数不全为零，不妨设$a_{11}\neq 0$，分别把第一个方程的$-\dfrac{a_{i1}}{a_{11}}$倍加到第i个方程$(i=2,\cdots,s)$，于是方程组(4.1.1)就变成

$$\begin{cases} a_{11}x_1+a_{12}x_2+\cdots+a_{1n}x_n=b_1, \\ \qquad a'_{22}x_2+\cdots+a'_{2n}x_n=b'_2, \\ \qquad\qquad \vdots \\ \qquad a'_{s2}x_2+\cdots+a'_{sn}x_n=b'_s, \end{cases} \tag{4.1.3}$$

其中$a'_{ij}=a_{ij}-\dfrac{a_{i1}}{a_{11}}a_{1j}(i=2,3,\cdots,s;\ j=2,3,\cdots,n)$.

再考虑方程组

$$\begin{cases} a'_{22}x_2+\cdots+a'_{2n}x_n=b'_2, \\ \qquad \vdots \\ a'_{s2}x_2+\cdots+a'_{sn}x_n=b'_s. \end{cases} \tag{4.1.4}$$

显然，方程组(4.1.3)有解当且仅当方程组(4.1.4)有解. 因此方程组(4.1.1)有解当且仅当方程组(4.1.4)有解. 对方程组(4.1.4)重复上面的讨论，最后就得到一个阶梯形方程组.

为了讨论的方便，不妨设所得的阶梯形方程组为

$$\begin{cases} c_{11}x_1+c_{12}x_2+\cdots+c_{1r}x_r+\cdots+c_{1n}x_n=d_1, \\ \qquad c_{22}x_2+\cdots+c_{2r}x_r+\cdots+c_{2n}x_n=d_2, \\ \qquad\qquad \vdots \\ \qquad\qquad c_{rr}x_r+\cdots+c_{rn}x_n=d_r, \\ \qquad\qquad\qquad 0=d_{r+1}, \\ \qquad\qquad\qquad 0=0, \\ \qquad\qquad\qquad \vdots \\ \qquad\qquad\qquad 0=0, \end{cases} \tag{4.1.5}$$

其中$c_{ii}\neq 0(i=1,2,\cdots,r)$.

方程组(4.1.5)中的"0=0"这样一些恒等式可能不出现也可能出现，这时去掉它们不影响方程组(4.1.5)的解. 而且方程组(4.1.1)与方程组(4.1.5)是同解的.

(2) 判定方程组有无解

① 当$d_{r+1}\neq 0$时，方程组(4.1.5)无解，从而方程组(4.1.1)无解.

② 当$d_{r+1}=0$时，方程组(4.1.5)有解，从而方程组(4.1.1)有解.

(3) 判定解的个数及求出解的表达式

此时去掉“0=0”的方程. 分两种情况：

① 若 $r=n$,这时阶梯形方程组为

$$\begin{cases} c_{11}x_1 + c_{12}x_2 + \cdots + c_{1n}x_n = d_1, \\ \qquad c_{22}x_2 + \cdots + c_{2n}x_n = d_2, \\ \qquad \qquad \vdots \\ \qquad \qquad c_{nn}x_n = d_n, \end{cases} \tag{4.1.6}$$

其中 $c_{ii}\neq 0(i=1,2,\cdots,n)$.

由克莱姆法则,此时方程组(4.1.6)有唯一解,从而方程组(4.1.1)有唯一解.

② 若 $r<n$,这时阶梯形方程组可化为

$$\begin{cases} c_{11}x_1 + c_{12}x_2 + \cdots + c_{1r}x_r = d_1 - c_{1,r+1}x_{r+1} - \cdots - c_{1n}x_n, \\ \qquad c_{22}x_2 + \cdots + c_{2r}x_r = d_2 - c_{2,r+1}x_{r+1} - \cdots - c_{2n}x_n, \\ \qquad \qquad \vdots \\ \qquad \qquad c_{rr}x_r = d_r - c_{r,r+1}x_{r+1} - \cdots - c_{rn}x_n, \end{cases} \tag{4.1.7}$$

其中 $c_{ii}\neq 0(i=1,2,\cdots,r)$.

此时方程组(4.1.7)有无穷多个解,从而方程组(4.1.1)有无穷多个解. 事实上,任意给定 $x_{r+1},\cdots,x_n$ 的一组值,由方程组(4.1.7)就唯一地定出 $x_1,\cdots,x_r$ 的一组值.

一般地,我们可以把 $x_1,\cdots,x_r$ 通过 $x_{r+1},\cdots,x_n$ 表示出来. 这样一组表达式称为方程组(4.1.1)的一般解,而 $x_{r+1},\cdots,x_n$ 称为一组**自由未知量**.

用消元法解线性方程组的步骤如下：

(1) 用初等变换将所给方程组化为阶梯形方程组,去掉最后那些“0=0”的恒等式.

(2) 判定方程组有无解. 若在剩下的方程组中最后的一个等式出现“0=非零数”的情形,则原方程组无解,此时求解完毕. 若不出现“0=非零数”的情形,则原方程组有解.

(3) 判定解的个数并求其解.

① 若阶梯形方程组中方程的个数 $r=n$(未知量的个数),则原方程组有唯一解；

② 若阶梯形方程组中方程的个数 $r<n$,则原方程组有无穷多解,求出一般解.

例 4.1.5 解方程组

$$\begin{cases} 2x_1 - x_2 + 3x_3 = 1, \\ 4x_1 - 2x_2 + 5x_3 = 4, \\ 2x_1 - x_2 + 4x_3 = -1. \end{cases}$$

解 先消去第二、三方程中的 x_1 得

$$\begin{cases} 2x_1 - x_2 + 3x_3 = 1, \\ \qquad -x_3 = 2, \\ \qquad x_3 = -2. \end{cases}$$

消去第三方程中的 x_3 得

$$\begin{cases} 2x_1 - x_2 + 3x_3 = 1, \\ \qquad -x_3 = 2. \end{cases}$$

消去第一方程中的 x_3,第二方程乘以 -1 得

$$\begin{cases}2x_1 - x_2 = 7, \\ \qquad\quad x_3 = -2.\end{cases}$$

所以方程组的一般解为

$$\begin{cases}x_1 = \dfrac{7}{2} + \dfrac{1}{2}x_2, \\ x_3 = -2,\end{cases} x_2 \text{ 为自由未知量.}$$

或令 $x_2 = c$，则原方程组的一般解可写为 $\left(\frac{1}{2}(7+c), c, -2\right)$，其中 c 是任意常数.

在用消元法求解线性方程组的过程中，参与运算的只是其中的系数和常数项，未知量实际上并未参与运算，因此可以用由系数和常数项组成的矩阵来表示求解过程.

将方程组(4.1.1)的系数与常数项按原来的次序组成一个 $s\times(n+1)$ 矩阵

$$\overline{\mathbf{A}} = \begin{pmatrix} a_{11} & a_{12} & \cdots & a_{1n} & b_1 \\ a_{21} & a_{22} & \cdots & a_{2n} & b_2 \\ \vdots & \vdots & & \vdots & \vdots \\ a_{s1} & a_{s2} & \cdots & a_{sn} & b_s \end{pmatrix},$$

这个矩阵称为方程组(4.1.1)的**增广矩阵**.

显然，一个含 n 个未知量，s 个方程的线性方程组与一个 $s\times(n+1)$ 矩阵相互唯一决定. 一个增广矩阵完全可以代表一个线性方程组，方程组的任意一个方程与增广矩阵 $\overline{\mathbf{A}}$ 的一行相互对应.

由矩阵的初等变换可知，上述解方程组的消元法对方程组所作的初等变换等价于对其增广矩阵作初等行变换.

设 $\mathrm{R}(\boldsymbol{A}) = r$，不妨假定 $\boldsymbol{A}$ 的左上角 r 阶子式不为零，由前面的讨论可知，线性方程组(4.1.1)的增广矩阵

$$\overline{\mathbf{A}} = \begin{pmatrix} a_{11} & a_{12} & \cdots & a_{1n} & b_1 \\ a_{21} & a_{22} & \cdots & a_{2n} & b_2 \\ \vdots & \vdots & & \vdots & \vdots \\ a_{s1} & a_{s2} & \cdots & a_{sn} & b_s \end{pmatrix},$$

经过一系列初等行变换可化成阶梯形矩阵

$$\begin{pmatrix} c_{11} & c_{12} & \cdots & c_{1r} & c_{1,r+1} & \cdots & c_{1n} & d_1 \\ 0 & c_{22} & \cdots & c_{2r} & c_{2,r+1} & \cdots & c_{2n} & d_2 \\ \vdots & \vdots & & \vdots & \vdots & & \vdots & \vdots \\ 0 & 0 & \cdots & c_{rr} & c_{r,r+1} & \cdots & c_{rn} & d_r \\ 0 & 0 & \cdots & 0 & \cdots & \cdots & 0 & d_{r+1} \\ 0 & 0 & \cdots & 0 & \cdots & \cdots & 0 & 0 \\ \vdots & \vdots & & \vdots & & & \vdots & \vdots \\ 0 & 0 & \cdots & 0 & \cdots & \cdots & 0 & 0 \end{pmatrix},$$

其中 $c_{ii} \neq 0 (i = 1, 2, \cdots, r)$.

上面矩阵对应的方程组是

$$\begin{cases} c_{11}x_1+c_{12}x_2+\cdots+c_{1r}x_r+c_{1,r+1}x_{r+1}+\cdots+c_{1n}x_n=d_1, \\ \qquad c_{22}x_2+\cdots+c_{2r}x_r+c_{2,r+1}x_{r+1}+\cdots+c_{2n}x_n=d_2, \\ \qquad\qquad \vdots \\ \qquad\qquad c_{rr}x_r+c_{r,r+1}x_{r+1}+\cdots+c_{rn}x_n=d_r, \\ \qquad\qquad\qquad 0=d_{r+1}. \end{cases}$$

如果方程组(4.1.1)有解，则 $r=s$(即 d_{r+1} 不出现)或 $r<s$ 而 $d_{r+1}=0$，这两种情形都有 $\mathrm{R}(\bar{\boldsymbol{A}})=\mathrm{R}(\boldsymbol{A})=r$.

反之，如果 $\mathrm{R}(\bar{\boldsymbol{A}})=\mathrm{R}(\boldsymbol{A})=r$，则必有 $r=s$ 或 $r<s$ 而 $d_{r+1}=0$，这时方程组(4.1.1)有解.

于是得一般线性方程组有解的判定定理.

定理 4.1.2 线性方程组有解的充要条件是系数矩阵的秩等于增广矩阵的秩.

在方程组有解的情形，即当 $\mathrm{R}(\bar{\boldsymbol{A}})=\mathrm{R}(\boldsymbol{A})=r$ 时，若 $r=n$，则方程组(4.1.1)有唯一解；若 $r<n$，则方程组(4.1.1)有无穷多解.

这样，方程组(4.1.1)有没有解，以及有怎样的解，都可以通过它的增广矩阵看出.

对于齐次线性方程组 $\boldsymbol{Ax}=\boldsymbol{0}$，显然有 $\mathrm{R}(\bar{\boldsymbol{A}})=\mathrm{R}(\boldsymbol{A})$，即齐次线性方程组一定有解.

推论 1 n 元齐次线性方程组 $\boldsymbol{Ax}=\boldsymbol{0}$ 有非零解的充要条件是 $\mathrm{R}(\boldsymbol{A})<n$.

推论 2 若齐次线性方程组 $\boldsymbol{Ax}=\boldsymbol{0}$ 中方程的个数小于未知量的个数，则它必有非零解.

因为这时系数矩阵的秩一定小于未知量的个数，由推论1知，方程组有非零解.

例 4.1.6 解下列方程组

$$\begin{cases} 5x_1-x_2+2x_3+x_4=7, \\ 2x_1+x_2+4x_3-2x_4=1, \\ x_1-3x_2-6x_3+5x_4=0. \end{cases}$$

解 对方程组的增广矩阵作初等行变换，得

$$\begin{pmatrix} 5 & -1 & 2 & 1 & 7 \\ 2 & 1 & 4 & -2 & 1 \\ 1 & -3 & -6 & 5 & 0 \end{pmatrix} \to \begin{pmatrix} 1 & -3 & -6 & 5 & 0 \\ 2 & 1 & 4 & -2 & 1 \\ 5 & -1 & 2 & 1 & 7 \end{pmatrix}$$

$$\to \begin{pmatrix} 1 & -3 & -6 & 5 & 0 \\ 0 & 7 & 16 & -12 & 1 \\ 0 & 14 & 32 & -24 & 7 \end{pmatrix} \to \begin{pmatrix} 1 & -3 & -6 & 5 & 0 \\ 0 & 7 & 16 & -12 & 1 \\ 0 & 0 & 0 & 0 & 5 \end{pmatrix},$$

从最后一行知，原方程组无解.

例 4.1.7 解下列方程组

$$\begin{cases} 2x_1-x_2-x_3+x_4=2, \\ x_1+x_2-2x_3+x_4=4, \\ 4x_1-6x_2+2x_3-2x_4=4, \\ 3x_1+6x_2-9x_3+7x_4=9. \end{cases}$$

解 对方程组的增广矩阵作初等行变换，得

$$\begin{pmatrix} 2 & -1 & -1 & 1 & 2 \\ 1 & 1 & -2 & 1 & 4 \\ 4 & -6 & 2 & -2 & 4 \\ 3 & 6 & -9 & 7 & 9 \end{pmatrix} \to \begin{pmatrix} 1 & 1 & -2 & 1 & 4 \\ 2 & -1 & -1 & 1 & 2 \\ 4 & -6 & 2 & -2 & 4 \\ 3 & 6 & -9 & 7 & 9 \end{pmatrix} \to \begin{pmatrix} 1 & 1 & -2 & 1 & 4 \\ 0 & -3 & 3 & -1 & -6 \\ 0 & -10 & 10 & -6 & -12 \\ 0 & 3 & -3 & 4 & -3 \end{pmatrix}$$

$$\rightarrow\begin{pmatrix}1&1&-2&1&4\\0&-3&3&-1&-6\\0&-1&1&-3&6\\0&0&0&3&-9\end{pmatrix}\rightarrow\begin{pmatrix}1&0&-1&-2&10\\0&0&0&8&-24\\0&-1&1&-3&6\\0&0&0&1&-3\end{pmatrix}\rightarrow\begin{pmatrix}1&0&-1&0&4\\0&0&0&0&0\\0&-1&1&0&-3\\0&0&0&1&-3\end{pmatrix}$$

$$\rightarrow\begin{pmatrix}1&0&-1&0&4\\0&1&-1&0&3\\0&0&0&1&-3\\0&0&0&0&0\end{pmatrix},$$

对应的方程组为

$$\begin{cases}x_1-x_3=4,\\x_2-x_3=3,\\x_4=-3.\end{cases}$$

于是原方程组的全部解为

$$\begin{cases}x_1=4+x_3,\\x_2=3+x_3,\quad x_3\text{ 为自由未知量}.\\x_4=-3,\end{cases}$$

方程组的全部解也可以记为$(4+c,3+c,c,-3)$,其中 c 为任意常数.

例 4.1.8 设有线性方程组

$$\begin{cases}(1+\lambda)x_1+x_2+x_3=0,\\x_1+(1+\lambda)x_2+x_3=3,\\x_1+x_2+(1+\lambda)x_3=\lambda.\end{cases}$$

问 λ 取何值时,方程组有唯一解,无解,有无穷多解?并在有无穷多解时求出全部解.

解 对增广矩阵作初等行变换,得

$$\bar{\boldsymbol{A}}=\begin{pmatrix}1+\lambda&1&1&0\\1&1+\lambda&1&3\\1&1&1+\lambda&\lambda\end{pmatrix}\rightarrow\begin{pmatrix}1&1&1+\lambda&\lambda\\1&1+\lambda&1&3\\1+\lambda&1&1&0\end{pmatrix}$$

$$\rightarrow\begin{pmatrix}1&1&1+\lambda&\lambda\\0&\lambda&-\lambda&3-\lambda\\0&-\lambda&-\lambda(2+\lambda)&-\lambda(1+\lambda)\end{pmatrix}\rightarrow\begin{pmatrix}1&1&1+\lambda&\lambda\\0&\lambda&-\lambda&3-\lambda\\0&0&-\lambda(3+\lambda)&(1-\lambda)(3+\lambda)\end{pmatrix}.$$

当 $\lambda\neq0$ 且 $\lambda\neq-3$ 时,$\mathrm{R}(\bar{\boldsymbol{A}})=\mathrm{R}(\boldsymbol{A})=3$,方程组有唯一解.

当 $\lambda=0$ 时,$\mathrm{R}(\bar{\boldsymbol{A}})=2$,$\mathrm{R}(\boldsymbol{A})=1$,方程组无解.

当 $\lambda=-3$ 时,$\mathrm{R}(\bar{\boldsymbol{A}})=\mathrm{R}(\boldsymbol{A})=2<3$,方程组有无穷多解.此时

$$\bar{\boldsymbol{A}}=\begin{pmatrix}-2&1&1&0\\1&-2&1&3\\1&1&-2&-3\end{pmatrix}\rightarrow\begin{pmatrix}1&1&-2&-3\\0&-3&3&6\\0&0&0&0\end{pmatrix}\rightarrow\begin{pmatrix}1&1&-2&-3\\0&1&-1&-2\\0&0&0&0\end{pmatrix}$$

$$\rightarrow\begin{pmatrix}1&0&-1&-1\\0&1&-1&-2\\0&0&0&0\end{pmatrix}.$$

由此得方程组的全部解

$$\begin{cases} x_1 = x_3 - 1, \\ x_2 = x_3 - 2, \end{cases} \quad x_3 \text{ 为自由未知量.}$$

习题 4.1

1. 求解下列线性方程组.

(1) $\begin{cases} 4x_1 + 2x_2 - x_3 = 2, \\ 3x_1 - x_2 + 2x_3 = 10, \\ 11x_1 + 3x_2 = 8; \end{cases}$ (2) $\begin{cases} 2x + y - z + w = 1, \\ 4x + 2y - 2z + w = 2, \\ 2x + y - z - w = 1. \end{cases}$

2. 求解下列齐次线性方程组.

(1) $\begin{cases} x_1 + x_2 + 2x_3 - x_4 = 0, \\ 2x_1 + x_2 + x_3 - x_4 = 0, \\ 2x_1 + 2x_2 + x_3 + 2x_4 = 0; \end{cases}$ (2) $\begin{cases} x_1 + 6x_2 - x_3 - 4x_4 = 0, \\ -2x_1 - 12x_2 + 5x_3 + 17x_4 = 0, \\ 3x_1 + 18x_2 - x_3 - 6x_4 = 0. \end{cases}$

3. 当 λ, a, b 取何值时,下列方程组有解,并求解.

(1) $\begin{cases} \lambda x_1 + x_2 + x_3 = 1, \\ x_1 + \lambda x_2 + x_3 = \lambda, \\ x_1 + x_2 + \lambda x_3 = \lambda^2; \end{cases}$ (2) $\begin{cases} ax_1 + x_2 + x_3 = 4, \\ x_1 + bx_2 + x_3 = 3, \\ x_1 + 2bx_2 + x_3 = 4. \end{cases}$

4.2 *n* 维向量空间

4.2.1 *n* 维向量

定义 4.2.1 由 n 个数组成的有序数组 $(a_1, a_2, \cdots, a_n)$ 称为一个 **n 维向量**; a_i 称为该向量的第 i 个**分量**.

分量全为实数的向量称为实向量,分量全为复数的向量称为复向量,本章主要讨论实向量.

向量常用小写希腊字母 $\boldsymbol{\alpha}, \boldsymbol{\beta}, \boldsymbol{\gamma}, \cdots$ 来表示;向量通常写成一行 $\boldsymbol{\alpha} = (a_1, a_2, \cdots, a_n)$,称之为**行向量**;向量有时也写成一列

$$\boldsymbol{\alpha} = \begin{pmatrix} a_1 \\ a_2 \\ \vdots \\ a_n \end{pmatrix},$$

称之为**列向量**.

如果两个 n 维向量 $\boldsymbol{\alpha} = (a_1, a_2, \cdots, a_n)$, $\boldsymbol{\beta} = (b_1, b_2, \cdots, b_n)$ 的对应分量皆相等,即 $a_i = b_i (i = 1, 2, \cdots, n)$,则称向量 $\boldsymbol{\alpha}$ 与 $\boldsymbol{\beta}$ 相等,记作 $\boldsymbol{\alpha} = \boldsymbol{\beta}$.

定义 4.2.2 两个 n 维向量 $\boldsymbol{\alpha} = (a_1, a_2, \cdots, a_n)$ 与 $\boldsymbol{\beta} = (b_1, b_2, \cdots, b_n)$ 的**和**,是指 n 维向量 $\boldsymbol{\gamma} = (a_1 + b_1, a_2 + b_2, \cdots, a_n + b_n)$,记为 $\boldsymbol{\gamma} = \boldsymbol{\alpha} + \boldsymbol{\beta}$. 简言之,两个同维数的向量相加,就是对应

分量相加.

由向量相等及加法的定义知,只有分量个数相等的两个向量才有相等及求和的问题,对于分量个数不同的两个向量去比较是否相等及求和都是没有意义的.

定义 4.2.3 分量全为 0 的向量称为**零向量**,一般用 $\mathbf{0}$ 表示. 设向量 $\boldsymbol{\alpha}=(a_1,a_2,\cdots,a_n)$,则向量 $(-a_1,-a_2,\cdots,-a_n)$ 称为向量 $\boldsymbol{\alpha}$ 的**负向量**,记作 $-\boldsymbol{\alpha}$.

向量的加法具有以下基本运算律:

(1) 交换律 $\boldsymbol{\alpha}+\boldsymbol{\beta}=\boldsymbol{\beta}+\boldsymbol{\alpha}$;

(2) 结合律 $(\boldsymbol{\alpha}+\boldsymbol{\beta})+\boldsymbol{\gamma}=\boldsymbol{\alpha}+(\boldsymbol{\beta}+\boldsymbol{\gamma})$;

(3) $\boldsymbol{\alpha}+\mathbf{0}=\boldsymbol{\alpha}$;

(4) $\boldsymbol{\alpha}+(-\boldsymbol{\alpha})=\mathbf{0}$.

定义 4.2.4 向量 $\boldsymbol{\alpha}$ 与向量 $-\boldsymbol{\beta}$ 之和 $\boldsymbol{\alpha}+(-\boldsymbol{\beta})$ 叫做 $\boldsymbol{\alpha}$ 与 $\boldsymbol{\beta}$ 的**差**,记为 $\boldsymbol{\alpha}-\boldsymbol{\beta}$,即

$$\boldsymbol{\alpha}-\boldsymbol{\beta}=\boldsymbol{\alpha}+(-\boldsymbol{\beta}).$$

定义 4.2.5 设 k 是数,向量 $(ka_1,ka_2,\cdots,ka_n)$ 称为向量 $\boldsymbol{\alpha}=(a_1,a_2,\cdots,a_n)$ 与数 k 的**数量乘积**,简称**数乘**,记为 $k\boldsymbol{\alpha}$.

向量的数量乘积具有以下基本运算律:

(5) $k(\boldsymbol{\alpha}+\boldsymbol{\beta})=k\boldsymbol{\alpha}+k\boldsymbol{\beta}$;

(6) $(k+l)\boldsymbol{\alpha}=k\boldsymbol{\alpha}+l\boldsymbol{\alpha}$;

(7) $k(l\boldsymbol{\alpha})=(kl)\boldsymbol{\alpha}$;

(8) $1\boldsymbol{\alpha}=\boldsymbol{\alpha}$

其中 k,l 是数,$\boldsymbol{\alpha},\boldsymbol{\beta}$ 是维数相同的向量.

向量实际上可以看作是矩阵,n 维行向量是 $1\times n$ 矩阵,n 维列向量是 $n\times 1$ 矩阵. 从向量的加法与数量乘积的定义上看,与矩阵完全一样. 因此向量的基本运算律(1)~(8)是成立的.

容易证明向量的运算还有以下性质:

(1) $0\boldsymbol{\alpha}=\mathbf{0}$,$k\mathbf{0}=\mathbf{0}$,$(-1)\boldsymbol{\alpha}=-\boldsymbol{\alpha}$;

(2) 若 $k\neq 0$,$\boldsymbol{\alpha}\neq\mathbf{0}$,则 $k\boldsymbol{\alpha}\neq\mathbf{0}$.

4.2.2 向量空间

用 $\mathbb{R}$ 表示全体实数组成的集合,全体 n 维实向量组成的集合记为 $\mathbb{R}^n$.

定义 4.2.6 设 V 为非空的 n 维向量集合,如果集合 V 对于加法及数乘两种运算封闭,那么就称集合 V 为**向量空间**.

所谓封闭,是指在集合 V 中可以进行加法及数乘两种运算,即若 $\boldsymbol{\alpha},\boldsymbol{\beta}\in V$,则 $\boldsymbol{\alpha}+\boldsymbol{\beta}\in V$;若 $\boldsymbol{\alpha}\in V$,$k\in\mathbb{R}$,则 $k\boldsymbol{\alpha}\in V$.

显然,$\mathbb{R}^n$ 对于向量加法与数乘两种运算封闭,故 $\mathbb{R}^n$ 是一个向量空间,称为实数集 $\mathbb{R}$ 上的 ***n* 维向量空间**.

仅由一个零向量 $\mathbf{0}$ 组成的集合 $\{\mathbf{0}\}$ 对于向量加法与数乘两种运算也是封闭的,因此 $\{\mathbf{0}\}$ 也是向量空间,称为**零空间**.

n 维向量空间,是从 n 维向量的全体考察其代数性质而抽象出来的一个数学概念. 在理解这个概念时,应注意以下三点:

(1) n 维向量空间是一个非空集合，不是"空而无物"的；

(2) 在这个集合中必须定义两个运算：加法及数量乘法；

(3) 加法及数乘运算适合向量的基本算律(1)～(8).

例 4.2.1 所有三维实向量组成的集合$\mathbb{R}^3$ 是一个向量空间. 在空间直角坐标系下，我们可以用有向线段形象地表示三维向量，从而向量空间$\mathbb{R}^3$ 可形象地看作以坐标原点为起点的有向线段的全体，因此$\mathbb{R}^3$ 又叫做几何空间.

例 4.2.2 集合

$$V = \{\boldsymbol{\alpha} = (x_1, x_2, \cdots, x_{n-1}, 0) \mid x_1, x_2, \cdots, x_{n-1} \in \mathbb{R}\}$$

是一个向量空间. 因为若$\boldsymbol{\alpha} = (a_1, a_2, \cdots, a_{n-1}, 0), \boldsymbol{\beta} = (b_1, b_2, \cdots, b_{n-1}, 0) \in V, k \in \mathbb{R}$，则

$$\boldsymbol{\alpha} + \boldsymbol{\beta} = (a_1 + b_1, a_2 + b_2, \cdots, a_{n-1} + b_{n-1}, 0) \in V, k\boldsymbol{\alpha} = (ka_1, ka_2, \cdots, ka_{n-1}, 0) \in V.$$

例 4.2.3 集合

$$V = \{\boldsymbol{\alpha} = (1, x_2, \cdots, x_n) \mid x_2, \cdots, x_n \in \mathbb{R}\}$$

不是向量空间. 因为若$\boldsymbol{\alpha} = (1, x_2, \cdots, x_n) \in V$，则 $2\boldsymbol{\alpha} = (2, 2x_2, \cdots, 2x_n) \notin V$.

例 4.2.4 设$\boldsymbol{\alpha}, \boldsymbol{\beta}$为两个已知的 n 维向量，集合

$$V = \{\boldsymbol{\eta} = k\boldsymbol{\alpha} + l\boldsymbol{\beta} \mid k, l \in \mathbb{R}\}$$

是一个向量空间. 因为若$\boldsymbol{\xi} = k_1\boldsymbol{\alpha} + l_1\boldsymbol{\beta}, \boldsymbol{\eta} = k_2\boldsymbol{\alpha} + l_2\boldsymbol{\beta} \in V$，则有

$$\boldsymbol{\xi} + \boldsymbol{\eta} = (k_1\boldsymbol{\alpha} + l_1\boldsymbol{\beta}) + (k_2\boldsymbol{\alpha} + l_2\boldsymbol{\beta}) = (k_1 + k_2)\boldsymbol{\alpha} + (l_1 + l_2)\boldsymbol{\beta} \in V,$$

$$k\boldsymbol{\xi} = (kk_1)\boldsymbol{\alpha} + (kl_1)\boldsymbol{\beta} \in V.$$

这个向量空间称为由向量$\boldsymbol{\alpha}, \boldsymbol{\beta}$所**生成的向量空间**.

习题 4.2

1. 设$\boldsymbol{\alpha}_1 = (2,3,1,0), \boldsymbol{\alpha}_2 = (1,2,-3,2), \boldsymbol{\alpha}_3 = (4,1,6,2)$，求$\boldsymbol{\alpha}_1 + 2\boldsymbol{\alpha}_2 - \boldsymbol{\alpha}_3$.

2. 设 $3(\boldsymbol{\alpha}_1 - \boldsymbol{\alpha}) + 2(\boldsymbol{\alpha}_2 + \boldsymbol{\alpha}) = 4(\boldsymbol{\alpha}_1 + \boldsymbol{\alpha})$，求向量$\boldsymbol{\alpha}$，其中

$$\boldsymbol{\alpha}_1 = (2,5,1,3), \boldsymbol{\alpha}_2 = (1,-3,3,2).$$

3. 设

$$V_1 = \{\boldsymbol{\alpha} = (x_1, x_2, \cdots, x_n) \in \mathbb{R}^n \mid x_1 + x_2 + \cdots + x_n = 0\},$$

$$V_2 = \{\boldsymbol{\alpha} = (x_1, x_2, \cdots, x_n) \in \mathbb{R}^n \mid x_1^2 = x_2\}.$$

问 V_1, V_2 是不是向量空间？为什么？

4.3 线性相关性

4.3.1 线性组合

定义 4.3.1 设$\boldsymbol{\beta}$与$\boldsymbol{\alpha}_1, \boldsymbol{\alpha}_2, \cdots, \boldsymbol{\alpha}_s$ 都是 n 维向量，如果有 s 个数 $k_1, k_2, \cdots, k_s$ 使

$$\boldsymbol{\beta} = k_1\boldsymbol{\alpha}_1 + k_2\boldsymbol{\alpha}_2 + \cdots + k_s\boldsymbol{\alpha}_s,$$

则称向量$\boldsymbol{\beta}$为向量组$\boldsymbol{\alpha}_1, \boldsymbol{\alpha}_2, \cdots, \boldsymbol{\alpha}_s$ 的一个**线性组合**，或说向量$\boldsymbol{\beta}$可以由向量组$\boldsymbol{\alpha}_1, \boldsymbol{\alpha}_2, \cdots, \boldsymbol{\alpha}_s$线

性表出(或线性表示)，$k_1,k_2,\cdots,k_s$ 称为组合系数.

注 $\boldsymbol{\alpha}_1,\boldsymbol{\alpha}_2,\cdots,\boldsymbol{\alpha}_s$ 与$\boldsymbol{\beta}$的维数要相等，都是 n 维，由定义知向量$\boldsymbol{\beta}$能由向量组$\boldsymbol{\alpha}_1,\boldsymbol{\alpha}_2,\cdots,\boldsymbol{\alpha}_s$线性表出，只要找到一组数 $k_1,k_2,\cdots,k_s$ 就可以，也没有说这组数的唯一性.

若$\boldsymbol{\alpha}=k\boldsymbol{\beta}$，也称向量$\boldsymbol{\alpha}$与$\boldsymbol{\beta}$成比例.

显然，零向量是任一同维数向量组的线性组合.

设

$$\begin{cases}\boldsymbol{\varepsilon}_1=(1,0,\cdots,0),\\ \boldsymbol{\varepsilon}_2=(0,1,\cdots,0),\\ \quad\vdots\\ \boldsymbol{\varepsilon}_n=(0,0,\cdots,1),\end{cases}$$

称向量$\boldsymbol{\varepsilon}_1,\boldsymbol{\varepsilon}_2,\cdots,\boldsymbol{\varepsilon}_n$ 为 n 维**单位向量**.

例 4.3.1 任一 n 维向量$\boldsymbol{\alpha}=(a_1,a_2,\cdots,a_n)$均可由 n 维单位向量线性表出. 事实上，有

$$\boldsymbol{\alpha}=a_1\varepsilon_1+a_2\varepsilon_2+\cdots+a_n\varepsilon_n.$$

设线性方程组

$$\begin{cases}a_{11}x_1+a_{12}x_2+\cdots+a_{1n}x_n=b_1,\\ a_{21}x_1+a_{22}x_2+\cdots+a_{2n}x_n=b_2,\\ \quad\vdots\\ a_{s1}x_1+a_{s2}x_2+\cdots+a_{sn}x_n=b_s\end{cases}$$

的增广矩阵为

$$\overline{\mathbf{A}}=\begin{pmatrix}a_{11}&a_{12}&\cdots&a_{1n}&b_1\\ a_{21}&a_{22}&\cdots&a_{2n}&b_2\\ \vdots&\vdots&&\vdots&\vdots\\ a_{s1}&a_{s2}&\cdots&a_{sn}&b_s\end{pmatrix}.$$

$\overline{\mathbf{A}}$ 的每一列可以看作一个向量：

$$\boldsymbol{\beta}_1=\begin{pmatrix}a_{11}\\ a_{21}\\ \vdots\\ a_{s1}\end{pmatrix},\quad \boldsymbol{\beta}_2=\begin{pmatrix}a_{12}\\ a_{22}\\ \vdots\\ a_{s2}\end{pmatrix},\cdots,\quad \boldsymbol{\beta}_n=\begin{pmatrix}a_{1n}\\ a_{2n}\\ \vdots\\ a_{sn}\end{pmatrix},\quad \boldsymbol{\beta}=\begin{pmatrix}b_1\\ b_2\\ \vdots\\ b_s\end{pmatrix}.$$

于是方程组可以用向量表示为

$$x_1\boldsymbol{\beta}_1+x_2\boldsymbol{\beta}_2+\cdots+x_n\boldsymbol{\beta}_n=\boldsymbol{\beta}.$$

显然，方程组有解当且仅当$\boldsymbol{\beta}$能由向量组$\boldsymbol{\beta}_1,\boldsymbol{\beta}_2,\cdots,\boldsymbol{\beta}_n$线性表出.

如果把 $\overline{\mathbf{A}}$ 的每一行看作一个向量：

$$\begin{aligned}\boldsymbol{\alpha}_1&=(a_{11},a_{12},\cdots,a_{1n},b_1),\\ \boldsymbol{\alpha}_2&=(a_{21},a_{22},\cdots,a_{2n},b_2),\\ &\vdots\\ \boldsymbol{\alpha}_s&=(a_{s1},a_{s2},\cdots,a_{sn},b_s),\end{aligned}$$

则每一个向量对应一个方程，如果有某一向量能由其余向量线性表出，那么该向量所对应的方程可由其他方程表示，这时该向量所对应的方程在决定方程组的解的过程中不起作用，因此它是多余的方程.

例如，设有方程组

$$\begin{cases}2x_1-x_2+3x_3=1,\\4x_1-2x_2+5x_3=4,\\2x_1-x_2+4x_3=-1,\end{cases}$$

则方程组所对应的向量组为

$$\boldsymbol{\alpha}_1=(2,-1,3,1),\quad \boldsymbol{\alpha}_2=(4,-2,5,4),\quad \boldsymbol{\alpha}_3=(2,-1,4,-1).$$

因为$\boldsymbol{\alpha}_3=3\boldsymbol{\alpha}_1-\boldsymbol{\alpha}_2$，则方程组的第三个方程是多余的，去掉它也不影响方程组的解.事实上，第三个方程等于第一个方程的3倍减去第二个方程，所以满足第一、第二个方程的解一定满足第三个方程，亦即方程组的解完全由前两个方程确定.

定义 4.3.2 如果向量组$\boldsymbol{\alpha}_1,\boldsymbol{\alpha}_2,\cdots,\boldsymbol{\alpha}_t$中每一个向量$\boldsymbol{\alpha}_i(i=1,2,\cdots,t)$都可以由向量组$\boldsymbol{\beta}_1,\boldsymbol{\beta}_2,\cdots,\boldsymbol{\beta}_s$线性表出，则称向量组$\boldsymbol{\alpha}_1,\boldsymbol{\alpha}_2,\cdots,\boldsymbol{\alpha}_t$可以由向量组$\boldsymbol{\beta}_1,\boldsymbol{\beta}_2,\cdots,\boldsymbol{\beta}_s$线性表出.如果两个向量组互相可以线性表出，则称这两个**向量组等价**.

例如，设$\boldsymbol{\alpha}_1=(1,1,1),\boldsymbol{\alpha}_2=(1,2,0)$；$\boldsymbol{\beta}_1=(1,0,2),\boldsymbol{\beta}_2=(0,1,-1)$.则向量组$\boldsymbol{\alpha}_1,\boldsymbol{\alpha}_2$与向量组$\boldsymbol{\beta}_1,\boldsymbol{\beta}_2$等价.事实上，有

$$\boldsymbol{\beta}_1=2\boldsymbol{\alpha}_1-\boldsymbol{\alpha}_2,\quad \boldsymbol{\beta}_2=\boldsymbol{\alpha}_2-\boldsymbol{\alpha}_1;\quad \boldsymbol{\alpha}_1=\boldsymbol{\beta}_1+\boldsymbol{\beta}_2,\quad \boldsymbol{\alpha}_2=\boldsymbol{\beta}_1+2\boldsymbol{\beta}_2.$$

等价向量组有以下基本性质：

(1) 反身性　每一个向量组都与它自身等价.

(2) 对称性　如果向量组$\boldsymbol{\alpha}_1,\boldsymbol{\alpha}_2,\cdots,\boldsymbol{\alpha}_t$与$\boldsymbol{\beta}_1,\boldsymbol{\beta}_2,\cdots,\boldsymbol{\beta}_s$等价，那么向量组$\boldsymbol{\beta}_1,\boldsymbol{\beta}_2,\cdots,\boldsymbol{\beta}_s$也与$\boldsymbol{\alpha}_1,\boldsymbol{\alpha}_2,\cdots,\boldsymbol{\alpha}_t$等价.

(3) 传递性　如果向量组$\boldsymbol{\alpha}_1,\boldsymbol{\alpha}_2,\cdots,\boldsymbol{\alpha}_t$与$\boldsymbol{\beta}_1,\boldsymbol{\beta}_2,\cdots,\boldsymbol{\beta}_s$等价，$\boldsymbol{\beta}_1,\boldsymbol{\beta}_2,\cdots,\boldsymbol{\beta}_s$与$\boldsymbol{\gamma}_1,\boldsymbol{\gamma}_2,\cdots,\boldsymbol{\gamma}_p$等价，那么向量组$\boldsymbol{\alpha}_1,\boldsymbol{\alpha}_2,\cdots,\boldsymbol{\alpha}_t$与$\boldsymbol{\gamma}_1,\boldsymbol{\gamma}_2,\cdots,\boldsymbol{\gamma}_p$等价.

4.3.2 向量组的线性相关性

定义 4.3.3 设有向量组$\boldsymbol{\alpha}_1,\boldsymbol{\alpha}_2,\cdots,\boldsymbol{\alpha}_s$，如果有不全为零的数$k_1,k_2,\cdots,k_s$使

$$k_1\boldsymbol{\alpha}_1+k_2\boldsymbol{\alpha}_2+\cdots+k_s\boldsymbol{\alpha}_s=\mathbf{0},$$

则称向量组$\boldsymbol{\alpha}_1,\boldsymbol{\alpha}_2,\cdots,\boldsymbol{\alpha}_s$**线性相关**，否则称它为**线性无关**.

注 如果没有不全为零的数$k_1,k_2,\cdots,k_s$，使$k_1\boldsymbol{\alpha}_1+k_2\boldsymbol{\alpha}_2+\cdots+k_s\boldsymbol{\alpha}_s=\mathbf{0}$，则向量组$\boldsymbol{\alpha}_1,\boldsymbol{\alpha}_2,\cdots,\boldsymbol{\alpha}_s$线性无关，或者说，如果向量组$\boldsymbol{\alpha}_1,\boldsymbol{\alpha}_2,\cdots,\boldsymbol{\alpha}_s$线性无关，则由

$$k_1\boldsymbol{\alpha}_1+k_2\boldsymbol{\alpha}_2+\cdots+k_s\boldsymbol{\alpha}_s=\mathbf{0},$$

必有$k_1=0,k_2=0,\cdots,k_s=0$.

线性相关与线性无关都是反映向量间的线性关系的概念，它们是互斥的.即任意一组向量，如果它们不线性相关，就必线性无关，反之亦然.

例如，向量组$\boldsymbol{\alpha}_1=(2,-1,3,1),\boldsymbol{\alpha}_2=(4,-2,5,4),\boldsymbol{\alpha}_3=(2,-1,4,-1)$是线性相关的，因为

$$3\boldsymbol{\alpha}_1-\boldsymbol{\alpha}_2-\boldsymbol{\alpha}_3=\mathbf{0}.$$

定理 4.3.1 向量组$\boldsymbol{\alpha}_1,\boldsymbol{\alpha}_2,\cdots,\boldsymbol{\alpha}_s(s\geqslant 2)$线性相关的充要条件是其中至少有一个向量可以由其余向量线性表出.

证明 必要性　若$\boldsymbol{\alpha}_1,\boldsymbol{\alpha}_2,\cdots,\boldsymbol{\alpha}_s(s\geqslant 2)$线性相关，则有不全为零的数$k_1,k_2,\cdots,k_s$使

$$k_1\boldsymbol{\alpha}_1+k_2\boldsymbol{\alpha}_2+\cdots+k_s\boldsymbol{\alpha}_s=\mathbf{0}.$$

不妨设 $k_s\neq 0$，则有

$$\boldsymbol{\alpha}_s=-\frac{k_1}{k_s}\boldsymbol{\alpha}_1-\frac{k_2}{k_s}\boldsymbol{\alpha}_2-\cdots-\frac{k_{s-1}}{k_s}\boldsymbol{\alpha}_{s-1},$$

即$\boldsymbol{\alpha}_s$ 可由$\boldsymbol{\alpha}_1,\boldsymbol{\alpha}_2,\cdots,\boldsymbol{\alpha}_{s-1}$线性表出.

充分性　若$\boldsymbol{\alpha}_i$ 可由其余向量线性表出，设

$$\boldsymbol{\alpha}_i=k_1\boldsymbol{\alpha}_1+\cdots+k_{i-1}\boldsymbol{\alpha}_{i-1}+k_{i+1}\boldsymbol{\alpha}_{i+1}+\cdots+k_s\boldsymbol{\alpha}_s,$$

则有

$$k_1\boldsymbol{\alpha}_1+\cdots+k_{i-1}\boldsymbol{\alpha}_{i-1}+(-1)\boldsymbol{\alpha}_i+k_{i+1}\boldsymbol{\alpha}_{i+1}+\cdots+k_s\boldsymbol{\alpha}_s=\mathbf{0}.$$

因$\boldsymbol{\alpha}_i$ 的系数不为零，由定义 4.3.3 知$\boldsymbol{\alpha}_1,\boldsymbol{\alpha}_2,\cdots,\boldsymbol{\alpha}_s$ 线性相关.

下面是两个特殊情形：

(1) 含有零向量的向量组必线性相关.

(2) 含有两个成比例的向量的向量组必线性相关.

定理 4.3.2　如果向量组的一个部分组线性相关，那么这个向量组就线性相关；反之，如果向量组线性无关，那么它的任何一个非空的部分组也线性无关.

证明　不妨设向量组$\boldsymbol{\alpha}_1,\boldsymbol{\alpha}_2,\cdots,\boldsymbol{\alpha}_s,\cdots,\boldsymbol{\alpha}_r$ $(s\leqslant r)$的一个部分组$\boldsymbol{\alpha}_1,\boldsymbol{\alpha}_2,\cdots,\boldsymbol{\alpha}_s$ 线性相关，则有不全为零的数 $k_1,k_2,\cdots,k_s$，使

$$k_1\boldsymbol{\alpha}_1+k_2\boldsymbol{\alpha}_2+\cdots+k_s\boldsymbol{\alpha}_s=\mathbf{0}.$$

由上式显然有

$$k_1\boldsymbol{\alpha}_1+k_2\boldsymbol{\alpha}_2+\cdots+k_s\boldsymbol{\alpha}_s+0\boldsymbol{\alpha}_{s+1}+\cdots+0\boldsymbol{\alpha}_r=\mathbf{0}.$$

因为 $k_1,k_2,\cdots,k_s$ 不全为零，所以 $k_1,k_2,\cdots,k_s,0,\cdots,0$ 也不全为零，因而$\boldsymbol{\alpha}_1,\boldsymbol{\alpha}_2,\cdots,\boldsymbol{\alpha}_s,\cdots,\boldsymbol{\alpha}_r$ 线性相关.

设$\boldsymbol{\alpha}_1,\boldsymbol{\alpha}_2,\cdots,\boldsymbol{\alpha}_s,\cdots,\boldsymbol{\alpha}_r$ 线性无关，若它的一个部分组线性相关，则由上述已证的结论知，$\boldsymbol{\alpha}_1,\boldsymbol{\alpha}_2,\cdots,\boldsymbol{\alpha}_s,\cdots,\boldsymbol{\alpha}_r$ 应线性相关，矛盾. 所以它的任何一个非空的部分组都是线性无关的.

注　全体组线性相关不能推出部分组线性相关；由部分组线性无关也不能推出全体组线性无关.

例 4.3.2　判别 n 维单位向量组

$$\begin{cases}\boldsymbol{\varepsilon}_1=(1,0,\cdots,0),\\ \boldsymbol{\varepsilon}_2=(0,1,\cdots,0),\\ \qquad\vdots\\ \boldsymbol{\varepsilon}_n=(0,0,\cdots,1)\end{cases}$$

的线性相关性.

解　设有 n 个数 $k_1,k_2,\cdots,k_n$，使　$k_1\boldsymbol{\varepsilon}_1+k_2\boldsymbol{\varepsilon}_2+\cdots+k_n\boldsymbol{\varepsilon}_n=\mathbf{0}$，即

$$k_1(1,0,\cdots,0)+k_2(0,1,\cdots,0)+\cdots+k_n(0,0,\cdots,1)=(0,0,\cdots,0),$$

于是有

$$(k_1,k_2,\cdots,k_n)=(0,0,\cdots,0),$$

从而 $k_1=0,k_2=0,\cdots,k_n=0$，所以$\boldsymbol{\varepsilon}_1,\boldsymbol{\varepsilon}_2,\cdots,\boldsymbol{\varepsilon}_n$ 线性无关.

例 4.3.3　判断向量组$\boldsymbol{\alpha}_1=(2,-1,3,1)$，$\boldsymbol{\alpha}_2=(4,-2,5,4)$，$\boldsymbol{\alpha}_3=(2,-1,4,-1)$的线性相关性.

解 设有三个数 x_1,x_2,x_3 使

$$x_1\boldsymbol{\alpha}_1+x_2\boldsymbol{\alpha}_2+x_3\boldsymbol{\alpha}_3=\mathbf{0}.$$

这个向量等式对应的线性方程组为

$$\begin{cases}2x_1+4x_2+2x_3=0,\\-x_1-2x_2-x_3=0,\\3x_1+5x_2+4x_3=0,\\x_1+4x_2-x_3=0.\end{cases}$$

系数矩阵为

$$\boldsymbol{A}=\begin{pmatrix}2&4&2\\-1&-2&-1\\3&5&4\\1&4&-1\end{pmatrix}\to\begin{pmatrix}0&-4&4\\0&2&-2\\0&-7&7\\1&4&-1\end{pmatrix}\to\begin{pmatrix}1&4&-1\\0&1&-1\\0&0&0\\0&0&0\end{pmatrix}.$$

由 $\mathrm{R}(\boldsymbol{A})=2<3$(未知量个数),故方程组有非零解,从而$\boldsymbol{\alpha}_1,\boldsymbol{\alpha}_2,\boldsymbol{\alpha}_3$ 线性相关.

由上述两个例子,可以得到用定义判别向量组$\boldsymbol{\alpha}_i=(a_{1i},a_{2i},\cdots,a_{ni})(i=1,2,\cdots,s)$的线性相关性的方法.

设有 s 个数 $x_1,x_2,\cdots,x_s$ 使

$$x_1\boldsymbol{\alpha}_1+x_2\boldsymbol{\alpha}_2+\cdots+x_s\boldsymbol{\alpha}_s=\mathbf{0}.$$

该方程即为齐次线性方程组

$$\begin{cases}a_{11}x_1+a_{12}x_2+\cdots+a_{1s}x_s=0,\\a_{21}x_1+a_{22}x_2+\cdots+a_{2s}x_s=0,\\\qquad\vdots\\a_{n1}x_1+a_{n2}x_2+\cdots+a_{ns}x_s=0.\end{cases}$$

若方程组有非零解,则向量组$\boldsymbol{\alpha}_1,\boldsymbol{\alpha}_2,\cdots,\boldsymbol{\alpha}_s$ 线性相关;若方程组只有零解,则向量组$\boldsymbol{\alpha}_1,\boldsymbol{\alpha}_2,\cdots,\boldsymbol{\alpha}_s$ 线性无关.于是判断$\boldsymbol{\alpha}_1,\boldsymbol{\alpha}_2,\cdots,\boldsymbol{\alpha}_s$ 线性相关性问题转化为判断相应的方程组有无非零解问题.

定理 4.3.3 n 维向量组$\boldsymbol{\alpha}_1,\boldsymbol{\alpha}_2,\cdots,\boldsymbol{\alpha}_s$ 线性相关的充要条件是齐次线性方程组

$$x_1\boldsymbol{\alpha}_1+x_2\boldsymbol{\alpha}_2+\cdots+x_s\boldsymbol{\alpha}_s=\mathbf{0}$$

有非零解.

推论 n 个 n 维列向量

$$\boldsymbol{\alpha}_1=\begin{pmatrix}a_{11}\\a_{21}\\\vdots\\a_{n1}\end{pmatrix},\quad\boldsymbol{\alpha}_2=\begin{pmatrix}a_{12}\\a_{22}\\\vdots\\a_{n2}\end{pmatrix},\quad\cdots,\quad\boldsymbol{\alpha}_n=\begin{pmatrix}a_{1n}\\a_{2n}\\\vdots\\a_{nn}\end{pmatrix}$$

线性相关的充要条件是

$$\begin{vmatrix}a_{11}&a_{12}&\cdots&a_{1n}\\a_{21}&a_{22}&\cdots&a_{2n}\\\vdots&\vdots&&\vdots\\a_{n1}&a_{n2}&\cdots&a_{nn}\end{vmatrix}=0.$$

例 4.3.4 证明 n 维向量组

$$\boldsymbol{\alpha}_1=\begin{pmatrix}1\\0\\0\\\vdots\\0\end{pmatrix},\quad \boldsymbol{\alpha}_2=\begin{pmatrix}1\\1\\0\\\vdots\\0\end{pmatrix},\quad \cdots,\quad \boldsymbol{\alpha}_n=\begin{pmatrix}1\\1\\1\\\vdots\\1\end{pmatrix}$$

是线性无关的.

证明 因行列式

$$\begin{vmatrix}1 & 1 & \cdots & 1\\0 & 1 & \cdots & 1\\\vdots & \vdots & & \vdots\\0 & 0 & \cdots & 1\end{vmatrix}=1\neq 0,$$

故$\boldsymbol{\alpha}_1,\boldsymbol{\alpha}_2,\cdots,\boldsymbol{\alpha}_n$ 线性无关.

定理 4.3.4 设向量组

$$\boldsymbol{\alpha}_i=(\boldsymbol{a}_{i1},\boldsymbol{a}_{i2},\cdots,\boldsymbol{a}_{in}),i=1,2,\cdots,s$$

线性无关,那么在每一个向量上增加一个分量所得到的 $n+1$ 维的向量组

$$\boldsymbol{\beta}_i=(\boldsymbol{a}_{i1},\boldsymbol{a}_{i2},\cdots,\boldsymbol{a}_{in},\boldsymbol{a}_{i,n+1}),i=1,2,\cdots,s$$

也线性无关.

证明 因为向量组$\boldsymbol{\alpha}_i,\boldsymbol{\alpha}_2,\cdots,\boldsymbol{\alpha}_s$ 线性无关,所以它对应的线性方程组

$$\begin{cases}a_{11}x_1+a_{21}x_2+\cdots+a_{s1}x_s=0,\\a_{12}x_1+a_{22}x_2+\cdots+a_{s2}x_s=0,\\\qquad\vdots\\a_{1n}x_1+a_{2n}x_2+\cdots+a_{sn}x_s=0\end{cases}\tag{4.3.1}$$

只有零解.要证向量组$\boldsymbol{\beta}_i,\boldsymbol{\beta}_2,\cdots,\boldsymbol{\beta}_s$ 线性无关,只需证明它对应的线性方程组

$$\begin{cases}a_{11}x_1+a_{21}x_2+\cdots+a_{s1}x_s=0,\\a_{12}x_1+a_{22}x_2+\cdots+a_{s2}x_s=0,\\\qquad\vdots\\a_{1n}x_1+a_{2n}x_2+\cdots+a_{sn}x_s=0,\\a_{1,n+1}x_1+a_{2,n+1}x_2+\cdots+a_{s,n+1}x_s=0\end{cases}\tag{4.3.2}$$

只有零解.

因为方程组(4.3.2)中的前 s 个方程即为方程组(4.3.1),所以方程组(4.3.2)的解全是方程组(4.3.1)的解,由于(4.3.1)只有零解,因而方程组(4.3.2)也只有零解.

注 这个结论可以推广到增加几个分量的情形.

利用定理 4.1.2 的推论 2,即得向量组的一个基本性质.

定理 4.3.5 设$\boldsymbol{\alpha}_1,\boldsymbol{\alpha}_2,\cdots,\boldsymbol{\alpha}_r$ 与$\boldsymbol{\beta}_1,\boldsymbol{\beta}_2,\cdots,\boldsymbol{\beta}_s$ 是两个 n 维向量组.如果

(1) 向量组$\boldsymbol{\alpha}_1,\boldsymbol{\alpha}_2,\cdots,\boldsymbol{\alpha}_r$ 可以经$\boldsymbol{\beta}_1,\boldsymbol{\beta}_2,\cdots,\boldsymbol{\beta}_s$ 线性表出;

(2) $r>s$,

那么向量组$\boldsymbol{\alpha}_1,\boldsymbol{\alpha}_2,\cdots,\boldsymbol{\alpha}_r$ 必线性相关.

证明 由(1)有$\boldsymbol{\alpha}_i=t_{1i}\boldsymbol{\beta}_1+t_{2i}\boldsymbol{\beta}_2+\cdots+t_{si}\boldsymbol{\beta}_s\,(i=1,2,\cdots,r)$.

为了证明$\boldsymbol{\alpha}_1,\boldsymbol{\alpha}_2,\cdots,\boldsymbol{\alpha}_r$线性相关，只要证明可以找到不全为零的数$k_1,k_2,\cdots,k_r$，使

$$k_1\boldsymbol{\alpha}_1+k_2\boldsymbol{\alpha}_2+\cdots+k_r\boldsymbol{\alpha}_r=\mathbf{0}.$$

为此，作线性组合

$$\begin{aligned}x_1\boldsymbol{\alpha}_1+x_2\boldsymbol{\alpha}_2+\cdots+x_r\boldsymbol{\alpha}_r&=x_1(t_{11}\boldsymbol{\beta}_1+t_{21}\boldsymbol{\beta}_2+\cdots+t_{s1}\boldsymbol{\beta}_s)+x_2(t_{12}\boldsymbol{\beta}_1+t_{22}\boldsymbol{\beta}_2+\cdots+t_{s2}\boldsymbol{\beta}_s)\\&\quad+\cdots+x_r(t_{1r}\boldsymbol{\beta}_1+t_{2r}\boldsymbol{\beta}_2+\cdots+t_{sr}\boldsymbol{\beta}_s)\\&=(t_{11}x_1+t_{12}x_2+\cdots+t_{1r}x_r)\boldsymbol{\beta}_1+(t_{21}x_1+t_{22}x_2+\cdots+t_{2r}x_r)\boldsymbol{\beta}_2\\&\quad+\cdots+(t_{s1}x_1+t_{s2}x_2+\cdots+t_{sr}x_r)\boldsymbol{\beta}_s.\end{aligned}$$

考虑齐次线性方程组

$$\begin{cases}t_{11}x_1+t_{12}x_2+\cdots+t_{1r}x_r=0,\\t_{21}x_1+t_{22}x_2+\cdots+t_{2r}x_r=0,\\\qquad\qquad\vdots\\t_{s1}x_1+t_{s2}x_2+\cdots+t_{sr}x_r=0.\end{cases}$$

由(2)知$r>s$，该方程组中未知量的个数大于方程的个数，根据定理4.1.2的推论2，它有非零解$(k_1,k_2,\cdots,k_r)$. 于是有不全为零的数$k_1,k_2,\cdots,k_r$使$\boldsymbol{\beta}_1,\boldsymbol{\beta}_2,\cdots,\boldsymbol{\beta}_s$的系数全为零，即有

$$k_1\boldsymbol{\alpha}_1+k_2\boldsymbol{\alpha}_2+\cdots+k_r\boldsymbol{\alpha}_r=\mathbf{0}.$$

这就证明了$\boldsymbol{\alpha}_1,\boldsymbol{\alpha}_2,\cdots,\boldsymbol{\alpha}_r$线性相关.

推论1 如果向量组$\boldsymbol{\alpha}_1,\boldsymbol{\alpha}_2,\cdots,\boldsymbol{\alpha}_r$可以由向量组$\boldsymbol{\beta}_1,\boldsymbol{\beta}_2,\cdots,\boldsymbol{\beta}_s$线性表出，且$\boldsymbol{\alpha}_1,\boldsymbol{\alpha}_2,\cdots,\boldsymbol{\alpha}_r$线性无关，那么$r\leqslant s$.

推论2 任意$n+1$个n维向量必线性相关.

事实上，每个n维向量都可以由n维单位向量$\boldsymbol{\varepsilon}_1,\boldsymbol{\varepsilon}_2,\cdots,\boldsymbol{\varepsilon}_n$线性表出，且$n+1>n$，因而必线性相关.

定理4.3.5的几何意义：在三维向量的情形，如果$s=2$，那么可以由向量$\boldsymbol{\beta}_1,\boldsymbol{\beta}_2$线性表出的向量都在$\boldsymbol{\beta}_1,\boldsymbol{\beta}_2$所在的平面上，因而这些向量是共面的，也就是说，当$r>2$时，这些向量线性相关. 两个向量组$\boldsymbol{\alpha}_1,\boldsymbol{\alpha}_2$与$\boldsymbol{\beta}_1,\boldsymbol{\beta}_2$等价就意味着它们在同一平面上(图4-3-1).

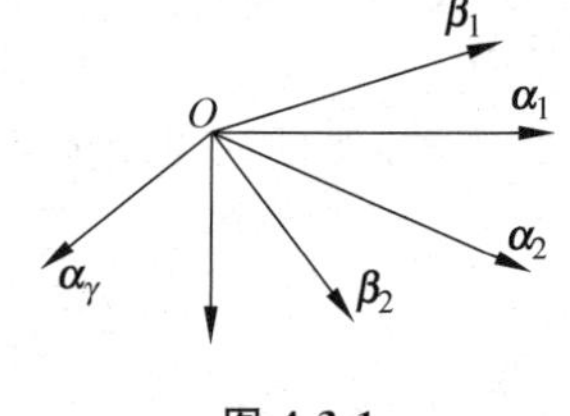

图 4-3-1

习题 4.3

1. 设$\boldsymbol{\alpha}_1,\boldsymbol{\alpha}_2,\cdots,\boldsymbol{\alpha}_s$是$s$个$n$维向量，下列论断是否正确？说明理由.

(1) 若$\boldsymbol{\alpha}_s$不能由$\boldsymbol{\alpha}_1,\boldsymbol{\alpha}_2,\cdots,\boldsymbol{\alpha}_{s-1}$线性表出，则向量组$\boldsymbol{\alpha}_1,\boldsymbol{\alpha}_2,\cdots,\boldsymbol{\alpha}_s$线性无关；

(2) 若$\boldsymbol{\alpha}_1,\boldsymbol{\alpha}_2,\cdots,\boldsymbol{\alpha}_s$线性相关，则任一向量均可由其余向量线性表出；

(3) 若$\boldsymbol{\alpha}_1,\boldsymbol{\alpha}_2,\cdots,\boldsymbol{\alpha}_s$线性相关，$\boldsymbol{\alpha}_s$不能由$\boldsymbol{\alpha}_1,\boldsymbol{\alpha}_2,\cdots,\boldsymbol{\alpha}_{s-1}$线性表出，则$\boldsymbol{\alpha}_1,\boldsymbol{\alpha}_2,\cdots,\boldsymbol{\alpha}_{s-1}$线性相关；

(4) 若$\boldsymbol{\alpha}_1,\boldsymbol{\alpha}_2,\cdots,\boldsymbol{\alpha}_{s-1}$线性无关，且$\boldsymbol{\alpha}_s$不能由$\boldsymbol{\alpha}_1,\boldsymbol{\alpha}_2,\cdots,\boldsymbol{\alpha}_{s-1}$线性表出，则$\boldsymbol{\alpha}_1,\boldsymbol{\alpha}_2,\cdots,\boldsymbol{\alpha}_{s-1},\boldsymbol{\alpha}_s$线性无关.

2. 证明：$\boldsymbol{\alpha}_1,\boldsymbol{\alpha}_2,\cdots,\boldsymbol{\alpha}_s$(其中$\boldsymbol{\alpha}_1\neq 0$)线性相关的充要条件是至少有一个$\boldsymbol{\alpha}_i(1<i\leqslant s)$可被

$\boldsymbol{\alpha}_1,\boldsymbol{\alpha}_2,\cdots,\boldsymbol{\alpha}_{i-1}$线性表出.

3. 设$\boldsymbol{A}$是n阶方阵,存在正整数k,使得线性方程组$\boldsymbol{A}^k\boldsymbol{x}=\boldsymbol{0}$有解向量$\boldsymbol{\alpha}$,且$\boldsymbol{A}^{k-1}\boldsymbol{\alpha}\neq\boldsymbol{0}$. 证明:向量组$\boldsymbol{\alpha},\boldsymbol{A\alpha},\cdots,\boldsymbol{A}^{k-1}\boldsymbol{\alpha}$线性无关.

4.4 向量组的秩

4.4.1 向量组的极大线性无关组

定义 4.4.1 一个向量组的一个部分组称为一个**极大线性无关组**,如果这个部分组本身是线性无关的,并且从这向量组中任意增加一个向量(如果还有的话)所得的部分向量组都线性相关.

极大线性无关组又简称为**极大无关组**.

例 4.4.1 设有向量组

$$\boldsymbol{\alpha}_1=(2,-1,3,1),\quad \boldsymbol{\alpha}_2=(4,-2,5,4),\quad \boldsymbol{\alpha}_3=(2,-1,4,-1).$$

因为$\boldsymbol{\alpha}_1,\boldsymbol{\alpha}_2$对应分量不成比例,所以它们线性无关,又$3\boldsymbol{\alpha}_1-\boldsymbol{\alpha}_2-\boldsymbol{\alpha}_3=0$,所以$\boldsymbol{\alpha}_1,\boldsymbol{\alpha}_2,\boldsymbol{\alpha}_3$线性相关. 故$\boldsymbol{\alpha}_1,\boldsymbol{\alpha}_2$是$\boldsymbol{\alpha}_1,\boldsymbol{\alpha}_2,\boldsymbol{\alpha}_3$的一个极大线性无关组.

同样可证$\boldsymbol{\alpha}_2,\boldsymbol{\alpha}_3$和$\boldsymbol{\alpha}_1,\boldsymbol{\alpha}_3$都是线性无关的,因而它们都是$\boldsymbol{\alpha}_1,\boldsymbol{\alpha}_2,\boldsymbol{\alpha}_3$的极大线性无关组.

定理 4.4.1 任意一个极大线性无关组都与向量组本身等价.

证明 设有向量组$\boldsymbol{\alpha}_1,\boldsymbol{\alpha}_2,\cdots,\boldsymbol{\alpha}_s,\cdots,\boldsymbol{\alpha}_r$,其中$\boldsymbol{\alpha}_1,\boldsymbol{\alpha}_2,\cdots,\boldsymbol{\alpha}_s$是它的一个极大线性无关组. 因为$\boldsymbol{\alpha}_1,\boldsymbol{\alpha}_2,\cdots,\boldsymbol{\alpha}_s$是向量组$\boldsymbol{\alpha}_1,\boldsymbol{\alpha}_2,\cdots,\boldsymbol{\alpha}_r$的一部分,当然可以由这个向量组线性表出,事实上有

$$\boldsymbol{\alpha}_i=0\boldsymbol{\alpha}_1+\cdots+0\boldsymbol{\alpha}_{i-1}+1\boldsymbol{\alpha}_i+0\boldsymbol{\alpha}_{i+1}+\cdots+0\boldsymbol{\alpha}_r,\quad i=1,2,\cdots,s$$

所以$\boldsymbol{\alpha}_1,\boldsymbol{\alpha}_2,\cdots,\boldsymbol{\alpha}_s$可由$\boldsymbol{\alpha}_1,\boldsymbol{\alpha}_2,\cdots,\boldsymbol{\alpha}_s,\cdots,\boldsymbol{\alpha}_r$线性表出.

下证$\boldsymbol{\alpha}_1,\boldsymbol{\alpha}_2,\cdots,\boldsymbol{\alpha}_s,\cdots,\boldsymbol{\alpha}_r$可由$\boldsymbol{\alpha}_1,\boldsymbol{\alpha}_2,\cdots,\boldsymbol{\alpha}_s$线性表出. 显然,只需证$\boldsymbol{\alpha}_{s+1},\cdots,\boldsymbol{\alpha}_r$中的每一个向量都能由$\boldsymbol{\alpha}_1,\boldsymbol{\alpha}_2,\cdots,\boldsymbol{\alpha}_s$线性表出即可. 设$\boldsymbol{\alpha}_j$是$\boldsymbol{\alpha}_{s+1},\cdots,\boldsymbol{\alpha}_r$中的任一个向量. 由极大线性无关组$\boldsymbol{\alpha}_1,\boldsymbol{\alpha}_2,\cdots,\boldsymbol{\alpha}_s$的极大性,向量组$\boldsymbol{\alpha}_1,\boldsymbol{\alpha}_2,\cdots,\boldsymbol{\alpha}_s,\boldsymbol{\alpha}_j$线性相关,也就是说,有不全为零的数$k_1$, $k_2,\cdots,k_s,l$使

$$k_1\boldsymbol{\alpha}_1+k_2\boldsymbol{\alpha}_2+\cdots+k_s\boldsymbol{\alpha}_s+l\boldsymbol{\alpha}_j=\boldsymbol{0}.$$

因为$\boldsymbol{\alpha}_1,\boldsymbol{\alpha}_2,\cdots,\boldsymbol{\alpha}_s$线性无关,可证必有$l\neq0$. 否则,若$l=0$,那么$k_1,k_2,\cdots,k_s$就不全为零,于是$\boldsymbol{\alpha}_1,\boldsymbol{\alpha}_2,\cdots,\boldsymbol{\alpha}_s$线性相关,与$\boldsymbol{\alpha}_1,\boldsymbol{\alpha}_2,\cdots,\boldsymbol{\alpha}_s$是极大线性无关组的假设矛盾. 于是由$l\neq0$,得

$$\boldsymbol{\alpha}_j=-\frac{k_1}{l}\boldsymbol{\alpha}_1-\frac{k_2}{l}\boldsymbol{\alpha}_2-\cdots-\frac{k_s}{l}\boldsymbol{\alpha}_s,\quad s<j\leqslant r.$$

这就是说,$\boldsymbol{\alpha}_j(s<j\leqslant r)$可由$\boldsymbol{\alpha}_1,\boldsymbol{\alpha}_2,\cdots,\boldsymbol{\alpha}_s$线性表出. 于是证明了向量组与它的极大线性无关组的等价性.

由定理 4.4.1 的证明可得极大线性无关组的等价定义.

定义 4.4.2 向量组$\boldsymbol{\alpha}_1,\boldsymbol{\alpha}_2,\cdots,\boldsymbol{\alpha}_n$的一个部分组$\boldsymbol{\alpha}_{i_1},\boldsymbol{\alpha}_{i_2},\cdots,\boldsymbol{\alpha}_{i_r}$,如果满足

(1) $\boldsymbol{\alpha}_{i_1},\boldsymbol{\alpha}_{i_2},\cdots,\boldsymbol{\alpha}_{i_r}$线性无关;

(2) 每一$\boldsymbol{\alpha}_j(j=1,2,\cdots,n)$都可由$\boldsymbol{\alpha}_{i_1},\boldsymbol{\alpha}_{i_2},\cdots,\boldsymbol{\alpha}_{i_r}$线性表出,

则$\boldsymbol{\alpha}_{i_1},\boldsymbol{\alpha}_{i_2},\cdots,\boldsymbol{\alpha}_{i_r}$叫做向量组$\boldsymbol{\alpha}_1,\boldsymbol{\alpha}_2,\cdots,\boldsymbol{\alpha}_n$的一个**极大线性无关组**.

一个向量组的极大线性无关组不一定唯一(见例 4.4.1),但由于每个极大线性无关组都与向量组本身等价,因而有如下推论.

推论 一向量组的任意两个极大线性无关组都是等价的.

于是由定理 4.3.5 的推论 1,可得

定理 4.4.2 一向量组的极大线性无关组都含有相同个数的向量.

4.4.2 向量组的秩

定义 4.4.3 向量组的极大线性无关组所含向量的个数称为这个向量组的**秩**.

只含零向量的向量组没有极大线性无关组,规定它的的秩为 0.

例如,向量组$\boldsymbol{\alpha}_1=(2,-1,3,1)$,$\boldsymbol{\alpha}_2=(4,-2,5,4)$,$\boldsymbol{\alpha}_3=(2,-1,4,-1)$的秩为 2.

定理 4.4.3 设向量组Ⅰ:$\boldsymbol{\alpha}_1,\boldsymbol{\alpha}_2,\cdots,\boldsymbol{\alpha}_s$ 可由向量组Ⅱ:$\boldsymbol{\beta}_1,\boldsymbol{\beta}_2,\cdots,\boldsymbol{\beta}_t$ 线性表示,则Ⅰ的秩不超过Ⅱ的秩.

证明 设向量组Ⅰ与向量组Ⅱ的秩分别是 r 与 k,$\boldsymbol{\alpha}_{i_1},\boldsymbol{\alpha}_{i_2},\cdots,\boldsymbol{\alpha}_{i_r}$ 与$\boldsymbol{\beta}_{j_1},\boldsymbol{\beta}_{j_2},\cdots,\boldsymbol{\beta}_{j_k}$ 分别是向量组Ⅰ与向量组Ⅱ的极大无关组,则$\boldsymbol{\alpha}_{i_1},\boldsymbol{\alpha}_{i_2},\cdots,\boldsymbol{\alpha}_{i_r}$ 与$\boldsymbol{\alpha}_1,\boldsymbol{\alpha}_2,\cdots,\boldsymbol{\alpha}_s$ 等价,$\boldsymbol{\beta}_1,\boldsymbol{\beta}_2,\cdots,\boldsymbol{\beta}_t$ 与$\boldsymbol{\beta}_{j_1},\boldsymbol{\beta}_{j_2},\cdots,\boldsymbol{\beta}_{j_k}$ 等价,由于$\boldsymbol{\alpha}_1,\boldsymbol{\alpha}_2,\cdots,\boldsymbol{\alpha}_s$ 可由$\boldsymbol{\beta}_1,\boldsymbol{\beta}_2,\cdots,\boldsymbol{\beta}_t$ 线性表示,所以$\boldsymbol{\alpha}_{i_1},\boldsymbol{\alpha}_{i_2},\cdots,\boldsymbol{\alpha}_{i_r}$ 可由$\boldsymbol{\beta}_{j_1},\boldsymbol{\beta}_{j_2},\cdots,\boldsymbol{\beta}_{j_k}$ 线性表示,由定理 4.3.5 知 $r\leqslant k$.

关于向量组的秩,还有以下结论:

(1) 一个向量组线性无关的充要条件是它的秩与它所含向量的个数相同;

(2) 等价的向量组必有相同的秩.

4.4.3 向量组的秩与矩阵的秩的关系

设矩阵

$$\boldsymbol{A}=\begin{pmatrix} a_{11} & a_{12} & \cdots & a_{1n} \\ a_{21} & a_{22} & \cdots & a_{2n} \\ \vdots & \vdots & & \vdots \\ a_{m1} & a_{m2} & \cdots & a_{mn} \end{pmatrix}.$$

$\boldsymbol{A}$ 的每一行可以看作一个 n 维向量,即

$$\begin{aligned} \boldsymbol{\alpha}_1 &= (a_{11},a_{12},\cdots,a_{1n}), \\ \boldsymbol{\alpha}_2 &= (a_{21},a_{22},\cdots,a_{2n}), \\ &\vdots \\ \boldsymbol{\alpha}_m &= (a_{m1},a_{m2},\cdots,a_{mn}), \end{aligned}$$

称为 $\boldsymbol{A}$ 的行向量,这时矩阵 $\boldsymbol{A}$ 可以记为

$$\boldsymbol{A}=\begin{pmatrix} \boldsymbol{\alpha}_1 \\ \boldsymbol{\alpha}_2 \\ \vdots \\ \boldsymbol{\alpha}_m \end{pmatrix}.$$

$\boldsymbol{A}$ 的每一列也可以看作一个 m 维向量,即

$$\boldsymbol{\beta}_1=\begin{pmatrix}a_{11}\\a_{21}\\\vdots\\a_{m1}\end{pmatrix},\quad \boldsymbol{\beta}_2=\begin{pmatrix}a_{12}\\a_{22}\\\vdots\\a_{m2}\end{pmatrix},\quad \cdots,\quad \boldsymbol{\beta}_n=\begin{pmatrix}a_{1n}\\a_{2n}\\\vdots\\a_{mn}\end{pmatrix},$$

称为 $\boldsymbol{A}$ 的列向量. 这时矩阵 $\boldsymbol{A}$ 可以记为

$$\boldsymbol{A}=(\boldsymbol{\beta}_1,\boldsymbol{\beta}_2,\cdots,\boldsymbol{\beta}_n).$$

定义 4.4.4 矩阵 $\boldsymbol{A}$ 的行向量组的秩称为 $\boldsymbol{A}$ 的**行秩**,列向量组的秩称为 $\boldsymbol{A}$ 的**列秩**.

定理 4.4.4 矩阵 $\boldsymbol{A}$ 的行秩与它的列秩相等,都等于矩阵 $\boldsymbol{A}$ 的秩.

证明 如果 $\mathrm{R}(\boldsymbol{A})=0$,则 $\boldsymbol{A}=\boldsymbol{O}$,显然 $\boldsymbol{A}$ 的行秩与列秩都为 0.

若 $\mathrm{R}(\boldsymbol{A})=r\neq 0$,设 $\boldsymbol{A}=(a_{ij})_{m\times n}$,则 $\boldsymbol{A}$ 中至少有一个 r 阶子式不等于零,而所有 $r+1$ 阶子式全为零. 不妨设 $\boldsymbol{A}$ 的左上角 r 阶子式不为零,即

$$D=\begin{vmatrix}a_{11}&a_{12}&\cdots&a_{1r}\\a_{21}&a_{22}&\cdots&a_{2r}\\\vdots&\vdots&&\vdots\\a_{r1}&a_{r2}&\cdots&a_{rr}\end{vmatrix}\neq 0.$$

由定理 4.3.3 的推论知,向量组

$$\begin{pmatrix}a_{11}\\a_{21}\\\vdots\\a_{r1}\end{pmatrix},\begin{pmatrix}a_{12}\\a_{22}\\\vdots\\a_{r2}\end{pmatrix},\cdots,\begin{pmatrix}a_{1r}\\a_{2r}\\\vdots\\a_{rr}\end{pmatrix}$$

线性无关,再由定理 4.3.4,添加分量后的向量组

$$\boldsymbol{\beta}_1=\begin{pmatrix}a_{11}\\a_{21}\\\vdots\\a_{r1}\\\vdots\\a_{m1}\end{pmatrix},\quad \boldsymbol{\beta}_2=\begin{pmatrix}a_{12}\\a_{22}\\\vdots\\a_{r2}\\\vdots\\a_{m2}\end{pmatrix},\quad \cdots,\quad \boldsymbol{\beta}_r=\begin{pmatrix}a_{1r}\\a_{2r}\\\vdots\\a_{rr}\\\vdots\\a_{mr}\end{pmatrix}$$

也线性无关. $\boldsymbol{\beta}_1,\boldsymbol{\beta}_2,\cdots,\boldsymbol{\beta}_r$ 即为 $\boldsymbol{A}$ 的前 r 个列向量. 下证它们是 $\boldsymbol{A}$ 的列向量组的一个极大无关组. 这只需证明对于 $\boldsymbol{A}$ 中后 $n-r$ 列的任一列向量 $\boldsymbol{\beta}_l\,(r<l\leqslant n)$, $\boldsymbol{\beta}_1,\boldsymbol{\beta}_2,\cdots,\boldsymbol{\beta}_r,\boldsymbol{\beta}_l$ 线性相关.

假若 $\boldsymbol{\beta}_1,\boldsymbol{\beta}_2,\cdots,\boldsymbol{\beta}_r,\boldsymbol{\beta}_l$ 线性无关,则 $r+1$ 元齐次线性方程组

$$x_1\boldsymbol{\beta}_1+x_2\boldsymbol{\beta}_2+\cdots+x_r\boldsymbol{\beta}_r+x_l\boldsymbol{\beta}_l=\boldsymbol{0}$$

只有零解. 于是由定理 4.1.2 的推论 1 知,该方程组的系数矩阵 $\boldsymbol{B}=(\boldsymbol{\beta}_1,\boldsymbol{\beta}_2,\cdots,\boldsymbol{\beta}_r,\boldsymbol{\beta}_l)$ 的秩等于 $r+1$,因而 $\boldsymbol{B}$ 有一个非零的 $r+1$ 阶子式 D_1,这个子式当然也是 $\boldsymbol{A}$ 的 $r+1$ 阶子式,而 $\mathrm{R}(\boldsymbol{A})=r$,所以有 $D_1=0$,矛盾. 故 $\boldsymbol{\beta}_1,\boldsymbol{\beta}_2,\cdots,\boldsymbol{\beta}_r,\boldsymbol{\beta}_l$ 线性相关,$\boldsymbol{A}$ 的列秩为 r. 这就证明了 $\boldsymbol{A}$ 的列秩等于 $\boldsymbol{A}$ 的秩.

因 $\boldsymbol{A}$ 的行向量即为 $\boldsymbol{A}^{\mathrm{T}}$ 的列向量,而 $\mathrm{R}(\boldsymbol{A}^{\mathrm{T}})=\mathrm{R}(\boldsymbol{A})$,可知 $\boldsymbol{A}$ 的行秩也等于 $\boldsymbol{A}$ 的秩.

矩阵 $\boldsymbol{A}$ 的行秩、列秩也统称为矩阵 $\boldsymbol{A}$ 的**秩**.

由上面的讨论可以看出,求一个向量组的秩,可以转化为求以这个向量组为列向量组(或行向量组)的矩阵的秩,而矩阵的秩很容易通过初等变换求得.

定理 4.4.5 若矩阵 $\boldsymbol{A}$ 经过有限次初等行(列)变换化为矩阵 $\boldsymbol{B}$，则矩阵 $\boldsymbol{A}$ 的行(列)向量组与矩阵 $\boldsymbol{B}$ 的行(列)向量组等价.

证明 对 $m\times n$ 矩阵 $\boldsymbol{A}$ 施行初等行变换后化为 $\boldsymbol{B}$，相当于用一个 m 阶可逆矩阵 $\boldsymbol{P}$ 左乘矩阵 $\boldsymbol{A}$，即 $\boldsymbol{B}=\boldsymbol{PA}$，从而 $\boldsymbol{P}^{-1}\boldsymbol{B}=\boldsymbol{A}$. 令

$$\boldsymbol{A}=\begin{pmatrix}\boldsymbol{\alpha}_1\\ \boldsymbol{\alpha}_2\\ \vdots\\ \boldsymbol{\alpha}_m\end{pmatrix},\quad \boldsymbol{B}=\begin{pmatrix}\boldsymbol{\beta}_1\\ \boldsymbol{\beta}_2\\ \vdots\\ \boldsymbol{\beta}_m\end{pmatrix},\quad \boldsymbol{P}=(p_{ij})_{m\times m},\quad \boldsymbol{P}^{-1}=(q_{ij})_{m\times m},$$

其中 $\boldsymbol{\alpha}_1,\boldsymbol{\alpha}_2,\cdots,\boldsymbol{\alpha}_m$ 及 $\boldsymbol{\beta}_1,\boldsymbol{\beta}_2,\cdots,\boldsymbol{\beta}_m$ 分别是 $\boldsymbol{A}$ 及 $\boldsymbol{B}$ 的行向量. 则有

$$\begin{pmatrix}\boldsymbol{\beta}_1\\ \boldsymbol{\beta}_2\\ \vdots\\ \boldsymbol{\beta}_m\end{pmatrix}=\begin{pmatrix}p_{11} & p_{12} & \cdots & p_{1m}\\ p_{21} & p_{22} & \cdots & p_{2m}\\ \vdots & \vdots & & \vdots\\ p_{m1} & p_{m2} & \cdots & p_{mm}\end{pmatrix}\begin{pmatrix}\boldsymbol{\alpha}_1\\ \boldsymbol{\alpha}_2\\ \vdots\\ \boldsymbol{\alpha}_m\end{pmatrix},$$

即

$$\begin{cases}\boldsymbol{\beta}_1=p_{11}\boldsymbol{\alpha}_1+p_{12}\boldsymbol{\alpha}_2+\cdots+p_{1m}\boldsymbol{\alpha}_m,\\ \boldsymbol{\beta}_2=p_{21}\boldsymbol{\alpha}_1+p_{22}\boldsymbol{\alpha}_2+\cdots+p_{2m}\boldsymbol{\alpha}_m,\\ \qquad\vdots\\ \boldsymbol{\beta}_m=p_{m1}\boldsymbol{\alpha}_1+p_{m2}\boldsymbol{\alpha}_2+\cdots+p_{mm}\boldsymbol{\alpha}_m.\end{cases}$$

这说明 $\boldsymbol{\beta}_1,\boldsymbol{\beta}_2,\cdots,\boldsymbol{\beta}_m$ 能由 $\boldsymbol{\alpha}_1,\boldsymbol{\alpha}_2,\cdots,\boldsymbol{\alpha}_m$ 线性表出.

同理有

$$\begin{cases}\boldsymbol{\alpha}_1=q_{11}\boldsymbol{\beta}_1+q_{12}\boldsymbol{\beta}_2+\cdots+q_{1m}\boldsymbol{\beta}_m,\\ \boldsymbol{\alpha}_2=q_{21}\boldsymbol{\beta}_1+q_{22}\boldsymbol{\beta}_2+\cdots+q_{2m}\boldsymbol{\beta}_m,\\ \qquad\vdots\\ \boldsymbol{\alpha}_m=q_{m1}\boldsymbol{\beta}_1+q_{m2}\boldsymbol{\beta}_2+\cdots+q_{mm}\boldsymbol{\beta}_m.\end{cases}$$

这说明 $\boldsymbol{\alpha}_1,\boldsymbol{\alpha}_2,\cdots,\boldsymbol{\alpha}_m$ 能由 $\boldsymbol{\beta}_1,\boldsymbol{\beta}_2,\cdots,\boldsymbol{\beta}_m$ 线性表出.

由向量组等价的定义可知，矩阵 $\boldsymbol{A}$ 的行向量组与矩阵 $\boldsymbol{B}$ 的行向量组等价.

类似地，可证矩阵 $\boldsymbol{A}$ 经过有限次初等列变换化为矩阵 $\boldsymbol{B}$，则矩阵 $\boldsymbol{A}$ 的列向量组与矩阵 $\boldsymbol{B}$ 的列向量组等价.

定理 4.4.6 初等行变换不改变矩阵列向量组的线性关系；初等列变换不改变矩阵行向量组的线性关系.

证明 设 $m\times n$ 矩阵 $\boldsymbol{A}$ 施行初等行变换后化为 $\boldsymbol{B}$，即

$$\boldsymbol{A}=(\boldsymbol{\alpha}_1,\boldsymbol{\alpha}_2,\cdots,\boldsymbol{\alpha}_n)\xrightarrow{\text{初等行变换}}(\boldsymbol{\beta}_1,\boldsymbol{\beta}_2,\cdots,\boldsymbol{\beta}_n)=\boldsymbol{B}$$

其中 $\boldsymbol{\alpha}_1,\boldsymbol{\alpha}_2,\cdots,\boldsymbol{\alpha}_n$ 及 $\boldsymbol{\beta}_1,\boldsymbol{\beta}_2,\cdots,\boldsymbol{\beta}_n$ 分别是 $\boldsymbol{A}$ 及 $\boldsymbol{B}$ 的列向量.

任取 $\boldsymbol{A}$ 的列向量 $\boldsymbol{\alpha}_{i_1},\boldsymbol{\alpha}_{i_2},\cdots,\boldsymbol{\alpha}_{i_s}$ $(1\leqslant i_1<i_2<\cdots<i_s\leqslant n)$，记

$$\widetilde{\boldsymbol{A}}=(\boldsymbol{\alpha}_{i_1},\boldsymbol{\alpha}_{i_2},\cdots,\boldsymbol{\alpha}_{i_s}),\quad \widetilde{\boldsymbol{B}}=(\boldsymbol{\beta}_{i_1},\boldsymbol{\beta}_{i_2},\cdots,\boldsymbol{\beta}_{i_s}),$$

则 $\widetilde{\boldsymbol{B}}$ 是 $\widetilde{\boldsymbol{A}}$ 经过初等行变换而得的. 于是方程组 $\widetilde{\boldsymbol{A}}\boldsymbol{x}=\boldsymbol{0}$ 与 $\widetilde{\boldsymbol{B}}\boldsymbol{x}=\boldsymbol{0}$ 同解，即

$$x_1\boldsymbol{\alpha}_{i_1}+x_2\boldsymbol{\alpha}_{i_2}+\cdots+x_s\boldsymbol{\alpha}_{i_s}=\boldsymbol{0}$$

与

$$x_1\boldsymbol{\beta}_{i_1}+x_2\boldsymbol{\beta}_{i_2}+\cdots+x_s\boldsymbol{\beta}_{i_s}=\mathbf{0}$$

同解.

所以$\boldsymbol{\beta}_{i_1},\boldsymbol{\beta}_{i_2},\cdots,\boldsymbol{\beta}_{i_s}$线性相关当且仅当$\boldsymbol{\alpha}_{i_1},\boldsymbol{\alpha}_{i_2},\cdots,\boldsymbol{\alpha}_{i_s}$线性相关. 这就证明了初等行变换不改变矩阵列向量组的线性关系.

类似地,可证初等列变换不改变矩阵行向量组的线性关系.

由此可得向量组的秩以及向量组的极大线性无关组的求法:

把向量组中的每一个向量作为矩阵的一列构成一个矩阵,然后用矩阵的初等行变换把矩阵化成阶梯形矩阵,在阶梯形矩阵中,非零行数即为向量组的秩. 每个非零行的第一个非零元所在的列所对应的向量即为极大线性无关组中的向量.

若要用极大线性无关组来表示其余向量,则需进一步把阶梯形矩阵化成行最简形,这时,不在极大线性无关组中的矩阵的列的元素即为该列向量由极大线性无关组表示的系数.

例 4.4.2 求向量组$\boldsymbol{\alpha}_1=(1,0,2,1)$,$\boldsymbol{\alpha}_2=(1,2,3,1)$,$\boldsymbol{\alpha}_3=(2,3,5,4)$,$\boldsymbol{\alpha}_4=(-3,12,-1,1)$的秩和一个极大线性无关组,并用极大线性无关组来表示其余向量.

解 设

$$\boldsymbol{A}=(\boldsymbol{\alpha}_1^{\mathrm{T}},\boldsymbol{\alpha}_2^{\mathrm{T}},\boldsymbol{\alpha}_3^{\mathrm{T}},\boldsymbol{\alpha}_4^{\mathrm{T}})=\begin{pmatrix}1&1&2&-3\\0&2&3&12\\2&3&5&-1\\1&1&4&1\end{pmatrix}\xrightarrow{\text{初等行变换}}\begin{pmatrix}1&1&2&-3\\0&2&3&12\\0&1&1&5\\0&0&2&4\end{pmatrix}$$

$$\xrightarrow{\text{初等行变换}}\begin{pmatrix}1&0&1&-8\\0&0&1&2\\0&1&1&5\\0&0&2&4\end{pmatrix}\xrightarrow{\text{初等行变换}}\begin{pmatrix}1&0&1&-8\\0&1&1&5\\0&0&1&2\\0&0&0&0\end{pmatrix}$$

$$\xrightarrow{\text{初等行变换}}\begin{pmatrix}1&0&0&-10\\0&1&0&3\\0&0&1&2\\0&0&0&0\end{pmatrix},$$

于是$\boldsymbol{A}$的秩是3,从而向量组的秩是3. $\boldsymbol{\alpha}_1,\boldsymbol{\alpha}_2,\boldsymbol{\alpha}_3$是一个极大线性无关组. 且

$$\boldsymbol{\alpha}_4=-10\boldsymbol{\alpha}_1+3\boldsymbol{\alpha}_2+2\boldsymbol{\alpha}_3.$$

4.4.4 向量空间的基与维数

定义 4.4.5 向量空间V中r个向量$\boldsymbol{\alpha}_1,\boldsymbol{\alpha}_2,\cdots,\boldsymbol{\alpha}_r$,如果满足

(1) $\boldsymbol{\alpha}_1,\boldsymbol{\alpha}_2,\cdots,\boldsymbol{\alpha}_r$线性无关;

(2) V中任一向量都可由$\boldsymbol{\alpha}_1,\boldsymbol{\alpha}_2,\cdots,\boldsymbol{\alpha}_r$线性表出,

则称向量组$\boldsymbol{\alpha}_1,\boldsymbol{\alpha}_2,\cdots,\boldsymbol{\alpha}_r$为向量空间$V$的一个**基**,$r$称为向量空间$V$的**维数**,并称$V$为$\boldsymbol{r}$**维向量空间**.

如果向量空间V没有基,那么V的维数为0,0维向量空间只含有一个零向量.

若将向量空间看作向量组,则V的基就是向量组的极大线性无关组,V的维数就是向

量组的秩.

例如,n 维单位向量组$\boldsymbol{\varepsilon}_1=(1,0,\cdots,0),\boldsymbol{\varepsilon}_2=(0,1,\cdots,0),\cdots,\boldsymbol{\varepsilon}_n=(0,0,\cdots,1)$就是向量空间$\mathbb{R}^n$ 的一个基,因此$\mathbb{R}^n$ 的维数为 n,所以把$\mathbb{R}^n$ 称为 n 维向量空间.

习题 4.4

1. 求下列向量组的秩和一个极大线性无关组,并用极大线性无关组来表示其余向量.

(1) $\boldsymbol{\alpha}_1=(1,2,1,3),\boldsymbol{\alpha}_2=(4,-1,-5,-6),\boldsymbol{\alpha}_3=(1,-3,-4,-7)$;

(2) $\boldsymbol{\alpha}_1=(-1,0,1,0),\boldsymbol{\alpha}_2=(1,1,1,1),\boldsymbol{\alpha}_3=(0,1,2,1),\boldsymbol{\alpha}_4=(-1,1,3,1)$;

(3) $\boldsymbol{\alpha}_1=(1,-1,0),\boldsymbol{\alpha}_2=(2,1,3),\boldsymbol{\alpha}_3=(3,1,2),\boldsymbol{\alpha}_4=(5,3,7),\boldsymbol{\alpha}_5=(-9,-8,-13)$.

2. 证明:向量组$\boldsymbol{\alpha}_1,\boldsymbol{\alpha}_2,\cdots,\boldsymbol{\alpha}_m$ 与向量组$\boldsymbol{\alpha}_1,\boldsymbol{\alpha}_2,\cdots,\boldsymbol{\alpha}_m,\boldsymbol{\beta}$有相同的秩的充要条件是向量$\boldsymbol{\beta}$可由向量组$\boldsymbol{\alpha}_1,\boldsymbol{\alpha}_2,\cdots,\boldsymbol{\alpha}_m$ 线性表出.

3. 设矩阵

$$\boldsymbol{A}=\begin{pmatrix} a_1b_1 & a_1b_2 & \cdots & a_1b_n \\ a_2b_1 & a_2b_2 & \cdots & a_2b_n \\ \vdots & \vdots & & \vdots \\ a_nb_1 & a_nb_2 & \cdots & a_nb_n \end{pmatrix},$$

其中 $a_i\neq0,b_i\neq0(i=1,2,\cdots,n)$. 求 $\boldsymbol{A}$ 的秩.

4. 设向量组$\boldsymbol{\alpha}_1=(a,3,1),\boldsymbol{\alpha}_2=(2,b,3),\boldsymbol{\alpha}_3=(1,2,1),\boldsymbol{\alpha}_4=(2,3,1)$的秩为 2,求 a,b.

5. 设$\boldsymbol{\beta}_1=\boldsymbol{\alpha}_1,\boldsymbol{\beta}_2=\boldsymbol{\alpha}_1+\boldsymbol{\alpha}_2,\cdots,\boldsymbol{\beta}_s=\boldsymbol{\alpha}_1+\boldsymbol{\alpha}_2+\cdots+\boldsymbol{\alpha}_s$. 证明:向量组$\boldsymbol{\alpha}_1,\boldsymbol{\alpha}_2,\cdots,\boldsymbol{\alpha}_s$ 与向量组$\boldsymbol{\beta}_1,\boldsymbol{\beta}_2,\cdots,\boldsymbol{\beta}_s$ 有相同的秩.

6. 设$\boldsymbol{\alpha}_1,\boldsymbol{\alpha}_2,\cdots,\boldsymbol{\alpha}_s$ 与$\boldsymbol{\beta}_1,\boldsymbol{\beta}_2,\cdots,\boldsymbol{\beta}_r$ 都是 n 维列向量组,$\boldsymbol{\alpha}_1,\boldsymbol{\alpha}_2,\cdots,\boldsymbol{\alpha}_s$ 线性无关,且

$$(\boldsymbol{\beta}_1,\boldsymbol{\beta}_2,\cdots,\boldsymbol{\beta}_r)=(\boldsymbol{\alpha}_1,\boldsymbol{\alpha}_2,\cdots,\boldsymbol{\alpha}_s)\boldsymbol{C},$$

其中 $\boldsymbol{C}$ 是 $s\times r$ 矩阵. 证明:$\boldsymbol{\beta}_1,\boldsymbol{\beta}_2,\cdots,\boldsymbol{\beta}_r$ 线性无关的充要条件是 $\mathrm{R}(\boldsymbol{C})=r$.

4.5 线性方程组解的结构

4.1 节讨论了线性方程组有解的条件、解的个数以及求解的方法. 在有解时,会出现唯一解和无穷多解两种情况. 对于无穷多解的情形,需要进一步讨论无穷多解的关系,即方程组解的结构.

4.5.1 线性方程组有解的判定

设线性方程组为

$$\begin{cases} a_{11}x_1+a_{12}x_2+\cdots+a_{1n}x_n=b_1, \\ a_{21}x_1+a_{22}x_2+\cdots+a_{2n}x_n=b_2, \\ \quad\vdots \\ a_{s1}x_1+a_{s2}x_2+\cdots+a_{sn}x_n=b_s. \end{cases} \tag{4.5.1}$$

则增广矩阵 $\bar{\mathbf{A}}$ 的列向量组为

$$\boldsymbol{\alpha}_1=\begin{pmatrix}a_{11}\\a_{21}\\\vdots\\a_{s1}\end{pmatrix},\quad \boldsymbol{\alpha}_2=\begin{pmatrix}a_{12}\\a_{22}\\\vdots\\a_{s2}\end{pmatrix},\quad \cdots,\quad \boldsymbol{\alpha}_n=\begin{pmatrix}a_{1n}\\a_{2n}\\\vdots\\a_{sn}\end{pmatrix},\quad \boldsymbol{\beta}=\begin{pmatrix}b_1\\b_2\\\vdots\\b_s\end{pmatrix},$$

其中$\boldsymbol{\alpha}_1,\boldsymbol{\alpha}_2,\cdots,\boldsymbol{\alpha}_n$ 为系数矩阵 $\mathbf{A}$ 的列向量组.

于是线性方程组(4.5.1)可以改写成向量方程

$$x_1\boldsymbol{\alpha}_1+x_2\boldsymbol{\alpha}_2+\cdots+x_n\boldsymbol{\alpha}_n=\boldsymbol{\beta} \tag{4.5.2}$$

或矩阵方程

$$\mathbf{A}\boldsymbol{x}=\boldsymbol{\beta}. \tag{4.5.3}$$

显然,线性方程组(4.5.1)有解的充要条件为向量$\boldsymbol{\beta}$可以表示成向量组$\boldsymbol{\alpha}_1,\boldsymbol{\alpha}_2,\cdots,\boldsymbol{\alpha}_n$ 的线性组合.即向量组$\boldsymbol{\alpha}_1,\boldsymbol{\alpha}_2,\cdots,\boldsymbol{\alpha}_n$ 与向量组$\boldsymbol{\alpha}_1,\boldsymbol{\alpha}_2,\cdots,\boldsymbol{\alpha}_n,\boldsymbol{\beta}$等价.这个条件相当于向量组$\boldsymbol{\alpha}_1,\boldsymbol{\alpha}_2,\cdots,\boldsymbol{\alpha}_n$ 与向量组$\boldsymbol{\alpha}_1,\boldsymbol{\alpha}_2,\cdots,\boldsymbol{\alpha}_n,\boldsymbol{\beta}$有相同的秩,也就是 $\mathrm{R}(\bar{\mathbf{A}})=\mathrm{R}(\mathbf{A})$.

当线性方程组(4.5.1)有解时,如果 $\mathrm{R}(\mathbf{A})=n$,那么$\boldsymbol{\alpha}_1,\boldsymbol{\alpha}_2,\cdots,\boldsymbol{\alpha}_n$ 线性无关,$\boldsymbol{\beta}$表成向量组$\boldsymbol{\alpha}_1,\boldsymbol{\alpha}_2,\cdots,\boldsymbol{\alpha}_n$ 的线性组合的表法是唯一的,因此方程组(4.5.1)有唯一解.

如果 $\mathrm{R}(\mathbf{A})<n$,那么$\boldsymbol{\alpha}_1,\boldsymbol{\alpha}_2,\cdots,\boldsymbol{\alpha}_n$ 线性相关,$\boldsymbol{\beta}$表成向量组$\boldsymbol{\alpha}_1,\boldsymbol{\alpha}_2,\cdots,\boldsymbol{\alpha}_n$ 的线性组合的表法有无穷多种,因此方程组(4.5.1)有无穷多解.

这些结论与 4.1 节消元法得出的结论是完全一致的.

若 $x_1=k_1,x_2=k_2,\cdots,x_n=k_n$ 是方程组(4.5.1)的解,则

$$x=\boldsymbol{\xi}=\begin{pmatrix}k_1\\k_2\\\vdots\\k_n\end{pmatrix}$$

称为方程组(4.5.1)的**解向量**,也就是矩阵方程(4.5.3)的解.

由克莱姆法则,可以得到一般线性方程组的一个解法,这个解法有时在理论上是有用的.

设线性方程组(4.5.1)有解,矩阵 $\mathbf{A}$ 与 $\bar{\mathbf{A}}$ 的秩都等于 r,而 D 是矩阵 $\mathbf{A}$ 的一个不为零的 r 阶子式(当然它也是 $\bar{\mathbf{A}}$ 的一个不为零的子式),为了方便起见,不妨设 D 位于 $\mathbf{A}$ 的左上角.

显然,在这种情况下,$\bar{\mathbf{A}}$ 的前 r 行就是一个极大线性无关组,第 $r+1,\cdots,s$ 行都可以经它们线性表出.因此,方程组(4.5.1)与

$$\begin{cases}a_{11}x_1+a_{12}x_2+\cdots+a_{1n}x_n=b_1,\\a_{21}x_1+a_{22}x_2+\cdots+a_{2n}x_n=b_2,\\\qquad\vdots\\a_{r1}x_1+a_{r2}x_2+\cdots+a_{rn}x_n=b_r\end{cases} \tag{4.5.4}$$

同解.

当 $r=n$ 时,由克莱姆法则,方程组(4.5.4)有唯一解,也就是方程组(4.5.1)有唯一解.

当 $r<n$ 时,将方程组(4.5.4)改写为

$$\begin{cases} a_{11}x_1+\cdots+a_{1r}x_r=b_1-a_{1,r+1}x_{r+1}-\cdots-a_{1n}x_n, \\ a_{21}x_1+\cdots+a_{2r}x_r=b_2-a_{2,r+1}x_{r+1}-\cdots-a_{2n}x_n, \\ \quad\vdots \\ a_{r1}x_1+\cdots+a_{rr}x_r=b_r-a_{r,r+1}x_{r+1}-\cdots-a_{rn}x_n. \end{cases} \tag{4.5.5}$$

对于 $x_{r+1},\cdots,x_n$ 的任意一组取值，方程组(4.5.5)作为以 $x_1,x_2,\cdots,x_r$ 为变量的一个方程组，它的系数行列式 $D\neq 0$. 由克莱姆法则，方程组(4.5.5)有唯一解，因而方程组(4.5.1)有唯一解，$x_{r+1},\cdots,x_n$ 就是方程组(4.5.1)的一组自由未知量.

对方程组(4.5.5)用克莱姆法则，可以解出

$$\begin{cases} x_1=d_1'+c_{1,r+1}'x_{r+1}+\cdots+c_{1n}'x_n, \\ x_2=d_2'+c_{2,r+1}'x_{r+1}+\cdots+c_{2n}'x_n, \\ \quad\vdots \\ x_r=d_r'+c_{r,r+1}'x_{r+1}+\cdots+c_{rn}'x_n. \end{cases} \tag{4.5.6}$$

(4.5.6)式就是方程组(4.5.1)的一般解.

以上讨论说明克莱姆法则不仅可以用来求解方程个数与未知量个数相同且系数行列式不等于零的线性方程组，而且对于一般线性方程组有解时，也可以用克莱姆法则来求解.

4.5.2 齐次线性方程组解的结构

设有齐次线性方程组

$$\begin{cases} a_{11}x_1+a_{12}x_2+\cdots+a_{1n}x_n=0, \\ a_{21}x_1+a_{22}x_2+\cdots+a_{2n}x_n=0, \\ \quad\vdots \\ a_{m1}x_1+a_{m2}x_2+\cdots+a_{mn}x_n=0. \end{cases} \tag{4.5.7}$$

写成矩阵方程形式为

$$\boldsymbol{Ax}=\boldsymbol{0},$$

其中

$$\boldsymbol{A}=\begin{pmatrix} a_{11} & a_{12} & \cdots & a_{1n} \\ a_{21} & a_{22} & \cdots & a_{2n} \\ \vdots & \vdots & & \vdots \\ a_{m1} & a_{m2} & \cdots & a_{mn} \end{pmatrix},\boldsymbol{x}=\begin{pmatrix} x_1 \\ x_2 \\ \vdots \\ x_n \end{pmatrix}.$$

$\boldsymbol{A}$ 为方程组的系数矩阵.

1. 解的性质

性质1 若 $\boldsymbol{\xi}_1,\boldsymbol{\xi}_2$ 都是 $\boldsymbol{Ax}=\boldsymbol{0}$ 的解，则 $\boldsymbol{\xi}_1+\boldsymbol{\xi}_2$ 也是 $\boldsymbol{Ax}=\boldsymbol{0}$ 的解.

证明 因 $\boldsymbol{A\xi}_1=\boldsymbol{0},\boldsymbol{A\xi}_2=\boldsymbol{0}$，所以 $\boldsymbol{A}(\boldsymbol{\xi}_1+\boldsymbol{\xi}_2)=\boldsymbol{A\xi}_1+\boldsymbol{A\xi}_2=\boldsymbol{0}+\boldsymbol{0}=\boldsymbol{0}$，即 $\boldsymbol{\xi}_1+\boldsymbol{\xi}_2$ 是 $\boldsymbol{Ax}=\boldsymbol{0}$ 的解.

性质2 若 $\boldsymbol{\xi}$ 是 $\boldsymbol{Ax}=\boldsymbol{0}$ 的解，则 $k\boldsymbol{\xi}$ 也是 $\boldsymbol{Ax}=\boldsymbol{0}$ 的解，k 为任意数.

证明 因 $\boldsymbol{A\xi}=\boldsymbol{0}$，所以 $\boldsymbol{A}(k\boldsymbol{\xi})=k(\boldsymbol{A\xi})=k\boldsymbol{0}=\boldsymbol{0}$，即 $k\boldsymbol{\xi}$ 是 $\boldsymbol{Ax}=\boldsymbol{0}$ 的解.

若用 S 表示齐次线性方程组(4.5.7)的全体解向量组成的集合，因方程组(4.5.7)显然有零解，所以 S 非空，又由上述两个性质知 S 对向量加法与数乘运算封闭，故 S 是向量空

间，它称为齐次线性方程组(4.5.7)的**解空间**.

上述两个性质即：齐次线性方程组的任意解的线性组合仍是方程组的解.这说明：如果找出了方程组的几个解，则这些解的所有可能的线性组合就给出了很多解.那么，齐次线性方程组的全部解是否能通过它的有限的几个解线性表示出来？

2. 齐次线性方程组解的结构

定义 4.5.1 设$\boldsymbol{\xi}_1,\boldsymbol{\xi}_2,\cdots,\boldsymbol{\xi}_r$是齐次线性方程组(4.5.7)的一组解，如果

(1) $\boldsymbol{\xi}_1,\boldsymbol{\xi}_2,\cdots,\boldsymbol{\xi}_r$线性无关；

(2) 方程组(4.5.7)的任意一个解都能表成$\boldsymbol{\xi}_1,\boldsymbol{\xi}_2,\cdots,\boldsymbol{\xi}_r$的线性组合，

则称$\boldsymbol{\xi}_1,\boldsymbol{\xi}_2,\cdots,\boldsymbol{\xi}_r$为齐次线性方程组(4.5.7)的一个**基础解系**.

定理 4.5.1 在齐次线性方程组有非零解的情况下，它一定有基础解系，并且基础解系所含解的个数等于$n-r$，这里r表示系数矩阵的秩.

证明 设齐次线性方程组(4.5.7)的系数矩阵的秩为r，不妨假定$\boldsymbol{A}$的左上角的r阶子式不等于零.由4.1节的讨论可知，$\boldsymbol{A}$经过初等行变换可化成

$$\begin{pmatrix} 1 & 0 & \cdots & 0 & c_{1,r+1} & \cdots & c_{1n} \\ 0 & 1 & \cdots & 0 & c_{2,r+1} & \cdots & c_{2n} \\ \vdots & \vdots & & \vdots & \vdots & & \vdots \\ 0 & 0 & \cdots & 1 & c_{r,r+1} & \cdots & c_{rn} \\ 0 & 0 & \cdots & 0 & 0 & \cdots & 0 \\ \vdots & \vdots & & \vdots & \vdots & & \vdots \\ 0 & 0 & \cdots & 0 & 0 & \cdots & 0 \end{pmatrix}. \tag{4.5.8}$$

矩阵(4.5.8)对应的方程组为

$$\begin{cases} x_1 = -c_{1,r+1}x_{r+1} - c_{1,r+2}x_{r+2} - \cdots - c_{1n}x_n, \\ x_2 = -c_{2,r+1}x_{r+1} - c_{2,r+2}x_{r+2} - \cdots - c_{2n}x_n, \\ \qquad \vdots \\ x_r = -c_{r,r+1}x_{r+1} - c_{r,r+2}x_{r+2} - \cdots - c_{rn}x_n. \end{cases} \tag{4.5.9}$$

如果$r=n$，那么方程组有唯一零解，此时没有基础解系.在方程组有非零解的情况下，一定有$r<n$.此时便有$n-r$个自由未知量.

将(4.5.9)式写成

$$\begin{pmatrix} x_1 \\ x_2 \\ \vdots \\ x_r \end{pmatrix} = x_{r+1}\begin{pmatrix} -c_{1,r+1} \\ -c_{2,r+1} \\ \vdots \\ -c_{r,r+1} \end{pmatrix} + x_{r+2}\begin{pmatrix} -c_{1,r+2} \\ -c_{2,r+2} \\ \vdots \\ -c_{r,r+2} \end{pmatrix} + \cdots + x_n\begin{pmatrix} -c_{1n} \\ -c_{2n} \\ \vdots \\ -c_{rn} \end{pmatrix}.$$

任给$x_{r+1},x_{r+2},\cdots,x_n$一组值，可以唯一确定出$x_1,x_2,\cdots,x_r$的值，从而可得方程组的一个解.现令$x_{r+1},x_{r+2},\cdots,x_n$分别取下列$n-r$组数

$$\begin{pmatrix} x_{r+1} \\ x_{r+2} \\ \vdots \\ x_n \end{pmatrix} = \begin{pmatrix} 1 \\ 0 \\ \vdots \\ 0 \end{pmatrix}, \begin{pmatrix} 0 \\ 1 \\ \vdots \\ 0 \end{pmatrix}, \cdots, \begin{pmatrix} 0 \\ 0 \\ \vdots \\ 1 \end{pmatrix},$$

那么依次可得

$$\begin{pmatrix} x_1 \\ x_2 \\ \vdots \\ x_r \end{pmatrix} = \begin{pmatrix} -c_{1,r+1} \\ -c_{2,r+1} \\ \vdots \\ -c_{r,r+1} \end{pmatrix}, \begin{pmatrix} -c_{1,r+2} \\ -c_{2,r+2} \\ \vdots \\ -c_{r,r+2} \end{pmatrix}, \cdots, \begin{pmatrix} -c_{1n} \\ -c_{2n} \\ \vdots \\ -c_{rn} \end{pmatrix},$$

从而得方程组的 $n-r$ 个解

$$\boldsymbol{\xi}_1 = \begin{pmatrix} -c_{1,r+1} \\ -c_{2,r+1} \\ \vdots \\ -c_{r,r+1} \\ 1 \\ 0 \\ \vdots \\ 0 \end{pmatrix}, \quad \boldsymbol{\xi}_2 = \begin{pmatrix} -c_{1,r+2} \\ -c_{2,r+2} \\ \vdots \\ -c_{r,r+2} \\ 0 \\ 1 \\ \vdots \\ 0 \end{pmatrix}, \quad \cdots, \quad \boldsymbol{\xi}_{n-r} = \begin{pmatrix} -c_{1n} \\ -c_{2n} \\ \vdots \\ -c_{rn} \\ 0 \\ 0 \\ \vdots \\ 1 \end{pmatrix}.$$

下面证明$\boldsymbol{\xi}_1,\boldsymbol{\xi}_2,\cdots,\boldsymbol{\xi}_{n-r}$是方程组的一个基础解系. 首先,因为

$$\begin{pmatrix} 1 \\ 0 \\ \vdots \\ 0 \end{pmatrix}, \begin{pmatrix} 0 \\ 1 \\ \vdots \\ 0 \end{pmatrix}, \cdots, \begin{pmatrix} 0 \\ 0 \\ \vdots \\ 1 \end{pmatrix}$$

线性无关,则在每个向量上面增加 r 个分量得到的 $n-r$ 个 n 维向量$\boldsymbol{\xi}_1,\boldsymbol{\xi}_2,\cdots,\boldsymbol{\xi}_{n-r}$也线性无关.

其次,设 $x_1=k_1,x_2=k_2,\cdots,x_n=k_n$ 是方程组的任意一个解,则有

$$\begin{cases} k_1 = -c_{1,r+1}k_{r+1} - c_{1,r+2}k_{r+2} - \cdots - c_{1n}k_n, \\ k_2 = -c_{2,r+1}k_{r+1} - c_{2,r+2}k_{r+2} - \cdots - c_{2n}k_n, \\ \qquad \vdots \\ k_r = -c_{r,r+1}k_{r+1} - c_{r,r+2}k_{r+2} - \cdots - c_{rn}k_n, \\ k_{r+1} = k_{r+1}, \\ \qquad \vdots \\ k_n = k_n. \end{cases}$$

写成向量形式有

$$\begin{pmatrix} k_1 \\ k_2 \\ \vdots \\ k_r \\ k_{r+1} \\ k_{r+2} \\ \vdots \\ k_n \end{pmatrix} = k_{r+1} \begin{pmatrix} -c_{1,r+1} \\ -c_{2,r+1} \\ \vdots \\ -c_{r,r+1} \\ 1 \\ 0 \\ \vdots \\ 0 \end{pmatrix} + k_{r+1} \begin{pmatrix} -c_{1,r+2} \\ -c_{2,r+2} \\ \vdots \\ -c_{r,r+2} \\ 0 \\ 1 \\ \vdots \\ 0 \end{pmatrix} + \cdots + k_n \begin{pmatrix} -c_{1n} \\ -c_{2n} \\ \vdots \\ -c_{rn} \\ 0 \\ 0 \\ \vdots \\ 1 \end{pmatrix},$$

这说明方程组的任一解向量都能由$\boldsymbol{\xi}_1,\boldsymbol{\xi}_2,\cdots,\boldsymbol{\xi}_{n-r}$线性表示.故$\boldsymbol{\xi}_1,\boldsymbol{\xi}_2,\cdots,\boldsymbol{\xi}_{n-r}$是方程组的一个基础解系.

定理 4.5.1 的证明实际上给出了一个具体求齐次线性方程组的基础解系的方法.

用初等行变换将方程组的系数矩阵化为阶梯形矩阵,由阶梯形矩阵的非零行得到与原方程组同解的方程组(假设含有 r 个方程),在这些方程组中找出 r 个未知量,使它们的系数行列式不为零(例如取阶梯形矩阵非零行的第一个非零元所在的列).把这 r 个未知量作为非自由未知量,剩下的 $n-r$ 个未知量作为自由未知量,并把方程组变形,非自由未知量留在左边,自由未知量移到方程的右边.把自由未知量看作已知数,用克莱姆法则解出非自由未知量即得方程组的一般解.

通常可用初等行变换将方程组的系数矩阵化为行最简阶梯形矩阵,这样确定自由未知量较为简单.

注 一个齐次线性方程组的基础解系是不唯一的,自由未知量的取值只要能保证所得到的 $n-r$ 个向量$\boldsymbol{\xi}_1,\boldsymbol{\xi}_2,\cdots,\boldsymbol{\xi}_{n-r}$线性无关,它们都构成基础解系.

对于齐次线性方程组 $\boldsymbol{Ax}=\boldsymbol{0}$,当 $\mathrm{R}(\boldsymbol{A})=r<n$ 时,必有含 $n-r$ 个向量的基础解系.如果$\boldsymbol{\xi}_1,\boldsymbol{\xi}_2,\cdots,\boldsymbol{\xi}_{n-r}$是它的一个基础解系,那么方程组的所有解可写成

$$\boldsymbol{x}=k_1\boldsymbol{\xi}_1+k_2\boldsymbol{\xi}_2+\cdots+k_{n-r}\boldsymbol{\xi}_{n-r},$$

其中 $k_1,k_2,\cdots,k_{n-r}$是任意数,上式称为齐次线性方程组 $\boldsymbol{Ax}=\boldsymbol{0}$ 的**通解**.

显然,齐次线性方程组(4.5.7)的基础解系就是其解空间的基.

例 4.5.1 求下列方程组的一个基础解系与通解.

$$\begin{cases}x_1+x_2+x_3+x_4+x_5=0,\\3x_1+2x_2+x_3-3x_5=0,\\x_2+2x_3+3x_4+6x_5=0,\\5x_1+4x_2+3x_3+2x_4+6x_5=0.\end{cases}$$

解 对方程组的系数矩阵 $\boldsymbol{A}$ 作初等行变换,化为行最简形,得

$$\boldsymbol{A}=\begin{pmatrix}1&1&1&1&1\\3&2&1&0&-3\\0&1&2&3&6\\5&4&3&2&6\end{pmatrix}\rightarrow\begin{pmatrix}1&1&1&1&1\\0&-1&-2&-3&-6\\0&1&2&3&6\\0&-1&-2&-3&1\end{pmatrix}\rightarrow\begin{pmatrix}1&1&1&1&1\\0&1&2&3&6\\0&0&0&0&1\\0&0&0&0&0\end{pmatrix}$$

$$\rightarrow\begin{pmatrix}1&0&-1&-2&0\\0&1&2&3&0\\0&0&0&0&1\\0&0&0&0&0\end{pmatrix}.$$

后一矩阵对应的方程组为

$$\begin{cases}x_1=x_3+2x_4,\\x_2=-2x_3-3x_4,\\x_5=0.\end{cases}$$

其中 x_3,x_4 为自由未知量.分别取

$$\begin{pmatrix} x_3 \\ x_4 \end{pmatrix} = \begin{pmatrix} 1 \\ 0 \end{pmatrix}, \quad \begin{pmatrix} 0 \\ 1 \end{pmatrix},$$

对应有

$$\begin{pmatrix} x_1 \\ x_2 \end{pmatrix} = \begin{pmatrix} 1 \\ -2 \end{pmatrix}, \begin{pmatrix} 2 \\ -3 \end{pmatrix},$$

于是得到方程组的一个基础解系

$$\boldsymbol{\xi}_1 = \begin{pmatrix} 1 \\ -2 \\ 1 \\ 0 \\ 0 \end{pmatrix}, \quad \boldsymbol{\xi}_2 = \begin{pmatrix} 2 \\ -3 \\ 0 \\ 1 \\ 0 \end{pmatrix}.$$

由此可得出方程组的通解

$$x = k_1 \boldsymbol{\xi}_1 + k_2 \boldsymbol{\xi}_2, \quad k_1, k_2 \text{ 是任意数}.$$

例 4.5.2 设 $\boldsymbol{A}, \boldsymbol{B}$ 都是 n 阶矩阵，且 $\boldsymbol{AB}=\boldsymbol{O}$，证明：$\mathrm{R}(\boldsymbol{A})+\mathrm{R}(\boldsymbol{B}) \leqslant n$.

证明 设 $\boldsymbol{B}=(\boldsymbol{\beta}_1, \boldsymbol{\beta}_2, \cdots, \boldsymbol{\beta}_n)$，$\boldsymbol{\beta}_1, \boldsymbol{\beta}_2, \cdots, \boldsymbol{\beta}_n$ 为 $\boldsymbol{B}$ 的列向量，则

$$\boldsymbol{AB} = (\boldsymbol{A\beta}_1, \boldsymbol{A\beta}_2, \cdots, \boldsymbol{A\beta}_n).$$

由 $\boldsymbol{AB}=\boldsymbol{O}$ 知，$\boldsymbol{A\beta}_i=\boldsymbol{0}(i=1,2,\cdots,n)$，这说明 $\boldsymbol{B}$ 的列向量$\boldsymbol{\beta}_1, \boldsymbol{\beta}_2, \cdots, \boldsymbol{\beta}_n$ 是齐次线性方程组 $\boldsymbol{Ax}=\boldsymbol{0}$ 的解向量. 设 $\mathrm{R}(\boldsymbol{A})=r$，则方程组 $\boldsymbol{Ax}=\boldsymbol{0}$ 的基础解系含 $n-r$ 个向量，由于$\boldsymbol{\beta}_1, \boldsymbol{\beta}_2, \cdots, \boldsymbol{\beta}_n$ 能由基础解系线性表示，所以$\boldsymbol{\beta}_1, \boldsymbol{\beta}_2, \cdots, \boldsymbol{\beta}_n$ 的秩不超过 $n-r$，于是 $\mathrm{R}(\boldsymbol{B}) \leqslant n-r=n-\mathrm{R}(\boldsymbol{A})$，即 $\mathrm{R}(\boldsymbol{A})+\mathrm{R}(\boldsymbol{B}) \leqslant n$.

4.5.3 非齐次线性方程组解的结构

设非齐次线性方程组 $\boldsymbol{Ax}=\boldsymbol{\beta}$，把其中每个方程的常数项都换成 0，则可得到一个齐次线性方程组 $\boldsymbol{Ax}=\boldsymbol{0}$，这个齐次线性方程组称为非齐次线性方程组 $\boldsymbol{Ax}=\boldsymbol{\beta}$ 的**导出组**. 非齐次线性方程组的解与它的导出组的解之间有密切的关系.

1. 解的性质

性质 1 若$\boldsymbol{\xi}_1, \boldsymbol{\xi}_2$ 都是 $\boldsymbol{Ax}=\boldsymbol{\beta}$ 的解，则$\boldsymbol{\xi}_1-\boldsymbol{\xi}_2$ 是导出组 $\boldsymbol{Ax}=\boldsymbol{0}$ 的解.

证明 因 $\boldsymbol{A\xi}_1=\boldsymbol{0}, \boldsymbol{A\xi}_2=\boldsymbol{0}$，所以 $\boldsymbol{A}(\boldsymbol{\xi}_1-\boldsymbol{\xi}_2)=\boldsymbol{A\xi}_1-\boldsymbol{A\xi}_2=\boldsymbol{\beta}-\boldsymbol{\beta}=\boldsymbol{0}$，即$\boldsymbol{\xi}_1-\boldsymbol{\xi}_2$ 是 $\boldsymbol{Ax}=\boldsymbol{0}$ 的解.

性质 2 设$\boldsymbol{\gamma}_0$ 是 $\boldsymbol{Ax}=\boldsymbol{\beta}$ 的一个解，$\boldsymbol{\eta}$ 是导出组 $\boldsymbol{Ax}=\boldsymbol{0}$ 的解，则$\boldsymbol{\gamma}_0+\boldsymbol{\eta}$ 是 $\boldsymbol{Ax}=\boldsymbol{\beta}$ 的解.

证明 因为 $\boldsymbol{A\gamma}_0=\boldsymbol{\beta}, \boldsymbol{A\eta}=\boldsymbol{0}$，所以 $\boldsymbol{A}(\boldsymbol{\gamma}_0+\boldsymbol{\eta})=\boldsymbol{A\gamma}_0+\boldsymbol{A\eta}=\boldsymbol{\beta}+\boldsymbol{0}=\boldsymbol{\beta}$，故$\boldsymbol{\gamma}_0+\boldsymbol{\eta}$ 是 $\boldsymbol{Ax}=\boldsymbol{\beta}$ 的解.

性质 3 $\boldsymbol{Ax}=\boldsymbol{\beta}$ 的任一解$\boldsymbol{\gamma}$ 都可表成$\boldsymbol{\gamma}=\boldsymbol{\gamma}_0+\boldsymbol{\eta}$，其中$\boldsymbol{\gamma}_0$ 是 $\boldsymbol{Ax}=\boldsymbol{\beta}$ 的某个解，$\boldsymbol{\eta}$ 是导出组 $\boldsymbol{Ax}=\boldsymbol{0}$ 的某个解.

证明 由于$\boldsymbol{\gamma}=\boldsymbol{\gamma}_0+(\boldsymbol{\gamma}-\boldsymbol{\gamma}_0)$，由性质 1 知$\boldsymbol{\gamma}-\boldsymbol{\gamma}_0$ 是导出组 $\boldsymbol{Ax}=\boldsymbol{0}$ 的解，记$\boldsymbol{\eta}=\boldsymbol{\gamma}-\boldsymbol{\gamma}_0$，即得所要的结论.

由性质 3，当$\boldsymbol{\eta}$ 取遍导出组 $\boldsymbol{Ax}=\boldsymbol{0}$ 的全部解时，$\boldsymbol{\gamma}=\boldsymbol{\gamma}_0+\boldsymbol{\eta}$ 就取遍方程组 $\boldsymbol{Ax}=\boldsymbol{\beta}$ 的全部解. 因此，要找出非齐次线性方程组的全部解，只要找出它的一个解及它的导出组的全部解

即可.由于导出组是一个齐次线性方程组,所以它的全部解可以用基础解系表示出来.于是我们可得的非齐次线性方程组解的结构.

2. 非齐次线性方程组解的结构

定理 4.5.2 在非齐次线性方程组 $\boldsymbol{A}\boldsymbol{x}=\boldsymbol{\beta}$ 有解的情况下,如果 $\boldsymbol{\gamma}_0$ 是 $\boldsymbol{A}\boldsymbol{x}=\boldsymbol{\beta}$ 的一个取定的解,$\boldsymbol{\eta}_1,\boldsymbol{\eta}_2,\cdots,\boldsymbol{\eta}_{n-r}$ 是导出组 $\boldsymbol{A}\boldsymbol{x}=\boldsymbol{0}$ 的一个基础解系,那么方程组 $\boldsymbol{A}\boldsymbol{x}=\boldsymbol{\beta}$ 的任一解都可表成

$$\boldsymbol{\gamma}=\boldsymbol{\gamma}_0+k_1\boldsymbol{\eta}_1+k_2\boldsymbol{\eta}_2+\cdots+k_{n-r}\boldsymbol{\eta}_{n-r},$$

其中 $k_1,k_2,\cdots,k_{n-r}$ 是任意数,$r=\mathrm{R}(\boldsymbol{A})$.上式称为非齐次线性方程组 $\boldsymbol{A}\boldsymbol{x}=\boldsymbol{\beta}$ 的**通解**.

这里 $\boldsymbol{\gamma}_0$ 称为非齐次线性方程组 $\boldsymbol{A}\boldsymbol{x}=\boldsymbol{\beta}$ 的一个**特解**.

推论 在非齐次线性方程组 $\boldsymbol{A}\boldsymbol{x}=\boldsymbol{\beta}$ 有解的前提下,解是唯一的充要条件是它的导出组只有零解.

证明 充分性 如果方程组 $\boldsymbol{A}\boldsymbol{x}=\boldsymbol{\beta}$ 有两个不同的解,那么它们的差就是导出组的一个非零解.因此,如果导出组只有零解,那么方程组 $\boldsymbol{A}\boldsymbol{x}=\boldsymbol{\beta}$ 只有唯一解.

必要性如果导出组有非零解,那么这个解与 $\boldsymbol{A}\boldsymbol{x}=\boldsymbol{\beta}$ 的一个解的和就是 $\boldsymbol{A}\boldsymbol{x}=\boldsymbol{\beta}$ 的另一个解,于是 $\boldsymbol{A}\boldsymbol{x}=\boldsymbol{\beta}$ 的解不唯一.因此,如果 $\boldsymbol{A}\boldsymbol{x}=\boldsymbol{\beta}$ 有唯一解,那么它的导出组只有零解.

例 4.5.3 解线性方程组

$$\begin{cases}x_1+x_2-x_3-x_4+x_5=0,\\2x_1+2x_2+x_3+x_5=1,\\3x_1+3x_2-x_4+2x_5=1,\\x_1+x_2+2x_3+x_4=1.\end{cases}$$

解 把方程组的增广矩阵化为行阶梯形,得

$$\bar{\boldsymbol{A}}=\begin{pmatrix}1&1&-1&-1&1&0\\2&2&1&0&1&1\\3&3&0&-1&2&1\\1&1&2&1&0&1\end{pmatrix}\xrightarrow{\text{初等行变换}}\begin{pmatrix}1&1&-1&-1&1&0\\0&0&3&2&-1&1\\0&0&3&2&-1&1\\0&0&3&2&-1&1\end{pmatrix}$$

$$\xrightarrow{\text{初等行变换}}\begin{pmatrix}1&1&0&-\frac{1}{3}&\frac{2}{3}&\frac{1}{3}\\0&0&1&\frac{2}{3}&-\frac{1}{3}&\frac{1}{3}\\0&0&0&0&0&0\\0&0&0&0&0&0\end{pmatrix}.$$

因为 $\mathrm{R}(\boldsymbol{A})=\mathrm{R}(\bar{\boldsymbol{A}})=2<5$,所以方程组有无穷多解.它的一个同解方程组是

$$\begin{cases}x_1+x_2-\frac{1}{3}x_4+\frac{2}{3}x_5=\frac{1}{3},\\x_3+\frac{2}{3}x_4-\frac{1}{3}x_5=\frac{1}{3}.\end{cases}$$

把 x_2,x_4,x_5 当作自由未知量,并把方程组变形成

$$\begin{cases}x_1=\frac{1}{3}-x_2+\frac{1}{3}x_4-\frac{2}{3}x_5,\\x_3=\frac{1}{3}-\frac{2}{3}x_4+\frac{1}{3}x_5.\end{cases}$$

取 $x_2=x_4=x_5=0$,得方程组的一个特解

$$\boldsymbol{\gamma}_0=\begin{pmatrix}\frac{1}{3}\\0\\\frac{1}{3}\\0\\0\end{pmatrix}.$$

导出组 $\boldsymbol{Ax}=\boldsymbol{0}$ 所对应的行简化方程组为

$$\begin{cases}x_1=-x_2+\frac{1}{3}x_4-\frac{2}{3}x_5,\\x_3=-\frac{2}{3}x_4+\frac{1}{3}x_5.\end{cases}$$

分别取

$$\begin{pmatrix}x_2\\x_4\\x_5\end{pmatrix}=\begin{pmatrix}1\\0\\0\end{pmatrix},\quad\begin{pmatrix}0\\1\\0\end{pmatrix},\quad\begin{pmatrix}0\\0\\1\end{pmatrix},$$

得到导出组的一个基础解系

$$\boldsymbol{\xi}_1=\begin{pmatrix}-1\\1\\0\\0\\0\end{pmatrix},\quad\boldsymbol{\xi}_2=\begin{pmatrix}\frac{1}{3}\\0\\-\frac{2}{3}\\1\\0\end{pmatrix},\quad\boldsymbol{\xi}_3=\begin{pmatrix}-\frac{2}{3}\\0\\\frac{1}{3}\\0\\1\end{pmatrix}.$$

于是方程组的通解为

$$\boldsymbol{\gamma}=\boldsymbol{\gamma}_0+k_1\boldsymbol{\xi}_1+k_2\boldsymbol{\xi}_2+k_3\boldsymbol{\xi}_3,\quad k_1,k_2,k_3\text{ 是任意数}.$$

习题 4.5

1. 求下列齐次线性方程组的一个基础解系并用基础解系表出全部解.

(1) $\begin{cases}x_1-2x_2+3x_3-4x_4=0,\\x_2-x_3+x_4=0,\\x_1+3x_2-3x_4=0,\\x_1-4x_2+3x_3-2x_4=0;\end{cases}$

(2) $\begin{cases}x_1-x_2+x_3+x_4-2x_5=0,\\2x_1+x_2-x_3-x_4+x_5=0,\\3x_1+3x_2-3x_3-3x_4+4x_5=0,\\4x_1+5x_2-5x_3-5x_4+7x_5=0.\end{cases}$

2. a,b 取何值时,线性方程组

$$\begin{cases}x_1+x_2+x_3+x_4+x_5=1,\\3x_1+2x_2+x_3+x_4-3x_5=a,\\x_2+2x_3+2x_4+6x_5=3,\\5x_1+4x_2+3x_3+3x_4-x_5=b\end{cases}$$

有解？在有解时，求出通解.

3. 证明：与齐次线性方程组的基础解系等价的线性无关向量组也是该方程组的一个基础解系.

4. 设$\boldsymbol{\gamma}$是某非齐次线性方程组的一个解，$\boldsymbol{\xi}_1,\boldsymbol{\xi}_2,\cdots,\boldsymbol{\xi}_{n-r}$为其导出组的一个基础解系，证明：

(1) $\boldsymbol{\gamma},\boldsymbol{\xi}_1,\boldsymbol{\xi}_2,\cdots,\boldsymbol{\xi}_{n-r}$线性无关；

(2) 若$\boldsymbol{\gamma}_1$为另一特解，则$\boldsymbol{\gamma}_1,\boldsymbol{\gamma},\boldsymbol{\xi}_1,\boldsymbol{\xi}_2,\cdots,\boldsymbol{\xi}_{n-r}$线性相关.

5. 证明：如果$\boldsymbol{\eta}_1,\boldsymbol{\eta}_2,\cdots,\boldsymbol{\eta}_t$都是线性方程组$\boldsymbol{Ax}=\boldsymbol{\beta}$的解，那么当$k_1+k_2+\cdots+k_t=1$时. $k_1\boldsymbol{\eta}_1+k_2\boldsymbol{\eta}_2+\cdots+k_t\boldsymbol{\eta}_t$也是方程组$\boldsymbol{Ax}=\boldsymbol{\beta}$的解.

本章小结

一、基本概念

1. n维向量，向量的相等，向量的加法与数乘，零向量，负向量.

2. n维向量空间.

3. 向量的线性组合与线性表示，向量组的等价.

4. 向量组的线性相关、线性无关，极大线性无关组，向量组的秩，矩阵的行秩与列秩.

5. 齐次线性方程组的基础解系.

二、基本性质与定理

1. 含有零向量的向量组必线性相关.

2. 含有两个成比例的向量的向量组必线性相关.

3. 若向量组中有部分向量线性相关，则这组向量也线性相关.

4. 若$\boldsymbol{\alpha}_1,\boldsymbol{\alpha}_2,\cdots,\boldsymbol{\alpha}_m$线性无关，而$\boldsymbol{\alpha}_1,\boldsymbol{\alpha}_2,\cdots,\boldsymbol{\alpha}_m,\boldsymbol{\beta}$线性相关，则$\boldsymbol{\beta}$能由$\boldsymbol{\alpha}_1,\boldsymbol{\alpha}_2,\cdots,\boldsymbol{\alpha}_m$线性表示，且表法唯一.

5. $\boldsymbol{\alpha}_1,\boldsymbol{\alpha}_2,\cdots,\boldsymbol{\alpha}_m(m\geqslant 2)$线性相关$\Leftrightarrow$其中有一向量可以由其余向量线性表示.

6. 若向量组$\boldsymbol{\alpha}_1,\boldsymbol{\alpha}_2,\cdots,\boldsymbol{\alpha}_r$可由向量组$\boldsymbol{\beta}_1,\boldsymbol{\beta}_2,\cdots,\boldsymbol{\beta}_s$线性表示，且$\boldsymbol{\alpha}_1,\boldsymbol{\alpha}_2,\cdots,\boldsymbol{\alpha}_r$线性无关，则$r\leqslant s$.

7. 两个等价的线性无关的向量组必含有相同个数的向量.

8. 一个向量组的极大线性无关组所含向量的个数是确定的(这个数即为向量组的秩).

9. 若向量组$\boldsymbol{\alpha}_1,\boldsymbol{\alpha}_2,\cdots,\boldsymbol{\alpha}_r$可由向量组$\boldsymbol{\beta}_1,\boldsymbol{\beta}_2,\cdots,\boldsymbol{\beta}_s$线性表示，则$\boldsymbol{\alpha}_1,\boldsymbol{\alpha}_2,\cdots,\boldsymbol{\alpha}_r$的秩不超过$\boldsymbol{\beta}_1,\boldsymbol{\beta}_2,\cdots,\boldsymbol{\beta}_s$的秩.

10. 初等变换不改变线性方程组的解.

11. 设$\boldsymbol{A}=(\boldsymbol{\alpha}_1,\boldsymbol{\alpha}_2,\cdots,\boldsymbol{\alpha}_n)$，则$\boldsymbol{Ax}=\boldsymbol{\beta}$有解$\Leftrightarrow\boldsymbol{\beta}$能由$\boldsymbol{\alpha}_1,\boldsymbol{\alpha}_2,\cdots,\boldsymbol{\alpha}_n$线性表示.

12. $\boldsymbol{Ax}=\boldsymbol{\beta}$有解$\Leftrightarrow \mathrm{R}(\boldsymbol{A})=\mathrm{R}(\bar{\boldsymbol{A}})$，$\bar{\boldsymbol{A}}$为方程组的增广矩阵.

13. 如果n元线性方程组$\boldsymbol{Ax}=\boldsymbol{\beta}$有解，则

$\mathrm{R}(\boldsymbol{A})=n\Leftrightarrow\boldsymbol{Ax}=\boldsymbol{0}$只有零解$\Leftrightarrow\boldsymbol{Ax}=\boldsymbol{\beta}$有唯一解；

$\mathrm{R}(\boldsymbol{A})<n\Leftrightarrow\boldsymbol{Ax}=\boldsymbol{0}$有非零解$\Leftrightarrow\boldsymbol{Ax}=\boldsymbol{\beta}$有无穷多解.

14. 对于齐次线性方程组 $\boldsymbol{Ax}=\boldsymbol{0}$，当 $\mathrm{R}(\boldsymbol{A})=r<n$ 时，必有含 $n-r$ 个向量的基础解系. 如果$\boldsymbol{\xi}_1,\boldsymbol{\xi}_2,\cdots,\boldsymbol{\xi}_{n-r}$是它的一个基础解系，那么方程组的通解为

$$\boldsymbol{x}=k_1\boldsymbol{\xi}_1+k_2\boldsymbol{\xi}_2+\cdots+k_{n-r}\boldsymbol{\xi}_{n-r},\quad k_1,k_2,\cdots,k_{n-r}\text{ 是任意数.}$$

15. 在非齐次线性方程组 $\boldsymbol{Ax}=\boldsymbol{\beta}$ 有解的情况下，如果$\boldsymbol{\gamma}_0$ 是 $\boldsymbol{Ax}=\boldsymbol{\beta}$ 的一个特解，$\boldsymbol{\eta}_1$，$\boldsymbol{\eta}_2,\cdots,\boldsymbol{\eta}_{n-r}$是导出组 $\boldsymbol{Ax}=\boldsymbol{0}$ 的一个基础解系，那么方程组 $\boldsymbol{Ax}=\boldsymbol{\beta}$ 的通解为

$$\boldsymbol{\gamma}=\boldsymbol{\gamma}_0+k_1\boldsymbol{\eta}_1+k_2\boldsymbol{\eta}_2+\cdots+k_{n-r}\boldsymbol{\eta}_{n-r},k_1,k_2,\cdots,k_{n-r}\text{ 是任意数.}$$

三、基本解题方法

1. 解一般线性方程组，通常用矩阵消元法，即先将增广矩阵用初等行变换化为行简化阶梯形矩阵，从而可看出系数矩阵与增广矩阵的秩，得出方程组有无解以及有多少解的判定.

2. 判定向量组线性相关性的方法

将向量组$\boldsymbol{\alpha}_1,\boldsymbol{\alpha}_2,\cdots,\boldsymbol{\alpha}_s$ 为列向量作成矩阵 $\boldsymbol{A}=(\boldsymbol{\alpha}_1,\boldsymbol{\alpha}_2,\cdots,\boldsymbol{\alpha}_s)$，则$\boldsymbol{\alpha}_1,\boldsymbol{\alpha}_2,\cdots,\boldsymbol{\alpha}_s$ 线性相关$\Leftrightarrow$方程组 $\boldsymbol{Ax}=\boldsymbol{0}$ 有非零解(或$\boldsymbol{\alpha}_1,\boldsymbol{\alpha}_2,\cdots,\boldsymbol{\alpha}_s$ 线性无关$\Leftrightarrow$方程组 $\boldsymbol{Ax}=\boldsymbol{0}$ 只有零解).

n 个 n 维向量$\boldsymbol{\alpha}_1,\boldsymbol{\alpha}_2,\cdots,\boldsymbol{\alpha}_n$ 线性相关$\Leftrightarrow|\boldsymbol{A}|=\boldsymbol{0}$(或$\boldsymbol{\alpha}_1,\boldsymbol{\alpha}_2,\cdots,\boldsymbol{\alpha}_n$ 线性无关$\Leftrightarrow|\boldsymbol{A}|\neq\boldsymbol{0}$)，其中 $\boldsymbol{A}=(\boldsymbol{\alpha}_1,\boldsymbol{\alpha}_2,\cdots,\boldsymbol{\alpha}_n)$.

3. 利用矩阵求向量组的极大线性无关组

把给定向量作列向量组成矩阵 $\boldsymbol{A}$，将 $\boldsymbol{A}$ 进行初等行变换，化为行简化阶梯形矩阵 $\boldsymbol{B}$，则 $\boldsymbol{B}$ 的列向量组的极大无关组所对应的 $\boldsymbol{A}$ 的列向量组即为所求极大无关组. 而 $\boldsymbol{B}$ 的其余列向量的分量即为该向量对应的 $\boldsymbol{A}$ 的列向量由极大无关组线性表示的表示系数.

复习题四

1. 求向量组

$\boldsymbol{\alpha}_1=(1,2,1,3)$，$\boldsymbol{\alpha}_2=(1,1,-1,1)$，$\boldsymbol{\alpha}_3=(1,3,3,5)$，$\boldsymbol{\alpha}_4=(4,5,-2,6)$，$\boldsymbol{\alpha}_5=(-3,5,-1,7)$ 的秩与极大无关组，并把不属于极大无关组的向量用极大无关组线性表示.

2. 求线性方程组

$$\begin{cases}x_1+5x_2-x_3-x_4=-1,\\x_1-2x_2+x_3+3x_4=3,\\3x_1+8x_2-x_3+x_4=1,\\x_1-9x_2+3x_3+7x_4=7\end{cases}$$

的通解.

3. 设四元非齐次线性方程组的系数矩阵的秩为 3，已知$\boldsymbol{\alpha}_1=(2,3,0,1)$，$\boldsymbol{\alpha}_2=(1,2,-1,0)$ 是它的两个解向量，求该方程组的通解.

4. 设线性方程组

$$\begin{cases}x+y-z=1,\\2x+(a+3)y-3z=3,\\-2x+(a-1)y+bz=a-1.\end{cases}$$

问当 a,b 为何值时，线性方程组无解，有唯一解，有无穷多解，并在有解时求其全部解.

5. 当 a,b,c 为何值时，线性方程组

$$\begin{cases} ax+y+z=a, \\ x+by+z=b, \\ x+y+cz=c \end{cases}$$

有解？并求其解.

6. 已知 $\boldsymbol{\alpha}_1,\boldsymbol{\alpha}_2,\cdots,\boldsymbol{\alpha}_s$ 的秩为 r. 证明：$\boldsymbol{\alpha}_1,\boldsymbol{\alpha}_2,\cdots,\boldsymbol{\alpha}_s$ 中任意 r 个线性无关的向量都构成它的一个极大线性无关组.

7. 设向量 $\boldsymbol{\beta}$ 可由向量组 $\boldsymbol{\alpha}_1,\boldsymbol{\alpha}_2,\cdots,\boldsymbol{\alpha}_r$ 线性表示. 证明：表法唯一的充要条件是 $\boldsymbol{\alpha}_1,\boldsymbol{\alpha}_2,\cdots,\boldsymbol{\alpha}_r$ 线性无关.

8. 设 $\boldsymbol{\alpha}_1,\boldsymbol{\alpha}_2,\cdots,\boldsymbol{\alpha}_r$ 是一组线性无关的向量，

$$\begin{cases} \boldsymbol{\beta}_1=a_{11}\boldsymbol{\alpha}_1+a_{12}\boldsymbol{\alpha}_2+\cdots+a_{1r}\boldsymbol{\alpha}_r, \\ \boldsymbol{\beta}_2=a_{21}\boldsymbol{\alpha}_1+a_{22}\boldsymbol{\alpha}_2+\cdots+a_{2r}\boldsymbol{\alpha}_r, \\ \qquad\vdots \\ \boldsymbol{\beta}_r=a_{r1}\boldsymbol{\alpha}_1+a_{r2}\boldsymbol{\alpha}_2+\cdots+a_{rr}\boldsymbol{\alpha}_r. \end{cases}$$

证明：$\boldsymbol{\beta}_1,\boldsymbol{\beta}_2,\cdots,\boldsymbol{\beta}_r$ 线性无关的充要条件是

$$\begin{vmatrix} a_{11} & a_{12} & \cdots & a_{1r} \\ a_{21} & a_{22} & \cdots & a_{2r} \\ \vdots & \vdots & & \vdots \\ a_{r1} & a_{r2} & \cdots & a_{rr} \end{vmatrix} \neq 0.$$

9. 设 $\boldsymbol{\alpha}_i=(a_{i1},a_{i2},\cdots,a_{in})(i=1,2,\cdots,s)$，$\boldsymbol{\beta}=(b_1,b_2,\cdots,b_n)$. 证明：如果线性方程组

$$\begin{cases} a_{11}x_1+a_{12}x_2+\cdots+a_{1n}x_n=0, \\ a_{21}x_1+a_{22}x_2+\cdots+a_{2n}x_n=0, \\ \qquad\vdots \\ a_{s1}x_1+a_{s2}x_2+\cdots+a_{sn}x_n=0 \end{cases}$$

的解全部是方程 $b_1x_1+b_2x_2+\cdots+b_nx_n=0$ 的解，那么 $\boldsymbol{\beta}$ 可由 $\boldsymbol{\alpha}_1,\boldsymbol{\alpha}_2,\cdots,\boldsymbol{\alpha}_s$ 线性表出.

10. 设 $\boldsymbol{\eta}_0$ 是线性方程组 $\boldsymbol{A}\boldsymbol{x}=\boldsymbol{\beta}$ 的一个解，$\boldsymbol{\eta}_1,\boldsymbol{\eta}_2,\cdots,\boldsymbol{\eta}_t$ 是它的导出组的基础解系，令

$$\boldsymbol{\gamma}_1=\boldsymbol{\eta}_0,\quad \boldsymbol{\gamma}_2=\boldsymbol{\eta}_1+\boldsymbol{\eta}_0,\quad \cdots,\quad \boldsymbol{\gamma}_{t+1}=\boldsymbol{\eta}_t+\boldsymbol{\eta}_0.$$

证明 方程组 $\boldsymbol{A}\boldsymbol{x}=\boldsymbol{\beta}$ 的任一解 $\boldsymbol{\gamma}$ 都可以表成

$$\boldsymbol{\gamma}=u_1\boldsymbol{\gamma}_1+u_2\boldsymbol{\gamma}_2+\cdots+u_{t+1}\boldsymbol{\gamma}_{t+1},$$

其中 $u_1+u_2+\cdots+u_{t+1}=1$.

第5章　矩阵的特征值与特征向量

5.1　n 维向量的内积

前面介绍了 n 维向量的线性运算，讨论了向量的线性相关性，由此解决了线性方程组的求解问题. 一方面，n 维向量作为几何空间中向量的推广，尚未体现几何空间中向量的度量性质（如向量的长度、向量间的夹角等）；另一方面，在几何空间中向量的长度与夹角等度量性质都可以通过向量的内积（数量积）来表示，而且向量的内积有明显的代数性质. 所以本章在对 n 维向量的讨论中，选取内积作为基本概念. 本章的向量都取列向量.

5.1.1　内积

定义 5.1.1　设有 n 维实向量

$$\boldsymbol{\alpha}=\begin{pmatrix}a_1\\a_2\\\vdots\\a_n\end{pmatrix},\quad \boldsymbol{\beta}=\begin{pmatrix}b_1\\b_2\\\vdots\\b_n\end{pmatrix},$$

称实数 $\sum_{i=1}^{n}a_ib_i=a_1b_1+a_2b_2+\cdots+a_nb_n$ 为向量 $\boldsymbol{\alpha}$ 与 $\boldsymbol{\beta}$ 的**内积**，记作 $(\boldsymbol{\alpha},\boldsymbol{\beta})$，即

$$(\boldsymbol{\alpha},\boldsymbol{\beta})=\sum_{i=1}^{n}a_ib_i=a_1b_1+a_2b_2+\cdots+a_nb_n.$$

内积是两个向量间的一种运算，其结果是一个实数. 可以用矩阵记号来表示，把 $\boldsymbol{\alpha}$ 与 $\boldsymbol{\beta}$ 看作列矩阵，有

$$(\boldsymbol{\alpha},\boldsymbol{\beta})=\boldsymbol{\alpha}^{\mathrm{T}}\boldsymbol{\beta}.$$

内积具有下列基本性质：

(1) $(\boldsymbol{\alpha},\boldsymbol{\beta})=(\boldsymbol{\beta},\boldsymbol{\alpha})$；

(2) $(\boldsymbol{\alpha}+\boldsymbol{\beta},\gamma)=(\boldsymbol{\alpha},\boldsymbol{\gamma})+(\boldsymbol{\beta},\boldsymbol{\gamma})$；

(3) $(k\boldsymbol{\alpha},\boldsymbol{\beta})=k(\boldsymbol{\alpha},\boldsymbol{\beta})$；

(4) $(\boldsymbol{\alpha},\boldsymbol{\alpha})\geqslant 0$，当且仅当 $\boldsymbol{\alpha}=\mathbf{0}$ 时有 $(\boldsymbol{\alpha},\boldsymbol{\alpha})=0$，

其中 $\boldsymbol{\alpha},\boldsymbol{\beta},\boldsymbol{\gamma}$ 是 n 维实向量，k 是实数.

利用这些性质可以证明**柯西-施瓦茨**(Cauchy-Schwarz)**不等式**

$$(\boldsymbol{\alpha},\boldsymbol{\beta})^2 \leqslant (\boldsymbol{\alpha},\boldsymbol{\alpha})(\boldsymbol{\beta},\boldsymbol{\beta}).$$

等号成立的充要条件是$\boldsymbol{\alpha},\boldsymbol{\beta}$线性相关.

证明 若$\boldsymbol{\alpha},\boldsymbol{\beta}$线性相关,不妨设$\boldsymbol{\alpha}=k\boldsymbol{\beta}$,于是有

$$(\boldsymbol{\alpha},\boldsymbol{\beta})^2=(k\boldsymbol{\beta},\boldsymbol{\beta})^2=k^2(\boldsymbol{\beta},\boldsymbol{\beta})^2=(k\boldsymbol{\beta},k\boldsymbol{\beta})(\boldsymbol{\beta},\boldsymbol{\beta})=(\boldsymbol{\alpha},\boldsymbol{\alpha})(\boldsymbol{\beta},\boldsymbol{\beta}).$$

若$\boldsymbol{\alpha},\boldsymbol{\beta}$线性无关,则对任意实数$x$,都有$x\boldsymbol{\alpha}+\boldsymbol{\beta}\neq\mathbf{0}$,于是有

$$(x\boldsymbol{\alpha}+\boldsymbol{\beta},x\boldsymbol{\alpha}+\boldsymbol{\beta})>0,$$

即对任意实数x,有

$$(\boldsymbol{\alpha},\boldsymbol{\alpha})x^2+2(\boldsymbol{\alpha},\boldsymbol{\beta})x+(\boldsymbol{\beta},\boldsymbol{\beta})>0,$$

所以判别式

$$[2(\boldsymbol{\alpha},\boldsymbol{\beta})]^2-4(\boldsymbol{\alpha},\boldsymbol{\alpha})(\boldsymbol{\beta},\boldsymbol{\beta})<0,$$

即$(\boldsymbol{\alpha},\boldsymbol{\beta})^2<(\boldsymbol{\alpha},\boldsymbol{\alpha})(\boldsymbol{\beta},\boldsymbol{\beta})$.

定义 5.1.2 对于n维实向量$\boldsymbol{\alpha}=(a_1,a_2,\cdots,a_n)^{\mathrm{T}}$,称非负实数$\sqrt{(\boldsymbol{\alpha},\boldsymbol{\alpha})}$为向量$\boldsymbol{\alpha}$的**长度**(或**模**),记为$|\boldsymbol{\alpha}|$,即

$$|\boldsymbol{\alpha}|=\sqrt{(\boldsymbol{\alpha},\boldsymbol{\alpha})}=\sqrt{a_1^2+a_2^2+\cdots+a_n^2}.$$

当$|\boldsymbol{\alpha}|=1$时,称$\boldsymbol{\alpha}$为**单位向量**.

向量的长度有下述性质:

(1) 非负性 当$\boldsymbol{\alpha}\neq\mathbf{0}$时,$|\boldsymbol{\alpha}|>0$;当$\boldsymbol{\alpha}=\mathbf{0}$时,$|\boldsymbol{\alpha}|=0$.

(2) 齐次性 $|k\boldsymbol{\alpha}|=|k||\boldsymbol{\alpha}|$.

(3) 三角不等式 $|\boldsymbol{\alpha}+\boldsymbol{\beta}|\leqslant|\boldsymbol{\alpha}|+|\boldsymbol{\beta}|$.

证明 (1)与(2)是明显的,下面证明(3).

$$\begin{aligned}|\boldsymbol{\alpha}+\boldsymbol{\beta}|^2&=(\boldsymbol{\alpha}+\boldsymbol{\beta},\boldsymbol{\alpha}+\boldsymbol{\beta})=(\boldsymbol{\alpha},\boldsymbol{\alpha})+2(\boldsymbol{\alpha},\boldsymbol{\beta})+(\boldsymbol{\beta},\boldsymbol{\beta})\\&\leqslant(\boldsymbol{\alpha},\boldsymbol{\alpha})+2\sqrt{(\boldsymbol{\alpha},\boldsymbol{\alpha})(\boldsymbol{\beta},\boldsymbol{\beta})}+(\boldsymbol{\beta},\boldsymbol{\beta})\\&=|\boldsymbol{\alpha}|^2+2|\boldsymbol{\alpha}||\boldsymbol{\beta}|+|\boldsymbol{\beta}|^2=(|\boldsymbol{\alpha}|+|\boldsymbol{\beta}|)^2,\end{aligned}$$

即

$$|\boldsymbol{\alpha}+\boldsymbol{\beta}|\leqslant|\boldsymbol{\alpha}|+|\boldsymbol{\beta}|.$$

当$\boldsymbol{\alpha}\neq\mathbf{0}$时,$\dfrac{1}{|\boldsymbol{\alpha}|}\boldsymbol{\alpha}$是一个单位向量,这是因为

$$\left|\frac{1}{|\boldsymbol{\alpha}|}\boldsymbol{\alpha}\right|=\frac{1}{|\boldsymbol{\alpha}|}|\boldsymbol{\alpha}|=1.$$

由非零向量$\boldsymbol{\alpha}$得到单位向量$\dfrac{1}{|\boldsymbol{\alpha}|}\boldsymbol{\alpha}$的过程称为**单位化**或**标准化**.

由柯西-施瓦茨(Cauchy-Schwarz)不等式可得

$$|(\boldsymbol{\alpha},\boldsymbol{\beta})|\leqslant|\boldsymbol{\alpha}||\boldsymbol{\beta}|,$$

故当$\boldsymbol{\alpha}\neq\mathbf{0},\boldsymbol{\beta}\neq\mathbf{0}$时,有

$$\left|\frac{(\boldsymbol{\alpha},\boldsymbol{\beta})}{|\boldsymbol{\alpha}||\boldsymbol{\beta}|}\right|\leqslant1.$$

于是可以定义向量的夹角.

定义 5.1.3 当$\boldsymbol{\alpha}\neq\mathbf{0},\boldsymbol{\beta}\neq\mathbf{0}$时,称

$$\theta=\arccos\frac{(\boldsymbol{\alpha},\boldsymbol{\beta})}{|\boldsymbol{\alpha}||\boldsymbol{\beta}|},\quad 0\leqslant\theta\leqslant\pi$$

为$\boldsymbol{\alpha}$与$\boldsymbol{\beta}$的**夹角**.

当$(\boldsymbol{\alpha},\boldsymbol{\beta})=0$时,称向量$\boldsymbol{\alpha}$与$\boldsymbol{\beta}$**正交**(垂直). 显然,如果$\boldsymbol{\alpha}=\mathbf{0}$,则$\boldsymbol{\alpha}$与任何向量都正交.

例 5.1.1 设

$$\boldsymbol{\alpha}=\begin{pmatrix}-1\\1\\1\\1\end{pmatrix},\quad \boldsymbol{\beta}=\begin{pmatrix}-1\\1\\1\\0\end{pmatrix},$$

求向量$\boldsymbol{\alpha}$与$\boldsymbol{\beta}$的夹角.

解 $(\boldsymbol{\alpha},\boldsymbol{\beta})=(-1)\times(-1)+1\times1+1\times1+1\times0=3$,

$$|\boldsymbol{\alpha}|=\sqrt{(-1)^2+1^2+1^2+1^2}=2,\quad |\boldsymbol{\beta}|=\sqrt{(-1)^2+1^2+1^2+0^2}=\sqrt{3},$$

$$\cos\theta=\frac{(\boldsymbol{\alpha},\boldsymbol{\beta})}{|\boldsymbol{\alpha}||\boldsymbol{\beta}|}=\frac{3}{2\sqrt{3}}=\frac{\sqrt{3}}{2},$$

从而$\boldsymbol{\alpha}$与$\boldsymbol{\beta}$的夹角$\theta=\frac{\pi}{6}$.

5.1.2 标准正交基

定义 5.1.4 一组两两正交的n维非零向量称为**正交向量组**. 由单位向量组成的正交向量组称为**标准正交向量组**.

显然$\boldsymbol{\alpha}_1,\boldsymbol{\alpha}_2,\cdots,\boldsymbol{\alpha}_m$是正交向量组的充要条件是

$$(\boldsymbol{\alpha}_i,\boldsymbol{\alpha}_i)\neq0,\quad (\boldsymbol{\alpha}_i,\boldsymbol{\alpha}_j)=0,\quad i\neq j.$$

而$\boldsymbol{\alpha}_1,\boldsymbol{\alpha}_2,\cdots,\boldsymbol{\alpha}_m$是标准正交向量组的充要条件是

$$(\boldsymbol{\alpha}_i,\boldsymbol{\alpha}_j)=\begin{cases}1, & i=j,\\0, & i\neq j.\end{cases}$$

定理 5.1.1 若n维向量$\boldsymbol{\alpha}_1,\boldsymbol{\alpha}_2,\cdots,\boldsymbol{\alpha}_m$是一组两两正交的非零向量,则$\boldsymbol{\alpha}_1,\boldsymbol{\alpha}_2,\cdots,\boldsymbol{\alpha}_m$线性无关.

证明 设有实数$k_1,k_2,\cdots,k_m$使

$$k_1\boldsymbol{\alpha}_1+k_2\boldsymbol{\alpha}_2+\cdots+k_m\boldsymbol{\alpha}_m=\mathbf{0},$$

上式两端与$\boldsymbol{\alpha}_i$作内积得

$$\begin{aligned}0=(\mathbf{0},\boldsymbol{\alpha}_i)&=(k_1\boldsymbol{\alpha}_1+k_2\boldsymbol{\alpha}_2+\cdots+k_m\boldsymbol{\alpha}_m,\boldsymbol{\alpha}_i)\\&=k_1(\boldsymbol{\alpha}_1,\boldsymbol{\alpha}_i)+\cdots+k_i(\boldsymbol{\alpha}_i,\boldsymbol{\alpha}_i)+\cdots+k_m(\boldsymbol{\alpha}_m,\boldsymbol{\alpha}_i)\\&=k_i(\boldsymbol{\alpha}_i,\boldsymbol{\alpha}_i).\end{aligned}$$

因为$\boldsymbol{\alpha}_i\neq\mathbf{0}$,所以$(\boldsymbol{\alpha}_i,\boldsymbol{\alpha}_i)>0$,于是$k_i=0\ (i=1,2,\cdots,m)$,这表明$\boldsymbol{\alpha}_1,\boldsymbol{\alpha}_2,\cdots,\boldsymbol{\alpha}_m$线性无关.

注 但线性无关的向量未必是正交向量组,例如在$\mathbb{R}^2$中,$\boldsymbol{\alpha}_1=\begin{pmatrix}1\\0\end{pmatrix}$,$\boldsymbol{\alpha}_2=\begin{pmatrix}1\\2\end{pmatrix}$线性无关,但$(\boldsymbol{\alpha}_1,\boldsymbol{\alpha}_2)=1\neq0$,即$\boldsymbol{\alpha}_1,\boldsymbol{\alpha}_2$不正交.

由定理 5.1.1 知,在n维向量空间中,任何正交向量组所含向量的个数小于等于n. 这个事实的几何意义是明显的. 例如在平面上找不到三个两两垂直的非零向量;在几何空间中找不到四个两两垂直的非零向量.

例 5.1.2 已知两个向量

$$\boldsymbol{\alpha}_1=\begin{pmatrix}1\\1\\1\end{pmatrix},\quad \boldsymbol{\alpha}_2=\begin{pmatrix}-1\\0\\1\end{pmatrix}$$

正交,求一个非零向量$\boldsymbol{\alpha}_3$,使$\boldsymbol{\alpha}_1,\boldsymbol{\alpha}_2,\boldsymbol{\alpha}_3$ 是正交向量组.

解 设$\boldsymbol{\alpha}_3=\begin{pmatrix}x_1\\x_2\\x_3\end{pmatrix}$与$\boldsymbol{\alpha}_1,\boldsymbol{\alpha}_2$ 都正交,则

$$\begin{cases}(\boldsymbol{\alpha}_1,\boldsymbol{\alpha}_3)=x_1+x_2+x_3=0,\\(\boldsymbol{\alpha}_2,\boldsymbol{\alpha}_3)=-x_1+x_3=0.\end{cases}$$

解此方程组,得基础解系$\begin{pmatrix}1\\-2\\1\end{pmatrix}$,取$\boldsymbol{\alpha}_3=\begin{pmatrix}1\\-2\\1\end{pmatrix}$即为所求.

从几何空间中看到,直角坐标系在图形度量性质的讨论中有特殊的地位,在一般的 n 维向量空间中,情况是相仿的.

定义 5.1.5 设 n 维向量$\boldsymbol{\varepsilon}_1,\boldsymbol{\varepsilon}_2,\cdots,\boldsymbol{\varepsilon}_m$ 是向量空间 $V(V\subset\mathbb{R}^n)$的一个基,如果$\boldsymbol{\varepsilon}_1,\boldsymbol{\varepsilon}_2,\cdots,\boldsymbol{\varepsilon}_m$ 两两正交,则称$\boldsymbol{\varepsilon}_1,\boldsymbol{\varepsilon}_2,\cdots,\boldsymbol{\varepsilon}_m$ 为 V 的**正交基**;如果正交基$\boldsymbol{\varepsilon}_1,\boldsymbol{\varepsilon}_2,\cdots,\boldsymbol{\varepsilon}_m$ 都是单位向量,则称$\boldsymbol{\varepsilon}_1,\boldsymbol{\varepsilon}_2,\cdots,\boldsymbol{\varepsilon}_m$ 为**标准正交基**(或**规范正交基**).

例如,$\boldsymbol{\varepsilon}_1=\begin{pmatrix}1\\0\\\vdots\\0\end{pmatrix},\boldsymbol{\varepsilon}_2=\begin{pmatrix}0\\1\\\vdots\\0\end{pmatrix},\cdots,\boldsymbol{\varepsilon}_n=\begin{pmatrix}0\\0\\\vdots\\1\end{pmatrix}$是$\mathbb{R}^n$ 的一个标准正交基. 而 $\boldsymbol{e}_1=\begin{pmatrix}\frac{1}{\sqrt{2}}\\\frac{1}{\sqrt{2}}\\0\\0\end{pmatrix},\boldsymbol{e}_2=\begin{pmatrix}\frac{1}{\sqrt{2}}\\-\frac{1}{\sqrt{2}}\\0\\0\end{pmatrix},\boldsymbol{e}_3=\begin{pmatrix}0\\0\\\frac{1}{\sqrt{2}}\\\frac{1}{\sqrt{2}}\end{pmatrix},\boldsymbol{e}_4=\begin{pmatrix}0\\0\\\frac{1}{\sqrt{2}}\\-\frac{1}{\sqrt{2}}\end{pmatrix}$是$\mathbb{R}^4$ 的一个标准正交基.

如果$\boldsymbol{\varepsilon}_1,\boldsymbol{\varepsilon}_2,\cdots,\boldsymbol{\varepsilon}_m$ 是 V 的一个标准正交基,则对于 V 中任意向量$\boldsymbol{\alpha}$ 能由$\boldsymbol{\varepsilon}_1,\boldsymbol{\varepsilon}_2,\cdots,\boldsymbol{\varepsilon}_m$ 线性表示,设

$$\boldsymbol{\alpha}=x_1\boldsymbol{\varepsilon}_1+x_2\boldsymbol{\varepsilon}_2+\cdots+x_m\boldsymbol{\varepsilon}_m.$$

两端与$\boldsymbol{\varepsilon}_i$ 作内积,有

$$\begin{aligned}(\boldsymbol{\alpha},\boldsymbol{\varepsilon}_i)&=(x_1\boldsymbol{\varepsilon}_1+x_2\boldsymbol{\varepsilon}_2+\cdots+x_m\boldsymbol{\varepsilon}_m,\boldsymbol{\varepsilon}_i)=x_1(\boldsymbol{\varepsilon}_1,\boldsymbol{\varepsilon}_i)+\cdots+x_i(\boldsymbol{\varepsilon}_i,\boldsymbol{\varepsilon}_i)+\cdots+x_m(\boldsymbol{\varepsilon}_m,\boldsymbol{\varepsilon}_i)\\&=x_i(\boldsymbol{\varepsilon}_i,\boldsymbol{\varepsilon}_i)=x_i,\quad i=1,2,\cdots,m.\end{aligned}$$

于是

$$\boldsymbol{\alpha}=(\boldsymbol{\alpha},\boldsymbol{\varepsilon}_1)\boldsymbol{\varepsilon}_1+(\boldsymbol{\alpha},\boldsymbol{\varepsilon}_2)\boldsymbol{\varepsilon}_2+\cdots+(\boldsymbol{\alpha},\boldsymbol{\varepsilon}_m)\boldsymbol{\varepsilon}_m.$$

也就是说,在标准正交基下,向量的坐标可以通过内积简单地表示出来.

通常是从向量空间 V 的一个基出发,来求 V 的一个标准正交基.

设$\boldsymbol{\alpha}_1,\boldsymbol{\alpha}_2,\cdots,\boldsymbol{\alpha}_m$ 是向量空间 V 的一个基,要求 V 的一个标准正交基,就是要找一组两两正交的单位向量$\boldsymbol{\varepsilon}_1,\boldsymbol{\varepsilon}_2,\cdots,\boldsymbol{\varepsilon}_m$,使得$\boldsymbol{\varepsilon}_1,\boldsymbol{\varepsilon}_2,\cdots,\boldsymbol{\varepsilon}_m$ 与$\boldsymbol{\alpha}_1,\boldsymbol{\alpha}_2,\cdots,\boldsymbol{\alpha}_m$ 等价. 这个过程称为把基$\boldsymbol{\alpha}_1,\boldsymbol{\alpha}_2,\cdots,\boldsymbol{\alpha}_m$ **标准正交化**.

下面以$\mathbb{R}^2$ 的一个基$\boldsymbol{\alpha}_1,\boldsymbol{\alpha}_2$ 为例,介绍求标准正交基的方法(图 5-1-1,图 5-1-2).

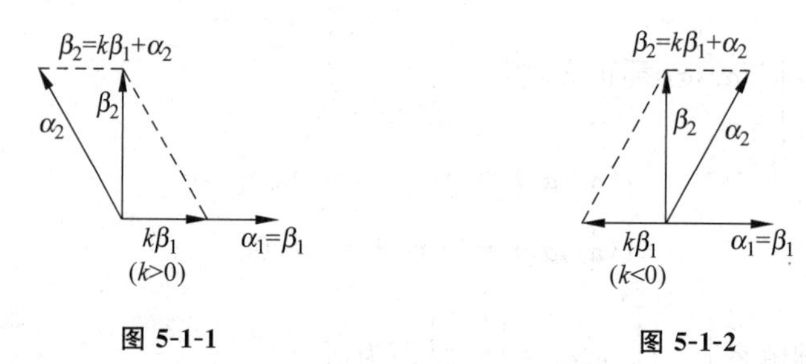

图 5-1-1 **图 5-1-2**

先取$\boldsymbol{\beta}_1=\boldsymbol{\alpha}_1$,考虑线性组合$\boldsymbol{\beta}_2=k\boldsymbol{\beta}_1+\boldsymbol{\alpha}_2$,决定实数 k 使$\boldsymbol{\beta}_1,\boldsymbol{\beta}_2$ 正交,即令

$$0=(\boldsymbol{\beta}_1,\boldsymbol{\beta}_2)=(\boldsymbol{\beta}_1,k\boldsymbol{\beta}_1+\boldsymbol{\alpha}_2)=k(\boldsymbol{\beta}_1,\boldsymbol{\beta}_1)+(\boldsymbol{\beta}_1,\boldsymbol{\alpha}_2),$$

得 $k=-\dfrac{(\boldsymbol{\beta}_1,\boldsymbol{\alpha}_2)}{(\boldsymbol{\beta}_1,\boldsymbol{\beta}_1)}$. 因此只要取

$$\boldsymbol{\beta}_2=\boldsymbol{\alpha}_2-\frac{(\boldsymbol{\beta}_1,\boldsymbol{\alpha}_2)}{(\boldsymbol{\beta}_1,\boldsymbol{\beta}_1)}\boldsymbol{\beta}_1,$$

就可使$\boldsymbol{\beta}_1,\boldsymbol{\beta}_2$ 正交. 于是由线性无关组$\boldsymbol{\alpha}_1,\boldsymbol{\alpha}_2$ 求正交向量组$\boldsymbol{\beta}_1,\boldsymbol{\beta}_2$ 的步骤为

$$\begin{cases}\boldsymbol{\beta}_1=\boldsymbol{\alpha}_1,\\ \boldsymbol{\beta}_2=\boldsymbol{\alpha}_2-\dfrac{(\boldsymbol{\beta}_1,\boldsymbol{\alpha}_2)}{(\boldsymbol{\beta}_1,\boldsymbol{\beta}_1)}\boldsymbol{\beta}_1.\end{cases}$$

再将$\boldsymbol{\beta}_1,\boldsymbol{\beta}_2$ 单位化,得

$$\boldsymbol{\varepsilon}_1=\frac{1}{|\boldsymbol{\beta}_1|}\boldsymbol{\beta}_1,\boldsymbol{\varepsilon}_2=\frac{1}{|\boldsymbol{\beta}_2|}\boldsymbol{\beta}_2.$$

$\boldsymbol{\varepsilon}_1,\boldsymbol{\varepsilon}_2$ 即为所求$\mathbb{R}^2$ 的标准正交基.

上面的讨论给我们一个启发,使我们能够从一组线性无关的向量出发,得到一个正交向量组. 下面的定理,我们将在第 10 章给出证明,这里只给出结论.

定理 5.1.2 设$\boldsymbol{\alpha}_1,\boldsymbol{\alpha}_2,\cdots,\boldsymbol{\alpha}_m$ 是向量空间 $V(V\subset\mathbb{R}^n)$中任意一组线性无关的向量,那么可以求出 V 的一个正交向量组$\boldsymbol{\beta}_1,\boldsymbol{\beta}_2,\cdots,\boldsymbol{\beta}_m$,使得

$$\begin{aligned}&\boldsymbol{\beta}_1=\boldsymbol{\alpha}_1,\\ &\boldsymbol{\beta}_2=\boldsymbol{\alpha}_2-\frac{(\boldsymbol{\beta}_1,\boldsymbol{\alpha}_2)}{(\boldsymbol{\beta}_1,\boldsymbol{\beta}_1)}\boldsymbol{\beta}_1,\\ &\vdots\\ &\boldsymbol{\beta}_m=\boldsymbol{\alpha}_m-\frac{(\boldsymbol{\beta}_1,\boldsymbol{\alpha}_m)}{(\boldsymbol{\beta}_1,\boldsymbol{\beta}_1)}\boldsymbol{\beta}_1-\frac{(\boldsymbol{\beta}_2,\boldsymbol{\alpha}_m)}{(\boldsymbol{\beta}_2,\boldsymbol{\beta}_2)}\boldsymbol{\beta}_2-\cdots-\frac{(\boldsymbol{\beta}_{m-1},\boldsymbol{\alpha}_m)}{(\boldsymbol{\beta}_{m-1},\boldsymbol{\beta}_{m-1})}\boldsymbol{\beta}_{m-1},\end{aligned}$$

而且对任何 $k(1\leqslant k\leqslant m)$,向量组$\boldsymbol{\beta}_1,\boldsymbol{\beta}_2,\cdots,\boldsymbol{\beta}_k$ 与$\boldsymbol{\alpha}_1,\boldsymbol{\alpha}_2,\cdots,\boldsymbol{\alpha}_k$ 等价.

再令

$$\boldsymbol{\varepsilon}_1=\frac{1}{|\boldsymbol{\beta}_1|}\boldsymbol{\beta}_1,\quad \boldsymbol{\varepsilon}_2=\frac{1}{|\boldsymbol{\beta}_2|}\boldsymbol{\beta}_2,\cdots,\quad \boldsymbol{\varepsilon}_m=\frac{1}{|\boldsymbol{\beta}_m|}\boldsymbol{\beta}_m,$$

则得到V的一个标准正交组$\boldsymbol{\varepsilon}_1,\boldsymbol{\varepsilon}_2,\cdots,\boldsymbol{\varepsilon}_m$. 如果$\boldsymbol{\alpha}_1,\boldsymbol{\alpha}_2,\cdots,\boldsymbol{\alpha}_m$是$V$的基,则$\boldsymbol{\varepsilon}_1,\boldsymbol{\varepsilon}_2,\cdots,\boldsymbol{\varepsilon}_m$就是$V$的一个标准正交基.

上述从线性无关向量组$\boldsymbol{\alpha}_1,\boldsymbol{\alpha}_2,\cdots,\boldsymbol{\alpha}_m$得出正交向量组$\boldsymbol{\beta}_1,\boldsymbol{\beta}_2,\cdots,\boldsymbol{\beta}_m$的过程称为**施密特**(Schmidt)**正交化过程**.

例 5.1.3 设向量

$$\boldsymbol{\alpha}_1=\begin{pmatrix}1\\1\\1\end{pmatrix},\ \boldsymbol{\alpha}_2=\begin{pmatrix}0\\1\\2\end{pmatrix},\ \boldsymbol{\alpha}_3=\begin{pmatrix}1\\0\\2\end{pmatrix},$$

试用施密特正交化过程把这组向量标准正交化.

解 取$\boldsymbol{\beta}_1=\boldsymbol{\alpha}_1$,

$$\boldsymbol{\beta}_2=\boldsymbol{\alpha}_2-\frac{(\boldsymbol{\beta}_1,\boldsymbol{\alpha}_2)}{(\boldsymbol{\beta}_1,\boldsymbol{\beta}_1)}\boldsymbol{\beta}_1=\begin{pmatrix}0\\1\\2\end{pmatrix}-\frac{3}{3}\begin{pmatrix}1\\1\\1\end{pmatrix}=\begin{pmatrix}-1\\0\\1\end{pmatrix},$$

$$\boldsymbol{\beta}_3=\boldsymbol{\alpha}_3-\frac{(\boldsymbol{\beta}_1,\boldsymbol{\alpha}_3)}{(\boldsymbol{\beta}_1,\boldsymbol{\beta}_1)}\boldsymbol{\beta}_1-\frac{(\boldsymbol{\beta}_2,\boldsymbol{\alpha}_3)}{(\boldsymbol{\beta}_2,\boldsymbol{\beta}_2)}\boldsymbol{\beta}_2=\begin{pmatrix}1\\0\\2\end{pmatrix}-\frac{3}{3}\begin{pmatrix}1\\1\\1\end{pmatrix}-\frac{1}{2}\begin{pmatrix}-1\\0\\1\end{pmatrix}=\begin{pmatrix}\frac{1}{2}\\-1\\\frac{1}{2}\end{pmatrix},$$

再单位化,得

$$\boldsymbol{\varepsilon}_1=\frac{1}{|\boldsymbol{\beta}_1|}\boldsymbol{\beta}_1=\frac{1}{\sqrt{3}}\begin{pmatrix}1\\1\\1\end{pmatrix},\boldsymbol{\varepsilon}_2=\frac{1}{|\boldsymbol{\beta}_2|}\boldsymbol{\beta}_2=\frac{1}{\sqrt{2}}\begin{pmatrix}-1\\0\\1\end{pmatrix},\boldsymbol{\varepsilon}_3=\frac{1}{|\boldsymbol{\beta}_3|}\boldsymbol{\beta}_3=\frac{1}{\sqrt{6}}\begin{pmatrix}1\\-2\\1\end{pmatrix}.$$

于是,$\boldsymbol{\varepsilon}_1,\boldsymbol{\varepsilon}_2,\boldsymbol{\varepsilon}_3$即为所求.

例 5.1.4 设向量$\boldsymbol{\alpha}_1=\begin{pmatrix}1\\1\\1\end{pmatrix}$,求向量$\boldsymbol{\alpha}_2,\boldsymbol{\alpha}_3$,使$\boldsymbol{\alpha}_1,\boldsymbol{\alpha}_2,\boldsymbol{\alpha}_3$为正交向量组.

解 由$(\boldsymbol{\alpha}_1,\boldsymbol{\alpha}_2)=0,(\boldsymbol{\alpha}_1,\boldsymbol{\alpha}_3)=0$,知$\boldsymbol{\alpha}_2,\boldsymbol{\alpha}_3$应满足方程$\boldsymbol{\alpha}_1^{\mathrm{T}}\boldsymbol{x}=0$,即

$$x_1+x_2+x_3=0,$$

得基础解系

$$\boldsymbol{\xi}_1=\begin{pmatrix}1\\0\\-1\end{pmatrix},\boldsymbol{\xi}_2=\begin{pmatrix}0\\1\\-1\end{pmatrix}.$$

把$\boldsymbol{\xi}_1,\boldsymbol{\xi}_2$正交化,取

$$\boldsymbol{\alpha}_2=\boldsymbol{\xi}_1=\begin{pmatrix}1\\0\\-1\end{pmatrix},\boldsymbol{\alpha}_3=\boldsymbol{\xi}_2-\frac{(\boldsymbol{\xi}_1,\boldsymbol{\xi}_2)}{(\boldsymbol{\xi}_1,\boldsymbol{\xi}_1)}\boldsymbol{\xi}_1=\begin{pmatrix}0\\1\\-1\end{pmatrix}-\frac{1}{2}\begin{pmatrix}1\\0\\-1\end{pmatrix}=\frac{1}{2}\begin{pmatrix}-1\\2\\-1\end{pmatrix},$$

则$\boldsymbol{\alpha}_1,\boldsymbol{\alpha}_2,\boldsymbol{\alpha}_3$为正交向量组.

5.1.3 正交矩阵与正交变换

定义 5.1.6 如果 n 阶实矩阵 $\boldsymbol{A}$ 满足

$$\boldsymbol{A}^{\mathrm{T}}\boldsymbol{A}=\boldsymbol{A}\boldsymbol{A}^{\mathrm{T}}=\boldsymbol{E},$$

则称 $\boldsymbol{A}$ 为**正交矩阵**.

如果 $\boldsymbol{A}$ 是正交矩阵,则由可逆矩阵的定义知 $\boldsymbol{A}$ 可逆,且 $\boldsymbol{A}^{-1}=\boldsymbol{A}^{\mathrm{T}}$.

设 $\boldsymbol{A}$ 是正交矩阵,如果 $\boldsymbol{A}$ 按列分块为 $\boldsymbol{A}=(\boldsymbol{\alpha}_1,\boldsymbol{\alpha}_2,\cdots,\boldsymbol{\alpha}_n)$,则 $\boldsymbol{A}^{\mathrm{T}}\boldsymbol{A}=\boldsymbol{E}$ 即为

$$\begin{pmatrix}\boldsymbol{\alpha}_1^{\mathrm{T}}\\ \boldsymbol{\alpha}_2^{\mathrm{T}}\\ \vdots\\ \boldsymbol{\alpha}_n^{\mathrm{T}}\end{pmatrix}(\boldsymbol{\alpha}_1,\boldsymbol{\alpha}_2,\cdots,\boldsymbol{\alpha}_n)=\begin{pmatrix}1&&&\\&1&&\\&&\ddots&\\&&&1\end{pmatrix},$$

于是有

$$\boldsymbol{\alpha}_i^{\mathrm{T}}\boldsymbol{\alpha}_j=\begin{cases}1,i=j,\\0,i\neq j,\end{cases}\quad i,j=1,2,\cdots,n.$$

这说明方阵 $\boldsymbol{A}$ 为正交矩阵的充要条件是 $\boldsymbol{A}$ 的列向量都是单位向量,且两两正交.

因为 $\boldsymbol{A}^{\mathrm{T}}\boldsymbol{A}=\boldsymbol{E}$ 与 $\boldsymbol{A}\boldsymbol{A}^{\mathrm{T}}=\boldsymbol{E}$ 等价,所以上述结论对 $\boldsymbol{A}$ 的行向量也成立,即方阵 $\boldsymbol{A}$ 为正交矩阵的充要条件是 $\boldsymbol{A}$ 的行向量都是单位向量,且两两正交.

由此可见,n 阶正交矩阵 $\boldsymbol{A}$ 的 n 个列(行)向量构成 $\mathbb{R}^n$ 的一个标准正交基.

定义 5.1.7 若 $\boldsymbol{P}$ 为正交矩阵,则变换 $\boldsymbol{y}=\boldsymbol{P}\boldsymbol{x}(\boldsymbol{x},\boldsymbol{y}\in\mathbb{R}^n)$ 称为**正交变换**.

设 $\boldsymbol{y}=\boldsymbol{P}\boldsymbol{x}$ 为正交变换,则有

$$|\boldsymbol{y}|=\sqrt{(\boldsymbol{y},\boldsymbol{y})}=\sqrt{\boldsymbol{y}^{\mathrm{T}}\boldsymbol{y}}=\sqrt{(\boldsymbol{P}\boldsymbol{x})^{\mathrm{T}}(\boldsymbol{P}\boldsymbol{x})}=\sqrt{\boldsymbol{x}^{\mathrm{T}}(\boldsymbol{P}^{\mathrm{T}}\boldsymbol{P})\boldsymbol{x}}=\sqrt{\boldsymbol{x}^{\mathrm{T}}\boldsymbol{x}}=\sqrt{(\boldsymbol{x},\boldsymbol{x})}=|\boldsymbol{x}|.$$

这说明正交变换保持向量的长度不变,这是正交变换的特性.

习题 5.1

1. 在 $\mathbb{R}^4$ 中,设向量 $\boldsymbol{\alpha}=\begin{pmatrix}-1\\2\\-2\\4\end{pmatrix}$,$\boldsymbol{\beta}=\begin{pmatrix}0\\-2\\2\\2\end{pmatrix}$,求 $|\boldsymbol{\alpha}|$,$|\boldsymbol{\beta}|$ 以及 $\boldsymbol{\alpha}$ 与 $\boldsymbol{\beta}$ 的夹角.

2. 设 $\boldsymbol{A},\boldsymbol{B}$ 是正交矩阵,证明:$\boldsymbol{AB}$ 也是正交矩阵.

3. 求一单位向量使它与已知向量 $\boldsymbol{\alpha}=\begin{pmatrix}1\\-4\\0\end{pmatrix}$,$\boldsymbol{\beta}=\begin{pmatrix}-1\\2\\2\end{pmatrix}$ 都正交.

4. 证明:如果向量 $\boldsymbol{\xi}$ 与向量组 $\boldsymbol{\alpha}_1,\boldsymbol{\alpha}_2,\cdots,\boldsymbol{\alpha}_s$ 中每一个向量都正交,那么 $\boldsymbol{\xi}$ 与 $\boldsymbol{\alpha}_1,\boldsymbol{\alpha}_2,\cdots,\boldsymbol{\alpha}_s$ 的任意线性组合也正交.

5. 将向量组$\boldsymbol{\alpha}_1=\begin{pmatrix}1\\1\\1\end{pmatrix},\boldsymbol{\alpha}_2=\begin{pmatrix}0\\1\\2\end{pmatrix},\boldsymbol{\alpha}_3=\begin{pmatrix}2\\0\\3\end{pmatrix}$标准正交化.

6. 设矩阵$\boldsymbol{A}=\begin{pmatrix}a & -\frac{3}{7} & \frac{2}{7}\\ b & c & d\\ -\frac{3}{7} & \frac{2}{7} & e\end{pmatrix}$是正交矩阵,求$a,b,c,d,e$的值.

5.2 矩阵的特征值与特征向量

矩阵的特征值和特征向量在工程技术领域中的震动问题和稳定性问题方面有着广泛的应用,数学领域中的矩阵对角化、微分方程组的解等问题也要用到特征值理论.

定义 5.2.1 设$\boldsymbol{A}$是n阶矩阵,如果数λ和n维非零向量$\boldsymbol{\alpha}$使关系式

$$\boldsymbol{A\alpha}=\lambda\boldsymbol{\alpha}$$

成立,则称λ为方阵$\boldsymbol{A}$的**特征值**,非零向量$\boldsymbol{\alpha}$称为$\boldsymbol{A}$的属于特征值λ的**特征向量**.

显然,属于特征值λ的特征向量$\boldsymbol{\alpha}$的非零倍数$k\boldsymbol{\alpha}$仍是属于λ的特征向量.事实上,把$\boldsymbol{\alpha}$看作列矩阵,有

$$\boldsymbol{A}(k\boldsymbol{\alpha})=k(\boldsymbol{A\alpha})=k(\lambda\boldsymbol{\alpha})=\lambda(k\boldsymbol{\alpha}).$$

这说明,属于同一特征值的特征向量不是唯一的.但是,一个特征向量只能属于一个特征值.事实上,若有

$$\boldsymbol{A\alpha}=\lambda\boldsymbol{\alpha},\quad \boldsymbol{A\alpha}=\mu\boldsymbol{\alpha},\quad \boldsymbol{\alpha}\neq\boldsymbol{0},$$

则有$\lambda\boldsymbol{\alpha}=\mu\boldsymbol{\alpha}$,即$(\lambda-\mu)\boldsymbol{\alpha}=\boldsymbol{0}$,由于$\boldsymbol{\alpha}\neq\boldsymbol{0}$,所以$\lambda-\mu=0$,即$\lambda=\mu$.

设$\boldsymbol{\alpha}_1,\boldsymbol{\alpha}_2,\cdots,\boldsymbol{\alpha}_r$都是$\boldsymbol{A}$的属于特征值$\lambda$的特征向量,且$k_1\boldsymbol{\alpha}_1+k_2\boldsymbol{\alpha}_2+\cdots+k_r\boldsymbol{\alpha}_r\neq\boldsymbol{0}$,则

$$\begin{aligned}\boldsymbol{A}(k_1\boldsymbol{\alpha}_1+k_2\boldsymbol{\alpha}_2+\cdots+k_r\boldsymbol{\alpha}_r)&=k_1(\boldsymbol{A\alpha}_1)+k_2(\boldsymbol{A\alpha}_2)+\cdots+k_r(\boldsymbol{A\alpha}_r)\\&=k_1(\lambda\boldsymbol{\alpha}_1)+k_2(\lambda\boldsymbol{\alpha}_2)+\cdots+k_r(\lambda\boldsymbol{\alpha}_r)\\&=\lambda(k_1\boldsymbol{\alpha}_1+k_2\boldsymbol{\alpha}_2+\cdots+k_r\boldsymbol{\alpha}_r).\end{aligned}$$

由此可见,$k_1\boldsymbol{\alpha}_1+k_2\boldsymbol{\alpha}_2+\cdots+k_r\boldsymbol{\alpha}_r$也是$\boldsymbol{A}$的属于特征值$\lambda$的特征向量.

下面讨论矩阵$\boldsymbol{A}=(a_{ij})_{n\times n}$的特征值与特征向量的求法.

设$\boldsymbol{A\alpha}=\lambda\boldsymbol{\alpha}\ (\boldsymbol{\alpha}\neq\boldsymbol{0})$,将$\boldsymbol{A\alpha}=\lambda\boldsymbol{\alpha}$改写成$(\lambda\boldsymbol{E}-\boldsymbol{A})\boldsymbol{\alpha}=0$,可知$\boldsymbol{\alpha}$是$n$个未知量$n$个方程的齐次线性方程组

$$(\lambda\boldsymbol{E}-\boldsymbol{A})\boldsymbol{x}=\boldsymbol{0}$$

的非零解,于是系数行列式$|\lambda\boldsymbol{E}-\boldsymbol{A}|=\boldsymbol{0}$,即

$$|\lambda\boldsymbol{E}-\boldsymbol{A}|=\begin{vmatrix}\lambda-a_{11} & -a_{12} & \cdots & -a_{1n}\\ -a_{21} & \lambda-a_{22} & \cdots & -a_{2n}\\ \vdots & \vdots & & \vdots\\ -a_{n1} & -a_{n2} & \cdots & \lambda-a_{nn}\end{vmatrix}=0.$$

反之，如果$|\lambda \boldsymbol{E}-\boldsymbol{A}|=0$，则齐次线性方程组

$$(\lambda \boldsymbol{E}-\boldsymbol{A})\boldsymbol{x}=\boldsymbol{0}$$

有非零解.设$\boldsymbol{\alpha}$是方程组的非零解，得$(\lambda \boldsymbol{E}-\boldsymbol{A})\boldsymbol{\alpha}=\boldsymbol{0}$，即$\boldsymbol{A}\boldsymbol{\alpha}=\lambda\boldsymbol{\alpha}\ (\boldsymbol{\alpha}\neq\boldsymbol{0})$，于是$\lambda$是方阵$\boldsymbol{A}$的特征值，非零向量$\boldsymbol{\alpha}$是$\boldsymbol{A}$的属于特征值$\lambda$的特征向量.

行列式$|\lambda \boldsymbol{E}-\boldsymbol{A}|$的展开式是一个关于$\lambda$的$n$次多项式，称为矩阵$\boldsymbol{A}$的**特征多项式**，记为$f(\lambda)$，而$|\lambda \boldsymbol{E}-\boldsymbol{A}|=0$是一个以$\lambda$为未知量的一元$n$次方程，称为矩阵$\boldsymbol{A}$的**特征方程**.显然$\boldsymbol{A}$的特征值就是特征方程的根，而一元$n$次方程在复数范围内有$n$个根(重根按重数计算)，因此$n$阶方阵在复数范围内有$n$个特征值.

由行列式的定义可知，$|\lambda \boldsymbol{E}-\boldsymbol{A}|$的展开式中，除了主对角线上元素的乘积

$$(\lambda-a_{11})(\lambda-a_{22})\cdots(\lambda-a_{nn})$$

这一项外，展开式的其余各项至多含有$n-2$个主对角线上的元素，于是

$$|\lambda \boldsymbol{E}-\boldsymbol{A}|=(\lambda-a_{11})(\lambda-a_{22})\cdots(\lambda-a_{nn})+h(\lambda),$$

其中$h(\lambda)$是一个次数至多为$n-2$的多项式，因此特征多项式中含λ的n次与$n-1$次的项只能在$(\lambda-a_{11})(\lambda-a_{22})\cdots(\lambda-a_{nn})$中出现，它们是

$$\lambda^n-(a_{11}+a_{22}+\cdots+a_{nn})\lambda^{n-1}.$$

在$f(\lambda)=|\lambda \boldsymbol{E}-\boldsymbol{A}|$中，令$\lambda=0$，得$f(0)=(-1)^n|\boldsymbol{A}|$，故$\boldsymbol{A}$的特征多项式可以写成

$$f(\lambda)=|\lambda \boldsymbol{E}-\boldsymbol{A}|=\lambda^n-(a_{11}+a_{22}+\cdots+a_{nn})\lambda^{n-1}+\cdots+(-1)^n|\boldsymbol{A}|. \quad (5.2.1)$$

设n阶矩阵$\boldsymbol{A}=(a_{ij})_{n\times n}$的特征值为$\lambda_1,\lambda_2,\cdots,\lambda_n$，于是

$$\begin{aligned}f(\lambda)=|\lambda \boldsymbol{E}-\boldsymbol{A}|&=(\lambda-\lambda_1)(\lambda-\lambda_2)\cdots(\lambda-\lambda_n)\\&=\lambda^n-(\lambda_1+\lambda_1+\cdots+\lambda_n)\lambda^{n-1}+\cdots+(-1)^n\lambda_1\lambda_2\cdots\lambda_n.\end{aligned} \quad (5.2.2)$$

比较(5.2.1)式与(5.2.2)式，可得

$$\lambda_1+\lambda_1+\cdots+\lambda_n=a_{11}+a_{22}+\cdots+a_{nn},\lambda_1\lambda_2\cdots\lambda_n=|\boldsymbol{A}|.$$

即矩阵$\boldsymbol{A}$的全部特征值之和等于$\boldsymbol{A}$的主对角线元素之和，$\boldsymbol{A}$的全部特征值之积等于$\boldsymbol{A}$的行列式.

利用这两个性质可以检验所求得的特征值是否正确.

$\boldsymbol{A}$的主对角线上元素之和称为矩阵$\boldsymbol{A}$的**迹**，记作$\mathrm{Tr}(\boldsymbol{A})$，即

$$\mathrm{Tr}(\boldsymbol{A})=a_{11}+a_{22}+\cdots+a_{nn}.$$

特征值与特征向量的计算步骤如下：

(1) 求出特征方程$|\lambda \boldsymbol{E}-\boldsymbol{A}|=0$的全部根$\lambda_1,\lambda_2,\cdots,\lambda_n$，这些根即为矩阵$\boldsymbol{A}$的全部特征值；

(2) 对每个特征值λ_i，求出齐次线性方程组

$$(\lambda_i \boldsymbol{E}-\boldsymbol{A})\boldsymbol{x}=\boldsymbol{0}$$

的一个基础解系$\boldsymbol{\alpha}_{i1},\boldsymbol{\alpha}_{i2},\cdots,\boldsymbol{\alpha}_{is_i}$，则$\boldsymbol{\alpha}_{i1},\boldsymbol{\alpha}_{i2},\cdots,\boldsymbol{\alpha}_{is_i}$就是$\boldsymbol{A}$的属于特征值$\lambda_i$的线性无关的特征向量，而$\boldsymbol{\alpha}_{i1},\boldsymbol{\alpha}_{i2},\cdots,\boldsymbol{\alpha}_{is_i}$的非零线性组合

$$\boldsymbol{\alpha}=k_1\boldsymbol{\alpha}_{i1}+k_2\boldsymbol{\alpha}_{i2}+\cdots+k_{s_i}\boldsymbol{\alpha}_{is_i},\quad k_1,k_2,\cdots,k_{s_i}\text{ 不全为零}$$

即为$\boldsymbol{A}$的属于特征值λ_i的全部特征向量.

例 5.2.1 求矩阵

$$\boldsymbol{A}=\begin{pmatrix}2&0&0\\0&3&-2\\0&-2&3\end{pmatrix}$$

的特征值与特征向量.

解 $\boldsymbol{A}$ 的特征多项式为

$$|\lambda \boldsymbol{E}-\boldsymbol{A}|=\begin{vmatrix}\lambda-2 & 0 & 0\\ 0 & \lambda-3 & 2\\ 0 & 2 & \lambda-3\end{vmatrix}=(\lambda-2)(\lambda-1)(\lambda-5),$$

所以 $\boldsymbol{A}$ 的特征值为 $\lambda_1=1,\lambda_2=2,\lambda_3=5$.

对于特征值 $\lambda_1=1$,解方程$(\boldsymbol{E}-\boldsymbol{A})\boldsymbol{x}=\boldsymbol{0}$,由

$$\boldsymbol{E}-\boldsymbol{A}=\begin{pmatrix}-1 & 0 & 0\\ 0 & -2 & 2\\ 0 & 2 & -2\end{pmatrix}\xrightarrow{\text{初等行变换}}\begin{pmatrix}1 & 0 & 0\\ 0 & 1 & -1\\ 0 & 0 & 0\end{pmatrix},$$

得基础解系

$$\boldsymbol{\alpha}_1=\begin{pmatrix}0\\1\\1\end{pmatrix},$$

所以属于特征值 1 的全部特征向量为 $k\boldsymbol{\alpha}_1$($k\neq0$ 为任意常数).

对于特征值 $\lambda_2=2$,解方程$(2\boldsymbol{E}-\boldsymbol{A})\boldsymbol{x}=\boldsymbol{0}$,由

$$2\boldsymbol{E}-\boldsymbol{A}=\begin{pmatrix}0 & 0 & 0\\ 0 & -1 & 2\\ 0 & 2 & -1\end{pmatrix}\xrightarrow{\text{初等行变换}}\begin{pmatrix}0 & 0 & 0\\ 0 & 1 & 0\\ 0 & 0 & 1\end{pmatrix},$$

得基础解系

$$\boldsymbol{\alpha}_2=\begin{pmatrix}1\\0\\0\end{pmatrix},$$

所以属于特征值 2 的全部特征向量为 $k\boldsymbol{\alpha}_2$($k\neq0$ 为任意常数).

对于特征值 $\lambda_3=5$,解方程$(5\boldsymbol{E}-\boldsymbol{A})\boldsymbol{x}=\boldsymbol{0}$,由

$$5\boldsymbol{E}-\boldsymbol{A}=\begin{pmatrix}3 & 0 & 0\\ 0 & 2 & 2\\ 0 & 2 & 2\end{pmatrix}\xrightarrow{\text{初等行变换}}\begin{pmatrix}1 & 0 & 0\\ 0 & 1 & 1\\ 0 & 0 & 0\end{pmatrix},$$

得基础解系

$$\boldsymbol{\alpha}_3=\begin{pmatrix}0\\1\\-1\end{pmatrix},$$

所以属于特征值 5 的全部特征向量为 $k\boldsymbol{\alpha}_3$($k\neq0$ 为任意常数).

例 5.2.2 求矩阵

$$\boldsymbol{A}=\begin{pmatrix}-1 & 1 & 0\\ -4 & 3 & 0\\ 1 & 0 & 2\end{pmatrix}$$

的特征值和特征向量.

解 $\boldsymbol{A}$ 的特征多项式为

$$|\lambda \boldsymbol{E}-\boldsymbol{A}|=\begin{vmatrix}\lambda+1 & -1 & 0\\ 4 & \lambda-3 & 0\\ -1 & 0 & \lambda-2\end{vmatrix}=(\lambda-1)^2(\lambda-2),$$

所以 $\boldsymbol{A}$ 的特征值是 $\lambda_1=\lambda_2=1,\lambda_3=2$.

对于 $\lambda_1=\lambda_2=1$,解方程 $(\boldsymbol{E}-\boldsymbol{A})\boldsymbol{x}=\boldsymbol{0}$,得基础解系

$$\boldsymbol{\alpha}_1=\begin{pmatrix}1\\2\\-1\end{pmatrix},$$

因此属于特征值 1 的全部特征向量为 $k\boldsymbol{\alpha}_1$($k\neq0$ 为任意常数).

对于 $\lambda_1=2$,解方程 $(2\boldsymbol{E}-\boldsymbol{A})\boldsymbol{x}=\boldsymbol{0}$,得基础解系

$$\boldsymbol{\alpha}_2=\begin{pmatrix}0\\0\\1\end{pmatrix},$$

因此属于特征值 2 的全部特征向量为 $k\boldsymbol{\alpha}_2$($k\neq0$ 为任意常数).

例 5.2.3 求矩阵

$$\boldsymbol{A}=\begin{pmatrix}3 & 2 & -1\\ -2 & -2 & 2\\ 3 & 6 & -1\end{pmatrix}$$

的特征值与特征向量.

解 $\boldsymbol{A}$ 的特征多项式为

$$|\lambda \boldsymbol{E}-\boldsymbol{A}|=\begin{vmatrix}\lambda-3 & -2 & 1\\ 2 & \lambda+2 & -2\\ -3 & -6 & \lambda+1\end{vmatrix}=(\lambda+4)(\lambda-2)^2,$$

所以 $\boldsymbol{A}$ 的特征值为 $\lambda_1=-4,\lambda_2=\lambda_3=2$.

对于特征值 $\lambda_1=-4$,解方程 $(-4\boldsymbol{E}-\boldsymbol{A})\boldsymbol{x}=\boldsymbol{0}$,得基础解系

$$\boldsymbol{\alpha}_1=\begin{pmatrix}1\\-2\\3\end{pmatrix},$$

所以属于特征值 -4 的全部特征向量为 $k\boldsymbol{\alpha}_1$($k\neq0$ 为任意常数).

对于特征值 $\lambda_2=\lambda_3=2$,解方程 $(2\boldsymbol{E}-\boldsymbol{A})\boldsymbol{x}=\boldsymbol{0}$,得基础解系

$$\boldsymbol{\alpha}_2=\begin{pmatrix}-2\\1\\0\end{pmatrix},\boldsymbol{\alpha}_3=\begin{pmatrix}1\\0\\1\end{pmatrix},$$

所以属于特征值 2 的全部特征向量为 $k_1\boldsymbol{\alpha}_2+k_2\boldsymbol{\alpha}_3$($k_1,k_2$ 为不全为零的任意常数).

例 5.2.4 设 λ 是方阵 $\boldsymbol{A}$ 的特征值,证明:

(1) λ^k 是 $\boldsymbol{A}^k$ 的特征值(k 是任意正整数);

(2) 当 $\boldsymbol{A}$ 可逆时,$\dfrac{1}{\lambda}$是 $\boldsymbol{A}^{-1}$的特征值;

(3) 设 $\varphi(\lambda)=a_0+a_1\lambda+\cdots+a_m\lambda^m$ 是 λ 的多项式,$\varphi(\boldsymbol{A})=a_0\boldsymbol{E}+a_1\boldsymbol{A}+\cdots+a_m\boldsymbol{A}^m$ 是方阵

$\boldsymbol{A}$ 的多项式,则$\varphi(\lambda)$是 $\varphi(\boldsymbol{A})$的特征值.

证明 (1) 因 λ 是 $\boldsymbol{A}$ 的特征值,所以有非零向量$\boldsymbol{\alpha}$ 使 $\boldsymbol{A\alpha}=\lambda\boldsymbol{\alpha}$. 于是

$$\boldsymbol{A}^2\boldsymbol{\alpha}=\boldsymbol{A}(\boldsymbol{A\alpha})=\boldsymbol{A}(\lambda\boldsymbol{\alpha})=\lambda(\boldsymbol{A\alpha})=\lambda^2\boldsymbol{\alpha},$$

故 λ^2 是 $\boldsymbol{A}^2$ 的特征值. 以此类推可得 λ^k 是 $\boldsymbol{A}^k$ 的特征值.

(2) 因 $\boldsymbol{A}$ 可逆,知 $\lambda\neq0$. 由 $\boldsymbol{A\alpha}=\lambda\boldsymbol{\alpha}$,得

$$\boldsymbol{\alpha}=\boldsymbol{A}^{-1}(\lambda\boldsymbol{\alpha})=\lambda(\boldsymbol{A}^{-1}\boldsymbol{\alpha}),$$

于是 $\boldsymbol{A}^{-1}\boldsymbol{\alpha}=\dfrac{1}{\lambda}\boldsymbol{\alpha}$,故$\dfrac{1}{\lambda}$是 $\boldsymbol{A}^{-1}$ 的特征值.

(3) $$\begin{aligned}\varphi(\boldsymbol{A})\boldsymbol{\alpha}&=(a_0\boldsymbol{E}+a_1\boldsymbol{A}+\cdots+a_m\boldsymbol{A}^m)\boldsymbol{\alpha}=a_0(\boldsymbol{E\alpha})+a_1(\boldsymbol{A\alpha})+\cdots+a_m(\boldsymbol{A}^m\boldsymbol{\alpha})\\&=a_0\boldsymbol{\alpha}+a_1(\lambda\boldsymbol{\alpha})+\cdots+a_m(\lambda^m\boldsymbol{\alpha})\\&=(a_0+a_1\lambda+\cdots+a_m\lambda^m)\boldsymbol{\alpha}=\varphi(\lambda)\boldsymbol{\alpha},\end{aligned}$$

故 $\varphi(\lambda)$是 $\varphi(\boldsymbol{A})$的特征值.

例 5.2.5 已知三阶矩阵 $\boldsymbol{A}$ 的特征值是 1,2,3,求$|\boldsymbol{A}^3-2\boldsymbol{A}^2+3\boldsymbol{A}|$.

解 记 $\varphi(\boldsymbol{A})=\boldsymbol{A}^3-2\boldsymbol{A}^2+3\boldsymbol{A}$,则 $\varphi(\lambda)=\lambda^3-2\lambda^2+3\lambda$,因 $\boldsymbol{A}$ 的特征值是 1,2,3,所以 $\varphi(\boldsymbol{A})$的特征值是 $\varphi(1)=2,\varphi(2)=6,\varphi(3)=18$,于是

$$|\boldsymbol{A}^3-2\boldsymbol{A}^2+3\boldsymbol{A}|=\varphi(1)\varphi(2)\varphi(3)=2\times6\times18=216.$$

下面给出特征向量的一个重要性质.

定理 5.2.1 设 $\lambda_1,\lambda_2,\cdots,\lambda_m$ 是方阵 $\boldsymbol{A}$ 的不同特征值,$\boldsymbol{\alpha}_1,\boldsymbol{\alpha}_2,\cdots,\boldsymbol{\alpha}_m$ 是依次与之对应的特征向量,则$\boldsymbol{\alpha}_1,\boldsymbol{\alpha}_2,\cdots,\boldsymbol{\alpha}_m$ 线性无关.

证明 设 $k_1\boldsymbol{\alpha}_1+k_2\boldsymbol{\alpha}_2+\cdots+k_m\boldsymbol{\alpha}_m=\boldsymbol{0}$,用 $\boldsymbol{A}$ 左乘得 $\boldsymbol{A}(k_1\boldsymbol{\alpha}_1+k_2\boldsymbol{\alpha}_2+\cdots+k_m\boldsymbol{\alpha}_m)=\boldsymbol{0}$,即

$$k_1(\boldsymbol{A\alpha}_1)+k_2(\boldsymbol{A\alpha}_2)+\cdots+k_m(\boldsymbol{A\alpha}_m)=\boldsymbol{0},$$

亦即

$$\lambda_1(k_1\boldsymbol{\alpha}_1)+\lambda_2(k_2\boldsymbol{\alpha}_2)+\cdots+\lambda_m(k_m\boldsymbol{\alpha}_m)=\boldsymbol{0},$$

再用 $\boldsymbol{A}$ 左乘上式,可得

$$\lambda_1^2(k_1\boldsymbol{\alpha}_1)+\lambda_2^2(k_2\boldsymbol{\alpha}_2)+\cdots+\lambda_m^2(k_m\boldsymbol{\alpha}_m)=\boldsymbol{0}.$$

如此继续,可得

$$\begin{cases}k_1\boldsymbol{\alpha}_1+k_2\boldsymbol{\alpha}_2+\cdots+k_m\boldsymbol{\alpha}_m=\boldsymbol{0},\\\lambda_1(k_1\boldsymbol{\alpha}_1)+\lambda_2(k_2\boldsymbol{\alpha}_2)+\cdots+\lambda_m(k_m\boldsymbol{\alpha}_m)=\boldsymbol{0},\\\lambda_1^2(k_1\boldsymbol{\alpha}_1)+\lambda_2^2(k_2\boldsymbol{\alpha}_2)+\cdots+\lambda_m^2(k_m\boldsymbol{\alpha}_m)=\boldsymbol{0},\\\qquad\vdots\\\lambda_1^{m-1}(k_1\boldsymbol{\alpha}_1)+\lambda_2^{m-1}(k_2\boldsymbol{\alpha}_2)+\cdots+\lambda_m^{m-1}(k_m\boldsymbol{\alpha}_m)=\boldsymbol{0}.\end{cases}$$

写成矩阵形式为

$$(k_1\boldsymbol{\alpha}_1,k_2\boldsymbol{\alpha}_2,\cdots,k_m\boldsymbol{\alpha}_m)\begin{pmatrix}1&\lambda_1&\cdots&\lambda_1^{m-1}\\1&\lambda_2&\cdots&\lambda_2^{m-1}\\\vdots&\vdots&&\vdots\\1&\lambda_m&\cdots&\lambda_m^{m-1}\end{pmatrix}=(\boldsymbol{0},\boldsymbol{0},\cdots,\boldsymbol{0}).$$

上式左端第二个矩阵的行列式是范德蒙德行列式,因为 $\lambda_1,\lambda_2,\cdots,\lambda_m$ 互不相同,所以该行列式不等于零,从而该矩阵可逆,于是有

$$(k_1\boldsymbol{\alpha}_1,k_2\boldsymbol{\alpha}_2,\cdots,k_m\boldsymbol{\alpha}_m)=(\boldsymbol{0},\boldsymbol{0},\cdots,\boldsymbol{0}),$$

即 $k_i\boldsymbol{\alpha}_i=\mathbf{0}(i=1,2,\cdots,m)$，因$\boldsymbol{\alpha}_i\neq\mathbf{0}$，所以 $k_i=0(i=1,2,\cdots,m)$，故$\boldsymbol{\alpha}_1,\boldsymbol{\alpha}_2,\cdots,\boldsymbol{\alpha}_m$ 线性无关.

定理5.2.1说明：属于不同特征值的特征向量线性无关.

下面给出定理5.2.1的一个推广.

推论 设$\lambda_1,\lambda_2,\cdots,\lambda_t$是方阵$\boldsymbol{A}$的不同特征值，$\boldsymbol{\alpha}_{i1},\boldsymbol{\alpha}_{i2},\cdots,\boldsymbol{\alpha}_{is_i}$是属于$\lambda_i$的线性无关的特征向量，$i=1,2,\cdots,t$，则$\boldsymbol{\alpha}_{11},\boldsymbol{\alpha}_{12},\cdots,\boldsymbol{\alpha}_{1s_1},\cdots,\boldsymbol{\alpha}_{t1},\boldsymbol{\alpha}_{t2},\cdots,\boldsymbol{\alpha}_{ts_t}$线性无关.

习题5.2

1. 求下列矩阵的特征值与特征向量：

(1) $\begin{pmatrix}3&1&1\\-2&0&-1\\-6&-3&-2\end{pmatrix}$； (2) $\begin{pmatrix}-1&1&0\\-4&3&0\\1&0&2\end{pmatrix}$； (3) $\begin{pmatrix}1&-1&2\\-1&1&2\\0&0&2\end{pmatrix}$.

2. 设$\boldsymbol{A}$是n阶矩阵.证明：$\boldsymbol{A}^{\mathrm{T}}$与$\boldsymbol{A}$的特征值相同.

3. 设λ_1,λ_2是方阵$\boldsymbol{A}$的不同特征值，$\boldsymbol{\alpha}_1,\boldsymbol{\alpha}_2$是分别属于$\lambda_1,\lambda_2$的特征向量.证明：$\boldsymbol{\alpha}_1+\boldsymbol{\alpha}_2$不是$\boldsymbol{A}$的特征向量.

4. 证明：幂等矩阵$\boldsymbol{A}(\boldsymbol{A}^2=\boldsymbol{A})$的特征值只能是0或1.

5. 证明：幂零矩阵$\boldsymbol{A}(\boldsymbol{A}^k=\boldsymbol{O},k$为正整数)的特征值只能是零.

6. 已知3阶矩阵$\boldsymbol{A}$的特征值为$1,2,-3$，求$|\boldsymbol{A}^*+3\boldsymbol{A}+2\boldsymbol{E}|$.

7. 已知$\boldsymbol{\alpha}=\begin{pmatrix}1\\1\\-1\end{pmatrix}$是矩阵$\boldsymbol{A}=\begin{pmatrix}2&-1&2\\5&a&3\\-1&b&-2\end{pmatrix}$的一个特征向量，求$a,b$以及$\boldsymbol{\alpha}$所对应的特征值.

8. 设λ是n阶可逆矩阵$\boldsymbol{A}$的一个特征值，证明：$\dfrac{|\boldsymbol{A}|}{\lambda}$是$\boldsymbol{A}^*$的特征值，其中$\boldsymbol{A}^*$是$\boldsymbol{A}$的伴随矩阵.

5.3 矩阵的相似对角化

5.3.1 相似矩阵

定义5.3.1 设$\boldsymbol{A},\boldsymbol{B}$是$n$阶矩阵，若有$n$阶可逆矩阵$\boldsymbol{P}$，使

$$\boldsymbol{P}^{-1}\boldsymbol{A}\boldsymbol{P}=\boldsymbol{B},$$

则称$\boldsymbol{B}$是$\boldsymbol{A}$的**相似矩阵**，或说矩阵$\boldsymbol{A}$与$\boldsymbol{B}$**相似**，记为$\boldsymbol{A}\sim\boldsymbol{B}$.

相似作为矩阵间的关系，具有以下基本性质：

(1) 反身性 $\boldsymbol{A}\sim\boldsymbol{A}$；

(2) 对称性 若$\boldsymbol{A}\sim\boldsymbol{B}$，则$\boldsymbol{B}\sim\boldsymbol{A}$；

(3) 传递性 若$\boldsymbol{A}\sim\boldsymbol{B},\boldsymbol{B}\sim\boldsymbol{C}$，则$\boldsymbol{A}\sim\boldsymbol{C}$.

定理 5.3.1 若 n 阶矩阵 $\boldsymbol{A}$ 与 $\boldsymbol{B}$ 相似，则 $\boldsymbol{A}$ 与 $\boldsymbol{B}$ 的特征多项式相同，从而 $\boldsymbol{A}$ 与 $\boldsymbol{B}$ 有相同的特征值.

证明 因 $\boldsymbol{A}$ 与 $\boldsymbol{B}$ 相似，则有可逆矩阵 $\boldsymbol{P}$，使 $\boldsymbol{P}^{-1}\boldsymbol{AP}=\boldsymbol{B}$，于是

$$
\begin{aligned}
|\lambda\boldsymbol{E}-\boldsymbol{B}| &= |\boldsymbol{P}^{-1}(\lambda\boldsymbol{E})\boldsymbol{P}-\boldsymbol{P}^{-1}\boldsymbol{AP}| = |\boldsymbol{P}^{-1}(\lambda\boldsymbol{E}-\boldsymbol{A})\boldsymbol{P}| \\
&= |\boldsymbol{P}^{-1}||\lambda\boldsymbol{E}-\boldsymbol{A}||\boldsymbol{P}| = |\lambda\boldsymbol{E}-\boldsymbol{A}|.
\end{aligned}
$$

注 定理的逆不成立，例如取

$$
\boldsymbol{A}=\begin{pmatrix}1 & 1\\ 0 & 1\end{pmatrix},\quad \boldsymbol{B}=\begin{pmatrix}1 & 0\\ 0 & 1\end{pmatrix},
$$

则有

$$
|\lambda\boldsymbol{E}-\boldsymbol{A}|=(\lambda-1)^2=|\lambda\boldsymbol{E}-\boldsymbol{B}|,
$$

即 $\boldsymbol{A}$ 与 $\boldsymbol{B}$ 有相同的特征多项式，但 $\boldsymbol{A}$ 与 $\boldsymbol{B}$ 不相似，因为 $\boldsymbol{B}$ 是单位矩阵，与单位矩阵相似的矩阵只能是单位矩阵.

相似矩阵还有以下性质：

(1) 若 $\boldsymbol{A}$ 与 $\boldsymbol{B}$ 相似，则 $|\boldsymbol{A}|=|\boldsymbol{B}|$；

(2) 若 $\boldsymbol{A}$ 与 $\boldsymbol{B}$ 相似，则 $\boldsymbol{A}^k$ 与 $\boldsymbol{B}^k$ 相似（k 为正整数）；

(3) 若 $\boldsymbol{A}$ 与 $\boldsymbol{B}$ 相似，且 $\boldsymbol{A}$ 与 $\boldsymbol{B}$ 均可逆，则 $\boldsymbol{A}^{-1}$ 与 $\boldsymbol{B}^{-1}$ 相似；

(4) 若 $\boldsymbol{A}$ 与 $\boldsymbol{B}$ 相似，$\varphi(A)$，$\varphi(\boldsymbol{B})$ 分别是 $\boldsymbol{A}$，$\boldsymbol{B}$ 的多项式，则 $\varphi(\boldsymbol{A})$ 与 $\varphi(\boldsymbol{B})$ 相似.

事实上，若 $\boldsymbol{A}$ 与 $\boldsymbol{B}$ 相似，由 $\boldsymbol{P}^{-1}\boldsymbol{AP}=\boldsymbol{B}$，有

$$
|\boldsymbol{B}|=|\boldsymbol{P}^{-1}\boldsymbol{AP}|=|\boldsymbol{P}^{-1}||\boldsymbol{A}||\boldsymbol{P}|=|\boldsymbol{A}|.
$$

又由 $\boldsymbol{P}^{-1}\boldsymbol{AP}=\boldsymbol{B}$，有

$$
\begin{aligned}
\boldsymbol{B}^k &= (\boldsymbol{P}^{-1}\boldsymbol{AP})^k = (\boldsymbol{P}^{-1}\boldsymbol{AP})(\boldsymbol{P}^{-1}\boldsymbol{AP})\cdots(\boldsymbol{P}^{-1}\boldsymbol{AP}) \\
&= \boldsymbol{P}^{-1}\boldsymbol{A}(\boldsymbol{PP}^{-1})\boldsymbol{A}(\boldsymbol{P}\cdots\boldsymbol{P}^{-1})\boldsymbol{AP} = \boldsymbol{P}^{-1}\boldsymbol{A}^k\boldsymbol{P},
\end{aligned}
$$

所以 $\boldsymbol{A}^k$ 与 $\boldsymbol{B}^k$ 相似.

当 $\boldsymbol{A}$ 与 $\boldsymbol{B}$ 可逆时，有

$$
\boldsymbol{B}^{-1}=(\boldsymbol{P}^{-1}\boldsymbol{AP})^{-1}=\boldsymbol{P}^{-1}\boldsymbol{A}^{-1}\boldsymbol{P},
$$

所以 $\boldsymbol{A}^{-1}$ 与 $\boldsymbol{B}^{-1}$ 相似.

$$
\begin{aligned}
\varphi(\boldsymbol{B}) &= a_0\boldsymbol{E}+a_1\boldsymbol{B}+\cdots+a_m\boldsymbol{B}^m \\
&= a_0(\boldsymbol{P}^{-1}\boldsymbol{EP})+a_1(\boldsymbol{P}^{-1}\boldsymbol{AP})+\cdots+a_m(\boldsymbol{P}^{-1}\boldsymbol{AP})^m \\
&= a_0(\boldsymbol{P}^{-1}\boldsymbol{EP})+a_1(\boldsymbol{P}^{-1}\boldsymbol{AP})+\cdots+a_m(\boldsymbol{P}^{-1}\boldsymbol{A}^m\boldsymbol{P}) \\
&= \boldsymbol{P}^{-1}(a_0\boldsymbol{E}+a_1\boldsymbol{A}+\cdots+a_m\boldsymbol{A}^m)\boldsymbol{P} \\
&= \boldsymbol{P}^{-1}\varphi(\boldsymbol{A})\boldsymbol{P},
\end{aligned}
$$

所以 $\varphi(\boldsymbol{A})$ 与 $\varphi(\boldsymbol{B})$ 相似.

5.3.2 矩阵的相似对角化

定义 5.3.2 对 n 阶矩阵 $\boldsymbol{A}$，若有可逆矩阵 $\boldsymbol{P}$，使 $\boldsymbol{P}^{-1}\boldsymbol{AP}=\boldsymbol{\Lambda}$ 为对角阵，则称矩阵 $\boldsymbol{A}$ **可对角化**.

即若 $\boldsymbol{A}$ 与对角矩阵相似，则 $\boldsymbol{A}$ 可对角化. 下面我们讨论矩阵可对角化的条件.

假设 $\boldsymbol{A}$ 可对角化，即有可逆矩阵 $\boldsymbol{P}$ 使

$$P^{-1}AP=\Lambda=\begin{pmatrix}\lambda_1&&&\\&\lambda_2&&\\&&\ddots&\\&&&\lambda_n\end{pmatrix}.$$

设 $\boldsymbol{P}=(\boldsymbol{p}_1,\boldsymbol{p}_2,\cdots,\boldsymbol{p}_n)$，其中 $\boldsymbol{p}_1,\boldsymbol{p}_2,\cdots,\boldsymbol{p}_n$ 为 $\boldsymbol{A}$ 的列向量，则

$$\boldsymbol{A}(\boldsymbol{p}_1,\boldsymbol{p}_2,\cdots,\boldsymbol{p}_n)=(\boldsymbol{p}_1,\boldsymbol{p}_2,\cdots,\boldsymbol{p}_n)\begin{pmatrix}\lambda_1&&&\\&\lambda_2&&\\&&\ddots&\\&&&\lambda_n\end{pmatrix}$$

$$=(\lambda_1\boldsymbol{p}_1,\lambda_2\boldsymbol{p}_2,\cdots,\lambda_n\boldsymbol{p}_n),$$

于是有

$$\boldsymbol{A}\boldsymbol{p}_i=\lambda_i\boldsymbol{p}_i,\quad i=1,2\cdots,n.$$

因 $\boldsymbol{P}$ 可逆，所以 $\boldsymbol{p}_i\neq\boldsymbol{0}(i=1,2\cdots,n)$，从而 $\lambda_1,\lambda_2,\cdots,\lambda_n$ 是 $\boldsymbol{A}$ 的特征值，而 $\boldsymbol{p}_1,\boldsymbol{p}_2,\cdots,\boldsymbol{p}_n$ 是分别属于 $\lambda_1,\lambda_2,\cdots,\lambda_n$ 的线性无关的特征向量.

结论1 如果 n 阶矩阵 $\boldsymbol{A}$ 可对角化，则 $\boldsymbol{A}$ 有 n 个线性无关的特征向量.

假设 n 阶矩阵 $\boldsymbol{A}$ 有 n 个线性无关的特征向量 $\boldsymbol{p}_1,\boldsymbol{p}_2,\cdots,\boldsymbol{p}_n$，即有

$$\boldsymbol{A}\boldsymbol{p}_i=\lambda_i\boldsymbol{p}_i,\quad i=1,2\cdots,n.$$

令 $\boldsymbol{P}=(\boldsymbol{p}_1,\boldsymbol{p}_2,\cdots,\boldsymbol{p}_n)$，则 $\boldsymbol{P}$ 可逆，且

$$\boldsymbol{AP}=(\boldsymbol{A}\boldsymbol{p}_1,\boldsymbol{A}\boldsymbol{p}_2,\cdots,\boldsymbol{A}\boldsymbol{p}_n)=(\lambda_1\boldsymbol{p}_1,\lambda_2\boldsymbol{p}_2,\cdots,\lambda_n\boldsymbol{p}_n)$$

$$=(\boldsymbol{p}_1,\boldsymbol{p}_2,\cdots,\boldsymbol{p}_n)\begin{pmatrix}\lambda_1&&&\\&\lambda_2&&\\&&\ddots&\\&&&\lambda_n\end{pmatrix}=\boldsymbol{P\Lambda},$$

所以 $\boldsymbol{P}^{-1}\boldsymbol{AP}=\boldsymbol{\Lambda}$ 为对角阵，故 $\boldsymbol{A}$ 可对角化.

结论2 如果 n 阶矩阵 $\boldsymbol{A}$ 有 n 个线性无关的特征向量，则 $\boldsymbol{A}$ 可对角化.

于是得到矩阵可对角化的一个充要条件.

定理5.3.2 n 阶矩阵 $\boldsymbol{A}$ 可对角化的充要条件是 $\boldsymbol{A}$ 有 n 个线性无关的特征向量.

由于属于不同特征值的特征向量是线性无关的，所以可得如下推论.

推论 如果 n 阶矩阵 $\boldsymbol{A}$ 有 n 个不同的特征值，则 $\boldsymbol{A}$ 可对角化.

注 如果矩阵 $\boldsymbol{A}$ 的特征多项式有重根，此时 $\boldsymbol{A}$ 不一定有 n 个线性无关的特征向量，从而矩阵 $\boldsymbol{A}$ 不一定可对角化. 但如果能找到 n 个线性无关的特征向量，$\boldsymbol{A}$ 还是能对角化.

定理5.3.3 对于 n 阶矩阵 $\boldsymbol{A}$ 的每个特征值 λ，如果都有 $\mathrm{R}(\lambda\boldsymbol{E}-\boldsymbol{A})=n-s$，这里 s 是 λ 的重数，则 $\boldsymbol{A}$ 可对角化.

证明 设 $\lambda_1,\lambda_2,\cdots,\lambda_t$ 是 $\boldsymbol{A}$ 的全部不同特征值，其重数分别是 $r_1,r_2,\cdots,r_t$，$r_1+r_2+\cdots+r_t=n$，于是对于每个特征值 $\lambda_i(i=1,2\cdots,t)$，因 $\mathrm{R}(\lambda_i\boldsymbol{E}-\boldsymbol{A})=n-r_i$，则方程 $(\lambda_i\boldsymbol{E}-\boldsymbol{A})\boldsymbol{x}=\boldsymbol{0}$ 的基础解系含有 $n-\mathrm{R}(\lambda_i\boldsymbol{E}-\boldsymbol{A})=r_i$ 个向量，即对应于 λ_i 有 r_i 个线性无关的特征向量. 于是 $\boldsymbol{A}$ 有 $r_1+r_2+\cdots+r_t=n$ 个线性无关的特征向量，故 $\boldsymbol{A}$ 可对角化.

现在考虑对角化的计算问题，其步骤如下：

(1) 先计算 $\boldsymbol{A}$ 的特征多项式 $|\lambda\boldsymbol{E}-\boldsymbol{A}|$，求出矩阵 $\boldsymbol{A}$ 的全部特征值.

(2) 对于每一特征值 λ，求出齐次线性方程组

$$(\lambda\boldsymbol{E}-\boldsymbol{A})\boldsymbol{x}=\boldsymbol{0}$$

的一个基础解系.

(3) 如果对于每一特征值 λ 来说，相应的齐次线性方程组的基础解系所含解向量的个数等于 λ 的重数，那么 $\boldsymbol{A}$ 可以对角化. 以这些解向量为列，作一个 n 阶矩阵 $\boldsymbol{P}$，则 $\boldsymbol{P}$ 可逆，且 $\boldsymbol{P}^{-1}\boldsymbol{AP}$ 是对角形矩阵. 对角形矩阵主对角线上元素就是 $\boldsymbol{A}$ 的所有特征值.

由上面讨论可知，如果矩阵 $\boldsymbol{A}$ 可以对角化，即

$$\boldsymbol{P}^{-1}\boldsymbol{AP}=\boldsymbol{\Lambda}=\begin{pmatrix}\lambda_1 & & & \\ & \lambda_2 & & \\ & & \ddots & \\ & & & \lambda_n\end{pmatrix},$$

则对角矩阵 $\boldsymbol{\Lambda}$ 的主对角线上的元素就是 $\boldsymbol{A}$ 的特征值，而可逆阵 $\boldsymbol{P}$ 的列向量就是由相应的特征向量所组成. 但 $\boldsymbol{P}$ 中列向量的排列顺序要与对角矩阵 $\boldsymbol{\Lambda}$ 主对角线上的元素 $\lambda_1,\lambda_2,\cdots,\lambda_n$ 的排列顺序一致.

例 5.3.1 判断下列矩阵能否对角化，如果可以对角化，求可逆矩阵 $\boldsymbol{P}$，使 $\boldsymbol{P}^{-1}\boldsymbol{AP}$ 为对角矩阵.

(1) $\boldsymbol{A}=\begin{pmatrix}-2 & 1 & -2\\ -5 & 3 & -3\\ 1 & 0 & 2\end{pmatrix}$； (2) $\boldsymbol{A}=\begin{pmatrix}1 & -2 & 2\\ -2 & -2 & 4\\ 2 & 4 & -2\end{pmatrix}$.

解 (1) $\boldsymbol{A}$ 的特征多项式为

$$|\lambda\boldsymbol{E}-\boldsymbol{A}|=\begin{vmatrix}\lambda+2 & -1 & 2\\ 5 & \lambda-3 & 3\\ -1 & 0 & \lambda-2\end{vmatrix}=(\lambda-1)^3,$$

得 $\boldsymbol{A}$ 的特征值 $\lambda_1=\lambda_2=\lambda_3=1$.

对于特征值 $\lambda_1=\lambda_2=\lambda_3=1$，解方程组 $(\boldsymbol{E}-\boldsymbol{A})\boldsymbol{x}=\boldsymbol{0}$，得属于特征值 1 的一个线性无关的特征向量 $\boldsymbol{p}=\begin{pmatrix}1\\ 1\\ -1\end{pmatrix}$.

因 $\boldsymbol{A}$ 没有 3 个线性无关的特征向量，故 $\boldsymbol{A}$ 不能对角化.

(2) $\boldsymbol{A}$ 的特征多项式

$$|\lambda\boldsymbol{E}-\boldsymbol{A}|=\begin{vmatrix}\lambda-1 & 2 & -2\\ 2 & \lambda+2 & -4\\ -2 & -4 & \lambda+2\end{vmatrix}=(\lambda-2)^2(\lambda+7),$$

得 $\boldsymbol{A}$ 的特征值 $\lambda_1=\lambda_2=2,\lambda_3=-7$.

对于特征值 $\lambda_1=\lambda_2=2$，解方程组 $(2\boldsymbol{E}-\boldsymbol{A})\boldsymbol{x}=\boldsymbol{0}$，得属于特征值 2 的两个线性无关的特征向量 $\boldsymbol{p}_1=\begin{pmatrix}2\\ 0\\ 1\end{pmatrix},\boldsymbol{p}_2=\begin{pmatrix}0\\ 1\\ 1\end{pmatrix}$；

对于特征值$\lambda_1=-7$,解方程组$(-7\boldsymbol{E}-\boldsymbol{A})\boldsymbol{x}=\boldsymbol{0}$,得属于特征值$-7$的一个线性无关的特征向量$\boldsymbol{p}_3=\begin{pmatrix}1\\2\\-2\end{pmatrix}$.

由定理5.2.1的推论知,$\boldsymbol{p}_1,\boldsymbol{p}_2,\boldsymbol{p}_3$是$\boldsymbol{A}$的3个线性无关的特征向量,故$\boldsymbol{A}$可对角化.令

$$\boldsymbol{P}=\begin{pmatrix}2&0&1\\0&1&2\\1&1&-2\end{pmatrix},$$

则

$$\boldsymbol{P}^{-1}\boldsymbol{A}\boldsymbol{P}=\begin{pmatrix}2&&\\&2&\\&&-7\end{pmatrix}.$$

5.3.3 实对称矩阵的对角化

一个n阶矩阵具备什么条件才能对角化?这是一个较复杂的数学问题.下面我们只对实对称矩阵进行讨论.

定理5.3.4 实对称矩阵的特征值是实数.

证明 设λ是实对称矩阵$\boldsymbol{A}$的特征值,非零向量$\boldsymbol{\alpha}$是相应的特征向量,即

$$\boldsymbol{A\alpha}=\lambda\boldsymbol{\alpha},\quad \boldsymbol{\alpha}\neq\boldsymbol{0}.$$

用$\bar{\lambda}$表示λ的共轭复数,$\bar{\boldsymbol{\alpha}}$表示$\boldsymbol{\alpha}$的共轭复向量.因$\boldsymbol{A}$为实对称矩阵,所以$\bar{\boldsymbol{A}}=\boldsymbol{A}$,故

$$\boldsymbol{A}\bar{\boldsymbol{\alpha}}=\bar{\boldsymbol{A}}\bar{\boldsymbol{\alpha}}=\overline{\boldsymbol{A\alpha}}=\overline{\lambda\boldsymbol{\alpha}}=\bar{\lambda}\bar{\boldsymbol{\alpha}},$$

则有

$$\bar{\boldsymbol{\alpha}}^{\mathrm{T}}\boldsymbol{A\alpha}=\bar{\boldsymbol{\alpha}}^{\mathrm{T}}(\boldsymbol{A\alpha})=\bar{\boldsymbol{\alpha}}^{\mathrm{T}}\lambda\boldsymbol{\alpha}=\lambda(\bar{\boldsymbol{\alpha}}^{\mathrm{T}}\boldsymbol{\alpha}),$$

又有

$$\bar{\boldsymbol{\alpha}}^{\mathrm{T}}\boldsymbol{A\alpha}=(\bar{\boldsymbol{\alpha}}^{\mathrm{T}}\boldsymbol{A})\boldsymbol{\alpha}=(\bar{\boldsymbol{\alpha}}^{\mathrm{T}}\boldsymbol{A}^{\mathrm{T}})\boldsymbol{\alpha}=(\boldsymbol{A}\bar{\boldsymbol{\alpha}})^{\mathrm{T}}\boldsymbol{\alpha}=(\bar{\lambda}\bar{\boldsymbol{\alpha}})^{\mathrm{T}}\boldsymbol{\alpha}=\bar{\lambda}(\bar{\boldsymbol{\alpha}}^{\mathrm{T}}\boldsymbol{\alpha}),$$

两式相减得

$$(\lambda-\bar{\lambda})(\bar{\boldsymbol{\alpha}}^{\mathrm{T}}\boldsymbol{\alpha})=0.$$

但因$\boldsymbol{\alpha}\neq\boldsymbol{0}$,所以$\bar{\boldsymbol{\alpha}}^{\mathrm{T}}\boldsymbol{\alpha}>0$,故$\lambda-\bar{\lambda}=0$,即$\lambda=\bar{\lambda}$,从而$\lambda$是实数.

当$\boldsymbol{A}$的特征值λ为实数时,齐次线性方程组

$$(\lambda\boldsymbol{E}-\boldsymbol{A})\boldsymbol{x}=\boldsymbol{0}$$

是实系数方程组,因而方程组的解为实数解,所以λ对应的特征向量是实向量.

定理5.3.5 设λ_1,λ_2是实对称矩阵$\boldsymbol{A}$的两个不同的特征值,$\boldsymbol{\alpha},\boldsymbol{\beta}$是分别属于$\lambda_1,\lambda_2$的特征向量,则$\boldsymbol{\alpha}$与$\boldsymbol{\beta}$正交.

证明 因$\boldsymbol{A}$是实对称矩阵,所以$\boldsymbol{A}^{\mathrm{T}}=\boldsymbol{A}$,由题设有

$$\boldsymbol{A\alpha}=\lambda_1\boldsymbol{\alpha},\quad \boldsymbol{A\beta}=\lambda_2\boldsymbol{\beta},\quad \lambda_1\neq\lambda_2,$$

$$\begin{aligned}\lambda_1(\boldsymbol{\alpha},\boldsymbol{\beta})&=(\lambda_1\boldsymbol{\alpha},\boldsymbol{\beta})=(\boldsymbol{A\alpha},\boldsymbol{\beta})=(\boldsymbol{A\alpha})^{\mathrm{T}}\boldsymbol{\beta}\\&=\boldsymbol{\alpha}^{\mathrm{T}}\boldsymbol{A}^{\mathrm{T}}\boldsymbol{\beta}=\boldsymbol{\alpha}^{\mathrm{T}}(\boldsymbol{A\beta})=\boldsymbol{\alpha}^{\mathrm{T}}(\lambda_2\boldsymbol{\beta})\end{aligned}$$

$$=(\boldsymbol{\alpha},\lambda_2\boldsymbol{\beta})=\lambda_2(\boldsymbol{\alpha},\boldsymbol{\beta}),$$

即有$(\lambda_1-\lambda_2)(\boldsymbol{\alpha},\boldsymbol{\beta})=0$,因$\lambda_1-\lambda_2\neq 0$,故$(\boldsymbol{\alpha},\boldsymbol{\beta})=0$,即$\boldsymbol{\alpha}$与$\boldsymbol{\beta}$正交.

定理5.3.5说明实对称矩阵$\boldsymbol{A}$的属于不同特征值的特征向量必正交.

定理5.3.6 设$\boldsymbol{A}$为n阶实对称矩阵,则必有正交矩阵$\boldsymbol{P}$,使得

$$\boldsymbol{P}^{-1}\boldsymbol{AP}=\boldsymbol{P}^{\mathrm{T}}\boldsymbol{AP}=\begin{pmatrix}\lambda_1 & & & \\ & \lambda_2 & & \\ & & \ddots & \\ & & & \lambda_n\end{pmatrix},$$

其中$\lambda_1,\lambda_2,\cdots,\lambda_n$为$\boldsymbol{A}$的$n$个特征值.

证明 对矩阵$\boldsymbol{A}$的阶数n作数学归纳法.当$n=1$时,结论显然成立.

假设对于$n-1$阶实对称矩阵结论成立.下面证明对于n阶实对称矩阵结论也成立.

设λ_1是$\boldsymbol{A}$的一个特征值,由定理5.3.4知λ_1是实数,于是有n维实特征向量$\boldsymbol{\alpha}$使

$$\boldsymbol{A\alpha}=\lambda_1\boldsymbol{\alpha}.$$

因为特征向量的非零倍数还是特征向量,所以可设$\boldsymbol{\alpha}$是一个单位向量.

以$\boldsymbol{\alpha}$为第一列作一个正交矩阵$\boldsymbol{P}_1=(\boldsymbol{\alpha},\boldsymbol{\alpha}_2,\cdots,\boldsymbol{\alpha}_n)$,则$\boldsymbol{\alpha},\boldsymbol{\alpha}_2,\cdots,\boldsymbol{\alpha}_n$作成$\mathbb{R}^n$的一个标准正交基,所以$\boldsymbol{A\alpha},\boldsymbol{A\alpha}_2,\cdots,\boldsymbol{A\alpha}_n$能由$\boldsymbol{\alpha},\boldsymbol{\alpha}_2,\cdots,\boldsymbol{\alpha}_n$线性表示,于是有

$$\boldsymbol{A}P_1=(\boldsymbol{A\alpha},\boldsymbol{A\alpha}_2,\cdots,\boldsymbol{A\alpha}_n)=(\boldsymbol{\alpha},\boldsymbol{\alpha}_2,\cdots,\boldsymbol{\alpha}_n)\begin{pmatrix}\lambda_1 & b_2 & \cdots & b_n\\ 0 & & & \\ \vdots & & \boldsymbol{A}_1 & \\ 0 & & & \end{pmatrix},$$

即有

$$\boldsymbol{P}_1^{-1}\boldsymbol{AP}_1=\begin{pmatrix}\lambda_1 & b_2 & \cdots & b_n\\ 0 & & & \\ \vdots & & \boldsymbol{A}_1 & \\ 0 & & & \end{pmatrix}.$$

因$\boldsymbol{P}_1$是正交矩阵,$\boldsymbol{A}$是实对称矩阵,所以

$$(\boldsymbol{P}_1^{-1}\boldsymbol{AP}_1)^{\mathrm{T}}=\boldsymbol{P}_1^{\mathrm{T}}\boldsymbol{A}^{\mathrm{T}}(\boldsymbol{P}_1^{-1})^{\mathrm{T}}=\boldsymbol{P}_1^{-1}\boldsymbol{AP}_1,$$

得$\boldsymbol{P}_1^{-1}\boldsymbol{AP}_1$也是实对称矩阵,于是$b_2=\cdots=b_n=0$,从而有

$$\boldsymbol{P}_1^{-1}\boldsymbol{AP}_1=\begin{pmatrix}\lambda_1 & \boldsymbol{O}\\ \boldsymbol{O} & \boldsymbol{A}_1\end{pmatrix},$$

且$\boldsymbol{A}_1$是$n-1$阶实对称矩阵.由归纳假设,有$n-1$阶正交矩阵$\boldsymbol{P}_2$,使得

$$\boldsymbol{P}_2^{-1}\boldsymbol{A}_1\boldsymbol{P}_2=\begin{pmatrix}\lambda_2 & & \\ & \ddots & \\ & & \lambda_n\end{pmatrix}.$$

令

$$\boldsymbol{P}_3=\begin{pmatrix}1 & \boldsymbol{O}\\ \boldsymbol{O} & \boldsymbol{P}_2\end{pmatrix},$$

则$\boldsymbol{P}_3$是正交矩阵,且

$$\boldsymbol{P}_3^{\mathrm{T}}\begin{pmatrix}\lambda_1 & \boldsymbol{O}\\ \boldsymbol{O} & \boldsymbol{A}_1\end{pmatrix}\boldsymbol{P}_3=\begin{pmatrix}1 & \boldsymbol{O}\\ \boldsymbol{O} & \boldsymbol{P}_2^{\mathrm{T}}\end{pmatrix}\begin{pmatrix}\lambda_1 & \boldsymbol{O}\\ \boldsymbol{O} & \boldsymbol{A}_1\end{pmatrix}\begin{pmatrix}1 & \boldsymbol{O}\\ \boldsymbol{O} & \boldsymbol{P}_2\end{pmatrix}=\begin{pmatrix}\lambda_1 & \boldsymbol{O}\\ \boldsymbol{O} & \boldsymbol{P}_2^{\mathrm{T}}\boldsymbol{A}_1\boldsymbol{P}_2\end{pmatrix}$$

$$=\begin{pmatrix}\lambda_1 & & & \\ & \lambda_2 & & \\ & & \ddots & \\ & & & \lambda_n\end{pmatrix}.$$

再令 $\boldsymbol{P}=\boldsymbol{P}_1\boldsymbol{P}_3$，则 $\boldsymbol{P}$ 是正交矩阵，且有

$$\boldsymbol{P}^{-1}\boldsymbol{AP}=\boldsymbol{P}^{\mathrm{T}}\boldsymbol{AP}=\begin{pmatrix}\lambda_1 & & & \\ & \lambda_2 & & \\ & & \ddots & \\ & & & \lambda_n\end{pmatrix}.$$

推论 设 $\boldsymbol{A}$ 为 n 阶实对称矩阵，λ 是 $\boldsymbol{A}$ 的 r 重特征值，则 $\mathrm{R}(\lambda\boldsymbol{E}-\boldsymbol{A})=n-r$，从而特征值 λ 恰有 r 个线性无关的特征向量.

证明 由定理 5.3.6 知，$\boldsymbol{A}$ 与对角矩阵

$$\boldsymbol{\Lambda}=\begin{pmatrix}\lambda_1 & & & \\ & \lambda_2 & & \\ & & \ddots & \\ & & & \lambda_n\end{pmatrix}$$

相似，从而 $\lambda\boldsymbol{E}-\boldsymbol{A}$ 与 $\lambda\boldsymbol{E}-\boldsymbol{\Lambda}$ 相似. 因 λ 是 $\boldsymbol{A}$ 的 r 重特征值，所以 $\lambda_1,\lambda_2,\cdots,\lambda_n$ 中有 r 个等于 λ，有 $n-r$ 个不等于 λ，于是

$$\lambda\boldsymbol{E}-\boldsymbol{\Lambda}=\begin{pmatrix}\lambda-\lambda_1 & & & \\ & \lambda-\lambda_2 & & \\ & & \ddots & \\ & & & \lambda-\lambda_n\end{pmatrix}$$

的主对角线上恰有 r 个等于 0，$n-r$ 个不等于 0，所以 $\mathrm{R}(\lambda\boldsymbol{E}-\boldsymbol{A})=\mathrm{R}(\lambda\boldsymbol{E}-\boldsymbol{\Lambda})=n-r$.

将实对称矩阵 $\boldsymbol{A}$ 对角化的步骤如下：

(1) 计算 $|\lambda\boldsymbol{E}-\boldsymbol{A}|=0$，求出此方程不同的根 $\lambda_1,\lambda_2,\cdots,\lambda_s$，即为 $\boldsymbol{A}$ 的全部不同特征值.

(2) 对每个特征值 λ_i，求出方程 $(\lambda\boldsymbol{E}-\boldsymbol{A})\boldsymbol{x}=\boldsymbol{0}$ 的一个基础解系，得属于 λ_i 的线性无关的特征向量，将其标准正交化，即得属于 λ_i 的两两正交的单位特征向量.

(3) 把所得的两两正交的单位特征向量 $\boldsymbol{p}_1,\boldsymbol{p}_2,\cdots,\boldsymbol{p}_n$ 作成矩阵 $\boldsymbol{P}=(\boldsymbol{p}_1,\boldsymbol{p}_2,\cdots,\boldsymbol{p}_n)$，则 $\boldsymbol{P}$ 是正交矩阵，且使 $\boldsymbol{P}^{-1}\boldsymbol{AP}=\boldsymbol{P}^{\mathrm{T}}\boldsymbol{AP}=\boldsymbol{\Lambda}$ 为对角矩阵. 对角线上的元素为相应特征向量的特征值.

注 对角阵$\boldsymbol{\Lambda}$ 中主对角线上元的排列次序应与 $\boldsymbol{P}$ 中列向量的排列次序相对应.

例 5.3.2 设实对称矩阵

$$\boldsymbol{A}=\begin{pmatrix}2 & -2 & 0\\ -2 & 1 & -2\\ 0 & -2 & 0\end{pmatrix},$$

求正交矩阵 $\boldsymbol{P}$，使 $\boldsymbol{P}^{-1}\boldsymbol{AP}$ 为对角阵.

解 由

$$|\lambda\boldsymbol{E}-\boldsymbol{A}|=\begin{vmatrix}\lambda-2 & 2 & 0\\ 2 & \lambda-1 & 2\\ 0 & 2 & \lambda\end{vmatrix}=(\lambda-1)(\lambda-4)(\lambda+2),$$

得 $\boldsymbol{A}$ 的特征值 $\lambda_1=1,\lambda_2=4,\lambda_3=-2$.

对于 $\lambda_1=1$,解方程组 $(\boldsymbol{E}-\boldsymbol{A})\boldsymbol{x}=\boldsymbol{0}$,得基础解系 $\boldsymbol{\alpha}_1=\begin{pmatrix}2\\1\\-2\end{pmatrix}$,单位化得 $\boldsymbol{p}_1=\frac{1}{3}\begin{pmatrix}2\\1\\-2\end{pmatrix}$. 对于 $\lambda_1=4$,解方程组 $(4\boldsymbol{E}-\boldsymbol{A})\boldsymbol{x}=\boldsymbol{0}$,得基础解系 $\boldsymbol{\alpha}_2=\begin{pmatrix}2\\-2\\1\end{pmatrix}$,单位化得 $\boldsymbol{p}_2=\frac{1}{3}\begin{pmatrix}2\\-2\\1\end{pmatrix}$. 对于 $\lambda_1=-2$,解方程组 $(-2\boldsymbol{E}-\boldsymbol{A})\boldsymbol{x}=\boldsymbol{0}$,得基础解系 $\boldsymbol{\alpha}_3=\begin{pmatrix}1\\2\\2\end{pmatrix}$,单位化得 $\boldsymbol{p}_3=\frac{1}{3}\begin{pmatrix}1\\2\\2\end{pmatrix}$. 取

$$\boldsymbol{P}=(\boldsymbol{p}_1,\boldsymbol{p}_2,\boldsymbol{p}_3)=\frac{1}{3}\begin{pmatrix}2 & 2 & 1\\ 1 & -2 & 2\\ -2 & 1 & 2\end{pmatrix},$$

则 $\boldsymbol{P}$ 是正交阵,且

$$\boldsymbol{P}^{-1}\boldsymbol{A}\boldsymbol{P}=\boldsymbol{P}^{\mathrm{T}}\boldsymbol{A}\boldsymbol{P}=\begin{pmatrix}1 & & \\ & 4 & \\ & & -2\end{pmatrix}.$$

习题 5.3

1. 设 $\boldsymbol{A},\boldsymbol{B}$ 是 n 阶矩阵,且 $\boldsymbol{A}$ 可逆,证明:$\boldsymbol{AB}$ 与 $\boldsymbol{BA}$ 相似.

2. 设三阶实对称矩阵 $\boldsymbol{A}$ 的三个特征值分别是 2,2,8,属于特征值 8 的一个特征向量是 $\begin{pmatrix}1\\1\\1\end{pmatrix}$,求矩阵 $\boldsymbol{A}$.

3. 判断下列矩阵能否对角化,如果可以对角化,求可逆矩阵 $\boldsymbol{P}$,使 $\boldsymbol{P}^{-1}\boldsymbol{A}\boldsymbol{P}$ 为对角矩阵.

(1) $\boldsymbol{A}=\begin{pmatrix}2 & 0 & -2\\ 0 & 3 & 0\\ 0 & 0 & 3\end{pmatrix}$; (2) $\boldsymbol{A}=\begin{pmatrix}3 & 1 & 0\\ -4 & -1 & 0\\ 4 & -8 & -2\end{pmatrix}$.

4. 设矩阵 $\boldsymbol{A}=\begin{pmatrix}2 & 0 & 0\\ 0 & 0 & 1\\ 0 & 1 & x\end{pmatrix}$ 与 $\boldsymbol{\Lambda}=\begin{pmatrix}2 & 0 & 0\\ 0 & y & 0\\ 0 & 0 & -1\end{pmatrix}$ 相似,求 x 与 y;并求一个正交矩阵 $\boldsymbol{P}$,使 $\boldsymbol{P}^{-1}\boldsymbol{A}\boldsymbol{P}=\boldsymbol{\Lambda}$.

5. 求正交矩阵 $\boldsymbol{P}$,使 $\boldsymbol{P}^{-1}\boldsymbol{AP}$ 为对角矩阵.

(1) $\boldsymbol{A}=\begin{pmatrix}1&2&3\\2&1&3\\3&3&6\end{pmatrix}$; (2) $\boldsymbol{A}=\begin{pmatrix}2&2&-2\\2&5&-4\\-2&-4&5\end{pmatrix}$;

(3) $\boldsymbol{A}=\begin{pmatrix}0&-2&2\\-2&-3&4\\2&4&-3\end{pmatrix}$; (4) $\boldsymbol{A}=\begin{pmatrix}1&2&4\\2&-2&2\\4&2&1\end{pmatrix}$.

6. 已知 $\boldsymbol{p}=\begin{pmatrix}1\\1\\-1\end{pmatrix}$ 是矩阵 $\boldsymbol{A}=\begin{pmatrix}2&-1&2\\5&a&3\\-1&b&-2\end{pmatrix}$ 的一个特征向量.问 $\boldsymbol{A}$ 能否对角化?并说明理由.

7. 设 $\boldsymbol{A}=\begin{pmatrix}1&4&2\\0&-3&4\\0&4&3\end{pmatrix}$,求 $\boldsymbol{A}^{100}$.

本章小结

一、基本概念

1. 向量的内积定义,向量的长度、夹角、正交,正交向量组.

2. 矩阵的特征值、特征向量、特征多项式.

3. 相似矩阵、矩阵的相似标准形.

4. 矩阵对角化.

5. 正交矩阵与正交变换.

二、基本性质与定理

1. 与内积有关的主要性质

(1) 正交向量组必是线性无关组.

(2) 柯西-施瓦茨(Cauchy-Schwarz)不等式

$$(\boldsymbol{\alpha},\boldsymbol{\beta})^2\leqslant(\boldsymbol{\alpha},\boldsymbol{\alpha})(\boldsymbol{\beta},\boldsymbol{\beta}).$$

2. 特征值与特征向量的性质

(1) 属于不同特征值的特征向量线性无关.

(2) 矩阵 $\boldsymbol{A}$ 的全部特征值之和等于 $\boldsymbol{A}$ 的主对角线元素之和,$\boldsymbol{A}$ 的全部特征值之积等于 $\boldsymbol{A}$ 的行列式.

3. 相似矩阵有相同的特征多项式.

4. 矩阵对角化的条件

(1) 如果 n 阶矩阵 $\boldsymbol{A}$ 有 n 个不同的特征值,则 $\boldsymbol{A}$ 可对角化.

(2) 如果 n 阶矩阵 $\boldsymbol{A}$ 的每个特征值 λ,都有 $\mathrm{R}(\lambda\boldsymbol{E}-\boldsymbol{A})=n-s$,这里 s 是 λ 的重数,则 $\boldsymbol{A}$ 可对角化.

(3) n 阶矩阵 $\boldsymbol{A}$ 可对角化的充要条件是 $\boldsymbol{A}$ 有 n 个线性无关的特征向量.

5. 实对称矩阵的特征值是实数.

6. 实对称矩阵的属于不同特征值的特征向量必正交.

7. 设 $\boldsymbol{A}$ 为 n 阶实对称矩阵,则必有正交矩阵 $\boldsymbol{P}$,使得

$$\boldsymbol{P}^{-1}\boldsymbol{AP}=\boldsymbol{P}^{\mathrm{T}}\boldsymbol{AP}=\boldsymbol{\Lambda}=\begin{pmatrix}\lambda_1 & & & \\ & \lambda_2 & & \\ & & \ddots & \\ & & & \lambda_n\end{pmatrix},$$

其中 $\lambda_1,\lambda_2,\cdots,\lambda_n$ 为 $\boldsymbol{A}$ 的 n 个特征值.

三、基本解题方法

1. 求标准正交向量组的施密特正交化方法

设 $\boldsymbol{\alpha}_1,\boldsymbol{\alpha}_2,\cdots,\boldsymbol{\alpha}_m$ 是线性无关的向量组,计算

$$\boldsymbol{\beta}_1=\boldsymbol{\alpha}_1,$$

$$\boldsymbol{\beta}_2=\boldsymbol{\alpha}_2-\frac{(\boldsymbol{\beta}_1,\boldsymbol{\alpha}_2)}{(\boldsymbol{\beta}_1,\boldsymbol{\beta}_1)}\boldsymbol{\beta}_1,$$

$$\vdots$$

$$\boldsymbol{\beta}_m=\boldsymbol{\alpha}_m-\frac{(\boldsymbol{\beta}_1,\boldsymbol{\alpha}_m)}{(\boldsymbol{\beta}_1,\boldsymbol{\beta}_1)}\boldsymbol{\beta}_1-\frac{(\boldsymbol{\beta}_2,\boldsymbol{\alpha}_m)}{(\boldsymbol{\beta}_2,\boldsymbol{\beta}_2)}\boldsymbol{\beta}_2-\cdots-\frac{(\boldsymbol{\beta}_{m-1},\boldsymbol{\alpha}_m)}{(\boldsymbol{\beta}_{m-1},\boldsymbol{\beta}_{m-1})}\boldsymbol{\beta}_{m-1}.$$

则向量组 $\boldsymbol{\beta}_1,\boldsymbol{\beta}_2,\cdots,\boldsymbol{\beta}_m$ 是正交向量组,且对任何 $k(1\leqslant k\leqslant m)$,向量组 $\boldsymbol{\beta}_1,\boldsymbol{\beta}_2,\cdots,\boldsymbol{\beta}_k$ 与 $\boldsymbol{\alpha}_1,\boldsymbol{\alpha}_2,\cdots,\boldsymbol{\alpha}_k$ 等价.

再令

$$\boldsymbol{\varepsilon}_1=\frac{1}{|\boldsymbol{\beta}_1|}\boldsymbol{\beta}_1,\boldsymbol{\varepsilon}_2=\frac{1}{|\boldsymbol{\beta}_2|}\boldsymbol{\beta}_2,\cdots,\boldsymbol{\varepsilon}_m=\frac{1}{|\boldsymbol{\beta}_m|}\boldsymbol{\beta}_m,$$

则得到标准正交组 $\boldsymbol{\varepsilon}_1,\boldsymbol{\varepsilon}_2,\cdots,\boldsymbol{\varepsilon}_m$.

2. 特征值与特征向量的求法

(1) 求出特征方程 $|\lambda\boldsymbol{E}-\boldsymbol{A}|=0$ 的全部根,这些根即为矩阵 $\boldsymbol{A}$ 的全部特征值;

(2) 对每个特征值 λ,求齐次线性方程组

$$(\lambda\boldsymbol{E}-\boldsymbol{A})\boldsymbol{x}=\boldsymbol{0}$$

的基础解系,即得 $\boldsymbol{A}$ 的属于特征值 λ 的线性无关的特征向量.

3. 实对称矩阵对角化的步骤

(1) 计算 $|\lambda\boldsymbol{E}-\boldsymbol{A}|=0$,求出此方程不同的根 $\lambda_1,\lambda_2,\cdots,\lambda_s$,即为 $\boldsymbol{A}$ 的全部不同特征值.

(2) 对每个特征值 λ_i,求出方程 $(\lambda\boldsymbol{E}-\boldsymbol{A})\boldsymbol{x}=\boldsymbol{0}$ 的一个基础解系,得属于 λ_i 的线性无关的特征向量,将其标准正交化,即得属于 λ_i 的两两正交的单位特征向量.

(3) 把所得的两两正交的单位特征向量 $\boldsymbol{p}_1,\boldsymbol{p}_2,\cdots,\boldsymbol{p}_n$ 作成矩阵 $\boldsymbol{P}=(\boldsymbol{p}_1,\boldsymbol{p}_2,\cdots,\boldsymbol{p}_n)$,则 $\boldsymbol{P}$ 是正交矩阵,且使 $\boldsymbol{P}^{-1}\boldsymbol{AP}=\boldsymbol{P}^{\mathrm{T}}\boldsymbol{AP}=\boldsymbol{\Lambda}$ 为对角矩阵. 其主对角线上的元素为相应特征向量的特征值.

复习题五

1. 设方阵$\boldsymbol{A}=\begin{pmatrix}1&-1&1\\x&4&y\\-3&-3&5\end{pmatrix}$,已知$\boldsymbol{A}$有三个线性无关的特征向量,$\lambda=2$是$\boldsymbol{A}$的二重特征值,求可逆矩阵$\boldsymbol{P}$,使$\boldsymbol{P}^{-1}\boldsymbol{AP}$为对角阵.

2. 设$\boldsymbol{A}$是正交矩阵,且$|\boldsymbol{A}|=-1$.证明:$\boldsymbol{A}$一定有特征值-1.

3. 设$\boldsymbol{A}$是可逆矩阵.证明:$\boldsymbol{A}$相似于对角矩阵的充要条件是$\boldsymbol{A}^*$相似于对角矩阵.

4. 对下列矩阵$\boldsymbol{A}$,求正交矩阵$\boldsymbol{P}$使$\boldsymbol{P}^{-1}\boldsymbol{AP}$为对角矩阵.

(1) $\boldsymbol{A}=\begin{pmatrix}1&1&1&1\\1&1&1&1\\1&1&1&1\\1&1&1&1\end{pmatrix}$; (2) $\boldsymbol{A}=\begin{pmatrix}0&0&4&1\\0&0&1&4\\4&1&0&0\\1&4&0&0\end{pmatrix}$;

(3) $\boldsymbol{A}=\begin{pmatrix}1&3&-3&3\\3&1&3&-3\\-3&3&1&3\\3&-3&3&1\end{pmatrix}$; (4) $\boldsymbol{A}=\begin{pmatrix}1&1&0&-1\\1&1&-1&0\\0&-1&1&1\\-1&0&1&1\end{pmatrix}$.

5. 设向量$\boldsymbol{\alpha}=(a_1,a_2,\cdots,a_n)^{\mathrm{T}}$,$\boldsymbol{\beta}=(b_1,b_2,\cdots,b_n)^{\mathrm{T}}$都是非零向量,且满足$\boldsymbol{\alpha}^{\mathrm{T}}\boldsymbol{\beta}=0$,记$n$阶矩阵$\boldsymbol{A}=\boldsymbol{\alpha}\boldsymbol{\beta}^{\mathrm{T}}$.求:(1)$\boldsymbol{A}^2$;(2)矩阵$\boldsymbol{A}$的特征值.

6. 证明:若n阶矩阵$\boldsymbol{A}$有n个互不相同的特征值,则$\boldsymbol{AB}=\boldsymbol{BA}$的充要条件是$\boldsymbol{A}$的特征向量也是$\boldsymbol{B}$的特征向量.

7. 设上三角矩阵

$$\boldsymbol{A}=\begin{pmatrix}a_{11}&a_{12}&\cdots&a_{1n}\\0&a_{22}&\cdots&a_{2n}\\\vdots&\vdots&&\vdots\\0&0&\cdots&a_{nn}\end{pmatrix}$$

的主对角线元素$a_{11},a_{22},\cdots,a_{nn}$互不相同.证明:$\boldsymbol{A}$可以对角化.

8. 设$\boldsymbol{A}$是一个3阶矩阵,已知

$$\boldsymbol{\alpha}_1=\begin{pmatrix}1\\2\\1\end{pmatrix},\quad\boldsymbol{\alpha}_2=\begin{pmatrix}0\\-2\\1\end{pmatrix},\quad\boldsymbol{\alpha}_3=\begin{pmatrix}1\\1\\2\end{pmatrix}$$

是$\boldsymbol{A}$的分别属于特征值$1,-1,0$的特征向量,求矩阵$\boldsymbol{A}$.

9. 证明:如果任一个n维非零向量都是n阶矩阵$\boldsymbol{A}$的特征向量,则$\boldsymbol{A}$是一个数量矩阵.

10. 设$\boldsymbol{A}$是一个n阶实矩阵.证明:如果有正交矩阵$\boldsymbol{P}$使$\boldsymbol{P}^{-1}\boldsymbol{AP}$是对角矩阵,那么$\boldsymbol{A}$是一个对称矩阵.

11. 设$\boldsymbol{A},\boldsymbol{B}$都是实对称矩阵.证明:存在正交矩阵$\boldsymbol{P}$,使$\boldsymbol{P}^{-1}\boldsymbol{AP}=\boldsymbol{B}$的充要条件是$\boldsymbol{A}$与

$\boldsymbol{B}$ 的特征值全部相同.

12. 设矩阵 $\boldsymbol{A}=\begin{pmatrix}1&2&2\\2&1&2\\2&2&1\end{pmatrix}$,求 $\boldsymbol{A}$ 的特征值与特征向量,并计算 $\boldsymbol{A}^k$($k\geqslant 0$ 为整数).

13. 设矩阵 $\boldsymbol{A}=\begin{pmatrix}1&a&1\\a&1&b\\1&b&1\end{pmatrix}$ 与矩阵 $\boldsymbol{B}=\begin{pmatrix}0&0&0\\0&1&0\\0&0&2\end{pmatrix}$ 相似.

(1) 求 a,b;

(2) 求一个可逆矩阵 $\boldsymbol{P}$,使 $\boldsymbol{P}^{-1}\boldsymbol{AP}=\boldsymbol{B}$.

14. 设 n 维向量 $\boldsymbol{\alpha}=\begin{pmatrix}1\\1\\\vdots\\1\end{pmatrix}$,令 $\boldsymbol{A}=\boldsymbol{\alpha}\boldsymbol{\alpha}^{\mathrm{T}}$,求对角矩阵 $\boldsymbol{\Lambda}$ 和可逆矩阵 $\boldsymbol{P}$ 使 $\boldsymbol{P}^{-1}\boldsymbol{AP}=\boldsymbol{\Lambda}$.

15. 设 $\boldsymbol{A},\boldsymbol{B}$ 是 n 阶矩阵. 证明: $\boldsymbol{AB}$ 与 $\boldsymbol{BA}$ 有相同的特征多项式.

16. 设 $\boldsymbol{A}$ 是 n 阶实对称矩阵,且 $\boldsymbol{A}^2=\boldsymbol{E}$. 证明: 存在正交矩阵 $\boldsymbol{P}$ 使得

$$\boldsymbol{P}^{-1}\boldsymbol{AP}=\begin{pmatrix}\boldsymbol{E}_r&\boldsymbol{O}\\\boldsymbol{O}&-\boldsymbol{E}_{n-r}\end{pmatrix}.$$

第6章 二 次 型

6.1 二次型及其矩阵

在解析几何中,为了便于研究二次曲线

$$ax^2+2bxy+cy^2=d \tag{6.1.1}$$

的几何性质,我们可以选择适当的角度 θ,作坐标旋转变换

$$\begin{cases}x=x'\cos\theta-y'\sin\theta,\\ y=x'\sin\theta+y'\cos\theta,\end{cases}$$

把方程化为标准形

$$mx'^2+ny'^2=d. \tag{6.1.2}$$

(6.1.1)式的左边是一个二次齐次式,从代数学的观点来看,将二次齐次式(6.1.1)化为标准形(6.1.2)的过程就是通过变量的线性变换,将一般形式的二次齐次式化为一个只含平方项的二次齐次式的过程.

定义 6.1.1 含有 n 个变量 $x_1,x_2,\cdots,x_n$ 的二次齐次式

$$\begin{aligned}f(x_1,x_2,\cdots,x_n)=a_{11}x_1^2&+2a_{12}x_1x_2+2a_{13}x_1x_3+\cdots+2a_{1n}x_1x_n\\ &+a_{22}x_2^2+2a_{23}x_2x_3+\cdots+2a_{2n}x_2x_n\\ &+\cdots\\ &+a_{nn}x_n^2\end{aligned}$$

称为**二次型**.

二次型 $f(x_1,x_2,\cdots,x_n)$有时也简记为 f.

取 $a_{ij}=a_{ji}$,$2a_{ij}x_ix_j=a_{ij}x_ix_j+a_{ji}x_jx_i$,于是二次型又可写成

$$\begin{aligned}f(x_1,x_2,\cdots,x_n)&=a_{11}x_1^2+a_{12}x_1x_2+\cdots+a_{1n}x_1x_n\\ &\quad+a_{21}x_2x_1+a_{22}x_2^2+\cdots+a_{2n}x_2x_n\\ &\quad+\cdots\\ &\quad+a_{n1}x_nx_1+a_{n2}x_nx_2+\cdots+a_{nn}x_n^2\\ &=\sum_{i=1}^{n}\sum_{j=1}^{n}a_{ij}x_ix_j.\end{aligned}$$

利用矩阵,二次型可表示为

$$f(x_1,x_2,\cdots,x_n)=\sum_{i=1}^{n}\sum_{j=1}^{n}a_{ij}x_ix_j=\boldsymbol{x}^{\mathrm{T}}\boldsymbol{A}\boldsymbol{x},$$

其中

$$A=\begin{pmatrix} a_{11} & a_{12} & \cdots & a_{1n} \\ a_{21} & a_{22} & \cdots & a_{2n} \\ \vdots & \vdots & & \vdots \\ a_{n1} & a_{n2} & \cdots & a_{nn} \end{pmatrix},\quad x=\begin{pmatrix} x_1 \\ x_2 \\ \vdots \\ x_n \end{pmatrix},$$

$A=(a_{ij})_{n\times n}$是对称矩阵,称为**二次型的矩阵**.

$f(x_1,x_2,\cdots,x_n)=x^{\mathrm T}Ax\,(A^{\mathrm T}=A)$称为二次型的矩阵形式.任给一个二次型,就唯一确定一个对称矩阵;反之,任给一个对称矩阵,可唯一确定一个二次型.因此,二次型与对称矩阵之间存在一一对应关系.

二次型f的矩阵的秩叫做**二次型f的秩**.

例 6.1.1 求二次型$f(x_1,x_2,x_3)=x_1^2+2x_2^2+5x_3^2+2x_1x_2+6x_2x_3+2x_3x_1$的矩阵.

解 把二次型写成矩阵形式

$$f(x_1,x_2,x_3)=(x_1,x_2,x_3)\begin{pmatrix} 1 & 1 & 1 \\ 1 & 2 & 3 \\ 1 & 3 & 5 \end{pmatrix}\begin{pmatrix} x_1 \\ x_2 \\ x_3 \end{pmatrix},$$

所以二次型的矩阵为

$$A=\begin{pmatrix} 1 & 1 & 1 \\ 1 & 2 & 3 \\ 1 & 3 & 5 \end{pmatrix}.$$

定义 6.1.2 设$x_1,x_2,\cdots,x_n$和$y_1,y_2,\cdots,y_n$是两组变量,关系式

$$\begin{cases} x_1=c_{11}y_1+c_{12}y_2+\cdots+c_{1n}y_n, \\ x_2=c_{21}y_1+c_{22}y_2+\cdots+c_{2n}y_n, \\ \quad\vdots \\ x_n=c_{n1}y_1+c_{n2}y_2+\cdots+c_{nn}y_n \end{cases} \tag{6.1.3}$$

称为由$x_1,x_2,\cdots,x_n$到$y_1,y_2,\cdots,y_n$的一个线性变换,简称**线性变换**.如果系数矩阵

$$C=\begin{pmatrix} c_{11} & c_{12} & \cdots & c_{1n} \\ c_{21} & c_{22} & \cdots & c_{2n} \\ \vdots & \vdots & & \vdots \\ c_{n1} & c_{n2} & \cdots & c_{nn} \end{pmatrix}$$

是可逆的,则变换(6.1.3)称为可逆线性变换.

线性变换(6.1.3)可写成矩阵形式

$$x=Cy,$$

其中

$$C=\begin{pmatrix} c_{11} & c_{12} & \cdots & c_{1n} \\ c_{21} & c_{22} & \cdots & c_{2n} \\ \vdots & \vdots & & \vdots \\ c_{n1} & c_{n2} & \cdots & c_{nn} \end{pmatrix},\quad x=\begin{pmatrix} x_1 \\ x_2 \\ \vdots \\ x_n \end{pmatrix},\quad y=\begin{pmatrix} y_1 \\ y_2 \\ \vdots \\ y_n \end{pmatrix},$$

C为可逆矩阵.

将$x=Cy$代入二次型$f=x^{\mathrm T}Ax$,得

$$f=x^{\mathrm T}Ax=(Cy)^{\mathrm T}A(Cy)=y^{\mathrm T}(C^{\mathrm T}AC)y=y^{\mathrm T}By,$$

而

$$B^{\mathrm{T}}=(C^{\mathrm{T}}AC)^{\mathrm{T}}=C^{\mathrm{T}}A^{\mathrm{T}}C=C^{\mathrm{T}}AC=B.$$

所以线性变换 $x=Cy$ 将二次型 $f=x^{\mathrm{T}}Ax$ 化为新二次型

$$g(y_1,y_2,\cdots,y_n)=y^{\mathrm{T}}By.$$

新二次型的矩阵是 $B=C^{\mathrm{T}}AC$.

定义 6.1.3 设 A,B 是 n 阶矩阵,若有可逆矩阵 C,使

$$B=C^{\mathrm{T}}AC,$$

则称矩阵 A 与 B **合同**.

设 $f=x^{\mathrm{T}}Ax$ 与 $g=y^{\mathrm{T}}By$ 是两个二次型,如果有可逆线性变换 $x=Cy$,把 f 变成 g,则称 f 与 g **等价**.

由前面讨论可知,二次型经过可逆线性变换后得到的新二次型的矩阵与原二次型的矩阵是合同的.且因 C 可逆时,有 $\mathbb{R}(B)=\mathbb{R}(C^{\mathrm{T}}AC)=\mathbb{R}(A)$,所以二次型经过可逆线性变换后其秩不变.

合同作为矩阵间的关系,有以下性质:

(1) 反身性 A 与 A 合同;

(2) 对称性 若 A 与 B 合同,则 B 与 A 合同;

(3) 传递性 若 A_1 与 A_2 合同,A_2 与 A_3 合同,则 A_1 与 A_3 合同.

习题 6.1

1. 写出下列二次型的矩阵:

(1) $f(x_1,x_2,x_3)=x_1^2+2x_2^2+3x_3^2+2x_1x_2-x_1x_3$;

(2) $f(x_1,x_2,x_3)=x_1x_2+x_1x_3+x_2x_3$;

(3) $f(x_1,x_2,x_3)=x^{\mathrm{T}}\begin{pmatrix}1&2&3\\4&5&6\\7&8&9\end{pmatrix}x$;

(4) $f(x_1,x_2,\cdots,x_n)=\sum\limits_{i=1}^{n}x_i^2+\sum\limits_{i=1}^{n-1}x_ix_{i+1}$.

2. 由下列二次型的矩阵写出二次型.

(1) $\begin{pmatrix}0&0&1&0\\0&1&-1&-3\\1&-1&2&0\\0&-3&0&-1\end{pmatrix}$; (2) $\begin{pmatrix}1&1&2&0\\1&2&3&0\\2&3&3&0\\0&0&0&0\end{pmatrix}$.

3. 设 A 是一个 n 阶对称矩阵.证明:如果对任意一个 n 维列向量 x,都有 $x^{\mathrm{T}}Ax=0$,那么 $A=O$.

6.2 二次型的标准形

二次型经过可逆线性变换化成的只含平方项的二次型称为原二次型的**标准形**.

要将二次型化为标准形,就是求可逆线性变换 $x=Cy$,使

$$f = x^T A x = y^T (C^T A C) y = d_1 y_1^2 + d_2 y_2^2 + \cdots + d_n y_n^2$$

$$= (y_1, y_2, \cdots, y_n) \begin{pmatrix} d_1 & & & \\ & d_2 & & \\ & & \ddots & \\ & & & d_n \end{pmatrix} \begin{pmatrix} y_1 \\ y_2 \\ \vdots \\ y_n \end{pmatrix} = y^T \Lambda y,$$

也就是要求可逆矩阵 C,使 $C^T AC=\Lambda$ 成为对角矩阵.

本节讨论用可逆线性变换化二次型为标准形的方法.

1. 正交变换法

由上一章可知,对任意 n 阶实对称矩阵 A,都存在正交矩阵 P,使得

$$P^{-1}AP = P^T AP = \Lambda = \begin{pmatrix} \lambda_1 & & & \\ & \lambda_2 & & \\ & & \ddots & \\ & & & \lambda_n \end{pmatrix},$$

其中 $\lambda_1, \lambda_2, \cdots, \lambda_n$ 为 A 的 n 个特征值. 把此结论应用于二次型有下面定理.

定理 6.2.1 任给二次型 $f=x^T Ax$,总有正交变换 $x=Py$,使二次型 f 化为标准形

$$f = \lambda_1 y_1^2 + \lambda_2 y_2^2 + \cdots + \lambda_n y_n^2,$$

其中 $\lambda_1, \lambda_2, \cdots, \lambda_n$ 是二次型 f 的矩阵 A 的特征值.

例 6.2.1 求正交变换 $x=Py$,把二次型

$$f(x_1, x_2, x_3) = x_1^2 + 2x_2^2 + x_3^2 + 2x_1x_2 + 4x_1x_3 + 2x_2x_3$$

化为标准形.

解 二次型的矩阵为

$$A = \begin{pmatrix} 1 & 1 & 2 \\ 1 & 2 & 1 \\ 2 & 1 & 1 \end{pmatrix},$$

A 的特征多项式为

$$|\lambda E - A| = \begin{vmatrix} \lambda-1 & -1 & -2 \\ -1 & \lambda-2 & -1 \\ -2 & -1 & \lambda-1 \end{vmatrix} = (\lambda+1)(\lambda-1)(\lambda-4).$$

A 的特征值为 $\lambda_1=-1, \lambda_2=1, \lambda_3=4$.

对于 $\lambda_1=-1$,解方程 $(-E-A)x=0$,得基础解系 $\alpha_1=\begin{pmatrix} 1 \\ 0 \\ -1 \end{pmatrix}$,单位化得 $p_1=\frac{1}{\sqrt{2}}\begin{pmatrix} 1 \\ 0 \\ -1 \end{pmatrix}$;

对于 $\lambda_1=1$,解方程 $(E-A)x=0$,得基础解系 $\alpha_2=\begin{pmatrix} 1 \\ -2 \\ 1 \end{pmatrix}$,单位化得 $p_2=\frac{1}{\sqrt{6}}\begin{pmatrix} 1 \\ -2 \\ 1 \end{pmatrix}$;

对于 $\lambda_1=4$,解方程 $(4E-A)x=0$,得基础解系 $\alpha_3=\begin{pmatrix} 1 \\ 1 \\ 1 \end{pmatrix}$,单位化得 $p_3=\frac{1}{\sqrt{3}}\begin{pmatrix} 1 \\ 1 \\ 1 \end{pmatrix}$.

令

$$P=\begin{pmatrix}\frac{1}{\sqrt{2}} & \frac{1}{\sqrt{6}} & \frac{1}{\sqrt{3}}\\ 0 & -\frac{2}{\sqrt{6}} & \frac{1}{\sqrt{3}}\\ -\frac{1}{\sqrt{2}} & \frac{1}{\sqrt{6}} & \frac{1}{\sqrt{3}}\end{pmatrix},$$

则 $\boldsymbol{P}$ 是正交矩阵，于是正交变换为 $\boldsymbol{x}=\boldsymbol{P}\boldsymbol{y}$，且有

$$f(x_1,x_2,x_3)=-y_1^2+y_2^2+4y_3^2.$$

用正交变换化二次型为标准形，因其标准形的平方项的系数是矩阵 $\boldsymbol{A}$ 的特征值，所以如果不计特征值的排列顺序，其标准形是唯一的.

2. **配方法**

正交变换化二次型为标准形，具有保持几何性质不变的优点，但它的计算较烦琐. 如果不限于正交变换，一般的可逆线性变换也可将二次型化为标准形. 下面通过举例来说明用配方法化二次型为标准形.

例 6.2.2 化二次型

$$f(x_1,x_2,x_3)=x_1^2-4x_1x_2+2x_1x_3+4x_2x_3+x_3^2$$

为标准形，并求所用的变换矩阵.

解 二次型含有平方项 x_1^2，把含有 x_1 的项集中在一起，配方得

$$\begin{aligned}f&=[x_1^2-2x_1(2x_2-x_3)]+4x_2x_3+x_3^2\\&=(x_1-2x_2+x_3)^2-4x_2^2+8x_2x_3,\end{aligned}$$

上式除第一项外，不再含有 x_1，将后两项继续配方得

$$f=(x_1-2x_2+x_3)^2-4(x_2-x_3)^2+4x_3^2.$$

令

$$\begin{cases}y_1=x_1-2x_2+x_3,\\ y_2=\qquad\quad x_2-x_3,\\ y_3=\qquad\qquad\quad x_3,\end{cases}\quad 即\quad \begin{cases}x_1=y_1+2y_2+y_3,\\ x_2=\qquad\quad y_2+y_3,\\ x_3=\qquad\qquad\quad y_3.\end{cases}$$

这个可逆线性变换就把二次型化为了标准形

$$f=y_1^2-4y_2^2+4y_3^2,$$

所用的变换矩阵为

$$\boldsymbol{C}=\begin{pmatrix}1&2&1\\0&1&1\\0&0&1\end{pmatrix}.$$

例 6.2.3 化二次型

$$f(x_1,x_2,x_3)=x_1x_2+3x_1x_3-x_2x_3$$

为标准形，并求所用的变换矩阵.

解 二次型不含平方项，可先作一变换，构造出平方项，由于含有 x_1x_2，可令

$$\begin{cases}x_1=y_1+y_2,\\ x_2=y_1-y_2,\\ x_3=\qquad\quad y_3,\end{cases}$$

代入二次型得

$$f=(y_1+y_2)(y_1-y_2)+3(y_1+y_2)y_3-(y_1-y_2)y_3$$
$$=y_1^2-y_2^2+2y_1y_3+4y_2y_3.$$

再配方,得

$$f=y_1^2-y_2^2+2y_1y_3+4y_2y_3=(y_1+y_3)^2-(y_2-2y_3)^2+3y_3^2.$$

令

$$\begin{cases}z_1=y_1+y_3,\\ z_2=y_2-2y_3,\\ z_3=y_3,\end{cases}\quad 即\quad \begin{cases}y_1=z_1-z_3,\\ y_2=z_2+2z_3,\\ y_3=z_3,\end{cases}$$

就把二次型化成了标准形

$$f=z_1^2-z_2^2+3z_3^2.$$

所用变换矩阵为

$$C=\begin{pmatrix}1&1&0\\1&-1&0\\0&0&1\end{pmatrix}\begin{pmatrix}1&0&-1\\0&1&2\\0&0&1\end{pmatrix}=\begin{pmatrix}1&1&1\\1&-1&-3\\0&0&1\end{pmatrix}.$$

注 二次型的标准形不唯一,与所作的线性变换有关,例如在上例中,如果令

$$\begin{cases}z_1=y_1+y_3,\\ z_2=y_2-2y_3,\\ z_3=\sqrt{3}y_3,\end{cases}\quad 即\begin{cases}y_1=z_1-\dfrac{1}{\sqrt{3}}z_3,\\ y_2=z_2+\dfrac{2}{\sqrt{3}}z_3,\\ y_3=\dfrac{1}{\sqrt{3}}z_3,\end{cases}$$

则得二次型的标准形为

$$f=z_1^2-z_2^2+z_3^2.$$

所用变换矩阵为

$$\boldsymbol{C}=\begin{pmatrix}1&1&0\\1&-1&0\\0&0&1\end{pmatrix}\begin{pmatrix}1&0&-\dfrac{1}{\sqrt{3}}\\0&1&\dfrac{2}{\sqrt{3}}\\0&0&\dfrac{1}{\sqrt{3}}\end{pmatrix}=\begin{pmatrix}1&1&\dfrac{1}{\sqrt{3}}\\1&-1&-\sqrt{3}\\0&0&\dfrac{1}{\sqrt{3}}\end{pmatrix}.$$

3. 初等变换法

二次型 $f=\boldsymbol{x}^{\mathrm{T}}\boldsymbol{A}\boldsymbol{x}$ 通过可逆线性变换 $\boldsymbol{x}=\boldsymbol{C}\boldsymbol{y}$,化为标准形

$$f=\boldsymbol{x}^{\mathrm{T}}\boldsymbol{A}\boldsymbol{x}=\boldsymbol{y}^{\mathrm{T}}(\boldsymbol{C}^{\mathrm{T}}\boldsymbol{A}\boldsymbol{C})\boldsymbol{y}=\boldsymbol{y}^{\mathrm{T}}\boldsymbol{\Lambda}\boldsymbol{y}=d_1y_1^2+d_2y_2^2+\cdots+d_ny_n^2.$$

相当于有可逆矩阵 $\boldsymbol{C}$,使 $\boldsymbol{C}^{\mathrm{T}}\boldsymbol{A}\boldsymbol{C}=\boldsymbol{\Lambda}$ 成为对角矩阵.

因可逆矩阵可以表为初等矩阵的乘积,设

$$\boldsymbol{C}=\boldsymbol{C}_1\boldsymbol{C}_2\cdots\boldsymbol{C}_s,$$

其中,$\boldsymbol{C}_1,\boldsymbol{C}_2,\cdots,\boldsymbol{C}_s$ 为初等矩阵.于是有

$$C^{\mathrm{T}}AC = C_s^{\mathrm{T}}\cdots C_2^{\mathrm{T}}C_1^{\mathrm{T}}AC_1C_2\cdots C_s = \Lambda .$$

注意到 $C_1^{\mathrm{T}}AC_1$ 表示对 A 施行一次初等行变换的同时，对 A 施行一次相同的初等列变换. 因此由

$$C_s^{\mathrm{T}}\cdots C_2^{\mathrm{T}}C_1^{\mathrm{T}}AC_1C_2\cdots C_s = \Lambda , \quad EC_1C_2\cdots C_s = C$$

知，对 A 施行一对初等行、列变换的同时，对单位矩阵 E 施行相同的初等列变换，则当 A 化为对角矩阵 Λ 时，E 就化为可逆矩阵 C.

上述化二次型为标准形的方法叫做初等变换法.

例 6.2.4 用初等变换法化二次型

$$f(x_1, x_2, x_3) = x_1^2 + 2x_1x_2 + 2x_1x_3 - 6x_2x_3$$

为标准形，并求所用的变换矩阵.

解 二次型的矩阵为

$$A = \begin{pmatrix} 1 & 1 & 1 \\ 1 & 0 & -3 \\ 1 & -3 & 0 \end{pmatrix}.$$

$$\begin{pmatrix} A \\ E \end{pmatrix} = \begin{pmatrix} 1 & 1 & 1 \\ 1 & 0 & -3 \\ 1 & -3 & 0 \\ 1 & 0 & 0 \\ 0 & 1 & 0 \\ 0 & 0 & 1 \end{pmatrix} \xrightarrow[\text{第 1 列乘以}(-1)\text{加到第 2 列}]{\text{第 1 行乘以}(-1)\text{加到第 2 行}} \begin{pmatrix} 1 & 0 & 1 \\ 0 & -1 & -4 \\ 1 & -4 & 0 \\ 1 & -1 & 0 \\ 0 & 1 & 0 \\ 0 & 0 & 1 \end{pmatrix} \xrightarrow[\text{第 1 列乘以}(-1)\text{加到第 3 列}]{\text{第 1 行乘以}(-1)\text{加到第 3 行}}$$

$$\begin{pmatrix} 1 & 0 & 0 \\ 0 & -1 & -4 \\ 0 & -4 & -1 \\ 1 & -1 & -1 \\ 0 & 1 & 0 \\ 0 & 0 & 1 \end{pmatrix} \xrightarrow[\text{第 2 列乘以}(-4)\text{加到第 3 列}]{\text{第 2 行乘以}(-4)\text{加到第 3 行}} \begin{pmatrix} 1 & 0 & 0 \\ 0 & -1 & 0 \\ 0 & 0 & 15 \\ 1 & -1 & 3 \\ 0 & 1 & -4 \\ 0 & 0 & 1 \end{pmatrix}.$$

于是取

$$C = \begin{pmatrix} 1 & -1 & 3 \\ 0 & 1 & -4 \\ 0 & 0 & 1 \end{pmatrix},$$

则有

$$C^{\mathrm{T}}AC = \begin{pmatrix} 1 & 0 & 0 \\ 0 & -1 & 0 \\ 0 & 0 & 15 \end{pmatrix}.$$

即有可逆变换 $x=Cy$，使

$$f = y_1^2 - y_2^2 + 15y_3^2.$$

习题 6.2

1. 用正交变换化下列二次型为标准形.

(1) $f(x_1,x_2,x_3)=2x_1^2+3x_2^2+3x_3^2+4x_2x_3$;

(2) $f(x_1,x_2,x_3)=2x_1^2+5x_2^2+5x_3^2+4x_1x_2-4x_1x_3-8x_2x_3$;

(3) $f(x_1,x_2,x_3,x_4)=x_1x_2+x_2x_3+x_3x_4+x_4x_1$.

2. 用配方法化下列二次型为标准形,并求所用的变换矩阵.

(1) $f(x_1,x_2,x_3)=x_1^2+2x_3^2+2x_1x_3+2x_2x_3$;

(2) $f(x_1,x_2,x_3)=2x_1^2+x_2^2+4x_3^2+2x_1x_2-2x_2x_3$;

(3) $f(x_1,x_2,x_3)=x_1^2+2x_2^2+4x_3^2+2x_1x_2+4x_2x_3$;

(4) $f(x_1,x_2,x_3,x_4)=8x_1x_4+2x_3x_4+2x_2x_3+8x_2x_4$.

3. 用初等变换法化下列二次型为标准形,并求所用的变换矩阵.

(1) $f(x_1,x_2,x_3)=x_1^2+2x_2^2+2x_1x_2-2x_1x_3$;

(2) $f(x_1,x_2,x_3)=x_1x_2+x_1x_3+x_2x_3$.

4. 设 $\boldsymbol{A}$ 是 n 阶实可逆矩阵. 证明：如果 $\boldsymbol{A}$ 与 $-\boldsymbol{A}$ 合同,则 n 必为偶数.

6.3 二次型的规范形

如果二次型 $f=\boldsymbol{x}^{\mathrm{T}}\boldsymbol{A}\boldsymbol{x}$ 的系数是复数,则二次型称为复二次型,此时矩阵 $\boldsymbol{A}$ 为复矩阵;如果系数是实数,则二次型称为实二次型,此时矩阵 $\boldsymbol{A}$ 为实矩阵.

6.3.1 复二次型的规范形

在复二次型的标准形 $f=d_1y_1^2+d_2y_2^2+\cdots+d_ny_n^2$ 中,如果标准形的系数 $d_1,d_2,\cdots,d_n$ 只在 1,0 两个数中取值,则称这个标准形为复二次型的规范形.

设 $f=\boldsymbol{x}^{\mathrm{T}}\boldsymbol{A}\boldsymbol{x}$ 是一个复二次型,经过可逆线性变换 $\boldsymbol{x}=\boldsymbol{C}\boldsymbol{y}$ 后,f 化为标准形

$$f=d_1y_1^2+d_2y_2^2+\cdots+d_ry_r^2,$$

其中 $d_i\neq0(i=1,2,\cdots,r)$,r 为二次型的秩.

再作可逆变换

$$\begin{cases} y_1=\dfrac{1}{\sqrt{d_1}}z_1, \\ \quad\vdots \\ y_2=\dfrac{1}{\sqrt{d_r}}z_r, \\ y_{r+1}=z_{r+1}, \\ \quad\vdots \\ y_n=z_n, \end{cases}$$

则标准形化为了规范形

$$f = z_1^2 + z_2^2 + \cdots + z_r^2.$$

显然,复二次型的规范形完全被原二次型的秩所唯一确定.于是有下面定理.

定理 6.3.1 任意一个复二次型,经过适当的可逆线性变换可以化成规范形,且规范形是唯一的.

推论 1 任一个复对称矩阵都合同于一个形式为

$$\begin{pmatrix} \boldsymbol{E}_r & \boldsymbol{O} \\ \boldsymbol{O} & \boldsymbol{O} \end{pmatrix}$$

的对角矩阵,其中 r 是矩阵的秩.

推论 2 两个复对称矩阵合同的充要条件是它们的秩相等.

6.3.2 实二次型的规范形

在实二次型的标准形 $f=d_1y_1^2+d_2y_2^2+\cdots+d_ny_n^2$ 中,如果标准形的系数 $d_1,d_2,\cdots,d_n$ 只在 $1,-1,0$ 三个数中取值,则称这个标准形为实二次型的规范形.

设 $f=\boldsymbol{x}^{\mathrm{T}}\boldsymbol{A}\boldsymbol{x}$ 是一个实二次型,经过可逆线性变换 $\boldsymbol{x}=\boldsymbol{C}\boldsymbol{y}$ 后,f 化为标准形

$$f = d_1y_1^2 + \cdots + d_py_p^2 - d_{p+1}y_{p+1}^2 - \cdots - d_ry_r^2,$$

其中 $d_i>0(i=1,2,\cdots,r)$,r 为二次型的秩.

再作可逆变换

$$\begin{cases} y_1 = \dfrac{1}{\sqrt{d_1}}z_1, \\ \quad\vdots \\ y_2 = \dfrac{1}{\sqrt{d_r}}z_r, \\ y_{r+1} = z_{r+1}, \\ \quad\vdots \\ y_n = z_n, \end{cases}$$

则标准形化为了规范形

$$f = z_1^2 + \cdots + z_p^2 - z_{p+1}^2 - \cdots - z_r^2.$$

定理 6.3.2 设实二次型 $f(x_1,x_2,\cdots,x_n)=\boldsymbol{x}^{\mathrm{T}}\boldsymbol{A}\boldsymbol{x}$ 的秩为 r,若有两个可逆线性变换

$$\boldsymbol{x} = \boldsymbol{C}\boldsymbol{y}, \quad \boldsymbol{x} = \boldsymbol{P}\boldsymbol{z},$$

分别使

$$f = y_1^2 + \cdots + y_p^2 - y_{p+1}^2 - \cdots - y_r^2,$$
$$f = z_1^2 + \cdots + z_q^2 - z_{q+1}^2 - \cdots - z_r^2,$$

则 $p=q$,即规范形中正平方项个数是唯一的,从而负平方项个数也是唯一的.

这个定理称为**惯性定理**.

在实二次型的规范形中,正平方项个数 p 称为二次型的**正惯性指数**,负平方项个数 $r-p$ 称为二次型的**负惯性指数**,正惯性指数与负惯性指数之差 $s=2p-r$ 称为**符号差**.

证明 令 $\boldsymbol{B}=\boldsymbol{P}^{-1}\boldsymbol{C}$,则 $\boldsymbol{B}$ 可逆,于是 $\boldsymbol{z}=\boldsymbol{P}^{-1}\boldsymbol{x}=\boldsymbol{P}^{-1}\boldsymbol{C}\boldsymbol{y}=\boldsymbol{B}\boldsymbol{y}$ 是一个可逆线性变换,可将

$$f = z_1^2 + \cdots + z_q^2 - z_{q+1}^2 - \cdots - z_r^2$$

化成

$$f = y_1^2 + \cdots + y_p^2 - y_{p+1}^2 - \cdots - y_r^2.$$

假若 $p \neq q$,不妨设 $p > q$. 由以上假设有

$$y_1^2 + \cdots + y_p^2 - y_{p+1}^2 - \cdots - y_r^2 = z_1^2 + \cdots + z_q^2 - z_{q+1}^2 - \cdots - z_r^2. \tag{6.3.1}$$

令

$$\boldsymbol{B} = \begin{pmatrix} b_{11} & b_{12} & \cdots & b_{1n} \\ b_{21} & b_{22} & \cdots & b_{2n} \\ \vdots & \vdots & & \vdots \\ b_{n1} & b_{n2} & \cdots & b_{nn} \end{pmatrix},$$

则

$$\begin{cases} z_1 = b_{11}y_1 + b_{12}y_2 + \cdots + b_{1n}y_n, \\ z_2 = b_{21}y_1 + b_{22}y_2 + \cdots + b_{2n}y_n, \\ \qquad \vdots \\ z_n = b_{n1}y_1 + b_{n2}y_2 + \cdots + b_{nn}y_n. \end{cases} \tag{6.3.2}$$

考虑齐次线性方程组

$$\begin{cases} b_{11}y_1 + b_{12}y_2 + \cdots + b_{1n}y_n = 0, \\ \qquad \vdots \\ b_{q1}y_1 + b_{q2}y_2 + \cdots + b_{qn}y_n = 0, \\ y_{p+1} = 0, \\ \quad \vdots \\ y_n = 0. \end{cases} \tag{6.3.3}$$

方程的个数 $q+(n-p)=n-(p-q)<n$,所以方程组有非零解. 令

$$(y_1, \cdots, y_p, y_{p+1}, \cdots, y_n) = (l_1, \cdots, l_p, l_{p+1}, \cdots, l_n)$$

是一个非零解. 由于 $y_{p+1}, \cdots, y_n$ 恒为 0,所以 $l_{p+1} = \cdots = l_n = 0$. 将这个非零解$(l_1, \cdots, l_p, 0, \cdots, 0)$代入(6.3.1)式左端,得 $l_1^2 + l_2^2 + \cdots + l_p^2 > 0$.

又将$(l_1, \cdots, l_p, 0, \cdots, 0)$通过 $\boldsymbol{z} = \boldsymbol{B}\boldsymbol{y}$ 代入方程组(6.3.1)右端,因为它是方程组(6.3.3)的解,由方程组(6.3.3)和方程组(6.3.2)有 $z_1 = \cdots = z_q = 0$,于是(6.3.1)式右端的值为 $-z_{q+1}^2 - \cdots - z_r^2 \leqslant 0$,矛盾. 因此 $p > q$ 不成立,故 $p \leqslant q$. 同理可证 $q \leqslant p$,从而 $p = q$.

于是有下面定理.

定理 6.3.3 任意一个实二次型,经过适当的可逆线性变换可以化成规范形,且规范形是唯一的.

注 虽然实二次型的标准形不唯一,但是由上面化成规范形的过程可以看出,标准形中系数为正的平方项的个数与规范形中正平方项的个数是一致的. 因此,在实二次型的标准形中,系数为正的平方项的个数等于正惯性指数,系数为负的平方项的个数等于负惯性指数. 故一个实二次型的秩,正(负)惯性指数,符号差都是唯一的.

把实二次型的规范形的结论,移植到实对称矩阵上,有

定理 6.3.4 任一实对称矩阵 $\boldsymbol{A}$ 都合同于一个形式为

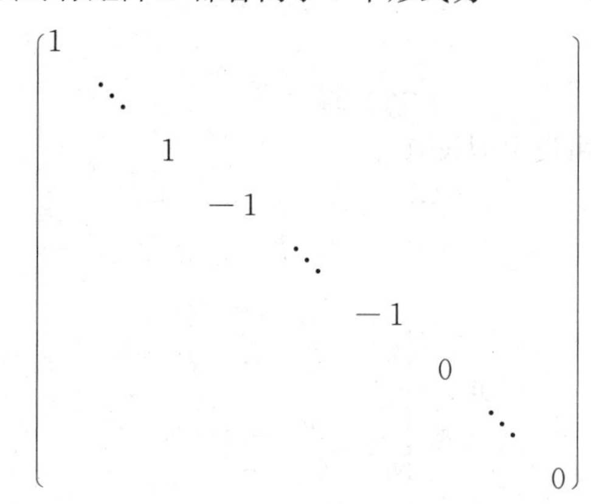

的对角矩阵. 其中主对角线上 1 的个数 p 及 -1 的个数 q 是唯一的,分别称为 $\boldsymbol{A}$ 的正、负惯性指数,$p+q=r$ 为 $\boldsymbol{A}$ 的秩.

习题 6.3

1. 化下列二次型为规范形(分实二次型及复二次型两种情形),并写出所作的变换.

(1) $f(x_1,x_2,x_3)=x_1^2+2x_3^2+2x_1x_3+2x_2x_3$;

(2) $f(x_1,x_2,x_3)=2x_1^2+x_2^2+4x_3^2+2x_1x_2-2x_2x_3$;

(3) $f(x_1,x_2,x_3)=x_1^2+2x_2^2+4x_3^2+2x_1x_2+4x_2x_3$.

2. 计算二次型

$$f(x_1,x_2,x_3,x_4) = x_1^2-2x_1x_2+2x_1x_3-2x_1x_4+x_2^2+2x_2x_3-4x_2x_4+x_3^2-2x_4^2$$

的秩和符号差.

3. 如果把 n 阶实对称矩阵按合同关系分类(即两个 n 阶实对称矩阵属于同一类当且仅当它们是合同的),问共有几类?

4. 证明:实二次型 f 的秩 r 与符号差 s 有相同的奇偶性,并且 $-r\leqslant s\leqslant r$.

6.4 正定二次型

在 n 元实二次型中,正惯性指数为 n 的二次型是一类重要的二次型,它们在工程技术和最优化等问题中有着广泛的应用.

定义 6.4.1 设实二次型 $f(x_1,x_2,\cdots,x_n)=\boldsymbol{x}^{\mathrm{T}}\boldsymbol{A}\boldsymbol{x}$,如果对任意 $\boldsymbol{x}\neq\boldsymbol{0}$ $(\boldsymbol{x}\in\mathbb{R}^n)$,都有

(1) $f=\boldsymbol{x}^{\mathrm{T}}\boldsymbol{A}\boldsymbol{x}>0$,则称 f 为**正定二次型**,而矩阵 $\boldsymbol{A}$ 称为**正定矩阵**;

(2) $f=\boldsymbol{x}^{\mathrm{T}}\boldsymbol{A}\boldsymbol{x}<0$,则称 f 为**负定二次型**,而矩阵 $\boldsymbol{A}$ 称为**负定矩阵**;

(3) $f=\boldsymbol{x}^{\mathrm{T}}\boldsymbol{A}\boldsymbol{x}\geqslant0$,则称 f 为**半正定二次型**,而矩阵 $\boldsymbol{A}$ 称为**半正定矩阵**;

(4) $f=\boldsymbol{x}^{\mathrm{T}}\boldsymbol{A}\boldsymbol{x}\leqslant0$,则称 f 为**半负定二次型**,而矩阵 $\boldsymbol{A}$ 称为**半负定矩阵**.

不是正定、半正定、负定、半负定的二次型称为**不定二次型**.

下面主要研究正定二次型.

定理 6.4.1 n 元实二次型 $f=\boldsymbol{x}^{\mathrm{T}}\boldsymbol{A}\boldsymbol{x}$ 正定的充要条件是它的标准形的 n 个系数全为正,即它的正惯性指数等于 n.

证明 设可逆变换 $\boldsymbol{x}=\boldsymbol{C}\boldsymbol{y}$ 使

$$f=\boldsymbol{x}^{\mathrm{T}}\boldsymbol{A}\boldsymbol{x}=\boldsymbol{y}^{\mathrm{T}}(\boldsymbol{C}^{\mathrm{T}}\boldsymbol{A}\boldsymbol{C})\boldsymbol{y}=d_1y_1^2+d_2y_2^2+\cdots+d_ny_n^2.$$

充分性 设 $d_i>0(i=1,2,\cdots,n)$,对任意 $\boldsymbol{x}\neq\boldsymbol{0}$ $(\boldsymbol{x}\in\mathbb{R}^n)$,则有 $\boldsymbol{y}=\boldsymbol{C}^{-1}\boldsymbol{x}\neq\boldsymbol{0}$,且

$$f=\boldsymbol{x}^{\mathrm{T}}\boldsymbol{A}\boldsymbol{x}=d_1y_1^2+d_2y_2^2+\cdots+d_ny_n^2>0,$$

故 f 为正定二次型.

必要性 设二次型 $f=\boldsymbol{x}^{\mathrm{T}}\boldsymbol{A}\boldsymbol{x}$ 正定,假设有 $d_i\leqslant 0$,则取 $y_i=1,y_j=0(j\neq i)$,于是有 $\boldsymbol{x}=\boldsymbol{C}\boldsymbol{y}\neq\boldsymbol{0}$,而

$$f=\boldsymbol{x}^{\mathrm{T}}\boldsymbol{A}\boldsymbol{x}=d_1 0^2+\cdots+d_i 1^2+\cdots+d_n 0^2=d_i\leqslant 0,$$

这与二次型 f 正定的假设矛盾,故必有 $d_i>0(i=1,2,\cdots,n)$.

推论 1 实二次型 $f=\boldsymbol{x}^{\mathrm{T}}\boldsymbol{A}\boldsymbol{x}$ 正定的充要条件是 $\boldsymbol{A}$ 的特征值均为正数.

相应地,实对称矩阵 $\boldsymbol{A}$ 正定的充要条件是 $\boldsymbol{A}$ 的特征值均为正数.

这是因为二次型 f 经过正交变换 $\boldsymbol{x}=\boldsymbol{P}\boldsymbol{y}$,化为标准形

$$f=\lambda_1y_1^2+\lambda_2y_2^2+\cdots+\lambda_ny_n^2,$$

其中 $\lambda_1,\lambda_2,\cdots,\lambda_n$ 是 $\boldsymbol{A}$ 的特征值. 由定理 6.4.1 知 f 正定的充要条件是 $\lambda_1,\lambda_2,\cdots,\lambda_n$ 全大于 0.

例 6.4.1 判别二次型

$$f(x_1,x_2,x_3)=x_1^2+2x_2^2+5x_3^2+2x_1x_2-4x_2x_3$$

是否正定.

解

$$\begin{aligned}f(x_1,x_2,x_3)&=x_1^2+2x_2^2+5x_3^2+2x_1x_2-4x_2x_3\\&=(x_1-x_2)^2+(x_2-2x_3)^2+x_3^2.\end{aligned}$$

令

$$\begin{cases}y_1=x_1-x_2,\\y_2=x_2-2x_3,\\y_3=x_3,\end{cases}$$

则将二次型 f 化为标准形

$$f=y_1^2+y_2^2+y_3^2.$$

因 f 的正惯性指数等于 3,所以二次型是正定的.

因为正定二次型的正惯性指数为 n,所以正定二次型的规范形为

$$f=y_1^2+y_2^2+\cdots+y_n^2=\boldsymbol{y}^{\mathrm{T}}\boldsymbol{E}\boldsymbol{y},$$

这说明规范形的矩阵是单位矩阵 $\boldsymbol{E}$. 于是可得下面推论.

推论 2 实二次型 $f=\boldsymbol{x}^{\mathrm{T}}\boldsymbol{A}\boldsymbol{x}$ 正定的充要条件是它的矩阵 $\boldsymbol{A}$ 与单位矩阵合同.

相应地,实对称矩阵 $\boldsymbol{A}$ 正定的充要条件是 $\boldsymbol{A}$ 与单位矩阵合同. 由此还可得到另一个推论.

推论 3 正定矩阵的行列式大于零.

证明 设 $\boldsymbol{A}$ 是正定矩阵,则 $\boldsymbol{A}$ 与单位矩阵合同,于是有可逆矩阵 $\boldsymbol{C}$ 使

$$\boldsymbol{A}=\boldsymbol{C}^{\mathrm{T}}\boldsymbol{E}\boldsymbol{C}=\boldsymbol{C}^{\mathrm{T}}\boldsymbol{C},$$

两边取行列式,得

$$|\boldsymbol{A}|=|\boldsymbol{C}^{\mathrm{T}}\boldsymbol{C}|=|\boldsymbol{C}^{\mathrm{T}}||\boldsymbol{C}|=|\boldsymbol{C}|^{2}>0.$$

有时可以直接从二次型 $f=\boldsymbol{x}^{\mathrm{T}}\boldsymbol{A}\boldsymbol{x}$ 的矩阵 $\boldsymbol{A}$ 判断 f 是否正定二次型. 例如通过 $\boldsymbol{A}$ 的特征值的符号来判断二次型是否正定. 下面介绍另一种判别方法,为此,先引入顺序主子式的概念.

定义 6.4.2 设 $\boldsymbol{A}=(a_{ij})_{n\times n}$ 是 n 阶矩阵,$\boldsymbol{A}$ 的子式

$$\begin{vmatrix} a_{11} & a_{12} & \cdots & a_{1k} \\ a_{21} & a_{22} & \cdots & a_{2k} \\ \vdots & \vdots & & \vdots \\ a_{k1} & a_{k2} & \cdots & a_{kk} \end{vmatrix},\quad k=1,2,\cdots,n$$

称为矩阵 $\boldsymbol{A}$ 的**顺序主子式**.

显然,n 阶矩阵的顺序主子式有 n 个.

定理 6.4.2 n 元实二次型 $f=\boldsymbol{x}^{\mathrm{T}}\boldsymbol{A}\boldsymbol{x}$ 正定的充要条件是矩阵 $\boldsymbol{A}$ 的顺序主子式全大于零.

相应地,实对称矩阵 $\boldsymbol{A}$ 正定的充要条件是矩阵 $\boldsymbol{A}$ 的顺序主子式全大于零.

证明 必要性 设二次型

$$f(x_1,x_2,\cdots,x_n)=\sum_{i=1}^{n}\sum_{j=1}^{n}a_{ij}x_ix_j$$

正定. 令

$$f_k(x_1,x_2,\cdots,x_k)=\sum_{i=1}^{k}\sum_{j=1}^{k}a_{ij}x_ix_j,\quad k=1,2,\cdots,n.$$

对任意 k 个不全为零的实数 $c_1,c_2,\cdots,c_k$,有

$$f_k(c_1,c_2,\cdots,c_k)=\sum_{i=1}^{k}\sum_{j=1}^{k}a_{ij}c_ic_j=f(c_1,c_2,\cdots,c_k,0,\cdots,0)>0,$$

所以 k 元二次型 $f_k(x_1,x_2,\cdots,x_k)$ 是正定的,从而 $f_k(x_1,x_2,\cdots,x_k)$ 的矩阵

$$\boldsymbol{A}_k=\begin{pmatrix} a_{11} & a_{12} & \cdots & a_{1k} \\ a_{21} & a_{22} & \cdots & a_{2k} \\ \vdots & \vdots & & \vdots \\ a_{k1} & a_{k2} & \cdots & a_{kk} \end{pmatrix}$$

是正定的,由定理 6.4.1 的推论 3 知,$|\boldsymbol{A}_k|>0(k=1,2,\cdots,n)$.

充分性 对 n 作数学归纳法.

当 $n=1$ 时,有

$$f(x_1)=a_{11}x_1^2,$$

由条件 $a_{11}>0$,显然 $f(x_1)=a_{11}x_1^2$ 正定.

假设充分性论断对 $n-1$ 元二次型是成立的,现在证明 n 元二次型的情形. 令

$$f_{n-1}(x_1,x_2,\cdots,x_{n-1})=\sum_{i=1}^{n-1}\sum_{j=1}^{n-1}a_{ij}x_ix_j,$$

它的矩阵是

$$\boldsymbol{A}_{n-1}=\begin{pmatrix} a_{11} & a_{12} & \cdots & a_{1,n-1} \\ a_{21} & a_{22} & \cdots & a_{2,n-1} \\ \vdots & \vdots & & \vdots \\ a_{n-1,1} & a_{n-1,2} & \cdots & a_{n-1,n-1} \end{pmatrix}.$$

$\boldsymbol{A}_{n-1}$的顺序主子式就是$\boldsymbol{A}$的前$n-1$个顺序主子式.因$\boldsymbol{A}$的顺序主子式全大于零,所以$\boldsymbol{A}_{n-1}$的顺序主子式也全大于零.由归纳假设知,$f_{n-1}(x_1,x_2,\cdots,x_{n-1})$是正定的.因此有可逆的线性变换

$$\begin{cases} x_1=c_{11}y_1+c_{12}y_2+\cdots+c_{1,n-1}y_{n-1}, \\ x_2=c_{21}y_1+c_{22}y_2+\cdots+c_{2,n-1}y_{n-1}, \\ \qquad\vdots \\ x_{n-1}=c_{n-1,1}y_1+c_{n-1,2}y_2+\cdots+c_{n-1,n-1}y_{n-1}, \end{cases}$$

使

$$f_{n-1}(x_1,x_2,\cdots,x_{n-1})=y_1^2+y_2^2+\cdots+y_{n-1}^2.$$

作线性变换

$$\begin{cases} x_1=c_{11}y_1+c_{12}y_2+\cdots+c_{1,n-1}y_{n-1}, \\ x_2=c_{21}y_1+c_{22}y_2+\cdots+c_{2,n-1}y_{n-1}, \\ \qquad\vdots \\ x_{n-1}=c_{n-1,1}y_1+c_{n-1,2}y_2+\cdots+c_{n-1,n-1}y_{n-1}, \\ x_n=y_n, \end{cases}$$

这是一个n元可逆线性变换,且$f(x_1,x_2,\cdots,x_n)$经过这个变换化为

$$\begin{aligned} f(x_1,x_2,\cdots,x_n) &= \sum_{i=1}^{n-1}\sum_{j=1}^{n-1}a_{ij}x_ix_j+2\sum_{i=1}^{n-1}a_{in}x_ix_n+a_{nn}x_n^2 \\ &= y_1^2+y_2^2+\cdots+y_{n-1}^2+2\sum_{i=1}^{n-1}b_{in}y_iy_n+a_{nn}y_n^2 \\ &= (y_1+b_{1n}y_n)^2+(y_2+b_{2n}y_n)^2+\cdots+(y_{n-1}+b_{n-1,n}y_n)^2+b_{nn}y_n^2. \end{aligned}$$

再令

$$\begin{cases} z_1=y_1+b_{1n}y_n, \\ z_2=y_2+b_{2n}y_n, \\ \qquad\vdots \\ z_{n-1}=y_{n-1}+b_{n-1,n}y_n, \\ z_n=y_n, \end{cases}$$

则二次型f经过这个线性变换后,化成标准形

$$f=\boldsymbol{x}^{\mathrm{T}}\boldsymbol{A}\boldsymbol{x}=z_1^2+z_2^2+\cdots+z_{n-1}^2+b_{nn}z_n^2.$$

因此矩阵$\boldsymbol{A}$与矩阵

$$\begin{pmatrix} 1 & & & \\ & \ddots & & \\ & & 1 & \\ & & & b_{nn} \end{pmatrix}$$

合同,于是有可逆矩阵 $\boldsymbol{C}$,使

$$\boldsymbol{C}^{\mathrm{T}}\boldsymbol{A}\boldsymbol{C}=\begin{pmatrix}1&&&\\&\ddots&&\\&&1&\\&&&b_{nn}\end{pmatrix}.$$

两边取行列式,得

$$b_{nn}=|\boldsymbol{C}^{\mathrm{T}}\boldsymbol{A}\boldsymbol{C}|=|\boldsymbol{C}|^{2}|\boldsymbol{A}|>0,$$

故 f 的标准形的系数全为正,即正惯性指数等于 n,从而 $f=\boldsymbol{x}^{\mathrm{T}}\boldsymbol{A}\boldsymbol{x}$ 正定.

由数学归纳法,充分性得证.

例 6.4.2 判别二次型

$$f(x_1,x_2,x_3)=x_1^2+3x_2^2+4x_3^2+2x_1x_2-2x_1x_3-4x_2x_3$$

是否正定.

解 二次型 f 的矩阵为

$$\begin{pmatrix}1&1&-1\\1&3&-2\\-1&-2&4\end{pmatrix}.$$

它的顺序主子式满足

$$1>0,\quad\begin{vmatrix}1&1\\1&3\end{vmatrix}=2>0,\quad\begin{vmatrix}1&1&-1\\1&3&-2\\-1&-2&4\end{vmatrix}=5>0,$$

所以 $f(x_1,x_2,x_3)$ 正定.

例 6.4.3 当 t 取何值时,二次型

$$f(x_1,x_2,x_3)=x_1^2+x_2^2+5x_3^2+2tx_1x_2-2x_1x_3+4x_2x_3$$

是正定二次型.

解 二次型的矩阵为

$$\boldsymbol{A}=\begin{pmatrix}1&t&-1\\t&1&2\\-1&2&5\end{pmatrix}.$$

二次型 f 正定的充要条件是矩阵 $\boldsymbol{A}$ 的顺序主子式满足

$$1>0,\quad\begin{vmatrix}1&t\\t&3\end{vmatrix}=3-t^2>0,\quad\begin{vmatrix}1&t&-1\\t&1&2\\-1&2&5\end{vmatrix}=-(5t^2+4t)>0.$$

由

$$\begin{cases}3-t^2>0,\\-(5t^2+4t)>0,\end{cases}$$

解得 $-\frac{4}{5}<t<0$,即当 $-\frac{4}{5}<t<0$ 时,二次型 $f(x_1,x_2,x_3)$ 是正定二次型.

对于二次型半正定的判定,可以得到与正定条件类似的判别方法.下面只给出结果,证明留作习题.

定理 6.4.3 $f(x_1,x_2,\cdots,x_n)=\boldsymbol{x}^{\mathrm{T}}\boldsymbol{A}\boldsymbol{x}$ 半正定的充要条件是它的正惯性指数等于它的秩.

定理 6.4.4 $f(x_1,x_2,\cdots,x_n)=\boldsymbol{x}^{\mathrm{T}}\boldsymbol{A}\boldsymbol{x}$ 半正定的充要条件是矩阵 $\boldsymbol{A}$ 的特征值全大于或等于零.

最后介绍二次型的其他类型的判定.

显然,$f(x_1,x_2,\cdots,x_n)$负定的充要条件是$-f(x_1,x_2,\cdots,x_n)$正定. $f(x_1,x_2,\cdots,x_n)$半负定的充要条件是$-f(x_1,x_2,\cdots,x_n)$半正定.

由此可得实二次型 $f(x_1,x_2,\cdots,x_n)=\boldsymbol{x}^{\mathrm{T}}\boldsymbol{A}\boldsymbol{x}$ 负定、半负定的一些判别方法.

(1) $f(x_1,x_2,\cdots,x_n)=\boldsymbol{x}^{\mathrm{T}}\boldsymbol{A}\boldsymbol{x}$ 负定的充要条件是它的负惯性指数等于 n. 因此负定实二次型的规范形是

$$-y_1^2-y_2^2-\cdots-y_n^2.$$

(2) $f(x_1,x_2,\cdots,x_n)=\boldsymbol{x}^{\mathrm{T}}\boldsymbol{A}\boldsymbol{x}$ 负定的充要条件是 $\boldsymbol{A}$ 的特征值全小于零.

(3) $f(x_1,x_2,\cdots,x_n)=\boldsymbol{x}^{\mathrm{T}}\boldsymbol{A}\boldsymbol{x}$ 负定的充要条件是 $\boldsymbol{A}$ 的奇数阶顺序主子式小于零,偶数阶顺序主子式大于零.

(4) $f(x_1,x_2,\cdots,x_n)=\boldsymbol{x}^{\mathrm{T}}\boldsymbol{A}\boldsymbol{x}$ 半负定的充要条件是它的负惯性指数等于 $\boldsymbol{A}$ 的秩 r.

这里只给出(3)的证明. 设 $\boldsymbol{A}=(a_{ij})_{n\times n}$,则$-\boldsymbol{A}=(-a_{ij})_{n\times n}$. $-\boldsymbol{A}$ 的任一 k 阶顺序主子式

$$|-\boldsymbol{A}_k|=\begin{vmatrix}-a_{11} & -a_{12} & \cdots & -a_{1k}\\ -a_{21} & -a_{22} & \cdots & -a_{2k}\\ \vdots & \vdots & & \vdots\\ -a_{k1} & -a_{k2} & \cdots & -a_{kk}\end{vmatrix}=(-1)^k\begin{vmatrix}a_{11} & a_{12} & \cdots & a_{1k}\\ a_{21} & a_{22} & \cdots & a_{2k}\\ \vdots & \vdots & & \vdots\\ a_{k1} & a_{k2} & \cdots & a_{kk}\end{vmatrix}$$
$$=(-1)^k|\boldsymbol{A}_k|.$$

于是 $\boldsymbol{A}$ 负定的充要条件是$-\boldsymbol{A}$ 正定; 而$-\boldsymbol{A}$ 正定的充要条件是$|-\boldsymbol{A}_k|=(-1)^k|\boldsymbol{A}_k|>0$,即当 k 为奇数时,$|\boldsymbol{A}_k|<0$,而当 k 为偶数时,$|\boldsymbol{A}_k|>0$ $(k=1,2,\cdots,n)$.

例 6.4.4 判别二次型

$$f(x_1,x_2,x_3)=-2x_1^2-3x_2^2-3x_3^2+4x_1x_2-2x_1x_3+4x_2x_3$$

正定性.

解 二次型的矩阵为

$$\boldsymbol{A}=\begin{pmatrix}-2 & 2 & -1\\ 2 & -3 & 2\\ -1 & 2 & -3\end{pmatrix}.$$

矩阵 $\boldsymbol{A}$ 的各阶顺序主子式满足

$$|\boldsymbol{A}_1|=-2<0,\quad |\boldsymbol{A}_2|=\begin{vmatrix}-2 & 2\\ 2 & -3\end{vmatrix}=2>0,\quad |\boldsymbol{A}|=\begin{vmatrix}-2 & 2 & -1\\ 2 & -3 & 2\\ -1 & 2 & -3\end{vmatrix}=-3<0.$$

所以二次型负定.

习题 6.4

1. 判别下列二次型是否正定.

(1) $f(x_1,x_2,x_3)=5x_1^2+6x_2^2+4x_3^2-4x_1x_2-4x_2x_3$;

(2) $f(x_1,x_2,x_3)=-2x_1^2-6x_2^2-4x_3^2+2x_1x_2+2x_1x_3$；

(3) $f(x_1,x_2,x_3,x_4)=x_1^2+3x_2^2+9x_3^2+19x_4^2-2x_1x_2+4x_1x_3+2x_1x_4-6x_2x_4-12x_3x_4$.

2. 当 t 取什么值时，下列二次型是正定的.

(1) $f(x_1,x_2,x_3)=2x_1^2+x_2^2+x_3^2+2x_1x_2+tx_2x_3$；

(2) $f(x_1,x_2,x_3)=t(x_1^2+x_2^2+x_3^2)+2x_1x_2-2x_2x_3$；

(3) $f(x_1,x_2,x_3)=x_1^2+4x_2^2+x_3^2+2tx_1x_2+10x_1x_3+6x_2x_3$.

3. 设 $\boldsymbol{A},\boldsymbol{B}$ 都是 n 阶正定矩阵，证明：$\boldsymbol{A}+\boldsymbol{B}$ 也是正定矩阵.

4. 证明：实二次型 $f(x_1,x_2,\cdots,x_n)=\boldsymbol{x}^{\mathrm{T}}\boldsymbol{A}\boldsymbol{x}$ 半正定的充要条件是它的正惯性指数等于它的秩 r.

5. 证明：实二次型 $f(x_1,x_2,\cdots,x_n)=\boldsymbol{x}^{\mathrm{T}}\boldsymbol{A}\boldsymbol{x}$ 半正定的充要条件是矩阵 $\boldsymbol{A}$ 的特征值全部大于或等于零.

6. 已知实二次型 $f(x_1,x_2,\cdots,x_n)=\boldsymbol{x}^{\mathrm{T}}\boldsymbol{A}\boldsymbol{x}$ 是半正定的，k 为正实数. 证明：矩阵 $k\boldsymbol{E}+\boldsymbol{A}$ 是正定的.

6.5 二次曲面一般方程的讨论

第 2 章中所讲到的二次曲面，它们的方程都是标准方程，而二次曲面的一般方程为

$$a_{11}x^2+a_{22}y^2+a_{33}z^2+2a_{12}xy+2a_{13}xz+2a_{23}yz+b_1x+b_2y+b_3z+c=0. \tag{6.5.1}$$

利用矩阵运算，方程(6.5.1)可改写成

$$f(x,y,z)=\boldsymbol{x}^{\mathrm{T}}\boldsymbol{A}\boldsymbol{x}+\boldsymbol{b}^{\mathrm{T}}\boldsymbol{x}+c=0, \tag{6.5.2}$$

其中

$$\boldsymbol{x}=(x,y,z)^{\mathrm{T}},\quad \boldsymbol{b}=(b_1,b_2,b_3)^{\mathrm{T}},\quad \boldsymbol{A}=\begin{pmatrix} a_{11} & a_{12} & a_{13} \\ a_{21} & a_{22} & a_{23} \\ a_{31} & a_{32} & a_{33} \end{pmatrix},\quad a_{ij}=a_{ji},i,j=1,2,3.$$

为了研究二次曲面的形态，对二次曲面进行分类，需要将二次曲面的一般方程化为标准方程.

先利用正交变换 $\boldsymbol{x}=\boldsymbol{P}\boldsymbol{y}$ 将方程(6.5.2)中的二次型部分 $\boldsymbol{x}^{\mathrm{T}}\boldsymbol{A}\boldsymbol{x}$ 化为标准形

$$\boldsymbol{x}^{\mathrm{T}}\boldsymbol{A}\boldsymbol{x}=\lambda_1x_1^2+\lambda_2y_1^2+\lambda_3z_1^2,$$

这里 $\boldsymbol{P}$ 为正交矩阵，$\boldsymbol{y}=(x_1,y_1,z_1)^{\mathrm{T}}$，相应地有

$$\boldsymbol{b}^{\mathrm{T}}\boldsymbol{x}=\boldsymbol{b}^{\mathrm{T}}\boldsymbol{P}\boldsymbol{y}=(\boldsymbol{b}^{\mathrm{T}}\boldsymbol{P})\boldsymbol{y}=k_1x_1+k_2y_1+k_3z_1,$$

于是方程(6.5.2)可化为

$$\lambda_1x_1^2+\lambda_2y_1^2+\lambda_3z_1^2+k_1x_1+k_2y_1+k_3z_1+c=0. \tag{6.5.3}$$

再作坐标平移变换，就可将方程(6.5.3)化为标准形.

(1) 当 $\lambda_1\lambda_2\lambda_3\neq0$ 时，用配方法可将方程(6.5.3)化为标准方程

$$\lambda_1\tilde{x}^2+\lambda_2\tilde{y}^2+\lambda_3\tilde{z}^2=d. \tag{6.5.4}$$

当 $d\neq0$ 时，①若 $\lambda_1,\lambda_2,\lambda_3,d$ 同号，则方程(6.5.4)可化为

$$\frac{\tilde{x}^2}{a^2}+\frac{\tilde{y}^2}{b^2}+\frac{\tilde{z}^2}{c^2}=1.\text{（椭球面）}$$

② 若 $\lambda_1,\lambda_2,\lambda_3$ 同号，d 与之异号，则方程(6.5.4)可化为

$$\frac{\tilde{x}^2}{a^2}+\frac{\tilde{y}^2}{b^2}+\frac{\tilde{z}^2}{c^2}=-1.\text{（虚椭球面）}$$

③ 若 $\lambda_1,\lambda_2,\lambda_3$ 有两个与 d 同号，另一个与之异号，例如 λ_1,λ_2,d 同号，λ_3 与之异号，则方程(6.5.4)可化为

$$\frac{\tilde{x}^2}{a^2}+\frac{\tilde{y}^2}{b^2}-\frac{\tilde{z}^2}{c^2}=1.\text{（单叶双曲面）}$$

④ 若 $\lambda_1,\lambda_2,\lambda_3$ 有一个与 d 同号，另两个与之异号，例如 λ_3,d 同号，λ_1,λ_2 与之异号，则方程(6.5.4)可化为

$$\frac{\tilde{x}^2}{a^2}+\frac{\tilde{y}^2}{b^2}-\frac{\tilde{z}^2}{c^2}=-1.\text{（双叶双曲面）}$$

当 $d=0$ 时，①若 $\lambda_1,\lambda_2,\lambda_3$ 有两个同号，另一个与之异号，例如 λ_1,λ_2 同号，λ_3 与之异号，则方程(6.5.4)可化为

$$\frac{\tilde{x}^2}{a^2}+\frac{\tilde{y}^2}{b^2}-\frac{\tilde{z}^2}{c^2}=0.\text{（二次锥面）}$$

② 若 $\lambda_1,\lambda_2,\lambda_3$ 同号，则方程(6.5.4)可化为

$$\frac{\tilde{x}^2}{a^2}+\frac{\tilde{y}^2}{b^2}+\frac{\tilde{z}^2}{c^2}=0.\text{（点）}$$

(2) 当 $\lambda_1,\lambda_2,\lambda_3$ 有一个为零时，例如 $\lambda_1\neq0,\lambda_2\neq0,\lambda_3=0$，用配方法可将方程(6.5.3)化为下面两种情形之一：

$$\lambda_1\tilde{x}^2+\lambda_2\tilde{y}^2=k_3\tilde{z}. \tag{6.5.5}$$

$$\lambda_1\tilde{x}^2+\lambda_2\tilde{y}^2=\mu. \tag{6.5.6}$$

对于方程(6.5.5)，如果 λ_1,λ_2 同号，则方程可化为

$$\frac{x^2}{a^2}+\frac{y^2}{b^2}=\pm z.\text{（椭圆抛物面）}$$

如果 λ_1,λ_2 异号，则方程可化为

$$\frac{x^2}{a^2}-\frac{y^2}{b^2}=\pm z.\text{（双曲抛物面）}$$

对于方程(6.5.6)，如果 λ_1,λ_2,μ 同号，则方程可化为

$$\frac{x^2}{a^2}+\frac{y^2}{b^2}=1.\text{（椭圆柱面）}$$

如果 λ_1,λ_2 同号，μ 与之异号，则方程可化为

$$\frac{x^2}{a^2}+\frac{y^2}{b^2}=-1.\text{（虚椭圆柱面）}$$

如果 λ_1,λ_2 异号，$\mu\neq0$，则方程可化为

$$\frac{x^2}{a^2}-\frac{y^2}{b^2}=\pm1.\text{（双曲柱面）}$$

如果 λ_1,λ_2 同号，$\mu=0$，则方程可化为

$$\frac{x^2}{a^2}+\frac{y^2}{b^2}=0.\text{（直线）}$$

如果 λ_1,λ_2 异号，$\mu=0$，则方程可化为

$$\frac{x^2}{a^2}-\frac{y^2}{b^2}=0.\text{（一对相交平面）}$$

(3) 当 $\lambda_1,\lambda_2,\lambda_3$ 有两个为零时，例如 $\lambda_1\neq0,\lambda_2=0,\lambda_3=0$，用配方法可将方程(6.5.3)化为下面四种情形之一：

$$\lambda_1\tilde{x}^2+p\,\tilde{y}+q\,\tilde{z}=0(p\neq0,q\neq0),\tag{6.5.7}$$

$$\lambda_1\tilde{x}^2+p\,\tilde{y}=0(p\neq0),\tag{6.5.8}$$

$$\lambda_1\tilde{x}^2+q\,\tilde{z}=0(q\neq0),\tag{6.5.9}$$

$$\lambda_1\tilde{x}^2+d=0.\tag{6.5.10}$$

对于方程(6.5.7)，作绕 x 轴的坐标旋转变换可化为方程(6.5.8)或方程(6.5.9)，例如令

$$\bar{x}=\tilde{x},\bar{y}=\frac{p\,\tilde{y}+q\,\tilde{z}}{\sqrt{p^2+q^2}},\bar{z}=\frac{q\,\tilde{y}-p\,\tilde{z}}{\sqrt{p^2+q^2}},$$

则方程可化为

$$\lambda_1\bar{x}^2+\sqrt{p^2+q^2}\;\bar{y}=0.\text{（抛物柱面）}$$

方程 $\lambda_1\tilde{x}^2+p\,\tilde{y}=0(p\neq0)$ 和方程 $\lambda_1\tilde{x}^2+q\,\tilde{z}=0(q\neq0)$ 都表示抛物柱面.

对于方程(6.5.10)，若 λ_1,d 异号，则表示一对平行平面；若 λ_1,d 同号，则表示一对虚平行平面；若 $d=0$，则表示一对重合平面(Oyz 坐标面).

例 6.5.1 将二次曲面 $2x^2+y^2-4xy-4yz+x+2y-4z+4=0$ 的方程化为标准形，并说明它是什么曲面.

解 将曲面的方程写成矩阵形式

$$\boldsymbol{x}^{\mathrm{T}}\boldsymbol{A}\boldsymbol{x}+\boldsymbol{b}^{\mathrm{T}}\boldsymbol{x}+4=0,$$

其中

$$\boldsymbol{A}=\begin{pmatrix}2&-2&0\\-2&1&-2\\0&-2&0\end{pmatrix},\quad b=\begin{pmatrix}1\\2\\-4\end{pmatrix},\quad x=\begin{pmatrix}x\\y\\z\end{pmatrix}.$$

$\boldsymbol{A}$ 的特征多项式为

$$|\lambda\boldsymbol{E}-\boldsymbol{A}|=\begin{vmatrix}\lambda-2&2&0\\2&\lambda-1&2\\0&2&\lambda\end{vmatrix}=(\lambda-1)(\lambda-4)(\lambda+2).$$

$\boldsymbol{A}$ 的特征值为 $\lambda_1=1,\lambda_2=4,\lambda_3=-2$. 分别求出它们对应的特征向量

$$\boldsymbol{\alpha}_1=\begin{pmatrix}2\\1\\-2\end{pmatrix},\boldsymbol{\alpha}_2=\begin{pmatrix}2\\-2\\1\end{pmatrix},\boldsymbol{\alpha}_3=\begin{pmatrix}1\\2\\2\end{pmatrix},$$

标准正交化得

$$\boldsymbol{p}_1=\begin{pmatrix}\frac{2}{3}\\\frac{1}{3}\\-\frac{2}{3}\end{pmatrix},\quad \boldsymbol{p}_2=\begin{pmatrix}\frac{2}{3}\\-\frac{2}{3}\\\frac{1}{3}\end{pmatrix},\quad \boldsymbol{p}_3=\begin{pmatrix}\frac{1}{3}\\\frac{2}{3}\\\frac{2}{3}\end{pmatrix}.$$

取 $\boldsymbol{P}=(\boldsymbol{p}_1,\boldsymbol{p}_2,\boldsymbol{p}_3)$，则 $\boldsymbol{P}$ 是正交矩阵，有

$$\boldsymbol{P}^{\mathrm{T}}\boldsymbol{AP}=\begin{pmatrix}1&0&0\\0&4&0\\0&0&-2\end{pmatrix}.$$

作正交变换 $\boldsymbol{x}=\boldsymbol{Py}$，其中 $\boldsymbol{y}=(\tilde{x},\tilde{y},\tilde{z})^{\mathrm{T}}$，则有

$$\boldsymbol{x}^{\mathrm{T}}\boldsymbol{Ax}=\tilde{x}^2+4\tilde{y}^2-2\tilde{z}^2,\quad \boldsymbol{b}^{\mathrm{T}}\boldsymbol{x}=4\tilde{x}-2\tilde{y}-\tilde{z}.$$

于是原方程可化为

$$\tilde{x}^2+4\tilde{y}^2-2\tilde{z}^2+4\tilde{x}-2\tilde{y}-\tilde{z}+4=0,$$

配方得

$$(\tilde{x}+2)^2+4\left(\tilde{y}-\frac{1}{4}\right)^2-2\left(\tilde{z}+\frac{1}{4}\right)^2=\frac{1}{8}.$$

令

$$\bar{x}=\tilde{x}+2,\quad \bar{y}=\tilde{y}-\frac{1}{4},\quad \bar{z}=\tilde{z}+\frac{1}{4},$$

则原方程化为标准方程

$$\bar{x}^2+4\bar{y}^2-2\bar{z}^2=\frac{1}{8}.$$

该曲面是单叶双曲面.

习题 6.5

1. 将二次曲面 $11x^2+11y^2+14z^2-2xy-8xz-8yz-6=0$ 的方程化为标准形，并说明它是什么曲面.

2. 将二次曲面 $2x^2+3y^2+4z^2+4xy+4yz+2x-y+6z+8=0$ 的方程化为标准形，并说明它是什么曲面.

3. 将二次曲面 $z=xy$ 的方程化为标准形，并说明它是什么曲面.

本章小结

一、基本概念

1. 二次型及其矩阵

$$f(x_1,x_2,\cdots,x_n)=\boldsymbol{x}^{\mathrm{T}}\boldsymbol{Ax},\quad \boldsymbol{A}^{\mathrm{T}}=\boldsymbol{A}.$$

二次型 f 与它的矩阵 $\boldsymbol{A}$ 相互唯一确定.

二次型 $f=\boldsymbol{x}^{\mathrm{T}}\boldsymbol{Ax}\xlongequal{\boldsymbol{x}=\boldsymbol{Cy}}\boldsymbol{y}^{\mathrm{T}}\boldsymbol{By}=g\Leftrightarrow\boldsymbol{B}=\boldsymbol{C}^{\mathrm{T}}\boldsymbol{AC}$($\boldsymbol{A}$ 与 $\boldsymbol{B}$ 合同).

2. 二次型的标准形和规范形.

3. 实二次型的正(负)惯性指数、符号差.

4. 二次型的分类

对于实二次型 $f=\boldsymbol{x}^{\mathrm{T}}\boldsymbol{Ax}$，如果对任意 $\boldsymbol{x}\neq\boldsymbol{0}(\boldsymbol{x}\in\mathbb{R}^n)$，都有

(1) $f=\boldsymbol{x}^{\mathrm{T}}\boldsymbol{A}\boldsymbol{x}>0$,则称 f 为正定二次型,而矩阵 $\boldsymbol{A}$ 称为正定矩阵;

(2) $f=\boldsymbol{x}^{\mathrm{T}}\boldsymbol{A}\boldsymbol{x}<0$,则称 f 为负定二次型,而矩阵 $\boldsymbol{A}$ 称为负定矩阵;

(3) $f=\boldsymbol{x}^{\mathrm{T}}\boldsymbol{A}\boldsymbol{x}\geqslant 0$,则称 f 为半正定二次型,而矩阵 $\boldsymbol{A}$ 称为半正定矩阵;

(4) $f=\boldsymbol{x}^{\mathrm{T}}\boldsymbol{A}\boldsymbol{x}\leqslant 0$,则称 f 为半负定二次型,而矩阵 $\boldsymbol{A}$ 称为半负定矩阵.

不是正定、半正定、负定、半负定的二次型称为不定二次型.

二、基本性质与定理

1. 二次型经过可逆线性变换,其秩(即二次型的矩阵的秩)不变.

2. 二次型 $f=\boldsymbol{x}^{\mathrm{T}}\boldsymbol{A}\boldsymbol{x}$ 通过可逆线性变换 $\boldsymbol{x}=\boldsymbol{C}\boldsymbol{y}$ 可化为标准形

$$f = d_1y_1^2 + d_2y_2^2 + \cdots + d_ny_n^2.$$

相应地,若 $\boldsymbol{A}$ 是对称矩阵,则存在可逆矩阵 $\boldsymbol{C}$,使 $\boldsymbol{C}^{\mathrm{T}}\boldsymbol{A}\boldsymbol{C}=\boldsymbol{\Lambda}$ 为对角矩阵.(即对称矩阵与对角矩阵合同.)

注 与 $\boldsymbol{A}$ 合同的对角矩阵 $\boldsymbol{\Lambda}$ 不唯一.

3. 复二次型 $f=\boldsymbol{x}^{\mathrm{T}}\boldsymbol{A}\boldsymbol{x}$ 可以经过适当的可逆线性变换化为规范形

$$f = y_1^2 + y_2^2 + \cdots + y_r^2,$$

其中 r 为二次型的秩.(规范形唯一)

相应地,复对称矩阵 $\boldsymbol{A}$ 合同于 $\begin{pmatrix}\boldsymbol{E}_r & \boldsymbol{O}\\ \boldsymbol{O} & \boldsymbol{O}\end{pmatrix}$,其中 r 为 $\boldsymbol{A}$ 的秩.

两个复对称矩阵合同⇔它们有相同的秩.

4. 实二次型 $f=\boldsymbol{x}^{\mathrm{T}}\boldsymbol{A}\boldsymbol{x}$ 可以经过适当的可逆线性变换化为规范形

$$f = y_1^2 + \cdots + y_p^2 - y_{p+1}^2 - \cdots - y_r^2,$$

其中 r 为二次型的秩,p 为正惯性指数.(规范形唯一)

相应地,实对称矩阵 $\boldsymbol{A}$ 合同于 $\begin{pmatrix}\boldsymbol{E}_p & \boldsymbol{O} & \boldsymbol{O}\\ \boldsymbol{O} & -\boldsymbol{E}_{r-p} & \boldsymbol{O}\\ \boldsymbol{O} & \boldsymbol{O} & \boldsymbol{O}\end{pmatrix}$,其中 r 为 $\boldsymbol{A}$ 的秩.

两个实对称矩阵合同⇔它们有相同的秩和正惯性指数.

惯性定理 一个实二次型 f 的标准形中,正(负)平方项的个数是由 f 唯一确定的.

5. 可逆线性变换不改变二次型的正定性(半正定、负定、半负定性).

6. 二次型正定的判定

设 $f=\boldsymbol{x}^{\mathrm{T}}\boldsymbol{A}\boldsymbol{x}$ 是 n 元实二次型(其中 $\boldsymbol{A}^{\mathrm{T}}=\boldsymbol{A}$),则

f 正定⇔f 的正惯性指数等于 n

⇔f 的标准形是 $d_1y_1^2+d_2y_2^2+\cdots+d_ny_n^2$,其中 $d_i>0(i=1,2,\cdots,n)$

⇔f 的规范形是 $z_1^2+z_2^2+\cdots+z_n^2$

⇔$\boldsymbol{A}$ 的各阶顺序主子式都大于零

⇔$\boldsymbol{A}$ 的特征值都是正数

⇔$\boldsymbol{A}$ 与单位矩阵合同.

7. 二次型半正定的判定

设 $f=\boldsymbol{x}^{\mathrm{T}}\boldsymbol{A}\boldsymbol{x}$ 是 n 元实二次型(其中 $\boldsymbol{A}^{\mathrm{T}}=\boldsymbol{A}$),则

f 半正定$\Leftrightarrow f$ 的正惯性指数等于 f 的秩

$\Leftrightarrow f$ 的标准形是 $d_1y_1^2+d_2y_2^2+\cdots+d_ny_n^2$,其中 $d_i\geqslant 0, i=1,2,\cdots,n$

$\Leftrightarrow f$ 的规范形是 $z_1^2+z_2^2+\cdots+z_r^2$

$\Leftrightarrow \boldsymbol{A}$ 的特征值都大于或等于零.

三、基本解题方法

1. 化二次型为标准形的方法

(1) 正交变换法(利用二次型的矩阵的特征值与特征向量);

(2) 配方法;

(3) 初等变换法(利用矩阵的初等变换).

2. 证明实二次型(实对称矩阵)正定通常有三种途径:

(1) 利用定义; (2) 化标准形; (3) 利用顺序主子式.

复习题六

1. 用可逆线性变换把下列实二次型化为标准形,并写出所作的变换.

(1) $f(x_1,x_2,x_3)=x_1^2+2x_2^2+5x_3^2+2x_1x_2+2x_1x_3+8x_2x_3$;

(2) $f(x_1,x_2,x_3)=2x_1x_2+4x_1x_3+2x_2x_3$.

2. 设二次型 $f(x_1,x_2,x_3)=x_1^2+2x_2^2+6x_3^2+2x_1x_2+4x_1x_3+2x_2x_3$,用初等变换法求可逆线性变换化此二次型为规范形,并判断此二次型是否为正定二次型.

3. 用正交变换法化二次型 $f(x_1,x_2,x_3)=2x_1^2+x_2^2-4x_1x_2-4x_2x_3$ 为标准形,并判断此二次型是否为正定二次型.

4. 设 $\boldsymbol{S}$ 是 n 阶复对称矩阵,证明:存在复矩阵 $\boldsymbol{A}$,使得 $\boldsymbol{S}=\boldsymbol{A}^{\mathrm{T}}\boldsymbol{A}$.

5. 若 $\boldsymbol{A}$ 是可逆矩阵,证明:$\boldsymbol{A}^{\mathrm{T}}\boldsymbol{A}$ 及 $\boldsymbol{A}\boldsymbol{A}^{\mathrm{T}}$ 都是正定矩阵.

6. 设实二次型 $f(\boldsymbol{x})=\boldsymbol{x}^{\mathrm{T}}\boldsymbol{A}\boldsymbol{x}(\boldsymbol{x}\in\mathbb{R}^n)$,$\lambda$ 是 $\boldsymbol{A}$ 的特征值. 证明:存在非零向量

$$\boldsymbol{\alpha}=\begin{pmatrix}k_1\\k_2\\\vdots\\k_n\end{pmatrix}\in\mathbb{R}^n,$$

使得 $f(\boldsymbol{\alpha})=\lambda(k_1^2+k_2^2+\cdots+k_n^2)$.

7. 设 $\boldsymbol{A}$ 是实对称矩阵,证明:t 充分大之后,$t\boldsymbol{E}+\boldsymbol{A}$ 是正定矩阵.

8. 设 $\boldsymbol{A}$ 是半正定矩阵,且 $\boldsymbol{A}\neq\boldsymbol{O}$. 证明:$|\boldsymbol{A}+\boldsymbol{E}|>1$.

9. 设 $\boldsymbol{A}$ 是 n 阶实对称矩阵,且 $|\boldsymbol{A}|<0$,证明:必有实 n 维向量 $\boldsymbol{x}$,使 $\boldsymbol{x}^{\mathrm{T}}\boldsymbol{A}\boldsymbol{x}<0$.

10. 设 $\boldsymbol{A},\boldsymbol{B}$ 为两个 n 阶实对称矩阵,且 $\boldsymbol{A}$ 是正定矩阵. 证明:存在一个 n 阶实可逆矩阵 $\boldsymbol{P}$,使 $\boldsymbol{P}^{\mathrm{T}}\boldsymbol{A}\boldsymbol{P}$ 和 $\boldsymbol{P}^{\mathrm{T}}\boldsymbol{B}\boldsymbol{P}$ 都是对角矩阵.

11. 设 $f(x_1,x_2,\cdots,x_n)=\boldsymbol{x}^{\mathrm{T}}\boldsymbol{A}\boldsymbol{x}$ 是一个实二次型,且有实 n 维向量 $\boldsymbol{x}_1,\boldsymbol{x}_2$ 使

$$\boldsymbol{x}_1^{\mathrm{T}}\boldsymbol{A}\boldsymbol{x}_1>0,\quad \boldsymbol{x}_2^{\mathrm{T}}\boldsymbol{A}\boldsymbol{x}_2<0.$$

证明:必存在实 n 维向量 $\boldsymbol{x}_0\neq\boldsymbol{0}$,使 $\boldsymbol{x}_0^{\mathrm{T}}\boldsymbol{A}\boldsymbol{x}_0=0$.

12. 判断二次型 $f=\sum_{i=1}^{n}x_i^2+\sum_{i=1}^{n-1}x_ix_{i+1}$ 是否正定.

13. 证明：二次型 $f=n\sum_{i=1}^{n}x_i^2-\left(\sum_{i=1}^{n}x_i\right)^2$ 是半正定的.

14. 求 λ 的值，使二次型 $f(x_1,x_2,x_3,x_4)=\lambda(x_1^2+x_2^2+x_3^3)+x_4^2+2x_1x_2-2x_2x_3+2x_1x_3$ 是正定的，并讨论 $\lambda\leqslant 2$ 时的情形.

第7章 一元多项式

多项式是代数学最基本的研究对象之一，在数学本身和实际应用中都常遇到.多项式的重要性，还在于它是最基本的函数，在实际应用中，比较复杂的函数往往可以用多项式逼近.因此，有必要系统地学习多项式理论.

7.1 整数的整除性

7.1.1 整除

整数包括正整数，零及负整数.通常用$\mathbb{N}$表示全体正整数组成的数集，而用$\mathbb{Z}$表示全体整数组成的数集.我们知道，两个整数的和、差、积仍然是一个整数，但两个整数相除(除数不为零)则不一定是整数，这是整数集的一个特点，即除法运算在整数集$\mathbb{Z}$中不能进行，然而，在整数集$\mathbb{Z}$中有以下的除法算式.

定理 7.1.1(带余除法) 若$a,b\in\mathbb{Z}$，$b\neq 0$，则存在整数q,r，使得

$$a=qb+r,\quad 0\leqslant r<|b|.$$

而且满足条件的整数q,r是唯一的.

q称为b除a的**商**，r称为b除a的**余数**.

证明 设$b>0$，考虑数列

$$\cdots,-3b,-2b,-b,0,b,2b,3b,\cdots,$$

则a必在上面数列的某两项之间，即存在整数q，使得

$$qb\leqslant a<(q+1)b,$$

于是$0\leqslant a-qb<b$，令$r=a-qb$，则有

$$a=qb+r,\quad 0\leqslant r<b,$$

设又有整数q_1,r_1，使得

$$a=q_1b+r_1,\quad 0\leqslant r_1<b,$$

则有

$$b(q-q_1)=r_1-r,b\mid q-q_1\mid=\mid r_1-r\mid.$$

若$q\neq q_1$，则$b|q-q_1|>b$，而$|r_1-r|<b$，这是一个矛盾，故$q=q_1$，从而$r_1=r$.

若$b<0$，令$b'=-b$，则$b'>0$，由上面所证，有

$$a=qb'+r,\quad 0\leqslant r<b',$$

即$a=(-q)b+r,0\leqslant r<|b|$.

定义 7.1.1 设 $a,b\in\mathbb{Z}$,如果存在 $q\in\mathbb{Z}$,使得

$$a=qb,$$

则称 b 整除 a,记为 $b|a$,并称 b 是 a 的**因数**(**因子**),a 是 b 的**倍数**. 当 b 不整除 a 时,记为 $b\nmid a$.

易知,当 $b\neq 0$ 时,b 整除 a 的充要条件是 b 除 a 的余数为 0.

关于整除,有以下性质:

(1) 如果 $a|b,b|a$,则 $a=\pm b$;

(2) 如果 $a|b,b|c$,则 $a|c$;

(3) 如果 $a|b,a|c$. 则对任意整数 k,l,都有 $a|kb+lc$.

7.1.2 最大公因数

定义 7.1.2 设 a,b 是两个整数.

(1) 如果整数 d 适合:$d|a,d|b$,则称 d 是 a,b 的一个**公因数**(**公因子**).

(2) 设 d 是 a,b 的一个公因数,如果对于 a,b 的任一公因数都是 d 的因数,则称 d 是 a,b 的一个**最大公因数**(**最大公因子**).

由定义知,若 d 是 a,b 的一个最大公因数,则 $-d$ 也是 a,b 的最大公因数,其中非负的一个最大公因数,记为 (a,b).

例 7.1.1 设 a,b 是两个整数,如果 $b|a$,则 $(a,b)=|b|$.

例 7.1.2 设 b 是任一整数,则 $(0,b)=|b|$.

例 7.1.3 设 a,b 是两个整数,则有 $(a,b)=(-a,b)=(a,-b)=(|a|,|b|)$.

例 7.1.4 如果整数 a,b,c 满足 $a=bq+c$,其中 q 是整数,则 $(a,b)=(b,c)$.

证明 设 $(a,b)=d,(b,c)=d_1$,则 $d|a,d|b$,于是 $d|a+(-q)b$,即 $d|c$,所以 d 是 b,c 的公因数,从而 $d\leqslant d_1$.

同理可证,d_1 是 a,b 的公因数,因而 $d_1\leqslant d$. 故 $d=d_1$.

设 a,b $(b>0)$ 是两个整数,反复运用带余除法,得

$$\begin{aligned}
a &= q_1b+r_1, \quad 0\leqslant r_1<b,\\
b &= q_2r_1+r_2, \quad 0\leqslant r_2<r_1,\\
r_1 &= q_3r_2+r_3, \quad 0\leqslant r_3<r_2,\\
&\vdots\\
r_{k-2} &= q_kr_{k-1}+r_k, \quad 0\leqslant r_k<r_{k-1},\\
r_{k-1} &= q_{k+1}r_k+0.
\end{aligned}$$

因为 $0<\cdots<r_k<r_{k-1}<\cdots<r_2<r_1<b$,所以经过有限步骤,必存在余数为 0. 于是有

$$(a,b)=(b,r_1)=(r_1,r_2)=\cdots=(r_{k-1},r_k)=r_k$$

上述求两个整数的最大公因数的方法叫做**辗转相除法**.

定理 7.1.2 设 a,b 是任意两个整数,则 a,b 的最大公因数存在.

定理 7.1.3 设 a,b 是两个整数,则存在整数 u,v 使得

$$(a,b)=ua+vb.$$

定义 7.1.3 若 $(a,b)=1$,则称 a 与 b **互素**.

关于互素有以下性质：

(1) a,b 互素的充要条件是存在整数 u,v 使 $ua+vb=1$；

(2) 若 $a|bc$，且 $(a,b)=1$，则 $a|c$；

(3) 若 $a|c,b|c$，且 $(a,b)=1$，则 $ab|c$；

(4) 若 $(a,c)=1,(b,c)=1$，则 $(ab,c)=1$.

定义 7.1.4 设 a 是大于 1 的整数，如果除去 1 和本身外，a 没有其他因数，则称 a 为**素数（质数）**，否则 a 叫做合数.

由定义可知，如果素数 p 表示成 $p=ab$，则必有 $a=1,b=p$ 或 $a=p,b=1$.

素数有下述性质：

(1) 设 p 是素数，则对任何整数 a，都有 $p|a$，或者 $(p,a)=1$；

(2) 设 p 是素数，若 $p|ab$，则 $p|a$ 或 $p|b$.

7.1.3 因数分解唯一性定理

定理 7.1.4（因数分解唯一性定理） 任一个大于 1 的整数 a 都可以表示成素数的乘积，且分解式是唯一的. 即

$$a = p_1 p_2 \cdots p_s,$$

其中 p_i 是素数，且若

$$a = q_1 q_2 \cdots q_t,$$

其中 q_j 是素数，则 $s=t$，且重新排列 $q_1,q_2,\cdots,q_t$ 的次序后，可得

$$p_i = q_i, \quad i = 1,2,\cdots,s.$$

证明 用数学归纳法证明分解式

$$a = p_1 p_2 \cdots p_s.$$

当 $a=2$ 时，结论显然成立.

假设对于小于 a 的正整数，结论成立.

对于正整数 a，若 a 是素数，则结论显然成立. 若 a 是合数，则存在正整数 b,c 使

$$a = bc, \quad 1 < b < a, \quad 1 < c < a,$$

由归纳假设，有

$$b = p_1 p_2 \cdots p_u, \quad c = p_{u+1} p_{u+2} \cdots p_s,$$

于是

$$a = bc = p_1 p_2 \cdots p_u p_{u+1} p_{u+2} \cdots p_s,$$

其中 $p_i(i=1,2,\cdots,s)$ 均为素数.

假设还有

$$a = q_1 q_2 \cdots q_t,$$

其中 $q_1,q_2,\cdots,q_t$ 是素数，则

$$a = p_1 p_2 \cdots p_s = q_1 q_2 \cdots q_t,$$

因此 $p_1 | q_1 q_2 \cdots q_t$，因 p_1 是素数，故 p_1 必整除某个 q_j，不妨设 $p_1 | q_1$，但 q_1 也是素数，所以 $p_1=q_1$，将 $p_1=q_1$ 代入上式，消去 p_1，得

$$p_2 \cdots p_s = q_2 \cdots q_t,$$

重复上述过程,最后可得

$$s=t,\quad p_i=q_i,\quad 1\leqslant i\leqslant s.$$

推论 任一大于1的整数 a,可唯一地表示成

$$a=p_1^{l_1}p_2^{l_2}\cdots p_r^{l_r},\quad l_i>0,\quad i=1,2,\cdots,r$$

其中 $p_1,p_2,\cdots,p_r$ 是素数,这个分解式叫做 a 的**标准分解式**.

习题 7.1

1. 证明:$3|n(n+1)(n+2)$.

2. 设 p 是一个大于1的整数,且具有以下性质:对于任意整数 a,b,如果 $p|ab$,有 $p|a$ 或 $p|b$.证明:p 是一个素数.

3. 设 $p_1,p_2,\cdots,p_n$ 是两两不同的素数,而 $a=1+p_1p_2\cdots p_n$.

(1) 证明:$p_i\nmid a(i=1,2,\cdots,n)$;　　(2) 利用(1)证明:素数无穷多.

7.2 数域

我们知道,数是数学的一个基本概念,按照所研究的问题,常常需要明确规定所考虑的数的范围.例如,方程 $2x=3$ 在整数范围内无解,因为3除以2不是整数,但在有理数范围内,$2x=3$ 有解,因为3除以2是有理数.因此在数的不同的范围内,同一个问题的回答可能是不同的.我们经常会遇到的数的范围有全体有理数、全体实数、全体复数,它们虽然具有一些不同的性质,但也具有很多共同的性质,在代数中经常是将有共同性质的对象统一进行讨论.在数的集合中,关于数的加、减、乘、除等运算的性质通常称为数的代数性质.代数所研究的问题主要涉及数的代数性质.

在给定的数集中,我们常常关心两个数的运算结果是否仍在这个数集中.在全体有理数的集合中,任何两个有理数的加、减、乘、除(除数不为零)的结果都在该集合中.全体实数的集合以及全体复数的集合也都有这个性质,其他有些数集也具有这个性质.我们把这些共同的性质统一起来,引入一个一般的概念.

定义 7.2.1 设 P 是复数集的一个非空子集,且 $0,1\in P$.如果 P 中任意两个数的和、差、积、商(除数不为零)仍是 P 中的数,那么 P 就称为一个**数域**.

全体有理数组成的集合$\mathbb{Q}$,全体实数组成的集合$\mathbb{R}$,全体复数组成的集合$\mathbb{C}$都是数域.分别称为有理数域,实数域,复数域.

全体整数组成的集合不是数域,因两个整数之商不一定是整数.

如果数的集合 P 中任何两个数作某一运算的结果仍在 P 中,我们就说数集 P 对于这个运算是封闭的.

例 7.2.1 设 $P=\{a+b\sqrt{2}\,|\,a,b\in\mathbb{Q}\}$,则 $\boldsymbol{P}$ 是数域.

证明 $1=1+0\sqrt{2},0=0+0\sqrt{2}\in P$.对任意 $a+b\sqrt{2},c+d\sqrt{2}\in P$,有

$$(a+b\sqrt{2})\pm(c+d\sqrt{2})=(a\pm c)+(b\pm d)\sqrt{2}\in P,$$
$$(a+b\sqrt{2})(c+d\sqrt{2})=(ac+2bd)+(ad+bc)\sqrt{2}\in P,$$

当 $a+b\sqrt{2}\neq 0$ 易知 $a-b\sqrt{2}\neq 0$,有

$$\frac{c+d\sqrt{2}}{a+b\sqrt{2}}=\frac{(c+d\sqrt{2})(a-b\sqrt{2})}{(a+b\sqrt{2})(a-b\sqrt{2})}=\frac{ac-2bd}{a^2-2b^2}+\frac{ad-bc}{a^2-2b^2}\sqrt{2}\in P,$$

故 P 是数域.

定理 7.2.1 任何数域包含有理数域.

证明 设 P 是一个数域,因 $0,1\in P$,$1+1=2$,$2+1=3$,…,$(n-1)+1=n$,…,全在 P 中,即 P 包含全体正整数,又 $-n=0-n\in P$,因而 P 包含全体整数.由于任何有理数都可以表成两个整数之商,故 P 包含有理数域$\mathbb{Q}$.

习题 7.2

1. 证明:$P=\{a+b\mathrm{i}\mid a,b\in\mathbb{Q}\}$是数域.
2. 集合

$$S=\left\{\frac{m}{2^n}\mid m,n\in\mathbb{Z}\right\}$$

是数域吗?试证明之.

7.3 一元多项式的定义及运算

在本节和后面几节的讨论中,我们都以一个数域 P 作为基础.

定义 7.3.1 数域 P 上一个文字 x 的**一元多项式**是指形式表达式

$$a_nx^n+a_{n-1}x^{n-1}+\cdots+a_1x+a_0,$$

其中 n 为非负整数,$a_0,a_1,\cdots,a_n\in P$.

a_ix^i 称为 i **次项**,a_i 为 i 次项的**系数**,规定 $x^0=1$,于是 a_0 为**零次项**,又称为**常数项**.常用 $f(x)$,$g(x)$,…或 f,g,…表示一元多项式.

规定,系数为零的项可以不写,一个多项式也可以添上或去掉若干系数为零的项.如果 i 次项$(i\neq 0)$的系数是1,那么这个系数可以省略不写.

因此,数域 P 上的系数不全为零的一元多项式总可以写成

$$f(x)=a_nx^n+a_{n-1}x^{n-1}+\cdots+a_1x+a_0,\quad a_n\neq 0$$

这时称 a_nx^n 为多项式的首项,a_n 为首项系数,而 n 为多项式的**次数**,记为$\partial(f(x))$.

系数全为零的多项式称为**零多项式**,记为 0,零多项式是唯一不定义次数的多项式,以后谈到多项式 $f(x)$的次数时,总假定 $f(x)\neq 0$.

定义 7.3.2 若多项式 $f(x)$和 $g(x)$的同次项系数全相等,则称 $f(x)$与 $g(x)$相等,记为 $f(x)=g(x)$.

当$\partial(f(x))\neq\partial(g(x))$时，显然有 $f(x)\neq g(x)$.

给定多项式

$$f(x)=a_nx^n+a_{n-1}x^{n-1}+\cdots+a_1x+a_0=\sum_{i=0}^{n}a_ix^i,$$

与

$$g(x)=b_mx^m+b_{m-1}x^{m-1}+\cdots+b_1x+b_0=\sum_{j=0}^{m}b_jx^j.$$

我们有如下定义.

定义 7.3.3 多项式 $f(x)$与 $g(x)$的和 $f(x)+g(x)$指的是多项式(假定 $m\leqslant n$)

$$(a_n+b_n)x^n+(a_{n-1}+b_{n-1})x^{n-1}+\cdots+(a_1+b_1)x+(a_0+b_0)=\sum_{i=0}^{n}(a_i+b_i)x^i,$$

其中当 $m<n$ 时，$b_n=b_{n-1}=\cdots=b_{m+1}=0$.

定义 7.3.4 多项式 $f(x)$与 $g(x)$的积 $f(x)g(x)$指的是多项式

$$a_nb_mx^{n+m}+(a_nb_{m-1}+a_{n-1}b_m)x^{n+m-1}+\cdots+(a_1b_0+a_0b_1)x+a_0b_0,$$

其中 s 次项的系数为

$$a_sb_0+a_{s-1}b_1+\cdots+a_1b_{s-1}+a_0b_s=\sum_{i+j=s}a_ib_j,$$

即

$$f(x)g(x)=\sum_{s=0}^{n+m}\left(\sum_{i+j=s}a_ib_j\right)x^s.$$

由定义可知，多项式乘积的首项系数等于两个多项式的首项系数的乘积.

定义 7.3.5 多项式 $f(x)$与 $g(x)$的差 $f(x)-g(x)$指的是多项式

$$f(x)+(-g(x)),$$

其中$-g(x)$表示 $g(x)$中各项系数都变号后所得的多项式.

由上述定义可知，数域 P 上两个多项式经过和、差、积运算后，所得结果仍是数域 P 上的多项式.

多项式的加法和乘法满足以下运算规则：

(1) 加法交换律 $f(x)+g(x)=g(x)+f(x)$；

(2) 加法结合律 $(f(x)+g(x))+h(x)=f(x)+(g(x)+h(x))$；

(3) 乘法交换律 $f(x)g(x)=g(x)f(x)$；

(4) 乘法结合律 $(f(x)g(x))h(x)=f(x)(g(x)h(x))$；

(5) 乘法对加法的分配律 $f(x)(g(x)+h(x))=f(x)g(x)+f(x)h(x)$.

多项式的次数在多项式的讨论中占有重要地位. 关于次数有以下结论.

定理 7.3.1 设 $f(x)$和 $g(x)$是数域 P 上两个多项式，且 $f(x)\neq 0$，$g(x)\neq 0$. 那么

(1) 当 $f(x)+g(x)\neq 0$ 时，有

$$\partial(f(x)+g(x))\leqslant\max\{\partial(f(x)),\partial(g(x))\};$$

(2) $\partial(f(x)g(x))=\partial(f(x))+\partial(g(x))$.

证明 设$\partial(f(x))=n$，$\partial(g(x))=m$.

$$f(x)=a_nx^n+a_{n-1}x^{n-1}+\cdots+a_1x+a_0,\quad a_n\neq 0,$$

$$g(x)=b_mx^m+b_{m-1}x^{m-1}+\cdots+b_1x+b_0,\quad b_m\neq 0,$$

不妨设 $m\leqslant n$，那么

$$f(x)+g(x)=(a_n+b_n)x^n+(a_{n-1}+b_{n-1})x^{n-1}+\cdots+(a_1+b_1)x+(a_0+b_0),$$

$$f(x)g(x)=a_nb_mx^{n+m}+(a_nb_{m-1}+a_{n-1}b_m)x^{n+m-1}+\cdots+(a_1b_0+a_0b_1)x+a_0b_0.$$

(1) 当 $f(x)+g(x)\neq 0$ 时，显然 $\partial(f(x)+g(x))\leqslant n$.

(2) 又因 $a_n\neq 0, b_m\neq 0$，所以 $a_nb_m\neq 0$，于是

$$\partial(f(x)g(x))=n+m=\partial(f(x))+\partial(g(x)).$$

推论 1 $f(x)g(x)=0$ 当且仅当 $f(x)$ 和 $g(x)$ 中至少有一个是零多项式.

证明 若 $f(x)$ 和 $g(x)$ 中有一个是零多项式，那么由多项式乘法定义得 $f(x)g(x)=0$. 若 $f(x)\neq 0$ 且 $g(x)\neq 0$，那么由定理 7.3.1 的证明得 $f(x)g(x)\neq 0$.

推论 2 若 $f(x)g(x)=f(x)h(x)$，且 $f(x)\neq 0$，则 $g(x)=h(x)$.

证明 由 $f(x)g(x)=f(x)h(x)$，得 $f(x)(g(x)-h(x))=0$，但 $f(x)\neq 0$，由推论 1，有 $g(x)-h(x)=0$，即 $g(x)=h(x)$.

推论 1 说明多项式的乘法适合消去律.

定义 7.3.6 数域 P 上的一元多项式全体，满足前面的加法与乘法运算，称为数域 P 上的**一元多项式环**，记为 $P[x]$，P 称为 $P[x]$ 的系数域.

习题 7.3

1. 设 $f(x)$，$g(x)$ 和 $h(x)$ 是实数域上的多项式. 证明：若

$$f^2(x)=xg^2(x)+xh^2(x),$$

那么 $f(x)=g(x)=h(x)=0$.

2. 求一组不全为零的复系数多项式 $f(x)$，$g(x)$ 和 $h(x)$，满足

$$f^2(x)=xg^2(x)+xh^2(x).$$

7.4 多项式的整除

在一元多项式环 $P[x]$ 中，任意两个多项式的和、差、积仍是 $P[x]$ 中的多项式. 但由中学代数可知，两个多项式相除（除式不为零多项式）则不一定是多项式. 因此关于多项式的整除性的研究，在多项式的理论中占有重要地位.

7.4.1 多项式整除定义及性质

多项式的整除性理论和整数的整除性理论非常相似.

定义 7.4.1 设 $f(x), g(x)\in P[x]$，如果存在 $h(x)\in P[x]$，使

$$f(x)=g(x)h(x),$$

则称 $g(x)$ **整除** $f(x)$，记为 $g(x)\mid f(x)$，并称 $g(x)$ 是 $f(x)$ 的**因式**，$f(x)$ 为 $g(x)$ 的**倍式**. 当 $g(x)$ 不整除 $f(x)$ 时，记为 $g(x)\nmid f(x)$.

同整数的整除性一样,整除只是多项式间的一种关系而非一种运算.

由定义可知,零多项式是任何多项式的倍式,零次多项式是任何多项式的因式.

多项式的整除有如下基本性质.

(1) 如果 $f(x)|g(x)$,$g(x)|h(x)$,那么 $f(x)|h(x)$.

事实上,由所给条件得

$$g(x)=f(x)u(x),\quad h(x)=g(x)v(x),$$

因此

$$h(x)=f(x)(u(x)v(x)),$$

故 $f(x)|h(x)$.

(2) 如果 $f(x)|g_i(x)$,$i=1,2,\cdots,r$,那么对 $P[x]$中任意多项式 $u_i(x)(i=1,2,\cdots,r)$,有

$$f(x)\mid(g_1(x)u_1(x)+g_2(x)u_2(x)+\cdots+g_r(x)u_r(x)).$$

事实上,由 $f(x)|g_i(x)$,有 $g_i(x)=f(x)h_i(x)(i=1,2,\cdots,r)$.

$$\begin{aligned}&g_1(x)u_1(x)+g_2(x)u_2(x)+\cdots+g_r(x)u_r(x)\\&=f(x)h_1(x)u_1(x)+f(x)h_2(x)u_2(x)+\cdots+f(x)h_r(x)u_r(x)\\&=f(x)(h_1(x)u_1(x)+h_2(x)u_2(x)+\cdots+h_r(x)u_r(x)),\end{aligned}$$

故

$$f(x)\mid(g_1(x)u_1(x)+g_2(x)u_2(x)+\cdots+g_r(x)u_r(x)).$$

(3) 如果 $f(x)|g(x)$,$g(x)|f(x)$,那么 $f(x)=cg(x)$,其中 c 是 P 中一个非零常数.

事实上,由题设有

$$g(x)=f(x)u(x),\quad f(x)=g(x)v(x),$$

于是

$$f(x)=f(x)u(x)v(x).$$

若 $f(x)=0$,则 $g(x)=0$,从而 $f(x)=g(x)$. 若 $f(x)\neq0$,则消去 $f(x)$,得

$$1=u(x)v(x),$$

于是$\partial(u(x)v(x))=0$,从而$\partial(u(x))=\partial(v(x))=0$,$u(x)=c\neq0$,故 $f(x)=cg(x)$.

(4) $f(x)$与 $cf(x)(c\neq0)$有相同的因式与倍式.

事实上,$f(x)|cf(x)$,$cf(x)|f(x)$. 因此,在多项式的整除性讨论中,$f(x)$常常可以用 $cf(x)(c\neq0)$来代替.

7.4.2 带余除法

在整数的整除性理论中,带余除法起着基本的作用. 在多项式整除性理论的讨论中,也有类似的定理.

定理 7.4.1(带余除法) 设 $f(x),g(x)\in P[x]$,$g(x)\neq0$,则存在 $q(x),r(x)\in P[x]$,使得

$$f(x)=q(x)g(x)+r(x),$$

其中 $r(x)=0$ 或$\partial(r(x))<\partial(g(x))$; 而且满足上述条件的 $q(x)$及 $r(x)$是唯一的.

$g(x)$和 $r(x)$分别称为 $g(x)$除 $f(x)$所得的**商式与余式**.

证明 先证存在性. 若 $f(x)=0$ 或$\partial(f(x))<\partial(g(x))$,则可取

$$q(x)=0,\quad r(x)=f(x).$$

现假定$\partial(f(x))\geqslant\partial(g(x))$,对 $f(x)$的次数用第二数学归纳法(参见附录).

当$\partial(f(x))=0$ 时,有$\partial(g(x))=0$,于是 $g(x)=c\neq 0$,取 $q(x)=c^{-1}f(x)$,$r(x)=0$,则有

$$f(x)=q(x)g(x)+r(x).$$

假设$\partial(f(x))\leqslant n-1$ 时,结论成立,当$\partial(f(x))=n$ 时,可设

$$f(x)=a_nx^n+a_{n-1}x^{n-1}+\cdots+a_1x+a_0,$$
$$g(x)=b_mx^m+b_{m-1}x^{m-1}+\cdots+b_1x+b_0,$$

其中 $a_n\neq 0$,$b_m\neq 0$,且 $n\geqslant m$. 作多项式

$$f_1(x)=f(x)-b_m^{-1}a_nx^{n-m}g(x).$$

$f_1(x)$有以下特征:或者 $f_1(x)=0$,或者$\partial(f_1(x))<\partial(f(x))=n$.

若 $f_1(x)=0$,则取 $q(x)=b_m^{-1}a_nx^{n-m}$,$r(x)=0$ 即可.

若 $f_1(x)\neq 0$,则有$\partial(f_1(x))\leqslant n-1$,由归纳假设,存在 $q_1(x)$,$r_1(x)\in P[x]$,使得

$$f_1(x)=q_1(x)g(x)+r_1(x),$$

其中 $r_1(x)=0$ 或$\partial(r_1(x))<\partial(g(x))$. 于是有

$$\begin{aligned}f(x)&=b_m^{-1}a_nx^{n-m}g(x)+q_1(x)g(x)+r_1(x)\\&=(b_m^{-1}a_nx^{n-m}+q_1(x))g(x)+r_1(x).\end{aligned}$$

取 $q(x)=b_m^{-1}a_nx^{n-m}+q_1(x)$,$r(x)=r_1(x)$,则有

$$f(x)=q(x)g(x)+r(x),$$

其中 $r(x)=0$ 或$\partial(r(x))<\partial(g(x))$.

再证唯一性. 设

$$f(x)=q(x)g(x)+r(x),$$
$$f(x)=\bar{q}(x)g(x)+\bar{r}(x),$$

其中 $r(x)=0$ 或$\partial(r(x))<\partial(g(x))$,$\bar{r}(x)=0$ 或$\partial(\bar{r}(x))<\partial(g(x))$. 于是有

$$(q(x)-\bar{q}(x))g(x)=\bar{r}(x)-r(x).$$

若 $q(x)\neq\bar{q}(x)$,则$\bar{r}(x)-r(x)\neq 0$,于是上式左端的次数$\partial(q(x)-\bar{q}(x))+\partial(g(x))\geqslant\partial(g(x))$,而右端的次数$\partial(\bar{r}(x)-r(x))<\partial(g(x))$,矛盾. 故 $q(x)=\bar{q}(x)$,从而$\bar{r}(x)=r(x)$.

定理 7.4.2 设 $f(x),g(x)\in P[x]$,$g(x)\neq 0$,则 $g(x)\mid f(x)$的充要条件是 $g(x)$除 $f(x)$的余式为零.

证明 由带余除法有

$$f(x)=q(x)g(x)+r(x).$$

若 $r(x)=0$,则得 $f(x)=q(x)g(x)$,从而

$$g(x)\mid f(x).$$

反之,若 $g(x)\mid f(x)$,则有

$$f(x)=q(x)g(x)=q(x)g(x)+0,$$

由带余除法中余式的唯一性知 $r(x)=0$.

例 7.4.1 设 $f(x)=4x^4-4x^3-16x^2+5x+9$,$g(x)=2x^3-x^2-5x+4$,求 $g(x)$除 $f(x)$所得的商式 $q(x)$及余式 $r(x)$.

解 我们按下面的格式来作带余除法:

$$
\begin{array}{c|c|c}
g(x) & f(x) & \\
2x^3-x^2-5x+4 & 4x^4-4x^3-16x^2+5x+9 & 2x-1=q(x) \\
 & 4x^4-2x^3-10x^2+8x & \\
\hline
 & -2x^3-6x^2-3x+9 & \\
 & -2x^3+x^2+5x-4 & \\
\hline
 & -7x^2-8x+13=r(x) &
\end{array}
$$

故商式 $q(x)=2x-1$,余式 $r(x)=-7x^2-8x+13$,而

$$f(x)=(2x-1)g(x)+(-7x^2-8x+13).$$

注 当 $g(x)\mid f(x)$时,如果 $g(x)\neq 0$,则用 $g(x)$除 $f(x)$所得的商式 $q(x)$可记为$\dfrac{f(x)}{g(x)}$,即 $q(x)=\dfrac{f(x)}{g(x)}$. 当 $g(x)\nmid f(x)$时,$\dfrac{f(x)}{g(x)}$无意义.

带余除法还说明了一个问题:两个多项式间的整除关系不因系数域的扩大而改变.

事实上,设 $P,\bar{P}$ 是两个数域,$P\subset\bar{P}$,于是 P 上的多项式也是 $\bar{P}$ 上的多项式. 对于 $P[x]$ 的多项式 $f(x),g(x)$.

如果在 $P[x]$中有 $g(x)\mid f(x)$,则显然在 $\bar{P}[x]$中也有 $g(x)\mid f(x)$.

如果在 $P[x]$中有 $g(x)\nmid f(x)$,若 $g(x)=0$,则因 $g(x)\nmid f(x)$,所以 $f(x)\neq 0$,在 $\bar{P}[x]$中仍有 $f(x)\neq 0$,因此在 $\bar{P}[x]$中仍有 $g(x)\nmid f(x)$;若 $g(x)\neq 0$,则在 $P[x]$中有

$$f(x)=q(x)g(x)+r(x),\quad r(x)\neq 0,$$

而 $q(x)$和 $r(x)$也是 $\bar{P}[x]$中的多项式,所以在 $\bar{P}[x]$中仍有

$$f(x)=q(x)g(x)+r(x),\quad r(x)\neq 0,$$

于是在 $\bar{P}[x]$中也有 $g(x)\nmid f(x)$.

7.4.3 综合除法

在带余除法中,如果除式 $g(x)=x-c$,可得一种简便方法,因余式 $r(x)=0$ 或$\partial(r(x))<\partial(g(x))=1$,所以余式为常数 r. 即

$$f(x)=q(x)(x-c)+r.$$

设

$$f(x)=a_nx^n+a_{n-1}x^{n-1}+\cdots+a_1x+a_0,\quad a_n\neq 0,$$
$$q(x)=b_{n-1}x^{n-1}+b_{n-2}x^{n-2}+\cdots+b_1x+b_0,$$

于是有

$$\begin{aligned} f(x)&=(b_{n-1}x^{n-1}+b_{n-2}x^{n-2}+\cdots+b_1x+b_0)(x-c)+r \\ &=b_{n-1}x^n+(b_{n-2}-cb_{n-1})x^{n-1}+\cdots+(b_0-cb_1)x+(r-cb_0). \end{aligned}$$

比较系数,有

$$a_n=b_{n-1},\quad a_{n-1}=b_{n-2}-cb_{n-1},\cdots,\quad a_1=b_0-cb_1,\quad a_0=r-cb_0,$$

即有

$$b_{n-1}=a_n,\quad b_{n-2}=a_{n-1}+cb_{n-1},\cdots,\quad b_0=a_1+cb_1,\quad r=a_0+cb_0.$$

这些等式表明，商式的系数和余式 r 可以由 $f(x)$ 的系数逐步算出，其计算过程可以写成下面的形式：

$$
\begin{array}{c|cccccc}
c & a_n & a_{n-1} & a_{n-2} & \cdots & a_1 & a_0 \\
 & & cb_{n-1} & cb_{n-2} & \cdots & cb_1 & cb_0 \\
\hline
 & b_{n-1} & b_{n-2} & b_{n-3} & \cdots & b_0 & r
\end{array}
$$

上面给出的用一次式去除多项式的简便方法，叫做**综合除法**.

注 如果被除式 $f(x)$ 有缺项，就用 0 来补足项，$f(x)$ 的系数依降幂排列，另外，除式(一次式)中 x 的系数只能是 1.

例 7.4.2 用 $x-5$ 除 $f(x)=2x^4-13x^3+19x^2-23x+15$，求商式和余式.

解 用综合除法，有

$$
\begin{array}{c|ccccc}
5 & 2 & -13 & 19 & -23 & 15 \\
 & & 10 & -15 & 20 & -15 \\
\hline
 & 2 & -3 & 4 & -3 & 0
\end{array}
$$

所以商式 $q(x)=2x^3-3x^2+4x-3$，余式 $r=0$，因此 $(x-5)\mid f(x)$.

如果除式为一般的一次式 $ax-b$，则有

$$f(x)=q(x)(ax-b)+r=(aq(x))\left(x-\frac{b}{a}\right)+r,$$

这说明用 $ax-b$ 除 $f(x)$ 所得的商等于用 $x-\frac{b}{a}$ 除 $f(x)$ 所得的商乘以 $\frac{1}{a}$，而余式是相等的.

例 7.4.3 用 $2x-3$ 除 $f(x)=2x^4+7x^3-3x^2-5$，求商式和余式.

解 用综合除法，有

$$
\begin{array}{c|ccccc}
\frac{3}{2} & 2 & 7 & -3 & 0 & -5 \\
 & & 3 & 15 & 18 & 27 \\
\hline
 & 2 & 10 & 12 & 18 & 22
\end{array}
$$

所以商式 $q(x)=\frac{1}{2}(2x^3+10x^2+12x+18)=x^3+5x^2+6x+9$，余式 $r=22$.

习题 7.4

1. 求 $g(x)$ 除 $f(x)$ 所得的商式 $q(x)$ 及余式 $r(x)$.

(1) $f(x)=x^4-4x^3-1, g(x)=x^2-3x-1$；

(2) $f(x)=x^4-2x+5, g(x)=x^2-x+2$.

2. 用综合除法求 $g(x)$ 除 $f(x)$ 所得的商式及余式.

(1) $f(x)=2x^5-5x^3-8x, g(x)=x+3$；

(2) $f(x)=2x^2-x-6, g(x)=2x+3$.

3. 设 $f_1(x),f_2(x),g_1(x),g_2(x)$ 都是数域 P 上的多项式，其中 $f_1(x)\neq 0$ 且 $f_1(x)|g_1(x),g_1(x)g_2(x)|f_1(x)f_2(x)$. 证明：$g_2(x)|f_2(x)$.

4. 证明：$x^d-1|x^n-1$ 的充要条件是 $d|n$.

5. 证明：$x|f^k(x)$ 当且仅当 $x|f(x)$.

7.5 最大公因式

7.5.1 最大公因式

定义 7.5.1 设 $f(x),g(x)\in P[x]$.

(1) 如果 $d(x)\in P[x]$，满足 $d(x)|f(x),d(x)|g(x)$，则称 $d(x)$ 是 $f(x),g(x)$ 的一个**公因式**.

(2) 设 $d(x)$ 是 $f(x),g(x)$ 的一个公因式，如果对 $f(x),g(x)$ 的任一个公因式 $h(x)$，都满足 $h(x)|d(x)$，则称 $d(x)$ 是 $f(x),g(x)$ 的一个**最大公因式**.

显然，两个零多项式的最大公因式是零多项式. 如果 $g(x)|f(x)$，则 $g(x)$ 就是 $f(x)$，$g(x)$ 的一个最大公因式.

引理 设 $P[x]$ 中两个多项式 $f(x),g(x)$ 有等式

$$f(x)=q(x)g(x)+r(x),$$

则 $f(x),g(x)$ 与 $g(x),r(x)$ 有相同的公因式.

证明 设 $h(x)$ 是 $f(x),g(x)$ 的公因式，则 $h(x)|f(x),h(x)|g(x)$，于是

$$h(x)\mid(f(x)-q(x)g(x)),$$

即 $h(x)|r(x)$，所以 $h(x)$ 是 $g(x),r(x)$ 的公因式.

反之，设 $h(x)$ 是 $g(x),r(x)$ 的公因式，则 $h(x)|g(x),h(x)|r(x)$，于是

$$h(x)\mid(q(x)g(x)+r(x)),$$

即 $h(x)|f(x)$，所以 $h(x)$ 是 $f(x),g(x)$ 的公因式.

由引理可知，如果 $g(x),r(x)$ 有一个最大公因式 $d(x)$，则 $d(x)$ 也是 $f(x),g(x)$ 的一个最大公因式. 这样，利用带余除法，可以把求两个次数较高的多项式的最大公因式问题，转化为求两个次数较低的多项式的最大公因式问题.

定理 7.5.1 对于 $P[x]$ 中任意两个多项式 $f(x),g(x)$，其最大公因式 $d(x)$ 都存在，且有 $u(x),v(x)\in P[x]$，使

$$d(x)=u(x)f(x)+v(x)g(x).$$

证明 若 $f(x)=g(x)=0$，则 $f(x),g(x)$ 的最大公因式 $d(x)=0$，这时对任何 $u(x)$，$v(x)\in P[x]$，有

$$0=u(x)\cdot 0+v(x)\cdot 0,$$

当 $f(x),g(x)$ 不全为零多项式时，不妨设 $g(x)\neq 0$，由带余除法，可得

$$f(x)=q_1(x)g(x)+r_1(x),\quad \partial(r_1(x))<\partial(g(x)),$$
$$g(x)=q_2(x)r_1(x)+r_2(x),\quad \partial(r_2(x))<\partial(r_1(x)),$$
$$r_1(x)=q_3(x)r_2(x)+r_3(x),\quad \partial(r_3(x))<\partial(r_2(x)),$$

$$\vdots$$

$$r_{k-3}(x) = q_{k-1}(x)r_{k-2}(x) + r_{k-1}(x), \quad \partial(r_{k-1}(x)) < \partial(r_{k-2}(x)),$$

$$r_{k-2}(x) = q_k(x)r_{k-1}(x) + r_k(x), \quad \partial(r_k(x)) < \partial(r_{k-1}(x)),$$

$$r_{k-1}(x) = q_{k+1}(x)r_k(x).$$

每进行一次带余除法,余式的次数至少减 1,而 $g(x)$的次数有限,所以经过有限次带余除法后,必有余式为零多项式.在上述式子中,由最后一个式子知 $r_k(x)|r_{k-1}(x)$,于是 $r_k(x)$ 是 $r_{k-1}(x)$,$r_k(x)$的最大公因式,由引理,$r_k(x)$也是 $r_{k-2}(x)$,$r_{k-1}(x)$的最大公因式,如此逐步往上推,最后可得 $r_k(x)$是 $f(x)$,$g(x)$的最大公因式,取 $d(x)=r_k(x)$.

在上述式子中,由倒数第二个等式,可得

$$r_k(x) = r_{k-2}(x) - q_k(x)r_{k-1}(x),$$

再由倒数第三个等式,得

$$r_{k-1}(x) = r_{k-3}(x) - q_{k-1}(x)r_{k-2}(x),$$

代入上式,消去 $r_{k-1}(x)$,得

$$r_k(x) = (1 + q_k(x)q_{k-1}(x))r_{k-2}(x) - q_k(x)r_{k-3}(x).$$

根据同样的方法用它上面的等式逐个消去 $r_{k-2}(x)$,$r_{k-3}(x)$,…,$r_1(x)$,最后可得到

$$d(x) = r_k(x) = u(x)f(x) + v(x)g(x).$$

我们不但证明了任意两个多项式都有最大公因式,并且也获得了实际求出一个最大公因式的方法,这种方法称为多项式的**辗转相除法**.

由最大公因式的定义可知,若 $d_1(x)$,$d_2(x)$都是 $f(x)$,$g(x)$的最大公因式,则 $d_1(x)|d_2(x)$,$d_2(x)|d_1(x)$,于是 $d_1(x)=cd_2(x)$,$c\neq 0$,$c\in P$,即两个多项式的最大公因式,如不计零次因式的差异是唯一的.

当 $f(x)$,$g(x)$不全为零多项式时,用记号$(f(x),g(x))$表示 $f(x)$与 $g(x)$的首项系数为 1 的最大公因式.

例 7.5.1 设

$$f(x) = 4x^4 - 2x^3 - 16x^2 + 5x + 9, \quad g(x) = 2x^3 - x^2 - 5x + 4,$$

求$(f(x),g(x))$,并求 $u(x)$,$v(x)$,使

$$(f(x),g(x)) = u(x)f(x) + v(x)g(x).$$

解 用辗转相除法,其格式为

$q_2(x)=-\frac{1}{3}x+\frac{1}{3}$	$g(x)$	$f(x)$	
	$2x^3-x^2-5x+4$	$4x^4-2x^3-16x^2+5x+9$	$2x=q_1(x)$
	$2x^3+x^2-3x$	$4x^4-2x^3-10x^2+8x$	
	$-2x^2-2x+4$	$r_1(x)=-6x^2-3x+9$	$6x+9=q_3(x)$
	$-2x^2-x+3$	$-6x^2+6x$	
	$r_2(x)=-x+1$	$-9x+9$	
		$-9x+9$	
		$r_3(x)=0$	

所以 $r_2(x)=-x+1$ 是一个最大公因式,于是$(f(x),g(x))=x-1$,而

$$f(x) = q_1(x)g(x) + r_1(x),$$

$$g(x) = q_2(x)r_1(x) + r_2(x),$$

$$r_1(x) = q_3(x)r_2(x).$$

于是

$$\begin{aligned} r_2(x) &= g(x) - q_2(x)r_1(x) = g(x) - q_2(x)(f(x) - q_1(x)g(x)) \\ &= -q_2(x)f(x) + (1 + q_1(x)q_2(x))g(x), \end{aligned}$$

即

$$\begin{aligned} -x+1 &= -\left(-\frac{1}{3}x + \frac{1}{3}\right)f(x) + \left(1 + 2x\left(-\frac{1}{3}x + \frac{1}{3}\right)\right)g(x) \\ &= \left(\frac{1}{3}x - \frac{1}{3}\right)f(x) + \left(-\frac{2}{3}x^2 + \frac{2}{3}x + 1\right)g(x), \end{aligned}$$

故

$$x - 1 = \left(-\frac{1}{3}x + \frac{1}{3}\right)f(x) + \left(\frac{2}{3}x^2 - \frac{2}{3}x - 1\right)g(x),$$

取 $u(x) = -\frac{1}{3}x + \frac{1}{3}$，$v(x) = \frac{2}{3}x^2 - \frac{2}{3}x - 1$，则有

$$(f(x), g(x)) = u(x)f(x) + v(x)g(x).$$

7.5.2 互素

定义 7.5.2 如果 $(f(x),g(x))=1$，则称 $f(x)$ 与 $g(x)$ **互素**.

显然，$f(x)$ 与 $g(x)$ 互素的充要条件是 $f(x)$ 与 $g(x)$ 除零次因式外不再有其他公因式.

下面是几个简单事实：

(1) 若 $f(x)$ 与 $g(x)$ 互素，则 $f(x)$ 与 $g(x)$ 不全为零多项式.

(2) 零多项式与零次多项式互素，且只与零次多项式互素.

(3) 零次多项式与任意多项式互素.

定理 7.5.2 设 $f(x), g(x) \in P[x]$，则 $f(x)$ 与 $g(x)$ 互素的充要条件是存在 $u(x)$，$v(x) \in P[x]$，使

$$u(x)f(x) + v(x)g(x) = 1.$$

证明 必要性 由定理 7.5.1 即得.

充分性 设

$$u(x)f(x) + v(x)g(x) = 1,$$

令 $(f(x),g(x))=d(x)$，由 $d(x)\mid f(x)$，$d(x)\mid g(x)$，有 $d(x)\mid(u(x)f(x)+v(x)g(x))$，即 $d(x)\mid 1$，于是 $d(x)=1$，故 $f(x)$ 与 $g(x)$ 互素.

定理 7.5.3 若 $f(x)\mid g(x)h(x)$，$(f(x),g(x))=1$，则 $f(x)\mid h(x)$.

证明 因 $(f(x),g(x))=1$，所以存在 $u(x)$，$v(x)$ 使

$$u(x)f(x) + v(x)g(x) = 1,$$

于是

$$u(x)f(x)h(x) + v(x)g(x)h(x) = h(x).$$

因为 $f(x)\mid g(x)h(x)$，所以 $f(x)$ 整除上式左端，因而 $f(x)\mid h(x)$.

推论 若 $f_1(x)\mid g(x)$，$f_2(x)\mid g(x)$，$(f_1(x),f_2(x))=1$，则 $f_1(x)f_2(x)\mid g(x)$.

证明 由 $f_1(x)|g(x)$,有 $g(x)=f_1(x)h_1(x)$,因 $f_2(x)|g(x)$,得 $f_2(x)|f_1(x)h_1(x)$,而 $(f_1(x),f_2(x))=1$,由定理 7.5.3 得 $f_2(x)|h_1(x)$,于是 $h_1(x)=f_2(x)h_2(x)$,从而有

$$g(x)=f_1(x)f_2(x)h_2(x),$$

故 $f_1(x)f_2(x)|g(x)$.

最大公因式概念可以推广到多个多项式的情形.

设 $f_1(x),f_2(x),\cdots,f_s(x)\in P[x](s>2)$.

(1) 如果 $d(x)\in P[x]$,满足 $d(x)|f_i(x)(i=1,2,\cdots,s)$,则称 $d(x)$ 是 $f_1(x),f_2(x),\cdots,f_s(x)$ 的一个**公因式**.

(2) 设 $d(x)$ 是 $f_1(x),f_2(x),\cdots,f_s(x)$ 的一个公因式,如果对于 $f_1(x),f_2(x),\cdots,f_s(x)$ 的任一个公因式 $h(x)$,都满足 $h(x)|d(x)$,则称 $d(x)$ 是 $f_1(x),f_2(x),\cdots,f_s(x)$ 的一个**最大公因式**.

用记号 $(f_1(x),f_2(x),\cdots,f_s(x))$ 表示 $f_1(x),f_2(x),\cdots,f_s(x)$ 的首项系数为 1 的最大公因式.容易证明 $f_1(x),f_2(x),\cdots,f_s(x)$ 的最大公因式存在,且

$$(f_1(x),f_2(x),\cdots,f_s(x))=((f_1(x),f_2(x),\cdots,f_{s-1}(x)),f_s(x)).$$

若 $(f_1(x),f_2(x),\cdots,f_s(x))=1$,则称 $f_1(x),f_2(x),\cdots,f_s(x)$ **互素**.

注 $f_1(x),f_2(x),\cdots,f_s(x)(s>2)$ 互素,它们并不一定两两互素.

例如,$f_1(x)=x^2-3x+2$,$f_2(x)=x^2-5x+6$,$f_3(x)=x^2-4x+3$,由

$$f_1(x)=x^2-3x+2=(x-1)(x-2),$$
$$f_2(x)=x^2-5x+6=(x-2)(x-3),$$
$$f_3(x)=x^2-4x+3=(x-1)(x-3),$$

知 $(f_1,f_2,f_3)=1$,但 $(f_1,f_2)=x-2$,$(f_2,f_3)=x-3$,$(f_1,f_3)=x-1$.

习题 7.5

1. 求 $f(x)$ 与 $g(x)$ 的最大公因式.

(1) $f(x)=x^4+x^3-3x^2-4x-1$,$g(x)=x^3+x^2-x-1$;

(2) $f(x)=x^4-4x^3+1$,$g(x)=x^3-3x^2+1$.

2. 设 $f(x)=x^4+2x^3-x^2-4x-2$,$g(x)=x^4+x^3-x^2-2x-2$,求 $(f(x),g(x))$,并求 $u(x),v(x)$,使

$$u(x)f(x)+v(x)g(x)=(f(x),g(x)).$$

3. 设 $d(x)|f(x)$,$d(x)|g(x)$,且

$$d(x)=u(x)f(x)+v(x)g(x).$$

证明:$d(x)$ 是 $f(x),g(x)$ 的一个最大公因式.

4. 证明:如果 $f(x),g(x)$ 不全为零,且

$$u(x)f(x)+v(x)g(x)=(f(x),g(x)),$$

那么 $(u(x),v(x))=1$.

5. 证明:如果 $(f(x),g(x))=1$,$(f(x),h(x))=1$,那么 $(f(x),g(x)h(x))=1$.

7.6 多项式的因式分解

7.6.1 不可约多项式

在中学代数里我们讨论过多项式的因式分解. 例如在有理数域$\mathbb{Q}$上,x^4-4只能分解为

$$x^4-4=(x^2-2)(x^2+2),$$

但在实数域$\mathbb{R}$上,可进一步分解为

$$x^4-4=(x+\sqrt{2})(x-\sqrt{2})(x^2+2),$$

而在复数域$\mathbb{C}$上,还可进一步分解为

$$x^4-4=(x+\sqrt{2})(x-\sqrt{2})(x+\sqrt{2}\mathrm{i})(x-\sqrt{2}\mathrm{i}).$$

由此可见,一个多项式是否能分解是依赖于系数域的.

定义 7.6.1 设 $p(x)\in P[x]$,$\partial(p(x))\geqslant 1$. 若 $p(x)$不能表成数域 P 上的两个次数比 $p(x)$次数低的多项式的乘积,则称 $p(x)$为数域 P 上的**不可约多项式**. 否则,称 $p(x)$为数域 P 上的**可约多项式**.

由定义可知,任何数域上的一次多项式总是不可约多项式. 一个多项式能否分解,就看它是否可约多项式. 一个多项式是否可约与多项式的系数域有关. $P[x]$中的多项式可以分成以下四类:(1)零多项式;(2)零次多项式;(3)不可约多项式;(4)可约多项式.

不可约多项式有下述性质:

(1) 若 $p(x)$不可约,则 $cp(x)(c\neq 0)$也不可约.

事实上,由整除性质,$p(x)$与 $cp(x)$有相同的因式.

(2) 若 $p(x)$不可约,则对任意多项式 $f(x)$,有$(p(x),f(x))=1$,或者 $p(x)\mid f(x)$.

事实上,若$(p(x),f(x))=d(x)\neq 1$,则因 $p(x)$不可约,由 $d(x)\mid p(x)$,得 $d(x)=cp(x)(c\neq 0)$,于是又由 $d(x)\mid f(x)$,可得 $p(x)\mid f(x)$.

(3) 若 $p(x)$不可约,且 $p(x)\mid f(x)g(x)$,则 $p(x)\mid f(x)$或 $p(x)\mid g(x)$.

事实上,若 $p(x)\nmid f(x)$,则由(2)得$(p(x),f(x))=1$,再由定理 7.5.3 即得 $p(x)\mid g(x)$.

推广 如果 $p(x)$不可约,且 $p(x)\mid f_1(x)f_2(x)\cdots f_s(x)$,那么 $p(x)$整除某个 $f_i(x)$.

7.6.2 多项式的因式分解

定理 7.6.1(因式分解唯一性定理) 数域 P 上任一次数大于零的多项式 $f(x)$都可以分解成数域 P 上的不可约多项式的乘积,即

$$f(x)=p_1(x)p_2(x)\cdots p_s(x),$$

其中 $p_1(x),p_2(x),\cdots,p_s(x)$是不可约多项式. 并且如果

$$f(x)=q_1(x)q_2(x)\cdots q_t(x),$$

其中 $q_1(x),q_2(x),\cdots,q_t(x)$是不可约多项式,那么必有 $s=t$,且适当调换因子的次序后有

$$p_i(x)=c_iq_i(x),$$

其中 $c_i \in P(c_i \neq 0, i=1,2,\cdots,s)$.

证明 先证分解的可能性.对 $f(x)$的次数 n 作数学归纳法.

因为一次多项式皆不可约,所以 $n=1$ 时结论成立.

假设 $n>1$ 且定理结论对于次数小于 n 的多项式成立,下证定理对次数为 n 的多项式也成立.

设$\partial(f(x))=n$,如果 $f(x)$不可约,则定理已成立.如果 $f(x)$可约,则有

$$f(x) = f_1(x)f_2(x), \quad \partial(f_1(x)) < n, \quad \partial(f_1(x)) < n.$$

由归纳假设,$f_1(x)$和 $f_2(x)$都可以分解成数域 P 上一些不可约多项式的乘积,把 $f_1(x)$和 $f_2(x)$的分解式合起来就得到 $f(x)$的一个分解式.

再证分解的唯一性.设 $f(x)$有两个分解式

$$f(x) = p_1(x)p_2(x)\cdots p_s(x) = q_1(x)q_2(x)\cdots q_t(x),$$

其中 $p_i(x), q_j(x)(i=1,2,\cdots,s;\ j=1,2,\cdots,t)$都是数域 P 上的不可约多项式.

对分解式中不可约因式的个数 s 作数学归纳法.

当 $s=1$ 时,$f(x)=p_1(x)$是不可约多项式,由不可约多项式的定义知 $t=1$,且

$$f(x) = p_1(x) = q_1(x).$$

假设分解式中不可约因式的个数为 $s-1$ 时结论成立.由

$$p_1(x)p_2(x)\cdots p_s(x) = q_1(x)q_2(x)\cdots q_t(x),$$

有 $p_1(x) \mid q_1(x)q_2(x)\cdots q_t(x)$,因 $p_1(x)$不可约,所以 $p_1(x)$能整除 $q_1(x), q_2(x), \cdots, q_t(x)$中的某一个,不妨设 $p_1(x) \mid q_1(x)$.因 $q_1(x)$也不可约,所以

$$p_1(x) = c_1 q_1(x).$$

代入上式,并消去 $q_1(x)$得

$$c_1 p_2(x)\cdots p_s(x) = q_2(x)\cdots q_t(x).$$

由归纳假设有 $s-1=t-1$,即 $s=t$,且适当调换因式次序,有

$$c_1 p_2(x) = c_2' q_2(x), \quad p_i(x) = c_i q_i(x), \quad i = 3,4,\cdots,s,$$

令 $c_2 = c_1^{-1}c_2'$,则有

$$p_i(x) = c_i q_i(x), \quad i = 1,2,\cdots,s.$$

在 $f(x)$的分解式中,把每一个不可约因式的首项系数提出来,再把相同的不可约因式合并,写成方幂的形式

$$f(x) = c p_1^{r_1}(x) p_2^{r_2}(x) \cdots p_k^{r_k}(x),$$

其中 $r_i>0(i=1,2,\cdots,k)$,c 是 $f(x)$的首项系数,$p_1(x), p_2(x), \cdots, p_k(x)$是互不相同的首项系数为 1 的不可约多项式.

这种分解式称为 $f(x)$的**标准分解式**.

7.6.3 重因式

定义 7.6.2 设 $p(x)$是不可约多项式,如果 $p^k(x) \mid f(x)$,但 $p^{k+1}(x) \nmid f(x)$,则称 $p(x)$为 $f(x)$的 ***k* 重因式**,这里 k 为非负整数,称为 $p(x)$的**重数**.

如果 $k>1$,称 $p(x)$为 $f(x)$的**重因式**;如果 $k=1$,称 $p(x)$为 $f(x)$的**单因式**;如果 $k=0$,则 $p(x)$根本不是 $f(x)$的因式,也可称 $p(x)$为 $f(x)$的**零重因式**.

由定义可得：不可约多项式 $p(x)$为 $f(x)$的 k 重因式的充要条件是 $f(x)=p^k(x)q(x)$，且 $p(x)\nmid q(x)$.

如果 $f(x)$的标准分解式为

$$f(x)=cp_1^{r_1}(x)p_2^{r_2}(x)\cdots p_k^{r_k}(x),$$

则 $p_1(x),p_2(x),\cdots,p_k(x)$分别为 $f(x)$的 r_1 重因式，r_2 重因式，……，r_k 重因式.

下面将给出判断一个多项式有无重因式的方法，为此，先引入多项式的导数概念.

定义 7.6.3 设有数域 P 上的多项式

$$f(x)=a_nx^n+a_{n-1}x^{n-1}+\cdots+a_1x+a_0,$$

则多项式

$$f'(x)=na_nx^{n-1}+(n-1)a_{n-1}x^{n-2}+\cdots+a_1$$

称为多项式的**一阶导数**或**导数**.

一阶导数 $f'(x)$的导数称为 $f(x)$的**二阶导数**，记为 $f''(x)$. 一般地，$f(x)$的 **k 阶导数**记为 $f^{(k)}(x)$.

多项式的导数有以下几个基本公式：

(1) $(f(x)+g(x))'=f'(x)+g'(x)$；

(2) $(cf(x))'=cf'(x)$；

(3) $(f(x)g(x))'=f'(x)g(x)+f(x)g'(x)$；

(4) $(f^m(x))'=mf^{m-1}(x)f'(x)$.

定理 7.6.2 若不可约多项式 $p(x)$是 $f(x)$的 $k(k\geqslant 1)$重因式，则它是 $f'(x)$的 $k-1$ 重因式. 特别地，如果 $p(x)$是 $f(x)$的单因式，则它不是 $f'(x)$的因式（即是 $f'(x)$的零重因式）.

证明 由题设有 $f(x)=p^k(x)q(x)$，且 $p(x)\nmid q(x)$. 于是

$$\begin{aligned}f'(x)&=kp^{k-1}(x)p'(x)q(x)+p^k(x)q'(x)\\&=p^{k-1}(x)(kp'(x)q(x)+p(x)q'(x)),\end{aligned}$$

知 $p^{k-1}(x)\mid f'(x)$. 又因为 $p(x)\nmid kp'(x)$，$p(x)\nmid q(x)$，而 $p(x)$不可约，所以 $p(x)\nmid kp'(x)q(x)$，但 $p(x)\mid p(x)q'(x)$，可知 $p(x)\nmid(kp'(x)q(x)+p(x)q'(x))$，故 $p(x)$是 $f'(x)$的 $k-1$ 重因式.

反复应用定理 7.6.2 可得以下推论.

推论 1 如果不可约多项式 $p(x)$是 $f(x)$的 $k(k\geqslant 1)$重因式，则它是 $f(x),f'(x),\cdots,f^{(k-1)}(x)$的因式，但不是 $f^{(k)}(x)$的因式.

推论 2 不可约多项式 $p(x)$是 $f(x)$的重因式的充要条件是 $p(x)$是 $f(x)$与 $f'(x)$的公因式.

证明 若 $p(x)$是 $f(x)$的重因式，由推论 1，$p(x)$是 $f(x)$与 $f'(x)$的公因式. 反之，若 $p(x)$是 $f(x)$与 $f'(x)$的公因式，如果 $p(x)$是 $f(x)$的单因式，则 $p(x)$不是 $f'(x)$的因式，故 $p(x)$是 $f(x)$的重因式.

推论 2 告诉我们，可以从 $f(x)$与 $f'(x)$的公因式中去找 $f(x)$的重因式. 由此可得下面推论.

推论 3 $f(x)$没有重因式的充要条件是$(f(x),f'(x))=1$.

推论 3 给出了一个实际判断多项式 $f(x)$有无重因式的方法，即只需求 $f(x)$与 $f'(x)$的

最大公因式,便知 $f(x)$是否有重因式.

设 $f(x)$的标准分解式为

$$f(x) = cp_1^{r_1}(x)p_2^{r_2}(x)\cdots p_k^{r_k}(x), \quad r_i > 0, i = 1,2,\cdots,k,$$

由定理 7.6.2,$p_i(x)$是 $f'(x)$的 $r_i - 1$ 重因式,即

$$p_i^{r_i-1}(x) \mid f'(x), \quad p_i^{r_i}(x) \nmid f'(x),$$

又由 $p_1^{r_1-1}(x), p_2^{r_2-1}(x), \cdots, p_k^{r_k-1}(x)$互素,所以

$$p_1^{r_1-1}(x)p_2^{r_2-1}(x)\cdots p_k^{r_k-1}(x) \mid f'(x),$$

则有

$$f'(x) = p_1^{r_1-1}(x)p_2^{r_2-1}(x)\cdots p_k^{r_k-1}(x)g(x), \quad p_i(x) \nmid g(x), \quad i = 1,2,\cdots,k.$$

于是

$$(f(x), f'(x)) = p_1^{r_1-1}(x)p_2^{r_2-1}(x)\cdots p_k^{r_k-1}(x),$$

$$\frac{f(x)}{(f(x), f'(x))} = cp_1(x)p_2(x)\cdots p_k(x) = h(x).$$

显然 $h(x)$具有性质:

(1) $h(x)$无重因式;

(2) $h(x)$与 $f(x)$有完全相同的不可约因式;

(3) $\partial(h(x)) < \partial(f(x))$.

因此,欲求 $f(x)$的不可约因式,只需求

$$\frac{f(x)}{(f(x), f'(x))} = h(x)$$

的不可约因式,但 $h(x)$的次数小于 $f(x)$的次数,所以 $h(x)$的不可约因式比较容易求得.

例 7.6.1 求 $f(x) = x^5 - 5x^4 + 7x^3 + x^2 - 8x + 4$ 的标准分解式.

解 $f'(x) = 5x^4 - 20x^3 + 21x^2 + 2x - 8$. 用辗转相除法,求得

$$(f(x), f'(x)) = x^2 - 3x + 2,$$

$$h(x) = \frac{f(x)}{(f(x), f'(x))} = x^3 - 2x^2 - x + 2 = (x-2)(x-1)(x+1).$$

所以 $f(x)$有不可约因式 $x-2, x-1, x+1$,它们在

$$(f(x), f'(x)) = x^2 - 3x + 2 = (x-2)(x-1)$$

中的重数分别是 1,1,0,于是 $x-2, x-1, x+1$ 在 $f(x)$中重数分别是 2,2,1. 故 $f(x)$的标准分解式为

$$f(x) = (x-2)^2(x-1)^2(x+1).$$

习题 7.6

1. 求 $f(x) = x^5 - 5x^4 + 8x^3 - 8x^2 + 7x - 3$ 在实数域上的标准分解式.

2. 设 $p(x)$是 $P[x]$中一个次数大于零的多项式. 证明: 如果对于任意 $f(x), g(x) \in P[x]$,只要 $p(x) \mid f(x)g(x)$就有 $p(x) \mid f(x)$或 $p(x) \mid g(x)$,那么 $p(x)$不可约.

3. 求 $f(x) = x^5 - 10x^3 - 20x^2 - 15x - 4$ 的重因式,并判断重数.

4. 设 $p(x)$是 $f(x)$的导数 $f'(x)$的 $k-1$ 重因式. 证明：

(1) $p(x)$未必是 $f(x)$的 k 重因式；

(2) $p(x)$是 $f(x)$的 k 重因式的充要条件是 $p(x)|f(x)$.

7.7 多项式函数 多项式的根

前面几节只是形式地讨论了多项式，也就是把多项式看作形式表达式. 本节将从函数的观点来讨论多项式.

定义 7.7.1 设

$$f(x)=a_nx^n+a_{n-1}x^{n-1}+\cdots+a_1x+a_0$$

是数域 P 上的多项式，$c\in P$，则称

$$f(c)=a_nc^n+a_{n-1}c^{n-1}+\cdots+a_1c+a_0$$

为 $f(x)$当 $x=c$ 时的值，若当 $x=c$ 时，$f(c)=0$，则称 c 为 $f(x)$在 P 中的一个**根**或**零点**.

这样，对于 P 中的每一个数 c，就有 P 中唯一确定的数 $f(c)$与之对应，于是就得到数域 P 上的一个函数，这个函数称为数域 P 上的**多项式函数**.

设 $f(x),g(x)\in P[x]$，由定义易知，如果 $f(x)=g(x)$，则对任意 $c\in P$，$f(c)=g(c)$. 且若

$$u(x)=f(x)+g(x),\quad v(x)=f(x)g(x),$$

则

$$u(c)=f(c)+g(c),\quad v(c)=f(c)g(c).$$

定理 7.7.1 （**余式定理**）用一次多项式 $x-c$ 去除多项式 $f(x)$所得的余式等于 $f(c)$.

证明 由带余除法，有

$$f(x)=(x-c)q(x)+r,$$

将 $x=c$ 代入上式，得

$$f(c)=(c-c)q(c)+r=r.$$

因此欲求 $f(x)$当 $x=c$ 时的值，只需用带余除法求出 $x-c$ 除 $f(x)$所得的余式，这可以用综合除法.

例 7.7.1 设 $f(x)=x^5+x^3+2x^2-3x+1$，求 $f(-3)$.

解 用综合除法，有

$$\begin{array}{r|rrrrrr} -3 & 1 & 0 & 1 & 2 & -3 & 1 \\ & & -3 & 9 & -30 & 84 & -243 \\ \hline & 1 & -3 & 10 & -28 & 81 & -242 \end{array}$$

所以 $f(-3)=-242$.

由余式定理，可得多项式的根与一次因式的关系.

定理 7.7.2（**因式定理**） 数 c 是 $f(x)$的根的充要条件是$(x-c)|f(x)$.

当 $x-c$ 是 $f(x)$的 k 重因式时，c 称为 $f(x)$的 **k 重根**.

当 $k=1$ 时,c 称为 $f(x)$的**单根**;当 $k>1$ 时,c 称为 $f(x)$的**重根**.

定理 7.7.3 k 重根按 k 个计算,$P[x]$中每一个 n 次多项式 $f(x)$在数域 P 内至多有 n 个根.

证明 $n=0$ 时,零次多项式没有根,定理成立.

设 $n>0$,把 $f(x)$分解成不可约多项式的乘积,其一次因式的个数不会超过 n,因而 $f(x)$的根的个数不会超过 n.

综上所述,得到以下结论:

(1) $f(x)$有无根与它所依赖的系数域有关;

(2) $f(x)$的根的个数与 $f(x)$的次数有关.

定理 7.7.4 设 $f(x),g(x)\in P[x]$,$\partial(f(x))\leqslant n$,$\partial(g(x))\leqslant n$,若有 P 中 $n+1$ 个不同的数 $c_1,c_2,\cdots,c_{n+1}$,使 $f(c_i)=g(c_i)(i=1,2,\cdots,n+1)$,则 $f(x)=g(x)$.

证明 令 $u(x)=f(x)-g(x)$,若 $u(x)\neq 0$,则

$$\partial(u(x))\leqslant \max\{\partial(f(x)),\ \ \partial(g(x))\}\leqslant n,$$

所以 $u(x)$至多有 n 个根.但由题设有

$$u(c_i)=f(c_i)-g(c_i)=0,\quad i=1,2,\cdots,n+1,$$

即 $u(x)$有 $n+1$ 个根,这是一个矛盾.所以 $u(x)=0$,即 $f(x)=g(x)$.

定义 7.7.2 设 $f(x),g(x)$是数域 P 上的两个多项式函数,如果对于 P 中每个数 c,均有 $f(c)=g(c)$,则称多项式函数 $f(x)$与 $g(x)$相等.

如果多项式 $f(x)$与 $g(x)$相等,则它们有完全相同的项,那么作为多项式函数 $f(x)$与 $g(x)$显然也相等.如果多项式 $f(x)$与 $g(x)$不相等,那么至多有有限个数使 $f(x)$与 $g(x)$的函数值相等,故多项式函数 $f(x)\neq g(x)$.

因此,多项式函数相等与多项式相等是等价的.故数域 P 上的多项式既可以作为形式表达式来处理,也可以作为函数来处理.

习题 7.7

1. 设 $f(x)=2x^5-3x^4-5x^3+1$,求 $f(3)$,$f(-2)$.

2. 求 t 的值,使多项式 $f(x)=x^3-3x^2+tx-1$ 有重根.

3. 证明:$f(x)=1+x+\dfrac{x^2}{2!}+\cdots+\dfrac{x^n}{n!}$不能有重根.

4. 如果 a 是 $f'''(x)$的 k 重根,证明:a 是

$$g(x)=\frac{x-a}{2}[f'(x)+f'(a)]-f(x)+f(a)$$

的 $k+3$ 重根.

5. 证明:如果 $x^2+x+1\mid f_1(x^3)+xf_2(x^3)$,那么

$$x-1\mid f_1(x),x-1\mid f_2(x).$$

7.8 复数域与实数域上多项式的因式分解

前面讨论了一般数域上多项式的因式分解问题，本节将具体地在复数域$\mathbb{C}$与实数域$\mathbb{R}$上讨论多项式的因式分解. 复数域与实数域都是特殊的数域，前面所得的结论对它们都成立. 由于这两个数域的特殊性，我们还可得进一步的结论.

定理 7.8.1(**代数基本定理**) 每个$n(n\geqslant 1)$次多项式在复数域中至少有一个根.

这个定理我们只给出结论，不作证明.

利用根与一次因式的关系，代数基本定理可以叙述为：每个$n(n\geqslant 1)$次多项式在复数域上至少有一个一次因式. 即有下面推论.

推论 1 设$f(x)\in\mathbb{C}[x]$，且$\partial(f(x))\geqslant 1$，则存在$a\in\mathbb{C}$，使得$f(x)=(x-a)f_1(x)$，其中$\partial(f_1(x))\geqslant 0$.

由此可得，在复数域$\mathbb{C}$上所有次数大于1的多项式都是可约的. 换句话说，在复数域上，只有一次多项式才是不可约的.

推论 2 任何$n(n\geqslant 1)$次多项式在复数域中恰有n个根(重根按重数计算).

也就是说，在复数域$\mathbb{C}$上，多项式的根的个数等于多项式的次数.

因式分解定理在复数域上可以叙述如下：

复数域上多项式因式分解定理 每个$n(n\geqslant 1)$次多项式$f(x)$在复数域上都可以唯一地分解成一次因式的乘积，其标准分解式为

$$f(x)=a_n(x-c_1)^{r_1}(x-c_2)^{r_2}\cdots(x-c_s)^{r_s},$$

其中$c_1,c_2,\cdots,c_s$是互不相同的复数，a_n为$f(x)$的首项系数，$r_1,r_2,\cdots,r_s$是正整数，且$r_1+r_2+\cdots+r_s=n$.

下面讨论实系数多项式的因式分解问题.

定理 7.8.2(**复数根成对定理**) 如果实系数多项式$f(x)$有一个非实复数根α，那么α的共轭数$\bar{\alpha}$也是$f(x)$的根，并且α与$\bar{\alpha}$的重数相同. 换句话说，实系数多项式的非实复数根两两成对.

证明 令

$$f(x)=a_nx^n+a_{n-1}x^{n-1}+\cdots+a_1x+a_0,$$

由假设，有

$$f(\alpha)=a_n\alpha^n+a_{n-1}\alpha^{n-1}+\cdots+a_1\alpha+a_0=0,$$

两边取共轭数，并注意到$a_n,a_{n-1},\cdots,a_1,a_0$和0都是实数，所以有

$$f(\bar{\alpha})=a_n\bar{\alpha}^n+a_{n-1}\bar{\alpha}^{n-1}+\cdots+a_1\bar{\alpha}+a_0=0,$$

即$\bar{\alpha}$也是$f(x)$的根. 于是多项式$f(x)$能被多项式

$$g(x)=(x-\alpha)(x-\bar{\alpha})=x^2-(\alpha+\bar{\alpha})x+\alpha\bar{\alpha}$$

整除，由共轭复数的性质知道$g(x)$的系数都是实数. 所以

$$f(x)=g(x)h(x),$$

此处$h(x)$也是一个实系数多项式.

若α是$f(x)$的重根，那么它一定是$h(x)$的根，根据上面所证，$\bar{\alpha}$也是$h(x)$的根. 于是$\bar{\alpha}$

也是 $f(x)$ 的重根.

重复应用这个推理方法,可知 α 与 $\bar{\alpha}$ 有相同的重数.

由定理 7.8.2,可得下面推论.

推论 1 实系数多项式的实根个数与它的次数具有相同的奇偶性,并且奇数次实系数多项式至少有一个实根.实数域上次数大于 2 的多项式必是可约的.

推论 2 设 $f(x)$ 是实系数多项式,且 $\partial(f(x))\geqslant 1$,则 $f(x)$ 是实数域 $\mathbb{R}$ 上的不可约多项式的充要条件是 $\partial(f(x))=1$,或 $\partial(f(x))=2$ 且 $f(x)$ 没有实根.

因此,实数域上的不可约多项式只有两类:一类是一次多项式;另一类是其判别式小于零的二次多项式.

因式分解定理在实数域上可以叙述如下:

实数域上多项式因式分解定理 每个 $n(n\geqslant 1)$ 次实系数多项式 $f(x)$ 在实数域上都可以唯一地分解成一次因式和二次不可约因式的乘积,其标准分解式为

$$f(x)=a_n(x-c_1)^{r_1}\cdots(x-c_s)^{r_s}(x^2+p_1x+q_1)^{k_1}\cdots(x^2+p_tx+q_t)^{k_t},$$

其中 a_n 为 $f(x)$ 的首项系数,$c_1,c_2,\cdots,c_s,p_1,p_2,\cdots,p_t,q_1,q_2,\cdots,q_t$ 都是实数,$r_1,r_2,\cdots,r_s$,$k_1,k_2,\cdots,k_t$ 是正整数,且 $p_i^2-4q_i<0,(r_1+\cdots+r_s)+2(k_1+\cdots+k_t)=n$.

习题 7.8

1. 分别求出 x^8-1 在复数域和实数域上的标准分解式.

2. 已知 $f(x)=2x^3-9x^2+30x-13$ 有一个根为 $2+3\mathrm{i}$,求 $f(x)$ 其余的根.

3. 设 $f(x)$ 是一个多项式,用 $\bar{f}(x)$ 表示把 $f(x)$ 的系数分别换成它们的共轭数后所得的多项式.证明:

(1) 若 $g(x)\mid f(x)$,那么 $\bar{g}(x)\mid\bar{f}(x)$;

(2) 若 $d(x)$ 是 $f(x)$ 和 $\bar{f}(x)$ 的一个最大公因式,并且 $d(x)$ 的最高次项系数是 1,那么 $d(x)$ 是一个实系数多项式.

4. 证明:数域 P 上任意一个不可约多项式在复数域内没有重根.

7.9 有理数域上的多项式

我们已经知道,在复数域上只有一次多项式才不可约,而在实数域上不可约多项式有一次多项式和某些二次多项式.关于有理数域上的多项式,下面将讨论以下两个问题:有理数域上多项式的可约性和求有理数域上多项式的有理根.

设 $f(x)$ 是有理数域上多项式,若 $f(x)$ 的系数不全为整数,那么以 $f(x)$ 的系数的分母的一个公倍数 c 乘 $f(x)$,就得到一个整系数多项式 $cf(x)$.显然 $f(x)$ 与 $cf(x)$ 的可约性是一致的.这样,要讨论有理系数多项式在有理数域上的可约性问题,就归结为整系数多项式在有理数域上的可约性问题.如果再把 $cf(x)$ 的各项系数的最大公因数提出来,则可得

$cf(x)=dg(x)$，即

$$f(x)=\frac{d}{c}g(x)=rg(x),$$

其中 $r=\frac{d}{c}$ 为有理数，$g(x)$ 为各项系数互素的整系数多项式.

定义 7.9.1 若整系数多项式 $g(x)$ 的各项系数互素，则称 $g(x)$ 为**本原多项式**.

于是任一有理系数多项式 $f(x)$ 都可以表成一个有理数 r 与一个本原多项式 $g(x)$ 的乘积，即

$$f(x)=rg(x).$$

例如，$f(x)=\frac{2}{3}x^4-2x^2-\frac{2}{5}x+2=\frac{2}{15}(5x^4-15x^2-3x+15)$，而 $5x^4-15x^2-3x+15$ 是本原多项式.

引理(高斯(Gauss)引理) 两个本原多项式的乘积仍是本原多项式.

证明 设两个本原多项式

$$f(x)=a_nx^n+a_{n-1}x^{n-1}+\cdots+a_1x+a_0,$$
$$g(x)=b_mx^m+b_{m-1}x^{m-1}+\cdots+b_1x+b_0,$$

并且设

$$h(x)=f(x)g(x)=d_{n+m}x^{n+m}+d_{n+m-1}x^{n+m-1}+\cdots+d_1x+d_0,$$

其中 $d_k=\sum\limits_{r+s=k}a_rb_s(k=0,1,2,\cdots,n+m)$.

如果 $h(x)$ 不是本原多项式，那么必有素数 p 能整除 $h(x)$ 的所有系数，即有素数 p，使

$$p\mid d_k,k=0,1,2,\cdots,n+m.$$

由于 $f(x)$ 和 $g(x)$ 都是本原多项式，所以 p 不能同时整除 $f(x)$ 的所有系数，也不能同时整除 $g(x)$ 的所有系数. 设

$$p\mid a_0,\cdots,p\mid a_{i-1},p\nmid a_i;\ p\mid b_0,\cdots,p\mid b_{j-1},p\nmid a_j.$$

考察 $h(x)$ 的 $i+j$ 次项系数，有

$$d_{i+j}=a_0b_{i+j}+\cdots+a_{i-1}b_{j+1}+a_ib_j+a_{i+1}b_{j-1}+\cdots+a_{i+j}b_0,$$

由假设有 $p|d_{i+j}$，$p|a_0b_{i+j}+\cdots+a_{i-1}b_{j+1}$，$p|a_{i+1}b_{j-1}+\cdots+a_{i+j}b_0$，从而 $p|a_ib_j$. 但 p 是素数，所以必有 $p|a_i$ 或 $p|b_j$，这与假设矛盾.

如果一个整系数多项式 $f(x)$ 能够分解成两个次数都小于 $f(x)$ 的次数的整系数多项式的乘积，那么，显然 $f(x)$ 在有理数域上可约. 反之，如果 $f(x)$ 在有理数域上可约，$f(x)$ 能否分解成两个次数都小于 $f(x)$ 的次数的整系数多项式的乘积？

下面的定理可以回答上面提出的问题.

定理 7.9.1 若整系数多项式 $f(x)$ 能够分解成两个次数较低的有理系数多项式的乘积，那么 $f(x)$ 一定能够分解成两个次数较低的整系数多项式的乘积.

证明 设整系数多项式

$$f(x)=g(x)h(x),$$

其中 $g(x)$，$h(x)$ 都是有理系数多项式，且 $\partial(g(x))<\partial(f(x))$，$\partial(h(x))<\partial(f(x))$.

令

$$g(x)=\frac{d_1}{c_1}g_1(x),\quad h(x)=\frac{d_2}{c_2}h_1(x),$$

其中 $g_1(x), h_1(x)$ 均为本原多项式，$\frac{d_1}{c_1}, \frac{d_2}{c_2}$ 是有理数.

于是有

$$f(x)=\frac{d_1 d_2}{c_1 c_2} g_1(x) h_1(x)=\frac{r}{s} g_1(x) h_1(x),$$

其中 r 与 s 是互素的整数，且 $s>0$. 由于 $f(x)$ 是整系数多项式，所以 $g_1(x)h_1(x)$ 的每一系数与 r 的乘积都能被 s 整除. 但 s 与 r 互素，所以 s 能整除 $g_1(x)h_1(x)$ 的各项系数，但由高斯引理，$g_1(x)h_1(x)$ 是本原多项式，从而 $s=1$. 因此有

$$f(x)=(r g_1(x)) h_1(x),$$

这里 $rg_1(x)$ 与 $h_1(x)$ 都是整系数多项式，且次数都低于 $f(x)$ 的次数.

推论 设 $f(x), g(x)$ 是整系数多项式，且 $g(x)$ 是本原多项式，若 $f(x)=g(x)h(x)$，其中 $h(x)$ 是有理系数多项式，那么 $h(x)$ 一定是整系数多项式.

证明 设 $h(x)=\frac{r}{s}h_1(x)$，$h_1(x)$ 均为本原多项式，$\frac{r}{s}$ 是有理数，则

$$f(x)=\frac{r}{s} g(x) h_1(x).$$

因为 $g(x)h_1(x)$ 是本原多项式，由定理 7.9.1 的证明可知 $s=1$. 从而 $h(x)=rh_1(x)$ 是整系数多项式.

这样，把有理系数多项式在有理数域上是否可约的问题归结到整系数多项式能否分解成次数较低的整系数多项式的乘积的问题.

下面介绍一个判断整系数多项式在有理数域上是否可约的方法.

定理 7.9.2（艾森斯坦(Eisenstein)判别法） 设

$$f(x)=a_n x^n+a_{n-1} x^{n-1}+\cdots+a_1 x+a_0$$

是一个整系数多项式. 若能找到素数 p，使得

(1) $p \nmid a_n$；

(2) $p \mid a_{n-1}, p \mid a_{n-2}, \cdots, p \mid a_1, p \mid a_0$；

(3) $p^2 \nmid a_0$.

那么 $f(x)$ 在有理数域上不可约.

证明 如果 $f(x)$ 在有理数域上可约，则由定理 7.9.1，$f(x)$ 可以分解成两个次数较低的整系数多项式的乘积：

$$f(x)=g(x) h(x),$$

其中

$$g(x)=b_l x^l+b_{l-1} x^{l-1}+\cdots+b_1 x+b_0,$$
$$h(x)=c_m x^m+c_{m-1} x^{m-1}+\cdots+c_1 x+c_0$$

是整系数多项式，且 $l, m<n, l+m=n$.

比较 $f(x)=g(x)h(x)$ 两端最高次项的系数和常数项的系数，得

$$a_n=b_l c_m, \quad a_0=b_0 c_0.$$

因为 $p \mid a_0$，即 $p \mid b_0 c_0$，而 p 是素数，所以 $p \mid b_0$ 或 $p \mid c_0$. 又因 $p^2 \nmid a_0$，所以 p 不能同时整除 b_0 及 c_0，不妨设 $p \mid b_0$ 但 $p \nmid c_0$. 另一方面，因 $p \nmid a_n$，所以 $p \nmid b_l$. 设 $b_0, b_1, \cdots, b_l$ 中第一个不能被 p 整除的是 b_k，比较 $f(x)=g(x)h(x)$ 两端 x^k 的系数，得

$$a_k = b_k c_0 + b_{k-1} c_1 + \cdots + b_1 c_{k-1} + b_0 c_k, \quad k \leqslant l < n.$$

因为 $p \mid a_k$，$p \mid (b_{k-1}c_1 + \cdots + b_1 c_{k-1} + b_0 c_k)$，所以 $p \mid b_k c_0$，于是 $p \mid b_k$ 或 $p \mid c_0$，这与上面的假设矛盾.

应用艾森斯坦判别法可知，有理数域上存在任意次的不可约多项式.

例如，$f(x)=x^n+2$，取素数 $p=2$，由艾森斯坦判别法可知 $f(x)=x^n+2$ 在有理数域上不可约.

注 艾森斯坦判别法仅是判断一个整系数多项式在有理数域上不可约的充分条件，并非必要条件. 例如多项式 $f(x)=x^2+1$ 在有理数域上不可约，但却没有符合艾森斯坦判别法中三个条件的素数 p.

对于某些整系数多项式，虽然不能直接应用艾森斯坦判别法，但经过适当变形后，可变为满足艾森斯坦判别法条件的不可约多项式.

定理 7.9.3 设整系数多项式 $f(x)$，令 $x=y+a$ 得多项式 $g(y)=f(y+a)$，其中 a 为整数，那么 $f(x)$ 在有理数域上不可约的充要条件是 $g(y)$ 在有理数域上不可约.

证明 假若 $f(x)=f_1(x)f_2(x)$，则

$$g(y) = f(y+a) = f_1(y+a)f_2(y+a) = g_1(y)g_2(y).$$

显然 $f(x)$ 与 $g(y)$ 的次数相同，$f_1(x)$ 与 $g_1(y)$ 的次数相同，$f_2(x)$ 与 $g_2(y)$ 的次数相同.

反之，若 $g(y)=g_1(y)g_2(y)$，则

$$f(x) = f(y+a) = g(y) = g_1(x-a)g_2(x-a) = f_1(x)f_2(x).$$

因此，如果 $f(x)$ 能分解成两个次数较低的多项式的乘积，那么 $g(y)$ 也能分解成两个次数较低的多项式的乘积，反之亦然. 故 $f(x)$ 在有理数域上不可约的充要条件是 $g(y)$ 在有理数域上不可约.

例 7.9.1 设 k 为整数，证明：$f(x)=x^4+4kx+1$ 在有理数域上不可约.

证明 令 $x=y-1$，则得

$$\begin{aligned} g(y) &= f(y-1) = (y-1)^4 + 4k(y-1) + 1 \\ &= y^4 - 4y^3 + 6y^2 + 4(k-1)y + 2(1-2k). \end{aligned}$$

取 $p=2$，因 $2 \mid (-4)$，$2 \mid 6$，$2 \mid 4(k-1)$，$p \mid 2(1-2k)$，但 $2 \nmid 1$，$2^2 \nmid 2(1-2k)$，由艾森斯坦判别法知 $g(y)$ 在有理数域上不可约，从而 $f(x)=x^4+4kx+1$ 在有理数域上不可约.

我们现在来讨论有理系数多项式的有理根问题. 因为任何有理系数多项式 $f(x)$ 都可以表为一个有理数 r 乘以一个整系数多项式 $g(x)$，即 $f(x)=rg(x)$，显然 $f(x)$ 与 $g(x)$ 有相同的根. 所以求有理系数多项式的有理根问题，可以归结为求整系数多项式的有理根问题.

定理 7.9.4 设

$$f(x) = a_n x^n + a_{n-1} x^{n-1} + \cdots + a_1 x + a_0$$

是一个整系数多项式. 如果 $\frac{r}{s}$ 是 $f(x)$ 的有理根，其中 r 与 s 是互素的整数，那么必有

(1) $s \mid a_n$，$r \mid a_0$. 特别地，若 $a_n=1$，则 $f(x)$ 的有理根均为整数，且为 a_0 的因子.

(2) $f(x)=\left(x-\frac{r}{s}\right)q(x)$，这里 $q(x)$ 是一个整系数多项式.

证明 (1) 由条件有 $f\left(\frac{r}{s}\right)=0$，即

$$a_n\left(\frac{r}{s}\right)^n + a_{n-1}\left(\frac{r}{s}\right)^{n-1} + \cdots + a_1\left(\frac{r}{s}\right) + a_0 = 0,$$

两边同乘以 s^n，得

$$a_n r^n + a_{n-1} r^{n-1} s + \cdots + a_1 r s^{n-1} + a_0 s^n = 0.$$

因 $s \mid (a_{n-1}r^{n-1}s + \cdots + a_1 r s^{n-1} + a_0 s^n)$，所以 $s \mid a_n r^n$，由 $(s,r)=1$，可得 $(s,r^n)=1$，因此 $s \mid a_n$. 同理可证 $r \mid a_0$.

(2) 因 $\frac{r}{s}$ 是 $f(x)$ 的根，所以在有理数域上有

$$f(x) = \left(x - \frac{r}{s}\right) q(x) = (sx - r)\left[\frac{1}{s} q(x)\right],$$

其中 $q(x)$ 是一个有理系数多项式. 因 s 与 r 互素，所以 $sx-r$ 是一个本原多项式，由定理 7.9.1 的推论知 $\frac{1}{s}q(x)$ 是一个整系数多项式，从而 $q(x)$ 是整系数多项式.

由此定理，若 α 是 $f(x)$ 的有理根，则有 $f(x)=(x-\alpha)q(x)$，其中 $q(x)$ 是整系数多项式，因此商

$$\frac{f(1)}{1-\alpha} = q(1), \quad \frac{f(-1)}{1+\alpha} = -q(-1)$$

均为整数. 于是我们只需对那些使商 $\frac{f(1)}{1-\alpha}$ 与 $\frac{f(-1)}{1+\alpha}$ 均为整数的有理数 α 进行试验. 这样把一个整系数多项式的有理根的可能范围缩得很小，在求有理根时很有效.

求整系数多项式的有理根的一般步骤如下：

设有整系数多项式

$$f(x) = a_n x^n + a_{n-1} x^{n-1} + \cdots + a_1 x + a_0.$$

(1) 分别求出 a_n 的因数 $s_1, s_2, \cdots, s_k$ 和 a_0 的因数 $r_1, r_2, \cdots, r_l$，作一切可能的商 $\frac{r_i}{s_j}$，其中必有 ± 1.

(2) 如果 $f(1)=0$ 或 $f(-1)=0$，则 1 或 -1 是 $f(x)$ 的根，用 $x-1$ 或 $x+1$ 去除 $f(x)$ 而考虑所得的商；如果 $f(1)\neq 0$ 且 $f(-1)\neq 0$，则找出使商

$$\frac{f(1)}{1-\frac{r_i}{s_j}}, \quad \frac{f(-1)}{1+\frac{r_i}{s_j}}$$

均为整数的那些 $\frac{r_i}{s_j}$，这些 $\frac{r_i}{s_j}$ 才可能是 $f(x)$ 的有理根.

(3) 对(2)得出的那些 $\frac{r_i}{s_j}$ 用综合除法逐一试验，并把试验成功的数对商式再用综合除法，以确定它是 $f(x)$ 的几重根.

设 $f(x)$ 是整系数多项式，容易证明下面几个结论：

(1) 1 是 $f(x)$ 的根的充要条件是 $f(x)$ 的各项系数的代数和为 0；

(2) -1 是 $f(x)$ 的根的充要条件是 $f(x)$ 的奇次项系数的代数和等于偶次项(含常数项)系数的代数和；

(3) 若 $f(x)$ 的各项系数同号，则 $f(x)$ 没有正根；

(4) 若 $f(x)$ 的奇次项系数同号，而偶次项系数与之异号，则 $f(x)$ 没有负根.

例 7.9.2 求多项式 $f(x)=x^4-\frac{1}{2}x^3+\frac{3}{2}x^2-x-1$ 的有理根.

解 $f(x)$与 $g(x)=2f(x)=2x^4-x^3+3x^2-2x-2$ 有相同的根.因 $g(1)=0$,所以 1 是 $g(x)$的根.用综合除法可得

$$g(x)=(x-1)(2x^3+x^2+4x+2).$$

$g_1(x)=2x^3+x^2+4x+2$ 的有理根只可能是$\pm1,\pm2,\pm\frac{1}{2}$.因 $g_1(x)$各项系数均为正数,所以 $g_1(x)$没有正根.由于 $g_1(1)=9,g_1(-1)=-3$,而

$$\frac{g_1(1)}{1-(-2)}=3,\quad \frac{g_1(-1)}{1+(-2)}=3,\quad \frac{g_1(1)}{1-\left(-\frac{1}{2}\right)}=6,\quad \frac{g_1(-1)}{1+\left(-\frac{1}{2}\right)}=-6,$$

所以$-2,-\frac{1}{2}$可能是 $g_1(x)$的根.分别对$-2,-\frac{1}{2}$用综合除法,得

$$\begin{array}{r|rrrr} -2 & 2 & 1 & 4 & 2 \\ & & -4 & 6 & -20 \\ \hline & 2 & -3 & 10 & -18 \end{array}$$

所以-2 不是 $g_1(x)$的根.

$$\begin{array}{r|rrrr} -\frac{1}{2} & 2 & 1 & 4 & 2 \\ & & -1 & 0 & -2 \\ \hline & 2 & 0 & 4 & 0 \end{array}$$

所以$-\frac{1}{2}$是 $g_1(x)$的根.于是

$$g(x)=(x-1)\left(x+\frac{1}{2}\right)(2x^2+4),$$

从而

$$f(x)=(x-1)\left(x+\frac{1}{2}\right)(x^2+2).$$

故 $f(x)$的有理根是 1 和$-\frac{1}{2}$.

习题 7.9

1. 求下列多项式的有理根:

(1) $f(x)=x^3-6x^2+15x-14$;

(2) $f(x)=3x^4+5x^3+x^2+5x-2$;

(3) $f(x)=x^5-x^4-\frac{5}{2}x^3+2x^2-\frac{1}{2}x-3$.

2. 证明下列多项式在有理数域上不可约.

(1) $f(x)=x^5-4x^3+2x+2$；

(2) $f(x)=x^4-x^3+2x+1$；

(3) $f(x)=x^p+px+1$,其中 p 为奇素数.

3. 设 $p_1,p_2,\cdots,p_s$ 是 s 个互不相同的素数,证明：$\sqrt[n]{p_1p_2\cdots p_s}$ 是无理数.

4. 设 $f(x)$ 是一个整系数多项式,证明：如果 $f(0)$,$f(1)$ 都是奇数,那么 $f(x)$ 不能有整数根.

5. 设 $f(x)=a_nx^n+a_{n-1}x^{n-1}+\cdots+a_1x+a_0$ 是一个整系数多项式,a_n,a_0 均为奇数,且 $f(1)$ 与 $f(-1)$ 中至少有一个为奇数.证明：$f(x)$ 没有有理根.

本章小结

一、基本概念

1. 一元多项式及其运算.

2. 多项式相等、多项式的次数、零多项式.

3. “整除”是多项式间的一种关系,而不是运算.

4. 最大公因式、互素.

5. 不可约多项式、重因式、多项式的因式分解.

6. 多项式函数、多项式的根.($f(x)$ 有无根与它所依赖的系数域有关；$f(x)$ 的根的个数与 $f(x)$ 的次数有关)

7. 本原多项式.

二、基本性质与定理

1. 多项式的次数性质　设 $f(x),g(x)\in P[x]$,则有

(1) 当 $f(x)+g(x)\neq 0$ 时,

$$\partial(f(x)+g(x))\leqslant \max\{\partial(f(x)),\partial(g(x))\};$$

(2) 当 $f(x)\neq 0,g(x)\neq 0$ 时,$\partial(f(x)g(x))=\partial(f(x))+\partial(g(x))$.

2. 带余除法　对于 $f(x),g(x)\in P[x],g(x)\neq 0$,有

$$f(x)=q(x)g(x)+r(x),\quad \text{其中 } r(x)=0 \text{ 或 } \partial(r(x))<\partial(g(x)).$$

3. 整除的主要性质

(1) 如果 $f(x)\mid g(x),g(x)\mid h(x)$,那么 $f(x)\mid h(x)$.

(2) 如果 $f(x)\mid g_i(x)(i=1,2,\cdots,r)$,那么对任意 $u_i(x)\in P[x](i=1,2,\cdots,r)$,有

$$f(x)\mid(g_1(x)u_1(x)+g_2(x)u_2(x)+\cdots+g_r(x)u_r(x)).$$

(3) 如果 $f(x)\mid g(x),g(x)\mid f(x)$,那么 $f(x)=cg(x)$,其中 $c\neq 0,c\in P$.

4. 两个多项式的整除关系不因系数域的扩大而改变.

5. 若 $(f(x),g(x))=d(x)$,则存在 $u(x),v(x)$ 使 $f(x)u(x)+g(x)v(x)=d(x)$.

6. 互素的性质

(1) $(f(x),g(x))=1\Leftrightarrow$ 存在 $u(x),v(x)$ 使 $u(x)f(x)+v(x)g(x)=1$；

(2) 若 $f(x)\mid g(x)h(x)$,$(f(x),g(x))=1$,则 $f(x)\mid h(x)$；

(3) 若 $f_1(x)|g(x)$, $f_2(x)|g(x)$, $(f_1(x),f_2(x))=1$,则 $f_1(x)f_2(x)|g(x)$.

7. 不可约多项式的性质

(1) 若 $p(x)$不可约,则 $cp(x)(c\neq 0)$也不可约;

(2) 若 $p(x)$不可约,则对任意多项式 $f(x)$,有$(p(x),f(x))=1$,或者 $p(x)|f(x)$;

(3) 若 $p(x)$不可约,且 $p(x)|f(x)g(x)$,则 $p(x)|f(x)$或 $p(x)|g(x)$.

8. 代数基本定理　每个 $n(n\geqslant 1)$次多项式在复数域中至少有一个根.

9. 余式定理　用一次因式 $x-c$ 去除 $f(x)$所得余式等于 $f(c)$.

10. 因式定理(根与一次因式的关系)　$f(c)=0\Leftrightarrow x-c|f(x)$.

11. 重根与重因式的关系

(1) $f(x)$在有理数域$\mathbb{Q}$上有重根必有重因式,反之不然;

(2) $f(x)$在实数域$\mathbb{R}$上有重根必有重因式,反之不然;

(3) $f(x)$在复数域$\mathbb{C}$上有重根$\Leftrightarrow f(x)$有重因式.

12. $f(x)$无重因式$\Leftrightarrow(f(x),f'(x))=1$.

13. 因式分解唯一性定理.

14. 高斯引理.

15. 艾森斯坦判别法.

三、基本解题方法

1. 证明一个多项式 $g(x)$整除另一个多项式 $f(x)$,对于其系数已具体给出时,通常可用带余除法,整除性等价于余式 $r(x)=0$; 对于其系数未具体给出时,如果 $g(x)$的全部根都是 $f(x)$的根,则 $g(x)|f(x)$.

2. 用辗转相除法求多项式的最大公因式.

3. 求多项式函数的值或判断一个数是否多项式的根,可用综合除法.

4. 求一般多项式 $f(x)$的根的问题,可转化为无重根的多项式 $h(x)=\dfrac{f(x)}{(f(x),f'(x))}$的求根问题.

5. 整系数多项式有理根的求法. 设

$$f(x)=a_nx^n+a_{n-1}x^{n-1}+\cdots+a_1x+a_0.$$

(1) 写出 a_n 的因数 $s_1,s_2,\cdots,s_k$ 和 a_0 的因数 $r_1,r_2,\cdots,r_l$,作一切可能的商$\dfrac{r_i}{s_j}$,

(2) 用综合除法对$\dfrac{r_i}{s_j}$试验,确定 $f(x)$的根.

6. 证明整系数多项式在有理数域上不可约,除用艾森斯坦判别法外,有时也用反证法.

复习题七

1. 若$(x-1)^2|ax^4+bx^3+1$,求 a,b.

2. 判断多项式 $f(x)=x^4-x^3-3x^2+5x-2$ 有无重因式.

3. 求一个多项式 $g(x)$,使它与多项式 $f(x)=x^5-6x^4+16x^3-24x^2+20x-8$ 有相同的不可约因式而又不含重因式.

4. 以 $2x-1$ 除 $f(x)=2x^4+3x^3+4x^2+5x+1$,求商式和余式.

5. 设$\partial(f(x))=n$,如果 $f'(x)\mid f(x)$,证明:$f(x)$有 n 重根.

6. 证明:若 m,n,p 的奇偶性相同,则

$$x^2-x+1\mid x^{3m}-x^{3n+1}+x^{3p+2}.$$

7. 设 $p_1(x),p_2(x)$是数域 P 上的不可约多项式,且它们不能互相整除. 证明:若 $p_1(x)\mid f(x),p_2(x)\mid f(x)$,则 $p_1(x)p_2(x)\mid f(x)$.

8. 证明:$g^m(x)\mid f^m(x)$的充要条件是 $g(x)\mid f(x)$.

9. 证明:$1+\sqrt[3]{2}+\sqrt[3]{4}$是无理数.

10. 证明:如果 $f(x)\mid f(x^n)$,那么 $f(x)$的根只能是零或单位根.

11. 设 $f(x)$是一个 $n(n\geqslant 2)$次多项式,它不能分解成次数较低的整系数多项式的乘积. 证明:$f(x)$在复数域上没有重根.

第8章 线性空间

线性空间是线性代数最基本的概念之一，它的理论和方法已经渗透到自然科学、工程技术的各个领域.第4章介绍了n维向量空间的概念.n维向量空间是几何空间的推广.通过n维向量空间，我们把一些反映不同研究对象的有序数组在线性运算下的性质统一地进行了讨论.但在其他一些数学对象(例如矩阵、多项式、函数等)之间，也可以进行线性运算，它们都满足相同的运算性质.为了对它们统一地加以研究，有必要使向量的概念更为一般化.将n维向量空间抽象化，就得到线性空间的概念.

8.1 集合的映射

8.1.1 映射

定义 8.1.1 设V,W是两个非空集合，σ是一个法则，它使V中的每一个元素a，都有W中的一个确定元素b与之对应，则称σ是从V到W的一个**映射**. b称为a在σ下的像，记为$b=\sigma(a)$，而a称为b在σ下的一个原像.从V到V自身的一个映射，也称为V的一个**变换**.

用记号$\sigma: V\to W$表示σ是V到W的一个映射.

定义 8.1.2 设σ,τ是两个从V到W的映射，如果对任何$a\in V$，都有$\sigma(a)=\tau(a)$，则称σ与τ**相等**，记为$\sigma=\tau$.

例 8.1.1 设V是数域P上全体n阶矩阵的集合，定义

$$\sigma(\boldsymbol{A}) = |\boldsymbol{A}|, \quad \boldsymbol{A} \in V,$$

则σ是V到P的一个映射.

例 8.1.2 设V是数域P上全体n阶矩阵的集合，定义

$$\sigma(\boldsymbol{A}) = \boldsymbol{A}^* \quad (\boldsymbol{A}^* \text{ 是 } \boldsymbol{A} \text{ 的伴随矩阵}),$$

则σ是V到V的一个映射.

例 8.1.3 设V是数域P上全体n阶矩阵的集合，定义

$$\sigma(a) = a\boldsymbol{E}, \quad a \in P,$$

其中$\boldsymbol{E}$是n阶单位矩阵，则σ是P到V的一个映射.

例 8.1.4 对于$f(x)\in P[x]$，定义

$$\sigma(f(x)) = f'(x),$$

则σ是$P[x]$的一个变换.

例 8.1.5 设 $\boldsymbol{A}$ 是数域 P 上的一个 $m\times n$ 矩阵,定义

$$\sigma(\alpha)=\boldsymbol{A}\alpha,\quad \alpha\in P^n,$$

则 σ 是 P^n 到 P^m 的一个映射.

例 8.1.6 设 V 是一个集合,定义

$$\sigma(a)=a,\quad a\in V,$$

则 σ 是 V 到自身的一个映射,这个映射称为 V 的**恒等映射**.

定义 8.1.3 设 σ: $V\to W$ 是一个映射,如果对任何 $a,b\in V$,当 $a\neq b$ 时,都有 $\sigma(a)\neq\sigma(b)$,则称 σ 为**单射**. 如果对任何 $b\in W$,都有 $a\in V$,使得 $\sigma(a)=b$,则称 σ 为(从 V 到 W 上的)**满射**. 如果 σ 既是单射又是满射,则称 σ 为从 V 到 W 的一个**双射**.

例 8.1.1 中的映射是满射,但不是单射. 例 8.1.3 中的映射是单射,但不是满射.

8.1.2 映射的合成

定义 8.1.4 设 σ: $V\to W$,τ: $W\to U$ 都是映射,对每一个 $a\in V$,有唯一确定的 $b=\sigma(a)\in W$,对于 b,有唯一确定的 $c=\tau(b)\in U$,于是对每一个 $a\in V$,有唯一确定的 $c=\sigma(b)=\tau(\sigma(a))\in U$,这样得到了 V 到 U 的一个映射 φ,称 φ 为 σ 与 τ 的**合成**(或**复合**),记作 $\varphi=\tau\circ\sigma$,简记为 $\varphi=\tau\sigma$.

例 8.1.7 设 V 是数域 P 上全体 n 阶矩阵的集合,$\sigma(\boldsymbol{A})=\boldsymbol{A}^*$,$\tau(\boldsymbol{A})=|\boldsymbol{A}|$,则

$$(\tau\sigma)(\boldsymbol{A})=\tau(\sigma(\boldsymbol{A}))=\tau(\boldsymbol{A}^*)=|\boldsymbol{A}^*|,$$

即 $\tau\sigma$ 是 V 到 P 的一个映射.

映射的合成满足结合律,即若 σ: $V\to W$,τ: $W\to U$,ψ: $U\to M$ 都是映射,则

$$(\psi\tau)\sigma=\psi(\tau\sigma).$$

这是因为对任意 $a\in V$,有

$$((\psi\tau)\sigma)(a)=(\psi\tau)(\sigma(a))=\psi(\tau(\sigma(a))),$$
$$(\psi(\tau\sigma))(a)=\psi((\tau\sigma)(a))=\psi(\tau(\sigma(a))),$$

即 $((\psi\tau)\sigma)(a)=(\psi(\tau\sigma))(a)$.

注 映射的合成不满足交换律.

设 V,W 是两个非空集合,分别用 ι_V 和 ι_W 表示 V 和 W 的恒等映射. 设 σ: $V\to W$ 是 V 到 W 的一个映射,显然有

$$\sigma\iota_V=\sigma,\quad \iota_W\sigma=\sigma.$$

定义 8.1.5 设 σ: $V\to W$,τ: $W\to V$ 都是映射,如果

$$\tau\sigma=\iota_V,\quad \sigma\tau=\iota_W,$$

则称 σ 是**可逆的**,并称 τ 为 σ 的一个**逆映射**.

定理 8.1.1 如果映射 σ 是可逆的,则它的逆映射是唯一的.

证明 设 σ 是 V 到 W 的可逆映射,φ,τ 都是的 σ 的逆映射,则对任意 $b\in W$,有

$$\varphi(b)=\varphi(\sigma\tau(b))=(\varphi\sigma)(\tau(b))=\iota_V(\tau(b))=(\iota_V\tau)(b)=\tau(b),$$

因此 $\varphi=\tau$.

可逆映射 σ 的逆映射记为 σ^{-1}. 显然 σ^{-1} 也是可逆的.

定理 8.1.2 如果映射 σ,τ 分别是 V 到 W,W 到 U 的可逆映射,则 $\tau\sigma$ 是 V 到 U 的可逆

映射，且$(\tau\sigma)^{-1}=\sigma^{-1}\tau^{-1}$.

证明留给读者.

定理 8.1.3 设$\sigma: V\to W$，$\tau: W\to V$都是映射.

(1) 如果$\tau\sigma=\iota_V$，则σ是单射；

(2) 如果$\sigma\tau=\iota_W$，则σ是满射；

(3) 如果$\tau\sigma=\iota_V$，且$\sigma\tau=\iota_W$，则σ是双射；

(4) σ是可逆映射的充分必要条件是σ是双射.

证明 (1)设$a,b\in V$，如果$\sigma(a)=\sigma(b)$，就有$\tau(\sigma(a))=\tau(\sigma(b))$，即$(\tau\sigma)(a)=(\tau\sigma)(b)$，$\iota_V(a)=\iota_V(b)$，因此$a=b$，所以$\sigma$是单射.

(2) 对任意$b\in W$，有$b=\iota_W(b)=\sigma\tau(b)=\sigma(\tau(b))$，令$a=\tau(b)$，则$a\in V$，且有$\sigma(a)=b$，所以$\sigma$是满射.

(3) 由(1)，(2)即得.

(4) 证明留给读者.

习题 8.1

1. 设σ,τ分别是V到W，W到U的可逆映射. 证明：$\tau\sigma$是V到U的可逆映射，且$(\tau\sigma)^{-1}=\sigma^{-1}\tau^{-1}$.

2. 证明：σ是可逆映射的充要条件为σ是双射.

3. 设$\boldsymbol{A}$是n阶可逆矩阵，$\sigma: P^{n\times n}\to P^{n\times n}$是映射，其中$\sigma(\boldsymbol{B})=\boldsymbol{AB}$. 证明：$\sigma$是可逆的.

8.2 线性空间的定义和性质

在解析几何里，平面或空间的向量，两个向量可以相加，也可以用一个实数去乘一个向量. 在P^n和$P^{m\times n}$中，也有类似的运算. 虽然它们所考虑的对象不同，运算定义也不同，但它们都满足相同的基本运算性质，为了抓住它们的共同点，把它们统一起来加以研究.

8.2.1 线性空间的定义及例子

定义 8.2.1 设V是一个非空集合，P是一个数域.

(1) 在集合V的元素之间定义了一种代数运算，叫做**加法**；这就是说，给出了一个法则，对于V中任意两个元素$\boldsymbol{\alpha}$，$\boldsymbol{\beta}$，在V中都有唯一的一个元素$\boldsymbol{\gamma}$与之对应，称为$\boldsymbol{\alpha}$与$\boldsymbol{\beta}$的和，记为$\boldsymbol{\gamma}=\boldsymbol{\alpha}+\boldsymbol{\beta}$.

(2) 在数域P与集合V的元素之间还定义了一种运算，叫做**数量乘法**；这就是说，对于P中任意一个数k与V中任意一个元素$\boldsymbol{\alpha}$，在V中都有唯一的一个元素δ与之对应，称为k与$\boldsymbol{\alpha}$的数量乘积，记为$\boldsymbol{\delta}=k\boldsymbol{\alpha}$.

(3) 如果加法和数量乘法满足下述规则：设$\boldsymbol{\alpha}$，$\boldsymbol{\beta}$，$\boldsymbol{\gamma}\in V$，$k,l\in P$，

① $\boldsymbol{\alpha}+\boldsymbol{\beta}=\boldsymbol{\beta}+\boldsymbol{\alpha}$；

② $(\boldsymbol{\alpha}+\boldsymbol{\beta})+\boldsymbol{\gamma}=\boldsymbol{\alpha}+(\boldsymbol{\beta}+\boldsymbol{\gamma})$；

③ 在 V 中有一个元素 $\mathbf{0}$，使得对于任意$\boldsymbol{\alpha}\in V$，都有$\boldsymbol{\alpha}+\mathbf{0}=\boldsymbol{\alpha}$，称 $\mathbf{0}$ 为 V 的零元素；

④ 对于任意$\boldsymbol{\alpha}\in V$，都有$\boldsymbol{\beta}\in V$，使得$\boldsymbol{\alpha}+\boldsymbol{\beta}=\mathbf{0}$，称$\boldsymbol{\beta}$为$\boldsymbol{\alpha}$ 的负元素；

⑤ $1\boldsymbol{\alpha}=\boldsymbol{\alpha}$；

⑥ $k(l\boldsymbol{\alpha})=(kl)\boldsymbol{\alpha}$；

⑦ $(k+l)\boldsymbol{\alpha}=k\boldsymbol{\alpha}+l\boldsymbol{\alpha}$；

⑧ $k(\boldsymbol{\alpha}+\boldsymbol{\beta})=k\boldsymbol{\alpha}+k\boldsymbol{\beta}$，

那么，称 V 为数域 P 上的一个**线性空间**.

线性空间的元素也称为**向量**，线性空间也称为**向量空间**. 当然这里所谓的向量比几何空间中的向量的含义要广泛得多.

常用小写希腊字母$\boldsymbol{\alpha},\boldsymbol{\beta},\boldsymbol{\gamma}\cdots$表示线性空间中的向量，用小写拉丁字母 $a,b,c,\cdots$表示数域 P 中的数.

关于定义的几点说明：

1. 线性空间要有数域作基础，同一个集合在不同数域上所得到的线性空间是不同的.

2. 一个非空集合是否作成线性空间，是针对运算来说的，同一个集合和同一个数域，对不同运算作成的线性空间也是不同的.

例 8.2.1 解析几何里，平面或空间中的一切向量对于向量的加法和实数与向量的数乘来说，都作成实数域上的线性空间.

一般地，$P^n=\{(a_1,a_2,\cdots,a_n)\mid a_i\in P,i=1,2,\cdots,n\}$对通常 n 元数组的加法与数乘作成数域 P 上的线性空间.

例 8.2.2 数域 P 上的所有 $m\times n$ 矩阵，对矩阵加法和数与矩阵的乘法，作成数域 P 上的线性空间，通常用 $P^{m\times n}$表示.

例 8.2.3 全体实函数，按函数的加法和数与函数的乘法，作成实数域上的线性空间.

例 8.2.4 数域 P 对数的加法与乘法，作成自身上的线性空间.

例 8.2.5 复数域$\mathbb{C}$对数的加法与乘法，作成实数域$\mathbb{R}$上的线性空间.

例 8.2.6 数域 P 上一元多项式环 $P[x]$，对于多项式的加法和数与多项式的乘法，作成数域 P 上的线性空间.

8.2.2 线性空间的简单性质

由定义，可以得到线性空间的一些简单性质.

定理 8.2.1 在一个线性空间 V 里，零向量是唯一的；对于 V 中每一向量$\boldsymbol{\alpha}$，$\boldsymbol{\alpha}$ 的负向量是唯一的.

证明 先证零向量的唯一性. 设 $\mathbf{0}_1,\mathbf{0}_2$ 都是 V 的零向量，则一方面有 $\mathbf{0}_1+\mathbf{0}_2=\mathbf{0}_1$，另一方面又有 $\mathbf{0}_1+\mathbf{0}_2=\mathbf{0}_2+\mathbf{0}_1=\mathbf{0}_2$，故 $\mathbf{0}_1=\mathbf{0}_2$.

现设$\boldsymbol{\beta},\boldsymbol{\gamma}$都是$\boldsymbol{\alpha}$ 的负向量，则有

$$\boldsymbol{\alpha}+\boldsymbol{\beta}=\mathbf{0},\quad \boldsymbol{\alpha}+\boldsymbol{\gamma}=\mathbf{0},$$

于是有

$$\boldsymbol{\beta}=\boldsymbol{\beta}+\mathbf{0}=\boldsymbol{\beta}+(\boldsymbol{\alpha}+\boldsymbol{\gamma})=(\boldsymbol{\beta}+\boldsymbol{\alpha})+\boldsymbol{\gamma}=(\boldsymbol{\alpha}+\boldsymbol{\beta})+\boldsymbol{\gamma}=\mathbf{0}+\boldsymbol{\gamma}=\boldsymbol{\gamma}+\mathbf{0}=\boldsymbol{\gamma}.$$

我们把向量$\boldsymbol{\alpha}$的唯一的负向量记作$-\boldsymbol{\alpha}$. 这样对于任意向量$\boldsymbol{\alpha}$,都有

$$\boldsymbol{\alpha}+(-\boldsymbol{\alpha})=(-\boldsymbol{\alpha})+\boldsymbol{\alpha}=\mathbf{0}.$$

定义向量$\boldsymbol{\alpha}$与$\boldsymbol{\beta}$的差为$\boldsymbol{\alpha}+(-\boldsymbol{\beta})$,记作$\boldsymbol{\alpha}-\boldsymbol{\beta}$,即

$$\boldsymbol{\alpha}-\boldsymbol{\beta}=\boldsymbol{\alpha}+(-\boldsymbol{\beta}).$$

这样,在一个线性空间里,加法的逆运算——减法可以实施,并且有

$$\boldsymbol{\alpha}+\boldsymbol{\beta}=\boldsymbol{\gamma}\Leftrightarrow\boldsymbol{\alpha}=\boldsymbol{\gamma}-\boldsymbol{\beta}.$$

这就是说,在一个线性空间里,通常的移项变号规则成立.

定理 8.2.2 对于任意向量$\boldsymbol{\alpha}$和数域P中任意数k,有

(1) $0\boldsymbol{\alpha}=\mathbf{0}$, $k\mathbf{0}=\mathbf{0}$, $(-1)\boldsymbol{\alpha}=-\boldsymbol{\alpha}$;

(2) 如果$k\boldsymbol{\alpha}=\mathbf{0}$,则$k=0$或$\boldsymbol{\alpha}=\mathbf{0}$.

证明 (1) $\boldsymbol{\alpha}=1\boldsymbol{\alpha}=(0+1)\boldsymbol{\alpha}=0\boldsymbol{\alpha}+1\boldsymbol{\alpha}=0\boldsymbol{\alpha}+\boldsymbol{\alpha}$,两边加上$-\boldsymbol{\alpha}$,得

$$\mathbf{0}=\boldsymbol{\alpha}+(-\boldsymbol{\alpha})=(0\boldsymbol{\alpha}+\boldsymbol{\alpha})+(-\boldsymbol{\alpha})=0\boldsymbol{\alpha}+(\boldsymbol{\alpha}+(-\boldsymbol{\alpha}))=0\boldsymbol{\alpha}+\mathbf{0}=0\boldsymbol{\alpha}.$$

同理可证$k\mathbf{0}=\mathbf{0}$. 又

$$\boldsymbol{\alpha}+(-1)\boldsymbol{\alpha}=1\boldsymbol{\alpha}+(-1)\boldsymbol{\alpha}=(1-1)\boldsymbol{\alpha}=0\boldsymbol{\alpha}=\mathbf{0},$$

由负向量的唯一性,得$(-1)\boldsymbol{\alpha}=-\boldsymbol{\alpha}$.

(2) 如果$k\boldsymbol{\alpha}=\mathbf{0}$,而$k\neq 0$,则

$$\boldsymbol{\alpha}=1\boldsymbol{\alpha}=\left(\frac{1}{k}k\right)\boldsymbol{\alpha}=\frac{1}{k}(k\boldsymbol{\alpha})=\frac{1}{k}\mathbf{0}=\mathbf{0}.$$

8.2.3 子空间

在通常的三维几何空间中,考虑一个通过原点的平面,易知这个平面上的所有向量对于向量加法和数量乘法组成一个二维的几何空间. 这就是说,它一方面是三维几何空间的一个部分,同时它对于原来的运算也构成一个线性空间.

定义 8.2.2 设W是数域P上线性空间V的一个非空子集,如果W对于V的两种运算也构成数域P上的线性空间,则称W是V的一个**子空间**.

设W是V的非空子集合,因为V是线性空间,所以对于原有的运算,W中的向量满足线性空间定义中规则①,②,⑤,⑥,⑦,⑧是显然的. 为了使W自身构成一线性空间,主要的条件是要求W对于V中原有运算的封闭性,以及规则③与④成立. 实际上,只要W对于V中原有运算封闭,则规则③和④自然成立,这其实就是数量乘积中取$k=0$和$k=-1$的情形.

定理 8.2.3 设W是数域P上线性空间V的一个非空子集,如果

(1) 对任意$\boldsymbol{\alpha},\boldsymbol{\beta}\in W$,有$\boldsymbol{\alpha}+\boldsymbol{\beta}\in W$;

(2) 对任意$\boldsymbol{\alpha}\in W$, $k\in P$,有$k\boldsymbol{\alpha}\in W$,

则W是V的子空间.

例 8.2.7 在线性空间V中,由单个零向量所组成的子集合是V的子空间,叫做**零子空间**. V本身也是V的子空间. 这两个子空间叫V的**平凡子空间**. 而V的其他子空间(如果还有的话)叫V的**非平凡子空间**.

例 8.2.8 数域 P 上次数小于 n 的多项式和零多项式组成的集合是 $P[x]$ 的子空间，这个子空间记作 $P[x]_n$.

例 8.2.9 数域 P 上全体 n 阶对称矩阵组成的集合是 $P^{n\times n}$ 的子空间. 数域 P 上全体 n 阶反对称矩阵组成的集合也是 $P^{n\times n}$ 的子空间.

习题 8.2

1. 设 V 是全体实数的二维数组所构成的集合. 证明：V 对于下面定义的运算：

$$(a,b)\oplus(c,d)=(a+c,b+d+ac),$$

$$k\circ(a,b)=\left(ka,kb+\frac{k(k-1)}{2}a^2\right)$$

作成实数域上的线性空间.

注 为了与通常的加法与数量乘法区别，我们分别用“$\oplus$”与“$\circ$”来代表所定义的向量加法与数量乘法，下同.

2. 设 V 是全体正实数所构成的集合. 证明：V 对于下面所定义的运算：

$$a\oplus b=ab,$$

$$k\circ a=a^k$$

作成实数域上的线性空间.

3. 设 $V=\{(a,b)\mid a,b\in P\}$，加法为通常加法，数量乘法定义为

$$k\circ(a,b)=(a,kb).$$

证明：V 对于上述运算，不作成 P 上的线性空间.

4. 证明：在数域 P 上线性空间 V 里，以下算律成立.

(1) $k(\boldsymbol{\alpha}-\boldsymbol{\beta})=k\boldsymbol{\alpha}-k\boldsymbol{\beta}$；

(2) $(k-l)\boldsymbol{\alpha}=k\boldsymbol{\alpha}-l\boldsymbol{\alpha}$，

这里 $k,l\in P,\boldsymbol{\alpha},\boldsymbol{\beta}\in V$.

8.3 基与坐标

在第 4 章中，我们看到向量的线性关系在研究 n 元数组所组成的向量空间时起了很重要的作用. 在研究一般线性空间时，向量的线性关系也是非常重要的.

8.3.1 向量的线性相关性

定义 8.3.1 设 V 是数域 P 上的一个线性空间，$\boldsymbol{\alpha}_1,\boldsymbol{\alpha}_2,\cdots,\boldsymbol{\alpha}_r$ 是 V 中一组向量，$k_1,k_2,\cdots,k_r$ 是数域 P 中的数，那么向量

$$\boldsymbol{\alpha}=k_1\boldsymbol{\alpha}_1+k_2\boldsymbol{\alpha}_2+\cdots+k_r\boldsymbol{\alpha}_r$$

称为向量组 $\boldsymbol{\alpha}_1,\boldsymbol{\alpha}_2,\cdots,\boldsymbol{\alpha}_r$ 的一个**线性组合**. 有时也称向量 $\boldsymbol{\alpha}$ 可以用向量组 $\boldsymbol{\alpha}_1,\boldsymbol{\alpha}_2,\cdots,\boldsymbol{\alpha}_r$ 线性

表出.

零向量显然可以用任意一组向量线性表出,这是因为

$$\mathbf{0}=0\boldsymbol{\alpha}_1+0\boldsymbol{\alpha}_2+\cdots+0\boldsymbol{\alpha}_r.$$

定义 8.3.2 设(Ⅰ): $\boldsymbol{\alpha}_1,\boldsymbol{\alpha}_2,\cdots,\boldsymbol{\alpha}_r$ 和(Ⅱ): $\boldsymbol{\beta}_1,\boldsymbol{\beta}_2,\cdots,\boldsymbol{\beta}_s$ 是线性空间 V 中两个向量组,如果向量组(Ⅰ)中每个向量都可以用向量组(Ⅱ)线性表出,那么称向量组(Ⅰ)可以用向量组(Ⅱ)线性表出. 如果向量组(Ⅰ)与向量组(Ⅱ)可以互相线性表出,那么称向量组(Ⅰ)与(Ⅱ)**等价**.

定义 8.3.3 设$\boldsymbol{\alpha}_1,\boldsymbol{\alpha}_2,\cdots,\boldsymbol{\alpha}_r$ 是线性空间 V 的 r 个向量,如果存在 P 中不全为零的数 $k_1,k_2,\cdots,k_r$,使得

$$k_1\boldsymbol{\alpha}_1+k_2\boldsymbol{\alpha}_2+\cdots+k_r\boldsymbol{\alpha}_r=\mathbf{0},$$

那么就称$\boldsymbol{\alpha}_1,\boldsymbol{\alpha}_2,\cdots,\boldsymbol{\alpha}_r$ **线性相关**. 如果$\boldsymbol{\alpha}_1,\boldsymbol{\alpha}_2,\cdots,\boldsymbol{\alpha}_r$ 不线性相关,就称为**线性无关**. 换句话说,等式 $k_1\boldsymbol{\alpha}_1+k_2\boldsymbol{\alpha}_2+\cdots+k_r\boldsymbol{\alpha}_r=\mathbf{0}$ 仅当 $k_1=k_2=\cdots=k_r=0$ 时才成立,则向量组$\boldsymbol{\alpha}_1,\boldsymbol{\alpha}_2,\cdots,\boldsymbol{\alpha}_r$ 线性无关.

以上定义重复了 n 元数组相应概念的定义. 不仅如此,在第 4 章中,从这些定义出发对 n 元数组所得的那些结论也适用于一般的线性空间,其推导的形式也完全相同. 我们不再重复这些论证.

下面是几个常用结论:

(1) 单个向量$\boldsymbol{\alpha}$ 线性相关的充要条件是$\boldsymbol{\alpha}=\mathbf{0}$;

(2) 含有零向量的向量组线性相关;

(3) 向量组$\boldsymbol{\alpha}_1,\boldsymbol{\alpha}_2,\cdots,\boldsymbol{\alpha}_r(r>1)$线性相关的充要条件是其中有一个向量是其余向量的线性组合;

(4) 如果$\boldsymbol{\alpha}_1,\boldsymbol{\alpha}_2,\cdots,\boldsymbol{\alpha}_r$ 线性无关,而且可以用$\boldsymbol{\beta}_1,\boldsymbol{\beta}_2,\cdots,\boldsymbol{\beta}_s$ 线性表出,那么 $r\leqslant s$;

(5) 如果向量组$\boldsymbol{\alpha}_1,\boldsymbol{\alpha}_2,\cdots,\boldsymbol{\alpha}_r$ 线性无关,而向量组$\boldsymbol{\alpha}_1,\boldsymbol{\alpha}_2,\cdots,\boldsymbol{\alpha}_r,\boldsymbol{\beta}$线性相关,那么$\boldsymbol{\beta}$可以用$\boldsymbol{\alpha}_1,\boldsymbol{\alpha}_2,\cdots,\boldsymbol{\alpha}_r$ 线性表示出,且表示法是唯一的.

8.3.2 基与坐标

在一般线性空间中,也有极大无关组概念以及由此得出的有关结论. 例如,任一含有限个向量的非零向量组,必能在其中找到一个线性无关的部分组(极大无关组),使得原向量组的每一个向量都可以用该部分组线性表出. 极大无关组所含向量的个数也叫做向量组的秩.

是否在整个线性空间中,也能找到一个线性无关的向量组,使得空间中每一个向量都可以用它们线性表出?

这在几何空间中是能办到的. 我们知道,在平面上中,任意三个向量都是线性相关的;在空间中,任意四个向量也是线性相关的. 一般地,对于 n 元数组所组成的线性空间中任意 $n+1$ 个向量都是线性相关的. 那么在一般线性空间中,究竟最多能有几个线性无关的向量?这是线性空间的一个重要属性. 我们引入如下定义.

定义 8.3.4 如果在线性空间 V 中,存在 n 个线性无关的向量,而没有更多数目的线性无关的向量,那么 V 就称为 $\boldsymbol{n}$ **维**的;如果在 V 中可以找到任意多个线性无关的向量,那么 V 就称为**无限维**的.

V 的维数可记为 $\dim V$.

例如,几何空间中全体向量所组成的线性空间是三维的;全体 n 元数组所组成的空间是 n 维的;由所有实系数多项式所组成的线性空间是无限维的,因为对于任意的 n,都有 n 个线性无关的向量

$$1,x,x^2,\cdots,x^{n-1}.$$

很明显,一个 n 维线性空间存在 n 个线性无关的向量,而任意 $n+1$ 个向量必线性相关.

定义 8.3.5 在 n 维线性空间 V 中,n 个线性无关的向量$\boldsymbol{\varepsilon}_1,\boldsymbol{\varepsilon}_2,\cdots,\boldsymbol{\varepsilon}_n$ 称为 V 的一个**基**.

设$\boldsymbol{\varepsilon}_1,\boldsymbol{\varepsilon}_2,\cdots,\boldsymbol{\varepsilon}_n$ 是 V 的一个基,那么对 V 中任意向量$\boldsymbol{\alpha}$,都有$\boldsymbol{\varepsilon}_1,\boldsymbol{\varepsilon}_2,\cdots,\boldsymbol{\varepsilon}_n,\boldsymbol{\alpha}$ 线性相关,于是$\boldsymbol{\alpha}$ 可以用$\boldsymbol{\varepsilon}_1,\boldsymbol{\varepsilon}_2,\cdots,\boldsymbol{\varepsilon}_n$ 线性表出,且表法唯一,即

$$\boldsymbol{\alpha}=k_1\boldsymbol{\varepsilon}_1+k_2\boldsymbol{\varepsilon}_2+\cdots+k_n\boldsymbol{\varepsilon}_n,$$

称这组系数 $k_1,k_2,\cdots,k_n$ 为$\boldsymbol{\alpha}$ 在基$\boldsymbol{\varepsilon}_1,\boldsymbol{\varepsilon}_2,\cdots,\boldsymbol{\varepsilon}_n$ 下的**坐标**,记为$(k_1,k_2,\cdots,k_n)$.

定理 8.3.1 设$\boldsymbol{\alpha}_1,\boldsymbol{\alpha}_2,\cdots,\boldsymbol{\alpha}_n$ 是线性空间 V 中的 n 个向量,如果

(1) $\boldsymbol{\alpha}_1,\boldsymbol{\alpha}_2,\cdots,\boldsymbol{\alpha}_n$ 线性无关;

(2) V 中任意向量$\boldsymbol{\beta}$ 都可以用$\boldsymbol{\alpha}_1,\boldsymbol{\alpha}_2,\cdots,\boldsymbol{\alpha}_n$ 线性表出,

那么 V 是 n 维的,而$\boldsymbol{\alpha}_1,\boldsymbol{\alpha}_2,\cdots,\boldsymbol{\alpha}_n$ 就是 V 的一个基.

证明 因$\boldsymbol{\alpha}_1,\boldsymbol{\alpha}_2,\cdots,\boldsymbol{\alpha}_n$ 线性无关,所以 V 的维数至少是 n. 设$\boldsymbol{\beta}_1,\boldsymbol{\beta}_2,\cdots,\boldsymbol{\beta}_{n+1}$ 是 V 中任意 $n+1$ 个向量. 由题设,它们可用$\boldsymbol{\alpha}_1,\boldsymbol{\alpha}_2,\cdots,\boldsymbol{\alpha}_n$ 线性表出. 如果$\boldsymbol{\beta}_1,\boldsymbol{\beta}_2,\cdots,\boldsymbol{\beta}_{n+1}$ 线性无关,则有 $n+1\leqslant n$,这是不可能的. 所以$\boldsymbol{\beta}_1,\boldsymbol{\beta}_2,\cdots,\boldsymbol{\beta}_{n+1}$ 线性相关. 由定义 8.3.4,V 是 n 维的. 又由定义 8.3.5,$\boldsymbol{\alpha}_1,\boldsymbol{\alpha}_2,\cdots,\boldsymbol{\alpha}_n$ 是 V 的一个基.

例 8.3.1 在线性空间 $P[x]_n$ 中,$1,x,x^2,\cdots,x^{n-1}$ 是 n 个线性无关的向量,而每一个次数小于 n 的多项式以及零多项式都可以用它们线性表出,所以 $P[x]_n$ 是 n 维的,而 $1,x,x^2,\cdots,x^{n-1}$ 就它的一个基.

在这个基下,多项式 $f(x)=a_0+a_1x+\cdots+a_{n-1}x^{n-1}$ 的坐标就是它的系数$(a_0,a_1,\cdots,a_{n-1})$.

例 8.3.2 在 n 维空间 P^n 中,显然

$$\begin{cases}\boldsymbol{\varepsilon}_1=(1,0,\cdots,0),\\ \boldsymbol{\varepsilon}_2=(0,1,\cdots,0),\\ \qquad\vdots\\ \boldsymbol{\varepsilon}_n=(0,0,\cdots,1)\end{cases}$$

是一个基. 对每个向量$\boldsymbol{\alpha}=(a_1,a_2,\cdots,a_n)$,都有

$$\boldsymbol{\alpha}=a_1\boldsymbol{\varepsilon}_1+a_2\boldsymbol{\varepsilon}_2+\cdots+a_n\boldsymbol{\varepsilon}_n,$$

所以$\boldsymbol{\alpha}$ 在这个基下的坐标是$(a_1,a_2,\cdots,a_n)$.

易证

$$\begin{cases}\boldsymbol{\varepsilon}_1'=(1,1,\cdots,1),\\ \boldsymbol{\varepsilon}_2'=(0,1,\cdots,1),\\ \qquad\vdots\\ \boldsymbol{\varepsilon}_n'=(0,0,\cdots,1)\end{cases}$$

也是 P^n 的一个基,在这个基下,对于向量$\boldsymbol{\alpha}=(a_1,a_2,\cdots,a_n)$,有

$$\boldsymbol{\alpha}=a_1\boldsymbol{\varepsilon}_1'+(a_2-a_1)\boldsymbol{\varepsilon}_2'+\cdots+(a_n-a_{n-1})\boldsymbol{\varepsilon}_n'.$$

因此,$\boldsymbol{\alpha}$ 在基$\boldsymbol{\varepsilon}_1',\boldsymbol{\varepsilon}_2',\cdots,\boldsymbol{\varepsilon}_n'$下的坐标是$(a_1,a_2-a_1,\cdots,a_n-a_{n-1})$.

由此可见,同一向量在不同基下的坐标一般是不同的.

例 8.3.3 复数域$\mathbb{C}$作为实数域上线性空间,维数是 2,数 1 和 i 就是一个基.

事实上,若 $k\cdot 1+l\cdot \mathrm{i}=0(k,l\in\mathbb{R})$,则 $k=0,l=0$,因此 1,i 线性无关,对任意$\boldsymbol{\alpha}\in\mathbb{C}$,$\boldsymbol{\alpha}=a+b\mathrm{i}=a\cdot 1+b\cdot \mathrm{i}$, $(a,b\in\mathbb{R})$,所以 1 和 i 是$\mathbb{C}$的一个基. 故实数域$\mathbb{R}$上的线性空间$\mathbb{C}$的维数是 2.

若把复数域$\mathbb{C}$看成自身上的线性空间,则维数是 1,1 就是一个基.

由此可见,同一个集合,取不同的数域,所得到的线性空间是不同的.

例 8.3.4 对于所有 $m\times n$ 矩阵组成的线性空间 $P^{m\times n}$,设 $\boldsymbol{E}_{ij}$ 是第 i 行和第 j 列交叉处的元是 1,其余元都是零的 $m\times n$ 矩阵,考虑 mn 个矩阵 $\boldsymbol{E}_{ij}(i=1,2,\cdots,m;\ j=1,2,\cdots,n)$,则这 mn 个矩阵构成 $P^{m\times n}$的一个基,所以 $\dim P^{m\times n}=mn$.

从上面的例子可知,一个线性空间的基一般来说不唯一,但任意两个基是彼此等价的. 因而一个线性空间的任意两个基所含向量的个数是相等的,这个数就是空间的维数.

因有限维非零线性空间中每个向量都可以用基唯一线性表出,所以基的重要意义在于我们有可能通过"有限"(基所含向量个数有限)去把握"无限"(V 中的无穷多个向量).

本书主要讨论有限维线性空间,后面讨论的线性空间总是有限维的.

下面介绍一种写法,这种写法在以后的讨论中将有它的方便之处.

设$\boldsymbol{\alpha}_1,\boldsymbol{\alpha}_2,\cdots,\boldsymbol{\alpha}_n$ 是数域 P 上线性空间 V 的 n 个向量,我们把它排成一行,写成一个以向量为元素的 $1\times n$ 矩阵

$$(\boldsymbol{\alpha}_1,\boldsymbol{\alpha}_2,\cdots,\boldsymbol{\alpha}_n).$$

设 V 是数域 P 上线性空间,$\boldsymbol{\alpha}_1,\boldsymbol{\alpha}_2,\cdots,\boldsymbol{\alpha}_n\in V,k_1,k_2,\cdots,k_n\in P$,规定:

$$(\boldsymbol{\alpha}_1,\boldsymbol{\alpha}_2,\cdots,\boldsymbol{\alpha}_n)\begin{pmatrix}k_1\\k_2\\\vdots\\k_n\end{pmatrix}=k_1\boldsymbol{\alpha}_1+k_2\boldsymbol{\alpha}_2+\cdots+k_n\boldsymbol{\alpha}_n.$$

设 $\boldsymbol{C}=(c_{ij})_{n\times m}$是数域 P 上矩阵,若

$$\boldsymbol{\beta}_j=c_{1j}\boldsymbol{\alpha}_{1j}+c_{2j}\boldsymbol{\alpha}_{2j}+\cdots+c_{nj}\boldsymbol{\alpha}_{nj},\quad j=1,2,\cdots,m,$$

则记

$$(\boldsymbol{\alpha}_1,\boldsymbol{\alpha}_2,\cdots,\boldsymbol{\alpha}_n)\begin{pmatrix}c_{11}&c_{12}&\cdots&c_{1m}\\c_{21}&c_{22}&\cdots&c_{2m}\\\vdots&\vdots&&\vdots\\c_{n1}&c_{n2}&\cdots&c_{nm}\end{pmatrix}=(\boldsymbol{\beta}_1,\boldsymbol{\beta}_2,\cdots,\boldsymbol{\beta}_m),$$

即

$$(\boldsymbol{\alpha}_1,\boldsymbol{\alpha}_2,\cdots,\boldsymbol{\alpha}_n)\boldsymbol{C}=(\boldsymbol{\beta}_1,\boldsymbol{\beta}_2,\cdots,\boldsymbol{\beta}_m).$$

进一步还规定

$$(\boldsymbol{\alpha}_1,\boldsymbol{\alpha}_2,\cdots,\boldsymbol{\alpha}_n)+(\boldsymbol{\beta}_1,\boldsymbol{\beta}_2,\cdots,\boldsymbol{\beta}_n)=(\boldsymbol{\alpha}_1+\boldsymbol{\beta}_1,\boldsymbol{\alpha}_2+\boldsymbol{\beta}_2,\cdots,\boldsymbol{\alpha}_n+\boldsymbol{\beta}_n),$$

$$k(\boldsymbol{\alpha}_1,\boldsymbol{\alpha}_2,\cdots,\boldsymbol{\alpha}_n)=(k\boldsymbol{\alpha}_1,k\boldsymbol{\alpha}_2,\cdots,k\boldsymbol{\alpha}_n).$$

这种形式写法的规定可以这样记忆:把$\boldsymbol{\alpha}_1,\boldsymbol{\alpha}_2,\cdots,\boldsymbol{\alpha}_n$ 看成是数,$(\boldsymbol{\alpha}_1,\boldsymbol{\alpha}_2,\cdots,\boldsymbol{\alpha}_n)\boldsymbol{C}$ 是按照数域 P 上矩阵的乘法来定义$(\boldsymbol{\alpha}_1,\boldsymbol{\alpha}_2,\cdots,\boldsymbol{\alpha}_n)$的右边乘以矩阵 $\boldsymbol{C}$.

由上述规定，可得到与矩阵类似的运算性质：

$$(\boldsymbol{\alpha}_1,\boldsymbol{\alpha}_2,\cdots,\boldsymbol{\alpha}_n)(\boldsymbol{AB})=((\boldsymbol{\alpha}_1,\boldsymbol{\alpha}_2,\cdots,\boldsymbol{\alpha}_n)\boldsymbol{A})\boldsymbol{B},$$

$$(\boldsymbol{\alpha}_1,\boldsymbol{\alpha}_2,\cdots,\boldsymbol{\alpha}_n)\boldsymbol{A}+(\boldsymbol{\alpha}_1,\boldsymbol{\alpha}_2,\cdots,\boldsymbol{\alpha}_n)\boldsymbol{B}=(\boldsymbol{\alpha}_1,\boldsymbol{\alpha}_2,\cdots,\boldsymbol{\alpha}_n)(\boldsymbol{A}+\boldsymbol{B}),$$

$$(\boldsymbol{\alpha}_1,\boldsymbol{\alpha}_2,\cdots,\boldsymbol{\alpha}_n)\boldsymbol{A}+(\boldsymbol{\beta}_1,\boldsymbol{\beta}_2,\cdots,\boldsymbol{\beta}_n)\boldsymbol{A}=(\boldsymbol{\alpha}_1+\boldsymbol{\beta}_1,\boldsymbol{\alpha}_2+\boldsymbol{\beta}_2,\cdots,\boldsymbol{\alpha}_n+\boldsymbol{\beta}_n)\boldsymbol{A}.$$

习题 8.3

1. 在 P^4 中，求向量$\boldsymbol{\xi}$在基$\boldsymbol{\varepsilon}_1,\boldsymbol{\varepsilon}_2,\boldsymbol{\varepsilon}_3,\boldsymbol{\varepsilon}_4$ 下的坐标，设

(1) $\boldsymbol{\varepsilon}_1=(1,1,1,1),\boldsymbol{\varepsilon}_2=(1,1,-1,-1),\boldsymbol{\varepsilon}_3=(1,-1,1,-1),\boldsymbol{\varepsilon}_4=(1,-1,-1,1),\boldsymbol{\xi}=(1,2,1,1)$；

(2) $\boldsymbol{\varepsilon}_1=(1,1,0,1),\boldsymbol{\varepsilon}_2=(2,1,3,1),\boldsymbol{\varepsilon}_3=(1,1,0,0),\boldsymbol{\varepsilon}_4=(0,1,-1,-1),\boldsymbol{\xi}=(0,0,0,1)$.

2. 设 V 是数域 P 上一切满足条件 $\boldsymbol{A}^{\mathrm{T}}=\boldsymbol{A}$ 的 n 阶矩阵所成的线性空间，求 V 的维数.

3. 设 V 是实数域上由矩阵 $\boldsymbol{A}$ 的全体实系数多项式组成的线性空间，其中

$$\boldsymbol{A}=\begin{pmatrix}1&0&0\\0&\omega&0\\0&0&\omega^2\end{pmatrix},\quad \omega=\frac{-1+\sqrt{3}\mathrm{i}}{2}.$$

求 V 的维数和一个基.

4. 证明：如果线性空间 V 的每一个向量都可以唯一地表成 V 中向量$\boldsymbol{\alpha}_1,\boldsymbol{\alpha}_2,\cdots,\boldsymbol{\alpha}_n$ 的线性组合，那么 $\dim V=n$.

5. 设 W 是$\mathbb{R}^n$ 的一个非零子空间，而对于 W 的每一个向量$(a_1,a_2,\cdots,a_n)$来说，要么 $a_1=a_2=\cdots=a_n=0$，要么每一个 a_i 都不等于零. 证明：$\dim W=1$.

8.4 基变换与坐标变换

在 n 维线性空间中，任意 n 个线性无关的向量都可以作为空间的基. 一个向量的坐标自然依赖于基的选取，而同一向量在不同基下的坐标一般是不同的. 那么，随着基的改变，向量的坐标是如何变化的?

8.4.1 过渡矩阵

设$\boldsymbol{\alpha}_1,\boldsymbol{\alpha}_2,\cdots,\boldsymbol{\alpha}_n$ 与$\boldsymbol{\beta}_1,\boldsymbol{\beta}_2,\cdots,\boldsymbol{\beta}_n$ 分别是 n 维线性空间 V 的两个基，则$\boldsymbol{\beta}_1,\boldsymbol{\beta}_2,\cdots,\boldsymbol{\beta}_n$ 可以由$\boldsymbol{\alpha}_1,\boldsymbol{\alpha}_2,\cdots,\boldsymbol{\alpha}_n$ 线性表出，即有

$$\begin{cases}\boldsymbol{\beta}_1=a_{11}\boldsymbol{\alpha}_1+a_{21}\boldsymbol{\alpha}_2+\cdots a_{n1}\boldsymbol{\alpha}_n,\\ \boldsymbol{\beta}_2=a_{12}\boldsymbol{\alpha}_1+a_{22}\boldsymbol{\alpha}_2+\cdots a_{n2}\boldsymbol{\alpha}_n,\\ \qquad\vdots\\ \boldsymbol{\beta}_n=a_{1n}\boldsymbol{\alpha}_1+a_{2n}\boldsymbol{\alpha}_2+\cdots a_{nn}\boldsymbol{\alpha}_n.\end{cases}$$

令

$$A=\begin{pmatrix}a_{11} & a_{12} & \cdots & a_{1n}\\ a_{21} & a_{22} & \cdots & a_{2n}\\ \vdots & \vdots & & \vdots\\ a_{n1} & a_{n2} & \cdots & a_{nn}\end{pmatrix},$$

于是上述表达式可记作

$$(\boldsymbol{\beta}_1,\boldsymbol{\beta}_2,\cdots,\boldsymbol{\beta}_n)=(\boldsymbol{\alpha}_1,\boldsymbol{\alpha}_2,\cdots,\boldsymbol{\alpha}_n)\boldsymbol{A}.$$

定义 8.4.1 设$\boldsymbol{\alpha}_1,\boldsymbol{\alpha}_2,\cdots,\boldsymbol{\alpha}_n$与$\boldsymbol{\beta}_1,\boldsymbol{\beta}_2,\cdots,\boldsymbol{\beta}_n$分别是$n$维线性空间$V$的两个基,表达式

$$(\boldsymbol{\beta}_1,\boldsymbol{\beta}_2,\cdots,\boldsymbol{\beta}_n)=(\boldsymbol{\alpha}_1,\boldsymbol{\alpha}_2,\cdots,\boldsymbol{\alpha}_n)\boldsymbol{A}$$

中的n阶矩阵$\boldsymbol{A}$叫作由基$\boldsymbol{\alpha}_1,\boldsymbol{\alpha}_2,\cdots,\boldsymbol{\alpha}_n$到$\boldsymbol{\beta}_1,\boldsymbol{\beta}_2,\cdots,\boldsymbol{\beta}_n$的**过渡矩阵**.

上述矩阵$\boldsymbol{A}$的第j列就是$\boldsymbol{\beta}_j$在基$\boldsymbol{\alpha}_1,\boldsymbol{\alpha}_2,\cdots,\boldsymbol{\alpha}_n$下的坐标.

例 8.4.1 在$P[x]_3$中,$1,x,x^2$与$1,1+x,(1+x)^2$是$P[x]_3$的两个基,则

$$\begin{cases}1=1+0(1+x)+0\,(1+x)^2,\\ x=-1+1(1+x)+0\,(1+x)^2,\\ x^2=1-2(1+x)+1\,(1+x)^2.\end{cases}$$

因此由基$1,1+x,(1+x)^2$到基$1,x,x^2$的过渡矩阵是

$$A=\begin{pmatrix}1 & -1 & 1\\ 0 & 1 & -2\\ 0 & 0 & 1\end{pmatrix}.$$

定理 8.4.1 设$\boldsymbol{\alpha}_1,\boldsymbol{\alpha}_2,\cdots,\boldsymbol{\alpha}_n$是$n$维线性空间$V$的一个基,$\boldsymbol{\beta}_1,\boldsymbol{\beta}_2,\cdots,\boldsymbol{\beta}_n$是$V$中$n$个向量,并且

$$(\boldsymbol{\beta}_1,\boldsymbol{\beta}_2,\cdots,\boldsymbol{\beta}_n)=(\boldsymbol{\alpha}_1,\boldsymbol{\alpha}_2,\cdots,\boldsymbol{\alpha}_n)\boldsymbol{A},$$

则$\boldsymbol{\beta}_1,\boldsymbol{\beta}_2,\cdots,\boldsymbol{\beta}_n$也是$V$的基的充要条件是$\boldsymbol{A}$为可逆矩阵.此时,$\boldsymbol{A}$是由基$\boldsymbol{\alpha}_1,\boldsymbol{\alpha}_2,\cdots,\boldsymbol{\alpha}_n$到基$\boldsymbol{\beta}_1,\boldsymbol{\beta}_2,\cdots,\boldsymbol{\beta}_n$的过渡矩阵.

证明 若$\boldsymbol{\beta}_1,\boldsymbol{\beta}_2,\cdots,\boldsymbol{\beta}_n$是$V$的基,则由题设

$$(\boldsymbol{\beta}_1,\boldsymbol{\beta}_2,\cdots,\boldsymbol{\beta}_n)=(\boldsymbol{\alpha}_1,\boldsymbol{\alpha}_2,\cdots,\boldsymbol{\alpha}_n)\boldsymbol{A},$$

知$\boldsymbol{A}$是由基$\boldsymbol{\alpha}_1,\boldsymbol{\alpha}_2,\cdots,\boldsymbol{\alpha}_n$到基$\boldsymbol{\beta}_1,\boldsymbol{\beta}_2,\cdots,\boldsymbol{\beta}_n$的过渡矩阵.

又设基$\boldsymbol{\beta}_1,\boldsymbol{\beta}_2,\cdots,\boldsymbol{\beta}_n$到基$\boldsymbol{\alpha}_1,\boldsymbol{\alpha}_2,\cdots,\boldsymbol{\alpha}_n$的过渡矩阵是$\boldsymbol{B}$,即有

$$(\boldsymbol{\alpha}_1,\boldsymbol{\alpha}_2,\cdots,\boldsymbol{\alpha}_n)=(\boldsymbol{\beta}_1,\boldsymbol{\beta}_2,\cdots,\boldsymbol{\beta}_n)\boldsymbol{B}.$$

于是有

$$(\boldsymbol{\alpha}_1,\boldsymbol{\alpha}_2,\cdots,\boldsymbol{\alpha}_n)=(\boldsymbol{\alpha}_1,\boldsymbol{\alpha}_2,\cdots,\boldsymbol{\alpha}_n)\boldsymbol{AB}.$$

因为$\boldsymbol{\alpha}_1,\boldsymbol{\alpha}_2,\cdots,\boldsymbol{\alpha}_n$是基,所以有

$$\boldsymbol{AB}=\boldsymbol{E},$$

这里$\boldsymbol{E}$为n阶单位矩阵.故$\boldsymbol{A}$是可逆矩阵.

反之,设$\boldsymbol{A}$是可逆矩阵.由

$$(\boldsymbol{\beta}_1,\boldsymbol{\beta}_2,\cdots,\boldsymbol{\beta}_n)=(\boldsymbol{\alpha}_1,\boldsymbol{\alpha}_2,\cdots,\boldsymbol{\alpha}_n)\boldsymbol{A},$$

知向量$\boldsymbol{\beta}_1,\boldsymbol{\beta}_2,\cdots,\boldsymbol{\beta}_n$可以由$\boldsymbol{\alpha}_1,\boldsymbol{\alpha}_2,\cdots,\boldsymbol{\alpha}_n$线性表出.又因$\boldsymbol{A}$是可逆矩阵,有

$$(\boldsymbol{\alpha}_1,\boldsymbol{\alpha}_2,\cdots,\boldsymbol{\alpha}_n)=(\boldsymbol{\beta}_1,\boldsymbol{\beta}_2,\cdots,\boldsymbol{\beta}_n)\boldsymbol{A}^{-1},$$

即向量$\boldsymbol{\alpha}_1,\boldsymbol{\alpha}_2,\cdots,\boldsymbol{\alpha}_n$可以由$\boldsymbol{\beta}_1,\boldsymbol{\beta}_2,\cdots,\boldsymbol{\beta}_n$线性表出,从而$\boldsymbol{\alpha}_1,\boldsymbol{\alpha}_2,\cdots,\boldsymbol{\alpha}_n$与$\boldsymbol{\beta}_1,\boldsymbol{\beta}_2,\cdots,\boldsymbol{\beta}_n$等价.因$\boldsymbol{\alpha}_1,\boldsymbol{\alpha}_2,\cdots,\boldsymbol{\alpha}_n$线性无关,所以$\boldsymbol{\beta}_1,\boldsymbol{\beta}_2,\cdots,\boldsymbol{\beta}_n$也线性无关,因而也是$V$的一个基.

8.4.2 坐标变换

下面讨论同一向量在不同基下的坐标之间的关系.

设$\boldsymbol{\alpha}_1,\boldsymbol{\alpha}_2,\cdots,\boldsymbol{\alpha}_n$与$\boldsymbol{\beta}_1,\boldsymbol{\beta}_2,\cdots,\boldsymbol{\beta}_n$是$n$维线性空间$V$的两个基,基$\boldsymbol{\alpha}_1,\boldsymbol{\alpha}_2,\cdots,\boldsymbol{\alpha}_n$到基$\boldsymbol{\beta}_1,\boldsymbol{\beta}_2,\cdots,\boldsymbol{\beta}_n$的过渡矩阵是$\boldsymbol{A}$,即

$$(\boldsymbol{\beta}_1,\boldsymbol{\beta}_2,\cdots,\boldsymbol{\beta}_n)=(\boldsymbol{\alpha}_1,\boldsymbol{\alpha}_2,\cdots,\boldsymbol{\alpha}_n)\boldsymbol{A}.$$

设向量$\boldsymbol{\xi}$在这两个基下的坐标分别是$(x_1,x_2,\cdots,x_n)$与$(y_1,y_2,\cdots,y_n)$,即有

$$\boldsymbol{\xi}=(\boldsymbol{\alpha}_1,\boldsymbol{\alpha}_2,\cdots,\boldsymbol{\alpha}_n)\begin{pmatrix}x_1\\x_2\\\vdots\\x_n\end{pmatrix},\quad \boldsymbol{\xi}=(\boldsymbol{\beta}_1,\boldsymbol{\beta}_2,\cdots,\boldsymbol{\beta}_n)\begin{pmatrix}y_1\\y_2\\\vdots\\y_n\end{pmatrix},$$

于是

$$\boldsymbol{\xi}=(\boldsymbol{\beta}_1,\boldsymbol{\beta}_2,\cdots,\boldsymbol{\beta}_n)\begin{pmatrix}y_1\\y_2\\\vdots\\y_n\end{pmatrix}=((\boldsymbol{\alpha}_1,\boldsymbol{\alpha}_2,\cdots,\boldsymbol{\alpha}_n)\boldsymbol{A})\begin{pmatrix}y_1\\y_2\\\vdots\\y_n\end{pmatrix}$$

$$=(\boldsymbol{\alpha}_1,\boldsymbol{\alpha}_2,\cdots,\boldsymbol{\alpha}_n)\left[\boldsymbol{A}\begin{pmatrix}y_1\\y_2\\\vdots\\y_n\end{pmatrix}\right],$$

此式表明$\boldsymbol{\xi}$在基$\boldsymbol{\alpha}_1,\boldsymbol{\alpha}_2,\cdots,\boldsymbol{\alpha}_n$下的坐标是

$$\boldsymbol{A}\begin{pmatrix}y_1\\y_2\\\vdots\\y_n\end{pmatrix}.$$

然而向量$\boldsymbol{\xi}$在基$\boldsymbol{\alpha}_1,\boldsymbol{\alpha}_2,\cdots,\boldsymbol{\alpha}_n$下的坐标是唯一的,从而

$$\begin{pmatrix}x_1\\x_2\\\vdots\\x_n\end{pmatrix}=\boldsymbol{A}\begin{pmatrix}y_1\\y_2\\\vdots\\y_n\end{pmatrix}.$$

于是就得到下面定理.

定理 8.4.2 设$\boldsymbol{\alpha}_1,\boldsymbol{\alpha}_2,\cdots,\boldsymbol{\alpha}_n$与$\boldsymbol{\beta}_1,\boldsymbol{\beta}_2,\cdots,\boldsymbol{\beta}_n$是$n$维线性空间$V$的两个基,由$\boldsymbol{\alpha}_1,\boldsymbol{\alpha}_2,\cdots,\boldsymbol{\alpha}_n$到$\boldsymbol{\beta}_1,\boldsymbol{\beta}_2,\cdots,\boldsymbol{\beta}_n$的过渡矩阵是$\boldsymbol{A}$.若$\boldsymbol{\xi}$在基$\boldsymbol{\alpha}_1,\boldsymbol{\alpha}_2,\cdots,\boldsymbol{\alpha}_n$下的坐标是$(x_1,x_2,\cdots,x_n)$,$\boldsymbol{\xi}$在基$\boldsymbol{\beta}_1,\boldsymbol{\beta}_2,\cdots,\boldsymbol{\beta}_n$下的坐标是$(y_1,y_2,\cdots,y_n)$,则

$$\begin{pmatrix}x_1\\x_2\\\vdots\\x_n\end{pmatrix}=\boldsymbol{A}\begin{pmatrix}y_1\\y_2\\\vdots\\y_n\end{pmatrix}.$$

例 8.4.2 在平面$\mathbb{R}^2$中，取基$\boldsymbol{\varepsilon}_1=(1,0)$，$\boldsymbol{\varepsilon}_2=(0,1)$，令$\boldsymbol{\varepsilon}_1'$，$\boldsymbol{\varepsilon}_2'$分别是由$\boldsymbol{\varepsilon}_1$，$\boldsymbol{\varepsilon}_2$旋转角$\theta$所得的向量，那么$\boldsymbol{\varepsilon}_1'$，$\boldsymbol{\varepsilon}_2'$也是$\mathbb{R}^2$的一个基. 我们有

$$\begin{cases}\boldsymbol{\varepsilon}_1'=(\cos\theta)\,\boldsymbol{\varepsilon}_1+(\sin\theta)\,\boldsymbol{\varepsilon}_2,\\ \boldsymbol{\varepsilon}_2'=(-\sin\theta)\,\boldsymbol{\varepsilon}_1+(\cos\theta)\,\boldsymbol{\varepsilon}_2.\end{cases}$$

所以基$\boldsymbol{\varepsilon}_1$，$\boldsymbol{\varepsilon}_2$到基$\boldsymbol{\varepsilon}_1'$，$\boldsymbol{\varepsilon}_2'$的过渡矩阵是

$$\begin{pmatrix}\cos\theta & -\sin\theta\\ \sin\theta & \cos\theta\end{pmatrix}.$$

设$\mathbb{R}^2$的一个向量$\boldsymbol{\xi}$关于$\boldsymbol{\varepsilon}_1$，$\boldsymbol{\varepsilon}_2$的坐标是$(x,y)$，关于基$\boldsymbol{\varepsilon}_1'$，$\boldsymbol{\varepsilon}_2'$的坐标是$(x',y')$，由定理 8.4.2 得

$$\begin{pmatrix}x\\ y\end{pmatrix}=\begin{pmatrix}\cos\theta & -\sin\theta\\ \sin\theta & \cos\theta\end{pmatrix}\begin{pmatrix}x'\\ y'\end{pmatrix},$$

即

$$\begin{cases}x=(\cos\theta)x'-(\sin\theta)y',\\ y=(\sin\theta)x'+(\cos\theta)y'.\end{cases}$$

这正是平面解析几何中旋转坐标轴的坐标变换公式.

例 8.4.3 在n维线性空间P^n中，对于两个基

$$\boldsymbol{\varepsilon}_1=(1,0,\cdots,0),\quad \boldsymbol{\varepsilon}_2=(0,1,\cdots,0),\cdots,\quad \boldsymbol{\varepsilon}_n=(0,0,\cdots,1);$$
$$\boldsymbol{\varepsilon}_1'=(1,1,\cdots,1),\quad \boldsymbol{\varepsilon}_2'=(0,1,\cdots,1),\cdots,\quad \boldsymbol{\varepsilon}_n'=(0,0,\cdots,1),$$

有

$$(\boldsymbol{\varepsilon}_1',\boldsymbol{\varepsilon}_2',\cdots,\boldsymbol{\varepsilon}_n')=(\boldsymbol{\varepsilon}_1,\boldsymbol{\varepsilon}_2,\cdots,\boldsymbol{\varepsilon}_n)\begin{pmatrix}1&0&\cdots&0\\ 1&1&\cdots&0\\ \vdots&\vdots&&\vdots\\ 1&1&\cdots&1\end{pmatrix}.$$

于是基$\boldsymbol{\varepsilon}_1$，$\boldsymbol{\varepsilon}_2$，$\cdots$，$\boldsymbol{\varepsilon}_n$到基$\boldsymbol{\varepsilon}_1'$，$\boldsymbol{\varepsilon}_2'$，$\cdots$，$\boldsymbol{\varepsilon}_n'$的过渡矩阵是

$$\boldsymbol{A}=\begin{pmatrix}1&0&\cdots&0\\ 1&1&\cdots&0\\ \vdots&\vdots&&\vdots\\ 1&1&\cdots&1\end{pmatrix}.$$

设$\boldsymbol{\xi}$在$\boldsymbol{\varepsilon}_1$，$\boldsymbol{\varepsilon}_2$，$\cdots$，$\boldsymbol{\varepsilon}_n$与$\boldsymbol{\varepsilon}_1'$，$\boldsymbol{\varepsilon}_2'$，$\cdots$，$\boldsymbol{\varepsilon}_n'$下的坐标分别是$(x_1,x_2,\cdots,x_n)$与$(x_1',x_2',\cdots,x_n')$，那么得坐标变换公式

$$\begin{pmatrix}x_1\\ x_2\\ \vdots\\ x_n\end{pmatrix}=\begin{pmatrix}1&0&\cdots&0\\ 1&1&\cdots&0\\ \vdots&\vdots&&\vdots\\ 1&1&\cdots&1\end{pmatrix}\begin{pmatrix}x_1'\\ x_2'\\ \vdots\\ x_n'\end{pmatrix}.$$

习题 8.4

1. 设$\boldsymbol{\alpha}_1,\boldsymbol{\alpha}_2,\cdots,\boldsymbol{\alpha}_n$是线性空间$V$的一个基,求由这个基到基$\boldsymbol{\alpha}_2,\cdots,\boldsymbol{\alpha}_n,\boldsymbol{\alpha}_1$的过渡矩阵.

2. 证明$x^3,x^3+x,x^2+1,x+1$是$P[x]_4$的一个基,并求下列多项式在这个基下的坐标.

(1) x^2+2x+3; (2) x^2-x; (3) 4.

3. 在P^4中,求由基$\boldsymbol{\alpha}_1,\boldsymbol{\alpha}_2,\boldsymbol{\alpha}_3,\boldsymbol{\alpha}_4$到基$\boldsymbol{\beta}_1,\boldsymbol{\beta}_2,\boldsymbol{\beta}_3,\boldsymbol{\beta}_4$的过渡矩阵,并求向量在指定基下的坐标.

(1) $\begin{cases}\boldsymbol{\alpha}_1=(1,0,0,0),\\ \boldsymbol{\alpha}_2=(0,1,0,0),\\ \boldsymbol{\alpha}_3=(0,0,1,0),\\ \boldsymbol{\alpha}_4=(0,0,0,1),\end{cases}$ $\begin{cases}\boldsymbol{\beta}_1=(1,1,-1,1),\\ \boldsymbol{\beta}_2=(0,1,1,0),\\ \boldsymbol{\beta}_3=(1,3,0,1),\\ \boldsymbol{\beta}_4=(1,3,1,2),\end{cases}$

$\boldsymbol{\xi}=(x_1,x_2,x_3,x_4)$在$\boldsymbol{\beta}_1,\boldsymbol{\beta}_2,\boldsymbol{\beta}_3,\boldsymbol{\beta}_4$下的坐标;

(2) $\begin{cases}\boldsymbol{\alpha}_1=(1,2,-1,0),\\ \boldsymbol{\alpha}_2=(1,-1,1,1),\\ \boldsymbol{\alpha}_3=(-1,2,1,1),\\ \boldsymbol{\alpha}_4=(-1,-1,0,1),\end{cases}$ $\begin{cases}\boldsymbol{\beta}_1=(2,1,0,1),\\ \boldsymbol{\beta}_2=(0,1,2,2),\\ \boldsymbol{\beta}_3=(-2,1,1,2),\\ \boldsymbol{\beta}_4=(1,3,1,2),\end{cases}$

$\boldsymbol{\xi}=(1,0,0,0)$在$\boldsymbol{\alpha}_1,\boldsymbol{\alpha}_2,\boldsymbol{\alpha}_3,\boldsymbol{\alpha}_4$下的坐标;

(3) $\begin{cases}\boldsymbol{\alpha}_1=(1,1,1,1),\\ \boldsymbol{\alpha}_2=(1,1,-1,-1),\\ \boldsymbol{\alpha}_3=(1,-1,1,-1),\\ \boldsymbol{\alpha}_4=(1,-1,-1,1),\end{cases}$ $\begin{cases}\boldsymbol{\beta}_1=(1,1,0,1),\\ \boldsymbol{\beta}_2=(2,1,3,1),\\ \boldsymbol{\beta}_3=(1,1,0,0),\\ \boldsymbol{\beta}_4=(0,1,-1,-1),\end{cases}$

$\boldsymbol{\xi}=(1,0,0,-1)$在$\boldsymbol{\beta}_1,\boldsymbol{\beta}_2,\boldsymbol{\beta}_3,\boldsymbol{\beta}_4$下的坐标;

4. 设

$$\boldsymbol{\alpha}_1=(2,1,-1,1),\quad \boldsymbol{\alpha}_2=(0,3,1,0),\quad \boldsymbol{\alpha}_3=(5,3,2,1),\quad \boldsymbol{\alpha}_4=(6,6,1,3)$$

是P^4的一个基,在P^4中求一个非零向量,使得它在这个基下的坐标与在基

$$\boldsymbol{\varepsilon}_1=(1,0,0,0),\quad \boldsymbol{\varepsilon}_2=(0,1,0,0),\quad \boldsymbol{\varepsilon}_3=(0,0,1,0),\quad \boldsymbol{\varepsilon}_4=(0,0,0,1)$$

下的坐标相同.

8.5 子空间的交与和 直和

8.5.1 生成子空间

设$\boldsymbol{\alpha}_1,\boldsymbol{\alpha}_2,\cdots,\boldsymbol{\alpha}_r$是线性空间$V$的一组向量,考虑这组向量的一切线性组合所组成的集合.这个集合显然是非空的,而且对两种运算封闭,因而是V的一个子空间,这个子空间叫

做由$\boldsymbol{\alpha}_1,\boldsymbol{\alpha}_2,\cdots,\boldsymbol{\alpha}_r$ **生成的子空间**,记为$L(\boldsymbol{\alpha}_1,\boldsymbol{\alpha}_2,\cdots,\boldsymbol{\alpha}_r)$.向量$\boldsymbol{\alpha}_1,\boldsymbol{\alpha}_2,\cdots,\boldsymbol{\alpha}_r$叫做这个子空间的一组**生成元**.

由子空间的定义可知,如果V的一个子空间包含向量$\boldsymbol{\alpha}_1,\boldsymbol{\alpha}_2,\cdots,\boldsymbol{\alpha}_r$,那么就一定包含它们所有的线性组合,也就是说,一定包含$L(\boldsymbol{\alpha}_1,\boldsymbol{\alpha}_2,\cdots,\boldsymbol{\alpha}_r)$作为子空间.

一个线性空间V本身也可以由其中的某个基所生成.

定理 8.5.1 设$\boldsymbol{\alpha}_1,\boldsymbol{\alpha}_2,\cdots,\boldsymbol{\alpha}_r$与$\boldsymbol{\beta}_1,\boldsymbol{\beta}_2,\cdots,\boldsymbol{\beta}_s$是线性空间$V$的两组向量,那么

(1) $L(\boldsymbol{\alpha}_1,\boldsymbol{\alpha}_2,\cdots,\boldsymbol{\alpha}_r)=L(\boldsymbol{\beta}_1,\boldsymbol{\beta}_2,\cdots,\boldsymbol{\beta}_s)$的充要条件是$\boldsymbol{\alpha}_1,\boldsymbol{\alpha}_2,\cdots,\boldsymbol{\alpha}_r$与$\boldsymbol{\beta}_1,\boldsymbol{\beta}_2,\cdots,\boldsymbol{\beta}_s$等价;

(2) $L(\boldsymbol{\alpha}_1,\boldsymbol{\alpha}_2,\cdots,\boldsymbol{\alpha}_r)$的维数等于向量组$\boldsymbol{\alpha}_1,\boldsymbol{\alpha}_2,\cdots,\boldsymbol{\alpha}_r$的秩.

证明 (1) 设

$$L(\boldsymbol{\alpha}_1,\boldsymbol{\alpha}_2,\cdots,\boldsymbol{\alpha}_r)=L(\boldsymbol{\beta}_1,\boldsymbol{\beta}_2,\cdots,\boldsymbol{\beta}_s),$$

那么每个向量$\boldsymbol{\alpha}_i(i=1,2,\cdots,r)$作为$L(\boldsymbol{\beta}_1,\boldsymbol{\beta}_2,\cdots,\boldsymbol{\beta}_s)$中的向量,都可以由$\boldsymbol{\beta}_1,\boldsymbol{\beta}_2,\cdots,\boldsymbol{\beta}_s$线性表出;同样每个向量$\boldsymbol{\beta}_j(j=1,2,\cdots,s)$作为$L(\boldsymbol{\alpha}_1,\boldsymbol{\alpha}_2,\cdots,\boldsymbol{\alpha}_r)$中的向量也都可以由$\boldsymbol{\alpha}_1,\boldsymbol{\alpha}_2,\cdots,\boldsymbol{\alpha}_r$线性表出,因而$\boldsymbol{\alpha}_1,\boldsymbol{\alpha}_2,\cdots,\boldsymbol{\alpha}_r$与$\boldsymbol{\beta}_1,\boldsymbol{\beta}_2,\cdots,\boldsymbol{\beta}_s$等价.

反之,如果$\boldsymbol{\alpha}_1,\boldsymbol{\alpha}_2,\cdots,\boldsymbol{\alpha}_r$与$\boldsymbol{\beta}_1,\boldsymbol{\beta}_2,\cdots,\boldsymbol{\beta}_s$等价,那么凡是可以由$\boldsymbol{\alpha}_1,\boldsymbol{\alpha}_2,\cdots,\boldsymbol{\alpha}_r$线性表出的向量都可以由$\boldsymbol{\beta}_1,\boldsymbol{\beta}_2,\cdots,\boldsymbol{\beta}_s$线性表出,反过来也一样,因而

$$L(\boldsymbol{\alpha}_1,\boldsymbol{\alpha}_2,\cdots,\boldsymbol{\alpha}_r)=L(\boldsymbol{\beta}_1,\boldsymbol{\beta}_2,\cdots,\boldsymbol{\beta}_s).$$

(2) 设向量组$\boldsymbol{\alpha}_1,\boldsymbol{\alpha}_2,\cdots,\boldsymbol{\alpha}_r$的秩是$s$,不妨设$\boldsymbol{\alpha}_1,\boldsymbol{\alpha}_2,\cdots,\boldsymbol{\alpha}_s(s\leqslant r)$是它的一个极大线性无关组.因为$\boldsymbol{\alpha}_1,\boldsymbol{\alpha}_2,\cdots,\boldsymbol{\alpha}_s$与$\boldsymbol{\alpha}_1,\boldsymbol{\alpha}_2,\cdots,\boldsymbol{\alpha}_r$等价,所以$L(\boldsymbol{\alpha}_1,\boldsymbol{\alpha}_2,\cdots,\boldsymbol{\alpha}_r)=L(\boldsymbol{\alpha}_1,\boldsymbol{\alpha}_2,\cdots,\boldsymbol{\alpha}_s)$,于是$\boldsymbol{\alpha}_1,\boldsymbol{\alpha}_2,\cdots,\boldsymbol{\alpha}_s$是$L(\boldsymbol{\alpha}_1,\boldsymbol{\alpha}_2,\cdots,\boldsymbol{\alpha}_r)$的一个基,因而$L(\boldsymbol{\alpha}_1,\boldsymbol{\alpha}_2,\cdots,\boldsymbol{\alpha}_r)$的维数是$s$.

定理 8.5.2 设W是数域P上n维线性空间V的一个m维子空间,$\boldsymbol{\alpha}_1,\boldsymbol{\alpha}_2,\cdots,\boldsymbol{\alpha}_m$是$W$的一个基,那么这组向量可以扩充为$V$的一个基.即在$V$中存在$n-m$个向量$\boldsymbol{\alpha}_{m+1},\boldsymbol{\alpha}_{m+2},\cdots,\boldsymbol{\alpha}_n$使得$\boldsymbol{\alpha}_1,\boldsymbol{\alpha}_2,\cdots,\boldsymbol{\alpha}_m,\boldsymbol{\alpha}_{m+1},\boldsymbol{\alpha}_{m+2},\cdots,\boldsymbol{\alpha}_n$是$V$的一个基.

证明 对扩充的向量个数$n-m$用数学归纳法.当$n-m=0$,定理显然成立,因为$\boldsymbol{\alpha}_1,\boldsymbol{\alpha}_2,\cdots,\boldsymbol{\alpha}_m$已经是$V$的一个基.假设$n-m=k$时定理成立,我们考虑$n-m=k+1$的情形.

这时$\boldsymbol{\alpha}_1,\boldsymbol{\alpha}_2,\cdots,\boldsymbol{\alpha}_m$不是$V$的基,但它们又是线性无关的,那么在$V$中必定存在向量$\boldsymbol{\alpha}_{m+1}$不能由$\boldsymbol{\alpha}_1,\boldsymbol{\alpha}_2,\cdots,\boldsymbol{\alpha}_m$线性表出,因而$\boldsymbol{\alpha}_1,\boldsymbol{\alpha}_2,\cdots,\boldsymbol{\alpha}_m,\boldsymbol{\alpha}_{m+1}$线性无关.于是$L(\boldsymbol{\alpha}_1,\cdots,\boldsymbol{\alpha}_m,\boldsymbol{\alpha}_{m+1})$是$m+1$维的.因$n-(m+1)=(n-m)-1=(k+1)-1=k$,由归纳假设,$L(\boldsymbol{\alpha}_1,\cdots,\boldsymbol{\alpha}_m,\boldsymbol{\alpha}_{m+1})$的基$\boldsymbol{\alpha}_1,\cdots,\boldsymbol{\alpha}_m,\boldsymbol{\alpha}_{m+1}$可以扩充为整个空间$V$的一个基.由归纳法原理,定理得证.

8.5.2 子空间的交

定理 8.5.3 如果V_1,V_2是线性空间V的两个子空间,那么它们的交$V_1\cap V_2$也是V的子空间.

证明 首先,由$\mathbf{0}\in V_1,\mathbf{0}\in V_2$,可知$\mathbf{0}\in V_1\cap V_2$,所以$V_1\cap V_2$非空.

其次,如果$\boldsymbol{\alpha},\boldsymbol{\beta}\in V_1\cap V_2,k\in P$,则$\boldsymbol{\alpha},\boldsymbol{\beta}\in V_1$,且$\boldsymbol{\alpha},\boldsymbol{\beta}\in V_2$,那么$\boldsymbol{\alpha}+\boldsymbol{\beta}\in V_1,\boldsymbol{\alpha}+\boldsymbol{\beta}\in V_2$,$k\boldsymbol{\alpha}\in V_1,k\boldsymbol{\alpha}\in V_2$,因此$\boldsymbol{\alpha}+\boldsymbol{\beta}\in V_1\cap V_2,k\boldsymbol{\alpha}\in V_1\cap V_2$.

故$V_1\cap V_2$是V的子空间.

由集合的交的定义可知,子空间的交适合下列运算规律:

(1) 交换律$V_1\cap V_2=V_2\cap V_1$;

(2) 结合律$(V_1\cap V_2)\cap V_3=V_1\cap(V_2\cap V_3)$.

由结合律,我们可以定义多个子空间的交

$$V_1\cap V_2\cap\cdots\cap V_s=\bigcap_{i=1}^{s}V_i$$

它也是子空间.

8.5.3 子空间的和

定理 8.5.4 设V_1,V_2是线性空间V的两个子空间.记

$$W=\{\boldsymbol{\alpha}_1+\boldsymbol{\alpha}_2\mid\boldsymbol{\alpha}_1\in V_1,\boldsymbol{\alpha}_2\in V_2\},$$

那么W是V的一个子空间.

证明 首先,因$\mathbf{0}=\mathbf{0}+\mathbf{0}\in W$,所以$W$非空.

其次,如果$\boldsymbol{\alpha},\boldsymbol{\beta}\in W,k\in P$,则$\boldsymbol{\alpha}=\boldsymbol{\alpha}_1+\boldsymbol{\alpha}_2,\boldsymbol{\beta}=\boldsymbol{\beta}_1+\boldsymbol{\beta}_2,\boldsymbol{\alpha}_1,\boldsymbol{\beta}_1\in V_1,\boldsymbol{\alpha}_2,\boldsymbol{\beta}_2\in V_2$.那么

$$\boldsymbol{\alpha}+\boldsymbol{\beta}=(\boldsymbol{\alpha}_1+\boldsymbol{\alpha}_2)+(\boldsymbol{\beta}_1+\boldsymbol{\beta}_2)=(\boldsymbol{\alpha}_1+\boldsymbol{\beta}_1)+(\boldsymbol{\alpha}_2+\boldsymbol{\beta}_2).$$

由于V_1,V_2是子空间,故有$\boldsymbol{\alpha}_1+\boldsymbol{\beta}_1\in V_1,\boldsymbol{\alpha}_2+\boldsymbol{\beta}_2\in V_2$,因此$\boldsymbol{\alpha}+\boldsymbol{\beta}\in W$;同样$k\boldsymbol{\alpha}=k(\boldsymbol{\alpha}_1+\boldsymbol{\alpha}_2)=k\boldsymbol{\alpha}_1+k\boldsymbol{\alpha}_2\in W$.

故W是V的子空间.

定义 8.5.1 称上述子空间W为V_1,V_2的和,记为$W=V_1+V_2$.

由定义可知,子空间的和适合下列运算规律:

(1) 交换律 $V_1+V_2=V_2+V_1$;

(2) 结合律 $(V_1+V_2)+V_3=V_1+(V_2+V_3)$.

由结合律,我们可以定义多个子空间的和

$$V_1+V_2+\cdots+V_s=\sum_{i=1}^{s}V_i,$$

它是由所有表示成

$$\boldsymbol{\alpha}_1+\boldsymbol{\alpha}_2+\cdots+\boldsymbol{\alpha}_s,\boldsymbol{\alpha}_i\in V_i,\quad i=1,2,\cdots,s$$

的向量组成的子空间.

定理 8.5.5 在线性空间V中,有

$$L(\boldsymbol{\alpha}_1,\boldsymbol{\alpha}_2,\cdots,\boldsymbol{\alpha}_r)+L(\boldsymbol{\beta}_1,\boldsymbol{\beta}_2,\cdots,\boldsymbol{\beta}_s)=L(\boldsymbol{\alpha}_1,\boldsymbol{\alpha}_2,\cdots,\boldsymbol{\alpha}_r,\boldsymbol{\beta}_1,\boldsymbol{\beta}_2,\cdots,\boldsymbol{\beta}_s).$$

证明 显然$L(\boldsymbol{\alpha}_1,\boldsymbol{\alpha}_2,\cdots,\boldsymbol{\alpha}_r)\subset L(\boldsymbol{\alpha}_1,\boldsymbol{\alpha}_2,\cdots,\boldsymbol{\alpha}_r,\boldsymbol{\beta}_1,\boldsymbol{\beta}_2,\cdots,\boldsymbol{\beta}_s)$,

$$L(\boldsymbol{\beta}_1,\boldsymbol{\beta}_2,\cdots,\boldsymbol{\beta}_s)\subset L(\boldsymbol{\alpha}_1,\boldsymbol{\alpha}_2,\cdots,\boldsymbol{\alpha}_r,\boldsymbol{\beta}_1,\boldsymbol{\beta}_2,\cdots,\boldsymbol{\beta}_s),$$

因而

$$L(\boldsymbol{\alpha}_1,\boldsymbol{\alpha}_2,\cdots,\boldsymbol{\alpha}_r)+L(\boldsymbol{\beta}_1,\boldsymbol{\beta}_2,\cdots,\boldsymbol{\beta}_s)\subset L(\boldsymbol{\alpha}_1,\boldsymbol{\alpha}_2,\cdots,\boldsymbol{\alpha}_r,\boldsymbol{\beta}_1,\boldsymbol{\beta}_2,\cdots,\boldsymbol{\beta}_s).$$

设$\boldsymbol{\alpha}\in L(\boldsymbol{\alpha}_1,\boldsymbol{\alpha}_2,\cdots,\boldsymbol{\alpha}_r,\boldsymbol{\beta}_1,\boldsymbol{\beta}_2,\cdots,\boldsymbol{\beta}_s)$,则

$$\begin{aligned}\boldsymbol{\alpha}&=k_1\boldsymbol{\alpha}_1+k_2\boldsymbol{\alpha}_2+\cdots+k_r\boldsymbol{\alpha}_r+l_1\boldsymbol{\beta}_1+l_2\boldsymbol{\beta}_2+\cdots+l_s\boldsymbol{\beta}_s\\&=(k_1\boldsymbol{\alpha}_1+k_2\boldsymbol{\alpha}_2+\cdots+k_r\boldsymbol{\alpha}_r)+(l_1\boldsymbol{\beta}_1+l_2\boldsymbol{\beta}_2+\cdots+l_s\boldsymbol{\beta}_s)\\&\in L(\boldsymbol{\alpha}_1,\boldsymbol{\alpha}_2,\cdots,\boldsymbol{\alpha}_r)+L(\boldsymbol{\beta}_1,\boldsymbol{\beta}_2,\cdots,\boldsymbol{\beta}_s),\end{aligned}$$

于是

$$L(\boldsymbol{\alpha}_1,\boldsymbol{\alpha}_2,\cdots,\boldsymbol{\alpha}_r,\boldsymbol{\beta}_1,\boldsymbol{\beta}_2,\cdots,\boldsymbol{\beta}_s)\subset L(\boldsymbol{\alpha}_1,\boldsymbol{\alpha}_2,\cdots,\boldsymbol{\alpha}_r)+L(\boldsymbol{\beta}_1,\boldsymbol{\beta}_2,\cdots,\boldsymbol{\beta}_s).$$

故

$$L(\boldsymbol{\alpha}_1,\boldsymbol{\alpha}_2,\cdots,\boldsymbol{\alpha}_r)+L(\boldsymbol{\beta}_1,\boldsymbol{\beta}_2,\cdots,\boldsymbol{\beta}_s)=L(\boldsymbol{\alpha}_1,\boldsymbol{\alpha}_2,\cdots,\boldsymbol{\alpha}_r,\boldsymbol{\beta}_1,\boldsymbol{\beta}_2,\cdots,\boldsymbol{\beta}_s).$$

例 8.5.1 在$\mathbb{R}^3$中，用V_1表示一条过原点的直线，V_2表示一张过原点且与V_1垂直的平面，那么

$$V_1\cap V_2=\{\mathbf{0}\},V_1+V_2=\mathbb{R}^3.$$

8.5.4 维数公式

定理 8.5.6(维数公式) 如果V_1,V_2是线性空间V的两个子空间，那么

$$\dim(V_1+V_2)+\dim(V_1\cap V_2)=\dim V_1+\dim V_2.$$

证明 设$\dim V_1=n_1,\dim V_2=n_2,\dim(V_2\cap V_2)=m$. 取$V_2\cap V_2$的一个基

$$\boldsymbol{\alpha}_1,\boldsymbol{\alpha}_2,\cdots,\boldsymbol{\alpha}_m.$$

如果$m=0$，下面的讨论中$\boldsymbol{\alpha}_1,\boldsymbol{\alpha}_2,\cdots,\boldsymbol{\alpha}_m$不出现，但讨论同样能进行. 将$\boldsymbol{\alpha}_1,\boldsymbol{\alpha}_2,\cdots,\boldsymbol{\alpha}_m$分别扩充为$V_1$的一个基

$$\boldsymbol{\alpha}_1,\boldsymbol{\alpha}_2,\cdots,\boldsymbol{\alpha}_m,\boldsymbol{\beta}_1,\cdots,\boldsymbol{\beta}_{n_1-m}$$

及V_2的一个基

$$\boldsymbol{\alpha}_1,\boldsymbol{\alpha}_2,\cdots,\boldsymbol{\alpha}_m,\boldsymbol{\gamma}_1,\cdots,\boldsymbol{\gamma}_{n_2-m}.$$

考虑向量组

$$\boldsymbol{\alpha}_1,\boldsymbol{\alpha}_2,\cdots,\boldsymbol{\alpha}_m,\boldsymbol{\beta}_1,\cdots,\boldsymbol{\beta}_{n_1-m},\boldsymbol{\gamma}_1,\cdots,\boldsymbol{\gamma}_{n_2-m}.$$

因为

$$V_1=L(\boldsymbol{\alpha}_1,\boldsymbol{\alpha}_2,\cdots,\boldsymbol{\alpha}_m,\boldsymbol{\beta}_1,\cdots,\boldsymbol{\beta}_{n_1-m}),\quad V_2=L(\boldsymbol{\alpha}_1,\boldsymbol{\alpha}_2,\cdots,\boldsymbol{\alpha}_m,\boldsymbol{\gamma}_1,\cdots,\boldsymbol{\gamma}_{n_2-m}),$$

所以

$$V_1+V_2=L(\boldsymbol{\alpha}_1,\boldsymbol{\alpha}_2,\cdots,\boldsymbol{\alpha}_m,\boldsymbol{\beta}_1,\cdots,\boldsymbol{\beta}_{n_1-m},\boldsymbol{\gamma}_1,\cdots,\boldsymbol{\gamma}_{n_2-m}).$$

下证$\boldsymbol{\alpha}_1,\boldsymbol{\alpha}_2,\cdots,\boldsymbol{\alpha}_m,\boldsymbol{\beta}_1,\cdots,\boldsymbol{\beta}_{n_1-m},\boldsymbol{\gamma}_1,\cdots,\boldsymbol{\gamma}_{n_2-m}$线性无关. 设

$$k_1\boldsymbol{\alpha}_1+k_2\boldsymbol{\alpha}_2+\cdots+k_m\boldsymbol{\alpha}_m+l_1\boldsymbol{\beta}_1+\cdots+l_{n_1-m}\boldsymbol{\beta}_{n_1-m}+p_1\boldsymbol{\gamma}_1+\cdots+p_{n_2-m}\boldsymbol{\gamma}_{n_2-m}=\mathbf{0},$$

令

$$\begin{aligned}\boldsymbol{\alpha}&=k_1\boldsymbol{\alpha}_1+k_2\boldsymbol{\alpha}_2+\cdots+k_m\boldsymbol{\alpha}_m+l_1\boldsymbol{\beta}_1+\cdots+l_{n_1-m}\boldsymbol{\beta}_{n_1-m}\\&=-p_1\boldsymbol{\gamma}_1-\cdots-p_{n_2-m}\boldsymbol{\gamma}_{n_2-m},\end{aligned}$$

则$\boldsymbol{\alpha}\in V_1$，且$\boldsymbol{\alpha}\in V_2$. 于是$\boldsymbol{\alpha}\in V_1\cap V_2$，即$\boldsymbol{\alpha}$可由$\boldsymbol{\alpha}_1,\boldsymbol{\alpha}_2,\cdots,\boldsymbol{\alpha}_m$线性表出. 令

$$\boldsymbol{\alpha}=q_1\boldsymbol{\alpha}_1+q_2\boldsymbol{\alpha}_2+\cdots+q_m\boldsymbol{\alpha}_m,$$

则

$$q_1\boldsymbol{\alpha}_1+\cdots+q_m\boldsymbol{\alpha}_m+p_1\boldsymbol{\gamma}_1+\cdots+p_{n_2-m}\boldsymbol{\gamma}_{n_2-m}=\mathbf{0}.$$

由于$\boldsymbol{\alpha}_1,\cdots,\boldsymbol{\alpha}_m,\boldsymbol{\gamma}_1,\cdots,\boldsymbol{\gamma}_{n_2-m}$线性无关，得$q_1=\cdots=q_m=p_1=\cdots=p_{n_2-m}=0$，因而$\boldsymbol{\alpha}=\mathbf{0}$. 从而

$$k_1\boldsymbol{\alpha}_1+k_2\boldsymbol{\alpha}_2+\cdots+k_m\boldsymbol{\alpha}_m+l_1\boldsymbol{\beta}_1+\cdots+l_{n_1-m}\boldsymbol{\beta}_{n_1-m}=\mathbf{0}.$$

又因为$\boldsymbol{\alpha}_1,\boldsymbol{\alpha}_2,\cdots,\boldsymbol{\alpha}_m,\boldsymbol{\beta}_1,\cdots,\boldsymbol{\beta}_{n_1-m}$线性无关，得$k_1=\cdots=k_m=l_1=\cdots=l_{n_1-m}=0$. 这就证明了$\boldsymbol{\alpha}_1,\boldsymbol{\alpha}_2,\cdots,\boldsymbol{\alpha}_m,\boldsymbol{\beta}_1,\cdots,\boldsymbol{\beta}_{n_1-m},\boldsymbol{\gamma}_1,\cdots,\boldsymbol{\gamma}_{n_2-m}$线性无关，从而是$V_1+V_2$的一个基. 故

$$\begin{aligned}\dim(V_1+V_2)+\dim(V_1\cap V_2)&=[m+(n_1-m)+(n_2-m)]+m\\&=n_1+n_2=\dim V_1+\dim V_2.\end{aligned}$$

推论 如果n维线性空间V的两个子空间V_1,V_2的维数之和大于n，那么V_1,V_2必含

有非零的公共向量.

证明 由假设 $\dim(V_1+V_2)+\dim(V_1\cap V_2)=\dim V_1+\dim V_2>n$,又 $\dim(V_1+V_2)\leqslant n$,所以 $\dim(V_1\cap V_2)>0$,因而 $V_1\cap V_2$ 中含有非零向量.

8.5.5 子空间的直和

定义 8.5.2 设 V_1,V_2 是线性空间 V 的两个子空间,如果 $V_1\cap V_2=\{\mathbf{0}\}$,那么称和 $W=V_1+V_2$ 是**直和**,记为 $W=V_1\oplus V_2$.

例 8.5.2 在 $\mathbb{R}^3$ 中,用 V_1 表示过原点的直线,V_2 表示过原点且与 V_1 垂直的平面,则 V_1,V_2 的和是直和,且 $V_1\oplus V_2=\mathbb{R}^3$.

定理 8.5.7 设 V_1,V_2 是线性空间 V 的两个子空间,那么 V_1+V_2 是直和的充要条件是和空间中任意向量的表示式 $\boldsymbol{\alpha}=\boldsymbol{\alpha}_1+\boldsymbol{\alpha}_2(\boldsymbol{\alpha}_1\in V_1,\boldsymbol{\alpha}_2\in V_2)$ 是唯一的.

证明 必要性 设 $\boldsymbol{\alpha}=\boldsymbol{\alpha}_1+\boldsymbol{\alpha}_2,\boldsymbol{\alpha}=\boldsymbol{\alpha}_1'+\boldsymbol{\alpha}_2'(\boldsymbol{\alpha}_1,\boldsymbol{\alpha}_1'\in V_1,\boldsymbol{\alpha}_2,\boldsymbol{\alpha}_2'\in V_2)$,则有

$$\boldsymbol{\alpha}_1-\boldsymbol{\alpha}_1'=\boldsymbol{\alpha}_2'-\boldsymbol{\alpha}_2\in V_1\cap V_2=\{\mathbf{0}\},$$

于是 $\boldsymbol{\alpha}_1-\boldsymbol{\alpha}_1'=\boldsymbol{\alpha}_2'-\boldsymbol{\alpha}_2=\mathbf{0}$,因此 $\boldsymbol{\alpha}_1=\boldsymbol{\alpha}_1',\boldsymbol{\alpha}_2=\boldsymbol{\alpha}_2'$.

充分性 设 $\boldsymbol{\alpha}\in V_1\cap V_2$,因为 $\mathbf{0}=\mathbf{0}+\mathbf{0}\in V_1+V_2,\mathbf{0}\in V_1,\mathbf{0}\in V_2$,又 $\mathbf{0}=\boldsymbol{\alpha}+(-\boldsymbol{\alpha}),\boldsymbol{\alpha}\in V_1,-\boldsymbol{\alpha}\in V_2$,由充分条件知零向量的表示式也是唯一的,因此 $\boldsymbol{\alpha}=\mathbf{0}$,所以 $V_1\cap V_2=\{\mathbf{0}\}$,即 V_1+V_2 是直和.

由定理 8.5.7 的证明可得下面的推论:

推论 设 V_1,V_2 是线性空间 V 的两个子空间,那么 V_1+V_2 是直和的充要条件是和空间中零向量的表示式是唯一的.

定理 8.5.8 设 V_1,V_2 是线性空间 V 的两个子空间,那么 V_1+V_2 是直和的充要条件是

$$\dim(V_1+V_2)=\dim V_1+\dim V_2.$$

证明 因为

$$\dim(V_1+V_2)+\dim(V_1\cap V_2)=\dim V_1+\dim V_2.$$

由 V_1+V_2 是直和的充要条件 $V_1\cap V_2=\{\mathbf{0}\}$,这个条件与 $\dim(V_1\cap V_2)=0$ 是等价的,也就与 $\dim(V_1+V_2)=\dim V_1+\dim V_2$ 等价.

例 8.5.3 设 $V_1=\{\boldsymbol{A}\in P^{n\times n}\mid\boldsymbol{A}^{\mathrm{T}}=\boldsymbol{A}\},V_2=\{\boldsymbol{A}\in P^{n\times n}\mid\boldsymbol{A}^{\mathrm{T}}=-\boldsymbol{A}\}$,则有 $V_1\oplus V_2=P^{n\times n}$.

证明 设 $\boldsymbol{A}\in P^{n\times n}$,因 $\boldsymbol{A}=\dfrac{\boldsymbol{A}+\boldsymbol{A}^{\mathrm{T}}}{2}+\dfrac{\boldsymbol{A}-\boldsymbol{A}^{\mathrm{T}}}{2},\dfrac{\boldsymbol{A}+\boldsymbol{A}^{\mathrm{T}}}{2}\in V_1,\dfrac{\boldsymbol{A}-\boldsymbol{A}^{\mathrm{T}}}{2}\in V_2$,所以

$$V_1+V_2=P^{n\times n}.$$

又 $\boldsymbol{A}\in V_1\cap V_2$,有 $\boldsymbol{A}^{\mathrm{T}}=\boldsymbol{A},\boldsymbol{A}^{\mathrm{T}}=-\boldsymbol{A}$,所以 $\boldsymbol{A}=\mathbf{0}$,于是 $V_1\cap V_2=\{\mathbf{0}\}$,故 $V_1\oplus V_2=P^{n\times n}$.

定理 8.5.9 设 W 是线性空间 V 的一个子空间,则存在 V 的子空间 U,使 $V=W\oplus U$.

证明 取 W 的一个基 $\boldsymbol{\alpha}_1,\boldsymbol{\alpha}_2,\cdots,\boldsymbol{\alpha}_m$,将它扩充为 V 的一个基

$$\boldsymbol{\alpha}_1,\boldsymbol{\alpha}_2,\cdots,\boldsymbol{\alpha}_m,\boldsymbol{\alpha}_{m+1},\boldsymbol{\alpha}_{m+2},\cdots,\boldsymbol{\alpha}_n.$$

令 $U=L(\boldsymbol{\alpha}_{m+1},\boldsymbol{\alpha}_{m+2},\cdots,\boldsymbol{\alpha}_n)$,则有 $V=W\oplus U$.

定理中的 U 称为 W 在 V 中的一个**直和补**.

子空间的直和的概念可以推广到多个子空间的情形.

定义 8.5.3 设 $V_1,V_2,\cdots,V_s$ 都是线性空间 V 的子空间，如果对每一个 $i(1\leqslant i\leqslant s)$，都有

$$(V_1+\cdots+V_{i-1}+V_{i+1}+\cdots+V_s)\cap V_i=\{\mathbf{0}\},$$

则称和 $V_1+V_2+\cdots+V_s$ 为直和，记为 $V_1\oplus V_2\oplus\cdots\oplus V_s$.

和两个子空间的直和一样，我们有下面定理.

定理 8.5.10 设 $V_1,V_2,\cdots,V_s$ 都是线性空间 V 的子空间，那么下述结论等价.

(1) 和 $W=V_1+V_2+\cdots+V_s$ 是直和；

(2) 任意向量的表示式 $\boldsymbol{\alpha}=\boldsymbol{\alpha}_1+\boldsymbol{\alpha}_2+\cdots+\boldsymbol{\alpha}_s(\boldsymbol{\alpha}_i\in V_i,i=1,2,\cdots,s)$ 是唯一的；

(3) 零向量的表示式是唯一的；

(4) $\dim(V_1+V_2+\cdots+V_s)=\dim V_1+\dim V_2+\cdots+\dim V_s$.

习题 8.5

1. 设在 P^4 中，求由向量 $\boldsymbol{\alpha}_i(i=1,2,3,4)$ 生成的子空间的维数和一个基.

(1) $\boldsymbol{\alpha}_1=(2,0,1,2),\boldsymbol{\alpha}_2=(-1,1,0,3),\boldsymbol{\alpha}_3=(0,2,1,8),\boldsymbol{\alpha}_4=(5,-1,2,1)$；

(2) $\boldsymbol{\alpha}_1=(2,1,3,1),\boldsymbol{\alpha}_2=(1,2,0,1),\boldsymbol{\alpha}_3=(-1,1,-3,0),\boldsymbol{\alpha}_4=(1,1,1,1)$.

2. 求下列各题中的 V_1 与 V_2 的交与和的维数.

(1) 设 $V_1=L(\boldsymbol{\alpha}_1,\boldsymbol{\alpha}_2),V_2=L(\boldsymbol{\beta}_1,\boldsymbol{\beta}_2)$，其中 $\boldsymbol{\alpha}_1=(1,1,0,0),\boldsymbol{\alpha}_2=(0,1,1,1)$；$\boldsymbol{\beta}_1=(0,0,1,1),\boldsymbol{\beta}_2=(1,1,1,0)$.

(2) 设 $V_1=L(\boldsymbol{\alpha}_1,\boldsymbol{\alpha}_2,\boldsymbol{\alpha}_3),V_2=L(\boldsymbol{\beta}_1,\boldsymbol{\beta}_2)$，其中 $\boldsymbol{\alpha}_1=(1,2,-1,-2),\boldsymbol{\alpha}_2=(3,1,1,1),\boldsymbol{\alpha}_3=(-1,0,1,-1)$；$\boldsymbol{\beta}_1=(2,5,-6,-5),\boldsymbol{\beta}_2=(-1,2,-7,3)$.

3. 设 $\mathbf{A}\in P^{n\times n},V_1=\{\boldsymbol{\alpha}\in P^n\mid\mathbf{A}\boldsymbol{\alpha}=3\boldsymbol{\alpha}\},V_2=\{\boldsymbol{\alpha}\in P^n\mid\mathbf{A}\boldsymbol{\alpha}=-2\boldsymbol{\alpha}\}$. 证明：$V_1+V_2$ 是直和.

4. 设 V_1 与 V_2 分别是齐次线性方程组 $x_1+x_2+\cdots+x_n=0$ 与 $x_1=x_2=\cdots=x_n$ 的解空间，证明：$P^n=V_1\oplus V_2$.

5. 证明：每个 n 维线性空间都可以表示成 n 个一维子空间的直和.

8.6 线性空间的同构

引例 设 V 是数域 P 上的 n 维线性空间，$\boldsymbol{\varepsilon}_1,\boldsymbol{\varepsilon}_2,\cdots,\boldsymbol{\varepsilon}_n$ 是 V 的一个基. 在这个基下，V 的每个向量 $\boldsymbol{\alpha}$ 都有确定的坐标 $(x_1,x_2,\cdots,x_n)\in P^n$. 因此在取定基下，$V$ 中的向量与它的坐标之间就建立了一个映射：

$$\sigma:V\to P^n,\quad \sigma(\boldsymbol{\alpha})=(x_1,x_2,\cdots,x_n).$$

反之，对任意 $(x_1,x_2,\cdots,x_n)\in P^n$，令

$$\boldsymbol{\beta}=x_1\boldsymbol{\varepsilon}_1+x_2\boldsymbol{\varepsilon}_2+\cdots+x_n\boldsymbol{\varepsilon}_n,$$

则 $\boldsymbol{\beta}$ 是 V 中唯一确定的向量，且 $\sigma(\boldsymbol{\beta})=(x_1,x_2,\cdots,x_n)$. 故 σ 是 V 到 P^n 的一个双射.

这个映射的重要性表现在它与运算的关系上. 设

$$\boldsymbol{\alpha} = x_1\boldsymbol{\varepsilon}_1 + x_2\boldsymbol{\varepsilon}_2 + \cdots + x_n\boldsymbol{\varepsilon}_n,\quad \boldsymbol{\beta} = y_1\boldsymbol{\varepsilon}_1 + y_2\boldsymbol{\varepsilon}_2 + \cdots + y_n\boldsymbol{\varepsilon}_n,$$

则

$$\boldsymbol{\alpha}+\boldsymbol{\beta} = (x_1+y_1)\boldsymbol{\varepsilon}_1 + (x_2+y_2)\boldsymbol{\varepsilon}_2 + \cdots + (x_n+y_n)\boldsymbol{\varepsilon}_n,$$
$$k\boldsymbol{\alpha} = (kx_1)\boldsymbol{\varepsilon}_1 + (kx_2)\boldsymbol{\varepsilon}_2 + \cdots + (kx_n)\boldsymbol{\varepsilon}_n.$$

于是有

$$\sigma(\boldsymbol{\alpha}) = (x_1,x_2,\cdots,x_n),\quad \sigma(\boldsymbol{\beta}) = (y_1,y_2,\cdots,y_n),$$
$$\sigma(\boldsymbol{\alpha}+\boldsymbol{\beta}) = (x_1+y_1,x_2+y_2,\cdots,x_n+y_n),\quad \sigma(k\boldsymbol{\alpha}) = (kx_1,kx_2,\cdots,kx_n).$$

又因为

$$(x_1,x_2,\cdots,x_n)+(y_1,y_2,\cdots,y_n) = (x_1+y_1,x_2+y_2,\cdots,x_n+y_n),$$
$$k(x_1,x_2,\cdots,x_n) = (kx_1,kx_2,\cdots,kx_n),$$

所以有

$$\sigma(\boldsymbol{\alpha}+\boldsymbol{\beta}) = \sigma(\boldsymbol{\alpha})+\sigma(\boldsymbol{\beta}),\quad \sigma(k\boldsymbol{\alpha}) = k\sigma(\boldsymbol{\alpha}).$$

这说明映射σ“保持向量的加法和数量乘法”.

上例说明在向量用坐标表示之后，它们的运算可以归结为它们坐标的运算. 因而线性空间V的讨论也就可以归结为P^n的讨论. 为此引入下列定义.

定义 8.6.1 设V和U都是数域P上的线性空间，σ是V到U的一个映射. 如果对任意$\boldsymbol{\alpha},\boldsymbol{\beta}\in V,k\in P$，都有

(1) $\sigma(\boldsymbol{\alpha}+\boldsymbol{\beta})=\sigma(\boldsymbol{\alpha})+\sigma(\boldsymbol{\beta})$；

(2) $\sigma(k\boldsymbol{\alpha})=k\sigma(\boldsymbol{\alpha})$，

则称σ是V到U的一个**线性映射**.

定义 8.6.2 设V和U都是数域P上的线性空间，σ是V到U的一个线性映射，如果σ是双射，则称σ是V到U的一个**同构映射**. 如果W与U之间可以建立一个同构映射，则称V与U是**同构**的，记为$V\cong U$.

我们研究线性空间，主要是研究线性空间中由线性运算所确定的代数性质. 如果数域P上两个线性空间的代数性质完全相同，我们就认为这两个线性空间的结构完全相同. 从这个意义上来讲，同构的线性空间本质上可以看成是一样的.

由引例的讨论可知，在n维线性空间V中取定一个基后，向量与它的坐标之间的对应就是V到P^n的一个同构映射. 因而有下面定理.

定理 8.6.1 数域P上任一个n维线性空间都与P^n同构.

同构映射有下述简单性质.

定理 8.6.2 设V和U都是数域P上的线性空间，σ是V到U的一个同构映射. 那么

(1) $\sigma(\mathbf{0})=\mathbf{0}$；

(2) 对任意$\boldsymbol{\alpha}\in V,\sigma(-\boldsymbol{\alpha})=-\sigma(\boldsymbol{\alpha})$；

(3) $\sigma(k_1\boldsymbol{\alpha}_1+k_2\boldsymbol{\alpha}_2+\cdots+k_r\boldsymbol{\alpha}_r)=k_1\sigma(\boldsymbol{\alpha}_1)+k_2\sigma(\boldsymbol{\alpha}_2)+\cdots+k_r\sigma(\boldsymbol{\alpha}_r)$，$k_i\in P,\boldsymbol{\alpha}_i\in V,i=1,2,\cdots,n$；

(4) V中向量组$\boldsymbol{\alpha}_1,\boldsymbol{\alpha}_2,\cdots,\boldsymbol{\alpha}_r$线性相关的充要条件是$\sigma(\boldsymbol{\alpha}_1),\sigma(\boldsymbol{\alpha}_2),\cdots,\sigma(\boldsymbol{\alpha}_r)$线性相关；

(5) σ的逆映射σ^{-1}是U到V的同构映射.

证明 (1) $\sigma(\mathbf{0})=\sigma(0\boldsymbol{\alpha})=0\sigma(\boldsymbol{\alpha})=\mathbf{0}$.

(2) $\sigma(-\boldsymbol{\alpha})=\sigma((-1)\boldsymbol{\alpha})=(-1)\sigma(\boldsymbol{\alpha})=-\sigma(\boldsymbol{\alpha})$.

(3) 由定义 8.6.1,对向量个数 r 用数学归纳法即得.

(4) 如果

$$k_1\boldsymbol{\alpha}_1+k_2\boldsymbol{\alpha}_2+\cdots+k_r\boldsymbol{\alpha}_r=\mathbf{0},$$

那么

$$k_1\sigma(\boldsymbol{\alpha}_1)+k_2\sigma(\boldsymbol{\alpha}_2)+\cdots+k_r\sigma(\boldsymbol{\alpha}_r)=\sigma(k_1\boldsymbol{\alpha}_1+k_2\boldsymbol{\alpha}_2+\cdots+k_r\boldsymbol{\alpha}_r)=\sigma(\mathbf{0})=\mathbf{0}.$$

反之,如果

$$k_1\sigma(\boldsymbol{\alpha}_1)+k_2\sigma(\boldsymbol{\alpha}_2)+\cdots+k_r\sigma(\boldsymbol{\alpha}_r)=\mathbf{0},$$

那么有

$$\sigma(k_1\boldsymbol{\alpha}_1+k_2\boldsymbol{\alpha}_2+\cdots+k_r\boldsymbol{\alpha}_r)=\mathbf{0},$$

因 σ 是单射,所以必有

$$k_1\boldsymbol{\alpha}_1+k_2\boldsymbol{\alpha}_2+\cdots+k_r\boldsymbol{\alpha}_r=\mathbf{0}.$$

因此$\boldsymbol{\alpha}_1,\boldsymbol{\alpha}_2,\cdots,\boldsymbol{\alpha}_r$ 线性相关的充要条件是$\sigma(\boldsymbol{\alpha}_1),\sigma(\boldsymbol{\alpha}_2),\cdots,\sigma(\boldsymbol{\alpha}_r)$线性相关.

(5) 首先,σ^{-1}是 U 到 V 的双射,且 $\sigma\sigma^{-1}$是 U 到自身的恒等映射.

令$\boldsymbol{\alpha}',\boldsymbol{\beta}'\in U,k\in P$,则

$$\begin{aligned}\sigma(\sigma^{-1}(\boldsymbol{\alpha}'+\boldsymbol{\beta}'))&=\sigma\sigma^{-1}(\boldsymbol{\alpha}'+\boldsymbol{\beta}')=\boldsymbol{\alpha}'+\boldsymbol{\beta}'=\sigma\sigma^{-1}(\boldsymbol{\alpha}')+\sigma\sigma^{-1}(\boldsymbol{\beta}')\\&=\sigma(\sigma^{-1}(\boldsymbol{\alpha}')+\sigma^{-1}(\boldsymbol{\beta}')),\end{aligned}$$

因 σ 是单射,所以

$$\sigma^{-1}(\boldsymbol{\alpha}'+\boldsymbol{\beta}')=\sigma^{-1}(\boldsymbol{\alpha}')+\sigma^{-1}(\boldsymbol{\beta}').$$

又

$$\sigma(\sigma^{-1}(k\boldsymbol{\alpha}'))=\sigma\sigma^{-1}(k\boldsymbol{\alpha}')=k\boldsymbol{\alpha}'=k(\sigma\sigma^{-1}(\boldsymbol{\alpha}'))=\sigma(k\sigma^{-1}(\boldsymbol{\alpha}')),$$

所以

$$\sigma^{-1}(k\boldsymbol{\alpha}')=k\sigma^{-1}(\boldsymbol{\alpha}'),$$

故 σ^{-1}是 U 到 V 的同构映射.

如果 σ,τ 都是同构映射,可以验证 $\sigma\tau$ 也是同构映射. 同构作为线性空间之间的一种关系,具有如下性质:

(1) 反身性　$V\cong V$;

(2) 对称性　如果 $V\cong U$,则 $U\cong V$;

(3) 传递性　如果 $V\cong U,U\cong W$,则 $V\cong W$.

所以同构关系是一个等价关系.

因为维数就是有限维空间中线性无关向量的最大个数,所以由同构映射的性质可知:同构的有限维线性空间有相同的维数.

由于数域 P 上任意一个 n 维线性空间都与 P^n 同构,由同构的对称性与传递性可得:数域 P 上任意两个 n 维线性空间都同构.

综上所述,我们有下面定理.

定理 8.6.3　设 V 与 U 是数域 P 上两个有限维线性空间,那么 $V\cong U$ 的充要条件是 $\dim V=\dim U$.

在线性空间的抽象讨论中,我们并没有考虑线性空间的元素是什么,也没有考虑其中运算是怎样定义的,而只涉及线性空间在所定义的运算下的代数性质. 从这个观点来看,同构的线性空间可以不加区别. 因之,定理 8.6.3 说明维数是有限维线性空间的唯一本

质特征.

由于同构的线性空间有相同的性质,因此,凡是 P^n 中成立的性质,在一般 n 维线性空间中也是成立的. P^n 可以作为数域 P 上 n 维线性空间的代表.

例 8.6.1 $P[x]_3$ 与 P^3 同构,可取同构映射为

$$\sigma(a_0+a_1x+a_2x^2)=(a_0,a_1,a_2).$$

σ 把 $P[x]_3$ 的基 $1,x,x^2$ 映射成 P^3 的基 $\boldsymbol{\varepsilon}_1=(1,0,0),\boldsymbol{\varepsilon}_2=(0,1,0),\boldsymbol{\varepsilon}_3=(0,0,1)$.

例 8.6.2 $P^{2\times2}$ 与 P^4 同构,其同构映射为

$$\sigma\left(\begin{pmatrix}a&b\\c&d\end{pmatrix}\right)=(a,b,c,d).$$

设 P^4 的一个基

$$\boldsymbol{\varepsilon}_1=(1,0,0,0),\quad \boldsymbol{\varepsilon}_2=(0,1,0,0),\quad \boldsymbol{\varepsilon}_3=(0,0,1,0),\quad \boldsymbol{\varepsilon}_4=(0,0,0,1),$$

则可得 $P^{2\times2}$ 的一个基

$$\begin{pmatrix}1&0\\0&0\end{pmatrix},\quad \begin{pmatrix}0&1\\0&0\end{pmatrix},\quad \begin{pmatrix}0&0\\1&0\end{pmatrix},\quad \begin{pmatrix}0&0\\0&1\end{pmatrix}.$$

习题 8.6

1. 设 V,U 都是数域 P 上线性空间,σ 是 V 到 U 的同构映射,W 是 V 的一个子空间,记 $\sigma(W)=\{\sigma(\boldsymbol{\alpha})\mid\boldsymbol{\alpha}\in W\}$. 证明:$\sigma(W)$ 是 U 的一个子空间,且 $\dim W=\dim(\sigma(W))$.

2. 证明:复数域 $\mathbb{C}$ 作为实数域 $\mathbb{R}$ 上线性空间与几何平面 $\mathbb{R}^2$ 同构.

3. 设 V 是全体正实数所构成的集合,V 是对于下面定义的运算:

$$a\oplus b=ab,$$
$$k\circ a=a^k$$

作成的线性空间. 实数域 $\mathbb{R}$ 作为它自身上的线性空间. 证明:V 与 $\mathbb{R}$ 同构,并找出 V 到 $\mathbb{R}$ 的一个同构映射.

4. 证明:线性空间 $P[x]$ 可以与它的一个真子空间同构.

本章小结

一、基本概念

1. 映射、变换、单射、满射、双射、可逆映射、逆映射、线性映射、同构映射.
2. 线性空间及其子空间.
3. 线性空间的基与维数、向量的坐标.
4. 过渡矩阵.
5. 子空间的交与和、直和、直和补.
6. 线性空间的同构.

二、基本性质与定理

1. 线性空间的简单性质.

2. 子空间的判别：W 是 V 的子空间$\Leftrightarrow \varnothing \neq W \subset V$，$\forall \boldsymbol{\alpha}, \boldsymbol{\beta} \in W, a, b \in P$，有 $a\boldsymbol{\alpha}+b\boldsymbol{\beta} \in W$.

3. 直和的判别：
$$\begin{cases} ①V=V_1 \oplus V_2 \Leftrightarrow \forall \boldsymbol{\alpha} \in V, \boldsymbol{\alpha}=\boldsymbol{\alpha}_1+\boldsymbol{\alpha}_2, \boldsymbol{\alpha}_1 \in V_1, \boldsymbol{\alpha}_2 \in V_2, \text{表示法唯一}. \\ ②V=V_1 \oplus V_2 \Leftrightarrow \text{零向量表示法唯一}. \\ ③V=V_1 \oplus V_2 \Leftrightarrow \dim V=\dim V_1+\dim V_2. \end{cases}$$

4. 维数公式：$\dim(V_1+V_2)+\dim(V_1 \cap V_2)=\dim V_1+\dim V_2$.

5. 向量的坐标

(1) 一个向量在任一基下的坐标是唯一的；

(2) 在取定基下，向量的和与数乘运算可以归结为 n 元数组的加法与数乘.

6. 基变换与坐标变换

(1) 基变换公式 $(\boldsymbol{\beta}_1, \boldsymbol{\beta}_2, \cdots, \boldsymbol{\beta}_n)=(\boldsymbol{\alpha}_1, \boldsymbol{\alpha}_2, \cdots, \boldsymbol{\alpha}_n)A$，
其中 $\boldsymbol{A}$ 为由基$\boldsymbol{\alpha}_1, \boldsymbol{\alpha}_2, \cdots, \boldsymbol{\alpha}_n$ 到$\boldsymbol{\beta}_1, \boldsymbol{\beta}_2, \cdots, \boldsymbol{\beta}_n$ 的过渡矩阵.

性质 设$\boldsymbol{\alpha}_1, \boldsymbol{\alpha}_2, \cdots, \boldsymbol{\alpha}_n$ 是 V 的基，
$$(\boldsymbol{\beta}_1, \boldsymbol{\beta}_2, \cdots, \boldsymbol{\beta}_n)=(\boldsymbol{\alpha}_1, \boldsymbol{\alpha}_2, \cdots, \boldsymbol{\alpha}_n)T,$$
则$\boldsymbol{\beta}_1, \boldsymbol{\beta}_2, \cdots, \boldsymbol{\beta}_n$ 也为 V 的基$\Leftrightarrow \boldsymbol{T}$ 可逆.

(2) 坐标变换

设向量$\boldsymbol{\xi}$在基$\boldsymbol{\alpha}_1, \boldsymbol{\alpha}_2, \cdots, \boldsymbol{\alpha}_n$ 下的坐标是$(x_1, x_2, \cdots, x_n)$，在基$\boldsymbol{\beta}_1, \boldsymbol{\beta}_2, \cdots, \boldsymbol{\beta}_n$ 下的坐标是$(y_1, y_2, \cdots, y_n)$，
$$(\boldsymbol{\beta}_1, \boldsymbol{\beta}_2, \cdots, \boldsymbol{\beta}_n)=(\boldsymbol{\alpha}_1, \boldsymbol{\alpha}_2, \cdots, \boldsymbol{\alpha}_n)\boldsymbol{A}.$$
则有坐标变换公式
$$\begin{pmatrix} x_1 \\ x_2 \\ \vdots \\ x_n \end{pmatrix}=\boldsymbol{A}\begin{pmatrix} y_1 \\ y_2 \\ \vdots \\ y_n \end{pmatrix}.$$

7. 同构

(1) 同构映射保持向量的线性关系；

(2) 数域 P 上任一 n 维线性空间都与 P^n 同构；

(3) 两个有限维线性空间 V 与 U 同构$\Leftrightarrow \dim V=\dim U$.

三、基本解题方法

1. 在有限维线性空间中，证明一组个数与空间维数相等的向量组是该空间的基，只需证明这组向量线性无关即可.

2. 求一个基到另一个基的过渡矩阵.

方法一 直接利用基变换公式
$$(\boldsymbol{\beta}_1, \boldsymbol{\beta}_2, \cdots, \boldsymbol{\beta}_n)=(\boldsymbol{\alpha}_1, \boldsymbol{\alpha}_2, \cdots, \boldsymbol{\alpha}_n)\boldsymbol{A},$$
求出$\boldsymbol{\beta}_j (j=1,2,\cdots,n)$在基$\boldsymbol{\alpha}_1, \boldsymbol{\alpha}_2, \cdots, \boldsymbol{\alpha}_n$ 下的坐标，将这些坐标为列排成的矩阵就是过渡矩阵 $\boldsymbol{A}$.（此法一般较繁，除非基比较简单.）

方法二 先将$\boldsymbol{\alpha}_1, \boldsymbol{\alpha}_2, \cdots, \boldsymbol{\alpha}_n$ 与$\boldsymbol{\beta}_1, \boldsymbol{\beta}_2, \cdots, \boldsymbol{\beta}_n$ 分别用标准基$\boldsymbol{\varepsilon}_1, \boldsymbol{\varepsilon}_2, \cdots, \boldsymbol{\varepsilon}_n$（或形式较简的基）线性表示为

$$(\boldsymbol{\alpha}_1,\boldsymbol{\alpha}_2,\cdots,\boldsymbol{\alpha}_n)=(\boldsymbol{\varepsilon}_1,\boldsymbol{\varepsilon}_2,\cdots,\boldsymbol{\varepsilon}_n)\boldsymbol{A},$$
$$(\boldsymbol{\beta}_1,\boldsymbol{\beta}_2,\cdots,\boldsymbol{\beta}_n)=(\boldsymbol{\varepsilon}_1,\boldsymbol{\varepsilon}_2,\cdots,\boldsymbol{\varepsilon}_n)\boldsymbol{B},$$

于是

$$(\boldsymbol{\beta}_1,\boldsymbol{\beta}_2,\cdots,\boldsymbol{\beta}_n)=(\boldsymbol{\alpha}_1,\boldsymbol{\alpha}_2,\cdots,\boldsymbol{\alpha}_n)\boldsymbol{A}^{-1}\boldsymbol{B},$$

则 $\boldsymbol{A}^{-1}\boldsymbol{B}$ 就是基$\boldsymbol{\alpha}_1,\boldsymbol{\alpha}_2,\cdots,\boldsymbol{\alpha}_n$ 到基$\boldsymbol{\beta}_1,\boldsymbol{\beta}_2,\cdots,\boldsymbol{\beta}_n$ 的过渡矩阵.

用$(\boldsymbol{A},\boldsymbol{B})\xrightarrow{\text{初等行变换}}(\boldsymbol{E},\boldsymbol{A}^{-1}\boldsymbol{B})$,可求出 $\boldsymbol{A}^{-1}\boldsymbol{B}$.

3. 求向量$\boldsymbol{\alpha}$ 在某个基下的坐标.

方法一　将向量$\boldsymbol{\alpha}$ 由基向量线性表示,然后根据具体元素的特点,求出这些系数,即为坐标.此为“待定系数法”.

方法二　已知$\boldsymbol{\alpha}$ 在基$\boldsymbol{\alpha}_1,\boldsymbol{\alpha}_2,\cdots,\boldsymbol{\alpha}_n$ 下的坐标$(x_1,x_2,\cdots,x_n)$,而求$\boldsymbol{\alpha}$ 在基$\boldsymbol{\beta}_1,\boldsymbol{\beta}_2,\cdots,\boldsymbol{\beta}_n$ 下的坐标$(y_1,y_2,\cdots,y_n)$,则可用坐标变换公式

$$\begin{pmatrix}x_1\\x_2\\\vdots\\x_n\end{pmatrix}=\boldsymbol{A}\begin{pmatrix}y_1\\y_2\\\vdots\\y_n\end{pmatrix}\quad\text{或}\quad\begin{pmatrix}y_1\\y_2\\\vdots\\y_n\end{pmatrix}=\boldsymbol{A}^{-1}\begin{pmatrix}x_1\\x_2\\\vdots\\x_n\end{pmatrix},$$

其中 $\boldsymbol{A}$ 基$\boldsymbol{\alpha}_1,\boldsymbol{\alpha}_2,\cdots,\boldsymbol{\alpha}_n$ 到基$\boldsymbol{\beta}_1,\boldsymbol{\beta}_2,\cdots,\boldsymbol{\beta}_n$ 的过渡矩阵.此为“公式法”.

4. 求生成子空间的交与和的基及维数.

研究子空间的生成的核心思想是从一组生成元去把握这个子空间.生成子空间的生成元的极大无关组就是这个子空间的基.因此一个有限维空间总可以认为是由一个基所生成的.

求 P^n 中向量所生成的子空间的交与和的基及维数时,通常可采用下述方法:

① 求交的基及维数.设

$$\boldsymbol{\alpha}\in L(\boldsymbol{\alpha}_1,\boldsymbol{\alpha}_2,\cdots,\boldsymbol{\alpha}_r)\cap L(\boldsymbol{\beta}_1,\boldsymbol{\beta}_2,\cdots,\boldsymbol{\beta}_s),$$

则

$$\boldsymbol{\alpha}=x_1\boldsymbol{\alpha}_1+x_2\boldsymbol{\alpha}_2+\cdots+x_r\boldsymbol{\alpha}_r=y_1\boldsymbol{\beta}_1+y_2\boldsymbol{\beta}_2+\cdots+y_s\boldsymbol{\beta}_s,$$

即

$$x_1\boldsymbol{\alpha}_1+x_2\boldsymbol{\alpha}_2+\cdots+x_r\boldsymbol{\alpha}_r-y_1\boldsymbol{\beta}_1-y_2\boldsymbol{\beta}_2-\cdots-y_s\boldsymbol{\beta}_s=\boldsymbol{0}.$$

由这个方程组的基础解系所得的 $x_1,x_2,\cdots,x_r$ 或 $y_1,y_2,\cdots,y_s$ 即可求出交的基.

② 求和的基及维数.由

$$L(\boldsymbol{\alpha}_1,\boldsymbol{\alpha}_2,\cdots,\boldsymbol{\alpha}_r)+L(\boldsymbol{\beta}_1,\boldsymbol{\beta}_2,\cdots,\boldsymbol{\beta}_s)=L(\boldsymbol{\alpha}_1,\boldsymbol{\alpha}_2,\cdots,\boldsymbol{\alpha}_r,\boldsymbol{\beta}_1,\boldsymbol{\beta}_2,\cdots,\boldsymbol{\beta}_s),$$

将$\boldsymbol{\alpha}_1,\boldsymbol{\alpha}_2,\cdots,\boldsymbol{\alpha}_r,\boldsymbol{\beta}_1,\boldsymbol{\beta}_2,\cdots,\boldsymbol{\beta}_s$ 作为列向量排成一个矩阵 $\boldsymbol{A}$,再对 $\boldsymbol{A}$ 进行初等行变换化为阶梯形矩阵$\boldsymbol{B}$,则 $\boldsymbol{B}$ 的非零行数就是和的维数.$\boldsymbol{B}$ 的列向量组的极大无关组对应$\boldsymbol{A}$ 的列向量就是和的基.

复习题八

1. 设$\boldsymbol{\alpha}_1,\boldsymbol{\alpha}_2,\cdots,\boldsymbol{\alpha}_n$ 是 n 维线性空间 V 的一个基,$\boldsymbol{A}$ 是一 $n\times s$ 矩阵,

$$(\boldsymbol{\beta}_1,\boldsymbol{\beta}_2,\cdots,\boldsymbol{\beta}_s)=(\boldsymbol{\alpha}_1,\boldsymbol{\alpha}_2,\cdots,\boldsymbol{\alpha}_n)\boldsymbol{A}.$$

证明：$L(\boldsymbol{\beta}_1,\boldsymbol{\beta}_2,\cdots,\boldsymbol{\beta}_s)$的维数等于$\boldsymbol{A}$的秩.

2. 设V_1,V_2是线性空间V的两个非平凡子空间. 证明：在V中存在ξ使$\xi\notin V_1,\xi\notin V_2$同时成立.

3. 设$\boldsymbol{A}\in P^{n\times n}$，且$\boldsymbol{A}^2=\boldsymbol{A}$. 证明：$P^n$可以分解为$\boldsymbol{Ax}=\boldsymbol{0}$的解空间与$(\boldsymbol{A}-\boldsymbol{E})\boldsymbol{x}=\boldsymbol{0}$的解空间的直和.

4. 设$\boldsymbol{A}\in P^{n\times n}$. 证明：存在一个非零多项式$f(x)\in P[x]$，使得$f(\boldsymbol{A})=\boldsymbol{O}$.

5. 设线性空间V与U同构，σ是V到U的一个同构映射. 证明：$\boldsymbol{\alpha}_1,\boldsymbol{\alpha}_2,\cdots,\boldsymbol{\alpha}_n$是$V$的一个基的充要条件是$\sigma(\boldsymbol{\alpha}_1),\sigma(\boldsymbol{\alpha}_2),\cdots,\sigma(\boldsymbol{\alpha}_n)$是$U$的一个基.

6. 设$\boldsymbol{A}\in P^{n\times n}$，满足$\boldsymbol{A}^{m-1}\neq\boldsymbol{O},\boldsymbol{A}^m=\boldsymbol{O}$. 证明：存在向量$\boldsymbol{\alpha}\in P^n$，使得$\boldsymbol{\alpha},\boldsymbol{A\alpha},\cdots,\boldsymbol{A}^{m-1}\boldsymbol{\alpha}$线性无关.

7. 设向量$\boldsymbol{\beta}$可由$\boldsymbol{\alpha}_1,\boldsymbol{\alpha}_2,\cdots,\boldsymbol{\alpha}_r$线性表示，不能由$\boldsymbol{\alpha}_1,\boldsymbol{\alpha}_2,\cdots,\boldsymbol{\alpha}_{r-1}$线性表示. 证明：

(1) $\boldsymbol{\alpha}_r$不能由$\boldsymbol{\alpha}_1,\boldsymbol{\alpha}_2,\cdots,\boldsymbol{\alpha}_{r-1}$线性表示；

(2) $\boldsymbol{\alpha}_r$能由$\boldsymbol{\alpha}_1,\boldsymbol{\alpha}_2,\cdots,\boldsymbol{\alpha}_{r-1},\boldsymbol{\beta}$线性表示.

8. 设向量组$\boldsymbol{\alpha}_1,\boldsymbol{\alpha}_2,\cdots,\boldsymbol{\alpha}_r$线性无关，而$\boldsymbol{\alpha}_1,\boldsymbol{\alpha}_2,\cdots,\boldsymbol{\alpha}_r,\boldsymbol{\beta},\boldsymbol{\gamma}$线性相关. 证明：或者$\boldsymbol{\beta}$与$\boldsymbol{\gamma}$中至少有一个可以由$\boldsymbol{\alpha}_1,\boldsymbol{\alpha}_2,\cdots,\boldsymbol{\alpha}_r$线性表示，或者$\boldsymbol{\alpha}_1,\boldsymbol{\alpha}_2,\cdots,\boldsymbol{\alpha}_r,\boldsymbol{\beta}$与$\boldsymbol{\alpha}_1,\boldsymbol{\alpha}_2,\cdots,\boldsymbol{\alpha}_r,\boldsymbol{\gamma}$等价.

9. 设向量组$\boldsymbol{\alpha}_1,\boldsymbol{\alpha}_2,\cdots,\boldsymbol{\alpha}_m$线性无关，向量组$\boldsymbol{\beta},\boldsymbol{\alpha}_1,\boldsymbol{\alpha}_2,\cdots,\boldsymbol{\alpha}_m$线性相关，其中$\boldsymbol{\beta}\neq\boldsymbol{0}$. 证明：$\boldsymbol{\beta},\boldsymbol{\alpha}_1,\boldsymbol{\alpha}_2,\cdots,\boldsymbol{\alpha}_m$中有且仅有一个向量$\boldsymbol{\alpha}_i$可由其前面的向量线性表示.

10. 设向量组$\boldsymbol{\alpha}_1,\boldsymbol{\alpha}_2,\cdots,\boldsymbol{\alpha}_r$线性无关，且可由$\boldsymbol{\beta}_1,\boldsymbol{\beta}_2,\cdots,\boldsymbol{\beta}_r$线性表示. 证明：$\boldsymbol{\beta}_1,\boldsymbol{\beta}_2,\cdots,\boldsymbol{\beta}_r$也线性无关，且与$\boldsymbol{\alpha}_1,\boldsymbol{\alpha}_2,\cdots,\boldsymbol{\alpha}_r$等价.

11. 设n个向量$\boldsymbol{\alpha}_1,\boldsymbol{\alpha}_2,\cdots,\boldsymbol{\alpha}_n$线性相关，但其中任意$n-1$个向量线性无关. 证明：

(1) 若存在等式$k_1\boldsymbol{\alpha}_1+k_2\boldsymbol{\alpha}_2+\cdots+k_n\boldsymbol{\alpha}_n=\boldsymbol{0}$，那么$k_1,k_2,\cdots,k_n$或者全为零或者全不为零；

(2) 如果有等式$k_1\boldsymbol{\alpha}_1+k_2\boldsymbol{\alpha}_2+\cdots+k_n\boldsymbol{\alpha}_n=\boldsymbol{0}$，$l_1\boldsymbol{\alpha}_1+l_2\boldsymbol{\alpha}_2+\cdots+l_n\boldsymbol{\alpha}_n=\boldsymbol{0}(l_1\neq 0)$，那么$\dfrac{k_1}{l_1}=\dfrac{k_2}{l_2}=\cdots=\dfrac{k_n}{l_n}$.

第9章 线性变换

本章研究线性空间中的元素之间的映射关系—线性变换. 线性变换是线性代数的核心内容,线性代数的应用很多都是通过线性变换来实现的.

9.1 线性变换的定义及性质

9.1.1 线性变换的定义

定义 9.1.1 设 V 是数域 P 上的线性空间,σ 是 V 的一个变换,如果对任意$\boldsymbol{\alpha}, \boldsymbol{\beta} \in V$, $k \in P$,都有

(1) $\sigma(\boldsymbol{\alpha}+\boldsymbol{\beta})=\sigma(\boldsymbol{\alpha})+\sigma(\boldsymbol{\beta})$;

(2) $\sigma(k\boldsymbol{\alpha})=k\sigma(\boldsymbol{\alpha})$,

则称 σ 是线性空间 V 的一个**线性变换**.

V 的所有线性变换的集合记为 $L(V)$.

例 9.1.1 设 $\boldsymbol{A}$ 是数域 P 上的一个 n 阶矩阵,对任意$\boldsymbol{\alpha} \in P^n$(向量写成列向量),令

$$\varphi_{\boldsymbol{A}}(\boldsymbol{\alpha}) = \boldsymbol{A}\boldsymbol{\alpha},$$

则 $\varphi_{\boldsymbol{A}}$ 是 P^n 的一个线性变换.

证明 对任意$\boldsymbol{\alpha} \in P^n$,显然 $\varphi_{\boldsymbol{A}}(\boldsymbol{\alpha})=\boldsymbol{A}\boldsymbol{\alpha} \in P^n$,所以 $\varphi_{\boldsymbol{A}}$ 是 P^n 的一个变换.

对任意$\boldsymbol{\alpha}, \boldsymbol{\beta} \in P^n$, $k \in P$,因为

$$\varphi_{\boldsymbol{A}}(\boldsymbol{\alpha}+\boldsymbol{\beta}) = \boldsymbol{A}(\boldsymbol{\alpha}+\boldsymbol{\beta}) = \boldsymbol{A}\boldsymbol{\alpha}+\boldsymbol{A}\boldsymbol{\beta} = \varphi_{\boldsymbol{A}}(\boldsymbol{\alpha})+\varphi_{\boldsymbol{A}}(\boldsymbol{\beta}),$$

$$\varphi_{\boldsymbol{A}}(k\boldsymbol{\alpha}) = \boldsymbol{A}(k\boldsymbol{\alpha}) = k(\boldsymbol{A}\boldsymbol{\alpha}) = k\varphi_{\boldsymbol{A}}(\boldsymbol{\alpha}),$$

所以 $\varphi_{\boldsymbol{A}}$ 是 P^n 的一个线性变换.

例 9.1.2 设 σ 是把 Oxy 坐标平面的向量绕逆时针方向旋转 θ 角的变换,可以证明 σ 是线性变换. 如果$\boldsymbol{\alpha} = \begin{pmatrix} x_1 \\ x_2 \end{pmatrix}$,则 $\sigma(\boldsymbol{\alpha})$可以表示为

$$\sigma(\boldsymbol{\alpha}) = \begin{pmatrix} \cos\theta & -\sin\theta \\ \sin\theta & \cos\theta \end{pmatrix}\begin{pmatrix} x_1 \\ x_2 \end{pmatrix}.$$

例 9.1.3 设$\boldsymbol{\alpha}=(x_1, x_2, x_3) \in \mathbb{R}^3$,定义

$$\sigma(\boldsymbol{\alpha}) = \sigma(x_1, x_2, x_3) = (x_1, x_2, 0),$$

则 σ 是$\mathbb{R}^3$ 的线性变换.

证明 对任意$\boldsymbol{\alpha}=(x_1, x_2, x_3)$, $\boldsymbol{\beta}=(y_1, y_2, y_3) \in \mathbb{R}^3$, $k \in \mathbb{R}$,

$$\begin{aligned}\sigma(\boldsymbol{\alpha}+\boldsymbol{\beta}) &= \sigma(x_1+y_1, x_2+y_2, x_3+y_3)\\ &= (x_1+y_1, x_2+y_2, 0) = (x_1, x_2, 0)+(y_1, y_2, 0)\\ &= \sigma(x_1, x_2, x_3)+\sigma(y_1, y_2, y_3)\\ &= \sigma(\boldsymbol{\alpha})+\sigma(\boldsymbol{\beta}),\end{aligned}$$

$$\sigma(k\boldsymbol{\alpha}) = \sigma(kx_1, kx_2, kx_3) = (kx_1, kx_2, 0) = k(x_1, x_2, 0) = k\sigma(\boldsymbol{\alpha}).$$

故 σ 是$\mathbb{R}^3$ 的线性变换.

例 9.1.4 设 V 是数域 P 上的线性空间,V 的**恒等变换**

$$\iota(\boldsymbol{\alpha}) = \boldsymbol{\alpha}, \quad \boldsymbol{\alpha}\in V$$

以及**零变换**

$$\theta(\boldsymbol{\alpha}) = \mathbf{0}, \quad \boldsymbol{\alpha}\in V$$

都是 V 的线性变换.

例 9.1.5 设 V 是数域 P 上的线性空间,k 是 P 中某个数,定义

$$\sigma(\boldsymbol{\alpha}) = k\boldsymbol{\alpha}, \quad \boldsymbol{\alpha}\in V,$$

则 σ 是 V 的线性变换.这个变换称为由数 k 决定的**数乘变换**.

特别地,当 $k=1$ 时,便得恒等变换;当 $k=0$ 时,便得零变换.

例 9.1.6 对于 $f(x)\in P[x]$,求微商,即

$$\sigma(f(x)) = f'(x),$$

则 σ 是 $P[x]$的一个线性变换.

例 9.1.7 设 $C[a,b]$是定义在$[a,b]$上的全体连续实函数组成的实数域$\mathbb{R}$ 上的线性空间,定义

$$\sigma(f(x)) = \int_a^x f(t)\mathrm{d}t, \quad f(x)\in C[a,b].$$

$\sigma(f(x))$仍是$[a,b]$上的连续实函数,由积分的基本性质知,σ 是 $C[a,b]$的线性变换.

9.1.2 线性变换的基本性质

线性变换有如下基本性质.

设 V 是数域 P 上的线性空间,σ 是 V 的线性变换,则

(1) $\sigma(\mathbf{0})=\mathbf{0}$,$\sigma(-\boldsymbol{\alpha})=-\sigma(\boldsymbol{\alpha})$.

这是因为

$$\sigma(\mathbf{0}) = \sigma(0\boldsymbol{\alpha}) = 0\sigma(\boldsymbol{\alpha}) = \mathbf{0},$$

$$\sigma(-\boldsymbol{\alpha}) = \sigma((-1)\boldsymbol{\alpha}) = (-1)\sigma(\boldsymbol{\alpha}) = -\sigma(\boldsymbol{\alpha}).$$

(2) 线性变换保持线性组合与线性关系式不变.

若设

$$\boldsymbol{\beta} = k_1\boldsymbol{\alpha}_1+k_2\boldsymbol{\alpha}_2+\cdots+k_r\boldsymbol{\alpha}_r,$$

则

$$\sigma(\boldsymbol{\beta}) = k_1\sigma(\boldsymbol{\alpha}_1)+k_2\sigma(\boldsymbol{\alpha}_2)+\cdots+k_r\sigma(\boldsymbol{\alpha}_r).$$

因此,如果有

$$k_1\boldsymbol{\alpha}_1+k_2\boldsymbol{\alpha}_2+\cdots+k_r\boldsymbol{\alpha}_r = \mathbf{0},$$

则有

$$k_1\sigma(\boldsymbol{\alpha}_1)+k_2\sigma(\boldsymbol{\alpha}_2)+\cdots+k_r\sigma(\boldsymbol{\alpha}_r)=\mathbf{0}.$$

(3) 线性变换把线性相关的向量组变成线性相关的向量组.

注 线性变换可以把线性无关的向量组变成线性相关的向量组.例如零变换.

习题 9.1

1. 判别下面所定义的变换,哪些是线性变换,哪些不是.

(1) 在线性空间 V 中,$\sigma(\boldsymbol{\alpha})=\boldsymbol{\alpha}+\boldsymbol{\xi}$,其中$\boldsymbol{\xi}\in V$ 是一个固定向量;

(2) 在线性空间 V 中,$\sigma(\boldsymbol{\alpha})=\boldsymbol{\xi}$,其中$\boldsymbol{\xi}\in V$ 是一个固定向量;

(3) 在 P^3 中,$\sigma(x_1,x_2,x_3)=(2x_1-x_2,x_2+x_3,x_1)$;

(4) 在 P^3 中,$\sigma(x_1,x_2,x_3)=(x_1^2,x_2^2,x_3^2)$;

(5) 在 P^3 中,$\sigma(x_1,x_2,x_3)=(\cos x_1,\sin x_2,0)$;

2. 取定 $\boldsymbol{A}\in P^{n\times n}$,对任意 $\boldsymbol{X}\in P^{n\times n}$,定义

$$\sigma(\boldsymbol{X})=\boldsymbol{AX}-\boldsymbol{XA}.$$

(1) 证明:σ 是 $P^{n\times n}$ 的线性变换;

(2) 证明:对任意 $\boldsymbol{X},\boldsymbol{Y}\in P^{n\times n}$,有

$$\sigma(\boldsymbol{XY})=\sigma(\boldsymbol{X})\boldsymbol{Y}+\boldsymbol{X}\sigma(\boldsymbol{Y}).$$

3. 在复数域$\mathbb{C}$中,令 $\sigma(\boldsymbol{\alpha})=\bar{\boldsymbol{\alpha}}$,$\bar{\boldsymbol{\alpha}}$ 是$\boldsymbol{\alpha}$的共轭复数.证明:

(1) 若$\mathbb{C}$作为实数域$\mathbb{R}$上的线性空间,则 σ 是$\mathbb{C}$的线性变换;

(2) 若$\mathbb{C}$作为复数域$\mathbb{C}$上的线性空间,则 σ 不是$\mathbb{C}$的线性变换.

9.2 线性变换的运算

9.2.1 线性变换的运算

设 V 是数域 P 上的一个线性空间.$L(V)$是 V 的所有线性变换作成的集合.

定义 9.2.1 设 $\sigma,\tau\in L(V)$,对任意$\boldsymbol{\alpha}\in V$,令 $\sigma(\boldsymbol{\alpha})+\tau(\boldsymbol{\alpha})$与它对应,这样就得到 V 的一个变换,这个变换称为 σ 与 τ 的和,记作 $\sigma+\tau$.即

$$(\sigma+\tau)(\boldsymbol{\alpha})=\sigma(\boldsymbol{\alpha})+\tau(\boldsymbol{\alpha}),\quad \boldsymbol{\alpha}\in V.$$

V 的线性变换σ 与 τ 的和$\sigma+\tau$ 也是线性变换.事实上,对任意$\boldsymbol{\alpha}$,$\boldsymbol{\beta}\in V$ 和任意 $k\in P$,有

$$\begin{aligned}(\sigma+\tau)(\boldsymbol{\alpha}+\boldsymbol{\beta})&=\sigma(\boldsymbol{\alpha}+\boldsymbol{\beta})+\tau(\boldsymbol{\alpha}+\boldsymbol{\beta})\\&=(\sigma(\boldsymbol{\alpha})+\sigma(\boldsymbol{\beta}))+(\tau(\boldsymbol{\alpha})+\tau(\boldsymbol{\beta}))\\&=(\sigma(\boldsymbol{\alpha})+\tau(\boldsymbol{\alpha}))+(\sigma(\boldsymbol{\beta})+\tau(\boldsymbol{\beta}))\\&=(\sigma+\tau)(\boldsymbol{\alpha})+(\sigma+\tau)(\boldsymbol{\beta}),\\(\sigma+\tau)(k\boldsymbol{\alpha})&=\sigma(k\boldsymbol{\alpha})+\tau(k\boldsymbol{\alpha})=k\sigma(\boldsymbol{\alpha})+k\tau(\boldsymbol{\alpha})\\&=k(\sigma(\boldsymbol{\alpha})+\tau(\boldsymbol{\alpha}))\\&=k(\sigma+\tau)(\boldsymbol{\alpha}),\end{aligned}$$

所以 $\sigma+\tau$ 是线性变换.

不难证明,线性变换的加法适合交换律与结合律,即

$$\sigma+\tau=\tau+\sigma,$$
$$\rho+(\sigma+\tau)=(\rho+\sigma)+\tau.$$

显然,零变换 θ 与任意线性变换 σ 的和仍等于 σ,即

$$\sigma+\theta=\sigma.$$

对每个线性变换 σ,可以定义它的负变换 $-\sigma$:

$$(-\sigma)(\boldsymbol{\alpha})=-\sigma(\boldsymbol{\alpha}),\quad \boldsymbol{\alpha}\in V.$$

容易证明 σ 的负变换 $-\sigma$ 也是线性变换,且

$$\sigma+(-\sigma)=\theta.$$

定义 9.2.2 设 $\sigma\in L(V)$,$k\in P$,对任意 $\boldsymbol{\alpha}\in V$,令 $k\sigma(\boldsymbol{\alpha})$ 与它对应,这样就得到 V 的一个变换,这个变换称为 k 与 σ 的**数量乘积**,记作 $k\sigma$. 即

$$(k\sigma)(\boldsymbol{\alpha})=k\sigma(\boldsymbol{\alpha}),\quad \boldsymbol{\alpha}\in V.$$

$k\sigma$ 也是 V 的一个线性变换. 事实上,对任意 $\boldsymbol{\alpha},\boldsymbol{\beta}\in V$ 和任意 $k\in P$,有

$$\begin{aligned}(k\sigma)(\boldsymbol{\alpha}+\boldsymbol{\beta})&=k\sigma(\boldsymbol{\alpha}+\boldsymbol{\beta})=k(\sigma(\boldsymbol{\alpha})+\sigma(\boldsymbol{\beta}))=k\sigma(\boldsymbol{\alpha})+k\sigma(\boldsymbol{\beta})\\&=(k\sigma)(\boldsymbol{\alpha})+(k\sigma)(\boldsymbol{\beta}),\\(k\sigma)(l\boldsymbol{\alpha})&=k\sigma(l\boldsymbol{\alpha})=k(l\sigma(\boldsymbol{\alpha}))=l(k\sigma(\boldsymbol{\alpha}))\\&=l(k\sigma)(\boldsymbol{\alpha}),\end{aligned}$$

所以 $k\sigma$ 是线性变换.

线性变换的数量乘法还适合以下规律:

(1) $(kl)\sigma=k(l\sigma)$;

(2) $(k+l)\sigma=k\sigma+l\sigma$;

(3) $k(\sigma+\tau)=k\sigma+k\tau$;

(4) $1\sigma=\sigma$,

其中 σ,τ 是 V 的线性变换,k,l 是 P 中的数.

由线性变换的加法与数量乘法的定义以及运算适合的规律可得下面定理.

定理 9.2.1 数域 P 上线性空间 V 的全体线性变换组成的集合 $L(V)$,对于线性变换的加法与数量乘法,作成数域 P 上的线性空间.

线性空间的线性变换作为映射的特殊情形还可以定义乘法.

定义 9.2.3 设 $\sigma,\tau\in L(V)$,定义 τ 与 σ 的**乘法**为 σ 与 τ 的合成,即

$$(\tau\sigma)(\boldsymbol{\alpha})=\tau(\sigma(\boldsymbol{\alpha})),\quad \boldsymbol{\alpha}\in V.$$

下面证明 $\tau\sigma$ 也是 V 的一个线性变换.

事实上,对任意 $\boldsymbol{\alpha},\boldsymbol{\beta}\in V$ 和任意 $k\in P$,有

$$\begin{aligned}(\tau\sigma)(\boldsymbol{\alpha}+\boldsymbol{\beta})&=\tau(\sigma(\boldsymbol{\alpha}+\boldsymbol{\beta}))=\tau(\sigma(\boldsymbol{\alpha})+\sigma(\boldsymbol{\beta}))=\tau(\sigma(\boldsymbol{\alpha}))+\tau(\sigma(\boldsymbol{\beta}))\\&=(\tau\sigma)(\boldsymbol{\alpha})+(\tau\sigma)(\boldsymbol{\beta}),\\(\tau\sigma)(l\boldsymbol{\alpha})&=\tau(\sigma(l\boldsymbol{\alpha}))=\tau(l\sigma(\boldsymbol{\alpha}))=l\tau(\sigma(\boldsymbol{\alpha}))\\&=l(\tau\sigma)(\boldsymbol{\alpha}),\end{aligned}$$

所以 $\tau\sigma$ 是线性变换.

设 ι 是 V 的恒等变换,对 V 的任意线性变换 σ,显然有

$$\iota\sigma=\sigma\iota=\sigma,$$

所以 V 的恒等变换 ι 又称为**单位变换**.

线性变换的乘法还适合以下规律：

(1) $(\sigma\tau)\rho=\sigma(\tau\rho)$;

(2) $\rho(\sigma+\tau)=\rho\sigma+\rho\tau$;

(3) $(\sigma+\tau)\rho=\sigma\rho+\tau\rho$;

(4) $(k\sigma)\tau=\sigma(k\tau)=k(\sigma\tau)$,

其中 σ,τ,ρ 是 V 的线性变换, $k\in P$.

注 线性变换的乘法一般是不可交换的.例如,在线性空间 $\mathbb{R}[x]$ 中,线性变换

$$\sigma(f(x))=f'(x),\quad \tau(f(x))=\int_0^x f(t)\mathrm{d}t.$$

有 $\sigma\tau=\iota$(恒等变换),但 $\tau\sigma\neq\iota$.

定理 9.2.2 如果 V 的线性变换 σ 是可逆的,则 σ 的逆变换 σ^{-1} 也是 V 的线性变换.

证明 因 σ 可逆,则对任意 $\boldsymbol{\beta}_1,\boldsymbol{\beta}_2\in V$,存在 $\boldsymbol{\alpha}_1,\boldsymbol{\alpha}_2\in V$,使

$$\sigma^{-1}(\boldsymbol{\beta}_1)=\boldsymbol{\alpha}_1,\sigma^{-1}(\boldsymbol{\beta}_2)=\boldsymbol{\alpha}_2,\quad 且\boldsymbol{\beta}_1=\sigma(\boldsymbol{\alpha}_1),\quad \boldsymbol{\beta}_2=\sigma(\boldsymbol{\alpha}_2),$$

于是

$$\boldsymbol{\beta}_1+\boldsymbol{\beta}_2=\sigma(\boldsymbol{\alpha}_1)+\sigma(\boldsymbol{\alpha}_2)=\sigma(\boldsymbol{\alpha}_1+\boldsymbol{\alpha}_2),$$
$$k\boldsymbol{\beta}_1=k\sigma(\boldsymbol{\alpha}_1)=\sigma(k\boldsymbol{\alpha}_1),\quad k\in P.$$

从而

$$\sigma^{-1}(\boldsymbol{\beta}_1+\boldsymbol{\beta}_2)=\boldsymbol{\alpha}_1+\boldsymbol{\alpha}_2=\sigma^{-1}(\boldsymbol{\beta}_1)+\sigma^{-1}(\boldsymbol{\beta}_2),$$
$$\sigma^{-1}(k\boldsymbol{\beta}_1)=k\boldsymbol{\alpha}_1=k\sigma^{-1}(\boldsymbol{\beta}_1).$$

因此 σ^{-1} 是 V 的线性变换.

9.2.2 线性变换的多项式

由于线性变换的乘法满足结合律,所以可以定义一个线性变换的方幂

$$\sigma^n=\underbrace{\sigma\sigma\cdots\sigma}_{n个},\quad n\ 为正整数.$$

再定义

$$\sigma^0=\iota,\quad \iota\ 为单位变换,$$

则 σ 的任何非负整数次幂都有意义,且有指数法则

$$\sigma^m\sigma^n=\sigma^{m+n},(\sigma^m)^n=\sigma^{mn},\quad m,n\ 为非负整数.$$

当 σ 可逆时,定义 σ 的负整指数幂为

$$\sigma^{-n}=(\sigma^{-1})^n,\quad n\ 为正整数.$$

注 因线性变换的乘法不满足交换律,故一般地,

$$(\sigma\tau)^n\neq\sigma^n\tau^n.$$

设

$$f(x)=a_mx^m+a_{m-1}x^{m-1}+\cdots+a_1x+a_0$$

是 $P[x]$ 中一个多项式, σ 是 V 的一个线性变换,定义

$$f(\sigma) = a_m\sigma^m + a_{m-1}\sigma^{m-1} + \cdots + a_1\sigma + a_0\iota,\quad \iota\text{ 为单位变换},$$

则 $f(\sigma)$是 V 的一个线性变换,它称为**线性变换 σ 的多项式**.

易证,如果在 $P[x]$中

$$h(x) = f(x) + g(x),\quad p(x) = f(x)g(x),$$

则

$$h(\sigma) = f(\sigma) + g(\sigma),\quad p(\sigma) = f(\sigma)g(\sigma).$$

特别地,有

$$f(\sigma)g(\sigma) = g(\sigma)f(\sigma),$$

即同一个线性变换的多项式的乘法是可以交换的.

习题 9.2

1. 在 $P[x]$中,令线性变换 σ,τ 为

$$\sigma(f(x)) = f'(x),\quad \tau(f(x)) = xf(x).$$

证明:$\sigma\tau-\tau\sigma=\iota$($\iota$ 为单位变换).

2. 设 σ,τ 是线性变换,且 $\sigma\tau-\tau\sigma=\iota$. 证明:

$$\sigma^k\tau - \tau\sigma^k = k\sigma^{k-1},\quad k > 1.$$

3. 设 $\sigma\in L(V)$,$\boldsymbol{\xi}\in V$,并且$\boldsymbol{\xi}$,$\sigma(\boldsymbol{\xi})$,$\cdots$,$\sigma^{k-1}(\boldsymbol{\xi})$都不等于零,但 $\sigma^k(\boldsymbol{\xi})=\mathbf{0}$. 证明:

$$\boldsymbol{\xi},\sigma(\boldsymbol{\xi}),\cdots,\sigma^{k-1}(\boldsymbol{\xi})$$

线性无关.

4. 设 V 是数域 P 上的 n 维线性空间,$\sigma\in L(V)$,$\boldsymbol{\alpha}\in V$. 证明:

(1) $U=\{f(\sigma)\mid f(x)\in P[x]\}$是 $L(V)$的子空间;

(2) $W=\{f(\sigma)(\boldsymbol{\alpha})\mid f(x)\in P[x]\}$是 V 的子空间;

(3) 存在 $g(x)\in P[x]$,$g(x)\neq 0$,使得 $g(\sigma)(\boldsymbol{\alpha})=\mathbf{0}$.

9.3 线性变换的矩阵

9.3.1 线性变换的矩阵

设 V 是数域 P 上 n 维线性空间,σ 是 V 的一个线性变换. 取定 V 的一个基

$$\boldsymbol{\alpha}_1,\boldsymbol{\alpha}_2,\cdots,\boldsymbol{\alpha}_n,$$

于是对任意 $\xi\in V$,有 $\sigma(\xi)\in V$.

设 ξ 在基$\boldsymbol{\alpha}_1,\boldsymbol{\alpha}_2,\cdots,\boldsymbol{\alpha}_n$ 下的坐标是$(x_1,x_2,\cdots,x_n)$,$\sigma(\xi)$在基$\boldsymbol{\alpha}_1,\boldsymbol{\alpha}_2,\cdots,\boldsymbol{\alpha}_n$ 下的坐标是$(y_1,y_2,\cdots,y_n)$,即

$$\boldsymbol{\xi} = x_1\boldsymbol{\alpha}_1 + x_2\boldsymbol{\alpha}_2 + \cdots + x_n\boldsymbol{\alpha}_n,$$

$$\sigma(\boldsymbol{\xi}) = y_1\boldsymbol{\alpha}_1 + y_2\boldsymbol{\alpha}_2 + \cdots + y_n\boldsymbol{\alpha}_n.$$

问题:$\boldsymbol{\xi}$与$\sigma(\boldsymbol{\xi})$在基$\boldsymbol{\alpha}_1,\boldsymbol{\alpha}_2,\cdots,\boldsymbol{\alpha}_n$ 下的坐标有何关系?

因为σ是线性变换,所以有

$$\sigma(\boldsymbol{\xi}) = x_1\sigma(\boldsymbol{\alpha}_1) + x_2\sigma(\boldsymbol{\alpha}_2) + \cdots + x_n\sigma(\boldsymbol{\alpha}_n).$$

与

$$\sigma(\boldsymbol{\xi}) = y_1\boldsymbol{\alpha}_1 + y_2\boldsymbol{\alpha}_2 + \cdots + y_n\boldsymbol{\alpha}_n$$

比较可知,如果能找出$\sigma(\boldsymbol{\alpha}_1),\sigma(\boldsymbol{\alpha}_2),\cdots,\sigma(\boldsymbol{\alpha}_n)$与$\boldsymbol{\alpha}_1,\boldsymbol{\alpha}_2,\cdots,\boldsymbol{\alpha}_n$的关系,那么根据向量的坐标的唯一性,就可以求出$\sigma(\boldsymbol{\xi})$的坐标$(y_1,y_2,\cdots,y_n)$.

定义 9.3.1 设$\boldsymbol{\alpha}_1,\boldsymbol{\alpha}_2,\cdots,\boldsymbol{\alpha}_n$是数域$P$上$n$维线性空间$V$的一个基,$\sigma$是$V$的一个线性变换,记

$$\begin{cases}\sigma(\boldsymbol{\alpha}_1) = a_{11}\boldsymbol{\alpha}_1 + a_{21}\boldsymbol{\alpha}_2 + \cdots + a_{n1}\boldsymbol{\alpha}_n,\\ \sigma(\boldsymbol{\alpha}_2) = a_{12}\boldsymbol{\alpha}_1 + a_{22}\boldsymbol{\alpha}_2 + \cdots + a_{n2}\boldsymbol{\alpha}_n,\\ \qquad\vdots\\ \sigma(\boldsymbol{\alpha}_n) = a_{1n}\boldsymbol{\alpha}_1 + a_{2n}\boldsymbol{\alpha}_2 + \cdots + a_{nn}\boldsymbol{\alpha}_n.\end{cases}$$

用矩阵表示就是

$$(\sigma(\boldsymbol{\alpha}_1),\sigma(\boldsymbol{\alpha}_2),\cdots,\sigma(\boldsymbol{\alpha}_n)) = (\boldsymbol{\alpha}_1,\boldsymbol{\alpha}_2,\cdots,\boldsymbol{\alpha}_n)\boldsymbol{A},$$

其中

$$\boldsymbol{A} = \begin{pmatrix} a_{11} & a_{12} & \cdots & a_{1n}\\ a_{21} & a_{22} & \cdots & a_{2n}\\ \vdots & \vdots & & \vdots\\ a_{n1} & a_{n2} & \cdots & a_{nn}\end{pmatrix},$$

则称矩阵$\boldsymbol{A}$为σ**在基**$\boldsymbol{\alpha}_1,\boldsymbol{\alpha}_2,\cdots,\boldsymbol{\alpha}_n$**下的矩阵**.

$(\sigma(\boldsymbol{\alpha}_1),\sigma(\boldsymbol{\alpha}_2),\cdots,\sigma(\boldsymbol{\alpha}_n))$也可简记为$\sigma(\boldsymbol{\alpha}_1,\boldsymbol{\alpha}_2,\cdots,\boldsymbol{\alpha}_n)$,即

$$\sigma(\boldsymbol{\alpha}_1,\boldsymbol{\alpha}_2,\cdots,\boldsymbol{\alpha}_n) = (\sigma(\boldsymbol{\alpha}_1),\sigma(\boldsymbol{\alpha}_2),\cdots,\sigma(\boldsymbol{\alpha}_n)) = (\boldsymbol{\alpha}_1,\boldsymbol{\alpha}_2,\cdots,\boldsymbol{\alpha}_n)\boldsymbol{A}.$$

矩阵$\boldsymbol{A}$的第j列就是$\sigma(\boldsymbol{\alpha}_j)$在基$\boldsymbol{\alpha}_1,\boldsymbol{\alpha}_2,\cdots,\boldsymbol{\alpha}_n$下的坐标.

注 σ在某个基下的矩阵$\boldsymbol{A}$的构成与两个基之间的过渡矩阵的构成相似,但这里$\boldsymbol{A}$不能看成是过渡矩阵,因为$\sigma(\boldsymbol{\alpha}_1),\sigma(\boldsymbol{\alpha}_2),\cdots,\sigma(\boldsymbol{\alpha}_n)$不一定是基.

显然,在数域P上的n维线性空间V中取定的基下,对于V的每一个线性变换,都有P上唯一确定的n阶矩阵与之对应.

例 9.3.1 设τ是平面上绕原点旋转θ角的线性变换,$\boldsymbol{\varepsilon}_1,\boldsymbol{\varepsilon}_2$分别是坐标轴上的两个单位向量,则有

$$\begin{cases}\tau(\boldsymbol{\varepsilon}_1) = (\cos\theta)\boldsymbol{\varepsilon}_1 + (\sin\theta)\boldsymbol{\varepsilon}_2,\\ \tau(\boldsymbol{\varepsilon}_2) = (-\sin\theta)\boldsymbol{\varepsilon}_1 + (\cos\theta)\boldsymbol{\varepsilon}_2.\end{cases}$$

于是τ在基$\boldsymbol{\varepsilon}_1,\boldsymbol{\varepsilon}_2$下的矩阵是

$$\begin{pmatrix}\cos\theta & -\sin\theta\\ \sin\theta & \cos\theta\end{pmatrix}.$$

例 9.3.2 令V是数域P上一个n维线性空间,设V的数乘变换为

$$\sigma(\boldsymbol{\xi}) = k\boldsymbol{\xi}.$$

对于V的任意基$\boldsymbol{\alpha}_1,\boldsymbol{\alpha}_2,\cdots,\boldsymbol{\alpha}_n$,有

$$\begin{cases}\sigma(\boldsymbol{\alpha}_1)=k\boldsymbol{\alpha}_1+0\boldsymbol{\alpha}_2+\cdots+0\boldsymbol{\alpha}_n,\\ \sigma(\boldsymbol{\alpha}_2)=0\boldsymbol{\alpha}_1+k\boldsymbol{\alpha}_2+\cdots+0\boldsymbol{\alpha}_n,\\ \qquad\vdots\\ \sigma(\boldsymbol{\alpha}_n)=0\boldsymbol{\alpha}_1+0\boldsymbol{\alpha}_2+\cdots+k\boldsymbol{\alpha}_n.\end{cases}$$

所以 σ 在基 $\boldsymbol{\alpha}_1,\boldsymbol{\alpha}_2,\cdots,\boldsymbol{\alpha}_n$ 下的矩阵是数量矩阵

$$\boldsymbol{A}=\begin{pmatrix}k&&&\\&k&&\\&&\ddots&\\&&&k\end{pmatrix}=k\boldsymbol{E}.$$

特别地,V 的零变换在任意基 $\boldsymbol{\alpha}_1,\boldsymbol{\alpha}_2,\cdots,\boldsymbol{\alpha}_n$ 下的矩阵是零矩阵;V 的单位变换在任意基 $\boldsymbol{\alpha}_1,\boldsymbol{\alpha}_2,\cdots,\boldsymbol{\alpha}_n$ 下的矩阵是单位矩阵.

可以证明:

如果 V 的线性变换 σ 在 V 的任意基下的矩阵都是单位矩阵,则 σ 是单位变换;

如果 V 的线性变换 σ 在 V 的任意基下的矩阵都是零矩阵,则 σ 是零变换;

如果 V 的线性变换 σ 在 V 的任意基下的矩阵都是数量矩阵,则 σ 是数乘变换.

例 9.3.3 设 $A=(\boldsymbol{\alpha}_1,\boldsymbol{\alpha}_2,\cdots,\boldsymbol{\alpha}_n)$ 是数域 P 上一个 n 阶矩阵,$\sigma_{\boldsymbol{A}}$ 是 P^n 的线性变换:

$$\sigma_{\boldsymbol{A}}(\boldsymbol{\xi})=\boldsymbol{A\xi},\quad \boldsymbol{\xi}\in P^n,$$

则对于 P^n 的基

$$\boldsymbol{\varepsilon}_1=\begin{pmatrix}1\\0\\\vdots\\0\end{pmatrix},\quad \boldsymbol{\varepsilon}_2=\begin{pmatrix}0\\1\\\vdots\\0\end{pmatrix},\cdots,\quad \boldsymbol{\varepsilon}_n=\begin{pmatrix}0\\0\\\vdots\\1\end{pmatrix},$$

有

$$\sigma_{\boldsymbol{A}}(\boldsymbol{\varepsilon}_j)=\boldsymbol{A\varepsilon}_j=\boldsymbol{\alpha}_j,$$

于是

$$(\sigma_{\boldsymbol{A}}(\boldsymbol{\varepsilon}_1),\sigma_{\boldsymbol{A}}(\boldsymbol{\varepsilon}_2),\cdots,\sigma_{\boldsymbol{A}}(\boldsymbol{\varepsilon}_n))=(\boldsymbol{\alpha}_1,\boldsymbol{\alpha}_2,\cdots,\boldsymbol{\alpha}_n)=(\boldsymbol{\varepsilon}_1,\boldsymbol{\varepsilon}_2,\cdots,\boldsymbol{\varepsilon}_n)\boldsymbol{A},$$

因此 $\sigma_{\boldsymbol{A}}$ 在基 $\boldsymbol{\varepsilon}_1,\boldsymbol{\varepsilon}_2,\cdots,\boldsymbol{\varepsilon}_n$ 下的矩阵就是 $\boldsymbol{A}$.

一般地,给定数域 P 上一个 n 阶矩阵,是否存在 P 上 n 维线性空间 V 的一个线性变换,使得它在 V 的某个基下的矩阵恰好是 $\boldsymbol{A}$? 为此我们先证明两个引理.

引理 1 设 $\boldsymbol{\varepsilon}_1,\boldsymbol{\varepsilon}_2,\cdots,\boldsymbol{\varepsilon}_n$ 是数域 P 上 n 维线性空间 V 的一个基,σ,τ 是 V 的线性变换,如果 $\sigma(\boldsymbol{\varepsilon}_i)=\tau(\boldsymbol{\varepsilon}_i)(i=1,2,\cdots,n)$,则 $\sigma=\tau$.

证明 对任意 $\boldsymbol{\xi}\in V$,设 $\boldsymbol{\xi}=x_1\boldsymbol{\varepsilon}_1+x_2\boldsymbol{\varepsilon}_2+\cdots+x_n\boldsymbol{\varepsilon}_n$. 因为 $\sigma(\boldsymbol{\varepsilon}_i)=\tau(\boldsymbol{\varepsilon}_i)(i=1,2,\cdots,n)$,所以有

$$\begin{aligned}\sigma(\boldsymbol{\xi})&=x_1\sigma(\boldsymbol{\varepsilon}_1)+x_2\sigma(\boldsymbol{\varepsilon}_2)+\cdots+x_n\sigma(\boldsymbol{\varepsilon}_n)\\&=x_1\tau(\boldsymbol{\varepsilon}_1)+x_2\tau(\boldsymbol{\varepsilon}_2)+\cdots+x_n\tau(\boldsymbol{\varepsilon}_n)\\&=\tau(\boldsymbol{\xi}),\end{aligned}$$

故 $\sigma=\tau$.

引理 1 说明一个线性变换完全被它在一个基上的作用所决定.

引理 2 设 $\boldsymbol{\varepsilon}_1,\boldsymbol{\varepsilon}_2,\cdots,\boldsymbol{\varepsilon}_n$ 是数域 P 上 n 维线性空间 V 的一个基,对于 V 的任意 n 个向量

$\boldsymbol{\alpha}_1,\boldsymbol{\alpha}_2,\cdots,\boldsymbol{\alpha}_n$，一定有一个线性变换$\sigma$使

$$\sigma(\boldsymbol{\varepsilon}_i)=\boldsymbol{\alpha}_i,\quad i=1,2,\cdots,n.$$

证明 设$\boldsymbol{\xi}=\sum_{i=1}^{n}x_i\boldsymbol{\varepsilon}_i\in V$，定义

$$\sigma(\boldsymbol{\xi})=\sum_{i=1}^{n}x_i\boldsymbol{\alpha}_i,$$

我们证明σ是V的一个线性变换.

任取V中两个向量

$$\boldsymbol{\beta}=\sum_{i=1}^{n}b_i\boldsymbol{\varepsilon}_i,\quad \boldsymbol{\gamma}=\sum_{i=1}^{n}c_i\boldsymbol{\varepsilon}_i,$$

那么

$$\boldsymbol{\beta}+\boldsymbol{\gamma}=\sum_{i=1}^{n}(b_i+c_i)\boldsymbol{\varepsilon}_i,$$

于是

$$\sigma(\boldsymbol{\beta}+\boldsymbol{\gamma})=\sum_{i=1}^{n}(b_i+c_i)\boldsymbol{\alpha}_i=\sum_{i=1}^{n}b_i\boldsymbol{\alpha}_i+\sum_{i=1}^{n}c_i\boldsymbol{\alpha}_i=\sigma(\boldsymbol{\beta})+\sigma(\boldsymbol{\gamma}).$$

设$k\in P$，$\boldsymbol{\xi}=\sum_{i=1}^{n}x_i\boldsymbol{\varepsilon}_i\in V$，那么

$$\sigma(k\xi)=\sigma\left(\sum_{i=1}^{n}(kx_i)\boldsymbol{\varepsilon}_i\right)=\sum_{i=1}^{n}(kx_i)\boldsymbol{\alpha}_i=k\sum_{i=1}^{n}x_i\boldsymbol{\alpha}_i=k\sigma(\boldsymbol{\xi}).$$

这就证明了σ是V的一个线性变换.因为

$$\boldsymbol{\varepsilon}_i=0\,\boldsymbol{\varepsilon}_1+\cdots+1\,\boldsymbol{\varepsilon}_i+\cdots+0\,\boldsymbol{\varepsilon}_n,\quad i=1,2,\cdots,n,$$

所以

$$\sigma(\boldsymbol{\varepsilon}_i)=0\,\boldsymbol{\alpha}_1+\cdots+1\,\boldsymbol{\alpha}_i+\cdots+0\,\boldsymbol{\alpha}_n=\boldsymbol{\alpha}_i,\quad i=1,2,\cdots,n.$$

由引理1和引理2，可得下面定理.

定理 9.3.1 设$\boldsymbol{\varepsilon}_1,\boldsymbol{\varepsilon}_2,\cdots,\boldsymbol{\varepsilon}_n$是数域$P$上$n$维线性空间$V$的一个基，对于$V$的任意$n$个向量$\boldsymbol{\alpha}_1,\boldsymbol{\alpha}_2,\cdots,\boldsymbol{\alpha}_n$，则存在唯一的线性变换$\sigma$使

$$\sigma(\boldsymbol{\varepsilon}_i)=\boldsymbol{\alpha}_i,\quad i=1,2,\cdots,n.$$

定理 9.3.2 设V是数域P上一个n维线性空间，$\boldsymbol{\varepsilon}_1,\boldsymbol{\varepsilon}_2,\cdots,\boldsymbol{\varepsilon}_n$是$V$的一个基.对于$\sigma\in L(V)$，令$\sigma$在基$\boldsymbol{\varepsilon}_1,\boldsymbol{\varepsilon}_2,\cdots,\boldsymbol{\varepsilon}_n$下的矩阵与之对应，则这种对应$\varphi$是$L(V)$到$P^{n\times n}$的一个双射.

证明 设$\sigma,\tau\in L(V)$，且$\varphi(\sigma)=\boldsymbol{A}=(a_{ij})_{n\times n}=\varphi(\tau)$，即$\sigma$和$\tau$在基$\boldsymbol{\varepsilon}_1,\boldsymbol{\varepsilon}_2,\cdots,\boldsymbol{\varepsilon}_n$下的矩阵都是$\boldsymbol{A}$，则有

$$\sigma(\boldsymbol{\varepsilon}_j)=a_{1j}\,\boldsymbol{\varepsilon}_1+a_{2j}\,\boldsymbol{\varepsilon}_2+\cdots+a_{nj}\,\boldsymbol{\varepsilon}_n=\tau(\boldsymbol{\varepsilon}_j),\quad j=1,2,\cdots,n,$$

由引理1知$\sigma=\tau$，即φ是单射

设$\boldsymbol{A}=(a_{ij})_{n\times n}\in P^{n\times n}$，令

$$\boldsymbol{\alpha}_j=a_{1j}\,\boldsymbol{\varepsilon}_1+a_{2j}\,\boldsymbol{\varepsilon}_2+\cdots+a_{nj}\,\boldsymbol{\varepsilon}_n,\quad j=1,2,\cdots,n,$$

由引理2知，存在线性变换$\sigma\in L(V)$，使

$$\sigma(\boldsymbol{\varepsilon}_j)=\boldsymbol{\alpha}_j=a_{1j}\,\boldsymbol{\varepsilon}_1+a_{2j}\,\boldsymbol{\varepsilon}_2+\cdots+a_{nj}\,\boldsymbol{\varepsilon}_n,\quad j=1,2,\cdots,n.$$

显然σ在基$\boldsymbol{\varepsilon}_1,\boldsymbol{\varepsilon}_2,\cdots,\boldsymbol{\varepsilon}_n$下的矩阵就是$\boldsymbol{A}$，即$\varphi(\sigma)=\boldsymbol{A}$，亦即$\varphi$是满射.因此$\varphi$是双射.

定理 9.3.3 设V是数域P上一个n维线性空间，$\boldsymbol{\varepsilon}_1,\boldsymbol{\varepsilon}_2,\cdots,\boldsymbol{\varepsilon}_n$是$V$的一个基，$\sigma$，

$\tau\in L(V)$，$k\in P$. 如果 σ 在基 $\boldsymbol{\varepsilon}_1,\boldsymbol{\varepsilon}_2,\cdots,\boldsymbol{\varepsilon}_n$ 下的矩阵是 $\boldsymbol{A}$，τ 在基 $\boldsymbol{\varepsilon}_1,\boldsymbol{\varepsilon}_2,\cdots,\boldsymbol{\varepsilon}_n$ 下的矩阵是 $\boldsymbol{B}$，则

(1) $\sigma+\tau$ 在基 $\boldsymbol{\varepsilon}_1,\boldsymbol{\varepsilon}_2,\cdots,\boldsymbol{\varepsilon}_n$ 下的矩阵是 $\boldsymbol{A}+\boldsymbol{B}$；

(2) $\sigma\tau$ 在基 $\boldsymbol{\varepsilon}_1,\boldsymbol{\varepsilon}_2,\cdots,\boldsymbol{\varepsilon}_n$ 下的矩阵是 $\boldsymbol{AB}$；

(3) $k\sigma$ 在基 $\boldsymbol{\varepsilon}_1,\boldsymbol{\varepsilon}_2,\cdots,\boldsymbol{\varepsilon}_n$ 下的矩阵是 $k\boldsymbol{A}$；

(4) σ 可逆的充要条件是 $\boldsymbol{A}$ 可逆，且 σ^{-1} 在基 $\boldsymbol{\varepsilon}_1,\boldsymbol{\varepsilon}_2,\cdots,\boldsymbol{\varepsilon}_n$ 下的矩阵是 $\boldsymbol{A}^{-1}$.

证明 由题意知

$$\sigma(\boldsymbol{\varepsilon}_1,\boldsymbol{\varepsilon}_2,\cdots,\boldsymbol{\varepsilon}_n)=(\boldsymbol{\varepsilon}_1,\boldsymbol{\varepsilon}_2,\cdots,\boldsymbol{\varepsilon}_n)\boldsymbol{A},$$
$$\tau(\boldsymbol{\varepsilon}_1,\boldsymbol{\varepsilon}_2,\cdots,\boldsymbol{\varepsilon}_n)=(\boldsymbol{\varepsilon}_1,\boldsymbol{\varepsilon}_2,\cdots,\boldsymbol{\varepsilon}_n)\boldsymbol{B}.$$

(1)
$$\begin{aligned}(\sigma+\tau)(\boldsymbol{\varepsilon}_1,\boldsymbol{\varepsilon}_2,\cdots,\boldsymbol{\varepsilon}_n)&=\sigma(\boldsymbol{\varepsilon}_1,\boldsymbol{\varepsilon}_2,\cdots,\boldsymbol{\varepsilon}_n)+\tau(\boldsymbol{\varepsilon}_1,\boldsymbol{\varepsilon}_2,\cdots,\boldsymbol{\varepsilon}_n)\\&=(\boldsymbol{\varepsilon}_1,\boldsymbol{\varepsilon}_2,\cdots,\boldsymbol{\varepsilon}_n)A+(\boldsymbol{\varepsilon}_1,\boldsymbol{\varepsilon}_2,\cdots,\boldsymbol{\varepsilon}_n)\boldsymbol{B}\\&=(\boldsymbol{\varepsilon}_1,\boldsymbol{\varepsilon}_2,\cdots,\boldsymbol{\varepsilon}_n)(\boldsymbol{A}+\boldsymbol{B}),\end{aligned}$$

即 $\sigma+\tau$ 在基 $\boldsymbol{\varepsilon}_1,\boldsymbol{\varepsilon}_2,\cdots,\boldsymbol{\varepsilon}_n$ 下的矩阵是 $\boldsymbol{A}+\boldsymbol{B}$.

(2)
$$\begin{aligned}(\sigma\tau)(\boldsymbol{\varepsilon}_1,\boldsymbol{\varepsilon}_2,\cdots,\boldsymbol{\varepsilon}_n)&=\sigma(\tau(\boldsymbol{\varepsilon}_1,\boldsymbol{\varepsilon}_2,\cdots,\boldsymbol{\varepsilon}_n))=\sigma((\boldsymbol{\varepsilon}_1,\boldsymbol{\varepsilon}_2,\cdots,\boldsymbol{\varepsilon}_n)\boldsymbol{B})\\&=(\sigma(\boldsymbol{\varepsilon}_1,\boldsymbol{\varepsilon}_2,\cdots,\boldsymbol{\varepsilon}_n))\boldsymbol{B}=((\boldsymbol{\varepsilon}_1,\boldsymbol{\varepsilon}_2,\cdots,\boldsymbol{\varepsilon}_n)\boldsymbol{A})\boldsymbol{B}\\&=(\boldsymbol{\varepsilon}_1,\boldsymbol{\varepsilon}_2,\cdots,\boldsymbol{\varepsilon}_n)(\boldsymbol{AB}),\end{aligned}$$

即 $\sigma\tau$ 在基 $\boldsymbol{\varepsilon}_1,\boldsymbol{\varepsilon}_2,\cdots,\boldsymbol{\varepsilon}_n$ 下的矩阵是 $\boldsymbol{AB}$.

(3)
$$\begin{aligned}(k\sigma)(\boldsymbol{\varepsilon}_1,\boldsymbol{\varepsilon}_2,\cdots,\boldsymbol{\varepsilon}_n)&=k\sigma(\boldsymbol{\varepsilon}_1,\boldsymbol{\varepsilon}_2,\cdots,\boldsymbol{\varepsilon}_n)=k((\boldsymbol{\varepsilon}_1,\boldsymbol{\varepsilon}_2,\cdots,\boldsymbol{\varepsilon}_n)\boldsymbol{A})\\&=(\boldsymbol{\varepsilon}_1,\boldsymbol{\varepsilon}_2,\cdots,\boldsymbol{\varepsilon}_n)(k\boldsymbol{A}),\end{aligned}$$

即 $k\sigma$ 在基 $\boldsymbol{\varepsilon}_1,\boldsymbol{\varepsilon}_2,\cdots,\boldsymbol{\varepsilon}_n$ 下的矩阵是 $k\boldsymbol{A}$.

(4) 如果 σ 可逆，令 σ^{-1} 在基 $\boldsymbol{\varepsilon}_1,\boldsymbol{\varepsilon}_2,\cdots,\boldsymbol{\varepsilon}_n$ 下的矩阵是 $\boldsymbol{B}$，则 $\sigma\sigma^{-1}$ 在基 $\boldsymbol{\varepsilon}_1,\boldsymbol{\varepsilon}_2,\cdots,\boldsymbol{\varepsilon}_n$ 下的矩阵是 $\boldsymbol{AB}$，因 $\sigma\sigma^{-1}=\iota$，而单位变换在任意基下的矩阵都是单位矩阵 $\boldsymbol{E}$，所以 $\boldsymbol{AB}=\boldsymbol{E}$，故 $\boldsymbol{A}$ 可逆，且 $\boldsymbol{A}^{-1}=\boldsymbol{B}$，即 σ^{-1} 在基 $\boldsymbol{\varepsilon}_1,\boldsymbol{\varepsilon}_2,\cdots,\boldsymbol{\varepsilon}_n$ 下的矩阵是 $\boldsymbol{A}^{-1}$.

反之，若 $\boldsymbol{A}$ 可逆，设 $\boldsymbol{A}$ 的逆 $\boldsymbol{A}^{-1}$，则有 $\tau\in L(V)$，使 τ 在基 $\boldsymbol{\varepsilon}_1,\boldsymbol{\varepsilon}_2,\cdots,\boldsymbol{\varepsilon}_n$ 下的矩阵是 $\boldsymbol{A}^{-1}$. 于是 $\sigma\tau$ 在基 $\boldsymbol{\varepsilon}_1,\boldsymbol{\varepsilon}_2,\cdots,\boldsymbol{\varepsilon}_n$ 下的矩阵是 $\boldsymbol{AA}^{-1}=\boldsymbol{E}$，所以 $\sigma\tau=\iota$，同理 $\tau\sigma=\iota$，因此 σ 可逆.

定理 9.3.2 和定理 9.3.3 说明数域 P 上 n 维线性空间 V 的所有线性变换组成的线性空间 $L(V)$，与数域 P 上所有 n 阶矩阵组成的线性空间 $P^{n\times n}$ 是同构的，故 $\dim(L(V))=n^2$.

$L(V)$ 与 $P^{n\times n}$ 的这种同构还保持乘法运算，因此线性变换的运算性质与矩阵的某些运算性质可以对应起来. 线性变换的矩阵表示给研究线性变换带来了极大的方便：无论线性变换是什么形式，它们都可以用矩阵表示. 对于线性变换的问题，我们可以选择一个适当的基，把向量变成坐标，把线性变换变成矩阵. 我们只要掌握了 P^n 的线性变换即矩阵乘以列向量这一个方式，就可以处理各种不同形式的线性变换问题，而不必去探究该线性变换的具体形式和内容.

9.3.2 向量的像的坐标

定理 9.3.4 设 V 是数域 P 上的 n 维线性空间，σ 是 V 的一个线性变换，σ 在 V 的一个基 $\boldsymbol{\varepsilon}_1,\boldsymbol{\varepsilon}_2,\cdots,\boldsymbol{\varepsilon}_n$ 下的矩阵是 $\boldsymbol{A}$. 如果向量 ξ 在基 $\boldsymbol{\varepsilon}_1,\boldsymbol{\varepsilon}_2,\cdots,\boldsymbol{\varepsilon}_n$ 下的坐标是 $(x_1,x_2,\cdots,x_n)$，则 $\sigma(\xi)$ 在基 $\boldsymbol{\varepsilon}_1,\boldsymbol{\varepsilon}_2,\cdots,\boldsymbol{\varepsilon}_n$ 下的坐标 $(y_1,y_2,\cdots,y_n)$ 可按下述公式计算：

$$\begin{pmatrix} y_1 \\ y_2 \\ \vdots \\ y_n \end{pmatrix} = \boldsymbol{A} \begin{pmatrix} x_1 \\ x_2 \\ \vdots \\ x_n \end{pmatrix}.$$

证明 由题设知

$$\boldsymbol{\xi} = x_1 \boldsymbol{\varepsilon}_2 + x_2 \boldsymbol{\varepsilon}_2 + \cdots + x_n \boldsymbol{\varepsilon}_n = (\boldsymbol{\varepsilon}_2, \boldsymbol{\varepsilon}_2, \cdots, \boldsymbol{\varepsilon}_n) \begin{pmatrix} x_1 \\ x_2 \\ \vdots \\ x_n \end{pmatrix},$$

于是

$$\begin{aligned} \sigma(\boldsymbol{\xi}) &= x_1 \sigma(\boldsymbol{\varepsilon}_2) + x_2 \sigma(\boldsymbol{\varepsilon}_2) + \cdots + x_n \sigma(\boldsymbol{\varepsilon}_n) \\ &= (\sigma(\boldsymbol{\varepsilon}_2), \sigma(\boldsymbol{\varepsilon}_2), \cdots, \sigma(\boldsymbol{\varepsilon}_n)) \begin{pmatrix} x_1 \\ x_2 \\ \vdots \\ x_n \end{pmatrix} \\ &= (\boldsymbol{\varepsilon}_2, \boldsymbol{\varepsilon}_2, \cdots, \boldsymbol{\varepsilon}_n) \boldsymbol{A} \begin{pmatrix} x_1 \\ x_2 \\ \vdots \\ x_n \end{pmatrix}, \end{aligned}$$

由向量在基下的坐标的唯一性，所以

$$\begin{pmatrix} y_1 \\ y_2 \\ \vdots \\ y_n \end{pmatrix} = \boldsymbol{A} \begin{pmatrix} x_1 \\ x_2 \\ \vdots \\ x_n \end{pmatrix}.$$

9.3.3 线性变换在不同基下的矩阵

线性变换的矩阵是与空间中一个基联系在一起的，一般来说，随着基的改变，同一线性变换就有不同的矩阵.

例 9.3.4 在 $P[x]_4$ 中，设线性变换：$\sigma(f(x)) = f'(x)$，$f(x) \in P[x]_4$，则在基 $1, x, x^2, x^3$ 下，有

$$\begin{cases} \sigma(1) = 0 \cdot 1 + 0 \cdot x + 0 \cdot x^2 + 0 \cdot x^3, \\ \sigma(x) = 1 \cdot 1 + 0 \cdot x + 0 \cdot x^2 + 0 \cdot x^3, \\ \sigma(x^2) = 0 \cdot 1 + 2 \cdot x + 0 \cdot x^2 + 0 \cdot x^3, \\ \sigma(x^3) = 0 \cdot 1 + 0 \cdot x + 3 \cdot x^2 + 0 \cdot x^3. \end{cases}$$

所以 σ 在基 $1, x, x^2, x^3$ 下的矩阵是

$$\boldsymbol{A} = \begin{pmatrix} 0 & 1 & 0 & 0 \\ 0 & 0 & 2 & 0 \\ 0 & 0 & 0 & 3 \\ 0 & 0 & 0 & 0 \end{pmatrix}.$$

而在基 $1,x,\frac{x^2}{2!},\frac{x^3}{3!}$下,有

$$\begin{cases}\sigma(1)=0\cdot 1+0\cdot x+0\cdot \frac{x^2}{2!}+0\cdot \frac{x^3}{3!},\\ \sigma(x)=1\cdot 1+0\cdot x+0\cdot \frac{x^2}{2!}+0\cdot \frac{x^3}{3!},\\ \sigma\left(\frac{x^2}{2!}\right)=0\cdot 1+1\cdot x+0\cdot \frac{x^2}{2!}+0\cdot \frac{x^3}{3!},\\ \sigma\left(\frac{x^3}{3!}\right)=0\cdot 1+0\cdot x+1\cdot \frac{x^2}{2!}+0\cdot \frac{x^3}{3!}.\end{cases}$$

所以 σ 在基 $1,x,\frac{x^2}{2!},\frac{x^3}{3!}$下的矩阵是

$$\boldsymbol{B}=\begin{pmatrix}0&1&0&0\\0&0&1&0\\0&0&0&1\\0&0&0&0\end{pmatrix}.$$

故线性变换的矩阵依赖于基的选择.

为了利用矩阵来研究线性变换,有必要弄清线性变换的矩阵是如何随着基的改变而改变的.

设$\boldsymbol{\alpha}_1,\boldsymbol{\alpha}_2,\cdots,\boldsymbol{\alpha}_n$ 和$\boldsymbol{\beta}_1,\boldsymbol{\beta}_2,\cdots,\boldsymbol{\beta}_n$ 分别是 n 维线性空间 V 的两个基,$\boldsymbol{P}$ 是基$\boldsymbol{\alpha}_1,\boldsymbol{\alpha}_2,\cdots,\boldsymbol{\alpha}_n$ 到基$\boldsymbol{\beta}_1,\boldsymbol{\beta}_2,\cdots,\boldsymbol{\beta}_n$ 的过渡矩阵,σ 在基$\boldsymbol{\alpha}_1,\boldsymbol{\alpha}_2,\cdots,\boldsymbol{\alpha}_n$ 和基$\boldsymbol{\beta}_1,\boldsymbol{\beta}_2,\cdots,\boldsymbol{\beta}_n$ 下的矩阵分别是 $\boldsymbol{A}$ 和 $\boldsymbol{B}$. 即

$$\sigma(\boldsymbol{\alpha}_1,\boldsymbol{\alpha}_2,\cdots,\boldsymbol{\alpha}_n)=(\boldsymbol{\alpha}_1,\boldsymbol{\alpha}_2,\cdots,\boldsymbol{\alpha}_n)\boldsymbol{A},$$
$$\sigma(\boldsymbol{\beta}_1,\boldsymbol{\beta}_2,\cdots,\boldsymbol{\beta}_n)=(\boldsymbol{\beta}_1,\boldsymbol{\beta}_2,\cdots,\boldsymbol{\beta}_n)\boldsymbol{B},$$
$$(\boldsymbol{\beta}_1,\boldsymbol{\beta}_2,\cdots,\boldsymbol{\beta}_n)=(\boldsymbol{\alpha}_1,\boldsymbol{\alpha}_2,\cdots,\boldsymbol{\alpha}_n)\boldsymbol{P}.$$

于是有

$$\begin{aligned}\sigma(\boldsymbol{\beta}_1,\boldsymbol{\beta}_2,\cdots,\boldsymbol{\beta}_n)&=\sigma((\boldsymbol{\alpha}_1,\boldsymbol{\alpha}_2,\cdots,\boldsymbol{\alpha}_n)\boldsymbol{P})\\&=(\sigma(\boldsymbol{\alpha}_1,\boldsymbol{\alpha}_2,\cdots,\boldsymbol{\alpha}_n))\boldsymbol{P}\\&=(\boldsymbol{\alpha}_1,\boldsymbol{\alpha}_2,\cdots,\boldsymbol{\alpha}_n)\boldsymbol{AP}\\&=(\boldsymbol{\beta}_1,\boldsymbol{\beta}_2,\cdots,\boldsymbol{\beta}_n)\boldsymbol{P}^{-1}\boldsymbol{AP}.\end{aligned}$$

由此即得

$$\boldsymbol{B}=\boldsymbol{P}^{-1}\boldsymbol{AP}.$$

于是有下面定理.

定理 9.3.5 设 V 是数域 P 上的 n 维线性空间,σ 是 V 的一个线性变换,σ 在 V 的两个基$\boldsymbol{\alpha}_1,\boldsymbol{\alpha}_2,\cdots,\boldsymbol{\alpha}_n$ 和$\boldsymbol{\beta}_1,\boldsymbol{\beta}_2,\cdots,\boldsymbol{\beta}_n$ 下的矩阵分别是 $\boldsymbol{A}$ 和 $\boldsymbol{B}$,由基$\boldsymbol{\alpha}_1,\boldsymbol{\alpha}_2,\cdots,\boldsymbol{\alpha}_n$ 到基$\boldsymbol{\beta}_1,\boldsymbol{\beta}_2,\cdots,\boldsymbol{\beta}_n$ 的过渡矩阵是 $\boldsymbol{P}$,则有

$$\boldsymbol{B}=\boldsymbol{P}^{-1}\boldsymbol{AP}.$$

定理 9.3.5 说明了线性变换在不同基下的矩阵是相似的. 反之,如果两个矩阵相似,则它们可以看作同一线性变换在两个基下的矩阵.

事实上,设 $\boldsymbol{A}$ 与 $\boldsymbol{B}$ 相似,则存在可逆矩阵 $\boldsymbol{P}$,使得

$$\boldsymbol{B}=\boldsymbol{P}^{-1}\boldsymbol{AP}.$$

则 $\boldsymbol{A}$ 可以看作是 V 的一个线性变换 σ 在 V 的一个基 $\boldsymbol{\alpha}_1,\boldsymbol{\alpha}_2,\cdots,\boldsymbol{\alpha}_n$ 下的矩阵. 令

$$(\boldsymbol{\beta}_1,\boldsymbol{\beta}_2,\cdots,\boldsymbol{\beta}_n)=(\boldsymbol{\alpha}_1,\boldsymbol{\alpha}_2,\cdots,\boldsymbol{\alpha}_n)\boldsymbol{P}.$$

因为 $\boldsymbol{P}$ 可逆,所以 $\boldsymbol{\beta}_1,\boldsymbol{\beta}_2,\cdots,\boldsymbol{\beta}_n$ 也是 V 的基. 而 σ 在这个基下的矩阵就是 $\boldsymbol{P}^{-1}\boldsymbol{AP}=\boldsymbol{B}$.

最后指出,一个线性变换在不同基下的矩阵一般是不同的,但是,有一些特殊的线性变换在任意基下的矩阵都相同. 例如,零变换在任意基下的矩阵都是零矩阵; 单位变换在任意基下的矩阵都是单位矩阵 $\boldsymbol{E}$. 实际上,零矩阵和单位矩阵都是数量矩阵的特例,对于数量矩阵 $k\boldsymbol{E}$,因对任意可逆矩阵 $\boldsymbol{T}$,都有 $\boldsymbol{T}^{-1}(k\boldsymbol{E})\boldsymbol{T}=k\boldsymbol{E}$,即数量矩阵只能与自身相似. 而数量矩阵对应于数乘变换,因此数乘变换在任意基下的矩阵都是数量矩阵 $k\boldsymbol{E}$.

习题 9.3

1. 在 P^3 中,定义线性变换

$$\sigma(x_1,x_2,x_3)=(2x_1-x_3,x_1+4x_3,x_1-x_2),$$

求 σ 在基 $\boldsymbol{\varepsilon}_1=(1,0,0),\boldsymbol{\varepsilon}_2=(0,1,0),\boldsymbol{\varepsilon}_3=(0,0,1)$ 下的矩阵.

2. 在 $P^{2\times 2}$ 中定义线性变换

$$\sigma(\boldsymbol{X})=\begin{pmatrix}2&1\\-1&0\end{pmatrix}\boldsymbol{X},\quad \tau(\boldsymbol{X})=\boldsymbol{X}\begin{pmatrix}2&1\\-1&0\end{pmatrix},$$

求 σ,τ 在基

$$\boldsymbol{E}_{11}=\begin{pmatrix}1&0\\0&0\end{pmatrix},\quad \boldsymbol{E}_{12}=\begin{pmatrix}0&1\\0&0\end{pmatrix},\quad \boldsymbol{E}_{21}=\begin{pmatrix}0&0\\1&0\end{pmatrix},\quad \boldsymbol{E}_{22}=\begin{pmatrix}0&0\\0&1\end{pmatrix}$$

下的矩阵.

3. 设数域 P 上三维线性空间的线性变换 σ 在基 $\boldsymbol{\alpha}_1,\boldsymbol{\alpha}_2,\boldsymbol{\alpha}_3$ 下的矩阵是

$$\begin{bmatrix}0&3&-1\\1&-2&2\\4&1&-1\end{bmatrix},$$

令 $\xi=2\boldsymbol{\alpha}_1-\boldsymbol{\alpha}_2+5\boldsymbol{\alpha}_3$,求 $\sigma(\xi)$ 在基 $\boldsymbol{\alpha}_1,\boldsymbol{\alpha}_2,\boldsymbol{\alpha}_3$ 下的坐标.

4. 设 V 是数域 P 上的线性空间,$\boldsymbol{\alpha}_1,\boldsymbol{\alpha}_2,\cdots,\boldsymbol{\alpha}_s\in V$,$\sigma$ 是 V 的一个线性变换. 证明: 如果 $\sigma(\boldsymbol{\alpha}_1),\sigma(\boldsymbol{\alpha}_2),\cdots,\sigma(\boldsymbol{\alpha}_s)$ 是 V 的一个基,那么 σ 是可逆的.

5. 设数域 P 上三维线性空间的线性变换 σ 在基 $\boldsymbol{\alpha}_1,\boldsymbol{\alpha}_2,\boldsymbol{\alpha}_3$ 下的矩阵是

$$\begin{bmatrix}15&-11&5\\20&-15&8\\8&-7&6\end{bmatrix}.$$

(1) 求 σ 在基

$$\boldsymbol{\beta}_1=2\boldsymbol{\alpha}_1+3\boldsymbol{\alpha}_2+\boldsymbol{\alpha}_3,$$
$$\boldsymbol{\beta}_2=3\boldsymbol{\alpha}_1+4\boldsymbol{\alpha}_2+\boldsymbol{\alpha}_3,$$
$$\boldsymbol{\beta}_3=\boldsymbol{\alpha}_1+2\boldsymbol{\alpha}_2+2\boldsymbol{\alpha}_3$$

下的矩阵;

(2) 设 $\xi=2\boldsymbol{\alpha}_1+\boldsymbol{\alpha}_2-\boldsymbol{\alpha}_3$,求 $\sigma(\xi)$ 在基 $\boldsymbol{\beta}_1,\boldsymbol{\beta}_2,\boldsymbol{\beta}_3$ 下的坐标.

6. 给定 P^3 的两个基

$$\boldsymbol{\alpha}_1=(1,0,1),\quad \boldsymbol{\alpha}_2=(2,1,0),\quad \boldsymbol{\alpha}_3=(1,1,1);$$

$$\boldsymbol{\beta}_1=(1,2,-1),\quad \boldsymbol{\beta}_2=(2,2,-1),\quad \boldsymbol{\beta}_3=(2,-1,-1).$$

定义线性变换

$$\sigma(\boldsymbol{\alpha}_i)=\boldsymbol{\beta}_i,\quad i=1,2,3.$$

(1) 求基 $\boldsymbol{\alpha}_1,\boldsymbol{\alpha}_2,\boldsymbol{\alpha}_3$ 到基 $\boldsymbol{\beta}_1,\boldsymbol{\beta}_2,\boldsymbol{\beta}_3$ 的过渡矩阵；

(2) 求 σ 在基 $\boldsymbol{\alpha}_1,\boldsymbol{\alpha}_2,\boldsymbol{\alpha}_3$ 下的矩阵；

(3) 求 σ 在基 $\boldsymbol{\beta}_1,\boldsymbol{\beta}_2,\boldsymbol{\beta}_3$ 下的矩阵.

9.4 线性变换的特征值与特征向量

我们知道,在有限维线性空间 V 中,取定一个基后,线性变换 σ 就可以用矩阵来表示. 为了利用矩阵来研究线性变换,很自然地希望选取 V 的一个基,使得 σ 在这个基下的矩阵具有尽可能简单的形状. 由于一个线性变换在不同基下的矩阵是相似的,因此也可以这样提出问题：在一切彼此相似的矩阵中,选出一个形式尽可能简单的矩阵来. 这些矩阵应该是研究线性变换的最佳矩阵.

对角矩阵是一种最简单的矩阵. 下面先看看,一个线性变换能否在某一个基下的矩阵是对角矩阵. 假如 σ 在基 $\boldsymbol{\alpha}_1,\boldsymbol{\alpha}_2,\cdots,\boldsymbol{\alpha}_n$ 下的矩阵是对角矩阵

$$\boldsymbol{\Lambda}=\begin{pmatrix}\lambda_1 & & & \\ & \lambda_2 & & \\ & & \ddots & \\ & & & \lambda_n\end{pmatrix},$$

则有

$$(\sigma(\boldsymbol{\alpha}_1),\sigma(\boldsymbol{\alpha}_2),\cdots,\sigma(\boldsymbol{\alpha}_n))=(\boldsymbol{\alpha}_1,\boldsymbol{\alpha}_2,\cdots,\boldsymbol{\alpha}_n)\begin{pmatrix}\lambda_1 & & & \\ & \lambda_2 & & \\ & & \ddots & \\ & & & \lambda_n\end{pmatrix},$$

于是有

$$\sigma(\boldsymbol{\alpha}_i)=\lambda_i\boldsymbol{\alpha}_i,\quad i=1,2,\cdots,n.$$

这就是 σ 在基 $\boldsymbol{\alpha}_1,\boldsymbol{\alpha}_2,\cdots,\boldsymbol{\alpha}_n$ 下的矩阵是对角矩阵的必要条件. 于是有如下定义.

定义 9.4.1 设 σ 是数域 P 上线性空间 V 的一个线性变换,如果对于 P 中的一数 λ_0,存在非零向量 ξ,使得

$$\sigma(\boldsymbol{\xi})=\lambda_0\boldsymbol{\xi},$$

则称 λ_0 为 σ 的一个**特征值**,而 ξ 称为 σ 的属于特征值 λ_0 的一个**特征向量**.

在几何向量空间 $\mathbb{R}^2$ 和 $\mathbb{R}^3$ 中,线性变换 σ 的特征值与特征向量的几何意义是：特征向量经过线性变换后,保持在同一直线上. 特征向量与其像或同向($\lambda_0>0$)或反向($\lambda_0<0$),如果 $\lambda_0=0$,则特征向量被线性变换变成零向量.

显然,属于特征值 λ_0 的特征向量 $\boldsymbol{\xi}$ 的非零倍数 $k\boldsymbol{\xi}$ 仍是属于 λ_0 的特征向量. 这是因为

$$\sigma(k\boldsymbol{\xi}) = k\sigma(\boldsymbol{\xi}) = k(\lambda_0\boldsymbol{\xi}) = \lambda_0(k\boldsymbol{\xi}).$$

这说明：特征向量不被特征值所唯一确定(即若干个特征向量可以从属于一个特征值). 但是,特征值被特征向量唯一确定(即一个特征向量只能属于一个特征值).

事实上,若

$$\sigma(\boldsymbol{\xi}) = \lambda_0\boldsymbol{\xi}, \quad \sigma(\boldsymbol{\xi}) = \mu_0\boldsymbol{\xi}, \quad \boldsymbol{\xi} \neq \mathbf{0},$$

则 $\mu_0\boldsymbol{\xi} = \lambda_0\boldsymbol{\xi}$,即$(\lambda_0 - \mu_0)\boldsymbol{\xi} = \mathbf{0}$,由于$\boldsymbol{\xi} \neq \mathbf{0}$,所以 $\lambda_0 - \mu_0 = 0$,即 $\lambda_0 = \mu_0$.

例 9.4.1 设 V 是数域 P 上线性空间,σ 是由 P 中的数 k 决定的数乘变换,则对 V 中任一非零向量$\boldsymbol{\xi}$,都有

$$\sigma(\boldsymbol{\xi}) = k\boldsymbol{\xi}.$$

于是 k 是σ 的特征值,而 V 中每个非零向量都是σ 的属于 k 的特征向量.

例 9.4.2 在 $P[x]$中,定义线性变换

$$\sigma(f(x)) = xf(x).$$

对于任意 $\lambda \in P$,以及任意 $f(x) \in P[x]$,当 $f(x) \neq 0$ 时,

$$\sigma(f(x)) = xf(x) \neq \lambda f(x),$$

所以 σ 没有特征值和特征向量.

例 9.4.3 设 V 是数域 P 上线性空间,σ 是 V 的线性变换,$\lambda \in P$,记

$$V_\lambda = \{\boldsymbol{\alpha} \mid \sigma(\boldsymbol{\alpha}) = \lambda\boldsymbol{\alpha}, \boldsymbol{\alpha} \in V\}.$$

显然 $\mathbf{0} \in V_\lambda$,所以 V_λ 非空. 对任意$\boldsymbol{\alpha}, \boldsymbol{\beta} \in V_\lambda$,因

$$\sigma(\boldsymbol{\alpha} + \boldsymbol{\beta}) = \sigma(\boldsymbol{\alpha}) + \sigma(\boldsymbol{\beta}) = \lambda\boldsymbol{\alpha} + \lambda\boldsymbol{\beta} = \lambda(\boldsymbol{\alpha} + \boldsymbol{\beta}),$$

$$\sigma(k\boldsymbol{\alpha}) = k\sigma(\boldsymbol{\alpha}) = k(\lambda\boldsymbol{\alpha}) = \lambda(k\boldsymbol{\alpha}),$$

所以$\boldsymbol{\alpha} + \boldsymbol{\beta}, k\boldsymbol{\alpha} \in V_\lambda$,故 V_λ 是 V 的子空间.

定义 9.4.2 设 σ 是数域 P 上线性空间 V 的线性变换,λ 是σ 的特征值,称

$$V_\lambda = \{\boldsymbol{\alpha} \mid \sigma(\boldsymbol{\alpha}) = \lambda\boldsymbol{\alpha}, \boldsymbol{\alpha} \in V\}$$

为 σ 的(属于 λ 的)**特征子空间**.

即特征子空间 $V_\lambda = \{\boldsymbol{\alpha} \mid \sigma(\boldsymbol{\alpha}) = \lambda\boldsymbol{\alpha}, \boldsymbol{\alpha} \in V\}$是由属于 λ 的全部特征向量以及零向量所组成的子空间. 显然,V_λ 的维数就是属于 λ 的线性无关的特征向量的最大个数.

下面利用线性变换的矩阵来研究线性变换的特征值和特征向量.

设 σ 是数域 P 上 n 维线性空间 V 的线性变换,σ 在 V 的一个基$\boldsymbol{\alpha}_1, \boldsymbol{\alpha}_2, \cdots, \boldsymbol{\alpha}_n$ 下的矩阵是 $\boldsymbol{A} = (a_{ij})_{n\times n}$,又设 λ_0 是 σ 的特征值,$\boldsymbol{\xi}$ 是属于λ_0 的特征向量,即

$$\sigma(\boldsymbol{\xi}) = \lambda_0\boldsymbol{\xi}.$$

令$\boldsymbol{\xi}$ 在基$\boldsymbol{\alpha}_1, \boldsymbol{\alpha}_2, \cdots, \boldsymbol{\alpha}_n$ 下的坐标是$(x_1, x_2, \cdots, x_n)$,则 $\sigma(\boldsymbol{\xi}) = \lambda_0\boldsymbol{\xi}$ 相当于坐标间的等式

$$\boldsymbol{A}\begin{pmatrix} x_1 \\ x_2 \\ \vdots \\ x_n \end{pmatrix} = \lambda_0\begin{pmatrix} x_1 \\ x_2 \\ \vdots \\ x_n \end{pmatrix}.$$

于是

$$(\lambda_0\boldsymbol{E} - \boldsymbol{A})\begin{pmatrix} x_1 \\ x_2 \\ \vdots \\ x_n \end{pmatrix} = \mathbf{0},$$

这说明向量$\boldsymbol{\xi}$的坐标$(x_1,x_2,\cdots,x_n)$是齐次线性方程组

$$(\lambda_0\boldsymbol{E}-\boldsymbol{A})\boldsymbol{x}=\boldsymbol{0}$$

的非零解.而$(\lambda_0\boldsymbol{E}-\boldsymbol{A})\boldsymbol{x}=\boldsymbol{0}$有非零解的充要条件是系数行列式$|\lambda_0\boldsymbol{E}-\boldsymbol{A}|=0$,所以特征值$\lambda_0$满足$|\lambda_0\boldsymbol{E}-\boldsymbol{A}|=0$,而属于$\lambda_0$的特征向量$\boldsymbol{\xi}$在基$\boldsymbol{\alpha}_1,\boldsymbol{\alpha}_2,\cdots,\boldsymbol{\alpha}_n$下的坐标是齐次线性方程组$(\lambda_0\boldsymbol{E}-\boldsymbol{A})\boldsymbol{x}=\boldsymbol{0}$的非零解.

反之,若$\lambda_0\in P$,且满足$|\lambda_0\boldsymbol{E}-\boldsymbol{A}|=0$,那么齐次线性方程组$(\lambda_0\boldsymbol{E}-\boldsymbol{A})\boldsymbol{x}=\boldsymbol{0}$有非零解$(x_1,x_2,\cdots,x_n)$,因而$\boldsymbol{\xi}=x_1\boldsymbol{\alpha}_1+x_2\boldsymbol{\alpha}_2+\cdots+x_n\boldsymbol{\alpha}_n\neq\boldsymbol{0}$,且满足

$$\sigma(\boldsymbol{\xi})=\lambda_0\boldsymbol{\xi},$$

故λ_0是σ的特征值,$\boldsymbol{\xi}$是σ的属于λ_0的特征向量.

上面的分析说明,如果线性变换σ在V的一个基下的矩阵是$\boldsymbol{A}$,那么λ_0是σ的特征值的充要条件是λ_0为矩阵$\boldsymbol{A}$的在P中的一个特征值,即$f_{\boldsymbol{A}}(\lambda_0)=0$.

因此线性变换σ的特征值和特征向量的求法可按下面步骤进行:

(1) 在线性空间V中取一个基$\boldsymbol{\alpha}_1,\boldsymbol{\alpha}_2,\cdots,\boldsymbol{\alpha}_n$,写出$\sigma$在这个基下的矩阵$\boldsymbol{A}$;

(2) 计算$\boldsymbol{A}$的特征多项式$|\lambda\boldsymbol{E}-\boldsymbol{A}|$,并求出$|\lambda\boldsymbol{E}-\boldsymbol{A}|$在数域$P$中的所有根$\lambda_1,\lambda_2,\cdots,\lambda_s$,它们就是$\sigma$的全部特征值;

(3) 对每个特征值$\lambda_i(i=1,2,\cdots,s)$,求出齐次线性方程组$(\lambda_i\boldsymbol{E}-\boldsymbol{A})\boldsymbol{x}=\boldsymbol{0}$的一个基础解系;

(4) 对应于每个特征值λ_i所得的基础解系中每一非零解$(x_1,x_2,\cdots,x_n)$,作向量

$$\boldsymbol{\xi}=x_1\boldsymbol{\alpha}_1+x_2\boldsymbol{\alpha}_2+\cdots+x_n\boldsymbol{\alpha}_n,$$

这样的全部向量就是σ的属于λ_i的全部线性无关的特征向量.

例 9.4.4 设线性空间V的线性变换σ在基$\boldsymbol{\alpha}_1,\boldsymbol{\alpha}_2,\boldsymbol{\alpha}_3$下的矩阵是

$$\boldsymbol{A}=\begin{pmatrix}2&0&0\\1&2&-1\\1&0&1\end{pmatrix},$$

求σ的特征值和特征向量.

解 $\boldsymbol{A}$的特征多项式

$$|\lambda\boldsymbol{E}-\boldsymbol{A}|=\begin{vmatrix}\lambda-2&0&0\\-1&\lambda-2&1\\-1&0&\lambda-1\end{vmatrix}=(\lambda-1)(\lambda-2)^2,$$

所以σ的特征值是$\lambda_1=1$和$\lambda_2=2$(二重).

对于$\lambda_1=1$,解方程组$(1\boldsymbol{E}-\boldsymbol{A})\boldsymbol{x}=\boldsymbol{0}$,得基础解系$(0,1,1)$.因此属于1的线性无关的特征向量是$\boldsymbol{\xi}_1=\boldsymbol{\alpha}_2+\boldsymbol{\alpha}_3$,而属于1的全部特征向量是$k_1\boldsymbol{\xi}_1$,其中$k_1$是数域$P$中任意不为零的数.

对于$\lambda_1=2$,解方程组$(2\boldsymbol{E}-\boldsymbol{A})\boldsymbol{x}=\boldsymbol{0}$,得基础解系$(0,1,0)$,$(1,0,1)$.因此属于2的线性无关的特征向量是$\boldsymbol{\xi}_2=\boldsymbol{\alpha}_2$,$\boldsymbol{\xi}_3=\boldsymbol{\alpha}_1+\boldsymbol{\alpha}_3$,而属于2的全部特征向量是$k_2\boldsymbol{\xi}_2+k_3\boldsymbol{\xi}_3$,其中$k_2,k_3$是数域$P$中任意不全为零的数.

例 9.4.5 在n维线性空间中,数乘变换$\sigma(\boldsymbol{\xi})=k\boldsymbol{\xi}$在任意基下的矩阵都是数量矩阵$k\boldsymbol{E}$,$k\boldsymbol{E}$的特征多项式是

$$|\lambda \boldsymbol{E}-k\boldsymbol{E}|=(\lambda-k)^n.$$

因此数乘变换 $\sigma(\boldsymbol{\xi})=k\boldsymbol{\xi}$ 的特征值只有 k. 由数乘变换的定义可知,每个非零向量都是数乘变换的属于特征值 k 的特征向量.

例 9.4.6 在线性空间 $P[x]_n$ 中,线性变换 $\sigma(f(x))=f'(x)$ 在基 $1,x,\frac{x^2}{2!},\cdots,\frac{x^{n-1}}{(n-1)!}$ 下的矩阵是

$$\boldsymbol{A}=\begin{pmatrix}0&1&0&\cdots&0\\0&0&1&\cdots&0\\\vdots&\vdots&\vdots&&\vdots\\0&0&0&\cdots&1\\0&0&0&\cdots&0\end{pmatrix},$$

$\boldsymbol{A}$ 的特征多项式是

$$|\lambda \boldsymbol{E}-\boldsymbol{A}|=\begin{vmatrix}\lambda&-1&0&\cdots&0\\0&\lambda&-1&\cdots&0\\\vdots&\vdots&\vdots&&\vdots\\0&0&0&\cdots&-1\\0&0&0&\cdots&\lambda\end{vmatrix}=\lambda^n,$$

因此 $\boldsymbol{A}$ 的特征值只有 0. 解方程组 $(\lambda\boldsymbol{E}-\boldsymbol{A})\boldsymbol{x}=\boldsymbol{0}$,得基础解系 $(1,0,\cdots,0)$,所以属于 0 的线性无关的特征向量是任一非零常数. 这说明微商为零的多项式只能是零或非零的常数.

例 9.4.7 设 τ 是平面上绕原点逆时针方向旋转 θ 角的线性变换,$\boldsymbol{\varepsilon}_1,\boldsymbol{\varepsilon}_2$ 分别是坐标轴上的两个单位向量,则 τ 在基 $\boldsymbol{\varepsilon}_1,\boldsymbol{\varepsilon}_2$ 下的矩阵是

$$\boldsymbol{A}=\begin{pmatrix}\cos\theta&-\sin\theta\\\sin\theta&\cos\theta\end{pmatrix},$$

(见例 9.3.1)$\boldsymbol{A}$ 的特征多项式为

$$|\lambda\boldsymbol{E}-\boldsymbol{A}|=\begin{vmatrix}\lambda-\cos\theta&\sin\theta\\-\sin\theta&\lambda-\cos\theta\end{vmatrix}=\lambda^2-2\lambda\cos\theta+1.$$

当 $\theta\neq k\pi$(k 是整数)时,这个多项式没有实根,因而当 $\theta\neq k\pi$ 时,τ 没有特征值.

这个例有如下的几何解释:在平面中,$\tau(\boldsymbol{\alpha})$ 表示由 $\boldsymbol{\alpha}$ 绕原点旋转 θ 角而得到的向量,当 $\theta\neq k\pi$ 时,$\boldsymbol{\alpha}$ 与 $\tau(\boldsymbol{\alpha})$ 当然不会在同一直线上.

由上面的讨论可知,对于有限维线性空间,可以利用线性变换在取定基下的矩阵的特征多项式的根来求线性变换的特征值. 但线性变换的矩阵依赖于基的选择,在不同基下,同一线性变换的矩阵一般是不同的,但同一线性变换在不同基下的矩阵是相似的,它们的特征多项式相同. 因此线性变换的特征值不依赖于基的选择,它是直接被线性变换所唯一确定. 我们把线性变换在某基下的矩阵的特征多项式也叫做**线性变换的特征多项式**,把线性变换的矩阵的行列式叫做**线性变换的行列式**.

因 n 阶矩阵的特征多项式是一个 n 次多项式,所以 n 维线性空间的线性变换的特征值至多有 n 个.

习题 9.4

1. 求实数域上线性空间 V 的线性变换 σ 的特征值和特征向量,已知 σ 在 V 的某个基下的矩阵为:

(1) $\boldsymbol{A}=\begin{pmatrix}0&0&1\\0&1&0\\1&0&0\end{pmatrix}$; (2) $\boldsymbol{A}=\begin{pmatrix}0&2&1\\-2&0&3\\-1&-3&0\end{pmatrix}$;

(3) $\boldsymbol{A}=\begin{pmatrix}3&6&6\\0&2&0\\-3&-12&-6\end{pmatrix}$; (4) $\boldsymbol{A}=\begin{pmatrix}2&-1&2\\5&-3&3\\-1&0&-2\end{pmatrix}$.

2. 设 σ 是 $\mathbb{R}^3$ 的一个线性变换,已知

$$\sigma(1,0,0)=(5,6,-3),\quad \sigma(0,1,0)=(-1,0,1),\quad \sigma(0,0,1)=(1,2,1).$$

求 σ 的特征值和特征向量.

3. 设 σ 是 n 维线性空间 V 的一个线性变换. 证明: σ 是可逆变换的充要条件是 σ 的特征值全不为零.

4. 设 λ_1,λ_2 是线性变换 σ 的两个不同的特征值,$\boldsymbol{\alpha}_1,\boldsymbol{\alpha}_2$ 分别是属于 λ_1,λ_2 的特征向量. 证明: $\boldsymbol{\alpha}_1+\boldsymbol{\alpha}_2$ 不是 σ 的特征向量.

5. 设 σ 是线性空间 V 的线性变换,且 V 中每个非零向量都是 σ 的特征向量. 证明: σ 是数乘变换.

9.5 线性变换的对角化

在这一节里,我们讨论对角化问题. 对角矩阵可以认为是形式最简单的一种矩阵,我们来研究究竟哪一些线性变换在适当的基下的矩阵可以是对角矩阵,或者说,哪些 n 阶矩阵可以与对角矩阵相似.

定义 9.5.1 设 σ 是数域 P 上 $n(n\geqslant 1)$ 维线性空间 V 的线性变换,如果 σ 在 V 的某个基下的矩阵是对角矩阵,则称 σ 可对角化.

假如 σ 在基 $\boldsymbol{\alpha}_1,\boldsymbol{\alpha}_2,\cdots,\boldsymbol{\alpha}_n$ 下的矩阵是对角矩阵

$$\boldsymbol{\Lambda}=\begin{pmatrix}\lambda_1&&&\\&\lambda_2&&\\&&\ddots&\\&&&\lambda_n\end{pmatrix},$$

则有

$$(\sigma(\boldsymbol{\alpha}_1),\sigma(\boldsymbol{\alpha}_2),\cdots,\sigma(\boldsymbol{\alpha}_n))=(\boldsymbol{\alpha}_1,\boldsymbol{\alpha}_2,\cdots,\boldsymbol{\alpha}_n)\begin{pmatrix}\lambda_1&&&\\&\lambda_2&&\\&&\ddots&\\&&&\lambda_n\end{pmatrix},$$

于是有

$$\sigma(\boldsymbol{\alpha}_i)=\lambda_i\boldsymbol{\alpha}_i,\quad i=1,2,\cdots,n,$$

则$\boldsymbol{\alpha}_1,\boldsymbol{\alpha}_2,\cdots,\boldsymbol{\alpha}_n$是$\sigma$的$n$个线性无关的特征向量.

反之,如果σ有n个线性无关的特征向量$\boldsymbol{\alpha}_1,\boldsymbol{\alpha}_2,\cdots,\boldsymbol{\alpha}_n$,即有

$$\sigma(\boldsymbol{\alpha}_i)=\lambda_i\boldsymbol{\alpha}_i,\quad i=1,2,\cdots,n.$$

因$\boldsymbol{\alpha}_1,\boldsymbol{\alpha}_2,\cdots,\boldsymbol{\alpha}_n$线性无关,所以是$V$的一个基,且

$$(\sigma(\boldsymbol{\alpha}_1),\sigma(\boldsymbol{\alpha}_2),\cdots,\sigma(\boldsymbol{\alpha}_n))=(\lambda_1\boldsymbol{\alpha}_1,\lambda_2\boldsymbol{\alpha}_2,\cdots,\lambda_n\boldsymbol{\alpha}_n)$$

$$=(\boldsymbol{\alpha}_1,\boldsymbol{\alpha}_2,\cdots,\boldsymbol{\alpha}_n)\begin{pmatrix}\lambda_1 & & & \\ & \lambda_2 & & \\ & & \ddots & \\ & & & \lambda_n\end{pmatrix},$$

即σ在基$\boldsymbol{\alpha}_1,\boldsymbol{\alpha}_2,\cdots,\boldsymbol{\alpha}_n$下的矩阵是对角矩阵.

于是得线性变换可对角化的充要条件.

定理 9.5.1 设σ是n维线性空间V的一个线性变换,那么σ可对角化的充要条件是σ有n个线性无关的特征向量.

那么,如何判断σ的特征向量是线性无关的?

定理 9.5.2 σ的属于不同特征值的特征向量是线性无关的.

证明 对σ的特征值的个数n用数学归纳法.

当$n=1$时,因特征向量不为零,所以单个特征向量是线性无关的. 设$n>1$并且假设对于$n-1$来说定理成立. 现在证明属于n个不同特征值$\lambda_1,\lambda_2,\cdots,\lambda_n$的特征向量$\boldsymbol{\alpha}_1,\boldsymbol{\alpha}_2,\cdots,\boldsymbol{\alpha}_n$也线性无关.

设

$$a_1\boldsymbol{\alpha}_1+a_2\boldsymbol{\alpha}_2+\cdots+a_n\boldsymbol{\alpha}_n=\mathbf{0},\tag{9.5.1}$$

等式两端乘以λ_n,得

$$a_1\lambda_n\boldsymbol{\alpha}_1+a_2\lambda_n\boldsymbol{\alpha}_2+\cdots+a_n\lambda_n\boldsymbol{\alpha}_n=\mathbf{0},\tag{9.5.2}$$

(9.5.1)式两端同时施行变换σ,可得

$$a_1\lambda_1\boldsymbol{\alpha}_1+a_2\lambda_2\boldsymbol{\alpha}_2+\cdots+a_n\lambda_n\boldsymbol{\alpha}_n=\mathbf{0},\tag{9.5.3}$$

(9.5.3)式减去(9.5.2)式得

$$a_1(\lambda_1-\lambda_n)\boldsymbol{\alpha}_1+a_2(\lambda_2-\lambda_n)\boldsymbol{\alpha}_2+\cdots+a_{n-1}(\lambda_{n-1}-\lambda_n)\boldsymbol{\alpha}_{n-1}=\mathbf{0}.$$

由归纳假设,$\boldsymbol{\alpha}_1,\boldsymbol{\alpha}_2,\cdots,\boldsymbol{\alpha}_{n-1}$线性无关,所以

$$a_i(\lambda_i-\lambda_n)=0,\quad i=1,2,\cdots,n-1.$$

但$\lambda_i-\lambda_n\neq 0(i\leqslant n-1)$,所以$a_i=0(i=1,2,\cdots,n-1)$,代入(9.5.1)式得$a_n\boldsymbol{\alpha}_n=\mathbf{0}$,又因$\boldsymbol{\alpha}_n\neq\mathbf{0}$,所以$a_n=0$. 这就证明了$\boldsymbol{\alpha}_1,\boldsymbol{\alpha}_2,\cdots,\boldsymbol{\alpha}_n$线性无关.

推论 在n维线性空间V中,如果线性变换σ的特征多项式在数域P中有n个不同的根,那么σ在V的某个基下的矩阵是对角阵.

上述推论只是σ可对角化的充分条件,并非必要条件. 即σ的特征多项式如果有重根,也可能对角化.

例如,单位变换关于任意基的矩阵都是单位阵,单位阵是对角阵,但很明显,单位变换的特征多项式的根是n重特征根1.

为了解决一般的没有 n 个不同特征值的线性变换 σ 的对角化问题，我们把定理 9.5.2 进一步推广为下面定理.

定理 9.5.3 如果 $\lambda_1,\lambda_2,\cdots,\lambda_k$ 是线性变换 σ 的不同特征值，$\boldsymbol{\alpha}_{i1},\boldsymbol{\alpha}_{i2},\cdots,\boldsymbol{\alpha}_{ir_i}$ 是属于 λ_i 的线性无关的特征向量，$i=1,2,\cdots,k$，那么 $\boldsymbol{\alpha}_{11},\cdots,\boldsymbol{\alpha}_{1r_1},\boldsymbol{\alpha}_{21},\cdots,\boldsymbol{\alpha}_{2r_2},\cdots,\boldsymbol{\alpha}_{k1},\cdots,\boldsymbol{\alpha}_{kr_k}$ 也线性无关.

定理的证明与定理 9.5.2 相仿，对 k 用数学归纳法.

根据这个定理，对于线性变换 σ，求出属于每个特征值的线性无关的特征向量，把这些特征向量合在一起还是线性无关的. 如果这些特征向量的个数等于空间的维数，则由定理 9.5.1，σ 可对角化，否则不能对角化. 于是得到 σ 可对角化的一个充要条件.

定理 9.5.4 设 σ 的全部不同特征值是 $\lambda_1,\lambda_2,\cdots,\lambda_k$，则 σ 在某个基下的矩阵为对角阵的充要条件是 σ 的特征子空间 $V_{\lambda_1},V_{\lambda_2},\cdots,V_{\lambda_k}$ 的维数之和等于空间的维数.

很明显，如果 σ 在某个基下的矩阵是对角阵，则主对角线上元素正是 σ 的特征多项式全部的根(重根按重数计算).

由定理 9.5.4 可知，σ 可否对角化与 σ 的特征子空间的维数有关，而特征子空间 V_λ 的维数就是属于特征值 λ 的线性无关的特征向量的最大个数. 那么特征子空间 V_λ 的维数与 λ 的重数有何关系？

设 V 是数域 P 上 n 维线性空间，σ 是 V 的线性变换，λ 是 σ 的特征值，V_λ 是 σ 的属于 λ 的特征子空间，则

$$V=V_\lambda\oplus V',$$

其中 V' 是 V_λ 的余子空间.

取 V_λ 的一个基 $\boldsymbol{\alpha}_1,\boldsymbol{\alpha}_2,\cdots,\boldsymbol{\alpha}_s$ 和 V' 的一个基 $\boldsymbol{\alpha}_{s+1},\cdots,\boldsymbol{\alpha}_n$，则 $\boldsymbol{\alpha}_1,\boldsymbol{\alpha}_2,\cdots,\boldsymbol{\alpha}_s,\boldsymbol{\alpha}_{s+1},\cdots,\boldsymbol{\alpha}_n$ 是 V 的一个基. 因为

$$\sigma(\boldsymbol{\alpha}_i)=\lambda\boldsymbol{\alpha}_i,\quad i=1,2,\cdots,s,$$

所以 σ 在基 $\boldsymbol{\alpha}_1,\boldsymbol{\alpha}_2,\cdots,\boldsymbol{\alpha}_s,\boldsymbol{\alpha}_{s+1},\cdots,\boldsymbol{\alpha}_n$ 下的矩阵具有形状

$$\boldsymbol{A}=\begin{pmatrix}\lambda\boldsymbol{E}_s & \boldsymbol{A}_1\\ \boldsymbol{O} & \boldsymbol{A}_2\end{pmatrix},\quad \boldsymbol{E}_s \text{ 为 } s \text{ 阶单位矩阵}.$$

于是

$$f_{\boldsymbol{A}}(x)=|x\boldsymbol{E}-\boldsymbol{A}|=\begin{vmatrix}(x-\lambda)\boldsymbol{E}_s & -\boldsymbol{A}_1\\ \boldsymbol{O} & x\boldsymbol{E}_{n-s}-\boldsymbol{A}_2\end{vmatrix}$$
$$=|(x-\lambda)\boldsymbol{E}_s||x\boldsymbol{E}_{n-s}-\boldsymbol{A}_2|=(x-\lambda)^s g(x),$$

这里 $g(x)=|x\boldsymbol{E}_{n-s}-\boldsymbol{A}_2|$ 是 x 的 $n-s$ 次多项式.

由此可知，λ 至少是 $f_{\boldsymbol{A}}(x)$ 的一个 s 重根($s=\dim V_\lambda$). 所以 $\dim V_\lambda\leqslant\lambda$ 的重数.

很明显，只要 σ 有一个特征值的重数大于其特征子空间的维数，则 σ 不能对角化.

综上讨论，可得线性变换 σ 可对角化的另一个充要条件.

定理 9.5.5 设 σ 是数域 P 上 n 维线性空间 V 的线性变换，则 σ 可对角化的充要条件是

(1) σ 的特征多项式的根都在 P 内；

(2) 对于 σ 的每个特征值 λ，$\dim V_\lambda=\lambda$ 的重数.

设数域 P 上 n 维线性空间 V 的一个线性变换 σ 关于某个基的矩阵是 $\boldsymbol{A}$，λ 是 σ 的一个特征值，那么齐次线性方程组

$$(\lambda \boldsymbol{E}-\boldsymbol{A})\boldsymbol{x}=\boldsymbol{0}$$

的一个基础解系给出了特征子空间 V_λ 的一个基，即基础解系的每一个解向量给出了 V_λ 的一个基向量的坐标. 因此 $\dim V_\lambda = n-r$，这里 $r=\mathbb{R}(\lambda \boldsymbol{E}-\boldsymbol{A})$.

关于线性变换的对角化的计算，可以通过它在基下的矩阵进行. 设 V 是数域 P 上 n 维线性空间，σ 是 V 的线性变换，σ 在 V 的某个基 $\boldsymbol{\varepsilon}_1,\boldsymbol{\varepsilon}_2,\cdots,\boldsymbol{\varepsilon}_n$ 下的矩阵是 $\boldsymbol{A}$. 将 $\boldsymbol{A}$ 对角化，计算得到可逆矩阵 $\boldsymbol{P}$，使 $\boldsymbol{P}^{-1}\boldsymbol{A}\boldsymbol{P}=\boldsymbol{\Lambda}$ 是对角形矩阵. 令

$$(\boldsymbol{\eta}_1,\boldsymbol{\eta}_2,\cdots,\boldsymbol{\eta}_n)=(\boldsymbol{\varepsilon}_1,\boldsymbol{\varepsilon}_2,\cdots,\boldsymbol{\varepsilon}_n)\boldsymbol{P},$$

则 $\boldsymbol{\eta}_1,\boldsymbol{\eta}_2,\cdots,\boldsymbol{\eta}_n$ 是 V 的一个基，且 σ 在这个基下的矩阵是对角矩阵 $\boldsymbol{\Lambda}$.

注　对角形矩阵中主对角线上的元素(即特征值)的次序应与 $\boldsymbol{P}$ 的列向量的次序相对应.

例 9.5.1　设线性空间 V 的线性变换 σ 在基 $\boldsymbol{\varepsilon}_1,\boldsymbol{\varepsilon}_2,\boldsymbol{\varepsilon}_3$ 下的矩阵是

$$\boldsymbol{A}=\begin{pmatrix}3 & 2 & -1\\ -2 & -2 & 2\\ 3 & 6 & -1\end{pmatrix},$$

则 σ 的特征多项式是

$$|\lambda \boldsymbol{E}-\boldsymbol{A}|=\begin{vmatrix}\lambda-3 & -2 & 1\\ 2 & \lambda+2 & -2\\ -3 & -6 & \lambda+1\end{vmatrix}=(\lambda-2)^2(\lambda+4),$$

σ 的全部特征值是 2,2,−4.

对于特征值 2，求出齐次线性方程组 $(2\boldsymbol{E}-\boldsymbol{A})\boldsymbol{x}=\boldsymbol{0}$ 的一个基础解系

$$\begin{pmatrix}-2\\ 1\\ 0\end{pmatrix},\quad \begin{pmatrix}1\\ 0\\ 1\end{pmatrix}.$$

因此属于 2 的两个线性无关的特征向量是

$$\boldsymbol{\xi}_1=-2\boldsymbol{\varepsilon}_1+\boldsymbol{\varepsilon}_2,\quad \boldsymbol{\xi}_2=\boldsymbol{\varepsilon}_1+\boldsymbol{\varepsilon}_3.$$

对于特征值 −4，求出齐次线性方程组 $(-4\boldsymbol{E}-\boldsymbol{A})\boldsymbol{x}=\boldsymbol{0}$ 的一个基础解系

$$\begin{pmatrix}1\\ -2\\ 3\end{pmatrix}.$$

因此属于 −4 的一个线性无关的特征向量是

$$\boldsymbol{\xi}_3=\boldsymbol{\varepsilon}_1-2\boldsymbol{\varepsilon}_2+3\boldsymbol{\varepsilon}_3.$$

由于 σ 有三个线性无关的特征向量，所以 σ 可以对角化. σ 在基 $\boldsymbol{\xi}_1,\boldsymbol{\xi}_2,\boldsymbol{\xi}_3$ 下的矩阵为对角矩阵

$$\boldsymbol{\Lambda}=\begin{pmatrix}2 & 0 & 0\\ 0 & 2 & 0\\ 0 & 0 & -4\end{pmatrix}.$$

而由基 $\boldsymbol{\varepsilon}_1,\boldsymbol{\varepsilon}_2,\boldsymbol{\varepsilon}_3$ 到基 $\boldsymbol{\xi}_1,\boldsymbol{\xi}_2,\boldsymbol{\xi}_3$ 的过渡矩阵是

$$\boldsymbol{P}=\begin{pmatrix}-2 & 1 & 1\\ 1 & 0 & -2\\ 0 & 1 & 3\end{pmatrix},$$

于是 $\boldsymbol{P}^{-1}\boldsymbol{AP}=\boldsymbol{\Lambda}$.

习题 9.5

1. 设下列矩阵分别是实数域上线性空间的线性变换 σ 在某个基下的矩阵：

(1) $\boldsymbol{A}=\begin{pmatrix}3&5\\4&2\end{pmatrix}$； (2) $\boldsymbol{A}=\begin{pmatrix}1&0&-3\\5&2&1\\1&0&2\end{pmatrix}$；

(3) $\boldsymbol{A}=\begin{pmatrix}0&0&1\\0&1&0\\1&0&0\end{pmatrix}$； (4) $\boldsymbol{A}=\begin{pmatrix}1&0&1\\3&2&-1\\1&0&1\end{pmatrix}$.

问上述哪些变换的矩阵可以对角化？在可以对角化的情形，求出相应的基变换的过渡矩阵 $\boldsymbol{P}$，并验算 $\boldsymbol{P}^{-1}\boldsymbol{AP}$.

2. 在 $P[x]_n(n>1)$ 中，设微商变换

$$\sigma(f(x))=f'(x).$$

求 σ 的特征多项式. 并证明：σ 在任何基下的矩阵都不可能是对角矩阵.

3. 数域 P 上 n 维线性空间 V 的一个线性变换 σ 叫做**幂零**的，如果存在一个正整数 m 使 $\sigma^m=\theta$，θ 为零变换. 证明：

(1) σ 是幂零变换当且仅当 σ 的特征值都是零；

(2) 如果一个幂零变换 σ 可以对角化，那么 σ 一定是零变换.

9.6 线性变换的值域与核

定义 9.6.1 设 V 是数域 P 上线性空间，σ 是 V 的线性变换. 记

$$\sigma(V)=\{\sigma(\boldsymbol{\xi})\mid\boldsymbol{\xi}\in V\},$$
$$\ker(\sigma)=\{\boldsymbol{\xi}\mid\sigma(\boldsymbol{\xi})=\mathbf{0}\}.$$

称集合 $\sigma(V)$ 为 σ 的**值域**(或称为 σ 的像)，$\ker(\sigma)$ 为 σ 的**核**.

定理 9.6.1 线性变换 σ 的值域 $\sigma(V)$ 与核 $\ker(\sigma)$ 都是 V 的子空间.

证明 显然 $\sigma(V)$ 是非空的. 对任意 $\boldsymbol{\alpha},\boldsymbol{\beta}\in\sigma(V)$，$k\in P$，有 $\boldsymbol{\xi},\boldsymbol{\eta}\in V$，使

$$\boldsymbol{\alpha}=\sigma(\boldsymbol{\xi}),\quad\boldsymbol{\beta}=\sigma(\boldsymbol{\eta}),$$

于是有

$$\boldsymbol{\alpha}+\boldsymbol{\beta}=\sigma(\boldsymbol{\xi})+\sigma(\boldsymbol{\eta})=\sigma(\boldsymbol{\xi}+\boldsymbol{\eta})\in\sigma(V),$$
$$k\boldsymbol{\alpha}=k\sigma(\boldsymbol{\xi})=\sigma(k\boldsymbol{\xi})\in\sigma(V).$$

所以 $\sigma(V)$ 是 V 的子空间.

因 $\mathbf{0}\in\ker(\sigma)$，所以 $\ker(\sigma)$ 非空. 对任意 $\boldsymbol{\alpha},\boldsymbol{\beta}\in\ker(\sigma)$，$k\in P$，有

$$\sigma(\boldsymbol{\alpha})=\mathbf{0},\quad\sigma(\boldsymbol{\beta})=\mathbf{0},$$

于是有

$$\sigma(\boldsymbol{\alpha}+\boldsymbol{\beta})=\sigma(\boldsymbol{\alpha})+\sigma(\boldsymbol{\beta})=\mathbf{0}+\mathbf{0}=\mathbf{0},$$
$$\sigma(k\boldsymbol{\alpha})=k\sigma(\boldsymbol{\alpha})=k\mathbf{0}=\mathbf{0},$$

从而$\boldsymbol{\alpha}+\boldsymbol{\beta}, k\boldsymbol{\alpha}\in\ker(\sigma)$,所以$\ker(\sigma)$是$V$的子空间.

例 9.6.1 在线性空间$P[x]_n$中,微商变换

$$\sigma(f(x))=f'(x),$$

则σ的值域$\sigma(V)$是$P[x]_{n-1}$,σ的核$\ker(\sigma)$是子空间P.

定理 9.6.2 设σ是线性空间V的线性变换,则

(1) σ是满射的充要条件是$\sigma(V)=V$;

(2) σ是单射的充要条件是$\ker(\sigma)=\{\mathbf{0}\}$.

证明 (1)是显然的.下面证明(2).

必要性 设σ是单射,对任意$\boldsymbol{\beta}\in\ker(\sigma)$,有$\sigma(\boldsymbol{\beta})=\mathbf{0}$.又因$\sigma(\mathbf{0})=\mathbf{0}$,所以$\boldsymbol{\beta}=\mathbf{0}$,从而$\ker(\sigma)=\{\mathbf{0}\}$.

充分性 设$\ker(\sigma)=\{\mathbf{0}\}$,对任意$\xi,\eta\in V$,若$\sigma(\xi)=\sigma(\eta)$,则$\sigma(\xi-\eta)=\mathbf{0}$,于是$\xi-\eta\in\ker(\sigma)=\{\mathbf{0}\}$,得$\xi-\eta=\mathbf{0}$,即$\xi=\eta$,从而$\sigma$是单射.

定理 9.6.3 设σ是n维线性空间V的线性变换,$\boldsymbol{\alpha}_1,\boldsymbol{\alpha}_2,\cdots,\boldsymbol{\alpha}_n$是$V$的一个基,则

(1) $\sigma(V)=L(\sigma(\boldsymbol{\alpha}_1),\sigma(\boldsymbol{\alpha}_2),\cdots,\sigma(\boldsymbol{\alpha}_n))$;

(2) $\dim(\ker(\sigma))+\dim(\sigma(V))=\dim V$.

证明 (1) 一方面,对任意$\boldsymbol{\xi}\in V$,有

$$\boldsymbol{\xi}=k_1\boldsymbol{\alpha}_1+k_2\boldsymbol{\alpha}_2+\cdots+k_n\boldsymbol{\alpha}_n,$$

于是

$$\sigma(\boldsymbol{\xi})=k_1\sigma(\boldsymbol{\alpha}_1)+k_2\sigma(\boldsymbol{\alpha}_2)+\cdots+k_n\sigma(\boldsymbol{\alpha}_n)\in L(\sigma(\boldsymbol{\alpha}_1),\sigma(\boldsymbol{\alpha}_2),\cdots,\sigma(\boldsymbol{\alpha}_n)),$$

所以$\sigma(V)\subset L(\sigma(\boldsymbol{\alpha}_1),\sigma(\boldsymbol{\alpha}_2),\cdots,\sigma(\boldsymbol{\alpha}_n))$.

另一方面,因$\sigma(\boldsymbol{\alpha}_1),\sigma(\boldsymbol{\alpha}_2),\cdots,\sigma(\boldsymbol{\alpha}_n)\in\sigma(V)$,所以$L(\sigma(\boldsymbol{\alpha}_1),\sigma(\boldsymbol{\alpha}_2),\cdots,\sigma(\boldsymbol{\alpha}_n))\subset\sigma(V)$.

故$\sigma(V)=L(\sigma(\boldsymbol{\alpha}_1),\sigma(\boldsymbol{\alpha}_2),\cdots,\sigma(\boldsymbol{\alpha}_n))$.

(2) 设$\dim(\ker(\sigma))=r$,取$\ker(\sigma)$的一个基$\boldsymbol{\varepsilon}_1,\boldsymbol{\varepsilon}_2,\cdots,\boldsymbol{\varepsilon}_r$,扩充为$V$的一个基$\boldsymbol{\varepsilon}_1,\boldsymbol{\varepsilon}_2,\cdots,\boldsymbol{\varepsilon}_r,\cdots,\boldsymbol{\varepsilon}_n$.因$\sigma(\boldsymbol{\varepsilon}_1)=\cdots=\sigma(\boldsymbol{\varepsilon}_r)=\mathbf{0}$,由(1),有

$$\sigma(V)=L(\sigma(\boldsymbol{\varepsilon}_1),\cdots,\sigma(\boldsymbol{\varepsilon}_r),\sigma(\boldsymbol{\varepsilon}_{r+1}),\cdots,\sigma(\boldsymbol{\varepsilon}_n))=L(\sigma(\boldsymbol{\varepsilon}_{r+1}),\sigma(\boldsymbol{\varepsilon}_{r+2}),\cdots,\sigma(\boldsymbol{\varepsilon}_n)).$$

下面证明$\sigma(\boldsymbol{\varepsilon}_{r+1}),\sigma(\boldsymbol{\varepsilon}_{r+2}),\cdots,\sigma(\boldsymbol{\varepsilon}_n)$线性无关.设

$$k_{r+1}\sigma(\boldsymbol{\varepsilon}_{r+1})+k_{r+2}\sigma(\boldsymbol{\varepsilon}_{r+2})+\cdots+k_n\sigma(\boldsymbol{\varepsilon}_n)=\mathbf{0},$$

则

$$\sigma(k_{r+1}\boldsymbol{\varepsilon}_{r+1}+k_{r+2}\boldsymbol{\varepsilon}_{r+2}+\cdots+k_n\boldsymbol{\varepsilon}_n)=\mathbf{0},$$

于是$k_{r+1}\boldsymbol{\varepsilon}_{r+1}+k_{r+2}\boldsymbol{\varepsilon}_{r+2}+\cdots+k_n\boldsymbol{\varepsilon}_n\in\ker(\sigma)$,因此$k_{r+1}\boldsymbol{\varepsilon}_{r+1}+k_{r+2}\boldsymbol{\varepsilon}_{r+2}+\cdots+k_n\boldsymbol{\varepsilon}_n$可由$\ker(\sigma)$的基线性表示,有

$$k_{r+1}\boldsymbol{\varepsilon}_{r+1}+k_{r+2}\boldsymbol{\varepsilon}_{r+2}+\cdots+k_n\boldsymbol{\varepsilon}_n=k_1\boldsymbol{\varepsilon}_1+k_2\boldsymbol{\varepsilon}_2+\cdots+k_r\boldsymbol{\varepsilon}_r,$$

即

$$k_1\boldsymbol{\varepsilon}_1+k_2\boldsymbol{\varepsilon}_2+\cdots+k_r\boldsymbol{\varepsilon}_r-k_{r+1}\boldsymbol{\varepsilon}_{r+1}-k_{r+2}\boldsymbol{\varepsilon}_{r+2}-\cdots-k_n\boldsymbol{\varepsilon}_n=\mathbf{0}.$$

又因为$\boldsymbol{\varepsilon}_1,\boldsymbol{\varepsilon}_2,\cdots,\boldsymbol{\varepsilon}_n$线性无关,所以$k_i=0(i=1,2,\cdots,n)$,因此$\sigma(\boldsymbol{\varepsilon}_{r+1}),\sigma(\boldsymbol{\varepsilon}_{r+2}),\cdots,\sigma(\boldsymbol{\varepsilon}_n)$线性无关,于是$\dim(\sigma(V))=n-r$,故

$$\dim(\ker(\sigma))+\dim(\sigma(V))=\dim V.$$

注 虽然 $\dim(\ker(\sigma))+\dim(\sigma(V))=\dim(V)$,但 $\ker(\sigma)+\sigma(V)$不一定是整个空间 V,因为 V 不一定是 $\ker(\sigma)$与 $\sigma(V)$的直和(见例 9.6.1).

推论 设 σ 是有限维线性空间 V 的线性变换,则 σ 是单射的充要条件是 σ 是满射.

证明留给读者.

例 9.6.2 当 $\ker(\sigma)\neq\{\mathbf{0}\}$时,0 是 σ 的一个特征值,此时,σ 的的核就是 σ 的属于特征值零的特征子空间.

例 9.6.3 设 $\boldsymbol{A}$ 是一个 n 阶矩阵,$\boldsymbol{A}^2=\boldsymbol{A}$. 证明 $\boldsymbol{A}$ 相似于一对角矩阵

$$\begin{pmatrix}1&&&&&\\&\ddots&&&&\\&&1&&&\\&&&0&&\\&&&&\ddots&\\&&&&&0\end{pmatrix}.$$

证明 将 $\boldsymbol{A}$ 看成是一 n 维线性空间 V 的线性变换 σ 在某个基$\boldsymbol{\varepsilon}_1,\boldsymbol{\varepsilon}_2,\cdots,\boldsymbol{\varepsilon}_n$ 下的矩阵. 由 $\boldsymbol{A}^2=\boldsymbol{A}$,有 $\sigma^2=\sigma$. 考虑和空间 $\ker(\sigma)+\sigma(V)$.

对任意$\boldsymbol{\alpha}\in\ker(\sigma)\cap\sigma(V)$,一方面有$\boldsymbol{\alpha}\in\ker(\sigma)$,于是 $\sigma(\boldsymbol{\alpha})=\mathbf{0}$. 另一方面,$\boldsymbol{\alpha}\in\sigma(V)$,有 $\boldsymbol{\beta}\in V$,使$\boldsymbol{\alpha}=\sigma(\boldsymbol{\beta})$,$\sigma(\boldsymbol{\alpha})=\sigma^2(\boldsymbol{\beta})=\sigma(\boldsymbol{\beta})=\boldsymbol{\alpha}$,从而$\boldsymbol{\alpha}=\mathbf{0}$. 所以 $\ker(\sigma)\cap\sigma(V)=\{\mathbf{0}\}$. 由定理 9.6.3 即得

$$V=\ker(\sigma)\oplus\sigma(V).$$

在 $\sigma(V)$中取一个基$\boldsymbol{\eta}_1,\boldsymbol{\eta}_2,\cdots,\boldsymbol{\eta}_r$,在 $\ker(\sigma)$中取一个基$\boldsymbol{\eta}_{r+1},\boldsymbol{\eta}_{r+2},\cdots,\boldsymbol{\eta}_n$,则$\boldsymbol{\eta}_1,\boldsymbol{\eta}_2,\cdots,\eta_r$,$\eta_{r+1},\cdots,\eta_n$ 就是 V 的一个基,且有

$$\sigma(\boldsymbol{\eta}_1)=\boldsymbol{\eta}_1,\quad\sigma(\boldsymbol{\eta}_2)=\boldsymbol{\eta}_2,\cdots,\quad\sigma(\boldsymbol{\eta}_r)=\boldsymbol{\eta}_r,$$
$$\sigma(\boldsymbol{\eta}_{r+1})=\mathbf{0},\quad\sigma(\boldsymbol{\eta}_{r+2})=\mathbf{0},\cdots,\quad\sigma(\boldsymbol{\eta}_n)=\mathbf{0}.$$

显然 σ 在基$\boldsymbol{\eta}_1,\boldsymbol{\eta}_2,\cdots,\boldsymbol{\eta}_r,\boldsymbol{\eta}_{r+1},\cdots,\boldsymbol{\eta}_n$ 下的矩阵具有形状

$$\boldsymbol{\Lambda}=\begin{pmatrix}1&&&&&\\&\ddots&&&&\\&&1&&&\\&&&0&&\\&&&&\ddots&\\&&&&&0\end{pmatrix},$$

即 $\boldsymbol{A}$ 相似于$\boldsymbol{\Lambda}$.

习题 9.6

1. 设 σ 是有限维线性空间 V 的线性变换. 证明:σ 是单射的充要条件是 σ 是满射.

2. 设 σ 是 P^3 的线性变换,$\sigma(x,y,z)=(x+2y-z,y+z,x+y-2z)$.

(1) 求 σ 的值域的一个基及维数;

(2) 求 σ 的核的一个基及维数.

3. 设

$$A=\begin{pmatrix}1 & -1 & 5 & -1\\ 1 & 1 & -2 & 3\\ 3 & -1 & 8 & 1\\ 1 & 3 & -9 & 7\end{pmatrix},$$

对于$\boldsymbol{\xi}\in P^4$（$\boldsymbol{\xi}$取列向量），令

$$\sigma(\boldsymbol{\xi})=A\boldsymbol{\xi}.$$

求σ的值域与核.

4. 设σ,τ是线性空间$P[x]$的线性变换，其中

$$\sigma(f(x))=f'(x),\quad \tau(f(x))=xf(x),\quad f(x)\in P[x].$$

求$\sigma,\tau,\sigma\tau$的值域与核.

5. 设$\boldsymbol{\alpha}_1,\boldsymbol{\alpha}_2,\boldsymbol{\alpha}_3,\boldsymbol{\alpha}_4$是四维线性空间$V$的一个基，已知线性变换$\sigma$在这个基下的矩阵为

$$A=\begin{pmatrix}1 & 0 & 2 & 1\\ -1 & 2 & 1 & 3\\ 1 & 2 & 5 & 5\\ 2 & -2 & 1 & -2\end{pmatrix}.$$

(1) 求σ的核与值域；

(2) 在σ的核中取一个基，把它扩充为V的一个基，并求σ在这个基下的矩阵；

(3) 在σ的值域中取一个基，把它扩充为V的一个基，并求σ在这个基下的矩阵.

9.7 不变子空间

由前面的讨论可知，一个线性变换不一定可以对角化，即线性变换的矩阵不一定能化成对角矩阵. 那么对于一般线性变换来说，其矩阵最终可化成什么形状？这个问题的讨论与所谓的不变子空间的概念有着密切的关系.

定义 9.7.1 设σ是数域P上线性空间V的线性变换，W是V的子空间. 如果对于任意的$\boldsymbol{\xi}\in W$，都有$\sigma(\boldsymbol{\xi})\in W$，则称$W$是$\sigma$的**不变子空间**. 简称为$\sigma$子空间.

例 9.7.1 对于线性空间V的任意线性变换σ，V和零子空间$\{\mathbf{0}\}$都是σ子空间.

例 9.7.2 设σ是线性空间V的线性变换，那么σ的值域$\sigma(V)$与核$\ker(\sigma)$都是σ子空间.

事实上，对于任意$\boldsymbol{\xi}\in\ker(\sigma)$，都有$\sigma(\xi)=\mathbf{0}\in\ker(\sigma)$，所以$\ker(\sigma)$是$\sigma$子空间. 对于任意$\boldsymbol{\xi}\in\sigma(V)\subset V$，都有$\sigma(\boldsymbol{\xi})\in\sigma(V)$，所以$\sigma(V)$是$\sigma$子空间.

例 9.7.3 V的任何子空间都是数乘变换的不变子空间.

这是因为，按定义子空间对于数量乘法是封闭的.

例 9.7.4 σ的属于特征值λ的特征子空间V_λ是σ子空间.

例 9.7.5 若V_1,V_2都是σ子空间，那么$V_1\cap V_2$与V_1+V_2都是σ子空间.

例 9.7.6 设σ,τ都是V的线性变换，$\sigma\tau=\tau\sigma$，那么τ的核与值域都是σ子空间.

证明 对任意$\boldsymbol{\xi}\in\ker(\tau)$，有$\tau(\boldsymbol{\xi})=\boldsymbol{0}$，于是

$$\tau(\sigma(\boldsymbol{\xi}))=(\tau\sigma)(\boldsymbol{\xi}))=(\sigma\tau)(\boldsymbol{\xi}))=\sigma(\tau(\boldsymbol{\xi}))=\sigma(\boldsymbol{0})=\boldsymbol{0},$$

所以$\sigma(\xi)\in\ker(\tau)$，故$\ker(\tau)$是σ子空间.

对任意$\boldsymbol{\xi}\in\tau(V)$，有$\boldsymbol{\eta}\in V$，使$\boldsymbol{\xi}=\tau(\boldsymbol{\eta})$，于是

$$\sigma(\boldsymbol{\xi})=\sigma(\tau(\boldsymbol{\eta}))=(\sigma\tau)(\boldsymbol{\eta}))=(\tau\sigma)(\boldsymbol{\eta}))=\tau(\sigma(\boldsymbol{\eta}))\in\tau(V),$$

故$\tau(V)$是σ子空间.

因σ的多项式$f(\sigma)$与σ可交换，所以$f(\sigma)$的值域与核都是σ子空间.

例 9.7.7 令σ是$\mathbb{R}^3$中以某一过原点的直线L为轴，旋转一个角θ的旋转变换，旋转轴L是σ的一个一维不变子空间；而过原点与L垂直的平面H是σ的一个二维不变子空间.

设$W=L(\boldsymbol{\xi})$是σ的一维不变子空间，因$\sigma(\boldsymbol{\xi})\in W$，于是有$\sigma(\boldsymbol{\xi})=\lambda_0\boldsymbol{\xi}$，即$\boldsymbol{\xi}$是属于$\lambda_0$的特征向量. 而$W$中任意向量都是$\boldsymbol{\xi}$的倍数，所以$W$中任意非零向量都是属于$\lambda_0$的特征向量. 于是有

结论一 σ的一维不变子空间中所有非零向量都是σ的属于同一特征值的特征向量.

反之，设$\boldsymbol{\xi}$是属于特征值λ_0的一个特征向量，令

$$W=L(\boldsymbol{\xi}).$$

因$\sigma(\boldsymbol{\xi})=\lambda_0\boldsymbol{\xi}$，于是对任意$\boldsymbol{\alpha}\in W=L(\boldsymbol{\xi})$，有$\boldsymbol{\alpha}=k\boldsymbol{\xi}$，从而

$$\sigma(\boldsymbol{\alpha})=k\sigma(\boldsymbol{\xi})=k(\lambda_0\boldsymbol{\xi})=(k\lambda_0)\boldsymbol{\xi}\in W=L(\boldsymbol{\xi}).$$

于是有下面结论.

结论二 由σ的特征向量生成的一维子空间是σ的不变子空间.

对于一般有限维不变子空间的判定可用下面方法.

定理 9.7.1 设σ是V的线性变换，$W=L(\boldsymbol{\alpha}_1,\boldsymbol{\alpha}_2,\cdots,\boldsymbol{\alpha}_s)$是$V$的子空间，则$W$是$\sigma$子空间的充要条件是$\sigma(\boldsymbol{\alpha}_i)\in W(i=1,2,\cdots,s)$.

证明 必要性是显然的.

充分性 对任意$\boldsymbol{\xi}\in W=L(\boldsymbol{\alpha}_1,\boldsymbol{\alpha}_2,\cdots,\boldsymbol{\alpha}_s)$，有

$$\boldsymbol{\xi}=k_1\boldsymbol{\alpha}_1+k_2\boldsymbol{\alpha}_2+\cdots+k_s\boldsymbol{\alpha}_s,$$

$$\sigma(\boldsymbol{\xi})=k_1\sigma(\boldsymbol{\alpha}_1)+k_2\sigma(\boldsymbol{\alpha}_2)+\cdots+k_s\sigma(\boldsymbol{\alpha}_s)\in W.$$

所以W是σ子空间.

设σ是V的线性变换，W是σ子空间，由于$\sigma(W)\subset W$，如果只考虑σ在W上的作用，可知σ是W的一个线性变换，称为σ在W上的**限制**，记作$\sigma|_W$. 显然，对于任意$\xi\in W$，有

$$\sigma|_W(\xi)=\sigma(\xi).$$

然而，如果$\xi\notin W$，那么$\sigma|_W(\xi)$没有意义.

例 9.7.8 V的任一线性变换σ在不变子空间$\ker(\sigma)$上的限制$\sigma|_{\ker(\sigma)}$是零变换，这是因为$\ker(\sigma)$的所有向量在σ下的像都是零向量.

例 9.7.9 σ在特征子空间V_λ上的限制$\sigma|_{V_\lambda}$是数乘变换，这是因为对任意$\xi\in V_\lambda$，有

$$\sigma|_{V_\lambda}(\xi)=\sigma(\xi)=\lambda\xi.$$

现在来看不变子空间与线性变换的矩阵的化简有什么关系. 设σ是n维线性空间V的线性变换.

1. V 有一个非平凡不变子空间的情形

设W是V的非平凡σ子空间，取W的一个基$\boldsymbol{\varepsilon}_1,\boldsymbol{\varepsilon}_2,\cdots,\boldsymbol{\varepsilon}_s$，把它扩充为$V$的一个基

$$\boldsymbol{\varepsilon}_1,\boldsymbol{\varepsilon}_2,\cdots,\boldsymbol{\varepsilon}_s,\boldsymbol{\varepsilon}_{s+1},\cdots,\boldsymbol{\varepsilon}_n.$$

因为$\sigma(\boldsymbol{\varepsilon}_1),\cdots,\sigma(\boldsymbol{\varepsilon}_s)\in W$,所以

$$\begin{aligned}
&\sigma(\boldsymbol{\varepsilon}_1)=a_{11}\boldsymbol{\varepsilon}_1+\cdots+a_{s1}\boldsymbol{\varepsilon}_s,\\
&\vdots\\
&\sigma(\boldsymbol{\varepsilon}_s)=a_{1s}\boldsymbol{\varepsilon}_1+\cdots+a_{ss}\boldsymbol{\varepsilon}_s,\\
&\sigma(\boldsymbol{\varepsilon}_{s+1})=a_{1,s+1}\boldsymbol{\varepsilon}_1+\cdots+a_{s,s+1}\boldsymbol{\varepsilon}_s+a_{s+1,s+1}\boldsymbol{\varepsilon}_{s+1}+\cdots+a_{n,s+1}\boldsymbol{\varepsilon}_n,\\
&\vdots\\
&\sigma(\boldsymbol{\varepsilon}_n)=a_{1n}\boldsymbol{\varepsilon}_1+\cdots+a_{sn}\boldsymbol{\varepsilon}_s+a_{s+1,n}\boldsymbol{\varepsilon}_{s+1}+\cdots+a_{nn}\boldsymbol{\varepsilon}_n.
\end{aligned}$$

因此σ在基$\boldsymbol{\varepsilon}_1,\boldsymbol{\varepsilon}_2,\cdots,\boldsymbol{\varepsilon}_s,\boldsymbol{\varepsilon}_{s+1},\cdots,\boldsymbol{\varepsilon}_n$下的矩阵有形状

$$\boldsymbol{A}=\begin{pmatrix}\boldsymbol{A}_1 & \boldsymbol{A}_3\\ \boldsymbol{O} & \boldsymbol{A}_2\end{pmatrix},$$

其中

$$\boldsymbol{A}_1=\begin{pmatrix}a_{11} & \cdots & a_{1s}\\ \vdots & & \vdots\\ a_{s1} & \cdots & a_{ss}\end{pmatrix}$$

是$\sigma|_W$在W的基$\boldsymbol{\varepsilon}_1,\boldsymbol{\varepsilon}_2,\cdots,\boldsymbol{\varepsilon}_s$下的矩阵,而$\boldsymbol{A}$中左下方的$\boldsymbol{O}$表示一个$(n-s)\times s$零矩阵.

因此,只要V有一个非平凡σ子空间,那么就可以适当选取V的基,使得σ在这个基下的矩阵中有一些元素是零.

反之,如果σ在V的基$\boldsymbol{\varepsilon}_1,\boldsymbol{\varepsilon}_2,\cdots,\boldsymbol{\varepsilon}_s,\boldsymbol{\varepsilon}_{s+1},\cdots,\boldsymbol{\varepsilon}_n$下的矩阵有形状

$$\boldsymbol{A}=\begin{pmatrix}\boldsymbol{A}_1 & \boldsymbol{A}_3\\ \boldsymbol{O} & \boldsymbol{A}_2\end{pmatrix},$$

其中$\boldsymbol{A}_1$是s阶矩阵,那么不难证明由$\boldsymbol{\varepsilon}_1,\boldsymbol{\varepsilon}_2,\cdots,\boldsymbol{\varepsilon}_s$生成的子空间$W=L(\boldsymbol{\varepsilon}_1,\boldsymbol{\varepsilon}_2,\cdots,\boldsymbol{\varepsilon}_s)$是$\sigma$子空间.

2. V可分解成若干个不变子空间的直和的情形

设

$$V=W_1\oplus W_2,$$

其中W_1,W_2都是σ子空间.在W_1中取一个基$\boldsymbol{\varepsilon}_1,\boldsymbol{\varepsilon}_2,\cdots,\boldsymbol{\varepsilon}_s$,在$W_2$中取一个基$\boldsymbol{\varepsilon}_{s+1},\boldsymbol{\varepsilon}_{s+2},\cdots,\boldsymbol{\varepsilon}_n$,则$\boldsymbol{\varepsilon}_1,\boldsymbol{\varepsilon}_2,\cdots,\boldsymbol{\varepsilon}_s,\boldsymbol{\varepsilon}_{s+1},\boldsymbol{\varepsilon}_{s+2},\cdots,\boldsymbol{\varepsilon}_n$构成$V$的基.由情形1的讨论可知$\sigma$在这个基下的矩阵具有形状

$$\boldsymbol{A}=\begin{pmatrix}\boldsymbol{A}_1 & \boldsymbol{O}\\ \boldsymbol{O} & \boldsymbol{A}_2\end{pmatrix},$$

其中$\boldsymbol{A}_1$是s阶矩阵,它是$\sigma|_{W_1}$在W_1的基$\boldsymbol{\varepsilon}_1,\boldsymbol{\varepsilon}_2,\cdots,\boldsymbol{\varepsilon}_s$下的矩阵,而$\boldsymbol{A}_2$是一个$n-s$阶矩阵,它是$\sigma|_{W_2}$在$W_2$的基$\boldsymbol{\varepsilon}_{s+1},\boldsymbol{\varepsilon}_{s+2},\cdots,\boldsymbol{\varepsilon}_n$下的矩阵.

一般地,如果

$$V=W_1\oplus W_2\oplus\cdots\oplus W_r,$$

其中$W_1,W_2,\cdots,W_r$都是σ子空间.在每个W_i中取基

$$\boldsymbol{\varepsilon}_{i1},\boldsymbol{\varepsilon}_{i2},\cdots,\boldsymbol{\varepsilon}_{in_i},\quad i=1,2,\cdots,r,$$

则

$$\boldsymbol{\varepsilon}_{11},\boldsymbol{\varepsilon}_{12},\cdots,\boldsymbol{\varepsilon}_{1n_1},\boldsymbol{\varepsilon}_{21},\boldsymbol{\varepsilon}_{22},\cdots,\boldsymbol{\varepsilon}_{2n_2},\cdots,\boldsymbol{\varepsilon}_{r1},\boldsymbol{\varepsilon}_{r2},\cdots,\boldsymbol{\varepsilon}_{rn_r}$$

构成 V 的基,σ 在这个基下的矩阵具有准对角形状

$$\boldsymbol{A}=\begin{pmatrix}\boldsymbol{A}_1 & & & \\ & \boldsymbol{A}_2 & & \\ & & \ddots & \\ & & & \boldsymbol{A}_r\end{pmatrix},$$

其中 $\boldsymbol{A}_i(i=1,2,\cdots,r)$就是 $\sigma|_{W_i}$ 在 W_i 的基$\boldsymbol{\varepsilon}_{i1},\boldsymbol{\varepsilon}_{i2},\cdots,\boldsymbol{\varepsilon}_{in_i}$下的矩阵.

反之,如果 σ 在 V 的基$\boldsymbol{\varepsilon}_{11},\boldsymbol{\varepsilon}_{12},\cdots,\boldsymbol{\varepsilon}_{1n_1},\boldsymbol{\varepsilon}_{21},\boldsymbol{\varepsilon}_{22},\cdots,\boldsymbol{\varepsilon}_{2n_2},\cdots,\boldsymbol{\varepsilon}_{r1},\boldsymbol{\varepsilon}_{r2},\cdots,\boldsymbol{\varepsilon}_{rn_r}$下的矩阵是准对角阵

$$\boldsymbol{A}=\begin{pmatrix}\boldsymbol{A}_1 & & & \\ & \boldsymbol{A}_2 & & \\ & & \ddots & \\ & & & \boldsymbol{A}_r\end{pmatrix},$$

其中 $\boldsymbol{A}_i(i=1,2,\cdots,r)$是 n_i 阶矩阵,则由$\boldsymbol{\varepsilon}_{i1},\boldsymbol{\varepsilon}_{i2},\cdots,\boldsymbol{\varepsilon}_{in_i}$所生成的子空间 $W_i=L(\boldsymbol{\varepsilon}_{i1},\boldsymbol{\varepsilon}_{i2},\cdots,\boldsymbol{\varepsilon}_{in_i})(i=1,2,\cdots,r)$是 σ 子空间.

因此,给了 n 维线性空间 V 的一个线性变换,只要能够将 V 分解成一些 σ 子空间的直和,那么就可以适当地选取 V 的基,使得 σ 在这个基下的矩阵具有比较简单的形状.只要分解的 σ 子空间的维数越小,相应的矩阵的形状就越简单.特别,如果 V 能分解成 n 个一维 σ 子空间的直和,那么与 σ 相应的矩阵为对角矩阵.

习题 9.7

1. 证明:σ 的属于特征值 λ 的特征子空间 V_λ 是 σ 的不变子空间.

2. 证明:若 V_1,V_2 是 σ 的不变子空间,那么 $V_1\cap V_2$ 与 V_1+V_2 都是 σ 的不变子空间.

3. 设 σ 是有限维线性空间 V 的可逆线性变换.证明:如果 W 是 σ 的不变子空间,那么 W 也是 σ^{-1}的不变子空间.

4. 设 V 是复数域上 n 维线性空间,σ,τ 是 V 的线性变换,且 $\sigma\tau=\tau\sigma$.证明:

(1) 如果 λ_0 是 σ 的特征值,那么 V_{λ_0} 是 τ 的不变子空间;

(2) σ,τ 至少有一个公共的特征向量.

5. 设 σ 是数域 P 上线性空间 V 的一个线性变换,且 $\sigma^2=\sigma$.证明:

(1) $\mathrm{Ker}(\sigma)=\{\boldsymbol{\xi}-\sigma(\boldsymbol{\xi})\mid\boldsymbol{\xi}\in V\}$;

(2) $V=\mathrm{Ker}(\sigma)\oplus\sigma(V)$;

(3) 如果 τ 是 V 的一个线性变换,那么 $\mathrm{Ker}(\sigma),\sigma(V)$都是 τ 的不变子空间的充要条件是 $\sigma\tau=\tau\sigma$.

本章小结

一、基本概念

1. 线性变换,零变换,恒等变换,数乘变换.

2. 线性变换的运算(和、积、数乘).

3. 线性变换的矩阵

设$\boldsymbol{\alpha}_1,\boldsymbol{\alpha}_2,\cdots,\boldsymbol{\alpha}_n$是数域$P$上$n$维线性空间$V$的一个基,$\sigma$是$V$的一个线性变换,

$$(\sigma(\boldsymbol{\alpha}_1),\sigma(\boldsymbol{\alpha}_2),\cdots,\sigma(\boldsymbol{\alpha}_n))=(\boldsymbol{\alpha}_1,\boldsymbol{\alpha}_2,\cdots,\boldsymbol{\alpha}_n)\boldsymbol{A},$$

矩阵$\boldsymbol{A}=(a_{ij})_{n\times n}$为$\sigma$在基$\boldsymbol{\alpha}_1,\boldsymbol{\alpha}_2,\cdots,\boldsymbol{\alpha}_n$下的矩阵.

注 $\boldsymbol{A}$的第j列恰是向量$\sigma(\boldsymbol{\alpha}_j)$在基$\boldsymbol{\alpha}_1,\boldsymbol{\alpha}_2,\cdots,\boldsymbol{\alpha}_n$下的坐标.

特别地,数乘变换、单位(恒等)变换、零变换在任意基下的矩阵分别是数量矩阵、单位矩阵、零矩阵.

线性变换在不同基下的矩阵一般是不同的(彼此相似).

4. 线性变换的特征值与特征向量,特征子空间.

5. 线性变换的对角化概念.

6. 线性变换的值域与核

σ的值域:$\sigma(V)=\{\sigma(\boldsymbol{\xi})\mid\boldsymbol{\xi}\in V\}$,

σ的核:$\ker(\sigma)=\{\boldsymbol{\xi}\mid\sigma(\boldsymbol{\xi})=\boldsymbol{0},\boldsymbol{\xi}\in V\}$.

7. 线性变换的不变子空间.

二、基本性质与定理

1. $\boldsymbol{\xi}$与$\sigma(\boldsymbol{\xi})$的坐标关系式

设σ在基$\boldsymbol{\alpha}_1,\boldsymbol{\alpha}_2,\cdots,\boldsymbol{\alpha}_n$下的矩阵是$\boldsymbol{A}$,$\boldsymbol{\xi}$与$\sigma(\boldsymbol{\xi})$在基$\boldsymbol{\alpha}_1,\boldsymbol{\alpha}_2,\cdots,\boldsymbol{\alpha}_n$下的坐标分别是$(x_1,x_2,\cdots,x_n)$和$(y_1,y_2,\cdots,y_n)$,则

$$\begin{pmatrix}y_1\\y_2\\\vdots\\y_n\end{pmatrix}=\boldsymbol{A}\begin{pmatrix}x_1\\x_2\\\vdots\\x_n\end{pmatrix}.$$

2. 线性变换与矩阵间的对应关系

在取定基下

$$L(V)\cong P^{n\times n},\quad \dim(L(V))=n^2,\quad n\text{为}V\text{的维数}.$$

3. 相似矩阵

同一线性变换在不同基下的矩阵是相似的;反之,两个相似矩阵可以看作同一线性变换在不同基下的矩阵.

4. 特征值与特征向量的一些主要结论:

(1) 一个特征向量只能属于一个特征值,而一个特征值可以由多个特征向量.

(2) 属于同一特征值的特征向量的一切非零线性组合是属于此特征值的特征向量.

(3) 属于不同特征值的特征向量线性无关.

5. 特征子空间

$$V_\lambda = \{\boldsymbol{\alpha} \mid \sigma(\boldsymbol{\alpha}) = \lambda\boldsymbol{\alpha}, \boldsymbol{\alpha} \in V\}.$$

基本性质：

(1) $\dim V_\lambda \leqslant \lambda$ 的重数；

(2) 若 σ 的矩阵是 $\boldsymbol{A}$，则 V_λ 同构于 $(\lambda\boldsymbol{E}-\boldsymbol{A})\boldsymbol{x}=\boldsymbol{0}$ 的解空间，且基础解系给出了 V_λ 的基向量的坐标.

6. 线性变换可对角化的一些主要结论：

设 σ 是数域 P 上 n 维线性空间的线性变换，则

(1) σ 可对角化$\Leftrightarrow\sigma$ 有 n 个线性无关的特征向量；

(2) σ 可对角化$\Leftrightarrow$①σ 的特征多项式的根都在 P 内，②对 σ 的每个特征值 λ，$\dim V_\lambda=\lambda$ 的重数；

(3) 若 σ 在 P 内有 n 个不同的特征值，则 σ 可对角化.

7. 线性变换的值域与核的主要结论：

设 σ 在基$\boldsymbol{\alpha}_1,\boldsymbol{\alpha}_2,\cdots,\boldsymbol{\alpha}_n$ 下的矩阵是 $\boldsymbol{A}$，则有

(1) $\sigma(V)=L(\sigma(\boldsymbol{\alpha}_1),\sigma(\boldsymbol{\alpha}_2),\cdots,\sigma(\boldsymbol{\alpha}_n))$；

(2) $\dim\sigma(V)=\mathrm{R}(\boldsymbol{A})$；

(3) $\dim\sigma(V)+\dim\ker(\sigma)=\dim V$；

(4) σ 是单射$\Leftrightarrow\sigma$ 是满射.

三、基本解题方法

1. 求线性变换在某个基下的矩阵

方法一　用定义.

方法二　引入特殊基(如标准基)，利用过渡矩阵及有关结论(线性变换在不同基下的矩阵是相似的)求出.

2. 线性变换问题与矩阵问题互相转化的方法

在处理线性变换的问题时，可以按“线性变换-矩阵-线性变换”的模式，把线性变换问题化为矩阵来处理，然后再把所得的结论化为线性变换的结论. 也可以在处理矩阵问题时，按“矩阵-线性变换-矩阵”模式.

3. 特征值与特征向量的求法

利用线性变换 σ 的矩阵 $\boldsymbol{A}$，求出 $\boldsymbol{A}$ 的特征多项式，该多项式在给定数域 P 上的根即为 σ 的特征值；以齐次线性方程组 $(\lambda\boldsymbol{E}-\boldsymbol{A})\boldsymbol{x}=\boldsymbol{0}$ 的非零解为坐标所得的向量即为所求属于特征值 λ 的特征向量.

4. 利用相似矩阵的性质可以简化矩阵的运算.

复习题九

1. 设 σ 是$\mathbb{R}^3$ 的一个变换：$\sigma(x,y,z)=(x+y+z,2x-y+z,y-z)$.

(1) 证明：σ 是$\mathbb{R}^3$ 的线性变换；

(2) 求出 σ 在基 $\boldsymbol{e}_1=(1,0,0),\boldsymbol{e}_2=(0,1,0),\boldsymbol{e}_3=(0,0,1)$下的矩阵；

(3) 求出 σ 在基 $\boldsymbol{\alpha}_1=(1,1,1),\boldsymbol{\alpha}_2=(1,-1,2),\boldsymbol{\alpha}_3=(0,1,1)$ 下的矩阵；

(4) 求出从基 $\boldsymbol{\alpha}_1,\boldsymbol{\alpha}_2,\boldsymbol{\alpha}_3$ 到基 $\boldsymbol{e}_1,\boldsymbol{e}_2,\boldsymbol{e}_3$ 的过渡矩阵.

2. 设 σ 是数域 P 上 n 维线性空间 V 的一个线性变换. 证明：σ 是数乘变换的充要条件是 σ 在 V 的任何基下的矩阵都相同.

3. 设 σ 是 n 维线性空间 V 的线性变换，$\boldsymbol{\xi}\in V$，并且 $\sigma^{n-1}(\boldsymbol{\xi})\neq\mathbf{0}$，但 $\sigma^n(\boldsymbol{\xi})=\mathbf{0}$. 证明：$\sigma$ 在 V 的某个基下的矩阵是

$$\begin{pmatrix} 0 & 0 & \cdots & 0 & 0 \\ 1 & 0 & \cdots & 0 & 0 \\ 0 & 1 & \cdots & 0 & 0 \\ \vdots & \vdots & & \vdots & \vdots \\ 0 & 0 & \cdots & 1 & 0 \end{pmatrix}.$$

4. 设 V 是实数域 $\mathbb{R}$ 上的三维线性空间，已知 V 的线性变换 σ 在基 $\boldsymbol{\varepsilon}_1,\boldsymbol{\varepsilon}_2,\boldsymbol{\varepsilon}_3$ 下的矩阵为

$$\boldsymbol{A}=\begin{pmatrix} 2 & 4 & 3 \\ 5 & 6 & 6 \\ -6 & -9 & -8 \end{pmatrix}.$$

(1) 求 σ 的特征值与特征向量；

(2) 讨论 σ 能否对角化.

5. 设 $\boldsymbol{\alpha}_1,\boldsymbol{\alpha}_2,\cdots,\boldsymbol{\alpha}_n$ 是数域 P 上 n 维线性空间 V 的一个基.

(1) 定义 V 的一个线性变换 σ：$\sigma(\boldsymbol{\alpha}_i)=\boldsymbol{\alpha}_{i+1}(i=1,2,\cdots,n-1),\sigma(\boldsymbol{\alpha}_n)=0$，求 σ 在基 $\boldsymbol{\alpha}_1,\boldsymbol{\alpha}_2,\cdots,\boldsymbol{\alpha}_n$ 下的矩阵 $\boldsymbol{A}$；

(2) 设 τ 是 V 的任一线性变换，且 $\tau^n=\theta$，但 $\tau^{n-1}\neq\theta$ (θ 为零变换). 证明：在 V 中存在某个基，使得 τ 在这个基下的矩阵恰为 $\boldsymbol{A}$.

6. 设 V 是数域 P 上 n 维线性空间，σ 是 V 的线性变换，已知有向量 $\boldsymbol{\alpha}\in V,\lambda\in P$，使得 $(\sigma-\lambda\iota)^n\boldsymbol{\alpha}=\mathbf{0}$，但 $(\sigma-\lambda\iota)^{n-1}\boldsymbol{\alpha}\neq\mathbf{0}$，其中 ι 为恒等变换. 求 V 的一个基，使 σ 在这个基下的矩阵为

$$\boldsymbol{A}=\begin{pmatrix} \lambda & 1 & & & \\ & \lambda & 1 & & \\ & & \ddots & \ddots & \\ & & & \lambda & 1 \\ & & & & \lambda \end{pmatrix}.$$

7. 设 σ,τ 是线性空间 V 的两个线性变换. 证明：

(1) 如果 $\sigma\tau=\tau,\tau\sigma=\sigma$，则 σ 与 τ 有相同的值域；

(2) 如果 $\sigma\tau=\sigma,\tau\sigma=\tau$，则 σ 与 τ 有相同的核.

8. 设 σ 是 n 维线性空间 V 的线性变换，W 是 V 的一个 σ 子空间，且 $\dim W=n-1$. 证明：σ 有特征值.

9. 在线性空间 $V=P[x]_n$ 中，定义线性变换

$$\sigma(f(x))=xf'(x)-f(x).$$

(1) 求 σ 的核 $\ker(\sigma)$ 与值域 $\sigma(V)$；

(2) 证明：$V=\ker(\sigma)\oplus\sigma(V)$.

10. 设 $V=P^{2\times 2}$，$\boldsymbol{A}=\begin{pmatrix}1 & -1\\ 0 & 0\end{pmatrix}\in V$，令 S 为 V 中一切与 $\boldsymbol{A}$ 可交换的矩阵组成的子集.

(1) 证明：S 是 V 的子空间；

(2) 求出 V 的一个线性变换 σ，使 $\ker(\sigma)=S$，且 $V=\ker(\sigma)\oplus\sigma(V)$.

11. 设 σ 是线性空间 V 的线性变换，W 是 V 的一个子空间，证明：

$$\dim(\sigma(W))+\dim(\ker(\sigma)\cap W)=\dim W.$$

第10章 欧几里得空间

线性空间概念是通常解析几何空间概念的推广.把线性空间与通常解析几何空间相比较,我们发现它还缺少向量长度、夹角等度量概念.在解析几何中,向量的长度、夹角等度量性质可以通过向量的内积来表示.在这一章里,我们将在一般实线性空间中引入"内积"概念,介绍欧几里得空间.欧几里得空间在数学、物理等方面都有着重要的应用.

10.1 基本概念

定义 10.1.1 设 V 是实数域$\mathbb{R}$上的线性空间,如果对于 V 中任意向量$\boldsymbol{\alpha},\boldsymbol{\beta}$,有一个确定的实数与之对应,这个实数记作$(\boldsymbol{\alpha},\boldsymbol{\beta})$,称为$\boldsymbol{\alpha}$与$\boldsymbol{\beta}$的**内积**,并且满足下列条件:

(1) $(\boldsymbol{\alpha},\boldsymbol{\beta})=(\boldsymbol{\beta},\boldsymbol{\alpha})$;

(2) $(\boldsymbol{\alpha}+\boldsymbol{\beta},\boldsymbol{\gamma})=(\boldsymbol{\alpha},\boldsymbol{\gamma})+(\boldsymbol{\beta},\boldsymbol{\gamma})$;

(3) $(k\boldsymbol{\alpha},\boldsymbol{\beta})=k(\boldsymbol{\alpha},\boldsymbol{\beta})$;

(4) 当$\boldsymbol{\alpha}\neq\boldsymbol{0}$时,$(\boldsymbol{\alpha},\boldsymbol{\alpha})>0$.

这里$\boldsymbol{\alpha},\boldsymbol{\beta},\boldsymbol{\gamma}$是 V 中任意向量,k 是任意实数,那么 V 称为对这个内积来说的一个**欧几里得空间**,简称**欧氏空间**.

容易证明,欧氏空间的子空间在所定义的内积之下也是一个欧氏空间.

欧氏空间是定义了内积的实线性空间,因而一般线性空间和线性变换的有关结论均可用于欧氏空间,为此本章重点研究与度量性质有关的问题.

解析几何空间中向量的内积显然适合定义中的条件,所以解析几何空间也是一个欧氏空间.

例 10.1.1 在 n 维向量空间$\mathbb{R}^n$中,对于任意两个向量

$$\boldsymbol{\alpha}=(a_1,a_2,\cdots,a_n),\quad \boldsymbol{\beta}=(b_1,b_2,\cdots,b_n),$$

定义内积

$$(\boldsymbol{\alpha},\boldsymbol{\beta})=a_1b_1+a_2b_2+\cdots+a_nb_n.$$

(参见定义 5.1.1)容易验证,这个内积满足定义中条件,因而$\mathbb{R}^n$对于这样的内积来说作成一个欧氏空间.以后仍用$\mathbb{R}^n$来表示这个欧氏空间.

例 10.1.2 令 $C[a,b]$是定义在闭区间$[a,b]$上的所有连续实函数所成的线性空间.对于任意的 $f(x),g(x)\in C[a,b]$,定义内积

$$(f(x),g(x))=\int_a^b f(x)g(x)\mathrm{d}x.$$

由定积分的性质，容易验证，$C[a,b]$关于此内积构成一欧氏空间.

用内积定义容易证明下面欧氏空间的一些基本性质.

定理 10.1.1 设 V 是欧氏空间，$\boldsymbol{\alpha},\boldsymbol{\beta},\boldsymbol{\gamma}\in V$，有

(1) $(\boldsymbol{\alpha},\boldsymbol{\beta}+\boldsymbol{\gamma})=(\boldsymbol{\alpha},\boldsymbol{\beta})+(\boldsymbol{\alpha},\boldsymbol{\gamma})$；

(2) $(\boldsymbol{\alpha},k\boldsymbol{\beta})=k(\boldsymbol{\alpha},\boldsymbol{\beta})$；

(3) $(\boldsymbol{\alpha},\mathbf{0})=(\mathbf{0},\boldsymbol{\alpha})=0$；

(4) 对于任意$\boldsymbol{\alpha}_1,\boldsymbol{\alpha}_2,\cdots,\boldsymbol{\alpha}_r,\boldsymbol{\beta}_1,\boldsymbol{\beta}_2,\cdots,\boldsymbol{\beta}_s\in V,k_1,k_2,\cdots,k_r,l_1,l_2,\cdots,l_s\in\mathbb{R}$，有

$$\left(\sum_{i=1}^{r}k_i\boldsymbol{\alpha}_i,\sum_{j=1}^{s}l_j\boldsymbol{\beta}_j\right)=\sum_{i=1}^{r}\sum_{j=1}^{s}k_il_j(\boldsymbol{\alpha}_i,\boldsymbol{\beta}_j).$$

由于对欧氏空间的任意向量$\boldsymbol{\xi}$来说，$(\boldsymbol{\xi},\boldsymbol{\xi})$总是一个非负实数，我们可以合理地引入向量长度的概念.

定义 10.1.2 设$\boldsymbol{\xi}$是欧氏空间的一个向量，非负实数$(\boldsymbol{\xi},\boldsymbol{\xi})$的算术平方根$\sqrt{(\boldsymbol{\xi},\boldsymbol{\xi})}$称为$\boldsymbol{\xi}$的**长度**，记为$|\boldsymbol{\xi}|$.

这样，欧氏空间的每一个向量都有一个确定的长度. 零向量的长度是零，任意非零向量的长度是一个正数.

例 10.1.3 令$\mathbb{R}^n$ 是例 10.1.1 中的欧氏空间，$\mathbb{R}^n$ 中向量

$$\boldsymbol{\xi}=(x_1,x_2,\cdots,x_n)$$

的长度是

$$|\boldsymbol{\xi}|=\sqrt{(\boldsymbol{\xi},\boldsymbol{\xi})}=\sqrt{x_1^2+x_2^2+\cdots+x_n^2}.$$

由长度的定义，对于欧氏空间中任意向量$\boldsymbol{\xi}$和任意实数k，有

$$|k\boldsymbol{\xi}|=\sqrt{(k\boldsymbol{\xi},k\boldsymbol{\xi})}=\sqrt{k^2(\boldsymbol{\xi},\boldsymbol{\xi})}=|k||\boldsymbol{\xi}|.$$

即一个实数 k 与一个向量$\boldsymbol{\xi}$ 的乘积的长度等于k 的绝对值与$\boldsymbol{\xi}$ 的长度的乘积.

长度为 1 的向量称为**单位向量**. 显然，如果$\boldsymbol{\xi}$是一个非零向量，那么$\frac{1}{|\boldsymbol{\xi}|}\boldsymbol{\xi}$是一个单位向量. $\frac{1}{|\boldsymbol{\xi}|}\boldsymbol{\xi}$可记为$\frac{\boldsymbol{\xi}}{|\boldsymbol{\xi}|}$，用向量$\boldsymbol{\xi}$的长度去除向量$\boldsymbol{\xi}$，得到一个单位向量，通常称为把$\boldsymbol{\xi}$单位化.

在一般欧氏空间中，仍然有**柯西-施瓦茨**(Cauchy-Schwarz)**不等式**

$$(\boldsymbol{\alpha},\boldsymbol{\beta})^2\leqslant(\boldsymbol{\alpha},\boldsymbol{\alpha})(\boldsymbol{\beta},\boldsymbol{\beta}),$$

等号成立的充要条件是$\boldsymbol{\alpha}$ 与$\boldsymbol{\beta}$ 线性相关.

证明参见 5.1 节.

例 10.1.4 考虑例 10.1.1 的欧氏空间$\mathbb{R}^n$. 对于任意实数 $a_1,a_2,\cdots,a_n,b_1,b_2,\cdots,b_n$，有不等式

$$(a_1b_1+a_2b_2+\cdots+a_nb_n)^2\leqslant(a_1^2+a_2^2+\cdots+a_n^2)(b_1^2+b_2^2+\cdots+b_n^2).$$

这个不等式叫做**柯西**(Cauchy)**不等式**.

例 10.1.5 考虑例 10.1.2 的欧氏空间 $C[a,b]$. 对于定义在闭区间$[a,b]$上的任意连续实函数 $f(x),g(x)$，有不等式

$$\left|\int_a^b f(x)g(x)\mathrm{d}x\right|\leqslant\sqrt{\int_a^b f^2(x)\mathrm{d}x\int_a^b g^2(x)\mathrm{d}x}.$$

这个不等式叫做**施瓦茨**(Schwarz)**不等式**.

由柯西-施瓦茨不等式可知,在欧氏空间 V 中,对任意$\boldsymbol{\alpha}$,$\boldsymbol{\beta} \in V$,有

$$\left| \frac{(\boldsymbol{\alpha}, \boldsymbol{\beta})}{|\boldsymbol{\alpha}||\boldsymbol{\beta}|} \right| \leqslant 1.$$

于是可以在欧氏空间中定义向量的夹角.

定义 10.1.3 设$\boldsymbol{\alpha}$,$\boldsymbol{\beta}$是欧氏空间 V 的两个非零向量,$\boldsymbol{\alpha}$ 与$\boldsymbol{\beta}$ 的夹角 θ 由以下公式定义:

$$\cos\theta = \frac{(\boldsymbol{\alpha}, \boldsymbol{\beta})}{|\boldsymbol{\alpha}||\boldsymbol{\beta}|}, \quad 0 \leqslant \theta \leqslant \pi.$$

由柯西-施瓦茨不等式有

$$-1 \leqslant \frac{(\boldsymbol{\alpha}, \boldsymbol{\beta})}{|\boldsymbol{\alpha}||\boldsymbol{\beta}|} \leqslant 1,$$

所以这样定义夹角是合理的.

这样,欧氏空间任意两个非零向量有唯一的夹角 $\theta(0\leqslant\theta\leqslant\pi)$.

上面定义的向量的长度和夹角正是几何空间里向量的长度和夹角概念的推广.

设 V 是一个 n 维欧氏空间,在 V 中取一个基$\boldsymbol{\varepsilon}_1, \boldsymbol{\varepsilon}_2, \cdots, \boldsymbol{\varepsilon}_n$,于是对 V 中任意两个向量

$$\boldsymbol{\alpha} = x_1 \boldsymbol{\varepsilon}_1 + x_2 \boldsymbol{\varepsilon}_2 + \cdots + x_n \boldsymbol{\varepsilon}_n,$$
$$\boldsymbol{\beta} = y_1 \boldsymbol{\varepsilon}_1 + y_2 \boldsymbol{\varepsilon}_2 + \cdots + y_n \boldsymbol{\varepsilon}_n,$$

由内积性质得

$$(\boldsymbol{\alpha}, \boldsymbol{\beta}) = (x_1 \boldsymbol{\varepsilon}_1 + x_2 \boldsymbol{\varepsilon}_2 + \cdots + x_n \boldsymbol{\varepsilon}_n, y_1 \boldsymbol{\varepsilon}_1 + y_2 \boldsymbol{\varepsilon}_2 + \cdots + y_n \boldsymbol{\varepsilon}_n) = \sum_{i=1}^{n} \sum_{j=1}^{n} (\boldsymbol{\varepsilon}_i, \boldsymbol{\varepsilon}_j) x_i y_j.$$

令

$$a_{ij} = (\boldsymbol{\varepsilon}_i, \boldsymbol{\varepsilon}_j) \quad i,j = 1,2,\cdots,n,$$

显然有

$$a_{ij} = a_{ji}, \quad i,j = 1,2,\cdots,n.$$

于是

$$(\boldsymbol{\alpha}, \boldsymbol{\beta}) = \sum_{i=1}^{n} \sum_{j=1}^{n} a_{ij} x_i y_j.$$

写成矩阵形式为

$$(\boldsymbol{\alpha}, \boldsymbol{\beta}) = \boldsymbol{X}^{\mathrm{T}} \boldsymbol{A} \boldsymbol{Y},$$

其中

$$\boldsymbol{A} = (a_{ij})_{nn} = \begin{pmatrix} (\boldsymbol{\varepsilon}_1, \boldsymbol{\varepsilon}_1) & (\boldsymbol{\varepsilon}_1, \boldsymbol{\varepsilon}_2) & \cdots & (\boldsymbol{\varepsilon}_1, \boldsymbol{\varepsilon}_n) \\ (\boldsymbol{\varepsilon}_2, \boldsymbol{\varepsilon}_1) & (\boldsymbol{\varepsilon}_2, \boldsymbol{\varepsilon}_2) & \cdots & (\boldsymbol{\varepsilon}_2, \boldsymbol{\varepsilon}_n) \\ \vdots & \vdots & & \vdots \\ (\boldsymbol{\varepsilon}_n, \boldsymbol{\varepsilon}_1) & (\boldsymbol{\varepsilon}_n, \boldsymbol{\varepsilon}_2) & \cdots & (\boldsymbol{\varepsilon}_n, \boldsymbol{\varepsilon}_n) \end{pmatrix}, \quad \boldsymbol{X} = \begin{pmatrix} x_1 \\ x_2 \\ \vdots \\ x_n \end{pmatrix}, \quad \boldsymbol{Y} = \begin{pmatrix} y_1 \\ y_2 \\ \vdots \\ y_n \end{pmatrix}.$$

上述矩阵 $\boldsymbol{A}$ 称为基$\boldsymbol{\varepsilon}_1, \boldsymbol{\varepsilon}_2, \cdots, \boldsymbol{\varepsilon}_n$ 的**度量矩阵**.

由内积定义知,对于非零向量$\boldsymbol{\alpha}$,可得

$$\boldsymbol{X} = \begin{pmatrix} x_1 \\ x_2 \\ \vdots \\ x_n \end{pmatrix} \neq \begin{pmatrix} 0 \\ 0 \\ \vdots \\ 0 \end{pmatrix},$$

于是有

$$X^{\mathrm{T}}AX=(\boldsymbol{\alpha},\boldsymbol{\alpha})>0.$$

因此有下面定理.

定理 10.1.3 度量矩阵是正定矩阵.

习题 10.1

1. 证明:在一个欧氏空间里,对于任意向量$\boldsymbol{\alpha},\boldsymbol{\beta}$,以下式子成立:

(1) $|\boldsymbol{\alpha}+\boldsymbol{\beta}|\leqslant|\boldsymbol{\alpha}|+|\boldsymbol{\beta}|$;

(2) $|\boldsymbol{\alpha}+\boldsymbol{\beta}|^2+|\boldsymbol{\alpha}-\boldsymbol{\beta}|^2=2|\boldsymbol{\alpha}|^2+2|\boldsymbol{\beta}|^2$.

在解析几何里,这两个式子的几何意义是什么?

2. 在$\mathbb{R}^4$中,求下列向量$\boldsymbol{\alpha},\boldsymbol{\beta}$的夹角(内积按通常定义).

(1) $\boldsymbol{\alpha}=(2,1,3,2),\boldsymbol{\beta}=(1,2,-2,1)$;

(2) $\boldsymbol{\alpha}=(1,2,2,3),\boldsymbol{\beta}=(3,1,5,1)$.

3. 设$\boldsymbol{A}=(a_{ij})$是一个n阶正定矩阵,$\boldsymbol{\alpha}=(x_1,x_2,\cdots,x_n),\boldsymbol{\beta}=(y_1,y_2,\cdots,y_n)$. 在$\mathbb{R}^n$中定义内积

$$(\boldsymbol{\alpha},\boldsymbol{\beta})=\boldsymbol{\alpha}\boldsymbol{A}\boldsymbol{\beta}^{\mathrm{T}}.$$

(1) 证明在这个定义下,$\mathbb{R}^n$作成一欧氏空间;

(2) 具体写出这个欧氏空间中的柯西-施瓦茨不等式.

4. 设$\boldsymbol{\alpha}_1,\boldsymbol{\alpha}_2,\cdots,\boldsymbol{\alpha}_m$是欧氏空间$V$中的一组向量,矩阵

$$\boldsymbol{\Delta}=\begin{pmatrix}(\boldsymbol{\alpha}_1,\boldsymbol{\alpha}_1) & (\boldsymbol{\alpha}_1,\boldsymbol{\alpha}_2) & \cdots & (\boldsymbol{\alpha}_1,\boldsymbol{\alpha}_m)\\(\boldsymbol{\alpha}_2,\boldsymbol{\alpha}_1) & (\boldsymbol{\alpha}_2,\boldsymbol{\alpha}_2) & \cdots & (\boldsymbol{\alpha}_2,\boldsymbol{\alpha}_m)\\\vdots & \vdots & & \vdots\\(\boldsymbol{\alpha}_m,\boldsymbol{\alpha}_1) & (\boldsymbol{\alpha}_m,\boldsymbol{\alpha}_2) & \cdots & (\boldsymbol{\alpha}_m,\boldsymbol{\alpha}_m)\end{pmatrix}.$$

证明:当且仅当$|\boldsymbol{\Delta}|\neq 0$时$\boldsymbol{\alpha}_1,\boldsymbol{\alpha}_2,\cdots,\boldsymbol{\alpha}_m$线性无关.

10.2 标准正交基

10.2.1 正交

在几何空间中,如果两个向量垂直,那么它们的内积为零. 我们从内积出发来推广垂直概念.

定义 10.2.1 在欧氏空间中,如果向量$\boldsymbol{\alpha},\boldsymbol{\beta}$的内积为零,即

$$(\boldsymbol{\alpha},\boldsymbol{\beta})=0,$$

则称$\boldsymbol{\alpha}$与$\boldsymbol{\beta}$正交,记为$\boldsymbol{\alpha}\perp\boldsymbol{\beta}$.

显然,零向量与任意向量正交,两个非零向量正交的充要条件是它们的夹角为$\frac{\pi}{2}$.

例如,在欧氏空间$\mathbb{R}^n$里,向量

$$\boldsymbol{\varepsilon}_1=(1,0,\cdots,0),\quad \boldsymbol{\varepsilon}_2=(0,1,\cdots,0),\cdots,\boldsymbol{\varepsilon}_n=(0,0,\cdots,1)$$

两两正交.

当$\boldsymbol{\alpha}$与$\boldsymbol{\beta}$正交时,有

$$|\boldsymbol{\alpha}+\boldsymbol{\beta}|^2=|\boldsymbol{\alpha}|^2+|\boldsymbol{\beta}|^2.$$

这说明在欧氏空间中,勾股定理同样成立.

推广到多个向量的情形,如果$\boldsymbol{\alpha}_1,\boldsymbol{\alpha}_2,\cdots,\boldsymbol{\alpha}_s$两两正交,那么

$$|\boldsymbol{\alpha}_1+\boldsymbol{\alpha}_2+\cdots+\boldsymbol{\alpha}_s|^2=|\boldsymbol{\alpha}_1|^2+|\boldsymbol{\alpha}_2|^2+\cdots+|\boldsymbol{\alpha}_s|^2.$$

定理 10.2.1 在一个欧氏空间里,如果向量$\boldsymbol{\alpha}$与向量$\boldsymbol{\beta}_1,\boldsymbol{\beta}_2,\cdots,\boldsymbol{\beta}_r$中每一个正交,那么$\boldsymbol{\alpha}$与$\boldsymbol{\beta}_1,\boldsymbol{\beta}_2,\cdots,\boldsymbol{\beta}_r$的任意线性组合也正交.

证明 令$\sum\limits_{i=1}^{r}x_i\boldsymbol{\beta}_i$是$\boldsymbol{\beta}_1,\boldsymbol{\beta}_2,\cdots,\boldsymbol{\beta}_r$的一个线性组合.因$(\boldsymbol{\alpha},\boldsymbol{\beta}_i)=0(i=1,2,\cdots,r)$,所以

$$\left(\boldsymbol{\alpha},\sum_{i=1}^{r}x_i\boldsymbol{\beta}_i\right)=\sum_{i=1}^{r}x_i(\boldsymbol{\alpha},\boldsymbol{\beta}_i)=0.$$

10.2.2 标准正交基

在几何空间里,我们通常选取三个彼此正交的单位向量做成$\mathbb{R}^3$的一个基,这个基对应于一个空间直角坐标系.我们自然会想到,在一个n维欧氏空间V里,能否找到一组彼此正交的单位向量,使它们构成V的一个基.在n维向量空间$\mathbb{R}^n$中我们找到了这样的基(参见5.1节).在一般欧氏空间中,也有类似的结论.

定义 10.2.2 欧氏空间V中一组非零向量,如果它们两两正交,则称为V的一个**正交向量组**.如果一个正交向量组的每一个向量都是单位向量,这个向量组称为**标准正交向量组**.

规定,单个非零向量所成的向量组也是正交向量组.

上述定义与n维向量空间$\mathbb{R}^n$中有关正交的定义完全类似,因此,下面有关正交的一些结论我们只给出结果,证明参见5.1节.

例 10.2.1 考虑定义在闭区间$[0,2\pi]$上一切连续实函数所成的欧氏空间$C[0,2\pi]$(见例10.1.2).函数组

$$1,\cos x,\sin x,\cos 2x,\sin 2x,\cdots,\cos nx,\sin nx,\cdots$$

构成一个正交向量组.事实上,有

$$(1,\cos nx)=\int_0^{2\pi}\cos nx\,\mathrm{d}x=0,$$

$$(1,\sin nx)=\int_0^{2\pi}\sin nx\,\mathrm{d}x=0,$$

$$(\cos mx,\cos nx)=\int_0^{2\pi}\cos mx\cos nx\,\mathrm{d}x=0,\quad m\neq n,$$

$$(\sin mx,\sin nx)=\int_0^{2\pi}\sin mx\sin nx\,\mathrm{d}x=0,\quad m\neq n,$$

$$(\cos mx,\sin nx)=\int_0^{2\pi}\cos mx\sin nx\,\mathrm{d}x=0.$$

另外,有

$$(1,1)=\int_0^{2\pi}1\mathrm{d}x=2\pi,$$

$$(\cos mx,\cos mx)=\int_0^{2\pi}\cos mx\cos mx\,\mathrm{d}x=\pi,$$

$$(\sin mx,\sin mx)=\int_0^{2\pi}\sin mx\sin mx\,\mathrm{d}x=\pi.$$

所以

$$\frac{1}{\sqrt{2\pi}},\quad \frac{1}{\sqrt{\pi}}\cos x,\quad \frac{1}{\sqrt{\pi}}\sin x,\quad \frac{1}{\sqrt{\pi}}\cos 2x,\quad \frac{1}{\sqrt{\pi}}\sin 2x,\quad \cdots,\quad \frac{1}{\sqrt{\pi}}\cos nx,\quad \frac{1}{\sqrt{\pi}}\sin nx,\quad \cdots$$

是$C[0,2\pi]$的一个标准正交向量组.

定理 10.2.2 设$\boldsymbol{\alpha}_1,\boldsymbol{\alpha}_2,\cdots,\boldsymbol{\alpha}_m$是欧氏空间$V$的一个正交向量组,那么$\boldsymbol{\alpha}_1,\boldsymbol{\alpha}_2,\cdots,\boldsymbol{\alpha}_m$线性无关.

这个结果说明,在n维欧氏空间中两两正交的非零向量不能超过n个.

定义 10.2.3 在n维欧氏空间V中,由n个向量组成的正交向量组称为V的一个**正交基**;由单位向量组成的正交基称为**标准正交基**.

例 10.2.2 欧氏空间$\mathbb{R}^n$的基

$$\boldsymbol{\varepsilon}_1=(1,0,\cdots,0),\quad \boldsymbol{\varepsilon}_2=(0,1,\cdots,0),\cdots,\boldsymbol{\varepsilon}_n=(0,0,\cdots,1)$$

是$\mathbb{R}^n$的一个标准正交基.

推论 1 n维欧氏空间V的向量组$\boldsymbol{\alpha}_1,\boldsymbol{\alpha}_2,\cdots,\boldsymbol{\alpha}_n$是$V$的标准正交基的充要条件是

$$(\boldsymbol{\alpha}_i,\boldsymbol{\alpha}_j)=\begin{cases}1, & i=j,\\ 0, & i\neq j.\end{cases}$$

推论 2 n维欧氏空间V的向量组$\boldsymbol{\alpha}_1,\boldsymbol{\alpha}_2,\cdots,\boldsymbol{\alpha}_n$是$V$的标准正交基的充要条件是它的度量矩阵是单位矩阵.

在标准正交基下,向量的坐标可以通过内积简单地表示出来.

设$\boldsymbol{\alpha}_1,\boldsymbol{\alpha}_2,\cdots,\boldsymbol{\alpha}_n$是$n$维欧氏空间$V$的一个标准正交基,$\boldsymbol{\xi}$是$V$的任意一个向量.那么$\boldsymbol{\xi}$可以唯一地写成

$$\boldsymbol{\xi}=(\boldsymbol{\xi},\boldsymbol{\alpha}_1)\boldsymbol{\alpha}_1+(\boldsymbol{\xi},\boldsymbol{\alpha}_2)\boldsymbol{\alpha}_2+\cdots+(\boldsymbol{\xi},\boldsymbol{\alpha}_n)\boldsymbol{\alpha}_n.$$

即向量$\boldsymbol{\xi}$在一个标准正交基下的第i个坐标等于$\boldsymbol{\xi}$与第i个基向量的内积(参见5.1节).

其次,在标准正交基下,内积有特别简单的表达式.设

$$\boldsymbol{\alpha}=x_1\boldsymbol{\alpha}_1+x_2\boldsymbol{\alpha}_2+\cdots+x_n\boldsymbol{\alpha}_n,$$

$$\boldsymbol{\beta}=y_1\boldsymbol{\alpha}_1+y_2\boldsymbol{\alpha}_2+\cdots+y_n\boldsymbol{\alpha}_n.$$

那么

$$(\boldsymbol{\alpha},\boldsymbol{\beta})=x_1y_1+x_2y_2+\cdots+x_ny_n.$$

由此得

$$|\boldsymbol{\alpha}|=\sqrt{(\boldsymbol{\alpha},\boldsymbol{\alpha})}=\sqrt{x_1^2+x_2^2+\cdots+x_n^2}.$$

这些公式都是解析几何里熟知公式的推广.由此可以看到,在欧氏空间里引入标准正交基的好处.

在5.1节,我们给出了从n维向量空间$\mathbb{R}^n$的任意一组线性无关的向量出发,得出一个

正交向量组的方法，即施密特正交化方法. 下面我们在一般欧氏空间中推导这个方法.

定理 10.2.3 设$\boldsymbol{\alpha}_1,\boldsymbol{\alpha}_2,\cdots,\boldsymbol{\alpha}_m$是欧氏空间$V$的线性无关向量组，那么可以求出$V$的一个正交向量组$\boldsymbol{\beta}_1,\boldsymbol{\beta}_2,\cdots,\boldsymbol{\beta}_m$，使得$\boldsymbol{\beta}_i$可以由$\boldsymbol{\alpha}_1,\boldsymbol{\alpha}_2,\cdots,\boldsymbol{\alpha}_i$线性表示，$i=1,2,\cdots,m$.

证明 先取$\boldsymbol{\beta}_1=\boldsymbol{\alpha}_1$，那么$\boldsymbol{\beta}_1$是$\boldsymbol{\alpha}_1$的线性组合，且$\boldsymbol{\beta}_1\neq\mathbf{0}$. 其次取

$$\boldsymbol{\beta}_2=\boldsymbol{\alpha}_2-\frac{(\boldsymbol{\alpha}_2,\boldsymbol{\beta}_1)}{(\boldsymbol{\beta}_1,\boldsymbol{\beta}_1)}\boldsymbol{\beta}_1.$$

则$\boldsymbol{\beta}_2$是$\boldsymbol{\alpha}_1,\boldsymbol{\alpha}_2$的线性组合，且因$\boldsymbol{\alpha}_1,\boldsymbol{\alpha}_2$线性无关，所以$\boldsymbol{\beta}_2\neq\mathbf{0}$. 又由

$$(\boldsymbol{\beta}_2,\boldsymbol{\beta}_1)=\left(\boldsymbol{\alpha}_2-\frac{(\boldsymbol{\alpha}_2,\boldsymbol{\beta}_1)}{(\boldsymbol{\beta}_1,\boldsymbol{\beta}_1)}\boldsymbol{\beta}_1,\boldsymbol{\beta}_1\right)=(\boldsymbol{\alpha}_2,\boldsymbol{\beta}_1)-\frac{(\boldsymbol{\alpha}_2,\boldsymbol{\beta}_1)}{(\boldsymbol{\beta}_1,\boldsymbol{\beta}_1)}(\boldsymbol{\beta}_1,\boldsymbol{\beta}_1)=0,$$

所以$\boldsymbol{\beta}_1$与$\boldsymbol{\beta}_2$正交.

假设$1<k\leqslant m$，而满足定理要求的$\boldsymbol{\beta}_1,\boldsymbol{\beta}_2,\cdots,\boldsymbol{\beta}_{k-1}$已作出. 取

$$\boldsymbol{\beta}_k=\boldsymbol{\alpha}_k-\frac{(\boldsymbol{\alpha}_k,\boldsymbol{\beta}_1)}{(\boldsymbol{\beta}_1,\boldsymbol{\beta}_1)}\boldsymbol{\beta}_1-\cdots-\frac{(\boldsymbol{\alpha}_k,\boldsymbol{\beta}_{k-1})}{(\boldsymbol{\beta}_{k-1},\boldsymbol{\beta}_{k-1})}\boldsymbol{\beta}_{k-1}.$$

由归纳假设，$\boldsymbol{\beta}_i(i=1,2,\cdots,k-1)$是$\boldsymbol{\alpha}_1,\boldsymbol{\alpha}_2,\cdots,\boldsymbol{\alpha}_i$的线性组合，将这些组合式代入上式，得

$$\boldsymbol{\beta}_k=l_1\boldsymbol{\alpha}_1+l_2\boldsymbol{\alpha}_2+\cdots+l_{k-1}\boldsymbol{\alpha}_{k-1}+\boldsymbol{\alpha}_k,$$

所以$\boldsymbol{\beta}_k$是$\boldsymbol{\alpha}_1,\boldsymbol{\alpha}_2,\cdots,\boldsymbol{\alpha}_k$的线性组合. 又由$\boldsymbol{\alpha}_1,\boldsymbol{\alpha}_2,\cdots,\boldsymbol{\alpha}_k$线性无关知$\boldsymbol{\beta}_k\neq\mathbf{0}$. 由归纳假设，$\boldsymbol{\beta}_1,\boldsymbol{\beta}_2,\cdots,\boldsymbol{\beta}_{k-1}$两两正交，而

$$\begin{aligned}(\boldsymbol{\beta}_k,\boldsymbol{\beta}_i)&=\left(\boldsymbol{\alpha}_k-\frac{(\boldsymbol{\alpha}_k,\boldsymbol{\beta}_1)}{(\boldsymbol{\beta}_1,\boldsymbol{\beta}_1)}\boldsymbol{\beta}_1-\cdots-\frac{(\boldsymbol{\alpha}_k,\boldsymbol{\beta}_{k-1})}{(\boldsymbol{\beta}_{k-1},\boldsymbol{\beta}_{k-1})}\boldsymbol{\beta}_{k-1},\boldsymbol{\beta}_i\right)\\&=(\boldsymbol{\alpha}_k,\boldsymbol{\beta}_i)-\frac{(\boldsymbol{\alpha}_k,\boldsymbol{\beta}_i)}{(\boldsymbol{\beta}_i,\boldsymbol{\beta}_i)}(\boldsymbol{\beta}_i,\boldsymbol{\beta}_i)=0,\quad i=1,2,\cdots,k-1.\end{aligned}$$

于是$\boldsymbol{\beta}_1,\boldsymbol{\beta}_2,\cdots,\boldsymbol{\beta}_k$也满足定理要求. 从而定理得证.

通常取n维欧氏空间V的一个基$\boldsymbol{\alpha}_1,\boldsymbol{\alpha}_2,\cdots,\boldsymbol{\alpha}_n$，利用正交化方法，可以得出$V$的一个正交基$\boldsymbol{\beta}_1,\boldsymbol{\beta}_2,\cdots,\boldsymbol{\beta}_n$，再令

$$\boldsymbol{\gamma}_i=\frac{\boldsymbol{\beta}_i}{|\boldsymbol{\beta}_i|},\quad i=1,2,\cdots,n,$$

则$\boldsymbol{\gamma}_1,\boldsymbol{\gamma}_2,\cdots,\boldsymbol{\gamma}_n$就是$V$的一个标准正交基. 于是得到

定理 10.2.4 任意$n(n>0)$维欧氏空间一定有正交基，因而有标准正交基.

例 10.2.3 在$\mathbb{R}[x]_3$中，定义内积为$(f,g)=\int_{-1}^{1}f(x)g(x)\mathrm{d}x$. 由$\mathbb{R}[x]_3$的基$1,x,x^2$出发，求$\mathbb{R}[x]_3$的一个标准正交基.

解 先正交化. 令$\boldsymbol{\alpha}_1=1,\boldsymbol{\alpha}_2=x,\boldsymbol{\alpha}_3=x^2$. 取

$$\boldsymbol{\beta}_1=\boldsymbol{\alpha}_1=1,$$

因为$(\boldsymbol{\alpha}_2,\boldsymbol{\beta}_1)=(x,1)=\int_{-1}^{1}x\mathrm{d}x=0$，所以$\boldsymbol{\beta}_2=\boldsymbol{\alpha}_2-\frac{(\boldsymbol{\alpha}_2,\boldsymbol{\beta}_1)}{(\boldsymbol{\beta}_1,\boldsymbol{\beta}_1)}\boldsymbol{\beta}_1=x$. 又因为

$$(\boldsymbol{\alpha}_3,\boldsymbol{\beta}_1)=(x^2,1)=\int_{-1}^{1}x^2\mathrm{d}x=\frac{2}{3},(\boldsymbol{\alpha}_3,\boldsymbol{\beta}_2)=(x^2,x)=\int_{-1}^{1}x^3\mathrm{d}x=0,$$

$$(\boldsymbol{\beta}_1,\boldsymbol{\beta}_1)=(1,1)=\int_{-1}^{1}1\mathrm{d}x=2,(\boldsymbol{\beta}_2,\boldsymbol{\beta}_2)=(x,x)=\int_{-1}^{1}x^2\mathrm{d}x=\frac{2}{3},$$

所以

$$\boldsymbol{\beta}_3=\boldsymbol{\alpha}_3-\frac{(\boldsymbol{\alpha}_3,\boldsymbol{\beta}_1)}{(\boldsymbol{\beta}_1,\boldsymbol{\beta}_1)}\boldsymbol{\beta}_1-\frac{(\boldsymbol{\alpha}_3,\boldsymbol{\beta}_2)}{(\boldsymbol{\beta}_2,\boldsymbol{\beta}_2)}\boldsymbol{\beta}_2=x^2-\frac{1}{3},$$

再将$\boldsymbol{\beta}_1,\boldsymbol{\beta}_2,\boldsymbol{\beta}_3$单位化,由

$$|\boldsymbol{\beta}_1|=\sqrt{(\boldsymbol{\beta}_1,\boldsymbol{\beta}_1)}=\sqrt{\int_{-1}^{1}1\mathrm{d}x}=\sqrt{2},$$

$$|\boldsymbol{\beta}_2|=\sqrt{(\boldsymbol{\beta}_2,\boldsymbol{\beta}_2)}=\sqrt{\int_{-1}^{1}x^2\mathrm{d}x}=\sqrt{\frac{2}{3}},$$

$$|\boldsymbol{\beta}_3|=\sqrt{(\boldsymbol{\beta}_3,\boldsymbol{\beta}_3)}=\sqrt{\int_{-1}^{1}\left(x^2-\frac{1}{3}\right)^2\mathrm{d}x}=\frac{4}{3\sqrt{10}},$$

得

$$\boldsymbol{\gamma}_1=\frac{\boldsymbol{\beta}_1}{|\boldsymbol{\beta}_1|}=\frac{\sqrt{2}}{2},\quad \boldsymbol{\gamma}_2=\frac{\boldsymbol{\beta}_2}{|\boldsymbol{\beta}_2|}=\frac{\sqrt{6}}{2}x,\quad \boldsymbol{\gamma}_3=\frac{\boldsymbol{\beta}_3}{|\boldsymbol{\beta}_3|}=\frac{\sqrt{10}}{4}(3x^2-1).$$

则$\boldsymbol{\gamma}_1,\boldsymbol{\gamma}_2,\boldsymbol{\gamma}_3$就是$\mathbb{R}[x]_3$的一个标准正交基.

由于标准正交基在欧氏空间中占有特殊的地位,下面我们来讨论从一个标准正交基到另一个标准正交基的过渡矩阵有什么性质.

设$\boldsymbol{\alpha}_1,\boldsymbol{\alpha}_2,\cdots,\boldsymbol{\alpha}_n$与$\boldsymbol{\beta}_1,\boldsymbol{\beta}_2,\cdots,\boldsymbol{\beta}_n$是$n$维欧氏空间$V$的两个标准正交基. $\boldsymbol{A}=(a_{ij})$是它们之间的过渡矩阵,即

$$(\boldsymbol{\beta}_1,\boldsymbol{\beta}_2,\cdots,\boldsymbol{\beta}_n)=(\boldsymbol{\alpha}_1,\boldsymbol{\alpha}_2,\cdots,\boldsymbol{\alpha}_n)\begin{pmatrix}a_{11}&a_{12}&\cdots&a_{1n}\\a_{21}&a_{22}&\cdots&a_{2n}\\\vdots&\vdots&&\vdots\\a_{n1}&a_{n2}&\cdots&a_{nn}\end{pmatrix}.$$

因为$\boldsymbol{\alpha}_1,\boldsymbol{\alpha}_2,\cdots,\boldsymbol{\alpha}_n$是标准正交基,于是有

$$(\boldsymbol{\beta}_i,\boldsymbol{\beta}_j)=\left(\sum_{k=1}^{n}a_{ki}\boldsymbol{\alpha}_k,\sum_{l=1}^{n}a_{lj}\boldsymbol{\alpha}_l\right)=\sum_{k=1}^{n}\sum_{l=1}^{n}a_{ki}a_{lj}(\boldsymbol{\alpha}_k,\boldsymbol{\alpha}_l)=\sum_{k=1}^{n}a_{ki}a_{kj}.$$

又因为$\boldsymbol{\beta}_1,\boldsymbol{\beta}_2,\cdots,\boldsymbol{\beta}_n$也是标准正交基,所以

$$(\boldsymbol{\beta}_i,\boldsymbol{\beta}_j)=\begin{cases}1, & i=j,\\0, & i\neq j.\end{cases}$$

从而

$$\sum_{k=1}^{n}a_{ki}a_{kj}=a_{1i}a_{1j}+a_{2i}a_{2j}+\cdots+a_{ni}a_{nj}=\begin{cases}1, & i=j,\\0, & i\neq j.\end{cases}$$

上式表明矩阵$\boldsymbol{A}$的第i列与第j列对应元素乘积之和当$i=j$时等于1;当$i\neq j$时等于0.此式相当于一个矩阵的等式

$$\boldsymbol{A}^{\mathrm{T}}\boldsymbol{A}=\boldsymbol{E},$$

或者

$$\boldsymbol{A}^{-1}=\boldsymbol{A}^{\mathrm{T}}.$$

由逆矩阵的性质,还可得

$$\boldsymbol{A}\boldsymbol{A}^{\mathrm{T}}=\boldsymbol{E},$$

即有

$$a_{i1}a_{j1}+a_{i2}a_{j2}+\cdots+a_{in}a_{jn}=\begin{cases}1, & i=j,\\0, & i\neq j.\end{cases}$$

此式表明矩阵$\boldsymbol{A}$的第i行与第j行对应元素乘积之和当$i=j$时等于1;当$i\neq j$时等于0.

上面的讨论说明矩阵$\boldsymbol{A}$是正交矩阵,即$\boldsymbol{A}$的行向量与列向量(作为$\mathbb{R}^n$的向量)都是单

位向量,而 $\boldsymbol{A}$ 的不同行向量是彼此正交的,$\boldsymbol{A}$ 的不同列向量也是彼此正交的.

定理 10.2.5 n 维欧氏空间由标准正交基到标准正交基的过渡矩阵是正交矩阵;反之,如果一个基是标准正交基,同时过渡矩阵是正交矩阵,那么另一个基也是标准正交基.

10.2.3 正交补

定义 10.2.4 设 W 是欧氏空间 V 的一个子空间,$\boldsymbol{\alpha}\in V$,如果对于任意$\boldsymbol{\beta}\in W$,都有$(\boldsymbol{\alpha},\boldsymbol{\beta})=0$,则称$\boldsymbol{\alpha}$与 W 正交,记为$\boldsymbol{\alpha}\perp W$. 设 W_1,W_2 是欧氏空间 V 的两个子空间,如果对于任意的$\boldsymbol{\alpha}\in W_1,\boldsymbol{\beta}\in W_2$,都有$(\boldsymbol{\alpha},\boldsymbol{\beta})=0$,则称 W_1 与 W_2 正交,记为 $W_1\perp W_2$.

由定理 10.2.1,不难证明,如果

$$W_1=L(\boldsymbol{\alpha}_1,\boldsymbol{\alpha}_2,\cdots,\boldsymbol{\alpha}_s),\quad W_2=L(\boldsymbol{\beta}_1,\boldsymbol{\beta}_2,\cdots,\boldsymbol{\beta}_t).$$

那么 $W_1\perp W_2$ 当且仅当$\boldsymbol{\alpha}_i\perp\boldsymbol{\beta}_j(i=1,2,\cdots,s;\ j=1,2,\cdots,t)$.

如果 $W_1\perp W_2$,设$\boldsymbol{\alpha}\in W_1\cap W_2$,则$\boldsymbol{\alpha}\in W_1$ 且$\boldsymbol{\alpha}\in W_2$,于是$(\boldsymbol{\alpha},\boldsymbol{\alpha})=0$,从而$\boldsymbol{\alpha}=\mathbf{0}$,所以 $W_1\cap W_2=\{\mathbf{0}\}$. 由此得下面定理.

定理 10.2.6 设 W_1,W_2 是欧氏空间 V 的两个子空间,如果 W_1 与 W_2 正交,则 W_1+W_2 是直和.

推论 如果子空间 $W_1,W_2,\cdots,W_s$ 两两正交,那么和 $W_1+W_2+\cdots+W_s$ 是直和.

定义 10.2.5 设 W 是欧氏空间 V 的子空间,如果存在子空间 U,使得

$$W+U=V,\quad W\perp U,$$

则称 U 是 W 的一个**正交补**.

显然,如果 U 是 W 的正交补,那么 W 也是 U 的正交补.

定理 10.2.7 n 维欧氏空间 V 的每一个子空间 W 都存在唯一的正交补.

证明 如果 $W=\{\mathbf{0}\}$,则显然 W 的正交补就是 V. 设 $W\neq\{\mathbf{0}\}$,在 W 中取一个标准正交基$\boldsymbol{\varepsilon}_1,\boldsymbol{\varepsilon}_2,\cdots,\boldsymbol{\varepsilon}_m$,扩充为 V 的一个标准正交基

$$\boldsymbol{\varepsilon}_1,\boldsymbol{\varepsilon}_2,\cdots,\boldsymbol{\varepsilon}_m,\boldsymbol{\varepsilon}_{m+1},\cdots,\boldsymbol{\varepsilon}_n.$$

令 $U=L(\boldsymbol{\varepsilon}_{m+1},\cdots,\boldsymbol{\varepsilon}_n)$,则 $U=L(\boldsymbol{\varepsilon}_{m+1},\cdots,\boldsymbol{\varepsilon}_n)$就是 W 的正交补.

再证唯一性. 设 U_1,U_2 都是 W 的正交补,于是

$$V=W\oplus U_1,\quad V=W\oplus U_2.$$

对于$\boldsymbol{\alpha}\in U_1$,则$\boldsymbol{\alpha}\in V=W\oplus U_2$,于是有

$$\boldsymbol{\alpha}=\boldsymbol{\beta}+\boldsymbol{\gamma},$$

其中$\boldsymbol{\beta}\in W,\boldsymbol{\gamma}\in U_2$. 因为$\boldsymbol{\alpha}\perp\boldsymbol{\beta}$,所以

$$0=(\boldsymbol{\alpha},\boldsymbol{\beta})=(\boldsymbol{\beta}+\boldsymbol{\gamma},\boldsymbol{\beta})=(\boldsymbol{\beta},\boldsymbol{\beta})+(\boldsymbol{\gamma},\boldsymbol{\beta})=(\boldsymbol{\beta},\boldsymbol{\beta}).$$

于是$\boldsymbol{\beta}=\mathbf{0}$. 由此知$\boldsymbol{\alpha}=\boldsymbol{\gamma}\in U_2$,得 $U_1\subset U_2$.

同理可证 $U_2\subset U_1$. 故 $U_1=U_2$,唯一性得证.

我们把子空间 W 的唯一正交补记为 $W^{\perp}$. 由定义可知,如果 W 是有限维欧氏空间 V 的子空间,则有

$$\dim W+\dim W^{\perp}=\dim V.$$

10.2.4 欧氏空间的同构

最后,我们利用标准正交基来解决两个有限维欧氏空间的同构问题.

定义 10.2.6 设欧氏空间 V 与 V',如果由 V 到 V' 有一个双射 σ,满足

(1) $\sigma(\boldsymbol{\alpha}+\boldsymbol{\beta})=\sigma(\boldsymbol{\alpha})+\sigma(\boldsymbol{\beta})$;

(2) $\sigma(k\boldsymbol{\alpha})=k\sigma(\boldsymbol{\alpha})$;

(3) $(\sigma(\boldsymbol{\alpha}),\sigma(\boldsymbol{\beta}))=(\boldsymbol{\alpha},\boldsymbol{\beta})$,

这里 $\boldsymbol{\alpha},\boldsymbol{\beta}\in V,k\in\mathbb{R}$,则称 V 与 V' **同构**,而映射 σ 称为 V 到 V' 的**同构映射**.

由定义可知,如果 σ 是欧氏空间 V 到 V' 的一个同构映射,那么 σ 也是线性空间 V 到 V' 的同构映射. 因此,同构的有限维欧氏空间必有相同的维数.

反过来,设 $\dim V=\dim V'=n$. 如果 $n=0$,那么 V 与 V' 显然同构. 下设 $n>0$.

在 V 中取一个标准正交基 $\boldsymbol{\varepsilon}_1,\boldsymbol{\varepsilon}_2,\cdots,\boldsymbol{\varepsilon}_n$; 在 V' 中取一个标准正交基 $\boldsymbol{\gamma}_1,\boldsymbol{\gamma}_2,\cdots,\boldsymbol{\gamma}_n$. 对于 V 的每一个向量

$$\boldsymbol{\alpha}=x_1\boldsymbol{\varepsilon}_1+x_2\boldsymbol{\varepsilon}_2+\cdots+x_n\boldsymbol{\varepsilon}_n,$$

规定映射

$$\sigma(\boldsymbol{\alpha})=x_1\boldsymbol{\gamma}_1+x_2\boldsymbol{\gamma}_2+\cdots+x_n\boldsymbol{\gamma}_n.$$

容易证明,σ 是线性空间 V 到 V' 的线性映射,且是双射. 设

$$\boldsymbol{\alpha}=x_1\boldsymbol{\varepsilon}_1+x_2\boldsymbol{\varepsilon}_2+\cdots+x_n\boldsymbol{\varepsilon}_n,\quad \boldsymbol{\beta}=y_1\boldsymbol{\varepsilon}_1+y_2\boldsymbol{\varepsilon}_2+\cdots+y_n\boldsymbol{\varepsilon}_n$$

是 V 中任意两个向量,那么

$$\sigma(\boldsymbol{\alpha})=x_1\boldsymbol{\gamma}_1+x_2\boldsymbol{\gamma}_2+\cdots+x_n\boldsymbol{\gamma}_n,\quad \sigma(\boldsymbol{\beta})=y_1\boldsymbol{\gamma}_1+y_2\boldsymbol{\gamma}_2+\cdots+y_n\boldsymbol{\gamma}_n.$$

由于 $\boldsymbol{\varepsilon}_1,\boldsymbol{\varepsilon}_2,\cdots,\boldsymbol{\varepsilon}_n$ 与 $\boldsymbol{\gamma}_1,\boldsymbol{\gamma}_2,\cdots,\boldsymbol{\gamma}_n$ 都是标准正交基,所以

$$(\boldsymbol{\alpha},\boldsymbol{\beta})=x_1y_1+x_2y_2+\cdots+x_ny_n=(\sigma(\boldsymbol{\alpha}),\sigma(\boldsymbol{\beta})).$$

因此欧氏空间 V 与 V' 同构.

于是有下面定理.

定理 10.2.8 两个有限维欧氏空间同构的充要条件是它们的维数相同.

推论 任意 n 维欧氏空间都与 $\mathbb{R}^n$ 同构.

习题 10.2

1. $\mathbb{R}[x]_3$ 是关于内积 $(f,g)=\int_0^1 f(x)g(x)\mathrm{d}x$ 构成的欧氏空间. 由 $\mathbb{R}[x]_3$ 的基 $1,x,x^2$ 出发,求 $\mathbb{R}[x]_3$ 的一个标准正交基.

2. 在 $\mathbb{R}^{2\times 2}$ 中定义内积

$$(\boldsymbol{A},\boldsymbol{B})=\operatorname{tr}(\boldsymbol{B}^{\mathrm{T}}\boldsymbol{A}).$$

(1) 证明: $\boldsymbol{E}_{11}=\begin{pmatrix}1&0\\0&0\end{pmatrix},\boldsymbol{E}_{12}=\begin{pmatrix}0&1\\0&0\end{pmatrix},\boldsymbol{E}_{21}=\begin{pmatrix}0&0\\1&0\end{pmatrix},\boldsymbol{E}_{22}=\begin{pmatrix}0&0\\0&1\end{pmatrix}$ 是 $\mathbb{R}^{2\times 2}$ 的标准正交基.

(2) 求向量$\boldsymbol{A}=\begin{pmatrix} a & b \\ c & d \end{pmatrix}$的长度.

3. 设$\boldsymbol{\alpha}_1,\boldsymbol{\alpha}_2,\cdots,\boldsymbol{\alpha}_n,\boldsymbol{\beta}$是欧氏空间$V$的向量，且$\boldsymbol{\beta}$是$\boldsymbol{\alpha}_1,\boldsymbol{\alpha}_2,\cdots,\boldsymbol{\alpha}_n$的线性组合. 证明：如果$\boldsymbol{\beta}$与每一个$\boldsymbol{\alpha}_i$正交，$i=1,2,\cdots,n$，那么$\boldsymbol{\beta}=\boldsymbol{0}$.

4. 设$\boldsymbol{\alpha}_1,\boldsymbol{\alpha}_2,\cdots,\boldsymbol{\alpha}_n$是欧氏空间$V$的一个基，证明：

(1) 如果$\boldsymbol{\gamma}\in V$使$(\boldsymbol{\gamma},\boldsymbol{\alpha}_i)=0(i=1,2,\cdots,n)$，那么$\boldsymbol{\gamma}=\boldsymbol{0}$；

(2) 如果$\boldsymbol{\gamma}_1,\boldsymbol{\gamma}_2\in V$使对任一$\boldsymbol{\alpha}\in V$，有$(\boldsymbol{\gamma}_1,\boldsymbol{\alpha})=(\boldsymbol{\gamma}_2,\boldsymbol{\alpha})$，那么$\boldsymbol{\gamma}_1=\boldsymbol{\gamma}_2$.

5. 设V是n维欧氏空间，$\boldsymbol{\alpha}\neq\boldsymbol{0}$是$V$中一固定向量.

(1) 证明：$V_1=\{\boldsymbol{x}\mid(\boldsymbol{x},\boldsymbol{\alpha})=0,\boldsymbol{x}\in V\}$是$V$的子空间；

(2) 求V_1的维数.

6. 设$\boldsymbol{\alpha}_1,\boldsymbol{\alpha}_2,\cdots,\boldsymbol{\alpha}_m$是欧氏空间$V$的一个标准正交组，证明：对任意$\boldsymbol{\xi}\in V$，以下不等式成立：

$$\sum_{i=1}^{m}(\boldsymbol{\xi},\boldsymbol{\alpha}_i)^2\leqslant|\boldsymbol{\xi}|^2.$$

10.3 正交变换

在几何空间里，使用的变换都是保持点之间的距离不变，亦即保持向量长度不变(内积也不变)，这种变换叫做正交变换. 在一般欧氏空间中，我们将研究这样的变换.

定义 10.3.1 设V是一个欧氏空间，σ是V的一个线性变换. 如果对任意$\boldsymbol{\alpha},\boldsymbol{\beta}\in V$，都有

$$(\sigma(\boldsymbol{\alpha}),\sigma(\boldsymbol{\beta}))=(\boldsymbol{\alpha},\boldsymbol{\beta}).$$

即σ保持向量的内积不变，则称σ是V的一个**正交变换**.

例 10.3.1 在$\mathbb{R}^2$里，把每一向量$\boldsymbol{\alpha}=(x,y)$旋转一个定角$\varphi$的线性变换$\sigma$：

$$\sigma(\boldsymbol{\alpha})=(x\cos\varphi-y\sin\varphi,x\sin\varphi+y\cos\varphi)$$

是正交变换.

证明 设$\boldsymbol{\alpha}=(x_1,y_1),\boldsymbol{\beta}=(x_2,y_2)\in\mathbb{R}^2$，则

$$\sigma(\boldsymbol{\alpha})=(x_1\cos\varphi-y_1\sin\varphi,\quad x_1\sin\varphi+y_1\cos\varphi),$$

$$\sigma(\boldsymbol{\beta})=(x_2\cos\varphi-y_2\sin\varphi,\quad x_2\sin\varphi+y_2\cos\varphi),$$

$$\begin{aligned}(\sigma(\boldsymbol{\alpha}),\sigma(\boldsymbol{\beta}))&=(x_1\cos\varphi-y_1\sin\varphi)(x_2\cos\varphi-y_2\sin\varphi)\\&\quad+(x_1\sin\varphi+y_1\cos\varphi)(x_2\sin\varphi+y_2\cos\varphi)\\&=x_1x_2+y_1y_2=(\boldsymbol{\alpha},\boldsymbol{\beta}),\end{aligned}$$

故σ是正交变换.

定理 10.3.1 欧氏空间V的一个线性变换σ是正交变换的充要条件是对任意$\boldsymbol{\alpha}\in V$，有

$$|\sigma(\boldsymbol{\alpha})|=|\boldsymbol{\alpha}|.$$

即σ保持向量的长度不变.

证明 必要性 由定义可得

$$|\sigma(\boldsymbol{\alpha})|^2=(\sigma(\boldsymbol{\alpha}),\sigma(\boldsymbol{\alpha}))=(\boldsymbol{\alpha},\boldsymbol{\alpha})=|\boldsymbol{\alpha}|^2,$$

故

$$|\sigma(\boldsymbol{\alpha})|=|\boldsymbol{\alpha}|.$$

充分性　对任意$\boldsymbol{\alpha},\boldsymbol{\beta}\in V$，有

$$|\sigma(\boldsymbol{\alpha}+\boldsymbol{\beta})|^2=|\boldsymbol{\alpha}+\boldsymbol{\beta}|^2.$$

而

$$\begin{aligned}|\sigma(\boldsymbol{\alpha}+\boldsymbol{\beta})|^2&=(\sigma(\boldsymbol{\alpha}+\boldsymbol{\beta}),\sigma(\boldsymbol{\alpha}+\boldsymbol{\beta}))\\&=(\sigma(\boldsymbol{\alpha})+\sigma(\boldsymbol{\beta}),\sigma(\boldsymbol{\alpha})+\sigma(\boldsymbol{\beta}))\\&=(\sigma(\boldsymbol{\alpha}),\sigma(\boldsymbol{\alpha}))+(\sigma(\boldsymbol{\beta}),\sigma(\boldsymbol{\beta}))+2(\sigma(\boldsymbol{\alpha}),\sigma(\boldsymbol{\beta})),\\|\boldsymbol{\alpha}+\boldsymbol{\beta}|^2&=(\boldsymbol{\alpha}+\boldsymbol{\beta},\boldsymbol{\alpha}+\boldsymbol{\beta})\\&=(\boldsymbol{\alpha},\boldsymbol{\alpha})+(\boldsymbol{\beta},\boldsymbol{\beta})+2(\boldsymbol{\alpha},\boldsymbol{\beta}).\end{aligned}$$

由于

$$(\sigma(\boldsymbol{\alpha}),\sigma(\boldsymbol{\alpha}))=(\boldsymbol{\alpha},\boldsymbol{\alpha}),\quad(\sigma(\boldsymbol{\beta}),\sigma(\boldsymbol{\beta}))=(\boldsymbol{\beta},\boldsymbol{\beta}),$$

比较上面两个等式可得

$$(\sigma(\boldsymbol{\alpha}),\sigma(\boldsymbol{\beta}))=(\boldsymbol{\alpha},\boldsymbol{\beta}).$$

故σ是正交变换.

因为两个非零向量的夹角由内积完全决定，因此，正交变换也保持向量的夹角不变. 但保持夹角不变的线性变换未必是正交变换.

例如，数乘变换$\sigma(\boldsymbol{\alpha})=k\boldsymbol{\alpha}$，$k\neq0,\pm1$，有

$$\arccos\frac{(\sigma(\boldsymbol{\alpha}),\sigma(\boldsymbol{\beta}))}{|\sigma(\boldsymbol{\alpha})||\sigma(\boldsymbol{\beta})|}=\arccos\frac{(k\boldsymbol{\alpha},k\boldsymbol{\beta})}{|k\boldsymbol{\alpha}||k\boldsymbol{\beta}|}=\arccos\frac{k^2(\boldsymbol{\alpha},\boldsymbol{\beta})}{k^2|\boldsymbol{\alpha}||\boldsymbol{\beta}|}=\arccos\frac{(\boldsymbol{\alpha},\boldsymbol{\beta})}{|\boldsymbol{\alpha}||\boldsymbol{\beta}|},$$

即σ保持向量$\boldsymbol{\alpha}$与$\boldsymbol{\beta}$的夹角不变. 但

$$|\sigma(\boldsymbol{\alpha})|=|k\boldsymbol{\alpha}|=|k||\boldsymbol{\alpha}|\neq|\boldsymbol{\alpha}|,$$

故σ不是正交变换.

几何意义是明显的，数乘变换只可能改变了向量的长度，而没改变向量的夹角.

定理 10.3.2　设σ是n维欧氏空间V的一个线性变换. 如果σ是正交变换，则σ把V的任意一个标准正交基变成标准正交基. 反之，如果σ把V的某一个标准正交基变成标准正交基，那么σ是正交变换.

证明　设σ是V的一个正交变换，令$\boldsymbol{\varepsilon}_1,\boldsymbol{\varepsilon}_2,\cdots,\boldsymbol{\varepsilon}_n$是$V$的任意一个标准正交基，则有

$$(\sigma(\boldsymbol{\varepsilon}_i),\sigma(\boldsymbol{\varepsilon}_j))=(\boldsymbol{\varepsilon}_i,\boldsymbol{\varepsilon}_j)=\begin{cases}1,i=j,\\0,i\neq j.\end{cases}$$

因此$\sigma(\boldsymbol{\varepsilon}_1),\sigma(\boldsymbol{\varepsilon}_2),\cdots,\sigma(\boldsymbol{\varepsilon}_n)$是$V$的标准正交基.

反之，假设σ把V的某一个标准正交基$\boldsymbol{\varepsilon}_1,\boldsymbol{\varepsilon}_2,\cdots,\boldsymbol{\varepsilon}_n$变成标准正交基$\sigma(\boldsymbol{\varepsilon}_1),\sigma(\boldsymbol{\varepsilon}_2),\cdots,\sigma(\boldsymbol{\varepsilon}_n)$. 对任意$\boldsymbol{\alpha}\in V$，令

$$\boldsymbol{\alpha}=x_1\boldsymbol{\varepsilon}_1+x_2\boldsymbol{\varepsilon}_2+\cdots+x_n\boldsymbol{\varepsilon}_n,$$

则

$$\sigma(\boldsymbol{\alpha})=x_1\sigma(\boldsymbol{\varepsilon}_1)+x_2\sigma(\boldsymbol{\varepsilon}_2)+\cdots+x_n\sigma(\boldsymbol{\varepsilon}_n),$$

于是

$$|\sigma(\boldsymbol{\alpha})|=\sqrt{x_1^2+x_2^2+\cdots+x_n^2}=|\boldsymbol{\alpha}|.$$

由定理 10.3.1 知 σ 是正交变换.

定理 10.3.3 设 σ 是 n 维欧氏空间 V 的一个线性变换. 如果 σ 是正交变换,则 σ 在 V 的任意一个标准正交基下的矩阵是正交矩阵. 反之,如果 σ 在 V 的某一个标准正交基下的矩阵是正交矩阵,那么 σ 是正交变换.

证明 $\boldsymbol{\varepsilon}_1,\boldsymbol{\varepsilon}_2,\cdots,\boldsymbol{\varepsilon}_n$ 是 V 的任意一个标准正交基,σ 在这个基下的矩阵是 $\boldsymbol{A}$,即

$$(\sigma(\boldsymbol{\varepsilon}_1),\sigma(\boldsymbol{\varepsilon}_2),\cdots,\sigma(\boldsymbol{\varepsilon}_n))=(\boldsymbol{\varepsilon}_1,\boldsymbol{\varepsilon}_2,\cdots,\boldsymbol{\varepsilon}_n)\boldsymbol{A}.$$

如果 σ 是正交变换,则由定理 10.3.2, $\sigma(\boldsymbol{\varepsilon}_1),\sigma(\boldsymbol{\varepsilon}_2),\cdots,\sigma(\boldsymbol{\varepsilon}_n)$ 也是 V 的标准正交基. 于是 $\boldsymbol{A}$ 就是由标准正交基 $\boldsymbol{\varepsilon}_1,\boldsymbol{\varepsilon}_2,\cdots,\boldsymbol{\varepsilon}_n$ 到标准正交基 $\sigma(\boldsymbol{\varepsilon}_1),\sigma(\boldsymbol{\varepsilon}_2),\cdots,\sigma(\boldsymbol{\varepsilon}_n)$ 的过渡矩阵,由定理 10.2.5,$\boldsymbol{A}$ 是正交矩阵.

反之,若 σ 在 V 的某一个标准正交基 $\boldsymbol{\varepsilon}_1,\boldsymbol{\varepsilon}_2,\cdots,\boldsymbol{\varepsilon}_n$ 下的矩阵 $\boldsymbol{A}$ 是正交矩阵,则由定理 10.2.5,$\sigma(\boldsymbol{\varepsilon}_1),\sigma(\boldsymbol{\varepsilon}_2),\cdots,\sigma(\boldsymbol{\varepsilon}_n)$ 也是 V 的标准正交基,再由定理 10.3.2,σ 是正交变换.

由于正交矩阵是可逆矩阵,所以正交变换是可逆变换. 由定义可知,正交变换实际上就是一个欧氏空间到它自身的同构映射.

因而还有以下结论:

正交变换的乘积是正交变换,正交变换的逆变换是正交变换.

因为正交变换在标准正交基下的矩阵是正交矩阵,如果 $\boldsymbol{A}$ 是正交矩阵,则有

$$\boldsymbol{A}\boldsymbol{A}^{\mathrm{T}}=\boldsymbol{E}.$$

于是 $|\boldsymbol{A}|^2=1$,即 $|\boldsymbol{A}|=\pm 1$,所以正交变换的矩阵的行列式等于 1 或 -1. 行列式等于 1 的正交变换通常称为**旋转**,或者称为**第一类正交变换**; 行列式等于 -1 的正交变换称为**第二类正交变换**.

习题 10.3

1. 证明: n 维欧氏空间的两个正交变换的乘积是正交变换; 正交变换的逆变换是正交变换.

2. 证明: 欧氏空间的正交变换的特征值为 ± 1.

3. 在欧氏空间 $\mathbb{R}^3$ 中,定义线性变换 σ 为

$$\sigma(x_1,x_2,x_3)=\left(\frac{\sqrt{2}}{2}x_1+\frac{\sqrt{2}}{2}x_2,x_3,\frac{\sqrt{2}}{2}x_1-\frac{\sqrt{2}}{2}x_2\right).$$

证明: σ 是正交变换.

4. 设 σ 是 n 维欧氏空间 V 的一个正交变换,V_1 是 σ 的不变子空间. 证明: $V_1^{\perp}$ 也是 σ 的不变子空间.

10.4 对称变换

对称变换是欧氏空间的另一类重要变换,在本节,我们介绍有限维欧氏空间的对称变换的基本性质.

定义 10.4.1 设 σ 是欧氏空间 V 的一个线性变换，如果对于任意 $\boldsymbol{\alpha},\boldsymbol{\beta}\in V$，都有

$$(\sigma(\boldsymbol{\alpha}),\boldsymbol{\beta})=(\boldsymbol{\alpha},\sigma(\boldsymbol{\beta})).$$

那么就称 σ 是一个**对称变换**.

下面我们看对称变换在标准正交基下的矩阵有什么形状.

设 σ 是欧氏空间 V 的一个对称变换，$\boldsymbol{\varepsilon}_1,\boldsymbol{\varepsilon}_2,\cdots,\boldsymbol{\varepsilon}_n$ 是 V 的任意一个标准正交基，$\boldsymbol{A}=(a_{ij})_{n\times n}$ 是 σ 在这个基下的矩阵. 于是由

$$(\sigma(\boldsymbol{\varepsilon}_1),\sigma(\boldsymbol{\varepsilon}_2),\cdots,\sigma(\boldsymbol{\varepsilon}_n))=(\boldsymbol{\varepsilon}_1,\boldsymbol{\varepsilon}_2,\cdots,\boldsymbol{\varepsilon}_n)\boldsymbol{A},$$

有

$$\sigma(\boldsymbol{\varepsilon}_j)=\sum_{k=1}^{n}a_{kj}\boldsymbol{\varepsilon}_k,\quad j=1,2,\cdots,n,$$

$$(\sigma(\boldsymbol{\varepsilon}_j),\boldsymbol{\varepsilon}_i)=\left(\sum_{k=1}^{n}a_{kj}\boldsymbol{\varepsilon}_k,\boldsymbol{\varepsilon}_i\right)=\sum_{k=1}^{n}a_{kj}(\boldsymbol{\varepsilon}_k,\boldsymbol{\varepsilon}_i)=a_{ij}(\boldsymbol{\varepsilon}_i,\boldsymbol{\varepsilon}_i)=a_{ij}.$$

因 σ 是对称变换，有

$$a_{ij}=(\sigma(\boldsymbol{\varepsilon}_j),\boldsymbol{\varepsilon}_i)=(\boldsymbol{\varepsilon}_j,\sigma(\boldsymbol{\varepsilon}_i))=(\sigma(\boldsymbol{\varepsilon}_i),\boldsymbol{\varepsilon}_j)=a_{ji},$$

即 $\boldsymbol{A}^{\mathrm{T}}=\boldsymbol{A}$. 故 $\boldsymbol{A}$ 是实对称矩阵.

反之，设 σ 在 V 的某个标准正交基 $\boldsymbol{\varepsilon}_1,\boldsymbol{\varepsilon}_2,\cdots,\boldsymbol{\varepsilon}_n$ 下的矩阵 $\boldsymbol{A}=(a_{ij})_{n\times n}$ 是实对称矩阵. 由上面讨论有

$$(\boldsymbol{\varepsilon}_i,\sigma(\boldsymbol{\varepsilon}_j))=a_{ij},\quad(\sigma(\boldsymbol{\varepsilon}_i),\boldsymbol{\varepsilon}_j)=a_{ji}.$$

于是对任意 $\boldsymbol{\alpha},\boldsymbol{\beta}\in V$，令

$$\boldsymbol{\alpha}=\sum_{i=1}^{n}x_i\boldsymbol{\varepsilon}_i,\quad\boldsymbol{\beta}=\sum_{j=1}^{n}y_j\boldsymbol{\varepsilon}_j,$$

那么

$$(\sigma(\boldsymbol{\alpha}),\boldsymbol{\beta})=\left(\sum_{i=1}^{n}x_i\sigma(\boldsymbol{\varepsilon}_i),\sum_{j=1}^{n}y_j\boldsymbol{\varepsilon}_j\right)=\sum_{i=1}^{n}\sum_{j=1}^{n}x_iy_j(\sigma(\boldsymbol{\varepsilon}_i),\boldsymbol{\varepsilon}_j)=\sum_{i=1}^{n}\sum_{j=1}^{n}a_{ji}x_iy_j,$$

$$(\boldsymbol{\alpha},\sigma(\boldsymbol{\beta}))=\left(\sum_{i=1}^{n}x_i\boldsymbol{\varepsilon}_i,\sum_{j=1}^{n}y_j\sigma(\boldsymbol{\varepsilon}_j)\right)=\sum_{i=1}^{n}\sum_{j=1}^{n}x_iy_j(\boldsymbol{\varepsilon}_i,\sigma(\boldsymbol{\varepsilon}_j))=\sum_{i=1}^{n}\sum_{j=1}^{n}a_{ij}x_iy_j.$$

因 $a_{ij}=a_{ji}$，所以 $(\sigma(\boldsymbol{\alpha}),\boldsymbol{\beta})=(\boldsymbol{\alpha},\sigma(\boldsymbol{\beta}))$，故 σ 是对称变换.

于是得到下面定理。

定理 10.4.1 设 σ 是 n 维欧氏空间 V 的一个线性变换. 如果 σ 是对称变换，那么 σ 在 V 的任意标准正交基下的矩阵是实对称矩阵. 反之，如果 σ 在 V 的某个标准正交基下的矩阵是实对称矩阵，那么 σ 是对称变换.

由上面的讨论可知，当取定 n 维欧氏空间 V 的一个标准正交基后，V 的全体对称变换所组成的集合与全体 n 阶实对称矩阵所组成的集合之间可以建立一一对应关系. 因而，在研究对称变换时可以利用实对称矩阵的性质，反之亦然. 因此我们有下面的结论.

定理 10.4.2 对称变换的特征值都是实数.

定理 10.4.3 对称变换的属于不同特征值的特征向量必正交.

推论 对称变换的属于不同特征值的特征子空间两两正交.

定理 10.4.4 设 σ 是 n 维欧氏空间 V 的一个对称变换，那么在 V 中有一个标准正交

基,使得 σ 在这个基下的矩阵是对角矩阵.

证明 在 V 中任取一个标准正交基 $\boldsymbol{\varepsilon}_1,\boldsymbol{\varepsilon}_2,\cdots,\boldsymbol{\varepsilon}_n$,设 σ 在这个基下的矩阵是 $\boldsymbol{A}$,则 $\boldsymbol{A}$ 是实对称矩阵,因此有正交矩阵 $\boldsymbol{P}$,使

$$\boldsymbol{P}^{-1}\boldsymbol{A}\boldsymbol{P}=\boldsymbol{\Lambda}$$

为对角矩阵.令

$$(\boldsymbol{\eta}_1,\boldsymbol{\eta}_2,\cdots,\boldsymbol{\eta}_n)=(\boldsymbol{\varepsilon}_1,\boldsymbol{\varepsilon}_2,\cdots,\boldsymbol{\varepsilon}_n)\boldsymbol{P},$$

则 $\boldsymbol{\eta}_1,\boldsymbol{\eta}_2,\cdots,\boldsymbol{\eta}_n$ 也是 V 的一个标准正交基,且 σ 在 $\boldsymbol{\eta}_1,\boldsymbol{\eta}_2,\cdots,\boldsymbol{\eta}_n$ 下的矩阵为对角矩阵 $\boldsymbol{\Lambda}$.

由定理 10.4.4 知,对称变换一定可以对角化.

定义 10.4.2 设 σ 是欧氏空间 V 的一个线性变换,如果对于任意 $\boldsymbol{\alpha},\boldsymbol{\beta}\in V$,都有

$$(\sigma(\boldsymbol{\alpha}),\boldsymbol{\beta})=-(\boldsymbol{\alpha},\sigma(\boldsymbol{\beta})),$$

那么就称 σ 是一个**反对称变换**.

习题 10.4

1. 在欧氏空间 $\mathbb{R}^2$ 中,定义线性变换 σ: $\sigma(x_1,x_2)=(x_1+x_2,x_1+2x_2)$. 证明: σ 是对称变换.

2. 在欧氏空间 $\mathbb{R}^3$ 中,定义线性变换 σ: $\sigma(x_1,x_2,x_3)=(x_2,x_1+x_2-2x_3,-2x_2)$. 证明: σ 是对称变换.

3. 设 σ,τ 是欧氏空间 V 的两个对称变换. 证明:

(1) $\sigma+\tau$ 是对称变换;

(2) $\sigma\tau+\tau\sigma$ 是对称变换;

(3) $\sigma\tau$ 是对称变换的充要条件是 $\sigma\tau=\tau\sigma$.

4. 设 σ 是 n 维欧氏空间 V 的一个线性变换. 证明: σ 为对称变换的充要条件是 σ 有 n 个两两正交的特征向量.

5. 设 σ 是 n 维欧氏空间 V 中的线性变换. 证明:

(1) σ 为反对称变换的充要条件是 σ 在 V 的标准正交基下的矩阵是反对称实矩阵;

(2) 如果 V_1 是反对称变换 σ 的不变子空间,则 $V_1^{\perp}$ 也是 σ 的不变子空间.

6. 在欧氏空间 $\mathbb{R}^3$ 中,定义线性变换 σ: $\sigma(x_1,x_2,x_3)=(-x_2+x_3,x_1-x_3,-x_1+x_2)$. 证明: σ 是反对称变换.

7. 证明: 反对称变换的特征值是零或纯虚数.

本章小结

一、基本概念

1. 内积与欧氏空间.

2. 向量的长度,单位向量,向量的单位化,向量的夹角.

3. 正交,正交向量组,正交基,标准正交基.

4. 度量矩阵.

5. 正交子空间，正交补.

6. 欧氏空间的同构(同构映射保持加法、数乘、内积运算).

7. 正交变换，对称变换.

二、基本性质与定理

1. 对于欧氏空间 V 的内积，有

(1) 对 $\forall \boldsymbol{\beta} \in V$，则$(\boldsymbol{\alpha}, \boldsymbol{\beta})=0 \Leftrightarrow \boldsymbol{\alpha}=\mathbf{0}$.

(2) $\left(\sum_{i=1}^{r} k_i \boldsymbol{\alpha}_i, \sum_{j=1}^{s} l_j \boldsymbol{\beta}_j\right)=\sum_{i=1}^{r} \sum_{j=1}^{s} k_i l_j (\boldsymbol{\alpha}_i, \boldsymbol{\beta}_j)$.

(3) 柯西-施瓦茨(Cauchy-Schwarz)不等式

$(\boldsymbol{\alpha}, \boldsymbol{\beta})^2 \leqslant (\boldsymbol{\alpha}, \boldsymbol{\alpha})(\boldsymbol{\beta}, \boldsymbol{\beta})$，等号成立$\Leftrightarrow \boldsymbol{\alpha}, \boldsymbol{\beta}$线性相关.

2. 正交向量组是线性无关组.

3. 基$\boldsymbol{\varepsilon}_1, \boldsymbol{\varepsilon}_2, \cdots, \boldsymbol{\varepsilon}_n$ 的度量矩阵

$$\boldsymbol{A}=(a_{ij})_{n\times n}=\begin{pmatrix} (\boldsymbol{\varepsilon}_1, \boldsymbol{\varepsilon}_1) & (\boldsymbol{\varepsilon}_1, \boldsymbol{\varepsilon}_2) & \cdots & (\boldsymbol{\varepsilon}_1, \boldsymbol{\varepsilon}_n) \\ (\boldsymbol{\varepsilon}_2, \boldsymbol{\varepsilon}_1) & (\boldsymbol{\varepsilon}_2, \boldsymbol{\varepsilon}_2) & \cdots & (\boldsymbol{\varepsilon}_2, \boldsymbol{\varepsilon}_n) \\ \vdots & \vdots & & \vdots \\ (\boldsymbol{\varepsilon}_n, \boldsymbol{\varepsilon}_1) & (\boldsymbol{\varepsilon}_n, \boldsymbol{\varepsilon}_2) & \cdots & (\boldsymbol{\varepsilon}_n, \boldsymbol{\varepsilon}_n) \end{pmatrix}$$

是正定矩阵. 且$\boldsymbol{\alpha}$与$\boldsymbol{\beta}$的内积可用矩阵表示：

$$(\boldsymbol{\alpha}, \boldsymbol{\beta})=\boldsymbol{x}^{\mathrm{T}} \boldsymbol{A} \boldsymbol{y}$$

其中 $\boldsymbol{x}$ 和 $\boldsymbol{y}$ 分别是$\boldsymbol{\alpha}$与$\boldsymbol{\beta}$在基$\boldsymbol{\varepsilon}_1, \boldsymbol{\varepsilon}_2, \cdots, \boldsymbol{\varepsilon}_n$ 下的坐标向量(列向量表示).

4. 关于标准正交基

(1) $\boldsymbol{\varepsilon}_1, \boldsymbol{\varepsilon}_2, \cdots, \boldsymbol{\varepsilon}_n$ 是标准正交基$\Leftrightarrow (\boldsymbol{\varepsilon}_i, \boldsymbol{\varepsilon}_j)=\begin{cases} 1, & i=j, \\ 0, & i\neq j \end{cases} (i, j=1,2,\cdots,n)$.

即$\boldsymbol{\varepsilon}_1, \boldsymbol{\varepsilon}_2, \cdots, \boldsymbol{\varepsilon}_n$ 是标准正交基$\Leftrightarrow$它的度量矩阵是单位矩阵.

(2) 标准正交基到标准正交基的过渡矩阵是正交矩阵.

(3) 标准正交基下基本度量的表达式

设$\boldsymbol{\varepsilon}_1, \boldsymbol{\varepsilon}_2, \cdots, \boldsymbol{\varepsilon}_n$ 是欧氏空间 V 的标准正交基，

$$\boldsymbol{\alpha}=\sum_{i=1}^{n} x_i \boldsymbol{\varepsilon}_i, \quad \boldsymbol{\beta}=\sum_{i=1}^{n} y_i \boldsymbol{\varepsilon}_i,$$

则 ①$x_i=(\boldsymbol{\alpha}, \boldsymbol{\varepsilon}_i)(i=1,2\cdots,n)$；②$(\boldsymbol{\alpha}, \boldsymbol{\beta})=\sum_{i=1}^{n} x_i y_i$；③ $|\boldsymbol{\alpha}|=\sqrt{\sum_{i=1}^{n} x_i^2}$.

(4) 标准正交基的存在性与施密特正交化方法.

5. 正交变换

设 σ 是 n 维欧氏空间 V 的一个线性变换，σ 是正交变换的等价条件：

(1) 对 $\forall \boldsymbol{\alpha}, \boldsymbol{\beta} \in V$，$(\sigma(\boldsymbol{\alpha}), \sigma(\boldsymbol{\beta}))=(\boldsymbol{\alpha}, \boldsymbol{\beta})$；

(2) 对 $\forall \boldsymbol{\alpha} \in V$，都有$|\sigma(\boldsymbol{\alpha})|=|\boldsymbol{\alpha}|$；

(3) 设$\boldsymbol{\varepsilon}_1, \boldsymbol{\varepsilon}_2, \cdots, \boldsymbol{\varepsilon}_n$ 是标准正交基，则 σ 是正交变换$\Leftrightarrow \sigma(\boldsymbol{\varepsilon}_1), \sigma(\boldsymbol{\varepsilon}_2), \cdots, \sigma(\boldsymbol{\varepsilon}_n)$也是标准正交基；

(4) σ 是正交变换$\Leftrightarrow \sigma$ 在标准正交基下的矩阵是正交矩阵.

6. 对称变换

设 σ 是 n 维欧氏空间 V 的一个线性变换，σ 是对称变换的等价条件：

(1) 对 $\forall \boldsymbol{\alpha}, \boldsymbol{\beta} \in V, (\sigma(\boldsymbol{\alpha}), \boldsymbol{\beta}) = (\boldsymbol{\alpha}, \sigma(\boldsymbol{\beta}))$；

(2) σ 是对称变换$\Leftrightarrow\sigma$ 在标准正交基下的矩阵是实对称矩阵.

主要结论：

(1) 对称变换的特征值都是实数.

(2) 对称变换的属于不同特征值的特征向量必正交.

(3) 对称变换的属于不同特征值的特征子空间必正交.

(4) 设 σ 是对称变换，则存在标准正交基，使得 σ 在这个基下的矩阵是对角矩阵.

三、基本解题方法

欧氏空间是实数域上定义了内积的线性空间，因此学习欧氏空间的结构时，要抓住“内积”这个概念.

1. 欧氏空间中向量的长度、向量间的夹角与内积有关，随着定义内积的方式不同，可能有不同的值.

2. 要确定欧氏空间中任意两个向量的内积，只要确定基中任意两个向量的内积即可. 即基向量的内积可以确定整个欧氏空间的内积.

3. 用施密特正交化方法求标准正交基.

4. 对称变换的对角化可以转化为实对称矩阵的对角化.

5. 欧氏空间中两种主要的线性变换—正交变换与对称变换都是借助于内积进行研究的.

6. 对于有限维欧氏空间某些问题，常常可利用标准正交基.

复习题十

1. 设 σ 是欧氏空间 V 的一个变换，如果对任意$\boldsymbol{\alpha}, \boldsymbol{\beta} \in V$，都有

$$(\sigma(\boldsymbol{\alpha}), \sigma(\boldsymbol{\beta})) = (\boldsymbol{\alpha}, \boldsymbol{\beta}).$$

证明：σ 是 V 的一个线性变换，因而是一个正交变换.

2. 设 σ 是欧氏空间 V 的一个线性变换. 证明：σ 是正交变换的充要条件是对任意$\boldsymbol{\alpha}$，$\boldsymbol{\beta} \in V$，都有

$$|\sigma(\boldsymbol{\alpha}) - \sigma(\boldsymbol{\beta})| = |\boldsymbol{\alpha} - \boldsymbol{\beta}|.$$

3. 设$\boldsymbol{\alpha}_1, \boldsymbol{\alpha}_2, \cdots, \boldsymbol{\alpha}_m$ 是 n 维欧氏空间 V 的一个标准正交向量组. 证明：对于 V 中任意向量$\boldsymbol{\beta}$ 有不等式

$$\sum_{i=1}^{m} (\boldsymbol{\beta}, \boldsymbol{\alpha}_i)^2 \leqslant |\boldsymbol{\beta}|^2.$$

4. 对于 n 维欧氏空间$\mathbb{R}^n$(向量写成列向量，内积按通常定义，即$(\boldsymbol{\alpha}, \boldsymbol{\beta}) = \boldsymbol{\alpha}^{\mathrm{T}} \boldsymbol{\beta}$，定义线性变换 σ：

$$\sigma(\boldsymbol{\alpha}) = \boldsymbol{A}\boldsymbol{\alpha},$$

其中 $\boldsymbol{A}$ 是 n 阶矩阵. 证明：

(1) 若 $\mathbf{A}$ 是正交矩阵，则 σ 是正交变换；

(2) 若 $\mathbf{A}$ 是对称矩阵，则 σ 是对称变换.

5. 设 σ 是欧氏空间 V 的一个线性变换. 证明：如果 σ 满足下列三个条件中的任意两个，那么它必然满足第三个. (1) σ 是正交变换；(2) σ 是对称变换；(3) $\sigma^2=\iota$ 是单位变换.

6. 设 $\boldsymbol{\eta}$ 是 n 维欧氏空间 V 的一个单位向量，定义 V 的变换：

$$\sigma(\boldsymbol{\alpha})=\boldsymbol{\alpha}-2(\boldsymbol{\eta},\boldsymbol{\alpha})\boldsymbol{\eta},\quad \boldsymbol{\alpha}\in V.$$

证明：

(1) σ 是正交变换，这样的正交变换称为**镜面反射**；

(2) σ 的矩阵的行列式等于 -1；

(3) 如果 n 维欧氏空间中，正交变换 σ 以 1 作为一个特征值，且属于特征值 1 的特征子空间 V_1 的维数为 $n-1$，那么 σ 是镜面反射.

7. 设 $\boldsymbol{\alpha}_1,\boldsymbol{\alpha}_2,\cdots,\boldsymbol{\alpha}_n$ 和 $\boldsymbol{\beta}_1,\boldsymbol{\beta}_2,\cdots,\boldsymbol{\beta}_n$ 是 n 维欧氏空间 V 的两个标准正交基.

(1) 证明：存在 V 的一个正交变换 σ，使 $\sigma(\boldsymbol{\alpha}_i)=\boldsymbol{\beta}_i(i=1,2,\cdots,n)$；

(2) 如果 V 的一个正交变换 τ 使得 $\tau(\boldsymbol{\alpha}_1)=\boldsymbol{\beta}_1$，那么

$$L(\tau(\boldsymbol{\alpha}_2),\tau(\boldsymbol{\alpha}_3),\cdots,\tau(\boldsymbol{\alpha}_n))=L(\boldsymbol{\beta}_2,\boldsymbol{\beta}_3,\cdots,\boldsymbol{\beta}_n).$$

附录　数学归纳法

数学归纳法是很重要的一种数学证明方法，其重要性在于通过有限探讨可推知无限，这种数学方法的最根本的依据是最小数原理.

最小数原理　正整数集$\mathbb{N}$的任意一个非空子集S必含有一个最小数，即存在$a\in S$，对任意$c\in S$都有$a\leqslant c$.

证明　因S非空，则有正整数$m\in S$，从1到m共有m个正整数，于是S中不大于m的正整数最多有m个. 在这有限个正整数中必有一个最小数，用a表示这个最小数，那么有$a\leqslant m$，而S中其余的数都比m大，因而比a大，所以a就是S中的最小数.

注　(1)最小数原理并不是对任意数集都成立. 例如全体整数的集合$\mathbb{Z}$就没有最小数. 全体正有理数的集合也没有最小数，因为如果a是一个正有理数，那么$\frac{a}{2}$就是一个小于a的正有理数.

(2) 最小数原理可以推广. 设c是任意一个整数，令

$$M_c=\{x\mid x\geqslant c,x\in\mathbb{Z}\},$$

那么以M_c代替正整数集$\mathbb{N}$，最小数原理仍成立. 即M_c的任意一个非空子集必含有一个最小数.

由最小数原理可得出以下的数学归纳法.

定理1（数学归纳法原理）　设有一个与正整数n有关的命题，如果

(1)当$n=1$时，命题成立；

(2)假设$n=k$时命题成立，则$n=k+1$时命题也成立.

那么这个命题对于一切正整数n都成立.

证明　假设命题不是对于一切正整数都成立. 令S表示使命题不成立的正整数所成的集合. 那么S是正整数集$\mathbb{N}$的一个非空子集，于是由最小数原理，S中必有最小数h. 即h是使命题不成立的最小正整数. 由定理的条件(1)可知$h\neq 1$. 因而$h-1$是一个正整数. 由h是S中的最小数可知$h-1\notin S$，这就是说，当$n=h-1$时命题成立. 于是由条件(2)可知，命题对于$n=h$时也成立，因此$h\notin S$，这就导致了矛盾. 故命题对于一切正整数n都成立.

利用这个定理来证明与正整数有关的命题成立时，只需证明满足定理的条件(1)、(2)即可，这种证明问题的方法叫做**第一数学归纳法**.

注　前面我们用M_c代替正整数集$\mathbb{N}$，最小数原理仍成立. 因此如果一个命题是从某一整数c开始成立，这时仍然可用数学归纳法来证明，只要把定理1中的条件(1)换成$n=c$即可.

例1　证明：$1\cdot 1!+2\cdot 2!+\cdots+n\cdot n!=(n+1)!-1$.

证明　当$n=1$时$1\cdot 1!=1$，$(1+1)!-1=1$，命题成立.

假设 $n=k$ 时命题成立，那么

$$\begin{aligned}1\cdot 1!+2\cdot 2!+\cdots+k\cdot k!+(k+1)\cdot(k+1)! &= (k+1)!-1+(k+1)\cdot(k+1)! \\ &= (k+2)(k+1)!-1 \\ &= (k+2)!-1.\end{aligned}$$

可知命题对于 $n=k+1$ 时也成立. 由数学归纳法原理，命题得证.

在有些情况下，归纳法假定“命题对于 $n=k$ 时成立”还不够，而需要较强假设.

定理 2（**第二数学归纳法原理**） 设有一个与正整数 n 有关的命题，如果

(1) 当 $n=1$ 时，命题成立；

(2) 假设命题对于一切小于 k 的正整数来说命题成立，则命题对于 k 也成立.

那么这个命题对于一切正整数 n 都成立.

证明 假设命题不是对于一切正整数都成立. 令 S 表示使命题不成立的正整数所成的集合. 那么 S 是正整数集$\mathbb{N}$ 的一个非空子集，于是由最小数原理，S 中必有最小数 h. 即 h 是使命题不成立的最小正整数. 由定理的条件(1)可知 $h\neq 1$. 因而 h 是一个大于 1 的正整数. 由 h 是 S 中的最小数可知，对于一切小于 h 的正整数来说命题都成立，于是由条件(2)可知，命题对于 h 也成立，因此 $h\notin S$，这就导致了矛盾. 故命题对于一切正整数 n 都成立.

当然，在第二数学归纳法原理中，条件(1)也可换成 n 等于某一个整数 c.

例 2 设 $r=\sqrt{a+1}+\sqrt{a}$，其中 a 为某一正整数. 证明：$a_n=r^{2n}+r^{-2n}-2$ 对于任意正整数 n 都是 4 的倍数.

证明 当 $n=1$ 时，

$$\begin{aligned}a_1 &= r^2+r^{-2}-2=(r-r^{-1})^2 \\ &= \left(\sqrt{a+1}+\sqrt{a}-\frac{1}{\sqrt{a+1}+\sqrt{a}}\right)^2 \\ &= (2\sqrt{a})^2=4a,\end{aligned}$$

命题成立.

假设 $n<k$ 时命题成立，那么当 $n=k$ 时，有

$$\begin{aligned}a_k &= r^{2k}+r^{-2k}-2 \\ &= (r^2+r^{-2})(r^{2(k-1)}+r^{-2(k-1)}-2)-(r^{2(k-2)}+r^{-2(k-2)}-2)+2(r^2+r^{-2}-2) \\ &= (4a+2)a_{k-1}-a_{k-2}+2a_1.\end{aligned}$$

由归纳假设 a_{k-1}，a_{k-2}都是 4 的倍数，而 a_1 也是 4 的倍数，故 a_k 是 4 的倍数. 由数学归纳法原理，命题得证.

注 此题用第一归纳法无法证明.

部分习题参考答案与提示

第1章

习题 1.1

1. (1) -4；(2) $3abc-a^3-b^3-c^3$；(3) $(b-a)(c-a)(c-b)$；(4) $-2x^3-2y^3$.

2. (1) $x_1=-\frac{1}{2},x_2=0,x_3=\frac{5}{4}$；(2) $x_1=-\frac{11}{8},x_2=-\frac{9}{8},x_3=\frac{3}{4}$.

习题 1.2

1. $n-k$.

2. (1) 4；　(2) 18；　(3) 7；　(4) 10.

3. (1) $\frac{n(n-1)}{2}$；　(2) $n(n-1)$.

4. (1) $i=8,j=3$；　(2) $i=8,j=6$.

5. $\frac{n(n-1)}{2}-k$.

习题 1.3

1. (1) 不可能；(2) 可能，负号.

2. $-a_{12}a_{23}a_{34}a_{41}$，$-a_{14}a_{23}a_{31}a_{42}$，$-a_{11}a_{23}a_{32}a_{44}$.

3. $(-1)^{n-1}n!$；(2) $(-1)^{\frac{(n-1)(n-2)}{2}}n!$.

4. 因 D 中非零元的个数小于 n，而行列式 D 的每一项为 n 个数的乘积，即 D 的每项中至少有一个零元，故 $D=0$.

习题 1.4

1. (1) 61 200；(2) $4abcdef$；(3) 0；(4) 48；(5) $(af-be)(ch-dg)$；(6) -96 .

2. $8m$.

4. $D_1=(-1)^{t(i_1i_2\cdots i_n)}D$.

5. (1) 2^{n-1}；　(2) $\left(1+\sum_{i=1}^{n}\frac{1}{a_i}\right)a_1a_2\cdots a_n$；

(3) $D_n=\begin{cases}x^n, & n=1,\\ x^n-(-y)^n, & n\geqslant 2.\end{cases}$

习题 1.5

1. (1) 1；　(2) 0；　(3) x^2y^2；　(4) $(-1)^{n+1}a_1a_2\cdots a_{n-1}b_1$；(5) 1 .

2. -133 ，-14 .

3. (1) $a_1+a_2+\cdots+a_n,0$；　(2) $a_1,a_2,\cdots,a_{n-1}$.

习题 1.6

1. (1) $x_1=1,x_2=2,x_3=3$；(2) $x_1=-1,x_2=-1,x_3=0,x_4=1$.

2. $a=1$ 或 $b=0$.

复习题一

1. (1) B； (2) C.

2. (1) 0； (2) $-3a^2$； (3) -120 .

4. -9， 18.

5. (1) $\begin{cases}-2(n-2)!, & n\geqslant 2\\ 1, & n=1\end{cases}$；(2) $n+1$；

(3) $a_0a_1\cdots a_{n-1}-xb_1a_2\cdots a_{n-1}-xa_1b_2a_3\cdots a_{n-1}-\cdots-xa_1a_2\cdots a_{n-2}b_{n-1}$；

(4) $(-1)^{n+1}(n-1)\cdot 2^{n-2}$；

(5) 当 $n=1$ 时，$D_n=a_1-b_1$，当 $n=2$ 时，$D_n=(a_1-a_2)(b_1-b_2)$，当 $n=3$ 时，$D_n=0$；

(6) $\left(x-\sum\limits_{i=1}^{n}a_i\right)x^{n-1}$.

6. $x_1=a,x_2=b,x_3=c$.

第 2 章

习题 2.1

2. 提示：$\overrightarrow{AD}=\overrightarrow{AB}+\overrightarrow{BC}+\overrightarrow{CD}=-8\boldsymbol{\alpha}-2\boldsymbol{\beta}=2\overrightarrow{BC}$.

4. $\overrightarrow{EF}=\overrightarrow{EA}+\overrightarrow{AB}+\overrightarrow{BF}=-\frac{1}{2}\overrightarrow{AC}+\overrightarrow{AB}+\frac{1}{2}\overrightarrow{BD}=\frac{1}{2}(\overrightarrow{AB}+\overrightarrow{CD})=3\boldsymbol{\alpha}+3\boldsymbol{\beta}-5\boldsymbol{\gamma}$.

5. (1)$\rho-4\cos\theta=0$；(2) $\theta=\frac{\pi}{3}$；(3) $\rho(\sin\theta+\cos\theta)=1$.

习题 2.2

1. 15.

2. $\boldsymbol{\alpha}$ 与$\boldsymbol{\beta}$ 共线时，k 取任意值；$\boldsymbol{\alpha}$ 与$\boldsymbol{\beta}$ 不共线时，k 取 3 或-3.

7. $-\frac{3}{2}$.

习题 2.3

1. M_0 关于 Oxy 面的对称点为$(x_0,y_0,-z_0)$；Oyz 面的对称点为$(-x_0,y_0,z_0)$；Oxz 面的对称点为$(x_0,-y_0,z_0)$；x 轴的对称点为$(x_0,-y_0,-z_0)$；y 轴的对称点为$(-x_0,y_0,-z_0)$；z 轴的对称点为$(-x_0,-y_0,z_0)$；原点的对称点为$(-x_0,-y_0,-z_0)$.

2. $B(4,-5,2)$.

3. $(-2,-5,5)$.

4. 13 ，$7\boldsymbol{j}$.

5. (1) 3 ，$5\boldsymbol{i}+\boldsymbol{j}+7\boldsymbol{k}$；(2) $\cos\theta=\frac{3}{2\sqrt{21}}$.

6. $\frac{1}{\sqrt{29}}(2,3,4)$或$-\frac{1}{\sqrt{29}}(2,3,4)$.

7. $A(-1,2,4),B(8,-4,-2)$.

8. (0,1,−2).

9. 2；$\cos\alpha=-\dfrac{1}{2},\cos\beta=-\dfrac{\sqrt{2}}{2},\cos\gamma=\dfrac{1}{2}$；$\alpha=\dfrac{2}{3}\pi,\beta=\dfrac{3}{4}\pi,\gamma=\dfrac{\pi}{3}$.

10. (1) $\sqrt{117}$；(2) $\arccos\dfrac{9}{\sqrt{602}}$；(3) $3\sqrt{521}$.

11. $\dfrac{59}{6}$.

习题 2.4

1. (1) $(x_2-x_1)(x-x_1)+(y_2-y_1)(y-y_1)+(z_2-z_1)(z-z_1)=0$；

(2) $(x_2-x_1)\left(x-\dfrac{x_1+x_2}{2}\right)+(y_2-y_1)\left(y-\dfrac{y_1+y_2}{2}\right)+(z_2-z_1)\left(z-\dfrac{z_1+z_2}{2}\right)=0$.

2. $\dfrac{x-3}{-2}=\dfrac{y}{1}=\dfrac{z+2}{3}$.

3. $\dfrac{x}{-2}=\dfrac{y-2}{3}=\dfrac{z-4}{1}$.

4. $8x-9y-22z-59=0$.

5. $(\cos\boldsymbol{\alpha},\cos\boldsymbol{\beta},\cos\boldsymbol{\gamma})=\left(\dfrac{3}{5\sqrt{2}},\dfrac{1}{\sqrt{2}},-\dfrac{4}{5\sqrt{2}}\right)$.

6. $\theta=0$.

7. $2\sqrt{29}$.

8. $\dfrac{x-11}{6}=\dfrac{y-9}{8}=\dfrac{z}{-1}$.

9. $\dfrac{3}{\sqrt{2}}$.

习题 2.5

1. $3x^2+3y^2+3z^2+4x+6y+8z=29$,球面.
2. $(x-3)^2+(y+1)^2+(z-1)^2=21$.
3. $(2x-y+1)^2+(2x+z+3)^2+(2y+2z+4)^2=65$.
4. $\dfrac{x^2}{9}-\dfrac{y^2+z^2}{4}=1,\dfrac{x^2+z^2}{9}-\dfrac{y^2}{4}=1$.
5. (1) 旋转曲面,(2) 旋转抛物面,(3) 直圆锥面,(4) 锥面,(5) 单叶双曲面,(6) 椭球面.
6. $51(x-1)^2+51(y-2)^2+12(z-4)^2+104(x-1)(y-2)+52(x-1)(z-4)+52(y-2)(z-4)=0$.
7. $k<c^2$ 时,椭球面；$c^2<k<b^2$ 时,单叶双曲面；$b^2<k<a^2$ 时,双叶双曲面；$k>a^2$ 时,虚椭球面.

习题 2.6

1. $\begin{cases}y-z-1=0,\\x+y+z=0.\end{cases}$

2. $3y^2-z^2=9,3x^2+2z^2=9$.

3. (1) $\begin{cases}x^2+y^2=4,\\z=0\end{cases}(|y|\leqslant 1)$，$\begin{cases}y^2+z^2=1,\\x=0,\end{cases}$ $\begin{cases}x^2-z^2=3,\\y=0\end{cases}(|z|\leqslant 1)$.

(2) $\begin{cases}x^2+y^2=4,\\z=0,\end{cases}$ $\begin{cases}z=2y,\\x=0\end{cases}(|y|\leqslant 2)$ $\begin{cases}x^2+\dfrac{z^2}{4}=4,\\y=0.\end{cases}$

(3) $\begin{cases}x^2+y^2+(2\pm\sqrt{4-x^2})^2=5,\\z=0,\end{cases}$ $\begin{cases}y^2+4z=5,\\x=0,\end{cases}$ $\begin{cases}x^2+z^2-4z=0,\\y=0.\end{cases}$

4. $\Omega=\{(x,y,z)\,|\,x^2+y^2\leqslant z\leqslant 4\}$.

5. $D_{xy}=\{(x,y)\,|\,x^2+y^2\leqslant ax\}$, $D_{xz}=\{(x,z)\,|\,0\leqslant z\leqslant\sqrt{a^2-ax},0\leqslant x\leqslant a\}$.

复习题二

2. $\theta=\dfrac{\pi}{3}$.

3. $z=-4$, $\theta=\dfrac{\pi}{4}$.

4. $(\boldsymbol{\alpha},\boldsymbol{\beta},\boldsymbol{\gamma})=36$，$\boldsymbol{\alpha},\boldsymbol{\beta},\boldsymbol{\gamma}$不共面.

5. $3x+6y-9z-18=0$.

6. $\dfrac{x+1}{8}=\dfrac{y}{9}=\dfrac{z-4}{12}$.

8. $\theta=\dfrac{\pi}{2}$.

9. $\theta=0$.

10. $\left(0,0,\dfrac{1}{5}\right)$, $\dfrac{\sqrt{30}}{5}$.

11. $(1,2,2)$.

12. $\dfrac{\sqrt{6}}{2}$.

13. 1.

14. $\dfrac{x-2}{2}=\dfrac{y-1}{-1}=\dfrac{z-3}{4}$.

15. $\dfrac{x+3}{4}=\dfrac{y-2}{3}=\dfrac{z-5}{1}$.

16. $x-z+4=0$, $x+20y+7z-12=0$.

17. $\dfrac{x-1}{1}=\dfrac{y-1}{1}=\dfrac{z-1}{2}$.

18. $x^2+y^2-z^2=1$.

19. $\begin{cases}y-z-1=0,\\x+y+z=0.\end{cases}$

20. L_1与L_2异面，它们的公垂线方程为$\begin{cases}x+y+4z+3=0,\\x-2y-2z+3=0.\end{cases}$距离为1.

21. (1)选取右手直角坐标系使得两定点A,B的坐标分别为$(a,0,0)$，$(-a,0,0)$. 设$|\overrightarrow{MA}|=k|\overrightarrow{MB}|(k\geqslant 0)$. 当$k=0$，动点的轨迹为一个点；当$k=1$时，动点的轨迹为一个平面：$x=0$；$k\neq 0,1$时，动点的轨迹为球面，其方程为

$$\left(x+\frac{k^2+1}{k^2-1}a\right)^2+y^2+z^2=\frac{4k^2a^2}{(k^2-1)^2};$$

(2) 选取右手直角坐标系使得两定点 A,B 的坐标分别为$(a,0,0)$,$(-a,0,0)$.设动点到两定点距离之和为 $2b$.

若 $b>a>0$,则动点的轨迹方程为$(b^2-a^2)x^2+b^2(y^2+z^2)=b^2(b^2-a^2)$;

若 $b=a$,则点的轨迹为线段 AB,其方程为$\begin{cases}-a\leqslant x\leqslant a,\\ y=0,\\ z=0;\end{cases}$

若 $b<a$,则动点没有轨迹.

(3) 以定平面为 Oxy 面建立右手直角坐标系,使定点 A 的坐标为$(0,0,a)$.则所求的点的轨迹的方程为 $x^2+y^2-2az+a^2=0$.

22. (1) $\Omega=\{(x,y,z)\mid x^2+y^2\leqslant 16,0\leqslant z\leqslant x+4\}$;

(2) $\Omega=\{(x,y,z)\mid x^2+y^2\leqslant 4,y^2+z^2\leqslant 1\}$;

(3) $\Omega=\{(x,y,z)\mid \frac{x^2+y^2}{4}\leqslant z\leqslant\sqrt{5-x^2-y^2}\}$.

第3章

习题 3.1

1. $\begin{pmatrix}1&3&4\\5&5&1\\4&4&5\end{pmatrix}$.

2. (1) $\begin{pmatrix}0&0&0\\0&0&0\\0&0&0\end{pmatrix}$; (2) $\begin{pmatrix}-1&7&9\\7&8&33\end{pmatrix}$; (3) $\begin{pmatrix}a_1b_1&\cdots&a_1b_n\\ \vdots&\ddots&\vdots\\ a_nb_1&\cdots&a_nb_n\end{pmatrix}$;

(4) $a_{11}x_1^2+a_{22}x_2^2+a_{33}x_3^2+a_{12}x_1x_2+a_{13}x_1x_3+a_{23}x_2x_3+a_{21}x_2x_1+a_{31}x_3x_1+a_{32}x_3x_2$.

3. $\boldsymbol{AB}=\begin{pmatrix}5&2&8\\-1&-1&-1\\8&3&13\end{pmatrix}$, $\quad(\boldsymbol{AB})\boldsymbol{C}=\begin{pmatrix}40&1&-2\\-5&1&-2\\65&2&-4\end{pmatrix}$,

$\boldsymbol{BC}=\begin{pmatrix}15&0&0\\10&1&-2\end{pmatrix}$, $\quad\boldsymbol{A}(\boldsymbol{BC})=\begin{pmatrix}40&1&-2\\-5&1&-2\\65&2&-4\end{pmatrix}$.

5. $(\boldsymbol{AB})^{\mathrm{T}}=\begin{pmatrix}2&16&28\\1&11&19\end{pmatrix}$, $\quad\boldsymbol{B}^{\mathrm{T}}\boldsymbol{A}^{\mathrm{T}}=\begin{pmatrix}2&16&28\\1&11&19\end{pmatrix}$.

习题 3.2

1. $\begin{pmatrix}1&0&0&0&0\\0&1&0&0&0\\0&0&1&0&0\\0&k&0&1&0\\0&0&0&0&1\end{pmatrix}$, $\begin{pmatrix}1&0&0&0&0\\0&1&0&k&0\\0&0&1&0&0\\0&0&0&1&0\\0&0&0&0&1\end{pmatrix}$.

2. (1) $\begin{pmatrix}1&0&0&5\\0&1&0&1\\0&0&1&-3\end{pmatrix}$, $\begin{pmatrix}1&0&0&0\\0&1&0&0\\0&0&1&0\end{pmatrix}$; (2) $\begin{pmatrix}1&0&0\\0&1&0\\0&0&1\end{pmatrix}$, $\begin{pmatrix}1&0&0\\0&1&0\\0&0&1\end{pmatrix}$;

(3) $\begin{pmatrix}1&\frac{1}{2}&0&0\\0&0&1&0\\0&0&0&1\\0&0&0&0\end{pmatrix}$, $\begin{pmatrix}1&0&0&0\\0&1&0&0\\0&0&1&0\\0&0&0&0\end{pmatrix}$; (4) $\begin{pmatrix}1&-1&0&0&\frac{3}{2}\\0&0&1&0&0\\0&0&0&1&-\frac{1}{4}\\0&0&0&0&0\end{pmatrix}$, $\begin{pmatrix}1&0&0&0&0\\0&1&0&0&0\\0&0&1&0&0\\0&0&0&0&0\end{pmatrix}$.

习题 3.3

1. (1) $\begin{pmatrix}-2&1&0\\-13&6&-1\\-29&13&-2\end{pmatrix}$;　　(2) $\begin{pmatrix}\cos\theta&\sin\theta\\-\sin\theta&\cos\theta\end{pmatrix}$;

(3) $\begin{pmatrix}-\frac{1}{7}&\frac{23}{21}&\frac{22}{21}\\\frac{2}{7}&-\frac{32}{21}&-\frac{37}{21}\\\frac{1}{7}&-\frac{2}{21}&-\frac{1}{21}\end{pmatrix}$;　　(4) $\begin{pmatrix}-\frac{2}{3}&\frac{1}{3}&\frac{1}{6}&-\frac{1}{6}\\-\frac{2}{3}&-\frac{5}{3}&\frac{7}{6}&-\frac{1}{6}\\\frac{4}{3}&\frac{1}{3}&-\frac{1}{3}&\frac{1}{3}\\-\frac{1}{3}&\frac{2}{3}&-\frac{1}{6}&\frac{1}{6}\end{pmatrix}$.

3. (1) $\begin{pmatrix}10&2\\-15&-3\\12&4\end{pmatrix}$; (2) $\begin{pmatrix}2&-1&-1\\-4&7&4\end{pmatrix}$.

4. $\begin{pmatrix}0&1&-1\\-1&0&1\\1&-1&0\end{pmatrix}$.

7. $\begin{pmatrix}\frac{1}{2}&\frac{\sqrt{3}}{2}\\-\frac{\sqrt{3}}{2}&\frac{1}{2}\end{pmatrix}$.

习题 3.4

1. (1) 2; (2) 2; (3) 3; (4) 3.

2. (1) 当 $k=1$ 时, $R(\boldsymbol{A})=1$;

(2) 当 $k=-2$ 时, $R(\boldsymbol{A})=2$;

(3) 当 $k\neq1$ 且 $k\neq-2$ 时, $R(\boldsymbol{A})=3$.

习题 3.5

1. $\boldsymbol{A}^{-1}=\begin{pmatrix}2&-1&0&0\\-3&2&0&0\\-34&30&-5&-3\\15&-13&2&1\end{pmatrix}$.

2. $\begin{pmatrix}\boldsymbol{O}&\boldsymbol{C}^{-1}\\\boldsymbol{B}^{-1}&\boldsymbol{O}\end{pmatrix}$.

3. $A^{-1}=\begin{pmatrix}0 & 0 & \cdots & 0 & \frac{1}{a_n}\\ \frac{1}{a_1} & 0 & \cdots & 0 & 0\\ \vdots & \vdots & & \vdots & \vdots\\ 0 & 0 & \cdots & \frac{1}{a_{n-1}} & 0\end{pmatrix}$.

复习题三

1. (1) 错误,取 $A=\begin{pmatrix}0 & 1\\ 0 & 0\end{pmatrix}$,有 $A^2=O$,但 $A\neq O$;

(2) 错误,取 $A=\begin{pmatrix}1 & 0\\ 0 & 0\end{pmatrix}$,有 $A^2=A$,但 $A\neq O$ 且 $A\neq E$;

(3) 错误,取 $A=\begin{pmatrix}1 & 0\\ 0 & -1\end{pmatrix}$,有 $A^2=E$,但 $A\neq E$ 且 $A\neq -E$;

(4) 正确.

4. $|A|=a^2+b^2+c^2+1\neq 0$,$A^{-1}=\frac{1}{a^2+b^2+c^2+1}\begin{pmatrix}1+c^2 & a+bc & ac-b\\ -a+bc & 1+b^2 & c+ab\\ ac+b & -c+ab & 1+a^2\end{pmatrix}$.

5. $x=0,y=2$.

6. $(-2)^{n-1}\begin{pmatrix}1 & -2 & \frac{1}{3}\\ 2 & -4 & \frac{2}{3}\\ 3 & -6 & 1\end{pmatrix}$.

7. $(P^{-1}AP)^{10}=\begin{pmatrix}(-2)^{10} & 0 & 0\\ 0 & 1 & 0\\ 0 & 0 & 1\end{pmatrix}$,$A^k=\begin{pmatrix}(-2)^k & 0 & 0\\ 0 & 1 & 0\\ 0 & 0 & 1\end{pmatrix}$.

8. $A^n=a^n\begin{pmatrix}3^{n-1} & 3^{n-1} & 3^{n-1}\\ 3^{n-1} & 3^{n-1} & 3^{n-1}\\ 3^{n-1} & 3^{n-1} & 3^{n-1}\end{pmatrix}$.

9. $\begin{pmatrix}4^{n-1}\begin{pmatrix}2 & 4\\ 1 & 2\end{pmatrix} & O\\ O & 2^n\begin{pmatrix}1 & 0\\ 2n & 1\end{pmatrix}\end{pmatrix}$.

11. (2) $\begin{pmatrix}1 & 0 & 0\\ 50 & 1 & 0\\ 50 & 0 & 1\end{pmatrix}$.

13. 0.

15. 标准形为 $\begin{pmatrix}1 & 0 & 0\\ 0 & 1 & 0\\ 0 & 0 & 1\end{pmatrix}$.

第4章

习题 4.1

1. (1)无解;(2) $\begin{cases} x=\frac{1}{2}-\frac{1}{2}y+\frac{1}{2}z, \\ w=0 \end{cases}$ (y,z 为自由未知量).

2. (1) $\begin{cases} x_1=\frac{4}{3}x_4, \\ x_2=-3x_4, \\ x_3=\frac{4}{3}x_4 \end{cases}$ (x_4 为自由未知量);(2) $\begin{cases} x_1=-6x_2+x_4, \\ x_3=-3x_4 \end{cases}$ (x_2,x_4 为自由未知量).

3. (1)$\lambda=1$ 时有无穷多解,一般解为 $x_1=1-x_2-x_3$(x_2,x_3 为自由未知量);$\lambda=-2$ 时,方程组无解;$\lambda\neq1$ 且 $\lambda\neq-2$ 时,方程组有唯一解 $x_1=-\frac{1+\lambda}{2+\lambda}, x_2=\frac{1}{2+\lambda}, x_3=\frac{(1+\lambda)^2}{2+\lambda}$.

(2) 当 $b\neq0$ 且 $a\neq1$ 时,方程组有唯一解 $x_1=\frac{2b-1}{b(a-1)}, x_2=\frac{1}{b}, x_3=\frac{1-4b+2ab}{b(a-1)}$;当 $b=0$ 时,方程组无解;当 $a=1, b=\frac{1}{2}$时,方程组有无穷多解,通解为$\begin{cases} x_1=2-k, \\ x_2=2, \\ x_3=k \end{cases}$ (k 为任意常数),$a=1, b\neq\frac{1}{2}$时,方程组无解.

习题 4.2

1. $(0,6,-11,2)$.

2. $\left(0,-\frac{11}{5},1,\frac{1}{5}\right)$.

3. (1) 是;(2) 不是.

习题 4.3

1. (1) 错误;(2) 错误;(3) 正确;(4) 正确.

习题 4.4

1. (1) 秩为 2,一个极大无关组为$\boldsymbol{\alpha}_1,\boldsymbol{\alpha}_2$,$\boldsymbol{\alpha}_3=-\frac{11}{9}\boldsymbol{\alpha}_1+\frac{5}{9}\boldsymbol{\alpha}_2$;(2) 秩为 2,一个极大无关组为$\boldsymbol{\alpha}_1,\boldsymbol{\alpha}_2$,$\boldsymbol{\alpha}_3=\boldsymbol{\alpha}_1+\boldsymbol{\alpha}_2$,$\boldsymbol{\alpha}_4=2\boldsymbol{\alpha}_1+\boldsymbol{\alpha}_2$;(3)秩为 3,一个极大无关组为$\boldsymbol{\alpha}_1,\boldsymbol{\alpha}_2,\boldsymbol{\alpha}_3$,$\boldsymbol{\alpha}_4=-\frac{1}{2}\boldsymbol{\alpha}_1+2\boldsymbol{\alpha}_2+\frac{1}{2}\boldsymbol{\alpha}_3$,$\boldsymbol{\alpha}_5=3\boldsymbol{\alpha}_1-3\boldsymbol{\alpha}_2-2\boldsymbol{\alpha}_3$.

3. 1.

4. $a=2, b=5$.

习题 4.5

1. (1) $\begin{pmatrix} x_1 \\ x_2 \\ x_3 \\ x_4 \end{pmatrix}=c_1\begin{pmatrix} 0 \\ 1 \\ 2 \\ 1 \end{pmatrix}$;(2) $\begin{pmatrix} x_1 \\ x_2 \\ x_3 \\ x_4 \\ x_5 \end{pmatrix}=c_1\begin{pmatrix} 0 \\ 1 \\ 1 \\ 0 \\ 0 \end{pmatrix}+c_2\begin{pmatrix} 0 \\ 1 \\ 0 \\ 1 \\ 0 \end{pmatrix}+c_3\begin{pmatrix} \frac{1}{3} \\ -\frac{5}{3} \\ 0 \\ 0 \\ 1 \end{pmatrix}$ (c_1,c_2,c_3 为任意数).

2. $a=0,b=2$ 时，方程组有解，通解为 $\begin{pmatrix}x_1\\x_2\\x_3\\x_4\\x_5\end{pmatrix}=\begin{pmatrix}-2\\3\\0\\0\\0\end{pmatrix}+c_1\begin{pmatrix}1\\-2\\1\\0\\0\end{pmatrix}+c_2\begin{pmatrix}1\\-2\\0\\1\\0\end{pmatrix}+c_3\begin{pmatrix}5\\-6\\0\\0\\1\end{pmatrix}$

(c_1,c_2,c_3 为任意数).

复习题四

1. 秩为 3，一个极大无关组为 $\boldsymbol{\alpha}_1,\boldsymbol{\alpha}_2,\boldsymbol{\alpha}_5$，$\boldsymbol{\alpha}_3=2\boldsymbol{\alpha}_1-\boldsymbol{\alpha}_2$，$\boldsymbol{\alpha}_4=\boldsymbol{\alpha}_1+3\boldsymbol{\alpha}_2$.

2. $\begin{pmatrix}x_1\\x_2\\x_3\\x_4\end{pmatrix}=\begin{pmatrix}\frac{13}{7}\\-\frac{4}{7}\\0\\0\end{pmatrix}+c_1\begin{pmatrix}-\frac{3}{7}\\\frac{2}{7}\\1\\0\end{pmatrix}+c_2\begin{pmatrix}-\frac{13}{7}\\\frac{4}{7}\\0\\1\end{pmatrix}$ (c_1,c_2 为任意数).

3. $\begin{pmatrix}x_1\\x_2\\x_3\\x_4\end{pmatrix}=c\begin{pmatrix}1\\1\\1\\1\end{pmatrix}+\begin{pmatrix}2\\3\\0\\1\end{pmatrix}$ (c 为任意数). 或 $\begin{pmatrix}x_1\\x_2\\x_3\\x_4\end{pmatrix}=c\begin{pmatrix}1\\1\\1\\1\end{pmatrix}+\begin{pmatrix}1\\2\\-1\\0\end{pmatrix}$ (c 为任意数).

4. 当 $a\neq-1,b\neq1$ 时有唯一解，其解为

$x=\dfrac{ab-a+a^2}{b-a+ab-1},y=\dfrac{a+b-1}{b-a+ab-1},z=\dfrac{a^2+a}{b-a+ab-1}$；

当 $a=-1,b\neq2$ 时，无解，当 $a=-1,b=2$ 时，有无穷多解，通解为 $\begin{pmatrix}x\\y\\z\end{pmatrix}=k\begin{pmatrix}1\\-1\\0\end{pmatrix}+\begin{pmatrix}0\\0\\-1\end{pmatrix}$ (k 为任意数)；当 $b=1,a\neq0$ 时，无解，当 $b=1,a=0$ 时，有无穷多解，通解为 $\begin{pmatrix}x\\y\\z\end{pmatrix}=k\begin{pmatrix}0\\1\\1\end{pmatrix}+\begin{pmatrix}0\\2\\1\end{pmatrix}$ (k 为任意数).

5. 系数行列式 $D=2+abc-a-b-c\neq0$ 时有唯一解，其解为

$x=\dfrac{abc-2bc+b+c-a}{D},y=\dfrac{abc-2ac+a+c-b}{D},z=\dfrac{abc-2ab+a+b-c}{D}$.

当 $D=0$ 时，分三种情形：(1)若 $a=b=c=1$ 时，通解为 $x=1-y-z$，(y,z 为自由未知量)；(2)若 a,b,c 中恰有两个为 1 时，不妨设 $a=b=1,c\neq1$，通解为 $\begin{cases}x=1-y,\\z=1\end{cases}$ (y 为自由未知量)；(3)若 $a\neq1,b\neq1,c\neq1$ 时，无解.

若 a,b,c 中只有一个为 1 时，$D\neq0$，有唯一解.

第 5 章

习题 5.1

1. $|\boldsymbol{\alpha}|=5,|\boldsymbol{\beta}|=2\sqrt{3}$，夹角为 $90°$.

3. $\left(\dfrac{2\sqrt{2}}{3},\dfrac{\sqrt{2}}{6},\dfrac{\sqrt{2}}{6}\right)^{\mathrm{T}}$.

5. $\left(\frac{\sqrt{3}}{3},\frac{\sqrt{3}}{3},\frac{\sqrt{3}}{3}\right)^{\mathrm{T}},\left(-\frac{\sqrt{2}}{2},0,\frac{\sqrt{2}}{2}\right)^{\mathrm{T}},\left(\frac{\sqrt{6}}{6},-\frac{2\sqrt{6}}{6},\frac{\sqrt{6}}{6}\right)^{\mathrm{T}}$.

6. $a=-\frac{6}{7},b=-\frac{2}{7},c=\frac{6}{7},d=\frac{3}{7},e=-\frac{6}{7}$ 或 $a=-\frac{6}{7},b=\frac{2}{7},c=-\frac{6}{7},d=-\frac{3}{7}$, $e=-\frac{6}{7}$.

习题 5.2

1. (1) 特征值 $\lambda_1=-1,\lambda_2=\lambda_3=1$,属于 $\lambda_1=-1$ 的特征向量是 $k\begin{pmatrix}1\\-1\\-3\end{pmatrix}$,$(k\neq0)$,属于 $\lambda_2=\lambda_3=1$ 的特征向量是 $k_1\begin{pmatrix}1\\0\\-2\end{pmatrix}+k_2\begin{pmatrix}0\\1\\-1\end{pmatrix}$($k_1,k_2$ 不全为零);

(2) 特征值 $\lambda_1=2,\lambda_2=\lambda_3=1$,属于 $\lambda_1=2$ 的特征向量是 $k\begin{pmatrix}0\\0\\1\end{pmatrix}$$(k\neq0)$,属于 $\lambda_2=\lambda_3=1$ 的特征向量是 $k\begin{pmatrix}-1\\-2\\1\end{pmatrix}$;

(3) 特征值 $\lambda_1=\lambda_2=2,\lambda_3=0$,属于 $\lambda_1=\lambda_2=2$ 的特征向量是 $k_1\begin{pmatrix}-1\\1\\0\end{pmatrix}+k_2\begin{pmatrix}2\\0\\1\end{pmatrix}$($k_1,k_2$ 不全为零),属于 $\lambda_3=0$ 的特征向量是 $k\begin{pmatrix}1\\1\\0\end{pmatrix}$$(k\neq0)$.

6. 25.

7. $a=-3,b=0,\boldsymbol{\alpha}$ 对应的特征值 $\lambda=-1$.

习题 5.3

2. $\boldsymbol{A}=\begin{pmatrix}4&2&2\\2&4&2\\2&2&4\end{pmatrix}$.

3. (1) 能对角化,$\boldsymbol{P}=\begin{pmatrix}1&-2&0\\0&0&1\\0&1&0\end{pmatrix}$,$\boldsymbol{P}^{-1}\boldsymbol{AP}=\begin{pmatrix}2&&\\&3&\\&&3\end{pmatrix}$;(2) 不能对角化.

4. $x=0,y=1,\boldsymbol{P}=\begin{pmatrix}1&0&0\\0&\frac{1}{\sqrt{2}}&\frac{1}{\sqrt{2}}\\0&\frac{1}{\sqrt{2}}&-\frac{1}{\sqrt{2}}\end{pmatrix}$,$\boldsymbol{P}^{-1}\boldsymbol{AP}=\begin{pmatrix}2&0&0\\0&1&0\\0&0&-1\end{pmatrix}$.

5. (1) $\boldsymbol{P}=\begin{pmatrix}\frac{1}{\sqrt{2}} & \frac{1}{\sqrt{3}} & \frac{1}{\sqrt{6}}\\ -\frac{1}{\sqrt{2}} & \frac{1}{\sqrt{3}} & \frac{1}{\sqrt{6}}\\ 0 & -\frac{1}{\sqrt{3}} & \frac{2}{\sqrt{6}}\end{pmatrix}$, $\boldsymbol{P}^{-1}\boldsymbol{AP}=\begin{pmatrix}-1 & 0 & 0\\ 0 & 0 & 0\\ 0 & 0 & 9\end{pmatrix}$;

(2) $\boldsymbol{P}=\begin{pmatrix}\frac{1}{3} & 0 & \frac{4}{3\sqrt{2}}\\ \frac{2}{3} & \frac{1}{\sqrt{2}} & -\frac{1}{3\sqrt{2}}\\ -\frac{2}{3} & \frac{1}{\sqrt{2}} & \frac{1}{3\sqrt{2}}\end{pmatrix}$, $\boldsymbol{P}^{-1}\boldsymbol{AP}=\begin{pmatrix}10 & 0 & 0\\ 0 & 1 & 0\\ 0 & 0 & 1\end{pmatrix}$;

(3) $\boldsymbol{P}=\begin{pmatrix}\frac{2}{\sqrt{5}} & -\frac{2}{3\sqrt{5}} & \frac{1}{3}\\ 0 & \frac{\sqrt{5}}{3} & \frac{2}{3}\\ \frac{1}{\sqrt{5}} & \frac{4}{3\sqrt{5}} & -\frac{2}{3}\end{pmatrix}$, $\boldsymbol{P}^{-1}\boldsymbol{AP}=\begin{pmatrix}1 & 0 & 0\\ 0 & 1 & 0\\ 0 & 0 & -8\end{pmatrix}$;

(4) $\boldsymbol{P}=\frac{1}{3}\begin{pmatrix}2 & 1 & -2\\ 1 & 2 & 2\\ 2 & -2 & 1\end{pmatrix}$, $\boldsymbol{P}^{-1}\boldsymbol{AP}=\begin{pmatrix}6 & 0 & 0\\ 0 & -3 & 0\\ 0 & 0 & -3\end{pmatrix}$.

6. $\boldsymbol{A}$ 不能对角化.

7. $\boldsymbol{A}^{100}=\begin{pmatrix}1 & 0 & 5^{100}-1\\ 0 & 5^{100} & 0\\ 0 & 0 & 5^{100}\end{pmatrix}$.

复习题五

1. $\boldsymbol{P}=\begin{pmatrix}1 & 1 & 1\\ -1 & 0 & -2\\ 0 & 1 & 3\end{pmatrix}$, $\boldsymbol{P}^{-1}\boldsymbol{AP}=\begin{pmatrix}2 & 0 & 0\\ 0 & 2 & 0\\ 0 & 0 & 6\end{pmatrix}$.

4. (1) $\boldsymbol{P}=\begin{pmatrix}-\frac{1}{\sqrt{2}} & \frac{1}{\sqrt{6}} & \frac{1}{2\sqrt{3}} & \frac{1}{2}\\ \frac{1}{\sqrt{2}} & \frac{1}{\sqrt{6}} & \frac{1}{2\sqrt{3}} & \frac{1}{2}\\ 0 & -\frac{2}{\sqrt{6}} & \frac{1}{2\sqrt{3}} & \frac{1}{2}\\ 0 & 0 & -\frac{3}{2\sqrt{3}} & \frac{1}{2}\end{pmatrix}$, $\boldsymbol{P}^{\mathrm{T}}\boldsymbol{AP}=\begin{pmatrix}0 & & & \\ & 0 & & \\ & & 0 & \\ & & & 4\end{pmatrix}$;

(2) $\boldsymbol{P}=\frac{1}{2}\begin{pmatrix}1 & 1 & -1 & 1\\ 1 & 1 & 1 & -1\\ 1 & -1 & -1 & -1\\ 1 & -1 & 1 & 1\end{pmatrix}$, $\boldsymbol{P}^{\mathrm{T}}\boldsymbol{AP}=\begin{pmatrix}5 & & & \\ & -5 & & \\ & & 3 & \\ & & & -3\end{pmatrix}$;

(3) $\boldsymbol{P}=\begin{pmatrix} \frac{\sqrt{2}}{2} & \frac{\sqrt{6}}{6} & \frac{\sqrt{3}}{6} & \frac{1}{2} \\ \frac{\sqrt{2}}{2} & -\frac{\sqrt{6}}{6} & -\frac{\sqrt{3}}{6} & -\frac{1}{2} \\ 0 & -\frac{\sqrt{6}}{3} & \frac{\sqrt{3}}{6} & \frac{1}{2} \\ 0 & 0 & \frac{\sqrt{3}}{2} & -\frac{1}{2} \end{pmatrix}$，$\boldsymbol{P}^{\mathrm{T}}\boldsymbol{AP}=\begin{pmatrix} 4 & 0 & 0 & 0 \\ 0 & 4 & 0 & 0 \\ 0 & 0 & 4 & 0 \\ 0 & 0 & 0 & -8 \end{pmatrix}$；

(4) $\boldsymbol{P}=\frac{1}{2}\begin{pmatrix} -1 & \sqrt{2} & 0 & 1 \\ 1 & 0 & \sqrt{2} & 1 \\ 1 & \sqrt{2} & 0 & -1 \\ -1 & 0 & \sqrt{2} & -1 \end{pmatrix}$，$\boldsymbol{P}^{\mathrm{T}}\boldsymbol{AP}=\begin{pmatrix} -1 & 0 & 0 & 0 \\ 0 & 1 & 0 & 0 \\ 0 & 0 & 1 & 0 \\ 0 & 0 & 0 & 3 \end{pmatrix}$.

5. (1) $\boldsymbol{A}^2=\boldsymbol{O}$；(2)$\boldsymbol{A}$ 的特征值都为 0.

8. $\boldsymbol{A}=\begin{pmatrix} 5 & -1 & -2 \\ 16 & -4 & -6 \\ 2 & 0 & -1 \end{pmatrix}$.

12. 特征值 $\lambda_1=\lambda_2=-1,\lambda_3=5$，属于 $\lambda_1=\lambda_2=-1$ 的特征向量是 $k_1\begin{pmatrix} 1 \\ -1 \\ 0 \end{pmatrix}+k_2\begin{pmatrix} 0 \\ 1 \\ -1 \end{pmatrix}$ (k_1,k_2 不全为零)，属于 $\lambda_3=5$ 的特征向量是 $k\begin{pmatrix} 1 \\ 1 \\ 1 \end{pmatrix}$ $(k\neq 0)$；

$$\boldsymbol{A}^k=\frac{1}{3}\begin{pmatrix} (-1)^k2+5^k & (-1)^{k+1}+5^k & (-1)^{k+1}+5^k \\ (-1)^{k+1}+5^k & (-1)^k2+5^k & (-1)^{k+1}+5^k \\ (-1)^{k+1}+5^k & (-1)^{k+1}+5^k & (-1)^k2+5^k \end{pmatrix}.$$

13. (1) $a=b=0$；(2) $\boldsymbol{P}=\begin{pmatrix} 1 & 0 & 1 \\ 0 & 1 & 0 \\ -1 & 0 & 1 \end{pmatrix}$.

14. $\boldsymbol{\Lambda}=\begin{pmatrix} n & & & \\ & 0 & & \\ & & \ddots & \\ & & & 0 \end{pmatrix}$，$\boldsymbol{P}=\begin{pmatrix} 1 & -1 & \cdots & -1 \\ 1 & 1 & \cdots & 0 \\ \vdots & \vdots & & \vdots \\ 1 & 0 & \cdots & 1 \end{pmatrix}$.

第 6 章

习题 6.1

1. (1) $\begin{pmatrix} 1 & 1 & -\frac{1}{2} \\ 1 & 2 & 0 \\ -\frac{1}{2} & 0 & 3 \end{pmatrix}$，(2) $\begin{pmatrix} 0 & \frac{1}{2} & \frac{1}{2} \\ \frac{1}{2} & 0 & \frac{1}{2} \\ \frac{1}{2} & \frac{1}{2} & 0 \end{pmatrix}$，(3) $\begin{pmatrix} 1 & 3 & 5 \\ 3 & 5 & 7 \\ 5 & 7 & 9 \end{pmatrix}$，(4) $\begin{pmatrix} 1 & \frac{1}{2} & & \\ \frac{1}{2} & 1 & \ddots & \\ & \ddots & \ddots & \frac{1}{2} \\ & & \frac{1}{2} & 1 \end{pmatrix}$.

2. (1) $f(x_1,x_2,x_3,x_4)=x_2^2+2x_3^2-x_4^2+2x_1x_3-2x_2x_3-6x_2x_4$,

(2) $f(x_1,x_2,x_3,x_4)=x_1^2+2x_2^2+3x_3^2+2x_1x_2+4x_1x_3+6x_2x_3$.

习题 6.2

1. (1) $\begin{pmatrix}x_1\\x_2\\x_3\end{pmatrix}=\begin{pmatrix}0&1&0\\-\frac{1}{\sqrt{2}}&0&\frac{1}{\sqrt{2}}\\\frac{1}{\sqrt{2}}&0&\frac{1}{\sqrt{2}}\end{pmatrix}\begin{pmatrix}y_1\\y_2\\y_3\end{pmatrix}$, $f=y_1^2+2y_2^2+5y_3^2$;

(2) $\begin{pmatrix}x_1\\x_2\\x_3\end{pmatrix}=\begin{pmatrix}\frac{2}{\sqrt{5}}&\frac{2}{3\sqrt{5}}&\frac{1}{3}\\-\frac{1}{\sqrt{5}}&\frac{4}{3\sqrt{5}}&\frac{2}{3}\\0&\frac{5}{3\sqrt{5}}&-\frac{2}{3}\end{pmatrix}\begin{pmatrix}y_1\\y_2\\y_3\end{pmatrix}$, $f=y_1^2+y_2^2+10y_3^2$;

(3) $\begin{pmatrix}x_1\\x_2\\x_3\\x_4\end{pmatrix}=\begin{pmatrix}\frac{1}{2}&\frac{1}{2}&\frac{\sqrt{2}}{2}&0\\\frac{1}{2}&-\frac{1}{2}&0&\frac{\sqrt{2}}{2}\\\frac{1}{2}&\frac{1}{2}&-\frac{\sqrt{2}}{2}&0\\\frac{1}{2}&-\frac{1}{2}&0&-\frac{\sqrt{2}}{2}\end{pmatrix}\begin{pmatrix}y_1\\y_2\\y_3\\y_4\end{pmatrix}$, $f=y_1^2-y_2^2$.

2. (1) $f=y_1^2-y_2^2+y_3^2$, $\begin{pmatrix}1&1&-1\\0&1&0\\0&-1&1\end{pmatrix}$;

(2) $f=2y_1^2+\frac{1}{2}y_2^2+2y_3^2$, $\begin{pmatrix}1&-\frac{1}{2}&-1\\0&1&2\\0&0&1\end{pmatrix}$;

(3) $f=y_1^2+y_2^2$, $\begin{pmatrix}1&-1&2\\0&1&-2\\0&0&1\end{pmatrix}$;

(4) $f=-2z_1^2+2z_2^2-2z_3^2+8z_4^2$, $\begin{pmatrix}\frac{1}{2}&-\frac{5}{4}&-\frac{3}{4}&1\\0&1&1&0\\0&1&-1&0\\-\frac{1}{2}&0&0&1\end{pmatrix}$.

3. (1) $f=y_1^2+y_2^2-2y_3^2$, $\boldsymbol{C}=\begin{pmatrix}1&-1&2\\0&1&-1\\0&0&1\end{pmatrix}$.

(2) $f=y_1^2-\frac{1}{4}y_2^2-y_3^2, \boldsymbol{C}=\begin{pmatrix}1 & -\frac{1}{2} & -1\\ 1 & \frac{1}{2} & -1\\ 0 & 0 & 1\end{pmatrix}$.

习题 6.3

1. (1)在实数域上 $f=y_1^2-y_2^2+y_3^2$，$\begin{pmatrix}x_1\\x_2\\x_3\end{pmatrix}=\begin{pmatrix}1 & 1 & -1\\ 0 & 1 & 0\\ 0 & -1 & 1\end{pmatrix}\begin{pmatrix}y_1\\y_2\\y_3\end{pmatrix}$；

在复数域上 $f=y_1^2+y_2^2+y_3^2$，$\begin{pmatrix}x_1\\x_2\\x_3\end{pmatrix}=\begin{pmatrix}1 & -\mathrm{i} & -1\\ 0 & -\mathrm{i} & 0\\ 0 & \mathrm{i} & 1\end{pmatrix}\begin{pmatrix}y_1\\y_2\\y_3\end{pmatrix}$.

(2) 在实数域上和在复数域上 $f=y_1^2+y_2^2+y_3^2$，$\begin{pmatrix}x_1\\x_2\\x_3\end{pmatrix}=\begin{pmatrix}\frac{\sqrt{2}}{2} & -\frac{\sqrt{2}}{2} & -\frac{\sqrt{2}}{2}\\ 0 & \sqrt{2} & \sqrt{2}\\ 0 & 0 & \frac{\sqrt{2}}{2}\end{pmatrix}\begin{pmatrix}y_1\\y_2\\y_3\end{pmatrix}$.

(3) 在实数域和复数域上 $f=y_1^2+y_2^2$，$\begin{pmatrix}x_1\\x_2\\x_3\end{pmatrix}=\begin{pmatrix}1 & -1 & 2\\ 0 & 1 & -2\\ 0 & 0 & 1\end{pmatrix}\begin{pmatrix}y_1\\y_2\\y_3\end{pmatrix}$.

2. $r=3, s=1$.

3. $\frac{(n+1)(n+2)}{2}$.

习题 6.4

1. (1) 正定；(2) 负定；(3) 正定.

2. (1) $-\sqrt{2}<t<\sqrt{2}$；(2) $t>\sqrt{2}$；(3) 不论 t 取何值，二次型都不正定.

习题 6.5

1. $x_1^2+2y_1^2+3z_1^2=1$，椭球面.

2. $6x_1^2+3y_1^2+4z_1=0$，椭圆抛物面.

3. $z_1=-\frac{1}{2}x_1^2+\frac{1}{2}y_1^2$，双曲抛物面.

复习题六

1. (1) $f(x_1,x_2,x_3)=y_1^2+y_2^2-5y_3^2$，$\begin{pmatrix}x_1\\x_2\\x_3\end{pmatrix}=\begin{pmatrix}1 & -1 & 2\\ 0 & 1 & -3\\ 0 & 0 & 1\end{pmatrix}\begin{pmatrix}y_1\\y_2\\y_3\end{pmatrix}$；

(2) $f(x_1,x_2,x_3)=2y_1^2-2y_2^2-4y_3^2$，$\begin{pmatrix}x_1\\x_2\\x_3\end{pmatrix}=\begin{pmatrix}1 & -1 & -1\\ 1 & 1 & -2\\ 0 & 0 & 1\end{pmatrix}\begin{pmatrix}y_1\\y_2\\y_3\end{pmatrix}$.

2. $f(x_1,x_2,x_3)=y_1^2+y_2^2+y_3^2$，正定.

3. $f(x_1,x_2,x_3)=y_1^2+4y_2^2-2y_3^2$，不正定.

12. 正定.

14. $\lambda>2$ 时，二次型正定；$\lambda=2$ 时，二次型半正定；$\lambda<2$ 时，二次型不定.

第 7 章

习题 7.1

1. 提示：用带余除法.

2. 提示：用反证法.

3. 提示：用反证法.

习题 7.2

2. S 不是数域.

习题 7.3

1. 提示：用反证法.

2. $f(x)=0, g(x)=x, h(x)=\mathrm{i}x$.

习题 7.4

1. (1) 商式 $q(x)=x^2-2x-2$，余式 $r(x)=-7x-3$；

(2) 商式 $q(x)=x^2+x-1$，余式 $r(x)=-5x+7$.

2. (1) 商式 $q(x)=2x^4-6x^3+13x^2-39x+109$，余式 $r(x)=-327$；

(2) 商式 $q(x)=x-2$，余式 $r(x)=0$.

习题 7.5

1. (1) $(f(x),g(x))=x+1$；(2) $(f(x),g(x))=1$.

2. $(f(x),g(x))=x^2-2, u(x)=-x-1, v(x)=x+2$.

习题 7.6

1. $f(x)=(x-1)^2(x-3)(x^2+1)$.

3. $x-4$ 和 $x+1$ 分别是 $f(x)$ 的 1 重和 4 重因式.

习题 7.7

1. $f(3)=109, f(-2)=-71$.

2. $t=3$ 或 $t=-\dfrac{15}{4}$.

习题 7.8

1. 在实数域上 $x^8-1=(x+1)(x-1)(x^2+1)(x^2+\sqrt{2}x+1)(x^2-\sqrt{2}x+1)$；在复数域上

$$x^8-1=(x+1)(x-1)(x+\mathrm{i})(x-\mathrm{i})\left(x+\frac{1-\mathrm{i}}{\sqrt{2}}\right)\left(x+\frac{1+\mathrm{i}}{\sqrt{2}}\right)\left(x-\frac{1+\mathrm{i}}{\sqrt{2}}\right)\left(x-\frac{1-\mathrm{i}}{\sqrt{2}}\right).$$

2. $2-3\mathrm{i}, \dfrac{1}{2}$.

习题 7.9

1. (1) $x=2$； (2) $x_1=-2, x_2=\frac{1}{3}$；(3) $x_1=-1, x_2=2$.

复习题七

1. $a=3, b=-4$.
2. $x-1$ 为 3 重因式.
3. $g(x)=x^3-4x^2+6x-4$.
4. 商式为 $q(x)=x^3+2x^2+3x+4$,余式 $r(x)=5$.

第 8 章

习题 8.3

1. (1) $\left(\frac{5}{4}, \frac{1}{4}, -\frac{1}{4}, -\frac{1}{4}\right)$；(2) $(1,0,-1,0)$.
2. $\frac{n(n+1)}{2}$.
3. 三维,$\boldsymbol{E}, \boldsymbol{A}, \boldsymbol{A}^2$ 是一个基.

习题 8.4

1. $\begin{pmatrix} \boldsymbol{O} & 1 \\ \boldsymbol{E}_{n-1} & \boldsymbol{O} \end{pmatrix}$.
2. (1) $(0,0,1,2)$；(2) $(0,0,1,-1)$；(3) $(4,-4,0,4)$.
3. (1)过渡矩阵 $\boldsymbol{A}=\begin{pmatrix} 1 & 0 & 1 & 1 \\ 1 & 1 & 3 & 3 \\ -1 & 1 & 0 & 1 \\ 1 & 0 & 1 & 2 \end{pmatrix}$, $\boldsymbol{A}^{-1}\begin{pmatrix} x_1 \\ x_2 \\ x_3 \\ x_4 \end{pmatrix}=\begin{pmatrix} 4 & -1 & 1 & -1 \\ 5 & -1 & 2 & -2 \\ -2 & 1 & -1 & 0 \\ -1 & 0 & 0 & 1 \end{pmatrix}\begin{pmatrix} x_1 \\ x_2 \\ x_3 \\ x_4 \end{pmatrix}$；

(2) 过渡矩阵 $\boldsymbol{A}=\begin{pmatrix} 1 & 0 & 0 & 1 \\ 1 & 1 & 0 & 1 \\ 0 & 1 & 1 & 1 \\ 0 & 0 & 1 & 0 \end{pmatrix}$, $\left(\frac{3}{13}, \frac{5}{13}, -\frac{2}{13}, -\frac{3}{13}\right)$；

(3) 过渡矩阵 $\boldsymbol{A}=\frac{1}{4}\begin{pmatrix} 3 & 7 & 2 & -1 \\ 1 & -1 & 2 & 3 \\ -1 & 3 & 0 & -1 \\ 1 & -1 & 0 & -1 \end{pmatrix}$, $\left(-2, -\frac{1}{2}, 4, -\frac{3}{2}\right)$.

4. $(c,c,c,-c)$ $(c\neq 0)$.

习题 8.5

1. (1) 维数为 2,一个基为$\boldsymbol{\alpha}_1, \boldsymbol{\alpha}_2$；(2) 维数为 3,一个基为$\boldsymbol{\alpha}_1, \boldsymbol{\alpha}_2, \boldsymbol{\alpha}_4$.
2. (1) $\dim(V_1+V_2)=4$,$\boldsymbol{\alpha}_1, \boldsymbol{\alpha}_2, \boldsymbol{\beta}_1, \boldsymbol{\beta}_2$ 是一个基；$\dim(V_1\cap V_2)=0$.

(2) $\dim(V_1+V_2)=4$,$\boldsymbol{\alpha}_1, \boldsymbol{\alpha}_2, \boldsymbol{\alpha}_3, \boldsymbol{\beta}_2$ 是一个基；$\dim(V_1\cap V_2)=1$,$\boldsymbol{\beta}_1$ 是一个基.

复习题八

1. 提示：证明$\boldsymbol{\beta}_1, \boldsymbol{\beta}_2, \cdots, \boldsymbol{\beta}_s$ 的极大无关组所含向量的个数等于 $\boldsymbol{A}$ 的秩.

第 9 章

习题 9.1

1. (1) 当$\boldsymbol{\xi}=\mathbf{0}$时,是;当$\boldsymbol{\xi}\neq\mathbf{0}$时,不是. (2) 当$\boldsymbol{\xi}=\mathbf{0}$时,是;当$\boldsymbol{\xi}\neq\mathbf{0}$时,不是.

(3) 是. (4) 不是. (5) 不是.

习题 9.2

2. 提示:用数学归纳法.

习题 9.3

1. $\begin{pmatrix} 2 & 0 & -1 \\ 1 & 0 & 4 \\ 1 & -1 & 0 \end{pmatrix}$.

2. $\begin{pmatrix} 2 & 0 & 1 & 0 \\ 0 & 2 & 0 & 1 \\ -1 & 0 & 0 & 0 \\ 0 & -1 & 0 & 0 \end{pmatrix}$; $\begin{pmatrix} 2 & -1 & 0 & 0 \\ 1 & 0 & 0 & 0 \\ 0 & 0 & 2 & -1 \\ 0 & 0 & 1 & 0 \end{pmatrix}$.

3. $(-8,14,2)$.

5. (1) $\begin{pmatrix} 1 & 0 & 0 \\ 0 & 2 & 0 \\ 0 & 0 & 3 \end{pmatrix}$; (2) $(-5,8,0)$.

6. (1) $\begin{pmatrix} -2 & -\frac{3}{2} & \frac{3}{2} \\ 1 & \frac{3}{2} & \frac{3}{2} \\ 1 & \frac{1}{2} & -\frac{5}{2} \end{pmatrix}$; (2) $\begin{pmatrix} -2 & -\frac{3}{2} & \frac{3}{2} \\ 1 & \frac{3}{2} & \frac{3}{2} \\ 1 & \frac{1}{2} & -\frac{5}{2} \end{pmatrix}$; (3) $\begin{pmatrix} -2 & -\frac{3}{2} & \frac{3}{2} \\ 1 & \frac{3}{2} & \frac{3}{2} \\ 1 & \frac{1}{2} & -\frac{5}{2} \end{pmatrix}$.

习题 9.4

1. (1) 特征值为 1(二重),-1,相应的特征向量为 $k_1(\boldsymbol{\varepsilon}_1+\boldsymbol{\varepsilon}_3)+k_2\boldsymbol{\varepsilon}_2$,$k_1,k_2$ 不全不为零,$k(\boldsymbol{\varepsilon}_1-\boldsymbol{\varepsilon}_3)$,$k\neq0$;

(2) 特征值为 0,相应的特征向量为 $k(3\boldsymbol{\varepsilon}_1-\boldsymbol{\varepsilon}_2+2\boldsymbol{\varepsilon}_3)$,$k\neq0$;

(3) 特征值为 $0,2,-3$ 相应的特征向量为 $k(-2\boldsymbol{\varepsilon}_1+\boldsymbol{\varepsilon}_3)$,$k\neq0$,$k(12\boldsymbol{\varepsilon}_1-5\boldsymbol{\varepsilon}_2+3\boldsymbol{\varepsilon}_3)$,$k\neq0$,$k(-\boldsymbol{\varepsilon}_1+\boldsymbol{\varepsilon}_3)$,$k\neq0$;

(4) 特征值为-1(三重),特征向量为 $k(\boldsymbol{\varepsilon}_1+\boldsymbol{\varepsilon}_2-\boldsymbol{\varepsilon}_3)$,$k\neq0$.

2. 特征值为 2(三重),特征向量为$(k_1,3k_1+k_2,k_2)$,k_1,k_2 不全为零.

习题 9.5

1. (1)可以对角化,$\boldsymbol{P}=\begin{pmatrix} 1 & 5 \\ -1 & 4 \end{pmatrix}$,$\boldsymbol{P}^{-1}\boldsymbol{AP}=\begin{pmatrix} -2 & 0 \\ 0 & 7 \end{pmatrix}$; (2)不可对角化;

(3) 可以对角化,$\boldsymbol{P}=\begin{pmatrix} 0 & 1 & 1 \\ 1 & 0 & 0 \\ 0 & 1 & -1 \end{pmatrix}$, $\boldsymbol{P}^{-1}\boldsymbol{AP}=\begin{pmatrix} 1 & 0 & 0 \\ 0 & 1 & 0 \\ 0 & 0 & -1 \end{pmatrix}$; (4)不可对角化.

2. λ^n.

习题 9.6

2. (1) $(1,0,1),(2,1,1)$, $\dim\sigma(V)=2$；(2) $(3,-1,1)$, $\dim\ker(\sigma)=1$.

3. $\sigma(V)=L(\boldsymbol{A\varepsilon}_1,\boldsymbol{A\varepsilon}_2)$其中 $\boldsymbol{A\varepsilon}_1=(1,1,3,1)^{\mathrm{T}}$, $\boldsymbol{A\varepsilon}_2=(-1,1,-1,3)^{\mathrm{T}}$；$\ker(\sigma)=L(\boldsymbol{\xi}_1,\boldsymbol{\xi}_2)$，其中$\boldsymbol{\xi}_1=(-3,7,2,0)^{\mathrm{T}}$, $\boldsymbol{\xi}_2=(1,2,0,-1)^{\mathrm{T}}$.

4. $\sigma(P[x])=P[x]$, $\ker(\sigma)=P$；$\tau(P[x])=V$, $\ker(\tau)=\{0\}$；$\sigma\tau(P[x])=P[x]$, $\ker(\sigma\tau)=\{0\}$.

5. (1) $\ker(\sigma)=L(\boldsymbol{\xi}_1,\boldsymbol{\xi}_2)$，其中$\boldsymbol{\xi}_1=4\boldsymbol{\alpha}_1+3\boldsymbol{\alpha}_2-2\boldsymbol{\alpha}_3$, $\boldsymbol{\xi}_2=\boldsymbol{\alpha}_1+2\boldsymbol{\alpha}_2-\boldsymbol{\alpha}_4$.

$\sigma(V)=L(\sigma(\boldsymbol{\alpha}_1),\sigma(\boldsymbol{\alpha}_2))$，其中 $\sigma(\boldsymbol{\alpha}_1)=\boldsymbol{\alpha}_1-\boldsymbol{\alpha}_2+\boldsymbol{\alpha}_3+2\boldsymbol{\alpha}_4$, $\sigma(\boldsymbol{\alpha}_2)=2\boldsymbol{\alpha}_2+2\boldsymbol{\alpha}_3-2\boldsymbol{\alpha}_4$；

(2) $\boldsymbol{\alpha}_1,\boldsymbol{\alpha}_2,\boldsymbol{\xi}_1,\boldsymbol{\xi}_2$ 构成 V 的一个基，σ 在这个基下的矩阵为 $\begin{pmatrix}5 & 2 & 0 & 0\\ \frac{9}{2} & 1 & 0 & 0\\ -\frac{1}{2} & -1 & 0 & 0\\ -2 & 2 & 0 & 0\end{pmatrix}$；

(3) $\sigma(\boldsymbol{\alpha}_1),\sigma(\boldsymbol{\alpha}_2),\boldsymbol{\alpha}_3,\boldsymbol{\alpha}_4$ 构成 V 的一个基，σ 在这个基下的矩阵为 $\begin{pmatrix}5 & 2 & 2 & 1\\ \frac{9}{2} & 1 & \frac{3}{2} & 2\\ 0 & 0 & 0 & 0\\ 0 & 0 & 0 & 0\end{pmatrix}$.

复习题九

1. (2) $\boldsymbol{A}=\begin{pmatrix}1 & 1 & 1\\ 2 & -1 & 1\\ 0 & 1 & -1\end{pmatrix}$；(3) $\frac{1}{3}\begin{pmatrix}11 & 14 & 6\\ -2 & -8 & 0\\ -7 & -7 & -6\end{pmatrix}$；(4) $\frac{1}{3}\begin{pmatrix}3 & 1 & -1\\ 0 & -1 & 1\\ -3 & 1 & 2\end{pmatrix}$.

4. (1) $\lambda=1$, $3k\boldsymbol{\varepsilon}_1+3k\boldsymbol{\varepsilon}_2-5k\boldsymbol{\varepsilon}_3\,(k\in\mathbb{R},k\neq 0)$；(2) σ 不能对角化.

5. (1) $\begin{pmatrix}\boldsymbol{O} & 0\\ \boldsymbol{E}_{n-1} & \boldsymbol{O}\end{pmatrix}$.

6. 提示：设 $\sigma-\lambda\iota=\tau$，证明 $\tau^{n-1}(\boldsymbol{\alpha}),\cdots,\tau(\boldsymbol{\alpha}),\boldsymbol{\alpha}$ 作成 V 的一个基.

9. (1) $\ker(\sigma)=\{ax\mid a\in P\}$, $\sigma(V)=\{b_{n-1}x^{n-1}+b_{n-2}x^{n-2}+\cdots+b_2x^2+b_0\mid b_i\in P\}$.

10. (2)提示：可求得 S 的一个基 $\begin{pmatrix}1 & 0\\ 0 & 1\end{pmatrix},\begin{pmatrix}0 & 1\\ 0 & 1\end{pmatrix}$，扩充为 V 的一个基 $\begin{pmatrix}1 & 0\\ 0 & 1\end{pmatrix},\begin{pmatrix}0 & 1\\ 0 & 1\end{pmatrix}$, $\begin{pmatrix}1 & 0\\ 0 & 0\end{pmatrix},\begin{pmatrix}0 & 0\\ 1 & 0\end{pmatrix}$，定义线性变换：

$$\sigma\begin{pmatrix}1 & 0\\ 0 & 1\end{pmatrix}=\begin{pmatrix}0 & 0\\ 0 & 0\end{pmatrix},\sigma\begin{pmatrix}0 & 1\\ 0 & 1\end{pmatrix}=\begin{pmatrix}0 & 0\\ 0 & 0\end{pmatrix},\sigma\begin{pmatrix}1 & 0\\ 0 & 0\end{pmatrix}=\begin{pmatrix}1 & 0\\ 0 & 0\end{pmatrix},\sigma\begin{pmatrix}0 & 0\\ 1 & 0\end{pmatrix}=\begin{pmatrix}0 & 0\\ 1 & 0\end{pmatrix},$$

则 σ 即为所求.

第 10 章

习题 10.1

2. (1) $\theta=\frac{\pi}{2}$；(2) $\theta=\frac{\pi}{4}$.

3. (2) $\left|\sum_{i=1}^{n}\sum_{j=1}^{n}a_{ij}x_iy_j\right| \leqslant \sqrt{\sum_{i=1}^{n}\sum_{j=1}^{n}a_{ij}x_ix_j}\sqrt{\sum_{i=1}^{n}\sum_{j=1}^{n}a_{ij}y_iy_j}$.

习题 10.2

1. 1，$\sqrt{3}(2x-1)$，$\sqrt{5}(6x^2-6x+1)$.

2. (2) $\sqrt{a^2+b^2+c^2+d^2}$.

5. (2) $n-1$.

复习题十

3. 提示：令 $W=L(\boldsymbol{\alpha}_1,\boldsymbol{\alpha}_2,\cdots,\boldsymbol{\alpha}_m)$，利用 $V=W\oplus W^{\perp}$.

4. 提示：利用 σ 在标准正交基下的矩阵来证明.

参 考 文 献

1. 北京大学数学系几何与代数教研室前代数小组.高等代数[M].3 版.王萼芳,石生明,修订.北京：高等教育出版社,2003.
2. 张禾瑞,郝鈵新.高等代数[M].5 版.北京：高等教育出版社,2007.
3. 孟道骥. 高等代数与解析几何[M].北京：科学出版社,2007.
4. 陈志杰. 高等代数与解析几何[M].北京：高等教育出版社,2008.
5. 易忠. 高等代数与解析几何[M].北京：清华大学出版社,2007.
6. 同济大学应用数学系. 高等代数与解析几何[M].北京：高等教育出版社,2005.